VÖGEL
in Europa

VÖGEL
in Europa

Rob Hume

DK LONDON
Bildredaktion Ina Stradins
Lektorat Angeles Gavira
Gestaltung Kirsten Cashman
DTP-Design Rajen Shah
Herstellung Elizabeth Cherry
Chefbildlektorat Phil Ormerod
Art Director Bryn Walls
Lektoratsleitung Jonathan Metcalf
Bildbetreuung Chris Gomersall
Illustrationen Andrew Mackay

DK DELHI
Chefbildlektorat Shuka Jain
Projektdesigner Shefali Upadhyay
Designer Pallavi Narain
DTP-Design Sunil Sharma, Umesh Aggarwal
Cheflektorat Ira Pande
Projektbetreuung Rohan Sinha, Atanu Raychaudhuri
Redaktion Rimli Borooah

NEUAUSGABE
DK LONDON
Cheflektorat Angeles Gavira Guerrero
Lektorat Janet Mohun
Redaktionsleitung Sarah Larter
Programmmanager Liz Wheeler
Programmleitung Jonathan Metcalf
Art Director Philip Ormerod
Bildredaktion Ina Stradins, Michelle Baxter
Herstellung Alice Skyes, Nikoleta Parasaki

DK DELHI
Cheflektorat Rohan Sinha
Redaktion Susmita Dey, Dharini Ganesh
Bildredaktion Mahua Sharma, Parul Gambhir, Sudakshina Basu
DTP-Design Jaypal Singh Chauhan
Herstellung Balwant Singh

Für die deutsche Ausgabe:
Programmleitung Monika Schlitzer
Redaktionsleitung Caren Hummel
Projektbetreuung Regina Franke, Manuela Stern
Herstellungsleitung Dorothee Whittaker
Herstellungskoordination Katharina Dürmeier
Herstellung Verena Salm, Anna Ponton, Dominik Schmitz, Christine Rühmer
Covergestaltung Christine Rühmer

Titel der englischen Originalausgabe:
Birds of Britain and Europe rev.

Übersetzung Dr. Einhard Bezzel, Eva Sixt

ISBN 978-3-8310-2992-1

Druck und Bindung RR Donnelley Asia Printing
Solutions Limited, China

Hinweis
Die Informationen und Ratschläge in diesem Buch
sind von den Autoren und vom Verlag sorgfältig erwogen
und geprüft, dennoch kann eine Garantie nicht übernommen
werden. Eine Haftung der Autoren bzw. des Verlags und
seiner Beauftragten für Personen-, Sach- und Vermögensschäden
ist ausgeschlossen.

Besuchen Sie uns im Internet
www.dorlingkindersley.de

INHALT

WIE SIE DIESES BUCH BENUTZEN

Dieser Vogelführer behandelt fast 800 Arten der west-paläarktischen Region (Europa, Mittlerer Osten und Nordafrika), die in drei Abschnitte geordnet sind: Der erste stellt die regelmäßig in Europa vorkommenden Arten mit allen wichtigen Einzelheiten auf je einer Seite vor; der zweite behandelt über 190 seltenere Arten; der dritte enthält eine Liste der Ausnahmegäste, von denen viele in Nordamerika oder im Mittleren Osten brüten.

▽ EINLEITUNG

Die Arten sind nach Ordnungen und Familien geordnet. Verwandte Arten sind in einer Einführung zusammengefasst.

KARTEN

Die Karten zeigen das Areal einer Art an; Farben geben die jahreszeitlichen Wanderungen an. Durchzugsgebiete sind nicht immer eingezeichnet, da einige Zugvögel ein Gebiet verlassen, in einem anderen auftauchen, dazwischen aber nicht gesehen werden.

ERKLÄRUNG

■ im Sommer

■ ganzjährig

■ im Winter

■ auf dem Zug

▽ HÄUFIGE ARTEN

Der Hauptteil des Buches behandelt 330 am häufigsten in Europa zu sehende Arten. Jede Beschreibung hat den gleichen leicht verständlichen Aufbau.

Ordnung **Passeriformes**	Familie **Motacillidae**

DEUTSCHER NAME

Schafstelze 56

auf schwärzlichem Flügel zwei weiße Binden

Überaugenstreif gelb (nur Britische Inseln, sonst weiß)

MÄNNCHEN (FRÜHJAHR)

Rücken grün

IM FLUG
Illustrationen zeigen den Vogel im Flug von oben und/oder von unten (Unterschiede nach Jahreszeit, Alter oder Geschlecht sind im Flug nicht immer erkennbar).

IM FLUG

MÄNNCHEN (FRÜHJAHR)

schwarzer Schwanz mit weißen Seiten

BESCHREIBUNG
Enthält grundlegende Charakteristika, einschließlich:

STIMME: Beschreibung der Rufe und Gesänge, bei ausgewählten Arten mit Rufen auf CD mit Track-Nr.

BRUTBIOLOGIE: Typ und bevorzugter Standort des Nestes; Gelegegröße; Zahl der Jahresbruten; Brutzeit

NAHRUNG: Wo findet die Art welche Nahrung.

LEBENSRAUM/VERHALTEN
Zusätzliche Fotos zeigen typisches Verhalten der Art in einem der von ihr bevorzugten Lebensräume.

LÄNGE, SPANNWEITE UND GEWICHT: Körperlänge reicht von Schwanzspitze bis Schnabelspitze; die Maße sind Durchschnitte oder Variationsbreiten.

ANGABE DER SOZIALEN EINHEIT, in der man die Art häufig sieht.

LEBENSDAUER: Durchschnitt der maximalen Lebenserwartung

NATURSCHUTZFACHLICHER STATUS DER ART: Das Symbol † bedeutet, dass die verfügbaren Daten nur eine vorläufige Status-Angabe erlauben.

lange Beine schwarz

Das Männchen der Schafstelze im Prachtkleid ist ein far tiger Vogel. Herbstvögel, vor allem Jungvögel, verursac durchaus Verwechslungsprobleme mit selteneren Arten und auch mit jungen Bachstelzen, die gelbliche Gefiedertöne aufweisen. Der Ruf hilft aber bei der Bestimmung. Im Sommer leben Schafstelzen um Seen und Teichen, in Gründland und auf Äckern; sie folgen auch Weidetieren, die Insekten aus dem Gras aufscheuchen. Im Winter schließen sie sich Säugerherden in den Savannen Afrikas an.
STIMME: Etwas ansteigend oder gleichbleibend tslie oder psiee, auch in Wiederholung; Gesang unauffällig mit rauhlichen Silben und zirpenden Lauten.
BRUTBIOLOGIE: Grasnapf am Boden in der Vegetation; 5 oder 6 Eier; 2 Bruten; Mai bis Juli.
NAHRUNG: Sucht auf dem Boden nach Nahrung, kurze Flugsprünge oder Flüge nach fliegenden Insekten.

ÄHNLICHE ARTEN	
Schwanz länger	Rücken grauer
	Schwanz länger
Beine kürzer und heller	
GEBIRGSSTELZE ♂♀ (S. 370)	**BACHSTELZE** Jungvogel, ähnlich Jungvogel (S. 371)

Körperlänge **17cm**	Flügelspannweite **23–2**
Kleine Trupps	Lebensdauer **bis 5 Jah**

ÄHNLICHE ARTEN
Ähnlich aussehende Arten werden genannt und die Unterschiede dargestellt.
♂ = Männchen, ♀ = Weibchen.

UNTERARTEN
Erkennbare Unterarte mit Angaben zur Verbreitung und wichtig Unterschieden.

STELZEN UND PIEPER

Familie Motacillidae

STELZEN UND PIEPER

KLEINER, SCHLANKER und mit längerem Schwanz ausgestattet als Lerchen zeigen sie einen wellenförmigen Flug. Ihnen fehlt außerdem der lange Singflug; die Pieper zeigen einen stärker ritualisierten Singflug mit weniger variablen Gesängen.

PIEPER

Braun gestrichelt ist die typische Beschreibung eines Piepers. Die Arten sind sich schwer zu unterscheiden. Rufe helfen, auch mitunter Jahreszeit, Lebensraum und Beobachtungsort. Bei ähnlichen Artenpaaren unterscheiden sich meist die Lebensweisen, wie etwa bei Wiesenpieper und Baumpieper. Zwischen Geschlechtern und Jahreszeiten gibt es nur geringe Gefiederunterschiede.

STELZEN

Kräftiger betontund farbenfroher als die Pieper sind die Stelzen, die oft an Wasser oder nassen Gründländer gebunden sind. Bachstelzen sind jedoch wohl mehr als jeder andere Vogel in städtischen Räumen anzutreffen. Sie frequentieren Straßenränder und Dächer, und sogar die Gebiergsstelze, die an schnell fließenden Flüssen brütet, kann im Winter ein regelmäßiger Vogel auf Dächern sein.

GELBLICHE STELZE IM WINTER

Der Gefiedergleichtritt des ganze Jahr über an Flüssen anzutreffen, die Schafstelze, am Wiesen- und Ackervogel, ist dagegen ein Zugvogel.

Gefieder von Männchen und Weibchen sind oft unterschiedlich und Schlichtkleider und gedeckter als Prachtkleider, auch Jungvögel lassen sich gut unterscheiden. Einige Arten sind in Europa Jahresvögel, andere verbringen den Winter in Afrika.

MOTACILLIDAE (STELZEN UND PIEPER)

Überaugenstreif gelb (nur Britische Inseln, sonst weiß)

Auschließlich Gelb unter dem Schwanz

Gesicht weiß

SCHAFSTELZE S. 369

GEBIRGSSTELZE S. 370

BACHSTELZE S. 371

367

KLASSIFIKATION
Die obere Farbleiste jeder Seite enthält wissenschaftliche Ordnung, Familie und Artnamen.

STELZEN UND PIEPER

Art **Motacilla flava**

GRUPPENNAME
Der Deutsche Name der Gruppe, zu der die Art zählt, findet sich auf jeder Seite oben.

JUNGVOGEL (HERBST)

WEIBCHEN (FRÜHJAHR)

FLUG: Geradlinig, aber hüpfend in langen Wellenlinien; kurze Folgen rascher Flügelschläge.

NAHRUNGSSUCHE
Schafstelzen trifft man nicht selten in der Nähe von Weidetieren auf weniger intensiv genutztem Weideland. Sie fangen Insekten, die von grasenden Kühen und Pferden aus dem Gras aufgescheucht werden.

VORKOMMEN
Weitverbreiteter Sommervogel in Europa mit Ausnahme von Irland und Island. Oft in der Nähe von Wasser, an nassen Plätzen, auf Weiden von der Viehherden. Auf dem Durchzug oft auf Schlammflächen und an Seeufern oder anschließendem Grünland.

In Mitteleuropa zu sehen
J F M **A M J J A S O** N D

Gewicht **16–22 g**

Bestand gesichert

369

IN MITTELEUROPA ZU SEHEN
Zeigt die Monate, in denen die Art in Mitteleuropa anzutreffen ist.
J anwesend
nicht anwesend

FOTOS
Sie zeigen die Art in verschiedenen Blickwinkeln und Kleidern. Auffällige Unterschiede in Alter, Geschlecht und Jahreszeit sind dargestellt und angegeben; wenn es keine Unterschiede gibt, haben die Bilder keine zusätzliche Beschriftung. Wenn nicht anders angegeben, handelt es sich um einen Altvogel.

FLUGMUSTER
Die Skizze mit Angaben illustriert kurz die Flugbahn einer Art (s. Erklärung unten).

▷ **AUSNAHMEGÄSTE**
Sehr seltene Gäste in Europa sind am Ende des Buches mit einer kurzen Beschreibung aufgelistet, zusammen mit einem Hinweis, woher die Art kommt.

KARTEN
s. Erklärung links

◁ **SELTENE ARTEN**
Über 190 seltenere Vogelarten werden auf S. 406–454 vorgestellt. In denselben Gruppen angeordnet wie die Arten des Hauptteils, enthalten diese Beschreibungen ein gutes Foto der Art und eine auf das Wesentliche konzentrierte Beschreibung.

AUSNAHMEGÄSTE

FLUGMUSTER

Diagramme illustrieren die sieben grundsätzlichen Flugmuster. Die horizontalen Linien zeigen an, ob sich die Art auf einer Flughöhe bewegt, wechselt oder eine wellenförmige Flugbahn hat. Die Flügelschläge werden mit kurzen Auf- und Abstrichen angedeutet, die einzelne Schlagphasen, regelmäßige Flügelschläge und auch Geschwindigkeit markieren.

Flügelschläge

Spechtähnlicher Flug: Schlagphasen wechseln mit gleitendem Wellenflug ab.

Finkenähnlicher Flug: Phasen rascher Flügelschläge zwischen wellenförmigen Gleitstrecken.

Sperlingsähnlicher Flug: Geradlinig; mehrere schwirrende Flügelschläge mit kurzen Gleitphasen.

Möwenähnlicher Flug: Fortwährender Ruderflug mit langsamen, regelmäßigen Flügelschlägen.

Entenähnlicher Flug: Rasche, fortwährende Flügelschläge.

Milanähnlicher Flug: Tiefe, langsame Flügelschläge zwischen segelnden Gleitstrecken.

Schwalbenähnlicher Flug: Durch die Luft schießend mit kurzen Flügelschlägen zwischen Gleitstrecken.

EINFÜHRUNG

Allein die Vielfalt an Formen, Farben und Größen der Vögel in Europa bietet dem Vogelbeobachter viele Möglichkeiten und sorgt zeitweise auch für Herausforderungen. Ob man einen Spaziergang in den nahe gelegenen Park unternimmt oder hinaus in die offene Landschaft, immer gibt es Interessantes zu sehen. Die meisten von uns bemerken nur die häufigsten um uns lebenden Vögel und können sie auch bestimmen. Doch überraschend viele unterschiedliche Arten tauchen plötzlich auf, wenn man innehält und sie sorgfältig beobachtet.

SCHNAPPSCHUSS
Ein gemischter Schwarm von Goldammern und Feldsperlingen fliegt von einem beschneiten Acker auf, wo die Vögel nach Nahrung suchten. Das Foto hält sonst kaum sichtbare Details von Formen und Bewegungen fest.

LEBENSRAUM
Ein Großteil der Faszination des Vogelbeobachtens kommt daher, dass der ästhetische Eindruck frei lebender und beweglicher Geschöpfe mit ihrer Umwelt untrennbar verbunden ist.

FOTOS VON VÖGELN

Dieser Vogelführer geht einen neuen Weg, indem er Vogelfotos statt Zeichnungen nutzt, um die beschriebenen Vögel im Bild darzustellen. Fotos sind exakt und objektiv. Sie fangen Vögel in einem kurzen Zeitmoment ein, sie zeigen Realität. Wir stellen uns Vögel in Gedanken meist im Sitzen mit geschlossenen Flügeln vor oder im Flug mit voll ausgebreiteten Schwingen. Unsere Augen und unser Gehirn können uns jedoch eine Vielzahl von Haltungen vermitteln. Um die Bestimmung zu erleichtern, wurden die Fotos für dieses Buch so ausgewählt, dass sie unserer optischen Wahrnehmung möglichst gut entsprechen. Allerdings muss man damit rechnen, dass eine solche Auswahl einen exakten Vergleich zwischen den Arten erschwert. Alle Singvögel oder Watvögel in genau derselben Haltung zu zeigen ist unmöglich. Auch ist es nicht einfach, exakt vergleichbare Farbtöne zu bekommen, denn so genau lässt sich der Lichteinfall in freier Natur nicht regeln. Doch

eben das hat auch positive Seiten. Fotos mag die genaue Farbregulierung eines Künstlers fehlen, sie geben aber die Realität der Farbvariation wieder. Frei lebende Vögel werden kaum unter solch perfekten Bedingungen zu beobachten sein wie im Studio eines Künstlers.

VÖGEL AUS ALLEN TEILEN EUROPAS

Die beiden Hauptteile des Buches behandeln alle regelmäßig in Europa vorkommenden Vögel ausführlich sowie die selteneren Gäste in Kürze. Sehr seltene Vögel (als Ausnahmegäste bezeichnet und bisher oft nur ein- oder zweimal in unserem Gebiet beobachtet) sind am Ende des Buches aufgelistet. Diese Aufstellung enthält Vögel, die man regelmäßig im Mittleren Osten oder in Nordafrika beobachten kann und die die Liste der für das ganze Gebiet, das man als Westpaläarktis bezeichnet, vervollständigen.
Diese tiergeografische Region der Biologen hat stärkere naturräumliche Zusammenhänge, als sie eine politische Karte wiedergibt. Aber wie dem auch sei, Europa ohne Nordafrika und den Mittleren Osten bleibt die Basis für den Schwerpunkt dieses Buches.

VERHALTEN
Ein Rohrsänger füttert einen jungen Kuckuck auf den Resten des Nestes, das viel zu klein geworden ist. Um solche Details des Vogelverhaltens studieren zu können, ist eine fotografische Dokumentation von hohem Wert.

FOTOGRAFISCHES DETAIL
Die Nahaufnahme eines Kampfläufermännchens in vollem Prachtkleid gibt nicht nur alle Federgruppierungen exakt wieder, sondern sogar auch die raue und etwas zerklüftete Gesichtshaut. Im letzten Jahrzehnt haben Digitalkameras die Bildqualität erheblich verbessert.

NABU UND DER VOGELSCHUTZ

Der Naturschutzbund Deutschland (NABU) sorgt für eine gesunde Umwelt, in der auch die Vielfalt der Tierarten ihren Platz hat. Mehr als 540 000 Mitglieder engagieren sich dafür. In jedem Bundesland arbeitet ein Landesverband. International ist der NABU der deutsche Partner von BirdLife International, der größten Naturschutzorganisation der Welt. In Deutschland unterhält der NABU eine Akademie, Fachinstitute und viele Einrichtungen, in denen Fachleute Reservate betreuen, die Öffentlichkeit informieren und das Naturerleben fördern. Jedes Jahr wird eine Art zum Vogel des Jahres bestimmt.

SÄBELSCHNÄBLER
Der Säbelschnäbler ist ein Symbol für den Erfolg des Küstenvogelschutzes; einst vom Aussterben bedroht, haben sich die Bestände wieder etwas erholen können.

VOGELANATOMIE

Man muss nicht die genaue Struktur der Federn und alle Bezeichnungen kennen, um Vögel zu bestimmen. Einige Grundkenntnisse sind jedoch nützlich, denn sie können das Interesse und auch den Spaß am Vogelbeobachten verstärken. Auch sollte man wissen, wie die Partien eines Vogelkörpers voneinander unterschieden werden. Wenn man korrekte Ausdrücke benutzt, wird die Beschreibung präziser und informativer. »Etwas Farbe auf dem Flügel« ist sehr vage; viel mehr Information kann man der Angabe »helle Spitzen der großen Decken« entnehmen.

Besonders nützlich ist es, sich klarzumachen, wie die Flügelfedern übereinander angeordnet sind, wenn der Flügel geschlossen ist, und wo eine auffällige Markierung am geschlossenen Flügel dann erscheint, wenn der Flügel gestreckt wird. Wem es davor nicht graut, der kann am besten an einem toten Vogel, den man zum Beispiel überfahren am Straßenrand findet, die Flügelstruktur studieren. Die

Flügelspitze am offenen Flügel bilden die Handschwingen, die aber beim zusammengefalteten Flügel oft unter den innen ansitzenden Schirmfedern verdeckt sind. Sie verändern ihren Platz nicht, wenn der Flügel gestreckt wird, können aber durch die Schulterfedern verdeckt werden, wenn eine Bewegung der unter ihnen liegenden Knochen sie außer Sicht bringt. Bei den winterlichen Schneeammern auf der gegenüberliegenden Seite sind die Schirmfedern schwarz; hellbräunliche Federn fallen jedoch über die schwarze Flügelspitze.

OBERSEITE
In der Innenhälfte des ausgespannten Flügels gibt es mehrere Federreihen. Vom Vorderrand her unterscheidet man Randdecken, kleine, mittlere und große Decken (weil sie in dieser Folge größer werden); der Hinterrand wird von den Armschwingen gebildet. In der äußeren Hälfte wiederholt sich das Muster, doch sind die Decken der Armschwingen auf ein kleines Feld am Handgelenk beschränkt. Hinzu kommen ein paar kleine Federn, die man als Daumenfittich bezeichnet.

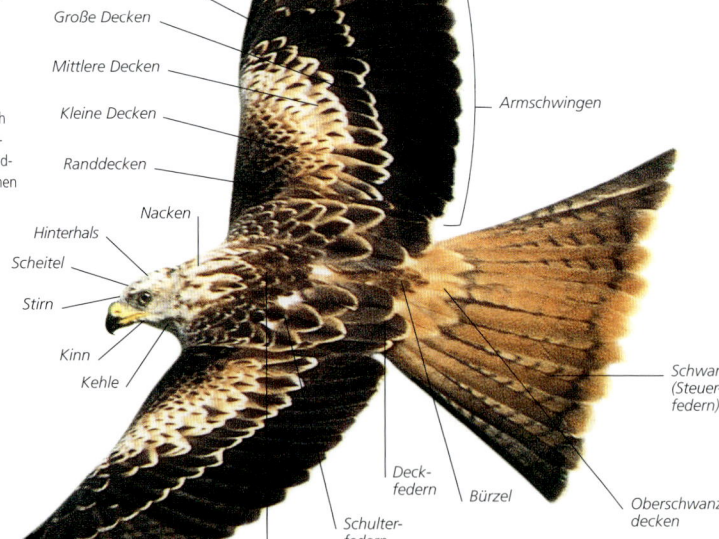

Unterschwanzdecken

Fuß

Handschwingen Steiß

Handdecken

Alula (Daumenfittich)

Große Decken

Mittlere Decken

Kleine Decken

Armschwingen

Randdecken

Nacken

Hinterhals

Scheitel

Stirn

Kinn

Kehle

Schwanz (Steuerfedern)

Deckfedern

Bürzel

Oberschwanzdecken

Flügelspitze

Schulterfedern

Mantel

UNTERSEITE

Auf der Unterseite des Flügels nehmen die Decken weniger Platz ein als auf der Oberseite, bilden aber ähnliche einander überlappende Reihen. An der Flügelbasis wird ein dreieckiger Fleck in der »Flügelgrube« von den Achselfedern gebildet. Kopf, Bauch, Brust und Flanken sind mit kurzen, biegsamen Federn besetzt (s. unten). An den Beinen fehlen in den meisten Fällen Federn, bemerkenswerte Ausnahmen sind Eulen und Greifvögel, bei denen Federn an den Beinen als Schutz vor den Bissen und Kratzern von sich wehrenden Beutetieren dienen.

Achselfedern

Flanke

Brust

Schnabel

Bauch

FEDERTYPEN

Weiche Dunenfedern bilden eine isolierende Unterschicht. Der Körper ist mit steiferen Federn bedeckt, die ihm die Form geben und daher Konturfedern heißen. An den Flügeln sitzen kleine steife Federn, die auf einer Seite schmaler sind; als Deckfedern bedecken sie die Basis der großen Schwungfedern, die ebenfalls asymmetrisch sind. Die schmalere Außenfahne liegt jeweils über der breiteren Innenfahne der folgenden Feder. Der Schwanz setzt sich aus etwa 10 oder 12 Federn zusammen.

Innenfahne

Außenfahne

KONTURFEDER

DUNENFEDER

HANDDECKE

STEUERFEDER

FEDERKLEID

Federn sind nicht nur Flugwerkzeuge und halten den Vogel warm und trocken. Sie sorgen auch für eine Vielfalt an Farben, Mustern und Formen. Einige dienen nur als Schmuck bei der Balz, andere formen Tarnmuster und helfen, nicht entdeckt zu werden.

Der breite runde Schwanz wird nur bei der Balz gefächert.

Tarnmuster sind entscheidend für das Überleben.

AUERHUHN

MÄNNCHEN

WEIBCHEN

Dunkles Gefieder: So werden Jungvögel von den Eltern nicht als Eindringlinge angegriffen.

Reinweißes Gefieder garantiert Sichtkontakt über weite Entfernung beim Fischen.

JUNGVOGEL

ALTVOGEL

BASSTÖLPEL

Männchen in seinem auffälligsten Gefieder

Männchen im Tarnkleid, wenn keine Balzzeit ist

SOMMER

WINTER

SCHNEEAMMER

grau und hellbeigefarben

oben brauner, unten heller

EUROPÄISCHE UNTERART

GRÖNLÄNDISCHE UNTERART

STEINSCHMÄTZER

11

LEBENSZYKLUS

Das Aussehen eines Vogels kann sich nach Jahreszeit oder Alter erheblich ändern. Frisch geschlüpfte Junge sind unbefiedert oder dunig. Bald werden die Dunen durch das erste Federkleid ersetzt, das man Jugendkleid nennt. Im Herbst werden einige dieser Federn gemausert und durch neue ersetzt (Flug- und Schwanzfedern bleiben meistens), die das erste Winterkleid bilden. Im folgenden Frühling sorgt eine Teilmauser für das erste Sommerkleid. Vom Spätsommer an werden alle Federn in einer Vollmauser ersetzt. Kleinere Vögel tragen jetzt das Alterskleid. Größere Vögel, wie Möwen oder Greifvögel, durchlaufen mehrere Zwischenstadien (Immaturkleider): 2. Winter, 2. Sommer, 3. Winter, 3. Sommer usw. (hier an der Lachmöwe illustriert). Ist das Alterskleid erreicht, unterscheidet man für gewöhnlich Schlichtkleid (Winterkleid) und Prachtkleid (Brutkleid). Die meisten Vögel tragen ihr Prachtkleid im Sommer, Enten sind jedoch in der Paarungszeit im Winter am prächtigsten, im Sommer tragen die Männchen dann das Schlichtkleid.

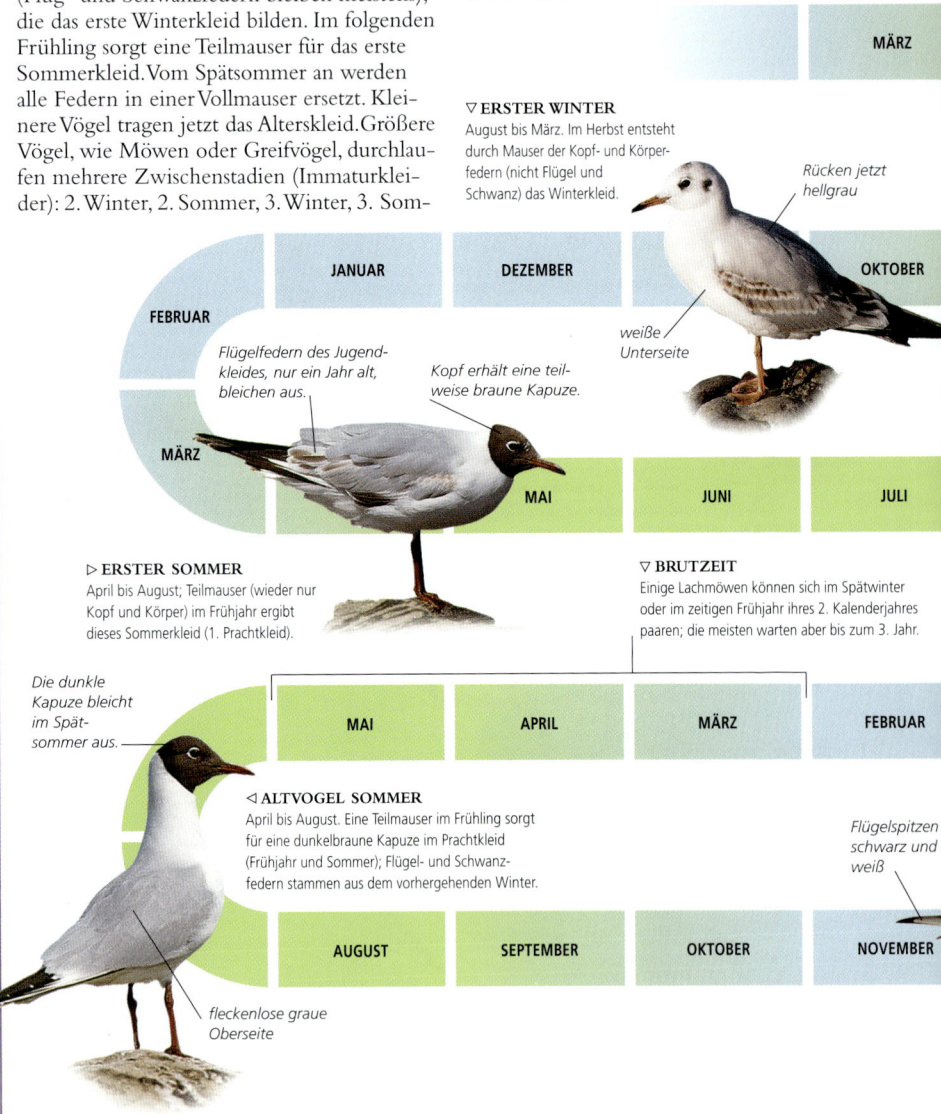

▽ ERSTER WINTER
August bis März. Im Herbst entsteht durch Mauser der Kopf- und Körperfedern (nicht Flügel und Schwanz) das Winterkleid.

MÄRZ

Rücken jetzt hellgrau

JANUAR   DEZEMBER   OKTOBER

FEBRUAR

weiße Unterseite

Flügelfedern des Jugendkleides, nur ein Jahr alt, bleichen aus.

Kopf erhält eine teilweise braune Kapuze.

MÄRZ

MAI   JUNI   JULI

▷ ERSTER SOMMER
April bis August; Teilmauser (wieder nur Kopf und Körper) im Frühjahr ergibt dieses Sommerkleid (1. Prachtkleid).

▽ BRUTZEIT
Einige Lachmöwen können sich im Spätwinter oder im zeitigen Frühjahr ihres 2. Kalenderjahres paaren; die meisten warten aber bis zum 3. Jahr.

Die dunkle Kapuze bleicht im Spätsommer aus.

MAI   APRIL   MÄRZ   FEBRUAR

◁ ALTVOGEL SOMMER
April bis August. Eine Teilmauser im Frühling sorgt für eine dunkelbraune Kapuze im Prachtkleid (Frühjahr und Sommer); Flügel- und Schwanzfedern stammen aus dem vorhergehenden Winter.

Flügelspitzen schwarz und weiß

AUGUST   SEPTEMBER   OKTOBER   NOVEMBER

fleckenlose graue Oberseite

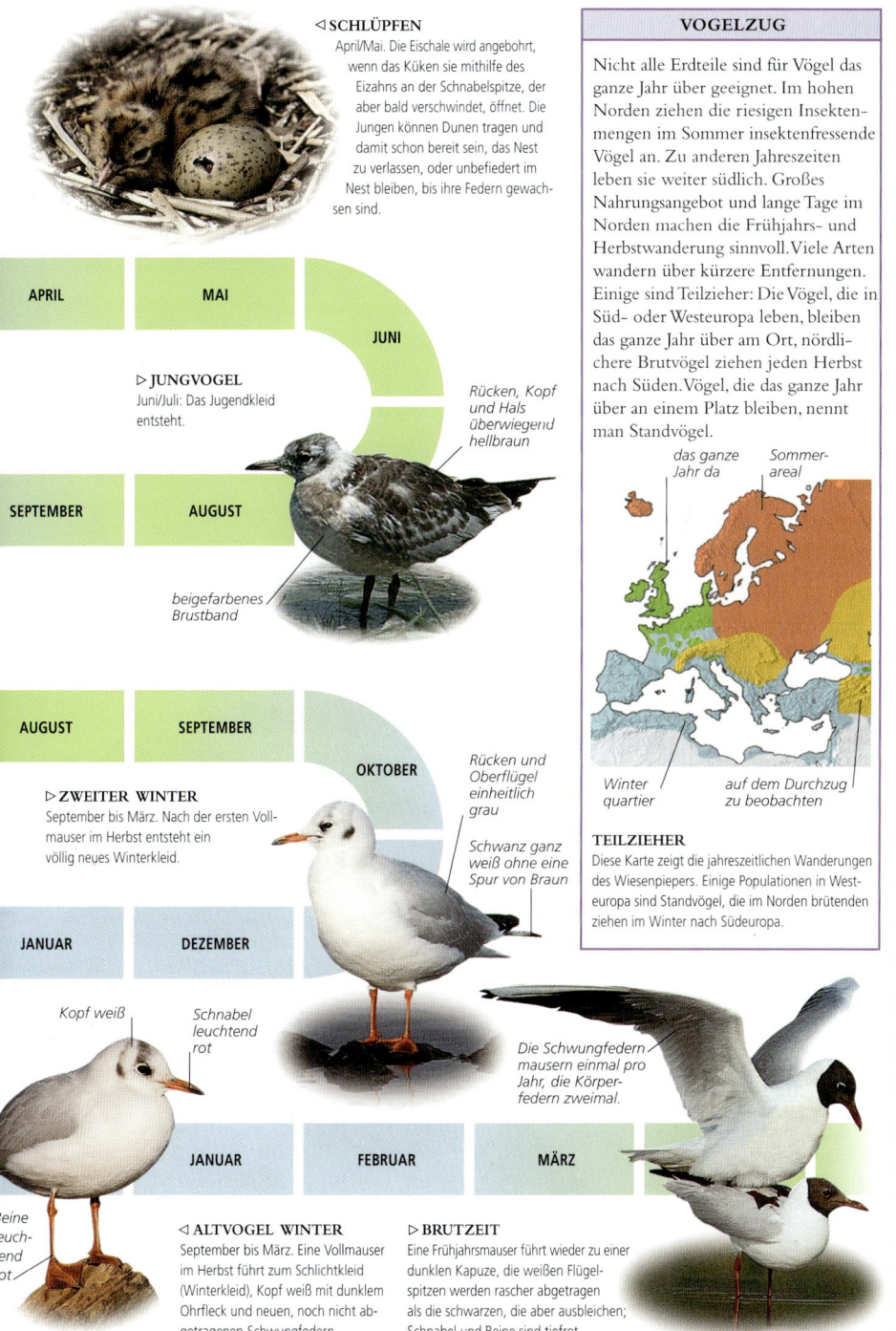

◁ **SCHLÜPFEN**
April/Mai. Die Eischale wird angebohrt, wenn das Küken sie mithilfe des Eizahns an der Schnabelspitze, der aber bald verschwindet, öffnet. Die Jungen können Dunen tragen und damit schon bereit sein, das Nest zu verlassen, oder unbefiedert im Nest bleiben, bis ihre Federn gewachsen sind.

APRIL

MAI

JUNI

▷ **JUNGVOGEL**
Juni/Juli: Das Jugendkleid entsteht.

Rücken, Kopf und Hals überwiegend hellbraun

SEPTEMBER

AUGUST

beigefarbenes Brustband

AUGUST

SEPTEMBER

OKTOBER

▷ **ZWEITER WINTER**
September bis März. Nach der ersten Vollmauser im Herbst entsteht ein völlig neues Winterkleid.

Rücken und Oberflügel einheitlich grau

Schwanz ganz weiß ohne eine Spur von Braun

JANUAR

DEZEMBER

Kopf weiß

Schnabel leuchtend rot

Beine leuchtend rot

JANUAR

FEBRUAR

MÄRZ

Die Schwungfedern mausern einmal pro Jahr, die Körperfedern zweimal.

◁ **ALTVOGEL WINTER**
September bis März. Eine Vollmauser im Herbst führt zum Schlichtkleid (Winterkleid), Kopf weiß mit dunklem Ohrfleck und neuen, noch nicht abgetragenen Schwungfedern.

▷ **BRUTZEIT**
Eine Frühjahrsmauser führt wieder zu einer dunklen Kapuze, die weißen Flügelspitzen werden rascher abgetragen als die schwarzen, die aber ausbleichen; Schnabel und Beine sind tiefrot.

VOGELZUG

Nicht alle Erdteile sind für Vögel das ganze Jahr über geeignet. Im hohen Norden ziehen die riesigen Insektenmengen im Sommer insektenfressende Vögel an. Zu anderen Jahreszeiten leben sie weiter südlich. Großes Nahrungsangebot und lange Tage im Norden machen die Frühjahrs- und Herbstwanderung sinnvoll. Viele Arten wandern über kürzere Entfernungen. Einige sind Teilzieher: Die Vögel, die in Süd- oder Westeuropa leben, bleiben das ganze Jahr über am Ort, nördlichere Brutvögel ziehen jeden Herbst nach Süden. Vögel, die das ganze Jahr über an einem Platz bleiben, nennt man Standvögel.

das ganze Jahr da

Sommerareal

Winterquartier

auf dem Durchzug zu beobachten

TEILZIEHER
Diese Karte zeigt die jahreszeitlichen Wanderungen des Wiesenpiepers. Einige Populationen in Westeuropa sind Standvögel, die im Norden brütenden ziehen im Winter nach Südeuropa.

BESTIMMUNG

Ein bekannter Vogel ist wie ein vertrautes Gesicht in einer Menschenmenge; ein unbekannter ist so schwierig zu erkennen wie eine Person, die man noch nie gesehen hat und die man nur nach einer Beschreibung in einem Buch oder nach einem winzigen Foto in einer von Menschen wimmelnden Straße erkennen soll. Das kann oft eine kleine Herausforderung sein. Vogelbestimmung ist für gewöhnlich ein Vorgang, der auf einer Palette von Informationen beruht: Ort, Lebensraum, Jahreszeit, Größe und Form des Vogels, Farben, Muster, Bewegungs- und Flugweise und allgemeines Verhalten.

ORT

Ähnliche Arten findet man meist in unterschiedlichen Lebensräumen. Sie nutzen verschiedene Nahrungsangebote und Nistplätze und vermeiden so die Konkurrenz untereinander. Die Kenntnis, wo man sie am wahrscheinlichsten trifft, hilft bei der Bestimmung. Ein Pieper auf offenem Moor ist wahrscheinlich ein Wiesenpieper, einer an einer Felsküste wohl ein Felsenpieper.

FELDLERCHE
Ist in offenem Gelände zu sehen, selten in der Nähe einer Hecke. Oft auf niedriger Umzäunung, aber nicht auf hohem Leitungsdraht.

HEIDELERCHE
Bewohner von Waldrändern und Heideflächen, oft auf einem Baum oder einem liegenden Stamm, in der Nähe von Büschen, oft hoch auf einem Baum oder einem Leitungsdraht.

GRÖSSE

Sieht man einen unbekannten Vogel, sollte man seine Größe im Vergleich zu einem bekannten schätzen. Watvögel reichen von winzigen (Zwergstrandläufer) oder kleinen (Alpenstrandläufer) über mittelgroße (Rotschenkel) zu großen (Uferschnepfe) bis sehr großen (Brachvogel). Kleiner sind die Unterschiede bei Singvögeln von winzigen (Goldhähnchen) zu kleinen (Gartengrasmücke) und großen (Drosselrohrsänger).

ZWERG-STRANDLÄUFER ALPENSTRANDLÄUFER ROTSCHENKEL UFERSCHNEPFE GROSSER BRACHVOGEL

GESTALT

Ist der Körper lang und dünn, kurz oder gedrungen? Schnabel- und Beinlänge verändern den Eindruck, etwa wie bei Blaumeise (gedrungen), Amsel (rundlich, aber längerer Schwanz), Rauchschwalbe (schlank und langschwänzig) als Beispiele für Vergleiche. Man beachte, dass selbst schlanke Vögel bei kaltem Wetter rundlich und gedrungen aussehen können und an heißen Tagen mit anliegendem Gefieder schlank.

Kopf klein

Kopf klein

Gestalt schlank

Körper gedrungen

FELSENTAUBE

Körper gedrungen

RAUCHSCHWALBE

Schwanz winzig

Schwanz lang

Kopf lang, Schwanz kurz

Körper rund

MOORSCHNEEHUHN

STERNTAUCHER

ZAUNKÖNIG

SCHNABELFORM

Ist der Schnabel lang oder kurz, dick oder dünn, gerade oder gekrümmt? Ist er spitz, gedrungen, hakenförmig, schmal oder breit und an der Spitze abgeflacht? So kann man den Vogel in eine kleinere Gruppe einordnen. Die Schnabelform hängt allgemein mit der Nahrung zusammen, wie man nebenstehend sehen kann.

AMSEL — Würmer und Früchte
BLAUMEISE — winzige Insekten und Sämereien
TEICHROHRSÄNGER — Insekten
BUCHFINK — Sämereien und Raupen
GROSSER BRACHVOGEL — große Würmer tief in feuchtem Boden
SÄBELSCHNÄBLER — kleine Garnelen im Wasser
GRAUREIHER — Fische
GRAUGANS — Gras und Wurzeln
STOCKENTE — Sämereien und Körner
STEINADLER — zerlegt Fleisch

SCHWANZFORM

Der Schwanz hilft dem Vogel, den Flug zu steuern und abzubrechen, ist aber oft auch zur Balz ausgebildet. Seine Form und Proportion sind entscheidend bei der Zuordnung eines Vogels zu einer Familiengruppe. Man beachte auffällige Formen, etwa einen tiefen Einschnitt, lange Außenfedern oder eine breite Fächerform.

SCHWANZMEISE — sehr lang und dünn
KOHLMEISE — mittellang und eingeschnitten
BUCHFINK — mittellang, am Ende gerade
RAUCHSCHWALBE — lang und tief gegabelt
REBHUHN — kurz und gerundet
FASAN — lange Spitze mit breiter Basis
ROTMILAN — eingeschnitten, breit und oft etwas gedreht

FLÜGELFORM

Sie hängt davon ab, wie der Vogel fliegt: Gleitflieger haben längere und schlankere Flügel als kleine rundflügelige Vögel mit raschen Flügelschlägen. Für die Bestimmung der meisten kleinen und rasch fliegenden Vögel ist die Flügelform von geringem Wert, denn man kann davon nicht viel sehen.

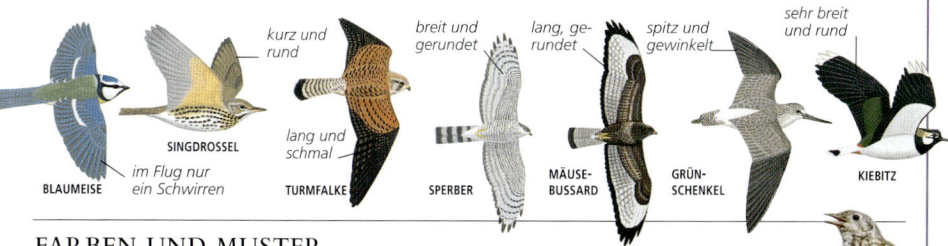

BLAUMEISE — im Flug nur ein Schwirren
SINGDROSSEL — kurz und rund
TURMFALKE — lang und schmal
SPERBER — breit und gerundet
MÄUSEBUSSARD — lang, gerundet
GRÜNSCHENKEL — spitz und gewinkelt
KIEBITZ — sehr breit und rund

FARBEN UND MUSTER

Sind es Striche, Bänder oder Flecken? Sind sie auf dem Flügel, Rücken, Bürzel oder Kopf? Kopfzeichnungen können sehr komplex sein: Ein Vogel kann einen zentralen Streifen auf dem Kopf haben (Scheitelstreif), an jeder Kopfseite, über dem Auge (Überaugenstreif), durch das Auge (Augenstreif); am Unterrand der Wangen (Bartstreif); einen breiten Streifen darunter und einen dunklen Strich von der Schnabelbasis auf jeder Seite der Kehle (Zügelstreif).

BUCHFINK — Bürzelfärbung, Schwanzmuster, Überaugenstreif, Augenstreif, Flügelmuster
ZAUNAMMER
HECKENBRAUNELLE — Streifen
MISTELDROSSEL — Flecken, Augenring
ROTHUHN — Bänderung

VERHALTEN

Das Verhalten eines Vogels wird rasch eine wichtige Hilfe: Die Art, wie ein Rotkehlchen mit seinem Schwanz wippt oder eine Amsel den Schwanz rasch hebt und ihn langsam senkt, wenn sie landet, sind echte Anhaltspunkte. Die meisten Arten zeigen solche Merkmale, aber manchmal ist das Ganze auch ein undefinierbarer erster Eindruck; Einzelheiten ergeben sich durch Erfahrung im Freien und lassen sich dann beschreiben.

KLETTERER
Baumläufer klettern fast ausschließlich auf Stämmen, oft spiralförmig bis zu den höheren Ästen.

SCHWERFÄLLIG
Sperbergrasmücken bewegen sich etwas schwerfällig durch die Büsche.

SCHILPEN
Sperlinge sind gesellige und lebhafte Vögel, die in dicht gepackten Schwärmen oft endlos schilpen.

Gründeln

HEIMLICH
Als ruhiger, wenig auffälliger Vogel hüpft die Heckenbraunelle auf dem Boden meist sehr dicht an Büschen.

AUF DER HUT
Kohlmeisen sind keck und aktiv, bewegen sich hüpfend zwischen ihren Sitzplätzen.

KOPFUNTER
Die Brandgans gründelt, um Nahrung unter Wasser zu erreichen, die durch Schnattern auf der Oberfläche nicht aufgenommen werden kann.

WATVOGEL
Der Stelzenläufer erreicht Nahrung auf der Wasseroberfläche, indem er weit vom Ufer auf seinen extrem langen Beinen im Wasser watet.

FLUG

Oft sieht man Vögel nur im Flug. Daher ist die Flugweise ein besonders wichtiger Anhaltspunkt. Es gibt eine große Palette von Eigenheiten. Sieht man einen unbekannten Vogel, sollte man sich gleich notieren, ob er auf langen Gleitstrecken mit ausgebreiteten Flügeln fliegt oder mit gleichmäßigen Flügelschlägen oder ob er zwischen Pausen Phasen rascher Flügelschläge einschaltet, wenn seine Flugbahn in Wellenform auf- und absteigt. Werden die Flügel gerade gehalten oder sind sie gebogen? Sind die Flügelschläge tief greifend oder nur flach? Rüttelt der Vogel oder taucht er steil ab?

RÜTTELN
Turmfalken jagen aus der Luft. Wenn keine Ansitzwarte in der Nähe ist, bleiben sie mit raschen Flügelschlägen wie festgeheftet in der Luft stehen.

GLEITFLUG
Mit seinen langen, breiten Flügeln mit den gefingerten Spitzen kann der Schmutzgeier gut lange, energiesparende Gleitstrecken zurücklegen.

WIRBELNDE SCHWÄRME
Stieglitze bewegen sich elegant und leicht mit wellenförmigem Auf und Ab in der Luft.

GEORDNETE FLUGMANÖVER
Dicht gepackte Watvogelschwärme fliegen in wundervoll synchronisierten Manövern, wohlgeordnet ohne einen Zwischenfall.

BEOBACHTUNGSBEDINGUNGEN

Sichtbedingungen sind wichtig. Oft wird vergessen, dass ein weißer Vogel dunkel aussieht, wenn er gegen den hellen Himmel zu sehen ist, wohingegen ein dunkelbrauner Vogel oft blass wirkt gegen eine winterliche Hecke. Weiße Möwen können in der tief stehenden Abendsonne im Sonnenlicht orangefarben leuchten und blau auf der Schattenseite. Merkwürdigerweise lassen sich auch bei schlechtem Licht im Regen oder bei Schneefall die feinen Unterschiede der grauen und weißen Partien gut erkennen.

MORGENDÄMMERUNG
Schwaches Licht im Dunst mit einem rötlichen Schein ist nicht günstig, um Einzelheiten zu erkennen.

NEBLIGER MORGEN
Nebel und Dunst machen einen Vogel zwar groß, verbergen aber Einzelheiten der Farben.

MORGENLICHT
Niedriger Lichteinfall kann die Kontraste überhöhen, die Klarheit ist jedoch perfekt für Details.

MITTAG
Hoch stehende Sonne kann dunkle Schatten werfen und die Farben auf der Oberseite »ausbleichen«.

GEGEN DIE SONNE
In die helle Sonne sehen bringt kaum mehr als die dunkle Silhouette, sogar bei einem hellen Vogel.

ABENDLICHT
Warmes, weiches Licht, doch beachte man Orangetönung vieler Farben.

JAHRESZEIT

Ähnliche Arten lassen sich oft auch anhand der Jahreszeiten trennen. Eine Stelze mit gelber Unterseite kann eine Schafstelze oder eine Gebirgsstelze sein. Im Winter gibt es aber nur eine Möglichkeit, da Schafstelzen nach Afrika ziehen. Kleine braune, gestrichelte Pieper sind schwierig zu unterscheiden, weil sowohl Wiesen- als auch Baumpieper in den meisten Ländern Europas von Frühling bis Herbst möglich sind.

in Westeuropa das ganze Jahr

WIESENPIEPER

in West- und Mitteleuropa nur im Sommer

BAUMPIEPER

AUSRÜSTUNG

Ein Fernglas ist so gut wie unabdingbar; ein Teleskop (Spektiv) nicht. Man teste Ferngläser vor dem Kauf, etwa 8 × 40, 10 × 40 oder 10 × 50 (die erste Zahl nennt die Vergrößerung – man wähle nicht mehr als 10-fach –, die zweite ist der Durchmesser der großen Linse in mm). Höhere Vergrößerung bedeutet größere Abbildung, doch die Ferngläser sind schwerer ruhig zu halten und die Fokussierung enger begrenzt.

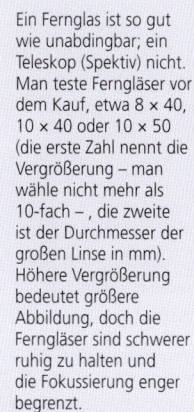

FERNGLAS

40-mm-Linse

TELESKOP

Objektiv

gewinkelter Einblick

hochauflösender digitaler Sensor

DIGITALKAMERA

KEINE VERGRÖSSERUNG

7-FACH

10-FACH

IM GELÄNDE

Der Vogelbeobachtung kann man sich fast überall bei Tageslicht widmen: vom Küchenfenster, vom Bus, vom Büro aus. Um aber eine größere Vielzahl an Vögeln zu sehen, ist mehr Einsatz nötig – allein schon, um ihre Lebensräume aufzusuchen. Durch Zufall wird man nur wenigen Arten begegnen; besucht man jedoch einen See oder eine Flussmündung, wird man oft reichlich belohnt. Sicherheitsvorkehrungen sind zu beachten, wenn man sich in exponiertem Gelände oder abgelegenen Gebieten bewegt. Wenn man einem Vogel behutsam nachspürt und sich für längere Zeit ruhig verhält, ist Tarnkleidung nicht nötig.

GÄRTEN UND PARKS

Gartenvögel lieben Büsche und hohe Hecken, in denen sie Nahrung und Deckung finden. Sie können aber auch auf dem Rasen Nahrung suchen (Amsel, Singdrossel, Star), in einem frisch umgegrabenen Blumenbeet (Amsel, Rotkehlchen, Heckenbraunelle), in Büschen (Rotkehlchen, Zaunkönig, Grünfink) oder auf dem Boden darunter (Heckenbraunelle, Buchfink, Amsel). Einige besuchen Futterstellen (Buchfink, Star, Türkentaube, Haussperling). Gartenteiche ziehen viele Vögel zum Trinken und Baden an, und wenn man großes Glück hat, stattet auch einmal ein Eisvogel oder ein Graureiher einen kurzen Besuch ab. Größere Gartenteiche können für Stockenten, Teichhühner, Blässhühner, Lachmöwen oder Bachstelzen interessant sein.

FUTTERGERÄTE
Einige Gartenvögel wie Blau- und Kohlmeise, Grünling und Erlenzeisig bevorzugen hängende Futtergeräte.

DROSSELN
Arten der Drosselfamilie wie hier ein Weibchen der Amsel suchen im Herbst und bei kaltem Wetter im Winter eifrig nach Beeren.

GIMPEL
Gärten mit dichten Hecken und Büschen bilden willkommene Nahrungsgründe für den prächtigen Gimpel.

BERGE UND HOCHMOORE

Vögel in Bergen und Mooren neigen dazu, in großer Entfernung abzufliegen. Die Ringdrossel verschwindet oft hinter dem nächsten Grat, bevor man sie richtig gesehen hat. Wiesenpieper und Feldlerche singen jedoch im Flug und sind leicht zu hören und zu sehen. Unter größeren Vögeln im Moor kann man den Großen Brachvogel und ausnahmsweise den Goldregenpfeifer entdecken. Um Greifvögel wie Mäusebussard, Kornweihe oder Merlin zu sehen, muss man

aufmerksam sein und den Horizont regelmäßig absuchen. Um Steinadler zu entdecken, prüft man die höchsten Gipfel selbst aus einer Entfernung von 3 bis 5 km, man wird nur schwer näher herankommen.

MOORE
Das Moorschneehuhn ist ein typischer Vogel der Heideflächen in Nordeuropa und Großbritannien, kenntlich am gedrungenen Körper, dem kleinen Kopf und seiner Tarnfarbe.

GEBIRGE
Nur wenige Vögel können an hohen Bergen überleben, doch diese Alpendohlen sind auf einigen der höchsten Gipfel der Welt zu beobachten.

FLUSSMÜNDUNGEN UND KÜSTE

Küstenlinien sind aufregende Plätze, um Vögel in großen Mengen zu beobachten, besonders steile Felsküsten (als Brutplätze im Sommer) oder bei hohem Tidengang (der große Flächen mit Nahrung freilegt). Auf Muschel- und Sandbänken finden sich Seeschwalben und Sandregenpfeifer. Zu allen Zeiten sind an Flussmündungen und auf Schlammflächen Möwen und einige Watvögel anzutreffen; im Herbst und Frühjahr wächst ihre Zahl gewaltig an. Sie formieren sich zu einem überwältigenden

Anblick von Tausenden von Knutts, Austernfischern und Alpenstrandläufern und Hunderten von Kiebitzregenpfeifern, Brachvögeln, Pfuhlschnepfen und weiteren Arten. Auch Entenvögel sammeln sich hier in beachtlicher Zahl, etwa große Trupps von Pfeifenten, Stockenten, Spießenten und Ringelgänsen.

Man achte darauf, brütende Vögel an Stränden im Sommer nicht zu stören. Besonders vorsichtig muss man auf Flächen sein, die von der Flut überspült oder abgeschnitten werden.

WATVÖGEL
Eine Uferschnepfe sondiert nach Würmern im Schlamm; diesen Vogel trifft man daher kaum an einer steinigen Küste oder Felsen.

FLUSSMÜNDUNG
Der an wirbellosen Kleintieren und pflanzlichem Leben reiche Schlamm lockt Zehntausende von Vögeln wie diese Austernfischer an.

SEEVOGELKOLONIEN AM KLIFF
Trottellummen brüten im schottischen Fowlsheugh Nature Reserve auf einem Kliff. Bei solchen Kliffen finden sich im Sommer auch Eissturmvögel, Tordalken und Möwen ein, manchmal sogar Tölpel und Papageitaucher.

WÄLDER

Vogelbeobachten in Wäldern ist nicht einfach: Im Sommer verbirgt das dichte Laub die meisten Vögel, im Winter gibt es wenig Vögel in geringer Dichte, die sich oft in herumstreifenden Trupps zusammenschließen. Am besten ist das Frühjahr, wenn Zugvögel den ganzen Tag singen und das Laub noch nicht so dicht ist. Man lernt am besten einige Gesänge. Gehen Sie langsam und vermeiden Sie, auf einen Ast zu treten. Man sollte sich auch nicht mit einem Teleskop abplagen; am besten sind Ferngläser mit einem großen Blickfeld und guter Naheinstellung. Im Winter folge man den Rufen von Blau- und Schwanzmeisen: Sie können zu einem gemischten Trupp auf Nahrungssuche führen. Man muss aber schnell schauen, denn die Vögel fliegen in Sekundenschnelle weg.

SANGESZEIT
Im dichten Wald ist ein gutes Ohr wichtig. Waldlaubsänger singen in einem dichten Laubdach über einem fast vegetationsfreien Waldboden, auf dem sie ihr Nest anlegen.

WINTER
Wenn die Bäume kahl sind, sind Vögel wie der Buntspecht leichter zu sehen als im Sommer.

FELDFLUR

Obwohl die intensive Landwirtschaft auf weiten Flächen fast alles Leben beseitigt hat, leben doch noch viele Vögel in Landschaften mit Grünland und Äckern.

Im Frühling hört man den wirbelnden Gesang der Feldlerche und mit etwas Glück kann man auch balzende Kiebitze beobachten. Reb- und Rothühner rufen am Abend. Hecken sind für Vögel wie Goldammer und Bluthänfling wichtig. Wenn man im Winter Brachflächen oder Stoppel-äcker (bei den heutigen Wirtschaftspraktiken kaum mehr vorhanden) findet, kann man Schwärme von Finken, Sperlingen oder Ammern treffen, unter denen Bergfinken, Feldlerchen, Rohrammern, Goldammern und Haussperlinge zu entdecken sind. Sorgfältige Beobachtung von Fußwegen und Straßenrändern auf gleicher Höhe kann einen Blick durch Hecken verschaffen, durch den man, wenn man Störung vermeidet, auch aus größerer Nähe die Vögel sieht.

SCHWARM AUF NAHRUNGSSUCHE
Offene Flächen mit vielen samentragenden Pflanzen locken große Finkenschwärme an.

STEPPE
Nur an wenigen Stellen genügt den Großtrappen noch das bewirtschaftete Steppenland. Sie wurden durch intensive Bodennutzung meist vertrieben.

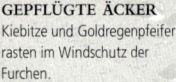

GEPFLÜGTE ÄCKER
Kiebitze und Goldregenpfeifer rasten im Windschutz der Furchen.

STEHENDE BINNENGEWÄSSER

Offenes Wasser übt auf Vögel immer große Anziehungskraft aus. Natur- und Stauseen weisen meist mehr als die zu erwartenden Wasservögel auf und sind oft die lohnendsten Vogelbeobachtungsplätze im Binnenland. Die Ufer können grasbewachsen sein, für durchziehende Stelzen, Pieper und Ammern attraktiv, während über dem Wasser verschiedene

SEGGENBEWOHNER
Es ist fast unmöglich, eine Zwergschnepfe zu sehen, wenn man sie nicht aufschreckt.

Schwalben und Mauersegler jagen. Sogar Betonufer haben einige Vögel (Bachstelzen, vielleicht auch Flussuferläufer). Stege, Flöße und Bojen locken rastende Möwen, Seeschwalben und Kormorane an. Auf dem Wasser finden sich Möwen und Enten, an den Ufern sind Kampfläufer, Grünschenkel, Flussregenpfeifer, Alpenstrandläufer und Flussuferläufer zu sehen. Büsche am Ufer sind oft voller Insekten und locken frühe Durchzügler im Frühling an.

JÄGER
Ein Fischadler, der herunterstößt, um einen Fisch zu packen.

HEIDE

Heideflächen sind besondere Lebensräume: offene Flächen, die mit Heidekraut und Stechginster und auch einigen Kiefern und Birkenbüschen bewachsen sind. Auf den Spitzen der Büsche kann man Schwarzkehlchen, Bluthänflinge oder Goldammern sehen. In dichten Büschen leben Laubsänger und Grasmücken. Ziegenmelker erscheinen erst bei Dämmerung und bieten ein besonderes Erlebnis, wenn sie minutenlang schnurren und in akrobatischem Flug Falter verfolgen. Kleinvögel, Schmetterlinge und Libellen locken Baumfalken an, Mäusebussarde und Turmfalken sind aber häufiger. In Mittelmeerländern lebt in trockenen Heidelandschaften eine besondere Gruppe von Kleinvögeln, wie Weißbartgrasmücke, Samtkopfgrasmücke, Ortolan, Heidelerche und Brachpieper; Zwerg- und Habichtsadler fliegen darüber.

SINGPLATZ AUF DEM BUSCH
Für gewöhnlich sind Provence-grasmücken heimlich und scheu im dichten Busch, sie sind aber leichter zu sehen, wenn sie im Frühsommer auf einem Busch singen.

AUF DEM BODEN
Ziegenmelker kann man nur dann leicht sehen, wenn sie abends im Flug zu singen und zu jagen beginnen.

DIE ARTEN

SCHWÄNE, GÄNSE, ENTEN

DIESE GROSSE GRUPPE von Wasservögeln kann man in verschiedene Gruppen einteilen; einige Arten liegen »dazwischen«. Alle haben Schwimmhäute, ziemlich kurze, aber spezialisierte Schnäbel und schwimmen gut, wenn auch manche Arten längere Zeit an Land verbringen.

MEERESENTEN
Die Eiderente ist ein Meeresvogel in Nord- und Westeuropa, der vor allem von Muschelbänken lebt.

ENTEN
Die beiden Hauptgruppen sind Schwimm- oder Gründelenten und Tauchenten. Gründelenten suchen Nahrung an Land oder von der Wasseroberfläche (Wassersieben mit dem Schnabel, Aufpicken von Sämereien, Abpflücken von Pflanzen), manchmal im Gründeln (Kopfende steckt unter Wasser), selten im Tauchen. Tauchenten suchen Nahrung unter der Wasseroberfläche, tauchen aus dem Schwimmen heraus; einige leben von tierischer, andere von pflanzlicher Nahrung.

BRANDENTEN
Einige größere Arten fallen in ihren Eigenschaften zwischen Enten und Gänse. Sie sind gut zu Fuß auf relativ langen Beinen und haben einen langen Hals.

GÄNSE
Gänse sind meist groß und leben mehr an Land. Sie suchen auf trockenem Untergrund oder in Feuchtwiesen nach Nahrung und kommen jede Nacht aufs Wasser, um sicher zu ruhen. Sie fliegen in großen Trupps unter lauten Rufen.

SCHWÄNE
Im Alterskleid sind alle europäischen Schwäne weiß. Sie haben einen längeren Hals als Gänse, sind stärker ans Wasser gebunden, ernähren sich aber auch von Pflanzen auf festem Grund, oft in gemischten Trupps.

schwarzer Stirnhöcker

Langer gelber Keil an der Schnabelseite reicht über die Nasenlöcher hinaus.

HÖCKERSCHWAN
S. 27

Runder gelber Schnabelfleck reicht nicht bis zum Nasenloch.

ZWERGSCHWAN
S. 28

SINGSCHWAN
S. 29

23

ANATIDAE *Fortsetzung*

Runder, sehr dunkler Kopf kontrastiert mit hellerer Brust.

weiße Stirnblässe

Beine gelborange

SAATGANS
S. 30

KURZSCHNABELGANS
S. 31

BLÄSSGANS
S. 32

großer Schnabel orange

weißer Kinnstreifen

Rücken blaugrau mit schwarz-weißen Streifen (bei Jungvögeln unregelmäßig)

GRAUGANS
S. 33

KANADAGANS
S. 34

WEISSWANGENGANS
S. 35

roter Stirnhöcker

kein Schnabelhöcker

Körperende weiß

♂

♀

RINGELGANS
S. 36

BRANDGANS
S. 37

Kopf und Nacken
kastanienbraun

Körper fleckig grau und
rostbraun; Beine dunkel

weißer Fleck

♀

♂

schwarz

♂

♀

PFEIFENTE
S. 38

SCHNATTERENTE
S. 39

leuchtend grüner Fleck
am Hinterflügel

Kopf grün

Schnabel braun, grau
oder oliv, orange-
farbene Marken

♂

♀

♂

♀

KRICKENTE
S. 40

Körper braun
gestrichelt,
Beine grau

STOCKENTE
S. 41

langer schwarzer
Schwanzspieß

Schwanz spitz

über den Augen
kräftiger weißer
Streifen

Gefieder hell
braunfleckig

♂

♀

♂

♀

SPIESSENTE
S. 42

KNÄKENTE
S. 43

Kopf schwarz-
grün

Körper hellbraun
gestreift

Kopf lebhaft
rotbraun

Kopf braun

♂

♀

♂

♀

LÖFFELENTE
S. 44

TAFELENTE
S. 45

im Nacken
flatternde
Federhaube

im Nacken
kurze Haube

Kopf schwarz
mit grünem
Schimmer

Kopf
dunkelbraun

♂

♀

♂

♀

REIHERENTE
S. 46

BERGENTE
S. 47

25

ANATIDAE *Fortsetzung*

Kopf lang, keilförmig, mit grünem Fleck

Körper eng braun gebändert

runder orangefarbener Schild und roter Schnabel

rostbraune Bänderung

♂ ♀ ♂ ♀

EIDERENTE
S. 48

PRACHTEIDERENTE
S. 49

lange Schwanzspitze biegsam

dicker Schnabel dunkel

Körper einheitlich schwarz, Flügel etwas heller (im Sommer brauner)

untere Gesichtshälfte grauweiß

♂ ♀ ♀

EISENTE
S. 50

TRAUERENTE
S. 51

Schnabelseiten gelb

dunkler Schnabel zu langer Spitze ausgezogen

Kopf grün schillernd, großer weißer Fleck

Kopf dunkelbraun

♂ ♀ ♂ ♀

SAMTENTE
S. 52

SCHELLENTE
S. 53

Weiße Haube fällt über schwarzen Nackenfleck.

braune Kappe

flexible Haube am grünschwarzen Kopf

zerschlissene Haube

♂ ♀ ♂ ♀

ZWERGSÄGER
S. 54

MITTELSÄGER
S. 55

Kopf schwarzgrün

Kopf dunkelbraun

Schnabel blau

Körper dunkel-graubraun

♂ ♀ ♂ ♀

GÄNSESÄGER
S. 56

SCHWARZKOPF-RUDERENTE
S. 57

| Ordnung **Anseriformes** | Familie **Anatidae** | Art **Cygnus olor** |

Höckerschwan ⑥

Gefieder graubraun, bekommt weiße Flecken

Schnabel grau

JUNGVOGEL

schwarzer Stirnhöcker

Schnabel rotorange, meist abwärts gerichtet

Hals gestreckt

Gefieder reinweiß

ALTVOGEL

IM FLUG

Schwanz relativ lang zugespitzt

ALTVOGEL

Hals lang, oft gebogen, auch gestreckt

Die vertrauten großen weißen und auch aus weiter Entfernung kenntlichen Höckerschwäne sind meist ganz zahm. Ihr Verhalten und die Wahl ihres Lebensraums kennzeichnen sie fast als halb domestiziert. Revierpaare sind aggressiv, auch gegenüber Menschen und ihren Hunden, mit lautem Zischen und eindrucksvoller Drohhaltung bei angehobenen Flügeln greifen sie an. In Niederungen suchen sie in kleinen Gruppen auch auf trockenem Grund Nahrung, wie dies für Sing- und Zwergschwan üblich ist.

STIMME: Unterdrückte trompetende, zischende Laute.

BRUTBIOLOGIE: Das Nest ist ein großer Haufen in Wassernähe; bis 8 Eier; 1 Jahresbrut; März bis Juni.

NAHRUNG: Weidet auf kurzrasigen Flächen nahe und weiter ab vom Wasser, holt Pflanzen aus dem Flachwasser oder gründelt in tieferem Wasser.

FLUG: Wirkt schwer mit kräftigen Flügelschlägen, Hals gestreckt, melodisches Fluggeräusch.

DROHHALTUNG
In aggressiver Haltung hebt der Höckerschwan seine Flügel wie Segel, senkt seinen Kopf und zischt laut.

SCHUTZ FÜR DIE JUNGEN
Kleine Küken suchen Schutz und Zuflucht zwischen den Flügeln eines Elternvogels.

NEST
Das Nest ist ein großer Haufen aus Pflanzenteilen meist nahe am Wasser. Das Weibchen legt bis zu 8 Eier und bebrütet sie allein.

VORKOMMEN
Viele brüten an Parkseen und kleinen Teichen, andere an Naturseen, Staubecken und Flüssen in fast allen Teilen Westeuropas, auch häufig an geschützten Küsten und in sumpfigen Feuchtgebieten. Schließt sich auch mitunter anderen Schwänen beim Weiden auf Grasflächen an.

In Mitteleuropa zu sehen
| J | F | M | A | M | J | J | A | S | O | N | D |

ÄHNLICHE ARTEN

ZWERGSCHWAN (S. 28)
Schnabel gelb und schwarz

Kopf keilförmig

Schnabel gelb und schwarz

kleiner

SINGSCHWAN (S. 29)

| Körperlänge **1,40–1,60 m** | Flügelspannweite **2,10–2,40 m** | Gewicht **10–12 kg** |
| **Kleine Trupps** | Lebensdauer **15–20 Jahre** | **Bestand gesichert** |

Ordnung **Anseriformes**	Familie **Anatidae**	Art **Cygnus columbianus**

Zwergschwan 8

ALTVOGEL

Hals ziemlich dick

IM FLUG

Beine dunkel, selten gelb

kurzer, eckiger Schwanz

Flügel dicht angelegt

Gefieder reinweiß

Kopf gerundet

runder gelber Schnabelfleck reicht nicht bis zum Nasenloch

Schnabel konkav

Schnabel blass mit dunkler Spitze

Körper mattgrau

IMMATUR

ALTVOGEL

FLUG: Geradlinig und kraftvoll, regelmäßige Flügelschläge, aus der Nähe nur leise pfeifendes Fluggeräusch.

Der Zwergschwan ist der kleinste der Schwäne und wirkt recht gedrungen, zeitweise kann er aber auch überraschend schlankhalsig wirken. Im Gegensatz zum Höckerschwan ist er ein völlig wild lebender Schwan, obwohl man an bestimmten Stellen im Winterquartier, an denen er gefüttert wird, nahe an ihn herankommen kann. Er lässt oft seine Stimme hören, besonders im Trupp kann man den Chor der sich verständigenden Schwäne häufig weit über die winterliche Landschaft vernehmen.

STIMME: Laute trompetenartige Rufe, aber weniger durchdringend als beim Singschwan; oft weichere und leisere »Unterhaltungslaute« aus einem Trupp.

BRUTBIOLOGIE: Das Nest ist ein Haufen aus Grashalmen und Pflanzenstängeln am Rand eines Tümpels in der Tundra; 3–5 Eier; 1 Jahresbrut; Mai bis Juni.

NAHRUNG: Weidet oft auf Wiesen oder holt Körner von Äckern, in gepflügten Feldern auch Wurzeln; weniger häufig Wasserpflanzen.

GEMISCHTER TRUPP
In manchen Schutzgebieten kann man Zwergschwäne zusammen mit Höcker- und Singschwänen in gemischten Trupps aus der Nähe beobachten. Sonst sind sie scheu.

GELBER SCHNABEL
Jeder Schwan mit gelber Schnabelbasis ist ein wild lebender Zugvogel nach Westeuropa, nämlich ein Sing- oder Zwergschwan.

VORKOMMEN
Brütet in Nordsibirien und zieht im Herbst in die Tiefländer Westeuropas, meist auf Ackerland, für gewöhnlich in traditionelle Gebiete, die Jahr für Jahr aufgesucht werden. Konzentriert sich auch in Schutzgebieten, in denen er gefüttert wird.

In Mitteleuropa zu sehen
J F M A M J J A S O N D

ÄHNLICHE ARTEN

SINGSCHWAN (S. 29)

Schnabel länger, eher gelb

Schnabel orange-rot

größer

Schwanz zugespitzt

größer

HÖCKERSCHWAN (S. 27)

Körperlänge **1,15–1,27 m**	Flügelspannweite **1,80–2,10 m**	Gewicht **5–6,5 kg**
In Trupps	Lebensdauer **bis 10 Jahre**	**Nur lokal in Europa**

Ordnung **Anseriformes**	Familie **Anatidae**	Art ***Cygnus cygnus***

Singschwan 〔7〕

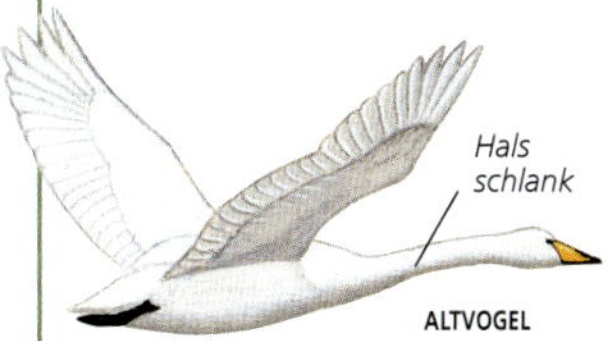

Langer gelber Keil an der Schnabelseite reicht über die Nasenlöcher hinaus.

ALTVOGEL STARTEND

Hals lang

Schnabelspitze gelb

Hals schlank

ALTVOGEL

IM FLUG

Gefieder reinweiß

Stirnlinie flach

Schwanz kurz

Körper grau

Schnabel waagerecht, fleischfarben oder bräunlich, schwarze Spitze

kurze Beine

JUNGVOGEL

ALTVOGEL

Der Singschwan ist eine größere Version des Zwergschwans, brütet aber weniger weit nördlich und überwintert meist in gesonderten Gebieten, kann jedoch an manchen Plätzen auch mit Höcker- und Zwergschwan zusammen angetroffen werden. Der Singschwan ist ein wild lebender, scheuer Vogel, dem man sich nicht so stark nähern kann wie dem Höckerschwan. Er ist wie der Zwergschwan mehr ans Land gebunden. Obwohl von gleicher Größe, ist der Singschwan beweglicher als der Höckerschwan, doch fehlt ihm der elegant gebogene Hals; er hält seinen Hals gerade und seinen Kopf waagerecht. Es fehlt ihm auch die lebhafte Schnabelfärbung des Höckerschwans.

STIMME: Lauter Trompetenruf, etwas tiefer als Zwergschwan und oft drei oder vier Silben statt zwei.

BRUTBIOLOGIE: Das Nest ist ein großer Hügel aus Gras und Rohrhalmen nahe am Wasser oder am Grund eines seichten Sees; 5–8 Eier; 1 Jahresbrut; April bis Juni.

NAHRUNG: Weidet niedrige Blätter und Halme auf dem Land, gräbt auch Wurzeln und Feldfrüchte aus; im Sommer Wasserpflanzen.

FLUG: Kräftig und geradlinig, regelmäßige Flügelschläge, nur geringes Fluggeräusch.

HALS GESTRECKT
Singschwäne haben lange, schlanke Hälse, die bei Aufmerksamkeit gestreckt werden, der Kopf ist waagerecht gehalten.

DICHT GEDRÄNGT IN TRUPPS
Singschwäne kann man in einigen Reservaten, in denen Futter ausgelegt wird, in dicht gedrängten Schwärmen beobachten.

VORKOMMEN
Brütet auf abgelegenen Seen in Skandinavien und Island; im Winter lokal von Nordwest- über Mittel- bis Südeuropa auf großen Seen und Feuchtgebieten. Überwintert in zunehmender Zahl zusammen mit Zwergschwan in Schutzgebieten und profitiert dort von Winterfütterung.

ÄHNLICHE ARTEN

ZWERGSCHWAN (S. 28)
am Schnabel weniger gelb
Hinterkopf runder
kleiner
Schwanz kurz

HÖCKERSCHWAN (S. 27)
Schnabel rotorange

In Mitteleuropa zu sehen
| J | F | M | A | M | J | J | A | S | O | N | D |

Körperlänge **1,40–1,60 m**	Flügelspannweite **2–2,35 m**	Gewicht **9–11 kg**
In Trupps	Lebensdauer **bis 10 Jahre**	**Bestand gesichert**

Ordnung **Anseriformes**	Familie **Anatidae**	Art *Anser fabalis*

Saatgans

breite dunkle Schwanzbinde

Flügel dunkelgrau

dünne weiße Schwanzspitze

Hals lang gestreckt

ALTVOGEL

IM FLUG

Kopf dunkelbraun

längeres Kopf-Schnabel-Profil als bei Zwerggans

über dem schwarzen Rücken cremefarbene Streifen (bei jungen weniger regelmäßig)

schwarzer Schnabel mit orangefarbenem Band

Brust blassbraun

Beine gelborange

ALTVOGEL

Diese große, gesellige Gans sucht traditionelle Winterquartiere auf. Jahr für Jahr suchen Saatgänse an denselben Feldern nach Nahrung und ruhen auf demselben See. Die dunkle, braune Gans kommt in zwei Formen vor, einer langhalsigen und langschnäbeligen und einer mit kürzerem Hals, die eher einer Kurzschnabelgans gleicht. Mit Ausnahme der Niederlande ist die Saatgans nicht sehr häufig und bildet gewöhnlich keine großen Schwärme. Ihr langer dunkler Hals und ihr deutlich gebänderter Rücken helfen, sie in Schwärmen von Blässgänsen zu entdecken.

STIMME: Tiefe zwei- oder dreisilbige trompetende Rufe wie *ang-ang* oder *ank-ak ak*.

BRUTBIOLOGIE: Das Nest ist eine mit Dunen ausgelegte Mulde auf dem Boden nahe einem Moorsee in der offenen Tundra oder einer Waldlichtung; 4–6 Eier; 1 Jahresbrut; Juni.

NAHRUNG: Grast auf kurzrasigen Grünflächen; nimmt Körner und Wurzeln von Stoppeläckern auf.

FLUG: Kraftvoll und geradlinig, langer Hals auffallend, in Ketten oder Keilen.

SCHWÄRME
Saatgänse suchen in Schwärmen auf Feldern nach Nahrung, auch mit anderen Gänsen untermischt.

VORKOMMEN
Brütet in Nordskandinavien auf Hochmooren und an Tundratümpeln. Im Winter meist um Ost- und Nordsee, im Binnenland Mitteleuropas und in Osteuropa.

ÄHNLICHE ARTEN	

KURZSCHNABELGANS (S. 31)

grauer und heller

Schnabel blass

Rosa auf kurzem Schnabel

Beine rosa

GRAUGANS, Flügel im Flug hellgrau, (S. 33)

Beine rosa

UNTERARTEN

A. f. rossicus (Nordwestsibirien)

Schnabel kürzer, orangefarbener Fleck kleiner

Hals kürzer

In Mitteleuropa zu sehen
J F M A M J J A S O N D

Körperlänge **66–84 cm**	Flügelspannweite **1,45–1,75 m**	Gewicht **2,6–3,2 kg**
In Schwärmen	Lebensdauer **bis 10 Jahre**	**Bestand gesichert**

| Ordnung **Anseriformes** | Familie **Anatidae** | Art *Anser brachyrhynchus* |

Kurzschnabelgans

schmale schwarze Schwanzbinde

Runder, sehr dunkler Kopf kontrastiert mit hellerer Brust.

hellgrauer Rücken weiß gebändert (brauner und weniger deutlich bei Jungvögeln)

Flügel hellgrau

ALTVOGEL

breite weiße Schwanz-spitze

IM FLUG

Schnabel klein mit rosa Band

an den Flanken dunklere Streifen

Beine blass bis lebhaft rosa

Unterflügel dunkel

ALTVOGEL

ALTVOGEL

Die Bestände haben in den letzten Jahrzehnten zugenommen. Kurzschnabelgänse findet man zu Zehntausenden an ihren Lieblingsplätzen. Besonders spektakulär sind die abendlichen Flüge zu den Übernachtungsplätzen, sofern die Gänse nicht bei Mondlicht auch die Nacht über den Ruheplätzen fernbleiben. Tagsüber suchen sie in dicht gedrängten Trupps auf Feldern nach Nahrung und sind manchmal schwer zu entdecken. Für gewöhnlich sind sie wachsam, sodass man ihnen nur schwer nahe kommt. **STIMME:** Wie Saatgans, doch höher und klangvoll *ahng-uk* und oft höher *uink-uink*. **BRUTBIOLOGIE:** Dunenbelegte Nester auf dem Boden in der offenen Tundra oder oben auf Felshängen; 4–6 Eier; 1 Jahresbrut; Juni bis Juli. **NAHRUNG:** Große Schwärme weiden Gras, sammeln Getreidekörner auf, Rübenkraut oder Kartoffeln.

FLUG: Geradlinig, kraftvoll; Hals und Kopf kurz; bildet lange Ketten und Keile.

NAHRUNGSSUCHE IN SCHWÄRMEN
Kurzschnabelgänse suchen gewöhnlich in großen, lärmenden Schwärmen nach Nahrung. Sie mischen sich oft unter andere Gänsearten.

ÄHNLICHE ARTEN

SAATGANS (S. 30)

Hals länger

dunkler und mehr braun

heller Schnabel kräftiger

größer

Beine orange

GRAUGANS (S. 33)

VORKOMMEN
Brütet in Grönland, Island und auf Spitzbergen. Zieht im Winter auf die Britischen Inseln und in die norddeutsche Tiefebene. Seen und Flussmündungsgebiete sowie flache Inseln vor der Küste sind Ruhegebiete; Nahrungsgründe: Wiesen und Felder an der Küste.

| In Mitteleuropa zu sehen |
| J F M A M J J A S O N D |

| Körperlänge **64–76 cm** | Flügelspannweite **1,35–1,60 m** | Gewicht **2,5–2,7 kg** |
| In großen Schwärmen | Lebensdauer **10–20 Jahre** | Bestand gesichert |

| Ordnung **Anseriformes** | Familie **Anatidae** | Art ***Anser albifrons*** |

Blässgans

breite dunkle Schwanzbinde

Hals gestreckt

ALTVOGEL

auf den
Flügeln grau

Körper olivbraun,
in greller Sonne
kein Grau

IM FLUG

auf dem Rücken
helle Bänder

weiße Stirnblässe

Schnabel rosa

auf der Unterseite
keine schwarzen
Streifen

Beine
orange

am Bauch
schwarze
Querstreifen

JUNGVOGEL

Schnabel
rosa mit
dunkler
Spitze

ALTVOGEL

Beine lebhaft orange

Die Blässgans ist eine der farbenfrohesten »grauen« Gänse und kommt jeden Winter in regelmäßige Winterquartiere. Die Schwärme locken oft andere Arten an und sind daher für Vogelbeobachter besonders interessant. Die relativ häufige Art unter verschiedenen Lichtbedingungen gut zu kennen ist wichtig, wenn man sie von anderen Gänsearten unterscheiden will.

STIMME: Hohe jodelnde, sich überschlagende Rufe: *kju-ju kju-ju, lo-lüok.*

BRUTBIOLOGIE: Das Nest ist am Boden mit Daunen ausgekleidet; 5–6 Eier; 1 Jahresbrut; Juni.

NAHRUNG: Weidet auf festem Boden und nimmt Gras, Wurzeln, Wintergetreide und andere Körner auf.

FLUG: Fliegt in Ketten, Keilen oder ungeordnet, Hals vorgestreckt.

UNTERART

A. a. flavirostris (Grönland)

breite
Bänder am
Bauch

Schnabel orange

GÄNSE AM WASSER
Wasser ist zum Trinken und auch als sicherer Zufluchtsort für die Nacht lebenswichtig. Überschwemmte Flächen, breite Flüsse oder Flussmündungen werden bevorzugt.

ÄHNLICHE ARTEN

GRAUGANS (S. 33)

größer

Beine rosa

ZWERGGANS (S. 410)

gelber
Augen-
ring

Schnabel
klein,
leuchtend
rosa

VORKOMMEN
Brütet in Grönland und im hohen Norden Russlands. Überwintert im Grünland und auf Salzwiesen in Großbritannien, Irland, Frankreich, Holland und Norddeutschland bis nach Osteuropa. Oft zusammen mit anderen Gänsen, manchmal in riesigen Scharen.

| In Mitteleuropa zu sehen |
| J F M A M J J A S O N D |

| Körperlänge **65–78 cm** | Flügelspannweite **1,30–1,65 m** | Gewicht **1,9–2,5 kg** |
| **In Schwärmen** | Lebensdauer **15–20 Jahre** | **Bestand gesichert** |

| Ordnung **Anseriformes** | Familie **Anatidae** | Art *Anser anser* |

Graugans

grauer Oberkopf
gerade

großer Schnabel
orange

Obertlügel
blasses Grau

Gefieder braun-grau
(bei Jungvögeln weniger
deutlich gebändert)

ALTVOGEL

Hals
gestreckt

großer Körper
grau

IM FLUG

Unterflügel hell

Beine rosa
(selten orange)

ALTVOGEL

Die Graugans ist die direkte Stammmutter der Hausgans und ähnelt
daher von allen grauen Gänsen den
Hausgänsen am meisten. Man kann sie
auch am leichtesten beobachten, denn
in vielen Teilen Europas wurde sie eingebürgert und lebt nun in halbzahmem
Zustand, auch in größeren Schwärmen als
Standvogel. Die Wintergäste und wilden
Brutvögel sind nach wie vor scheu. Graugänse brüten im Osten Mitteleuropas und
in Osteuropa in großen Feuchtgebieten.
STIMME: Laut und ganz ähnlich Hausgänsen *ahng-ahng-ahng, kang-ank*.
BRUTBIOLOGIE: Bodennest, das oft nur
spärlich mit Dunen ausgekleidet ist, oft auch
auf einer Insel; 4–6 Eier; 1 Jahresbrut; Mai
bis Juni.
NAHRUNG: Gräser und keimende Saat; gräbt
auch nach Wurzeln und Getreidekörnern.

ALTVOGEL

FLUG: Kräftig, Hals gestreckt; in Ketten oder Keilen.

LANGSAME FLIEGER
Im Flug sind Graugänse langsamer und wirken
schwerer als die anderen grauen Gänse. Sie fliegen
aber sehr akrobatisch, wenn sie vor der Landung aus
größerer Höhe heruntergehen.

VORKOMMEN
Als Brutvogel in Europa weitverbreitet. Große Scharen kommen im
Winter von Island nach Nordwesteuropa auf Weiden und Wiesen
nahe der Küste. Eingebürgerte,
wild lebende Vögel sind an einigen
Stellen häufig und sind dann meist
Standvögel.

| In Mitteleuropa zu sehen |
| J F M A M J J A S O N D |

ÄHNLICHE ARTEN

KURZSCHNABELGANS
(S. 31)

Kopf dunkler

kleiner

Kopf
dunkler

auf
dem Flügel
dunkler

Beine
orange

SAATGANS
(S. 30)

NAHRUNGSSUCHE
Beim Weiden nehmen Graugänse wie alle Gänse eine waagerechte
Haltung mit nach unten weisendem Kopf ein; sie zeigen dabei ein
auffallend abgesetztes weißes Hinterende.

| Körperlänge **75–85 cm** | Flügelspannweite **1,50–1,70 m** | Gewicht **2,9–3,7 kg** |
| In Schwärmen | Lebensdauer **15–20 Jahre** | Bestand gesichert |

| Ordnung **Anseriformes** | Familie **Anatidae** | Art *Branta canadensis* |

Kanadagans

Bürzel weiß

ALTVOGEL

IM FLUG

Unterschwanz
weiß

Schwanz
und Flügel
hochgestellt

ALTVOGEL

FLUG: Kräftig und schnell; gleichmäßiger Flügelschlag; oft in V-Form.

Schnabel
schwarz

weißer Kinnstreifen

Kopf und
Hals schwarz

brauner Körper
schwanenähnlich
(bei Jungvogel matter)

Brust
hell

Beine
schwarz

ALTVOGEL

Als Ziervogel wurde die Kanadagans aus Nordamerika nach Europa gebracht. In einigen Gebieten ist sie heimisch geworden als weitgehend zahmer Brutvogel mit nur noch wenig von der Romantik der »Wildgänse«. Die meisten haben ihre Zugbereitschaft verloren. In Stadtparks wird der bemerkenswert anpassungsfähige und erfolgreiche Vogel oft als Schmutzbringer oder Störenfried angesehen. Er verbastardiert sich oft mit ebenfalls eingebürgerten Gruppen von Graugänsen. Gleichwohl: Kanadagänse sind schöne Vögel.

STIMME: Tief und laut, zweisilbig und ansteigend *ah-ronk*.

BRUTBIOLOGIE: Das Nest ist eine mit Dunen ausgekleidete Bodenmulde, oft auf einer kleinen Insel; auch in lockeren Kolonien; 5–6 Eier; 1 Jahresbrut; April bis Juni.

NAHRUNG: Weidet Gras ab und nimmt Körner auf, auch Wasserpflanzen.

TRUPP AUF DEM WASSER
Trupps von Kanadagänsen kann man auf Teichen in ungestörter Umgebung sehen.

TROMPETENDE TRUPPS
Fliegende Trupps von Kanadagänsen erregen oft durch ihre trompetenden Rufe Aufmerksamkeit.

FAMILIENGRUPPE
Männchen und Weibchen sehen gleich aus; die Jungen sind eine dunklere Version ihrer Eltern.

VORKOMMEN
Meist auf den Britischen Inseln, in Skandinavien und im Süden Mitteleuropas in Feuchtgebieten, auf Baggerseen und Parkteichen und auf umliegendem Grasland. Sehr wenige Ausnahmegäste aus Nordamerika sind im Winter in Westeuropa zu sehen.

| In Mitteleuropa zu sehen |
| J F M A M J J A S O N D |

ÄHNLICHE ARTEN	
WEISSWANGEN-GANS (S. 35)	**BASTARD GRAUGANS X KANADAGANS**
Gesicht weiß	• undeutlicheres Gesichtsmuster
Brust schwarz	• Schnabel orange
kleiner und grauer	• oft Beine rosafarben

| Körperlänge **90–110 cm** | Flügelspannweite **1,45–1,80 m** | Gewicht **4,3–5 kg** |
| **In Schwärmen** | Lebensdauer **20–25 Jahre** | **Lokal vorkommend** |

| Ordnung **Anseriformes** | Familie **Anatidae** | Art ***Branta leucopsis*** |

Weißwangengans

schwarzer Augenfleck

kurzer Schnabel schwarz

weißes Gesicht mit cremefarbenem Anflug (Jungvögel reinweiß)

Hals und Brust mit Metallglanz

Flügel hellgrau

ALTVOGEL

ALTVOGEL

IM FLUG

Rücken blaugrau mit schwarz-weißen Streifen (bei Jungvögeln unregelmäßig)

starker Kontrast zwischen Flügel und Körper

Unterseite weiß

ALTVOGEL

ALTVOGEL

FLUG: Kräftig, schnell; Schwärme sind ungeordnet.

Weißwangengänse sind stark auf traditionelle Winterplätze konzentriert und vom Herbst bis zum Spätfrühjahr oft auf geschützten Flächen anzutreffen. Meist sind sie scheu und daher nur von Verstecken aus näher zu beobachten. Sie sind nicht so weitverbreitet wie Kanadagänse; manchmal gibt es einige Gefangenschaftsflüchtlinge und halbzahme Gruppen. Altvögel zeigen zwischen Ober- und Unterseite starken Kontrast, Jungvögel sind gedeckter gefärbt; ihnen fehlt auch der cremefarbene Ton des Gesichts der Altvögel.

STIMME: Raue, kurze bellende Rufe; in Schwärmen ein unmelodisches Schreien.

BRUTBIOLOGIE: Mit Dunen ausgepolstertes Nest auf dem Boden oder auf einem Felsband in der arktischen Tundra; 4–6 Eier; 1 Jahresbrut; Mai bis Juni.

NAHRUNG: Die großen Schwärme weiden auf Grasland, Kleefeldern und ähnlichen Pflanzenbeständen.

FARBKONTRASTE
Weißwangengänse zeigen sich vor allem in der niedrig stehenden Wintersonne in der Regel ganz besonders kontrastreich.

UNGEORDNETE SCHWÄRME
In der Luft bilden Schwärme von Weißwangengänsen ungeordnete Haufen, keine V-Formationen oder Keile.

VORKOMMEN
Brütet in Grönland und Spitzbergen in zwei dauernd getrennt lebenden Populationen. Im Winter meist in Island, Westschottland, Irland und an der deutschen Nordseeküste auf Weiden und Salzmarschen; zieht auch durch das Baltikum.

In Mitteleuropa zu sehen
| J | F | M | A | M | J | J | A | S | O | N | D |

ÄHNLICHE ARTEN

RINGELGANS (S. 36)

weißes Kinnband

Gesicht dunkel

braun

kleiner und dunkler

KANADAGANS (S. 34)

| Köperlänge **58–70 cm** | Flügelspannweite **1,32–1,45 m** | Gewicht **1,5–2 kg** |
| **Gesellig in Trupps** | Lebensdauer **bis 18 Jahre** | **Lokal vorkommend** |

| Ordnung **Anseriformes** | Familie **Anatidae** | Art *Branta bernicla* |

Ringelgans 12

Flügel mit weißen Streifen

JUNGVOGEL

weißer Fleck oben am Hals (fehlt bei Jungvögeln)

Oberseite dunkel graubraun

Kopf schwarz

Schnabel schwarz

Brust schwarz

Unterseite braun

Beine schwarz

Flügel einheitlich gefärbt

Körperende weiß

ALTVOGEL (DUNKEL-BÄUCHIGE FORM)

IM FLUG

ALTVOGEL (DUNKEL-BÄUCHIGE FORM)

Im Winter ist diese Gans an flachen und schlammigen Küsten in vielen Gegenden recht vertraut geworden. Bei Flut erscheinen die Gänse in Flussmündungen und Hafenbecken, auch auf Feldern entlang von Straßen. In Schwärmen schwimmen sie oft auf dem Wasser und suchen gründelnd wie Enten nach Nahrung. Bei Ebbe verteilen sie sich meist über das Watt vor der Strandlinie oder bleiben auch auf schmalen Flussrinnen. Ihre angenehmen Rufe sind weit zu hören und charakteristisch für viele Flussmündungs- und Flachküstengebiete von Oktober bis März.

STIMME: Tief rhythmisch und kehlig *ronk ronk,* das in großen Schwärmen zu einem lauten Chor anschwillt.

BRUTBIOLOGIE: Mit Dunen ausgepolstertes Nest am Boden nahe einem Tümpel; 4–6 Eier; 1 Jahresbrut; Mai bis Juni.

NAHRUNG: Seegras und Algen auf dem Watt; auch Körner und Saaten.

FLUG: Kräftige, tiefe und rasche Flügelschläge; in großen ungeordneten Schwärmen oder langen Ketten.

LOCKERE SCHWÄRME
In lockeren Schwärmen erheben sich Ringelgänse vom schlammigen Untergrund.

VÖGEL DER FLUSSMÜNDUNGEN
Ringelgänse sind bei Ebbe meist über das Watt von Flussmündungen verteilt und auf dem unmittelbar anschließenden Acker- und Weideland (im Bild hellbäuchige Form).

UNTERARTEN

B. b. hrota
(Irland, Nordostengland)

Unterseite weißlich

B. b. nigricans
(Ausnahmegast aus Nordamerika)

Flanken weiß

weißer Halskragen

Bauch schwärzlich

ÄHNLICHE ARTEN

WEISSWANGENGANS (S. 35)
Gesicht weiß

viel heller

KANADAGANS (S. 34)
weißes Kinnband

viel größer

VORKOMMEN
Brütet in der arktischen Tundra. Überwintert vor allem in Großbritannien, Irland und entlang der Nordseeküste; große Schwärme ziehen durchs Baltikum. Hellbäuchige Brutvögel aus Grönland überwintern getrennt von den dunkelbäuchigen aus Sibirien.

In Mitteleuropa zu sehen
J F M A M J J A S O N D

| Körperlänge **56–61 cm** | Flügelspannweite **1,10–1,20 m** | Gewicht **1,3–1,6 kg** |
| **Gesellig in Schwärmen** | Lebensdauer **12–15 Jahre** | **Lokal vorkommend** |

| Ordnung **Anseriformes** | Familie **Anatidae** | Art *Tadorna tadorna* |

Brandgans

Flügelspitzen tiefschwarz

MÄNNCHEN

roter Stirnhöcker

Kopf schwarz

Körper weiß

IM FLUG

Beine rosa

breites Brustband orangefarben

Unterseite weiß

leuchtend roter Schnabel

Oberkopf braunschwarz

Schnabel grau oder rosa

Beine grau

IMMATUR

kein Schnabelhöcker

hellerer Fleck am Hinterhals

WEIBCHEN

Brustband hellorangefarben

MÄNNCHEN

V orwiegend, aber nicht ausschließlich an Küsten sind Brandgänse weitverbreitet und leicht zu erkennen. Im Spätsommer schließen sich Familien in Gruppen zusammen, wenn die meisten Altvögel in die Deutsche Bucht fliegen, um dort zu mausern. Zu anderen Jahreszeiten sind Paare oder lockere Trupps normal. Das leuchtend weiße Gefieder ist weithin gegen den dunkleren Wattboden zu sehen. Im Binnenland haben sie sich an neu entstandenen künstlichen Gewässern ausgebreitet.

STIMME: Gänseähnlich *a-ank* und kehlig *grah grah*; verschiedene Pfeiflaute hört man vom Männchen, Weibchen rufen im Frühjahr rhythmisch *gagagaga*.

BRUTBIOLOGIE: Nest in Bodenhöhlen, zwischen Strohballen, in alten Gebäuden, unter Dornenbüschen, aber auch in Bäumen; 8–10 Eier; 1 Jahresbrut; Februar bis August.

NAHRUNG: Schwenkt den Schnabel seitlich über den nassen Schlamm, um Algen, Schnecken und kleine Krebstiere aufzunehmen; auch weidend und im Seichtwasser gründelnd.

FLUG: Flügelschläge kräftig, schneller Flug; wirkt schwer wie eine Gans.

GRÜNDELN
Brandgänse tauchen oft den Vorderkörper ins Wasser, um Pflanzen und Kleintiere aufzunehmen.

VORKOMMEN
Weitverbreitet zur Brutzeit und im Winter an Küsten, jedoch nur ortsweise im mediterranen Raum. Meist an sandigem, schlammigem Ufer zu sehen, an geschützten Flussmündungen sowie zuweilen auf Süßwasserseen oder in feuchten Mulden an Land.

WEIDENDE BRANDGÄNSE
Brandganspaare kann man oft in Küstennähe auf Seen und Staubecken antreffen.

ÄHNLICHE ARTEN

STOCKENTE ♂
ähnlich ♂♀
(S. 41)

Schnabel gelb

Körper grauer

Kopf dunkelgrün

| In Mitteleuropa zu sehen |
| J F M A M J J A S O N D |

| Körperlänge **58–65 cm** | Flügelspannweite **1,10–1,35 m** | Gewicht **0,85–1,4 kg** |
| **Gesellig in Schwärmen** | Lebensdauer **5–15 Jahre** | **Bestand gesichert** |

Ordnung **Anseriformes**	Familie **Anatidae**	Art **Anas penelope**

Pfeifente (14)

WEIBCHEN

Flügel stumpfgrau

runder Körper grau, heller als Krickente

Kopf und Nacken kastanienbraun

Stirn gelb

kurzer Schnabel grau mit schwarzer Spitze

Brust rosa

Hinterende schwarz und weiß

Bauch weiß

Schwanz spitz

weißes Flügelband

Bauch weiß

MÄNNCHEN (WINTER)

deutliches weißes Flügelfeld (Altvogel)

IM FLUG

röter als Weibchen; auf den Flügeln weiß

MÄNNCHEN (SOMMER)

MÄNNCHEN (WINTER)

Schnabel bläulich mit schwarzer Spitze

Kopf rund

Körper fleckig grau und rostbraun; Beine dunkel

WEIBCHEN

Wie die meisten Enten bilden auch Pfeifenten dichte Schwärme auf dem Wasser. Bei der Nahrungssuche bewegen sie sich dicht gepackt über eine Salzmarsch oder eine Wiese. Pfeifenten sind scheu und fliegen bei Annäherung in wirbelnden Schwärmen auf, um ein Schutzgebiet aufzusuchen. Sie haben guten Grund, aufmerksam zu sein, denn sie sind oft ein Hauptziel von Jägern.

FLUG: Rasch, fast wie Watvogel, Kopf ragt weit vor, Flügel rückwärts gerichtet und spitz, Schwanz spitz.

STIMME: Männchen pfeifen laut und explosiv, aber recht klangvoll *whi-o;* Weibchen rufen tief und rau.

BRUTBIOLOGIE: Nest in hoher Vegetation auf dem Boden dicht am Wasser; 8 oder 9 Eier; 1 Jahresbrut; April bis Juli.

NAHRUNG: Weidet auf kurzrasigen Flächen, oft in dichten Scharen; sucht auch in Seichtwasser nach Sämereien, frischen Trieben und Wurzeln.

AUF DER WEIDE
Dicht gedrängt weiden Pfeifentenscharen auf kurzem Gras nah am Wasser. Meist bewegen sich die Vögel in einer Richtung vorwärts.

VORKOMMEN
Brütet in Nordeuropa und im Norden Großbritanniens an Ufern von Moor- und Waldseen. Im Winter weitverbreitet an Flussmündungen und Feuchtgebieten im Binnenland sowie auf Grasflächen nahe der Küste und um größere Binnenseen.

ÄHNLICHE ARTEN

kleiner, Körper dunkler

Körper größer, Beine orange

Schnabel länger

weißer Fleck

gelber Fleck

Beine orange

Schnabel länger

KRICKENTE ♂ ähnlich ♂ im Winter (S. 40)

STOCKENTE ♀ ähnlich ♀ (S. 41)

SCHNATTERENTE ♀ ähnlich ♀ (S. 39)

In Mitteleuropa zu sehen
J F M A M J J A S O N D

Körperlänge **45–50 cm**	Flügelspannweite **75–85 cm**	Gewicht **500–900 g**
Gesellig in großen Schwärmen	Lebensdauer **bis 15 Jahre**	**Bestand gesichert**

| Ordnung **Anseriformes** | Familie **Anatidae** | Art **Anas strepera** |

Schnatterente

Kopf eckiger, heller
als bei Stockente

Schnabel dunkel,
Ränder orange

Schnabelränder
orange

nahe Flügelbasis
weißer Fleck

Körper fleckig
braun

Kopf
gewölbt

weißer Fleck

im Flug Bauch
weiß

WEIBCHEN

MÄNNCHEN (WINTER)

weißer
Fleck

MÄNNCHEN (SOMMER)

Bauch weiß

Kopf blass braun

IM FLUG

Körper grau

Stirn steil

helleres Feld

Schnabel schmal
und schwarz

schwarz

Beine hell-
orange

MÄNNCHEN (WINTER)

Die Schnatterente ist eine elegante große Gründelente mit einem kleineren und eckigeren Kopf als die Stockente und für gewöhnlich viel seltener. Aus der Entfernung wirkt die Färbung sehr gedeckt, aus der Nähe ergeben sich aber feine Muster. Über den Brutplätzen sieht man im Frühjahr oft Paare gemeinsam fliegen, die sehr typische Rufe hören lassen. Im Herbst und Winter bilden sich auf Stauseen oder Baggerseen meist Trupps, oft mit Blässhühnern gemischt. Schnatterenten nehmen dann den Blässhühnern die von ihnen heraufgetauchte Nahrung ab.

STIMME: Männchen hoch und nasal *piih* und kehlig *ahrk*, Weibchen quaken laut.

BRUTBIOLOGIE: Mit Dunen gepolstertes Nest auf dem Boden in Wassernähe; 8–12 Eier; 1 Jahresbrut; April bis Juli.

NAHRUNG: Sucht meist im Seichtwasser schnatternd und gründelnd nach Sämereien, Insekten, Wurzeln und Trieben von Wasserpflanzen.

/\/\/\/\/\/\/\/\/\/\/\/\/\/\/\/\

FLUG: Geradlinig mit schnellen, kräftigen Flügelschlägen, Kopf vorgestreckt, oft paarweise.

SCHNATTERENTENPAAR BEI DER NAHRUNGSSUCHE
Das Männchen (links) gründelt, um Nahrung unter Wasser zu erreichen, ein typisches Verhalten der Gründelenten.

ÄHNLICHE ARTEN

STOCKENTE ♀
ähnlich ♀, im
Flug aber Bauch
braun (S. 40)

Kopf
brauner

Schnabel kurz

Flanke einfarbig

blauer
Spiegel

PFEIFENTE ♀
ähnlich ♀ (S. 38)

VORKOMMEN
Brütet vor allem in Mittel- und Westeuropa auf Seen und an Flüssen mit Schilfufern und baumbestandenen Inseln. Im Winter weiter im Westen auf offenem Wasser, z. B. Staubecken und Baggerseen, braucht aber Deckung. Seltener an Küstengewässern.

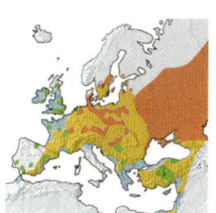

| In Mitteleuropa zu sehen |
| J F M A M J J A S O N D |

| Körperlänge **53–70 cm** | Flügelspannweite **80–95 cm** | Gewicht **550–1200 g** |
| **Gesellig in Schwärmen** | Lebensdauer **10–15 Jahre** | **Potenziell gefährdet** |

| Ordnung **Anseriformes** | Familie **Anatidae** | Art *Anas crecca* |

Krickente

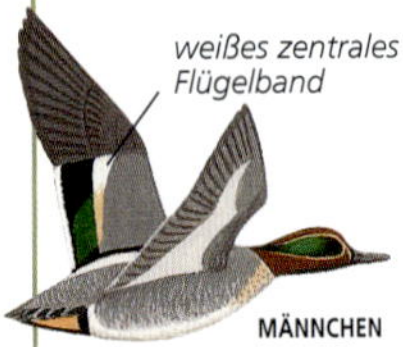

heller Strich an Schwanzseiten

weißes zentrales Flügelband

Kopf grau, oft dunkle Kappe angedeutet

Schnabel grau

MÄNNCHEN (WINTER)

MÄNNCHEN (SOMMER)

heller Strich an Schwanzseiten

WEIBCHEN/JUNGVOGEL

Körper braun gestrichelt, Beine grau

grünes Band am braunen Kopf

breites Band in Flügelmitte

dünne waagerechte, weiße Linie an der Seite

heller Vorderrand

leuchtend grüner Fleck am Hinterflügel

WEIBCHEN

grüner Fleck

IM FLUG

unter dem Schwanz gelbes, schwarz gesäumtes Dreieck

Körper grau (Gefieder ähnlich Weibchen im Sommer)

MÄNNCHEN (WINTER)

Die Krickente als kleinste der Gründelenten ist sehr lebhaft und fliegt rasch, ihre Bewegungen erinnern an Watvögel. Nervös wirkende Schwärme stoßen oft nur in eine geschützte Bucht herunter und berühren kaum die Wasseroberfläche, um dann gleich wieder hochzusteigen. Oft gehen mehrere solcher Manöver der endgültigen Wasserung voraus. Manchmal konzentrieren sich Krickenten zu Hunderten, doch sind 20–40 beisammen typischer, meist an vegetationsreichen, schlammigen Ufern oder in Sumpfgebieten.
STIMME: Männchen rufen laut und klingelnd *krick krick,* weit zu hören über See und Moor; Weibchen quaken hoch.
BRUTBIOLOGIE: Mit Dunen ausgekleidete Bodenmulde nahe am Wasser; 8–11 Eier; 1 Jahresbrut; April bis Juni.
NAHRUNG: Meist Pflanzen und Sämereien im Wasser oder an Schlammufern.

FLUG: Schnell mit Drehungen; beim Abtauchen ähnlich wie Watvögel.

UNSCHEINBARE ENTE
Krickentenweibchen erkennt man leicht am Fehlen von auffallenden Farben an Schnabel und Beinen.

VORKOMMEN
Brütet im Norden und Osten Europas in nassen Mooren und Heiden, auch an hoch gelegenen Moorseen. Im Winter mehr in Süd- und Westeuropa, meist am Süßwasser nahe schlammigen Ufern und an Flussmündungen.

| In Mitteleuropa zu sehen |
| J F M A M J J A S O N D |

ÄHNLICHE ARTEN

PFEIFENTE ♂ Winter ähnlich ♂ Winter (S. 38)

weißer Fleck im Vorderflügel

KNÄKENTEN ♂♀ Herbst ähnlich ♀ (S. 43)

Streifen über dem Auge

größer, heller und Körper mehr bläulich

A. carolinensis

Nordamerikanische Krickente Nahverwandte nordamerikanische Art

senkrechte weiße Linie nahe der Brust

| Körperlänge **34–38 cm** | Flügelspannweite **58–64 cm** | Gewicht **250–400 g** |
| **Gesellig in kleinen Schwärmen** | Lebensdauer **10–15 Jahre** | **Bestand gesichert** |

| Ordnung **Anseriformes** | Familie **Anatidae** | Art ***Anas platyrhynchos*** |

Stockente 〔13〕

MÄNNCHEN

Unterflügel
weiß

blauer Spiegel

Schnabel braun,
grau oder oliv, oran-
gefarbene Marken

Kopf
brauner

Schnabel
bleibt
gelblich

Schwanz
weiß

WEIBCHEN

gestreifter,
brauner Körper

MÄNNCHEN (SOMMER)

wird
brauner

Kopf grün

Schnabel
gelb

WEIBCHEN

mittlere Schwanz-
federn gekrümmt

leuchtend blauer
Spiegel mit wei-
ßem Saum

weißer
Halsring

weißer
Halsring

Brust braun

Bauch
dunkel

IM FLUG

MÄNNCHEN (WINTER)

Als verbreitetste und
bekannteste Enten
sieht man Stockenten oft auf
Parkgewässern an Futterstellen Brot
aufnehmen; viele von ihnen sind aber reine Wildvögel und durchaus
scheu. Die verschiedenen Zuchtformen der Hausenten stammen von
der Stockente ab. Sie reichen von tief dunkelbraunen Enten bis zu
reinweißen. In den frei lebenden Bestand werden Tausende gezüchtete
Enten für die Jagd entlassen.

FLUG: Schnell mit kräftigen Flügelschlägen tief unter
die Köperlinie; oft in Trupps.

STIMME: Die Erpel pfeifen und rufen
gedämpft; Weibchen rufen laut und
rau *quark quark*.

BRUTBIOLOGIE: Mit Dunen
ausgepolstertes Nest auf dem Boden
oder höheren Unterlagen; 9–13 Eier;
1 Jahresbrut; Januar bis August.

NAHRUNG: Kleine wirbellose Wasser-
tiere, Sämereien, Wurzeln, Triebe und
Körner aus seichtem Wasser durch
Gründeln oder Schnattern.

KÜKEN
Stockentenküken folgen der Mutter zum Wasser; bis zum
Selbstständigwerden sind die Jungen unter der Obhut des
Weibchens.

VORKOMMEN
Nester sind so gut wie überall
in der Umgebung aller erdenk-
lichen Gewässer anzutreffen,
von Parkteichen in der Stadt bis
zu abgelegenen Moorseen, fast
überall in Europa. Im Winter mehr
im Westen, oft auch an der Küste,
jedoch weniger auf großen Seen.
Oft auf Äckern und an schlammigen Seeufern auf Nahrungssuche.

In Mitteleuropa zu sehen
| J | F | M | A | M | J | J | A | S | O | N | D |

ÄHNLICHE ARTEN

SCHNATTERENTE ♀
ähnlich ♀ (S. 39)

bläulicher
Vorderflügel

Schnabel größer

Hals
länger

Schnabel
grau

LÖFFELENTE ♀ ähnlich
♀ (S. 44)

weißer
Flügelfleck

Schnabelränder
orange

SPIESSENTE ♀
ähnlich ♀ (S. 42)

| Körperlänge **50–65 cm** | Flügelspannweite **80–95 cm** | Gewicht **0,75–1,5 kg** |
| **Gesellig in Schwärmen** | Lebensdauer **12–25 Jahre** | **Bestand gesichert** |

Ordnung **Anseriformes**	Familie **Anatidae**	Art ***Anas acuta***

Spießente

Kopf braun

Schnabel grau mit schwarzem First

Brust und Hals-
streifen weiß

langer schwarzer
Schwanzspieß

MÄNNCHEN (WINTER)

Hals gestreckt

gelblicher Fleck

MÄNNCHEN (WINTER)

Hinterrand
weiß

Körper matt grau

Schnabel grau

WEIBCHEN

Brust hell

flacher Kopf
hellbräunlich

Schnabel
grau

Körper fleckig graubraun,
Beine grau

dunkler
Fleck

Bauch hell

MÄNNCHEN (SOMMER)

IM FLUG

Schwanz spitz

WEIBCHEN

Die große, schlanke Spießente ist vielleicht die eleganteste aller Gründelenten. In wenigen traditionellen Winterquartieren ist sie zahlreich anzutreffen, sowohl an Süß- als auch an Salzwasser, sonst jedoch ziemlich selten, meist nur einzeln oder zu zweit unter häufigeren Wasservögeln. Individuen in Herbstschwärmen stellen für Vogelbeobachter eine Herausforderung dar, bevor das Pracht-kleid der Männchen sich voll entwickelt hat.

FLUG: Rasch, geradlinig, gestreckter Hals, langer Schwanz.

STIMME: Männchen pfeifen gedämpft und kurz; Weibchen quaken wie Stockenten.
BRUTBIOLOGIE: Das Nest ist eine mit Laub und Dunen aus-gelegte Bodenmulde; 7–9 Eier; 1 Jahresbrut; April bis Juni.
NAHRUNG: Schnattert und gründelt meist im Wasser, wei-det aber auch auf Grasflächen und besucht Getreidefelder.

GRÜNDELNDE SPIESSENTEN
Wenn Spießentenmännchen gründeln, werden der lange Schwanz-spieß, das schwarze Hinterende und der weiße Bauch sichtbar.

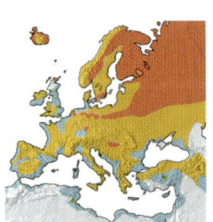

VORKOMMEN
Meist in Nord- und Osteuropa, teilweise auch in Westeuropa; zur Brutzeit in Moorgebieten und Küstengegenden. Im Winter in tradi-tionellen Gebieten an Flussmün-dungen sowie in Sümpfen südlich des Mittelmeerraums.

ÄHNLICHE ARTEN

SCHNATTERENTE ♀
ähnlich ♀ (S. 39)

am Kopf weiß

weißes Quadrat
auf den Flügeln

Schnabel
kurz

Blauer
Spiegel

größer

STOCKENTE ♀
ähnlich ♀ (S. 41)

Schnabel
orange

EISENTE ♂ ähnlich ♂
im Winter (S. 50)

In Mitteleuropa zu sehen
J F M A M J J A S O N D

Körperlänge **53–70 cm**	Flügelspannweite **80–95 cm**	Gewicht **530–1200 g**
Gesellig in Schwärmen	Lebensdauer **15–25 Jahre**	**Potenziell gefährdet**

| Ordnung **Anseriformes** | Familie **Anatidae** | Art *Anas querquedula* |

Knäkente

MÄNNCHEN (FRÜHJAHR)

Vorderflügel hell

matter Flügelfleck

heller Streifen über dem Auge fast unterbrochen

dunkler Augenstrich

JUNGVOGEL

heller Fleck nahe Schnabel

über dem Auge heller Streifen

weißer Fleck nahe dem Schnabel

Gefieder hell braunfleckig

WEIBCHEN

WEIBCHEN

im Hinterflügel zwei identische weiße Streifen

Unterflügel mit dunklem Vorderrand

IM FLUG

über und unter den Augen heller Streifen

Gefieder dunkelbraun gefleckt

MÄNNCHEN (HERBST)

Rücken rosabraun

über den Augen kräftiger weißer Streifen

Flanken blaugrau

MÄNNCHEN (FRÜHJAHR)

D̲ie kleine und farbenprächtige Knäkente ist in Europa kein häufiger Sommervogel und verbringt den Winter in Afrika. Sie ist selten und nur in geringer Dichte verbreitet, doch können im Frühling im östlichen Mittelmeer beachtliche Schwärme zu sehen sein. Im Herbst schwimmen Paare oder kleine Trupps zwischen anderen Wasservögeln. Sie neigen dazu, sich Krickenten und Löffelenten anzuschließen. Einen oder einige Durchzügler im Herbst in einem gemischten Trupp zu entdecken zählt zu den kleinen Herausforderungen für Vogelbeobachter.

STIMME: Männchen trocken knarrend *klerrp*; Weibchen meist schweigsam, manchmal lautes, hohes Quäken.
BRUTBIOLOGIE: Mit Dunen ausgekleidete Bodenmulde nahe am Wasser; 8–11 Eier; 1 Jahresbrut; Mai bis Juni.
NAHRUNG: Schnattern und Gründeln im Wasser.

FLUG: Schnell mit raschen Wendungen; Trupps fliegen fast wie Watvögel.

ENTEN AM UFER
Knäkenten schätzen nasse Grassümpfe und im Frühjahr seichte Gewässer mit Röhricht und Seggen.

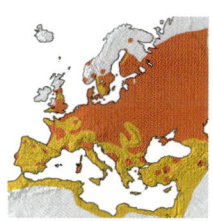

VORKOMMEN
Im Frühjahr häufig und im Mittelmeergebiet, spärlicher Brutvogel in Nord- und Westeuropa, meist auf nassen grasigen Süßwassersümpfen. Im Herbst schließen sich kleine Trupps von Durchzüglern anderen Enten auf Seen und Staubecken an.

| In Mitteleuropa zu sehen |
| J F **M A M J J A S O** N D |

ÄHNLICHE ARTEN

Gesicht einfarbiger

LÖFFELENTE ♀ ähnlich ♀ (S. 44)

Schnabel größer

größer

KRICKENTE ♀ ähnlich Altvogel im Herbst (S. 40)

an den Flügeln grün

| Körperlänge **37–41cm** | Flügelspannweite **63–69cm** | Gewicht **250–500g** |
| In Familie | Lebensdauer **bis 10 Jahre** | Potenziell gefährdet |

Ordnung **Anseriformes**	Familie **Anatidae**	Art ***Anas clypeata***

Löffelente

Vorderflügel grau

WEIBCHEN

Bauch dunkel

Körper hellbraun gestreift

Schnabel mächtig, Ränder orange

WEIBCHEN

heller Streifen im Gesicht

Kopf dunkel

Flanken rötlich braun überflogen

MÄNNCHEN (SOMMER)

Vorderflügel hellblau

MÄNNCHEN

IM FLUG

Flanken dunkel rostbraun

Kopf schwarz-grün

Augen auffallend gelb

Schnabel lang, groß und löffelähnlich

MÄNNCHEN (WINTER)

Brust reinweiß

D ie Männchen der Löffelente sind im Prachtkleid unverkennbar und lassen sich am grünen Kopf, an der weißen Brust und ihren kastanienbraunen Flanken leicht erkennen. Die Weibchen werden erst aus der Nähe auffällig, in der Ferne sind sie an ihrer Körperform zu erkennen. Sie tragen das für Gründelenten typische Weibchenkleid: helles und dunkelbraunes Strichelmuster. Beim Auffliegen ist ein charakteristisches dumpfes Fluggeräusch zu hören.

STIMME: Männchen tief *tuk tuk;* Weibchen quaken tief und gedämpft.

BRUTBIOLOGIE: Das Nest ist eine Bodenmulde nahe am Wasser mit Dunen oder Laub ausgelegt; 8–12 Eier; 1 Jahresbrut; April bis Juni.

NAHRUNG: Schnattert oft in dichten, kreisförmigen Trupps nach Sämereien und Wassertieren, der Schnabel wird dabei nach vorne gestoßen, die Schultern tauchen oft ein.

∧∧∧∧∧∧∧∧∧∧∧∧∧∧∧∧
FLUG: Schnell, mit kräftigen, tief greifenden Flügelschlägen, kurzer Schwanz.

NAHRUNGSSUCHE IM WASSER
Um Nahrung etwas tiefer im Wasser zu erreichen, kippen Löffelenten kopfüber; dabei sind die langen Flügelspitzen besonders auffällig.

ÄHNLICHE ARTEN

Vorderflügel brauner

Schnabel kleiner

KNÄKENTE ♂ im Sommer ähnlich ♂ (S. 43)

weiße Linie

STOCKENTE ♀ ähnlich ♀ (S. 41)

blauer Spiegel am Hinterflügel

VORKOMMEN
Brütet vor allem in Osteuropa auf Seen mit Röhricht, meist im Tiefland. Im Winter weiter verbreitet im Westen auf Süßwasser, in Feuchtgebieten und an geschützten Küstengewässern mit Grünflächen und Salzmarschen. Im Herbst auch auf Stauseen.

In Mitteleuropa zu sehen
J F M A M J J A S O N D

Körperlänge **44–52 cm**	Flügelspannweite **70–85 cm**	Gewicht **400–1000 g**
Gesellig in Schwärmen	Lebensdauer **10–20 Jahre**	**Bestand gesichert**

| Ordnung **Anseriformes** | Familie **Anatidae** | Art *Aythya ferina* |

Tafelente

blassgraues
Flügelband

**MÄNNCHEN
(WINTER)**

IM FLUG

um die braunen
Augen weißer Ring

Kopf braun —

auf dem
Schnabel
helles Band

— Brust
braun

IMMATUR

Schnabel
lang spitz
zulaufend

Rücken rotbräun-
lich, Flanken heller

WEIBCHEN

Augen rot

Kopf rot-
braun

hoher Kopf —

Stirn sanft
abfallend

Kopf lebhaft —
rotbraun

Flanken und
Rücken hellgrau

Heck
dunkel

dunkler Schnabel
mit hellgrauem
Fleck

**MÄNNCHEN
(FRÜHJAHR)**

Kopf matt-
rostbraun

Brust
glänzend
schwarz

Körper unschein-
bar gefärbt

MÄNNCHEN (WINTER)

MÄNNCHEN (SOMMER)

Zusammen mit der Reiherente, die oft mit ihr vergesellschaftet ist, zählt die Tafelente zu den häufigsten Tauchenten im Binnenland. Tagsüber sind die Trupps meist weniger aktiv als Reiherenten und schlafen oft längere Zeit. In der Regel liegen die Enten dicht beisammen auf dem Wasser; die Männchen überwiegen. Im Spätherbst können Hunderte von Durchzüglern auf einem See für ein oder zwei Tage erscheinen, um dann in der Nacht wieder abzufliegen. Tafelenten sind weitverbreitet, doch lokal nicht gerade häufige Brutvögel in West- und Mitteleuropa.

STIMME: Balzende Männchen lassen feine auf- und absteigende Laute hören; Weibchen rufen kehlig *krrr*.

BRUTBIOLOGIE: Nest mit Dunen ausgekleidet, meist im Schilf, am Wasser; 8–10 Eier; 1 Jahresbrut; April bis Juli.

NAHRUNG: Taucht von der Wasseroberfläche nach Sämereien, frischen Trieben und Wurzeln; oft bei Nacht.

/\/\/\/\/\/\/\/\/\/\/\/\/\/\/\

FLUG: Schnell und geradlinig mit schnellen, tief greifenden Flügelschlägen; fliegt in lockeren Trupps.

FLÜGELSCHLAGEN
Eine Tafelente erhebt sich aus dem Wasser und schlägt heftig mit den Flügeln; dies ist ein Teil des Komfortverhaltens bei vielen Wasservögeln.

ÄHNLICHE ARTEN

BERGENTE ♂♀, brauner mit weißem Flügelstreif (S. 47)

Kopf
schwarz ♂

REIHERENTE ♀ ähnlich ♀ (S. 46)

Körper
dunkler

VORKOMMEN
Weitverbreiteter Brutvogel an Schilfseen in Osteuropa, deutlich seltener im Westen. Häufig Nichtbrüter auf Gewässern in Westeuropa, auf dem Zug im Spätherbst in großer Menge und zumindest in kleineren Trupps auf allen Stillgewässern zu erwarten.

In Mitteleuropa zu sehen
| J | F | M | A | M | J | J | A | S | O | N | D |

| Körperlänge **42–50 cm** | Flügelspannweite **72–82 cm** | Gewicht **700–1000 g** |
| **Gesellig in großen Trupps** | Lebensdauer **8–10 Jahre** | **Bestand gesichert** |

Ordnung **Anseriformes**	Familie **Anatidae**	Art ***Aythya fuligula***

Reiherente

breites weißes
Flügelband

kleine Haube

Körper stumpf-
dunkelbraun

MÄNNCHEN

Körper dunkel-
braun mit
helleren Flanken

im Nacken
kurze Haube

manchmal
weiß am
Schwanz

WEIBCHEN

MÄNNCHEN (SOMMER)

Augen
gelb

im Nacken flatternde
Federhaube

Körper schwarz mit
weißen Flanken

Schnabel bläulich
mit ausgedehnt
schwarzer Spitze

WEIBCHEN

IM FLUG

**MÄNNCHEN
(WINTER)**

D ies ist eine häufige Tauchente, die meist in Trupps schwimmt. Einzelne Individuen verschwinden immer wieder tauchend, um nach Nahrung zu suchen. Männchen sind mit Ausnahme des Hochsommers kontrastreich gezeichnet, Weibchen dagegen dunkel und unauffällig. Die Schwärme sind oft mit Tafelenten gemischt und es lohnt sich, sie nach selteneren Arten, die häufig die Gesellschaft suchen, durchzusehen. Mancherorts sind Reiherenten halbzahm und kommen auf Parkgewässern auch an Futterstellen. Selbst Trupps auf Seen und Staubecken tolerieren oft die Annäherung auf kurze Entfernung oder weichen der Störung lediglich schwimmend aus.
STIMME: Weibchen knurren; Männchen lassen bei der Balz nasale Pfeiftöne hören.
BRUTBIOLOGIE: Bodenmulde in hoher Vegetation nahe am Wasser; 8–10 Eier; 1 Jahresbrut; Mai bis Juli.
NAHRUNG: Taucht von der Wasseroberfläche aus nach Mollusken und Insektenlarven.

〰〰〰〰〰〰〰〰〰〰〰〰〰〰〰
FLUG: Schnell und nicht manövrierfähig; Trupps dicht und ungeordnet.

TAFELENTEN
Zusammen mit Tafelenten bilden Reiherenten oft ruhende Trupps, die beachtliche Größe erreichen können.

ÄHNLICHE ARTEN

Rücken grau
beim Männchen

Schnabel
grau mit
winziger
schwarzer
Spitze

TAFELENTE ♀
ähnlich ♀ (S. 45)

weißer Augen-
ring

heller

BERGENTE ♂♀; ♀ hat weißen
Gesichtsfleck (S. 47).

VORKOMMEN
Weitverbreitet, brütet in hoher Vegetation am Süßwasser, auch an kleinen Gewässern. Im Winter weitverbreitet und häufig, große Mengen an geschützten Küstengewässern und kleinere Trupps auf Baggerseen, Staubecken und Seen.

In Mitteleuropa zu sehen
J F M A M J J A S O N D

Körperlänge **40–47 cm**	Flügelspannweite **67–73 cm**	Gewicht **450–1000 g**
Gesellig in großen Trupps	Lebensdauer **10–15 Jahre**	**Bestand gesichert**

| Ordnung **Anseriformes** | Familie **Anatidae** | Art **Aythya marila** |

Bergente

breites weißes Flügelband

MÄNNCHEN (WINTER)

heller Gesichtsfleck kleiner und verschwommen

weißer Gesichtsfleck

Kopf dunkelbraun

JUNGVOGEL

WEIBCHEN (WINTER)

IM FLUG

Kopf schwarz mit grünem Schimmer

Rücken hellgrau, breiter als bei Reiherente

Augen gelb

Flanken weiß

Kopf und Nacken rund

um den Schwanz schwarz

Stirn steiler als bei Reiherente

Schnabel größer als bei Reiherente

helle Wangen

breiter Schnabel blaugrau mit kleiner schwarzer Spitze

WEIBCHEN (SOMMER)

Kopf einheitlich dunkel

graue Streifen

MÄNNCHEN (WINTER)

MÄNNCHEN (SOMMER)

Als typische Meeresente erscheint die Bergente in kleiner Zahl auch im Binnenland, meist zusammen mit Tafel- und Reiherenten; ähnlich aussehende Bastarde sind aber zu beachten. Am Meer sind Bergentenschwärme ein Schauspiel, wenn auch weniger auffällig als Trauerenten oder Eisenten. Bergenten neigen dazu, weniger oft aufzufliegen, und halten sich mehr schwimmend auf dem Wasser. Sie ziehen sich vor allem in geschützte Bereiche von Flussmündungen zurück und lieben weniger die windgepeitschte See als etwa Trauerenten. Schwärmen kann man sich meist gut annähern.
STIMME: Bei der Balz pfeifen die Männchen in niedriger Tonhöhe, sonst schweigen sie meist; Weibchen knurren tief.
BRUTBIOLOGIE: Das Nest auf dem Boden nahe am Wasser ist mit Federn ausgelegt; 8–11 Eier; 1 Jahresbrut; Mai bis Juni.
NAHRUNG: Taucht von der Wasseroberfläche nach Wirbellosen, Körnern und Wasserpflanzen.

FLUG: Schnell und geradlinig, wirkt sehr kräftig; schnelle Flügelschläge.

SCHWARM AUF DEM MEER
Überwinternde Bergenten sind gesellig und schwimmen in Schwärmen in windgeschützten Meeresbuchten, die alten Männchen kann man an den weißen Flanken gut erkennen.

ÄHNLICHE ARTEN

REIHERENTE ♂♀; ♀ hat weniger Weiß im Gesicht (S. 46).
Rücken schwarz
Haube

Schnabelspitze ausgedehnter schwarz

Kopf rotbraun

TAFELENTE ♂ ähnlich ♂ (S. 45)

VORKOMMEN
Brutvogel des Nordens auf abgelegenen Mooren und in der Tundra Skandinaviens und Islands. Im Winter halten sich Schwärme regelmäßig an traditionelle Plätze im Süden der Ostsee und in der Nordsee; einzelne und kleine Trupps kommen mit Reiherenten auch ins Binnenland.

| In Mitteleuropa zu sehen |
| J F M A M J J A S O N D |

| Körperlänge **42–51 cm** | Flügelspannweite **67–73 cm** | Gewicht **0,8–1,3 kg** |
| **Gesellig in Trupps** | Lebensdauer **10–12 Jahre** | **Vorkommen lokal** |

| Ordnung **Anseriformes** | Familie **Anatidae** | Art *Somateria mollissima* |

Eiderente

auf der hinteren
Flanke weißer Fleck

MÄNNCHEN

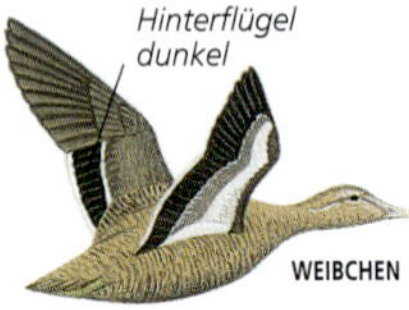

Hinterflügel
dunkel

WEIBCHEN

IM FLUG

Kopf und
Schnabel
keilförmig

IMMATUR

schwarz

Körper eng braun
gebändert

Kopf lang,
keilförmig,
mit grünem
Fleck

Schnabel
keilförmig

Oberseite
weiß

Brust rosa
überflogen

Unterseite
schwarz

Bauch
dunkel

WEIBCHEN

Körper dunkel,
ungebändert

**MÄNNCHEN
(WINTER)**

MÄNNCHEN (SOMMER)

Als ausschließlicher Meeresvogel ist die Eiderente sehr gesellig und oft in großen Trupps vor der Küste zu sehen. Sie ist jedoch auch als zahmer Vogel an Felsen an der Küste und in Meeresbuchten bekannt. Eiderentenweibchen mit Jungen kann man im Sommer leicht erkennen, ebenso die rufenden Männchen im Frühjahr bei der Balz in nordischen Häfen. An manchen Plätzen halten sich Eiderenten das ganze Jahr über mit bemerkenswerter Ortstreue ohne Brutversuch.

STIMME: Männchen rufen melodisch *aa-ahuh*, Weibchen tief knurrend und *hart kok kok kok*.

BRUTBIOLOGIE: Bodenmulde mit Dunen gepolstert, ganz offen oder versteckt; 4–6 Eier; 1 Jahresbrut; April bis Juli.

NAHRUNG: Taucht von der Wasseroberfläche nach Krebstieren, Muscheln und Stachelhäutern.

FLUG: Schwer und niedrig, geradlinig und rasch mit tief greifenden, gleichmäßigen Flügelschlägen.

MÄNNCHENTRUPP
Vor der Küste und in Flussmündungen sammeln sich oft große Schwärme männlicher Eiderenten.

WEIBCHEN AM NEST
Die Eiderente legt ein mit Dunen ausgepolstertes Nest oft ganz offen am Wasser an; das brütende Weibchen sitzt sehr fest.

ÄHNLICHE ARTEN

SAMTENTE ♂ ♀ ähnlich fliegendem ♂ im Winter (S. 52)

weißer Fleck
auf dem
offenen
Flügel

schlanker
Schnabel

STOCKENTE ♀
ähnlich ♀ (S. 41)

VORKOMMEN
Brütet im Norden Großbritanniens, in Island, Skandinavien und an den Küsten Mitteleuropas am Strand, auf Inseln, auf Küstenfelsen oder weiter im Land. Überwintert auf dem Meer bis Westfrankreich, in sandigen Buchten mit Muschelbänken. Im Binnenland selten.

| In Mitteleuropa zu sehen |
| J F M A M J J A S O N D |

| Körperlänge **50–71 cm** | Flügelspannweite **80–108 cm** | Gewicht **1,2–2,8 kg** |
| **Gesellig in großen Trupps** | Lebensdauer **10–15 Jahre** | **Bestand gesichert** |

| Ordnung **Anseriformes** | Familie **Anatidae** | Art *Somateria spectabilis* |

Prachteiderente

weißes Feld am
Vorderflügel

MÄNNCHEN

dunkler
Körper **IM FLUG**

weiße
Brust

kleine Segel
am Rücken

Schnabel-
grund
rosafarben

MÄNNCHEN (SOMMER)

runder orange-
farbener Schild
und roter
Schnabel

Kopf blau-
grau

Rücken
schwarz

Brust
rosa
oder
weiß

rostbraune
Bänderung

kleine Segel
in der Mitte
des Rückens

Federkeil an der
Schnabelbasis kürzer
als bei Eiderente

dunkles
»Lächeln« an
Schnabelspalt

WEIBCHEN

großer weißer Fleck
nahe dem Schwanz

MÄNNCHEN (WINTER UND FRÜHJAHR)

Die bunte Prachteiderente ähnelt der »gewöhnlichen« Eiderente in vieler Hinsicht. Sie kommt jedoch weiter nördlich
vor und ist seltener. Man sieht oft wenige Vögel zusammen mit
Trupps von Eiderenten weit südlich ihres normalen Verbreitungsgebietes. Meist bleiben sie einige Wochen, manchmal kommen sie in den folgenden Jahren zurück. Erpel im Prachtkleid
sind leicht von Eiderenten zu unterscheiden. Bei Weibchen und
Jungvögeln ist eine genaue Bestimmung nötig.

STIMME: Männchen rufen im Frühjahr tief quakend;
Weibchen hart knurrend.

BRUTBIOLOGIE: Mulde mit Dunen des Weibchens
gepolstert, am Boden in Wassernähe, oft auf kleiner
Insel; 4–5 Eier; 1 Jahresbrut; Mai bis Juli.

NAHRUNG: Taucht im Sommer in Tundraseen nach
Weichtieren, Krebstieren und Insektenlarven.

FLUG: Geradlinig, schwer, aber rasch, mit gleichmäßigen Flügelschlägen.

AUFFALLENDE ERSCHEINUNG
Das Männchen ist farbenprächtig und im Winter
und Frühjahr einfach zu erkennen. Weibchen ähneln
Eiderenten viel mehr und müssen sorgfältig bestimmt
werden.

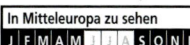

ÄHNLICHE ARTEN

EIDERENTE ♀
(S. 48)

längerer, flacherer
keilförmiger
Schnabel

EIDER-
ENTE ♂
(S. 48)

am Rücken
weiß

VORKOMMEN
Seltener, lokaler Brutvogel in Nord-
island und dem hohen Norden
Skandinaviens; anderswo selten,
oft zusammen mit Eiderenten an
Küsten Skandinaviens, des Balti-
kums und der nördlichen Nordsee,
meist im Herbst bis Frühjahr.

| In Mitteleuropa zu sehen |
| J F M A M J J A S O N D |

| Körperlänge **60 cm** | Flügelspannweite **90–100 cm** | Gewicht **1,5–2 kg** |
| In kleinen Trupps | Lebensdauer **10–15 Jahre** | Bestand gesichert |

Ordnung **Anseriformes**	Familie **Anatidae**	Art **Clangula hyemalis**

Eisente

um das Auge schmutzig
weißes Band

MÄNNCHEN (WINTER)

Flügel
dunkel

dunkler Wangenfleck

JUNGVOGEL (WINTER)

dicker
Schnabel
dunkel

Hals
weiß

Bürzel schwarz, breit
weiß gesäumt

Flanken
hell

WEIBCHEN (WINTER)

**WEIBCHEN
(SOMMER)**

lange Schwanz-
spitze biegsam

WEIBCHEN (WINTER)

IM FLUG

dunkler Wangen-
fleck

Körper weiß
und hellgrau

Gesicht über-
wiegend
weiß

Hinter-
flanken
weiß

Körper
lebhaft
braun

**MÄNNCHEN
(SOMMER)**

MÄNNCHEN (WINTER)

FLUG: Rasch, wirkt ziemlich schwerfällig, kleine Flügel schlagen schnell; platscht ins Wasser.

Im Binnenland erscheinen nur gelegentlich kurz einige Individuen, denn Eisenten sind ausgesprochene Meeresvögel, die in Schwärmen weit vor der Küste oft zusammen mit Trauerenten schwimmen. Sie sind recht hübsch und aktiv, fliegen oft niedrig über die Wellen und lassen sich platschend ins Wasser fallen, um sich dann gleich wieder zu erheben. Beim Nahrungstauchen bleiben sie lange unter Wasser. Für Anfänger mag die ungewöhnliche und komplizierte Gefiederfolge, besonders bei den Männchen, etwas verwirrend sein, die Art ist aber leicht zu erkennen.

STIMME: Männchen haben laute, rhythmische Jodelrufe *a-ahuliie,* Weibchen knarren.

BRUTBIOLOGIE: Nest mit Dunen ausgekleidete Bodenmulde nahe am Wasser; 4–6 Eier; 1 Jahresbrut; Mai bis Juni.

NAHRUNG: Taucht nach Mollusken und Krebstieren.

FAMILIENGRUPPE
Als Brutvögel sind Eisenten auf den hohen Norden beschränkt, aber dort auf geeigneten Gewässern durchaus häufig.

ÄHNLICHE ARTEN

SCHELLENTE ♀
(S. 53)

Kopf
einheitlich
braun

Flanken
dunkel

Kopf braun
mit weißem
Streifen

Schnabel
länger

SPIESSENTE ♂
ähnlich ♂ (S. 42)

VORKOMMEN
Brütet in Island und Skandinavien auf öden Moorflächen. Überwintert auf dem Meer nördlich Großbritannien sowie in Nord- und Ostsee, meist weit vor der Küste, kommt aber auch mit der Flut in Buchten und Flussmündungen, besonders im Frühjahr.

In Mitteleuropa zu sehen
J F M A M J J A S O N D

Körperlänge **38–60 cm**	Flügelspannweite **73–79 cm**	Gewicht **520–950 g**
Gesellig in Trupps	Lebensdauer **bis 10 Jahre**	**Bestand gesichert**

Ordnung **Anseriformes**	Familie **Anatidae**	Art **Melanitta nigra**

Trauerente

hellere Flügelspitzen

Hals schlank

MÄNNCHEN

IM FLUG

schwärzliche Kappe

Schnabel grau

Körper dunkel-braun

untere Gesichts-hälfte grauweiß

WEIBCHEN

langer, spitzer Schwanz oft angehoben

Körper einheitlich schwarz, Flügel etwas heller (im Sommer brauner)

Kopf rund

Schnabel spitz mit hellem Fleck

Hals schlank

MÄNNCHEN (WINTER)

An einem ruhigen Tag, wenn Trauerenten nahe der Küstenlinie schwimmen, kann man ihre melodischen Rufe hören, doch für gewöhnlich sind sie nur von Weitem als Punkte zu sehen, die auf der Dünung tanzen oder in langer Reihe am Horizont fliegen. Durchzügler erscheinen ganz kurz im Hoch- und Spätsommer auch im Binnenland. Trauerenten bevorzugen große geschützte und flache Buchten, auch wenn sie Sturm mit Leichtigkeit überstehen. Traditionelle Plätze können Tausende beherbergen, sind aber sehr anfällig gegenüber der Ölpest. Solche Plätze mit großem Nahrungsangebot können das ganze Jahr über besetzt sein, im Spätsommer und Herbst mit großen Mengen mausernder Vögel.
STIMME: Männchen pfeifen klangvoll, Weibchen knarren.
BRUTBIOLOGIE: Das Nest ist eine mit Laub und Dunen ausgekleidete Mulde nahe am Wasser, oft auf einer Insel; 6–8 Eier; 1 Jahresbrut; März bis Juni.
NAHRUNG: Taucht nach Muscheln, Krebstieren und Meereswürmern.

FLUG: Schnell, niedrig in langen wellenförmigen Linien und Trupps, schnelle, tief greifende Flügelschläge mit Drehungen des Körpers.

GESELLIGE MEERESENTE
Große Schwärme der sehr geselligen Trauerente kann man oft in schwerer Dünung schwimmen oder niedrig über die Wellen weit vor der Küste fliegen sehen.

ÄHNLICHE ARTEN

weißer Fleck unter dem Auge

SCHWARZKOPF-RUDERENTE ♂ ähnlich ♀ (S. 57)

Gesichtskontrast

kleiner, runder Rücken

SAMTENTE ♂, ähnlich ♂ (S. 52)

VORKOMMEN
Brütet auf Moorseen in Island, Skandinavien und im Norden Großbritanniens. Überwintert an den Küsten um die Britischen Inseln, in der Nord- und Ostsee, wenige auch im Mittelmeer. An manchen Plätzen halten sich Trupps das ganze Jahr über auf.

In Mitteleuropa zu sehen
J F M A M J J A S O N D

Körperlänge **45–54 cm**	Flügelspannweite **79–90 cm**	Gewicht **1,2–1,4 kg**
Gesellig in großen Trupps	Lebensdauer **10–15 Jahre**	**Bestand gesichert**

Ordnung **Anseriformes**	Familie **Anatidae**	Art *Melanitta fusca*

Samtente

im Gesicht
weiße Flecken

Körper dunkel-
braun

Hals dick

dunkler Schnabel zu
langer Spitze ausgezogen

MÄNNCHEN

weißer
Augenfleck

Gesicht
keilförmig

breites weißes
Flügelfeld

IM FLUG

Beine rot

WEIBCHEN

Schnabel-
seiten gelb

Körper schwarz (im
Sommer mehr braun)

Beine rot

**MÄNNCHEN
(WINTER)**

Die fast eiderentengroßen Samtenten sind meist auf dem Meer in kleinen Trupps zu sehen, die sich unter die weit größeren Schwärme der Trauerenten mischen. Auf dem Wasser ist es nicht einfach, sie von der kleineren Art zu unterscheiden, erst im Flug machen die weißen Flügelfelder den Unterschied deutlich. Im frischen Gefieder haben die Weibchen ein dunkles Gesicht, bekommen aber bald weiße Flecken, wenn sich die dunklen Federspitzen abnutzen. Individuelle Variation schafft weitere Bestimmungsprobleme. Wenn Samtenten im Binnenland erscheinen, bleiben sie oft mehrere Tage an einem Ort.

STIMME: Männchen pfeifen, Weibchen knurren, doch gewöhnlich schweigsam, besonders im Winter.

BRUTBIOLOGIE: Eine mit Dunen ausgelegte Mulde nahe am Wasser; 6–8 Eier; 1 Jahresbrut; Mai bis Juli.

NAHRUNG: Taucht nach Muscheln, Garnelen, Krabben und Meereswürmern.

FLUG: Schnell und niedrig mit schwer wirkenden Flügelschlägen, geradlinig oder in weiten Bögen über dem Meer.

WEISSE FLÜGELFELDER
Im Flug oder beim Flügelschlagen auf dem Wasser unterscheiden weiße Flügelfelder die Samtente von der Trauerente.

ÄHNLICHE ARTEN

TRAUERENTE ♂ ähnlich ♂ (S. 51)

Flügel einheitlich schwarz

Hals schlank

Schnabel dünn

an der Brust weiß

SCHELLENTE Immatur (S. 53)

VORKOMMEN
Brütet an Küsten und Tundraseen in Skandinavien. Überwintert in der Nord- und Ostsee an geschützten Küsten. Kleine Gruppen schließen sich im Sommer und Herbst größeren Trauerentenschwärmen an.

In Mitteleuropa zu sehen

J	F	M	A	M	J	J	A	S	O	N	D

Körperlänge **52–59 cm**	Flügelspannweite **90–99 cm**	Gewicht **1,1–2 kg**
Gesellig in Trupps	Lebensdauer **10–12 Jahre**	**Vorkommen lokal**

| Ordnung **Anseriformes** | Familie **Anatidae** | Art **Bucephala clangula** |

Schellente

Augen gelb

Kopf grün schillernd, großer weißer Fleck

dunkler Schnabel dreieckig

am leuchtend weißen Körper schwarze Streifen

Unterseite weiß

MÄNNCHEN (WINTER)

MÄNNCHEN (WINTER)

Körper wird mit zunehmendem Alter weiß.

Im Winter entsteht weißer Fleck im Gesicht.

Kopf dunkelbraun

Körper dunkelgrau, Rücken rund

Augen hellgelb oder weiß

WEIBCHEN

IM FLUG

JUNGVOGEL (MÄNNCHEN)

gelber Fleck auf grauem Schnabel

WEIBCHEN

M eist sind mehr Schellenten in einem Trupp, als man sehen kann: Normalerweise befindet sich die Hälfte dieser ausgesprochenen Tauchvögel unter Wasser. Sie sind scheu und werden leicht von Menschen am Ufer oder in Booten gestört; dann fliegen sie in dichten Gruppen mit lautem Pfeifen ihrer Flügel auf. In den Trupps überwiegen normalerweise Weibchen und Jungvögel, alte Männchen werden im Frühjahr häufiger (im Sommer ähneln die Männchen den Weibchen).
STIMME: Bei der Balz häufig nasal *si-siie*, Weibchen äußeren einen grunzenden Doppellaut.
BRUTBIOLOGIE: Mit Dunen ausgelegtes Nest in einer Baumhöhle oder einem Nistkasten; 8–11 Eier; 1 Jahresbrut; April bis Juni.
NAHRUNG: Taucht intensiv nach Mollusken und Krebstieren.

FLUG: Sehr schnell und kräftig mit kurzen Flügelschlägen; schnelle Flügelschläge erzeugen lautes Pfeifen.

FLUG
Schellenten sind scheu und schnell. Ihr Flügelschlag ist laut und pfeifend.

RASTENDER TRUPP
Nach ausgiebiger Nahrungsaufnahme ruhen Schellenten im Trupp, Kopf zurückgelegt und Schwanz aufgestellt.

ÄHNLICHE ARTEN

ZWERGSÄGER ♂ Winter, ähnlich ♂ Winter (S. 54)

Flanken grau

Kopf weiß

brauner

Hals dunkel

SAMTENTE ♀ ähnlich ♀ (S. 52)

VORKOMMEN
Brütet in Nordeuropa und im Osten Mitteleuropas in Baumbeständen nahe kalten Gewässern. Man kann Brutbestand oft durch Nistkästen erhöhen. Im Winter weitverbreitet auf Seen, Stauseen und Flussmündungen.

| In Mitteleuropa zu sehen |
| J F M A M J J A S O N D |

| Körperlänge **42–50 cm** | Flügelspannweite **65–80 cm** | Gewicht **600–1200 g** |
| **In kleinen Trupps** | Lebensdauer **bis 8 Jahre** | **Bestand gesichert** |

Ordnung **Anseriformes**	Familie **Anatidae**	Art ***Mergellus albellus***

Zwergsäger

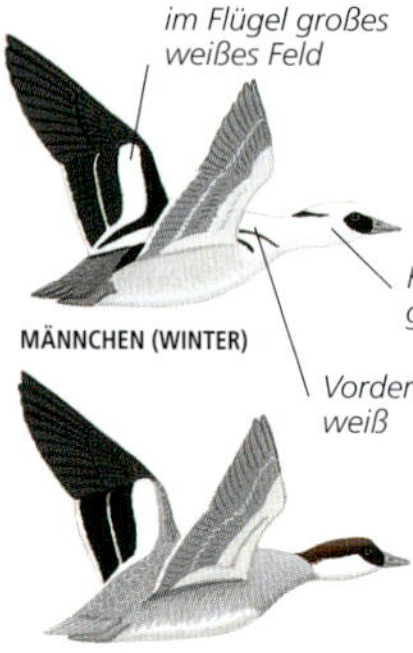

braune Kappe

Körper
dunkelgrau

runde
weiße
Wangen

Schwarzer Augen-
fleck und weißer
Scheitel entstehen
im Winter.

im Flügel großes
weißes Feld

im Spätwinter
mehr Weiß auf
dem Rücken

WEIBCHEN

MÄNNCHEN (WINTER)

Kopf aus-
gestreckt

Vorderkörper
weiß

JUNGVOGEL (MÄNNCHEN)

Weiße Haube fällt
über schwarzen
Nackenfleck.

an Flanken und Brustseiten
feine schwarze Linien

Kopf weiß mit
schwarzem
Augenfleck

WEIBCHEN

IM FLUG

Gefieder
großenteils
weiß

MÄNNCHEN (WINTER)

In vielen Gebieten Westeuropas ist dieser Vogel nicht häufig und meist nur in kleinen Trupps zu sehen, aber in den Beneluxländern und an der Ostsee suchen bisweilen Hunderte in sehr aktiven und beweglichen Trupps nach Nahrung. Die weißen Männchen sind meist viel seltener als Weibchen und Jungvögel, die man als »Rotköpfe« zusammenfassen kann. Selbst wenn ein oder zwei Männchen sich in einem Trupp auf Baggerseen aufhalten, kann es schwierig sein, sie zu entdecken, da die Vögel dazu neigen, viel umherzufliegen. Sie gesellen sich besonders gern zu Schellenten.

STIMME: Im Winter schweigsam.

BRUTBIOLOGIE: Nester in Baumhöhlen, oft vom Schwarzspecht, nahe am Wasser oder in Nistkästen; 4–6 Eier; 1 Jahresbrut; April bis Juni.

NAHRUNG: Taucht nach Fischen und Insektenlarven.

FLUG: Schnell und niedrig; der weiße Vorderkörper und der gestreckte Hals fallen auf.

AUFFALLENDES MÄNNCHEN
Das Männchen ist im Winter einer der attraktivsten Vögel Europas. Im Sommer sieht es wie ein Weibchen aus.

ÄHNLICHE ARTEN

Körper einheit-
lich braun

großes
weißes
Gesicht

GÄNSESÄGER ♀
ähnlich ♀
(S. 56)

viel
größer

SCHWARZKOPF-RUDERENTE
♂ Winter, ähnlich ♀ (S. 57)

VORKOMMEN
Brütet im äußersten Nordosten Europas an Seen in bewaldeten Gebieten. Im Winter häufig in größeren Trupps an der Ostsee und im Hinterland der Nordsee, seltener und meist nur in kleiner Zahl auf Gewässern tiefer im Binnenland, westlich bis Großbritannien.

In Mitteleuropa zu sehen											
J	F	M	A	M	J	J	A	S	O	N	D

Körperlänge **36–44 cm**	Flügelspannweite **55–70 cm**	Gewicht **500–800 g**
Trupps	Lebensdauer **bis 8 Jahre**	**Gefährdet**

Ordnung **Anseriformes**	Familie **Anatidae**	Art *Mergus serrator*

Mittelsäger

zerschlissene Haube

Kopf bräunlich

Körper bräunlich grau

MÄNNCHEN (WINTER)

deutliche weiße Flügelfelder

MÄNNCHEN (SOMMER)

WEIBCHEN

Vorderhals gefleckt

flexible Haube am grünschwarzen Kopf

Kopf zimtbraun

WEIBCHEN

zwischen schwarzem Rücken und grauen Flanken breites weißes Band

dünner, leicht aufgebogener roter Schnabel

Beine rot

IM FLUG

weißer Kragen

MÄNNCHEN (WINTER)

Brust braun, schwarz gesäumt

Mittelsäger sind sowohl an schnell fließenden klaren Flüssen als auch im Sommer an der Küste zu sehen, zu gewissen Zeiten auch auf dem Meer. Oft stehen die Vögel an Sandstränden oder auf Küstenfelsen. Die Männchen balzen im Winter und Frühling vor den Weibchen mit ritualisierten Bewegungen, fächern dabei ihre Schopffedern und reißen den Schnabel weit auf. Im Winter sieht man oft ein oder zwei Männchen mit einigen Vögeln im Weibchenkleid (Weibchen und Immature), an manchen Plätzen scharen sich jedoch Hunderte zusammen.

STIMME: Schweigsam, manchmal tiefe, rollende, krächzende oder knarrende Laute.

BRUTBIOLOGIE: Nester in hohem Gras auf dem Boden oder zwischen Steinen und Felsen; 8–11 Eier; 1 Jahresbrut; April bis Juni.

NAHRUNG: Taucht nach kleinen Fischen.

/\/\/\/\/\/\/\/\/\/\/\/\/\/\/\/\

FLUG: Schnell, geradlinig; langer Hals und Kopf sowie Schwanz ergeben kreuzförmiges Flugbild.

BALZENDE MÄNNCHEN
Die Mittelsägermännchen strecken ihren Kopf nach vorne und reißen ihn nach oben; gleichzeitig wird der Hinterköper angehoben.

ÄHNLICHE ARTEN

GÄNSESÄGER ♀
ähnlich ♀ (S. 56)

STOCKENTE ♂
ähnlich ♂ (S. 41)

Schnabel gelb

schärferer Kontrast zwischen Kopf und heller Kehle

VORKOMMEN
Brütet an Küsten oder schnell fließenden Flüssen im Norden Großbritanniens, in Island, Skandinavien und in den Ostseeländern. Überwintert südlich bis Griechenland und Nordfrankreich, meist an Küsten. Mausertrupps kann man im Spätsommer an Küsten sehen.

In Mitteleuropa zu sehen
J F M A M J J A S O N D

Körperlänge **51–62 cm**	Flügelspannweite **70–85 cm**	Gewicht **0,85–1,25 kg**
Familien/Schwärme	Lebensdauer **bis 8 Jahre**	**Bestand gesichert**

Ordnung **Anseriformes**	Familie **Anatidae**	Art ***Mergus merganser***

Gänsesäger

Gesicht gestreift

Körper grau

JUNGVOGEL

großes weißes Flügelfeld

Kopf dunkelbraun

weiche, nach unten weisende Haube

scharf abgegrenzte weiße Kehle

dunkler Halskragen

MÄNNCHEN (WINTER)

blaugrauer Körper

roter Schnabel mit dicker Basis und deutlichem Haken

WEIBCHEN

Kopf schwarzgrün

Körper lachsrosa bis weiß

WEIBCHEN

IM FLUG

langer Schwanz

MÄNNCHEN (WINTER)

FLUG: Oft niedrig; schnell und geradlinig, langgestreckte, massige Gestalt.

Als der größte Säger mit einem langen gezähnten Schnabel, um Fische festhalten zu können, ist der Gänsesäger stärker ans Süßwasser gebunden als der Mittelsäger, vor allem außerhalb der Brutzeit. Man trifft ihn in kleinen Trupps im Winter. Die Vögel sehen oft bemerkenswert groß aus auf kleinen Binnengewässern an einem ruhigen, etwas nebligen Tag. Im Sommer ziehen die Brutpaare einen Bergsee vor oder einen rasch fließenden Fluss mit vielen Felsblöcken und steinigen Ufern. Für gewöhnlich sind Gänsesäger scheu und fliegen schon bei großer Entfernung auf.

STIMME: Rau *karrr* und gackernde Laute.

BRUTBIOLOGIE: Nest in Baumhöhle nahe am Wasser; 8–11 Eier; 1 Jahresbrut; April bis Juli.

NAHRUNG: Taucht über größere Entfernungen in Seen nach Fischen.

RUHENDE MÄNNCHEN
Im Winter schwimmen Gänsesägermännchen im offenen Wasser umher und lassen sich auch längere Zeit einfach treiben. Im Sommer sehen die Männchen wie die Weibchen aus.

ÄHNLICHE ARTEN

MITTELSÄGER ♂♀, ♂ hat dunkle Brust (S. 55)

Gesicht fleckig

Brust dunkel

STOCKENTE ♂ (S. 41)

♀

VORKOMMEN
Brütet an Flüssen und Seen in Island, Skandinavien, Großbritannien, Norddeutschland und in den Alpen. Überwintert südlich bis in den Balkan und Frankreich, meist an Süßwasser. Größere Trupps sind auf größeren Stauseen, kleinere in Baggerseen und auf Flüssen.

In Mitteleuropa zu sehen
| J | F | M | A | M | J | J | A | S | O | N | D |

Körperlänge **57–69 cm**	Flügelspannweite **82–98 cm**	Gewicht **1–1,6 kg**
Kleine Trupps	Lebensdauer **bis 8 Jahre**	**Bestand gesichert**

Ordnung **Anseriformes**	Familie **Anatidae**	Art *Oxyura jamaicensis*

Schwarzkopf-Ruderente

dunkle Kappe auf hellem Kopf

Körper dunkelgraubraun

Schnabel schwärzlich

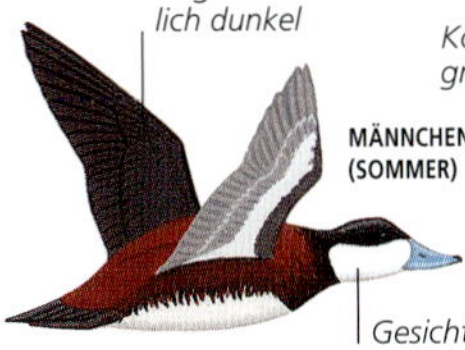

Flügel einheitlich dunkel

Körper dunkelgraubraun

Wangenstreif

MÄNNCHEN (SOMMER)

Schnabel dunkelgrau

Gesicht weiß

IM FLUG

WEIBCHEN

Kopf groß und rund

MÄNNCHEN (WINTER)

Oberkopf und Nacken schwarz

Wangen reinweiß

Rücken rund

Körper rotbraun

steifer Schwanz, flach liegend oder angewinkelt

Schnabel blau

MÄNNCHEN (SOMMER)

∧∧∧∧∧∧∧∧∧∧∧∧∧∧∧∧∧∧∧∧∧∧

FLUG: Schnell, niedrig; mit schwirrenden Flügelschlägen; geradlinig, wenig wendig.

Die Schwarzkopf-Ruderente wurde nach Europa eingeführt, als in den Jahren nach 1950 Vögel aus Gefangenschaft entkamen und sich in verschiedenen Ländern ansiedelten. Sie ist ein Süßwasservogel. Familien halten sich an schilfbestandene Ufer. Im Winter wandern sie auf größere Seen und Stauseen. An den günstigsten Plätzen, die zu traditionellen Mauser- und Winterquartieren wurden, sammeln sich dann Hunderte.
STIMME: Meist schweigsam; tiefes Grunzen, Schnabel schlägt bei der Balz gegen die Brust.
BRUTBIOLOGIE: Nest ist ein großer schwimmender Haufen aus Pflanzenmaterial in hohem Schilf, oft von heruntergezogenen Halmen überdacht; 6–10 Eier; 1 Jahresbrut; April bis Juni.
NAHRUNG: Taucht nach Insektenlarven und Sämereien, taucht auf wie ein Korken.

BALZENDES MÄNNCHEN
Das Männchen der Schwarzkopf-Ruderente führt vibrierende Schnabelbewegungen gegen die Brust aus. Damit erzeugt es klopfende Laute und treibt die Luft aus den Federn.

VORKOMMEN
Brütet auf Seen mit Schilf in Großbritannien und weniger häufig in nahe gelegenen Gebieten auf dem Festland. Im Herbst auf größeren Seen und offenem Wasser, meist regelmäßig in wenigen Trupps an bestimmten Plätzen.

In Mitteleuropa nur als Ausnahmegast zu sehen											
J	F	M	A	M	J	J	A	S	O	N	D

ÄHNLICHE ARTEN			
ZWERGSÄGER ♀ ähnlich ♂ Winter (S. 54)	Oberkopf flacher	**KOLBENENTE** ♀ ähnlich ♂ (S. 414)	**TRAUERENTE** ♀ ähnlich ♂ (S. 51)

Gesicht weniger weiß

Schwanz kürzer

• größer
• helleres Braun
• Schnabel länger

Gesicht dunkler

Körperlänge **35–43 cm**	Flügelspannweite **53–62 cm**	Gewicht **350–800 g**
Trupps im Winter	Lebensdauer **bis 8 Jahre**	**Bestand gesichert**

HÜHNERVÖGEL

EINE GRUPPE VON BODENVÖGELN, die alle kurze Beine und kurze Schnäbel haben und im Wesentlichen von Pflanzennahrung leben. Die Küken benötigen energiereiche Insektennahrung. Einige zeigen ein ritualisiertes Sozialverhalten, wie die Arenabalz des Birkhuhns. Die Männchen stellen sich zur Schau, um von einem Weibchen gewählt zu werden. Sie beteiligen sich weder an der Bebrütung noch an der Jungenaufzucht.

RAUFUSSHÜHNER
Arten mit gedrungenem Körper und befiederten Beinen und Füßen, die Weibchen tragen auf jeden Fall ein Tarngefieder. Sie kommen in besonderen Lebensräumen vor, wie Heide- und Hochmoorflächen, Bergwäldern und Buschzonen.

FASANE
Die langschwänzigen Fasanenmännchen sind

eindrucksvolle Vögel. Die Weibchen sind für gewöhnlich kleiner und schlichter gefärbt. Einige leben sehr versteckt und sind schwer zu finden.

GIGANTISCHES RAUFUSSHUHN
Das größte Raufußhuhn ist das Männchen des Auerhuhns, heute eine bedrohte Art in Nadelwäldern. In guten Beständen leben die Vögel gesellig, im Sommer aber oft einzeln.

HAUTLAPPEN IM GESICHT
Einige Hühnervögel wie etwa das Männchen des Fasans tragen fleischige Lappen am Kopf. In vielen Ländern sind Fasane zur Jagd eingeführt worden.

FELDHÜHNER
Feldhühner weisen weit geringere Unterschiede zwischen Männchen und Weibchen auf als Raufußhühner und Fasane. Die Männchen kümmern sich mehr um die Familie. Die Wachtel ist eine sehr kleine Art und ein Langstreckenzieher, der in Afrika überwintert.

TETRAONIDAE (RAUFUSSHÜHNER)

weiße, schwarze und rotbraune Flecken an den Flanken

über dem Auge rot

Oberseite hell und dunkel gebändert

HASELHUHN
S. 60

MOORSCHNEEHUHN
S. 61

ALPENSCHNEEHUHN
S. 62

TETRAONIDAE (RAUFUSSHÜHNER) *Fortsetzung*

Unterschwanz-
federn in der Balz
hochgestellt

Schwanz breit
gerundet, weiß
gesprenkelt

BIRKHUHN
S. 63

AUERHUHN
S. 64

PHASIANIDAE (FELDHÜHNER UND FASANE)

brauner Rücken
mit cremefarbe-
nen Streifen

Vorderhals
gestrichelt

Gesicht hell-
orangebraun

WACHTEL
S. 65

ROTHUHN
S. 66

REBHUHN
S. 67

Körper hellbraun mit
kräftiger schwarzer
Zeichnung

FASAN
S. 68

59

Ordnung **Galliformes**	Familie **Tetraonidae**	Art *Tetrastes bonasia*

Haselhuhn

gebogene, hellgrau-braune Flügel

weißliche Bänder an Seiten des Rückens

IM FLUG

Bürzel hellgrau

schwarzes Kinn mit weißen Rändern

schwarze Kehle

oberseits grau, unterseits heller mit großen dunklen Flecken

kleiner runder Kopf

Flanken kräftig gefleckt

gedrungener Körper

WEIBCHEN

breiter grauer Schwanz mit dunklem Endband

MÄNNCHEN

weiße, schwarze und rotbraune Flecken an den Flanken

Das Haselhuhn ist ein seltener, heimlicher Vogel Nordost-, Mittel- und Osteuropas. Es bevorzugt tiefe, dunkle Nadelwälder und ist deshalb schwer zu entdecken, denn es ist ruhig und unauffällig. Es sucht oft im dichten Unterholz auf dem Boden nach Nahrung und verschwindet, wenn Menschen auftauchen.
STIMME: Sehr dünnes, hohes Pfeifen von balzendem Männchen, ungewöhnlich für einen Vogel dieser Größe.
BRUTBIOLOGIE: Flache, ausgelegte Mulde am Boden, gut verborgen; 7–11 Eier; 1 Jahresbrut; April bis Juni.
NAHRUNG: Verschiedene Triebe, Blätter, Beeren und Insekten, auf dem Boden oder in dichten Nadelgehölzen.

FLUG: Schnell, mit raschen Flügelschlägen, die ein typisches schwirrendes Geräusch erzeugen.

WALDBEWOHNER
Haselhühner leben heimlich in tiefen Wäldern und dichtem Unterwuchs. Selten sieht man ihr schön gezeichnetes Gefieder aus der Nähe.

ÄHNLICHE ARTEN

BIRKHUHN kommt in offenerem Gelände vor; Hähne schwärzer (S. 63)

größer und schwerer

AUERHUHN Bürzel dunkler (S. 64)

VORKOMMEN
Wälder und Berge in Mittel- und Osteuropa sowie Skandinavien, aber fast überall selten und lokal. Verlässt die normalen Brutplätze nicht.

In Mitteleuropa zu sehen											
J	F	M	A	M	J	J	A	S	O	N	D

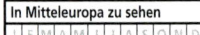

Körperlänge **34–39 cm**	Flügelspannweite **48–54 cm**	Gewicht **350–490 g**
Familiengruppen	Lebensdauer **bis 7 Jahre**	**Bestand gesichert**

| Ordnung **Galliformes** | Familie **Tetraonidae** | Art *Lagopus lagopus* |

Moorschneehuhn

über dem Auge rot

dicker Schnabel schwarz

Körper lebhaft rotbraun (Weibchen gelblich braun, stärker gemustert)

MÄNNCHEN (SOMMER)

WINTER

Flügel weiß

Flügel weiß

Schwanz schwarz

IM FLUG

dunkle schuppige Bänderung

Bauch weiß

MÄNNCHEN (SOMMER)

dicker Schnabel

Körper weiß

WINTER

Das Moorschneehuhn ist ein gedrungener, kleinköpfiger hühnerähnlicher Vogel in Hochmooren und Heidelandschaften und in Großbritannien ein wichtiges Jagdobjekt. Es ist aber nicht eingebürgert wie der Fasan. Kleine Gruppen halten sich meist außerhalb der Sichtweite, bis sie nach Annäherung plötzlich wie erschreckt auffliegen. Die Unterart in Großbritannien und Irland behält einen großen Teil des Gefieders das ganze Jahr über. In den meisten Gebieten hat der Bestand über viele Jahrzehnte abgenommen, da der Lebensraum durch den Menschen stark verändert wird.

STIMME: Tiefe Stakkato-Rufe wie *kaoko-ka-ka-karrr-rrgbak, gbak gbak*.
BRUTBIOLOGIE: Eine dürftig ausgestattete Mulde am Boden in Heidekraut; 6–9 Eier; 1 Jahresbrut; April bis Mai.
NAHRUNG: Nimmt Samen und Triebe von Heidekraut im langsamen Gehen; lebt auch von Beeren und Sämereien.

FLUG: Schneller Flug mit schwirrenden Flügelschlägen und bei längeren Gleitstrecken mit gebogenen Flügeln.

FLECKIGES ÜBERGANGSKLEID
Mausernde Vögel zeigen oft Kontraste; der dunkle Kopf ist die letzte Partie, die im Herbst mausert, und wird im Frühling zuerst wieder braun.

UNTERART

L. l. scoticus (Großbritannien, Irland)

dunkelrotbraun

Flügel dunkel

gelbbraun

MÄNNCHEN

WEIBCHEN

VORKOMMEN
In Großbritannien und Irland auf Heideland, meist an Plätzen, die für die Jagd eingerichtet wurden, selten außerhalb der Brutplätze, auch nicht in harten Wintern. In nordischen Wäldern und ihren Lichtungen in Skandinavien und im äußersten Nordosteuropa.

In Mitteleuropa zu sehen
J F M A M J J A S O N D

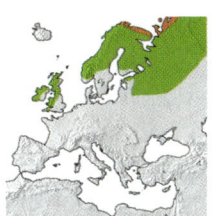

ÄHNLICHE ARTEN

REBHUHN (S. 67)

ALPENSCHNEEHUHN ♂♀ Winter (S. 62)

Schnabel dünner

kleiner

Flanken gebändert

hellbraun

rostfarbene Schwanzseiten

| Körperlänge **37–42 cm** | Flügelspannweite **55–66 cm** | Gewicht **650–750 g** |
| **Kleine Trupps** | Lebensdauer **bis 7 Jahre** | **Bestand gesichert** |

Ordnung **Galliformes**	Familie **Tetraonidae**	Art *Lagopus muta*

Alpenschneehuhn

auf braunem Körper gelbe Flecken

Flügel weiß

WEIBCHEN (SOMMER)

MÄNNCHEN (SOMMER)
Schwanz schwarz

Hals ausgestreckt

MÄNNCHEN (WINTER)

Kopf klein und rund

über Auge rot

Schnabel klein und zierlich

Schnabel klein

Hals schlank

Gefieder weiß

IM FLUG

Flügel weiß

Oberseite hell und dunkel gebändert

Körper rund, hühnerähnlich

zwischen Schnabel und Auge schwarze Linie

Gefieder weiß; scheckig im Herbst und Frühjahr

MÄNNCHEN (WINTER)

Bauch weiß

WEIBCHEN (WINTER)

MÄNNCHEN (SOMMER)

D as Alpenschneehuhn lebt in der hochalpinen Stufe im Süden seines Verbreitungsgebiets, auf kargem Boden weiter nördlich (auch in Schottland). Es ist kleiner und zierlicher als das Moorschneehuhn. In Mitteleuropa lebt es nur auf den höchsten Alpengipfeln. Im Winter ist es schwer vom Moorschneehuhn zu unterscheiden und auch im Sommer muss man bei den Weibchen genau hinsehen, um sie sicher zu bestimmen.
STIMME: Tiefe, hölzerne und krächzende Laute, meist viersilbig *arr-karr-ka-karrrr*, auch kurzes Gackern.
BRUTBIOLOGIE: Das Nest ist eine mit Gras ausgelegte Mulde am Boden; 5–9 Eier; 1 Jahresbrut; Mai bis Juli.
NAHRUNG: Triebe, Blätter, Knospen, Samen und Beeren niedrigwüchsiger buschiger Pflanzen, auch Insekten, die vor allem für die Jungen wichtig sind.

FLUG: Fliegt bei Annäherung im Steigflug mit steifen, schnell schlagenden Flügeln; bergab in Gleitstrecken.

JAHRESZEITLICHER WECHSEL
Unterschiedlich gemausertes Gefieder ist beim Alpenschneehuhn im Frühjahr und Herbst zu sehen.

ÄHNLICHE ARTEN

MOORSCHNEEHUHN Sommer, ähnlich ♂ Sommer (S. 61)

mehr rotbraun

MOORSCHNEE-HUHN Winter, ähnlich ♂♀ Winter (S. 61)

größer

Schnabel dicker

VORKOMMEN
Brütet verbreitet in Island, Nord- und Westskandinavien, sehr lokal in Schottland, in den Pyrenäen und in den Alpen auf offner Tundra, an Felsküsten und Findlingsflächen. Im Süden Europas nur in der Matten- und Felsstufe von Hochgebirgen, die der Tundra ähnlich sind.

In Mitteleuropa zu sehen

J	F	M	A	M	J	J	A	S	O	N	D

Körperlänge **34–36 cm**	Flügelspannweite **54–60 cm**	Gewicht **400–600 g**
Kleine Trupps	Lebensdauer **bis 7 Jahre**	**Bestand gesichert**

| Ordnung **Galliformes** | Familie **Tetraonidae** | Art *Lyrurus tetrix* |

Birkhuhn

breites weißes
Flügelband

lang gestreckt

Unterschwanz-
federn in der Balz
hochgestellt

kräftiger
weißer
Schulterfleck

blauer
Metallglanz
im Nacken

MÄNNCHEN

gekrümmte
äußere
Schwanz-
federn

feines weißes
Band

Schwanz
etwas
einge-
kerbt

WEIBCHEN

IM FLUG

weißer Fleck
unter dem
Schwanz

schillerndes
schwarzes
Gefieder

Körper groß
und gedrungen

Gefieder gelb-
braun und
dunkel gebändert

WEIBCHEN

MÄNNCHEN

Das Birkhuhn ist ein auffallender Bewohner von Hochmooren und Waldlichtungen und hat in den meisten Teilen seines Verbreitungsgebietes in Europa abgenommen. Auf ihren Balzarenen tragen die Männchen im Frühjahr Scheingefechte aus, um Eindruck auf die Weibchen zu machen, die vom Rande aus zusehen. Balzarenen sind sehr störanfällig und die Männchen fliegen bei Annäherung meist ab.

STIMME: Weibchen äußern kurze bellende Laute; Männchen lassen bei der Balz weit tragende kullernde Laute hören und ein explosives *tschuchui*.

BRUTBIOLOGIE: Das Nest ist eine Mulde am Boden, wenig ausgekleidet; 6–10 Eier; 1 Jahresbrut; April bis Juli.

NAHRUNG: Große Vielfalt von Samen, Beeren, Knospen, Trieben, Blättern und Blüten verschiedener Sträucher.

FLUG: Oft hoch, geradlinig über größere Entfernungen mit regelmäßigen Flügelschlägen, gelegentlich auch Gleitphasen.

AUFFÄLLIGE MÄNNCHEN
Männchen auf offenem Gelände sind weithin sichtbar.

BALZ
Im Frühjahr versammeln sich mehrere Männchen in der Morgendämmerung mit hängenden Flügeln und angehobenen fächerförmigen Schwänzen.

ÄHNLICHE ARTEN

Schwanz
rund

größer

MOORSCHNEEHUHN ♀
ähnlich ♀ (S. 61)

♂

AUERHUHN ♂♀;
♂ größer, ♀ rost-
farbener (S. 64)

Schwanz
und Flügel
dunkler

VORKOMMEN
Brütet in Schottland und Nordspanien, weitverbreitet in Skandinavien und von den Alpen an ostwärts; nimmt in vielen Gebieten ab. Zieht natürliche Kiefern- und Fichtenwälder vor. Zur Nahrungssuche auch in angrenzenden Hochmoorflächen und auf Waldlichtungen.

In Mitteleuropa zu sehen
J F M A M J J A S O N D

| Körperlänge **40–55 cm** | Flügelspannweite **65–80 cm** | Gewicht **0,75–1,4 kg** |
| **Trupps** | Lebensdauer **bis 5 Jahre** | **Gefährdet** |

| Ordnung **Galliformes** | Familie **Tetraonidae** | Art *Tetrao urogallus* |

Auerhuhn

roter Lappen — *kurzer, dicker und gekrümmter Schnabel*

abstehender Federbart

Flügel braun

MÄNNCHEN

Schwanz breit gerundet, weiß gesprenkelt

großer Körper schwarzgrau

kräftiger weißer Schulterfleck

WEIBCHEN

dunkle Bänderung auf rötlich braunem Körper

breite Brust orangefarben

IM FLUG

auf orangefarbenem Schwanz dunkle Bänderung

weiße Flecken auf Flanken und Bauch

WEIBCHEN

MÄNNCHEN

FLUG: Fliegt oft bereits in größerer Entfernung auf und mit schweren Flügelschlägen niedrig über Grund; erhebt sich mit lauten Flügelschlägen, wenn aufgeschreckt.

Das größte Raufußhuhn, das in Kiefern- und Fichtenwäldern mit dichtem Unterholz lebt, ist sehr anfällig gegenüber Störungen und meist sehr scheu. Auerhühner fliegen bereits in großer Entfernung von Lichtungen ab. Sie sind nirgendwo mehr häufig und in manchen Gebieten, so auch in Mitteleuropa, ernsthaft gefährdet.

STIMME: Fasanähnliches Krächzen; Männchen lässt bei der Balz ein Wetzen hören, das in einem knallenden Schlag endet; auch gurgelnde Laute.

BRUTBIOLOGIE: Das Nest ist eine Mulde am Boden, oft an einen Stamm angelehnt, mit Gras, Nadeln und Zweigen ausgekleidet; 5–8 Eier; 1 Jahresbrut; März bis Juli.

NAHRUNG: Kiefernnadeln, Knospen verschiedener Sträucher und Bäume; Triebe und Blätter; auch Beeren und Sämereien von Kräutern; Ameisen. Im Winter vor allem Nadeln.

BALZ IM FRÜHJAHR
Wo der Bestand noch gut ist, versammeln sich mehrere Weibchen um die Balzplätze.

VORKOMMEN
Brütet in Schottland und Nordspanien, weitverbreitet in Skandinavien und von den Alpen an ostwärts; nimmt in vielen Gebieten ab. Liebt natürliche Kiefern- und Fichtenwälder. Zur Nahrungssuche auch in angrenzenden Hochmoorflächen und auf Waldlichtungen mit Heidel- und Preiselbeeren, Wacholder, Heidekraut. Standvogel, der das ganze Jahr über am Platz bleibt.

| In Mitteleuropa zu sehen |
| J F M A M J J A S O N D |

ÄHNLICHE ART

BIRKHUHN ♀
ähnlich ♀ (S. 63)

Schwanz gekerbt

grauer und kleiner

VOGEL DER NADELWÄLDER
Auerhühner leben in Nadelwäldern und suchen im Winter ihre Nahrung in Baumwipfeln, vor allem in Kiefern und Fichten.

| Körperlänge **60–85 cm** | Flügelspannweite **0,85–1,25 m** | Gewicht **1,5–4,4 kg** |
| **Familiengruppen** | Lebensdauer **bis 10 Jahre** | **Gefährdet** |

| Ordnung **Galliformes** | Familie **Phasianidae** | Art ***Coturnix coturnix*** |

Wachtel 🔘 17

IM FLUG

Kopf gestreift

Schwanz dunkel und spitz
MÄNNCHEN

Flügel schmal, lang und dunkel

Kehle hell
WEIBCHEN

Oberkopf gestreift

brauner Rücken mit cremefarbenen Streifen

Schnabel klein

an Kehle schwarz

Körper klein und rund

an den Flanken dunkle Streifen

MÄNNCHEN

Die Wachtel ist ein Vogel, den man eher hört als sieht. Sie fliegt selten, und im hohen Gras oder Getreide ist es fast unmöglich, sie am Boden zu entdecken, es sei denn, sie rennt über einen offenen Weg. Durchzügler lassen sich manchmal an exponierteren Plätzen nieder und sind daher leichter zu beobachten, halten sich aber auch geschickt verborgen. Wenn Wachteln fliegen, wirken sie überraschend langflügelig und können mit anderen Arten verwechselt werden, z.B. mit jungen Rebhühnern, die bereits fliegen können, bevor sie ausgewachsen sind. Wachteln fliegen für gewöhnlich schnell in einem kurzen Bogen auf und fallen dann gleich wieder in Deckung. Man kann sie dann kaum ein zweites Mal aufscheuchen. Im wärmeren Südeuropa ist die Wachtel viel häufiger und weiter verbreitet als weiter im Norden, aber auch in Südeuropa hat sie als Folge moderner Landwirtschaft abgenommen. Die Zukunftsaussichten sind nicht sehr günstig.

STIMME: Einmalige laute, weithin hörbare rhythmische Strophe *pick-per-wick*; daneben brummende Laute.

BRUTBIOLOGIE: Flache Mulde am Boden mit Pflanzen ausgekleidet, gut versteckt in hohem Gras oder Getreide; bis 12 Eier; 1 Jahresbrut; Mai bis Juli.

NAHRUNG: Pickt im langsamen Gehen Samen vom Boden oder kleine Insekten von Blättern auf.

∧∧∧∧∧∧∧∧∧∧∧∧∧∧∧∧∧∧∧∧∧∧∧

FLUG: Niedrig, sehr rasch; schnelle Flügelschläge und kurze Gleitstrecken, fast wie Schnepfe, lässt sich aber bald wieder in Deckung fallen.

ZUGVOGEL OHNE DECKUNG
Durchzügler rasten normalerweise in Feldern mit geringer Deckung und lassen sich daher manchmal ganz offen sehen.

ÄHNLICHE ARTEN

REBHUHN (S.67)
Schwanz rostfarben

Flügel rostfarben

Beine länger
WACHTELKÖNIG (S. 134)

VORKOMMEN
Weitverbreitet nach Norden bis in die Ostseeländer, aber an der Nordgrenze der Verbreitung unregelmäßig. Brütet in großen Gras- oder Getreideflächen, meist in warmen, trockenen Gebieten. In manchen »Wacheljahren« häufiger als sonst.

| In Mitteleuropa zu sehen |
| J F M **A M J J A S O** N D |

| Körperlänge **16–18 cm** | Flügelspannweite **32–35 cm** | Gewicht **70–135 g** |
| **Familiengruppen** | Lebensdauer **bis 8 Jahre** | **Gefährdet** |

| Ordnung **Galliformes** | Familie **Phasianidae** | Art *Alectoris rufa* |

Rothuhn

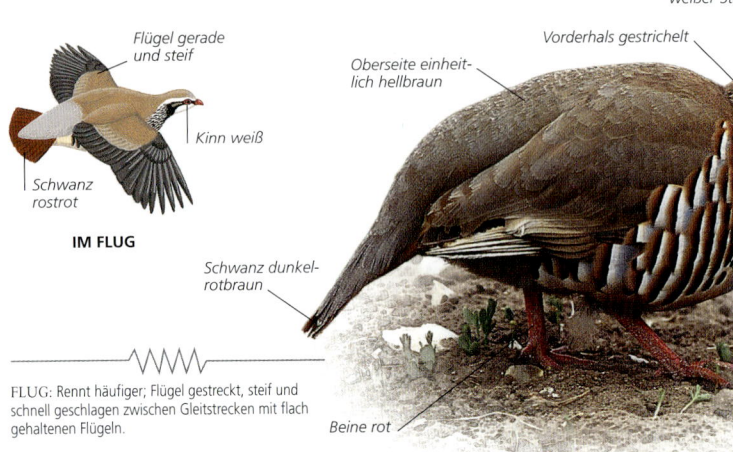

Flügel gerade und steif

Kinn weiß

Schwanz rostrot

IM FLUG

Schwanz dunkel-rotbraun

FLUG: Rennt häufiger; Flügel gestreckt, steif und schnell geschlagen zwischen Gleitstrecken mit flach gehaltenen Flügeln.

unter der Kappe weißer Streifen

Oberkopf graubraun

Vorderhals gestrichelt

Oberseite einheitlich hellbraun

Schnabel rot

um das weiße Gesicht schwarze Einfassung; Brust gefleckt

Beine rot

Flanken schwarz-braun und blaugrau gebändert

Dieses hübsche und attraktive Feldhuhn ist durch nicht mehr rückgängig zu machende Ansiedlung anderer Arten in seinem Areal bedroht, da Mischpopulationen entstehen. Genaue Beobachtung ist nötig, um Bastarde zwischen Rothuhn und Chukarhuhn zu erkennen, die in England weitverbreitet sind. In seinem ursprünglichen Verbreitungsgebiet ist das Rothuhn ein recht heimlicher Vogel warmer, offener Hänge und Felder. Aber auch in Südeuropa werden manche Populationen zu Jagdzwecken mit gezüchteten Vögeln ergänzt, vor allem in Kulturlandschaften.

STIMME: Tiefe gackernde, aber auch zischende Laute wie *tschak-ak-ar, tschuk-ar.*

BRUTBIOLOGIE: Nest ist eine mit Gras gepolsterte Mulde am Boden zwischen niedriger Vegetation; 7–20 Eier; 1 Jahresbrut; April bis Juli.

NAHRUNG: Lebt von Blättern, Trieben, Beeren, harten Früchten und Samen, die vom Boden aufgelesen werden; Jungvögel fressen Insekten.

DICHT BEISAMMEN
Familiengruppen des Rothuhns laufen langsam am Boden oder sitzen dicht beieinander; in kurzem Gras oder auf Stoppelfeldern fallen sie nicht auf.

BEIM TRINKEN
Kleine Pfützen und Tümpel nach einem Regen ziehen Familiengruppen zum Trinken und Baden in sonst trockenen Gebieten an.

VORKOMMEN
Standvogel in Portugal, Spanien, Frankreich, Norditalien und eingeführt in Großbritannien. Bodenbrüter an offenen Hängen mit locker stehenden niedrigen Büschen und auf vegetationsarmen steinigen oder sandigen Flächen, im Kulturland nur, wenn es trocken ist, selten auf höherem Grasland.

TARNUNG
Trotz seiner leuchtenden Farben ist das Rothuhn meist gut getarnt.

ÄHNLICHE ARTEN

CHUKARHUHN (S. 419)

heller

Brust einfarbig

Gesicht orangefarben

REBHUHN (S. 67)

In Mitteleuropa nicht zu sehen

| J | F | M | A | M | J | J | A | S | O | N | D |

| Körperlänge **32–34 cm** | Flügelspannweite **45–50 cm** | Gewicht **400–550 g** |
| **Familiengruppen** | Lebensdauer **bis 6 Jahre** | **Gefährdet** |

| Ordnung **Galliformes** | Familie **Phasianidae** | Art *Perdix perdix* |

Rebhuhn 🔘 16

Gesicht hell-orangebraun

Kopf klein

leicht gebogene, hellbraune Flügel

Rücken gestrichelt

Schnabel mattbraun

gedrungener Körper hellbraun

Schwanz-seiten rostfarben

IM FLUG

auf grauer Brust helle Striche

am Bauch breite, dunkle hufeisen-förmige Marke

Bein matt-braun

FLUG: Niedrig und schnell mit gebogenen Flügeln, rasche Flügelschläge und kurze Gleitstrecken.

Dieses kleine Huhn ist typisch für die Feldflur alten Stils mit Wiesen, Äckern und vielen Hecken. Der Revierruf an sommerlichen Abenden lenkt die Aufmerksamkeit auf das Rebhuhn, wo es in der modernen intensiv genutzten Ackerlandschaft noch überleben konnte. Es bewegt sich versteckt durch grasige Flächen, oft hält es inne, hebt den Kopf und mustert die Umgebung. Familiengruppen, die man Ketten oder Völker nennt, sammeln sich im Spätsommer und Herbst und fliegen bei Störung gemeinsam auf.

STIMME: Auffälliges, fast mechanisch klingendes rhythmisches Krähen *kieee-ik* oder *ki-jik*.

BRUTBIOLOGIE: Nest ist eine mit Gras gepolsterte flache Mulde am Boden, gut versteckt in hohem Gras; 10–20 Eier; 1 Jahresbrut; April bis Juli.

NAHRUNG: Sammelt im Gehen Samen, Blätter und Triebe vom Boden; Jungvögel nehmen kleine Insekten auf.

VOGEL DER STOPPELÄCKER
Stoppeläcker sind für den Winter gute Lebensräume, aber jetzt kaum mehr für längere Zeit vorhanden. Intensive Landwirtschaft hat zu starker Abnahme geführt.

SCHNELLER FLUG
Eine Rebhuhnkette fliegt niedrig und schnell mit schwirrendem Flügelschlag und häufigen Gleitphasen.

VORKOMMEN
Weitverbreitet in Großbritannien, Frankreich, im äußersten Norden Spaniens und über Europa nach Norden bis Finnland, auf Ackerland, Heideflächen, Dünen und vor allem extensiv genutztem Grünland mit ausreichend Insektennahrung für die Jungen. Hat in modernem Agrarland sehr abgenommen.

| In Mitteleuropa zu sehen |
| J F M A M J J A S O N D |

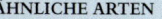

ÄHNLICHE ARTEN

ROTHUHN fliegt mit flatternden Flügeln und gefingerten Spitzen (S. 66)

weißer Gesichtsfleck

größer und einfarbiger

FASAN Jungvogel (S.68)
• Schwanz viel länger
• Beine länger

| Körperlänge **29–31 cm** | Flügelspannweite **45–48 cm** | Gewicht **350–450 g** |
| **Familiengruppen** | Lebensdauer **bis 5 Jahre** | **Gefährdet** |

Ordnung **Galliformes**	Familie **Phasianidae**	Art **Phasianus colchicus**

Fasan 〔18〕

kleiner, runder Kopf auf schmalem Nacken

oft heller Bürzel

langer, nachschleppender Schwanz

MÄNNCHEN

Schwanz spitz

WEIBCHEN

IM FLUG

Kopf grün-schwarz

Brust bronze- oder kupferfarben mit dunklen Flecken

WEIBCHEN

weißer Halsring

Körper hellbraun mit kräftiger schwarzer Zeichnung

Flanken orange-kupferfarben

Schwanz lang und steif

auf rotbraunem Körper weiße Abzeichen

MÄNNCHEN (HELLE FORM)

MÄNNCHEN (DUNKLE FORM)

Der Fasan wurde in viele Teile Europas eingeführt. Die lauten Rufe der Männchen in der Abenddämmerung sind für weite Teile der Kulturlandschaft charakteristisch. Status und Verhalten der Art sind schwierig zu beschreiben, da viele junge Vögel gezüchtet werden, die für das Leben in freier Natur nicht vorbereitet sind und dann geschossen werden. »Wilde« Vögel halten sich vielfach an sumpfige Stellen mit Seggen und auch an Waldränder, an denen man sie besonders oft trifft.

STIMME: Laut und explosiv *korr-kok* mit anschließendem Flügelburren; im Flug auch lautes Glucksen.

BRUTBIOLOGIE: Flache Mulde am Boden unter überhängender Deckung, wie etwa Brombeeren, ohne Auskleidung oder mit einigen Grashalmen versehen; 8–15 Eier; 1 Jahresbrut; April bis Juli.

NAHRUNG: Pickt Sämereien, Beeren, Insekten und Eidechsen mit seinem kräftigen Schnabel vom Boden.

FLUG: Niedrig, kurze Strecken mit schwirrenden Flügeln und nachschleppendem Schwanz; fliegt polternd auf.

FLÜGELSCHWIRREN
Dem Ruf des prächtig gefärbten Männchens folgt ein schnelles Flügelschlagen, das einen kurzen polternden Laut erzeugt.

ÄHNLICHE ARTEN

REBHUHN ähnlich ♀ (S. 67)

BIRKHUHN ♀ ähnlich ♀ (S. 63)

kleiner

Beine kürzer

Schwanz rund

Schwanz kürzer und gekerbt

VORKOMMEN
Sehr lokal in Spanien, Portugal und Südskandinavien, aber weitverbreitet in Mittel- und Westeuropa. Lebt in unterschiedlichen Biotopen, vor allem in gemischten Landschaften mit Äckern, Gehölzen, Rohrbeständen, Heideflächen und an Rändern von Mooren.

In Mitteleuropa zu sehen	
J F M A M J J A S O N D	

Körperlänge **52–90 cm**	Flügelspannweite **32–35 cm**	Gewicht **0,9–1,4 kg**
Kleine Trupps	Lebensdauer **bis 7 Jahre**	**Bestand gesichert**

TAUCHER

ABGESEHEN VOM BRÜTEN sind diese Vögel mit dolchähnlichem Schnabel ausschließlich Wasserbewohner. Sie haben dichtes Gefieder, schmale Flügel und kurze Schwänze und Beine. Das macht es für sie schwierig, sich auf festem Boden zu bewegen. Sie rutschen eher auf ihrem Bauch und stoßen sich mit den Füßen ab. Bei den Lappentauchern sind die Zehen nicht durch Schwimmhäute verbunden, sondern durch Lappen. Wird der Fuß im Wasser vorwärts gezogen, falten sie sich zusammen, sodass kaum Widerstand entsteht. Beim Zurückführen öffnen sie sich und drücken den Körper gegen das Wasser nach vorn.

STERNTAUCHER IM PRACHTKLEID
Während der Brutzeit tragen Seetaucher ein Prachtkleid wie dieser Sterntaucher; im Winter sind sie alle unauffällig grau, dunkelbraun und weiß.

SEETAUCHER

Sie sind größer als Lappentaucher mit längerem Körper und fliegen auch häufiger (der Sterntaucher fliegt von seinen Brutseen sogar zur Nahrungssuche aufs Meer). Ihre Brutverbreitung konzentriert sich auf das nördliche Europa. Sie äußern klagende Rufe.

LAPPENTAUCHER

Der Körper ist rund, der Hals meist lang. Sie sind auf Flüssen, Seen und Baggerseen in Europa verbreitet. Ihre Laute sind bellend, knarrend oder trillernd. Typischerweise bedecken sie die Eier mit Pflanzen, wenn sie das Nest verlassen, um Eierraub vorzubeugen.

GAVIIDAE (TAUCHER)

Kopf grau

bandförmiger roter Kehlfleck

STERNTAUCHER
S. 71

PRACHTTAUCHER
S. 72

Kopf schwarz

EISTAUCHER
S. 73

Familien **Gaviidae, Podicipedidae**

PODICIPEDIDAE (LAPPENTAUCHER)

hellgelber Fleck an
der Schnabelbasis

schwarze
Haubenfedern

Gesicht grau
und weiß

ZWERGTAUCHER
S. 74

HAUBENTAUCHER
S. 75

ROTHALSTAUCHER
S. 76

goldgelber Fächer am
schwarzen Kopf

fächerförmige gelbe
oder bronzefarbene
Ohrbüschel

OHRENTAUCHER
S. 77

SCHWARZHALSTAUCHER
S. 78

GRAZIÖSE BALZ
Schwarzhalstaucher zeigen ihr
lebhaft gefärbtes Prachtkleid bei
der Balz; die Geschlechter sehen
gleich aus.

| Ordnung **Gaviiformes** | Familie **Gaviidae** | Art ***Gavia stellata*** |

Sterntaucher

bucklig, dunkler Flügel, größer und länger als Lappentaucher

grauer Schnabel aufgeworfen

Nacken grau gestreift

Rücken einheitlich braun

bandförmiger roter Kehlfleck

ALTVOGEL (WINTER)

Kopf aus-gestreckt

ALTVOGEL (SOMMER)

ALTVOGEL (SOMMER)

Schnabel aufgeworfen

Gesicht weiß bis übers Auge

Gesicht hellgrau

Rücken weiß getupft

IM FLUG

JUNGVOGEL

ALTVOGEL (WINTER)

Der tief im Wasser liegende Taucher, den man außer am Nest kaum auf dem Land findet, ist an seinem schlanken, meist nach oben gewinkelt gehaltenen Schnabel zu erkennen. Sterntaucher brüten an kleinen Süßwasserseen, fliegen aber vielfach zur Nahrungssuche an die Küste. Im Winter sind sie vorzugsweise Meeresvögel. Brauner Rücken, grauer Kopf und dunkelroter Kehlfleck bilden das Prachtkleid, das Schlichtkleid im Winter ist weniger auffallend.

STIMME: Laut klagend und schnelle dunkle Stakkatorufe im Flug im Sommer; im Winter schweigsam.

BRUTBIOLOGIE: Das Nest ist eine flache Mulde dicht am Wasser, es besteht Überflutungsgefahr; 2 Eier; 1 Jahresbrut; April bis Juli.

NAHRUNG: Taucht nach Fischen und anderen Wassertieren, ist lange unter Wasser und taucht meist in einiger Entfernung vom Tauchpunkt wieder auf.

FLUG: Niedrig und gerade über dem Wasser, Kopf gestreckt, Beine leicht hängend, gleichmäßige kräftige Flügelschläge.

RUFSTELLUNG
Wie andere Seetaucher nehmen auch Sterntaucher auf den Brutgewässern im Sommer beim Rufen seltsame ritualisierte Haltungen ein.

ÄHNLICHE ARTEN

dunkler Augenstrich

weißer Flügelstreif

TROTTELLUMME Winter, ähnlich Altvogel Winter (S. 187)

gebänderter oder schuppiger braunschwarzer Rücken

dunkle Kappe bis Augenhöhe

PRACHTTAUCHER Winter, ähnlich Altvogel Winter (S. 72)

VORKOMMEN
Brütet an kleinen abgelegenen Moor- und Tundraseen im Norden, sucht aber in Schottland, Island und Skandinavien Nahrung im Meer. Im Winter weiter verbreitet an den Küsten und Flussmündungen Westeuropas, selten und meist nur einzeln im Binnenland.

In Mitteleuropa zu sehen
J F M A M J J A S O N D

| Körperlänge **50–60 cm** | Flügelspannweite **1,05–1,15 m** | Gewicht **1,2–1,6 kg** |
| **Im Winter in Trupps** | Lebensdauer **bis 20 Jahre** | **Gefährdet** |

Ordnung **Gaviiformes**	Familie **Gaviidae**	Art *Gavia arctica*

Prachttaucher ①

ALTVOGEL (SOMMER)

Nacken heller als Rücken (beim Eistaucher dunkler)

schmale Flügel

gestreckter Kopf tief

weißer Fleck an der Flanke (fehlt beim Eistaucher)

ALTVOGEL (WINTER)

auf jeder Seite ovaler Fleck mit weißen Streifen

IM FLUG

gebänderter oder schuppig braunschwarzer Rücken

dunkle Kappe bis Augenhöhe

ALTVOGEL (WINTER)

IMMATUR (1. WINTER)

Rücken schuppig

Kopf grau

Hals von hinten dünner als Eistaucher

gefleckter Halskragen

Schnabel meist waagerecht gehalten, dünner als Eistaucher

Kehle schwarz

Brust weiß

ALTVOGEL (SOMMER)

Im Sommer können nur wenige Vögel mit dem eleganten Muster des Prachttauchers konkurrieren. Im Winter ist das Gefieder unauffälliger und schwer von dem des Eistauchers oder Sterntauchers zu unterscheiden. Der dicke Kopf, der schlanke, gerade Schnabel und der schlanke Körper sind ebenso gute Kennzeichen wie der graue Nacken und der etwas hellere Rücken. Kleine Gruppen von Prachttauchern sammeln sich im Sommer in Meeresbuchten. Doch ist der Vogel meist Einzelgänger.
STIMME: Wilde, laut klagende Rufe im Sommer; im Winter schweigsam.
BRUTBIOLOGIE: Das Nest ist eine flache Mulde am Wasser auf Inseln (oder einem Floß) in einem See; 2 Eier; 1 Jahresbrut; April bis Juli.
NAHRUNG: Taucht lange und tief nach Fischen; taucht mit dem Kopf zuerst ab, fast ohne Wasserbewegung.

FLUG: Ausgestreckter Kopf tief, Beine ragen über Schwanzende; die Flügel schlagen peitschenähnlich.

TRUPPS IM SOMMER
Prachttaucher sammeln sich in eindrucksvollen Gruppen und schwimmen dicht beisammen mit erhobenen Köpfen.

NEST AUF EINEM FLOSS
Prachttauchernester werden nicht selten überflutet oder kommen bei Niedrigwasser weit vom Ufer ab. Künstliche Nistflöße erhöhen den Bruterfolg.

ÄHNLICHE ARTEN

Kopf schwarz

Rücken gebändert

STERNTAUCHER Winter, ähnlich Altvogel Winter (S. 71)

Gesicht mehr weiß

EISTAUCHER Sommer, ähnlich Altvogel Sommer (S. 73)

VORKOMMEN
Brütet auf größeren Seen mit kleinen Inseln in abgelegenen Gebieten Nordschottlands und Skandinaviens. Im Winter weiter verbreitet, doch spärlich an den Küsten Nordwesteuropas. Oft in größeren Flussmündungen oder an großen Sandbänken; im Binnenland selten.

In Mitteleuropa zu sehen
| J | F | M | A | M | J | J | A | S | O | N | D |

Körperlänge **60–70 cm**	Flügelspannweite **1,10–1,30 m**	Gewicht **2–3 kg**
Kleine Sommertrupps	Lebensdauer **bis 20 Jahre**	**Gefährdet**

| Ordnung **Gaviiformes** | Familie **Gaviidae** | Art *Gavia immer* |

Eistaucher

Oberkopf dunkel

Schnabel lang und kräftig

Nacken schwärzlich

Körper breit

schwarzes Halsband

Gesicht weiß

Hals gesenkt

ALTVOGEL (SOMMER)

Beine ragen über Schwanz-ende.

Flügel schlank

ALTVOGEL (WINTER)

IM FLUG

ALTVOGEL (mausernd ins Schlichtkleid)

Kopf schwarz

Nacken dunkler als Rücken

Rücken gebändert

dunkler Halskragen

Rücken gleichmäßiges Schachbrettmuster

gestreifter Halskragen

JUNGVOGEL

ALTVOGEL (SOMMER)

Als einer der größten Taucher hat der Eistaucher einen kräftigen dolchähnlichen Schnabel und oft einen eckigen Kopf mit einer steil gewölbten Stirn. Im Prachtkleid trägt er ein auffälliges Schachbrettmuster. Im Winter sind die erhebliche Körpergröße, der breite Körper, der kräftige Schnabel und der dunkle Nacken wichtige Kennzeichen. Ein junger Kormoran kann bei schlechter Sicht mit ihm verwechselt werden. Auch der Eistaucher liegt tief im Wasser, steht aber nie mit ausgebreiteten Flügeln an Land.

STIMME: Wolfsähnliches Heulen und tremolierende lachende Rufe im Sommer; im Winter schweigsam.

BRUTBIOLOGIE: Das Nest ist eine flache Mulde nahe am Wasser; 2 Eier; 1 Jahresbrut; April bis Juni.

NAHRUNG: Lebt von größeren Fischen, Krabben und anderen Wassertieren, bringt oft auch Plattfische nach einem langen Tauchgang nach oben.

FLUG: Fliegt niedrig und geradlinig; lange und schlanke Seetaucherflügel; Beine ragen über Schwanz, Hals gesenkt.

FLÜGELSCHLAGEN
Wie die meisten anderen Seetaucher richten sich auch Eistaucher auf dem Wasser auf und schlagen mit den Flügeln; dabei ist die weiße Unterseite zu sehen.

VORKOMMEN
Brütet auf größeren Seen in Island. Im Winter selten, aber weitverbreitet in großen Flussmündungen, breiten sandigen Meeresbuchten; auch auf unruhigeren Gewässern in Westeuropa, selten im Binnenland auf großen Stauseen oder Baggerseen.

ÄHNLICHE ARTEN

KORMORAN
Immatur, ähnlich Altvogel Winter (S. 87)

Schnabel-spitze leicht gekrümmt

Schnabel schlanker

Kopf heller

PRACHTTAUCHER Sommer, ähnlich wie Altvogel Sommer (S. 72)

In Mitteleuropa zu sehen
| J | F | M | A | M | J | J | A | S | O | N | D |

| Körperlänge **70–80 cm** | Flügelspannweite **1,30–1,50 m** | Gewicht **3–4 kg** |
| Einzeln | Lebensdauer **12–20 Jahre** | Bestand **gesichert**† |

Ordnung **Podicipediformes**	Familie **Podicipedidae**	Art **Tachybaptus ruficollis**

Zwergtaucher ②

Beine ragen über Hinterende.

ALTVOGEL (WINTER)

Flügel dunkel

IM FLUG

Gesicht hellbraun

Vorderhals hellbraun

ALTVOGEL (WINTER)

JUNGVOGEL

Körper rundlich

Gesicht rotbraun

Oberkopf schwärzlich

Schnabel spitz und gerade

hellgelber Fleck an der Schnabelbasis

hellbrauner Schwanz sehr kurz

ALTVOGEL (SOMMER)

Zwergtaucher sind klein, dunkel, kurzschnäbelig und kugelrund. Das Fehlen eines Schwanzes lässt sie wie eine Boje auf Flüssen, Seen und Teichen treiben. Ihre trillernden und klagenden Rufe hört man im Sommer an Seeufern. Im Winter sind sie mehr auf offenem Wasser, das nicht zufriert; selten auch an der Küste. Sie mischen sich unter andere Wasservögel, halten sich aber gern abseits in kleinen, locker zusammenhaltenden Trupps.

STIMME: Hoher, lauter Triller, der langsam verklingt; im Winter schweigsam.

BRUTBIOLOGIE: Das Nest ist ein kleines Floß aus Wasserpflanzen, an einem Ast oder einem Pflanzenstängel verankert; 4 bis 6 Eier, die beim Verlassen des Nestes zugedeckt werden; 1 Jahresbrut; April bis Juni.

NAHRUNG: Taucht nach kleinen Fischen, Wasserinsekten und Mollusken; Tauchgang beginnt oft mit einem kleinen Sprung; taucht auf wie ein Korken.

FLUG: Fliegt wenig, gewöhnlich sehr niedrig, flattert auf kleinen Flügeln über dem Wasser.

WACHSAM AUF DEM WASSER
Alarmiert wirken Zwergtaucher langhalsiger und schlanker und sehen im Winter oft einem Schwarzhalstaucher überraschend ähnlich.

ÄHNLICHE ARTEN

Gesicht mit Farbkontrast

Schnabel aufgeworfen

Schnabel leuchtend rot

weiße Streifen

SCHWARZHALSTAUCHER Winter, ähnlich Altvogel Winter (S. 78)

TEICHHUHN ähnlich Altvogel Sommer (S. 135)

VORKOMMEN
Mit Ausnahme von Nordeuropa im Sommer weitverbreitet, brütet an breiten Flüssen, Kanälen, Süßwasserseen und kleinen Tümpeln. Im Herbst in Westeuropa auf größeren Gewässern, mitunter auch auf geschützten küstennahen Meeresteilen.

In Mitteleuropa zu sehen
J F M A M J J A S O N D

Körperlänge **25–29 cm**	Flügelspannweite **40–45 cm**	Gewicht **10–120 g**
Kleine Trupps	Lebensdauer **10–15 Jahre**	**Bestand gesichert†**

| Ordnung **Podicipediformes** | Familie **Podicipedidae** | Art **Podiceps cristatus** |

Haubentaucher

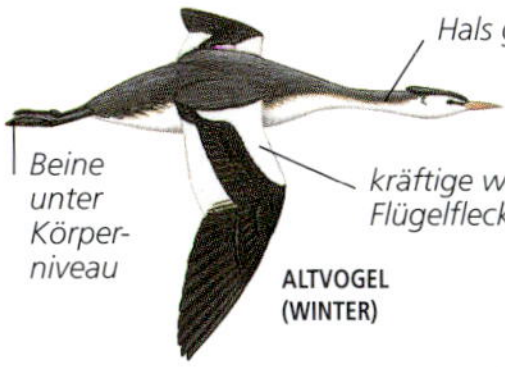

schwarze Hauben-federn

Gesicht heller

einzigartige Halskrause

Hals gesenkt

rosa Schnabel dolchartig

Beine unter Körper-niveau

kräftige weiße Flügelflecke

ALTVOGEL (WINTER)

Rücken dunkel

schlanker Hals

Brust und Hals weiß

IM FLUG

ALTVOGEL (SOMMER)

über dem Auge weiß

Kopf gestreift

Körper blass-gräulich

Hinterende schwanzlos

Rücken dunkel

Schnabel fleischfarben

Brust weiß

JUNGVOGEL

ALTVOGEL (WINTER)

D er gerade, schlanke Hals mit einer seidenweißen Vorderseite und die leuchtend weiße Brust sind immer charakteristisch für diesen Lappentaucher mit dem Dolchschnabel. Im Sommer ist die schwarze Kappe zu einer doppelten, nach hinten gerichteten Federhaube ausgezogen; am Gesicht zeigen sich kastanienbraune Federn. Sie werden beim Kopfschütteln während der Balz dem Partner präsentiert. Oft brüten mehrere Paare beisammen und im Winter bilden sich auch größere Trupps.

STIMME: Im Sommer verschiedene krächzende und bellende Rufe; Junge pfeifen laut und durchdringend.

BRUTBIOLOGIE: Das Nest ist ein Pflanzenhaufen auf dem Wasser, in der Vegetation verankert; 3 oder 4 weiße Eier; 1 Jahresbrut; März bis Juni.

NAHRUNG: Taucht nach Fischen und größeren wirbellosen Wassertieren, bleibt oft lange unter Wasser.

FLUG: Niedrig, geradlinig; Hals und Beine hängen unter Körperlinie.

VORKOMMEN
Außer im nördlichsten Europa weitverbreitet. Brütet vor allem an Seen, Stauseen oder Baggerseen. Im Winter meist auf größeren Stauseen, auch auf breiten Flüssen und in geschützten Küstengewässern Westeuropas. Im Herbst auch ziehend über dem Meer.

ÄHNLICHE ART

Schnabel gedrungener gedrungener und dunkler

ROTHALSTAUCHER Winter, ähnlich Altvogel Winter (S. 76)

BALZ
Haubentaucherpaare zeigen komplizierte Balzrituale, tauchen und bringen Pflanzenmaterial herauf, das sie einander anbieten.

In Mitteleuropa zu sehen
J F M A M J J A S O N D

| Körperlänge **46–51 cm** | Flügelspannweite **85–90 cm** | Gewicht **800–1000 g** |
| In Trupps | Lebensdauer **10–15 Jahre** | **Bestand gesichert** |

| Ordnung **Podicipediformes** | Familie **Podicipedidae** | Art **Podiceps grisegena** |

Rothalstaucher

Schwarze Kappe reicht unter das Auge (bei Haubentaucher weiß über dem Auge).

Gesicht grau und weiß

Hals dick

Form gedrungen

kräftiger Dolchschnabel mit gelber Basis

ALTVOGEL (WINTER)

Hals etwas gesenkt

IM FLUG

Hals und Brust braunrot

ALTVOGEL (SOMMER)

Kopf rund

um das Auge dunkel

Wangen weißlich

am Vorderhals düstergrau

Wangen gestreift

am Schnabel gelb

ALTVOGEL (WINTER)

JUNGVOGEL

In weiten Teilen Nordosteuropas ist der Rothalstaucher ein typischer Vogel größerer Seen mit viel Vegetation. In Westeuropa ist er meistens nur Gast im Spätsommer und Winter und nirgendwo häufig. Wie andere Lappentaucher kann er dicklich wirken, aber auch ziemlich schlank, je nach Umständen und Verhalten: Ein aktiver Vogel wirkt schlanker als ein rastender. Solche Veränderungen machen Größenschätzungen, besonders auf größere Entfernung über offenes Wasser, schwierig. Beim Rothalstaucher handelt sich aber um einen großen Lappentaucher, verglichen mit den kleinen Arten wie Ohren- und Schwarzhalstaucher.

STIMME: Am Brutplatz wiehernde Laute; im Winter schweigsam.

BRUTBIOLOGIE: Typisches Lappentaucher-nest: ein Pflanzenhaufen mit kleiner Mulde, schwimmend im Süßwasser, aber in der Vegetation verankert; 3–4 Eier; 1 Jahresbrut; April bis Juni.

NAHRUNG: Taucht nach Fischen, aber auch nach verschiedenen Krebstieren und Wasserinsekten.

FLUG: Niedrig, geradlinig, schwerfällig, Hals und Beine etwas gesenkt.

PROBLEME AUF FESTEM BODEN
Lappentaucher können nicht auf festem Boden gehen und rutschen watschelnd vom Nest. Sie sind aber hervorragende Schwimmer.

ÄHNLICHE ARTEN

Schnabel dünner, nie gelb, weiß über Auge

Vorderhals weiß

Hals länger

Schnabel kleiner

HAUBENTAUCHER Winter, ähnlich Altvogel Winter (S. 75)

OHRENTAUCHER Winter, ähnlich Altvogel Winter (S. 77)

VORKOMMEN
Brütet auf schilfbestandenen Seen, Überschwemmungsflächen und Flussaltwässern in Osteuropa. Zieht im Herbst und Winter nach Westen, meist auf ruhigen Flussmündungen und geschützten Küstenbuchten; seltener im Binnenland auf Stauseen und natürlichen Seen.

In Mitteleuropa zu sehen
J F M A M J J A S O N D

| Körperlänge **40–46 cm** | Flügelspannweite **75–85 cm** | Gewicht **700–900 g** |
| **Kleine Trupps** | Lebensdauer **bis 10 Jahre** | **Bestand gesichert** |

| Ordnung **Podicipediformes** | Familie **Podicipedidae** | Art ***Podiceps auritus*** |

Ohrentaucher

Oberkopf flach

goldgelber Fächer am schwarzen Kopf

Flanken rostrot

Form gedrungen

Schnabel gerade, kurz, mit heller Spitze

Hals rostrot

weißes Feld auf kleinem Flügel

ALTVOGEL (SOMMER)

IM FLUG

ALTVOGEL (SOMMER)

gut abgegrenzte weiße Wangen

Schnabelspitze hell

scharfe Trennung zwischen dunkler Kopfkappe und weißen Wangen

große weiße Wangen

Flanken weiß

Vorder- hals weiß

vor dem Auge kleiner weißer Fleck

Vorderhals und Brust weiß

IMMATUR (1. WINTER)

ALTVOGEL (WINTER)

Als Brutvogel abgelegener nördlicher Bergseen ist der Ohrentaucher im Sommer leicht zu erkennen. Seine Kopffärbung und Federanordnung spielen bei der Balz eine Rolle: Wie bei anderen Lappentauchern sehen die Geschlechter gleich aus. Im Winter, im schwarz-weißen Gefieder, ähnelt er stärker anderen Arten. Er brütet meist in kleinen Gruppen von 3 oder 4 Paaren und hält sich auch im Winter meist in kleinen Trupps.

STIMME: Hohe, pfeifende Triller im Sommer, im Winter gewöhnlich schweigsam.

BRUTBIOLOGIE: Das Nest ist ein Pflanzenhaufen, der an Schilfrohr oder Seggen verankert ist; 4 oder 5 Eier; 1 Jahresbrut; April bis Juli.

NAHRUNG: Taucht nach kleinen Fischen, lebt im Sommer großenteils von Wasserinsekten und kleinen Krebstieren.

∧∧∧∧∧∧∧∧∧∧∧∧∧∧∧∧∧∧

FLUG: Niedrig, rasch; läuft auch übers Wasser.

NESTBAU
Ohrentaucher tragen feuchte Haufen von Wasserpflanzen zusammen, in die sie ihre Eier legen und mit denen sie sie bei Verlassen des Nestes bedecken.

ÄHNLICHE ARTEN

SCHWARZHALSTAUCHER Winter, ähnlich Altvogel Winter (S. 78)

Schnabelbasis gelb

Wangen dunkler

Schnabel aufgeworfen

Vorderhals dunkler

ROTHALSTAUCHER Winter, ähnlich Altvogel Winter (S. 76)

VORKOMMEN
Brütet in kalten nordischen Seen mit Ufervegetation in Island, Nordschottland sowie Nord- und Osteuropa. Im Winter meist am Meer in Nordwesteuropa, besonders an schlammigen Flussmündungen, seltener auf Stauseen und Seen im Binnenland.

In Mitteleuropa zu sehen
J F M A M J J A S O N D

Körperlänge **31–38 cm**	Flügelspannweite **60–65 cm**	Gewicht **375–450 g**
Paare, kleine Trupps	Lebensdauer **bis 10 Jahre**	**Bestand gesichert†**

Ordnung **Podicipediformes**	Familie **Podicipedidae**	Art **Podiceps nigricollis**

Schwarzhalstaucher

Stirn steil und hoch

Augen rot

fächerförmige gelbe oder bronzefarbene Ohrbüschel

schlanker Schnabel etwas aufgeworfen

Flanken kupferrot

Hals schwarz

weißes Feld auf schmalen Flügeln

Beine nachhängend

ALTVOGEL (SOMMER)

IM FLUG

ALTVOGEL (SOMMER)

Wangen grau

Stirn steil

Vorderhals grau

helles Eck am Hinterrand der Wangen

undeutliche Kappe

Schnabel aufgeworfen

JUNGVOGEL

ALTVOGEL (WINTER)

FLUG: Niedrig, flatterhaft, Kopf vorgestreckt, Beine über Schwanz ragend.

Als Brutvogel von tiefer gelegenen Seen mit mehr Nährstoffen ist der Schwarzhalstaucher auch im Winter mehr als der Ohrentaucher an Süßwasser gebunden. Man erkennt ihn am schlanken, etwas aufgeworfenen Schnabel und am runden Kopf mit aufgestellten Scheitelfedern. Obwohl er einer der kleinsten Taucher ist, wenig größer als der Zwergtaucher, kann er im Prachtkleid mit aufgestellter Haube groß wirken. Im Winter sind an Flussmündungen einzelne Exemplare zu sehen, die wie Bojen hin und her treiben. Schwarzhalstaucher mischen sich oft locker mit anderen Lappentauchern und übertreffen an Zahl meist die Ohrentaucher.

STIMME: Wispernde und hohe Pfeiflaute; im Winter schweigsam.

BRUTBIOLOGIE: Das Nest besteht aus nassen Wasserpflanzen; 3 oder 4 Eier; 1 Jahresbrut; April bis Juli.

NAHRUNG: Fängt in langen Tauchgängen unter Wasser Insekten, Mollusken und wenige kleine Fische.

NEST AUS WASSERPFLANZEN
Der Schwarzhalstaucher baut ein Lappentauchernest durch Aufhäufen von Pflanzen. Er verlässt das Wasser nur, um auf dem Nest zu sitzen.

VORKOMMEN
Weitverbreitet, doch meist nur lokal. Brütet auf Seen und Teichen mit viel Vegetation. Im Winter an Flussmündungen und Küstenbuchten, Stauseen und Überschwemmungsflächen; im Mittelmeergebiet im Frühjahr auch oft auf dem Meer.

In Mitteleuropa zu sehen
J F M A M J J A S O N D

ÄHNLICHE ARTEN

im Gesicht deutlicher Kontrast

Schnabel gerade

ZWERGTAUCHER Winter, ähnlich Altvogel Winter (S. 74)

Gesicht brauner

OHRENTAUCHER Winter, ähnlich Altvogel Winter (S. 77)

Körperlänge **28–34 cm**	Flügelspannweite **55–60 cm**	Gewicht **250–350 g**
Kleine Trupps	Lebensdauer **bis 10 Jahre**	**Bestand gesichert**

STURMVÖGEL

P ERFEKT ANGEPASST an das Leben auf hoher See, kommen Sturmtaucher und Sturmschwalben (mit Ausnahme des an steilen Felsen brütenden Eissturmvogels) nur zum Brüten an Land und dann nur im Schutze der Dunkelheit. Die günstigste Gelegenheit, die meisten von ihnen zu sehen, ist auf See von einem Schiff aus.

STURMSCHWALBEN

Wie Sturmtaucher und Albatrosse scheiden auch bei Sturmschwalben röhrenförmige Nasenlöcher Salz aus und man fasst daher alle diese Vögel als Röhrennasen zusammen. Sie brüten in gegrabenen oder natürlichen Höh-

STURMSCHWALBE
In ihrer Bewegung ist sie schwalbenähnlich, wenn sie winziges Plankton und Abfall auf hoher See aufnimmt.

len, bleiben aber den ganzen Tag außer Sicht. Die vom Meer zurückkehrenden Vögel folgen den Rufen ihrer Partner auf dem Nest und finden auch mithilfe des Geruchs in tiefster Dunkelheit zur richtigen Nesthöhle.

Über dem offenen Meer sind Sturmschwalben meist klein und unscheinbar, sie sind aber ausdauernde Flieger, die auch steifen Brisen trotzen. Manchmal werden sie ins Landesinnere getrieben und haben es dann schwer, wieder auf das Meer zu finden.

Der Eissturmvogel ist ein größerer Vogel, den man leicht auf seinem Nest auf einem Küstenfelsen sehen kann oder auch tagsüber an der Felskante entlangfliegend.

STURMTAUCHER

Als elegante Flieger, die Luftströme über den Wellen nutzen, sind Sturmtaucher an der Küste nahezu hilflos und angreifenden Möwen und Raubmöwen ausgesetzt, wenn sie zu ihren Brutkolonien zurückkehren. Sie fliegen mit steif ausgestreckten Flügeln auf langen Gleitstrecken, die durch wenige Flügelschläge unterbrochen werden. In ruhiger Luft sehen sie recht plump aus, werden aber bei Wind elegant, wenn sie den Körper kippen, so-dass jeweils eine Flügelspitze nach unten zeigt.

GROSSER STURMTAUCHER
Dieser Wanderer über den Ozean brütet im Nordwinter auf Inseln des Südatlantiks.

PROCELLARIIDAE (STURMTAUCHER)

röhrenförmige
Nasenöffnungen

Schnabel hell

Beine schwach,
kann nicht stehen

EISSTURMVOGEL
S. 80

**GELBSCHNABEL-
STURMTAUCHER**
S. 81

**SCHWARZSCHNABEL-
STURMTAUCHER**
S. 82

HYDROBATIDAE (STURMSCHWALBEN)

großer weißer
Bürzel

Schwanz
gegabelt

STURMSCHWALBE
S. 83

WELLENLÄUFER
S. 84

| Ordnung **Procellariiformes** | Familie **Procellariidae** | Art **Fulmarus glacialis** |

Eissturmvogel ③

Kopf gelblich weiß
(Jungvogel weiß)

röhrenförmige
Nasenöffnungen

Schnabel-
spitze haken-
förmig

Flügelspitze grau

heller Fleck

Hals kurz und dick

grau

fleckig graue Ober-
flügel, die bräunlich
ausbleichen

grauer
Schwanz

Flügel steif
und gerade

ALTVOGEL

hellgraue
Unterseite

Beine schwach
(kann nicht stehen)

IM FLUG

ALTVOGEL

Beim Gleiten dicht über dem Wasser oder entlang einer Felskante erweist sich der Eissturmvogel als hervorragender Flieger. Oberflächlich ähnelt er einer Möwe, ist aber eine Röhrennase (lange große auf dem Schnabel sitzende Nasenlöcher) und näher mit den Albatrossen verwandt. Einige besuchen den größten Teil des Jahres die Brutfelsen, auch im Winter, und können aus geringer Entfernung im Wind gleitend beobachtet werden. Ihre eigentliche Heimat aber ist die windgepeitschte See des Nordatlantiks. Große Schwärme, oft mit Basstölpeln, Möwen und Raubmöwen vermischt, folgen den Fischereischiffen. Der Bestand des Eissturmvogels ist im 20. Jahrhundert angewachsen, weil von Fischereischiffen viel Nahrung abfällt.

STIMME: Lautes, raues und kehliges Keckern.

BRUTBIOLOGIE: Brütet an Felsen und Erdhängen, seltener an Gebäuden; 1 Ei; 1 Jahresbrut; April bis Juni.

NAHRUNG: Meist Fischabfall von Schiffen, kleine Fische, Quallen, Tintenfische und andere Meeresorganismen.

FLUG: Geradlinig mit steifen, geraden Flügeln; im Wind gleitend, bei Windstille oder niedrig über dem Meer heftige Flügelschläge.

IM MEER SCHWIMMEND
Salzwasser beim Schwimmen auf dem Meer zu trinken ist für Röhrennasen normal. Überschüssiges Salz wird durch die Nasenlöcher ausgeschieden.

BRUTVERHALTEN
Eissturmvögel brüten in lockeren Kolonien auf Absätzen in steilen Küstenfelsen oder in Höhlen auf unzugänglichen Hängen, örtlich manchmal auch in Gebäuden.

ÄHNLICHE ARTEN

Kontrast zwischen weißem Schwanz und schwarzen Flügelspitzen

GELBSCHNABEL-STURMTAUCHER (S. 81)

Oberseite brauner

Kopf dunkler

SILBERMÖWE
(S. 210)

VORKOMMEN
Brutvogel in Nordwesteuropa auf Felsen, Erdhängen und sogar Gebäuden oder häufig auch auf Grasufern, immer nah am Meer. Sonst auf der offenen See, manchmal auch an Flussmündungen oder in kleinen Buchten.

| In Mitteleuropa zu sehen |
| J F M A M J J A S O N D |

| Körperlänge **45–50 cm** | Flügelspannweite **1–1,10 m** | Gewicht **700–900 g** |
| Schwärme | Lebensdauer **20–30 Jahre** | **Bestand gesichert** |

| Ordnung **Procellariiformes** | Familie **Procellariidae** | Art **Calonectris diomedea** |

Gelbschnabel-Sturmtaucher

Flügel lang und spitz, schwach gerundet

Unterflügel weiß

Oberseite dunkelbraun

Schnabel hell

Kopf mattgrau ohne deutliche Kappe

Schnabel hell

Unterseite reinweiß

Flügel leicht gebogen

schwaches »W« über den Flügel ziehend

IM FLUG

D ieser Sturmtaucher fliegt träge, niedrig und ziemlich plump, manchmal ganz nahe an der Küste, meist in kleinen Trupps. Starke Winde erlauben ihm, große Meisterschaft im Fliegen zu zeigen. In Südeuropa und vor Nordwestafrika ist er ein häufiger Seevogel. Im Mittelmeer kann man ihn im Sommer häufig von vielen Inseln und Landzungen aus sehen. An den Brutplätzen äußern die Vögel nach Einbruch der Dunkelheit laute, seltsame Rufe, sogar über Städten, wie Funchal auf Madeira.

STIMME: Laute, unterschiedlich heulende Laute nahe den Brutplätzen, auf See meist schweigsam.

BRUTBIOLOGIE: Nest in Höhlen an Küstenfelsen oder in Bodenlöchern an steilen Hängen, nur nachts dort zu bemerken; 1 Ei; 1 Jahresbrut; März bis Juli.

NAHRUNG: Fische, Tintenfische, Garnelen, Quallen und Abfall von Fischereischiffen in flachen Tauchzügen von der Wasseroberfläche aus.

FLUG: Niedrig in langen Bögen; bei Wind steiles Aufsteigen in größere Höhen.

LICHT UND SCHATTEN
Helles Licht ergibt bei schwimmenden Gelbschnabel-Sturmtauchern einen hellen Nacken in Kontrast zu dunklem Gesicht und dunkler Oberseite.

ÄHNLICHE ARTEN

SILBERMÖWE
Immatur, ähnlich im Flug; weißer Bürzel, weniger steife Flügel (S. 210)

dunkle Kappe

Kopf heller

dunkles Schwanz- band

weißer Kragen

GROSSER STURM- TAUCHER (S. 407)

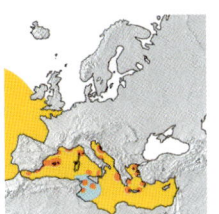

VORKOMMEN
Meist auf hoher See. Außerhalb der Brutzeit im Westen bis Irland, Nordfrankreich und Südwestengland. In Mitteleuropa ist der Gelbschnabel-Sturmtaucher nur ausnahmsweise in der Nordsee zu sehen.

In Mitteleuropa zu sehen
J F M A M J J A S O N D

Körperlänge **45–56 cm**	Flügelspannweite **1–1,25 m**	Gewicht **700–800 g**
Schwärme	Lebensdauer **bis 20 Jahre**	**Gefährdet†**

| Ordnung **Procellariiformes** | Familie **Procellariidae** | Art **Puffinus puffinus** |

Schwarzschnabel-Sturmtaucher

schwarze Kappe

Flügel steif

Kehle
weiß

Unterseite
silbrig weiß

Oberseite schwärzlich;
in heller Sonne mehr
bräunlich

dunkle Kappe

IM FLUG

dünner
Schnabel
dunkel

weiße Flanken
reichen am Bürzel
nach oben

Beine schwach,
kann nicht stehen

Die Brutplätze des Schwarzschnabel-Sturmtauchers sind an wenigen Orten konzentriert, so gut wie alle auf Inseln. Die Vögel sind gewöhnlich über den umliegenden Meeresteilen zu sehen, manchmal in großer Zahl, vor allem gegen Abend. Im Herbst sieht man bei starken Winden viele nahe der Küste, einige werden jedes Jahr auch ins Binnenland abgetrieben. Wie andere Sturmtaucher und Sturmschwalben kommen sie nur im Schutz der Dunkelheit zum Nest, doch werden viele noch von Möwen getötet. An Land sind sie unbeholfen und bewegen sich rutschend fort, wobei sie Beine, Flügel und Schnabel benutzen, um sich über rauem Boden vorwärtszubewegen.

STIMME: Laute heulende, klagende und lachende Rufe nachts in der Brutkolonie.

BRUTBIOLOGIE: Nester in Bodenhöhlen, auch von Kaninchen oder Papageitauchern; 1 Ei; 1 Jahresbrut; April bis Juli.

NAHRUNG: Schwärme sammeln sich über Fischen oder kleinen Tintenfischen.

FLUG: Schnell, besonders bei Rückenwind mit langen Gleitstrecken, wirft sich von einer Seite auf die andere; Flügelschläge schnell, zitternd mit steifem Flügel.

FLÜGELSCHLÄGE UND GLEITSTRECKEN
In ruhiger Luft fliegen die Sturmtaucher mit vielen tief greifenden Flügelschlägen und kurzen Gleitstrecken über Wasser.

ÄHNLICHE ARTEN

Flügel kleiner

**GROSSER STURM-
TAUCHER** (S. 407)

weißer
Kragen

TORDALK ähnlich im
Flug, schwirrender Flügelschlag mit weniger
Gleitphasen (S. 185)

größer und
brauner

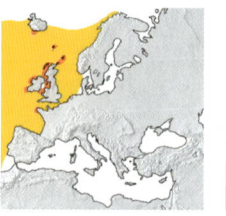

VORKOMMEN
Über der offenen See oder am Brutplatz. Große Kolonien auf Inseln, oft hoch oben in felsigen Bergen, häufiger in Höhlen am Boden oder in sanften Hängen in Nordwesteuropa. Im Herbst weitverbreitet entlang von Küsten. In Mitteleuropa nur ausnahmsweise in der Nordsee zu sehen.

In Mitteleuropa zu sehen											
J	F	M	A	M	J	J	A	S	O	N	D

Körperlänge **30–38 cm**	Flügelspannweite **75–80 cm**	Gewicht **350–450 g**
Schwärme	Lebensdauer **25–30 Jahre**	**An wenigen Orten†**

Ordnung **Procellariiformes**	Familie **Hydrobatidae**	Art **Hydrobates pelagicus**

Sturmschwalbe

Körper schiefer-schwarz

Flügel mit breiter Basis, Spitze nach hinten weisend

großer weißer Bürzel

am Unterflügel weißes Band

runder Kopf mit kleinem, länglichem Schnabel

setzt sich mit angehobenen Flügeln aufs Wasser

IM FLUG

breiter, gerundeter Schwanz

Oberflügel einheitlich schwarz

Beine schwach, kann nicht stehen

FLUG: Anhaltend mit lockeren Flügelschlägen, Körper schwenkt von einer Seite auf die andere, lässt sich auf der Nahrungssuche nach unten fallen.

Es ist höchst bemerkenswert, dass solch kleine und zarte Vögel wie die Sturmschwalben monatelang ohne Unterbrechung auf offener See verbringen und auch schlechtes Wetter überstehen. Sie lassen sich zum Brüten auf Inseln, seltener an Küstenvorsprüngen nieder, aber nur in der Nacht, um Möwen und Raubmöwen zu entgehen. Auf See fliegen sie unberechenbar, aber doch kräftig, niedrig über Wellen; von Zeit zu Zeit gehen sie nieder oder gleiten wie Schwalben dicht über das Wasser. Sie können Fähren und andere Schiffe mit erstaunlicher Geschwindigkeit überholen.

STIMME: Am Nest weicher Triller mit abruptem Schluss.
BRUTBIOLOGIE: Nest in Felsen oder alten Mauern, auch in Bodenlöchern; 1 Ei; 1 Jahresbrut; April bis Juli.
NAHRUNG: Pickt von der Meeresoberfläche im Flug nach kleinen Fischen, wirbellosen Tieren oder Fischabfall.

ZUSAMMENTREFFEN AUF DER NAHRUNGSSUCHE
Sturmschwalben fliegen sehr niedrig über große Flächen des offenen Meeres verteilt. Mit ihrem feinen Geruchssinn finden sie ölhaltige Nahrung und kleine Trupps versammeln sich.

ÄHNLICHE ARTEN

MEHLSCHWALBE über offener See unwahrscheinlich (S. 294)

Schwanz gegabelt

WELLENLÄUFER (S. 84)

auf Oberflügel helleres Band

etwas größer

Unterseite weiß

VORKOMMEN
Die meisten brüten in Nordwesteuropa, aber auch in Kolonien im Mittelmeer; sonst auf hoher See. Von der Küste meist kaum zu sehen, kann aber in Südirland in Küstennähe vorkommen; sonst nicht so häufig wie Wellenläufer, auch nicht nach Stürmen.

Nur in der Nordsee zu sehen
J F M A M J J A **S O N D**

Körperlänge **14–17 cm**	Flügelspannweite **35–40 cm**	Gewicht **23–29 g**
Kleine Schwärme	Lebensdauer **bis 20 Jahre**	**An wenigen Orten†**

| Ordnung **Procellariiformes** | Familie **Hydrobatidae** | Art *Oceanodroma leucorhoa* |

Wellenläufer

spitze Flügel

helles Band auf Oberflügel

Unterflügel dunkel

V-förmiger weißer Bürzel mit dunkler Mittellinie

Einschnitt im Schwanz schwer zu sehen

Rücken schiefer-braun

IM FLUG

lange Flügel gewinkelt und gebogen

Schwanz gegabelt

gewinkelt

FLUG: Rasche, seeschwalbenähnliche Flügelschläge, unregelmäßige Körperdrehungen, Änderungen von Flughöhe und Geschwindigkeit.

Nur wenig größer als eine Sturmschwalbe, zählt auch der Wellenläufer zu den winzigen Vögeln, die von atlantischen Stürmen herausgefordert das ganze Leben auf hoher See verbringen. Wie andere Sturmvögel kommt er nur zum Brüten an Land und ausschließlich nachts (wenn er nicht tief in der Bruthöhle sitzt). Bei Herbststürmen kann man ihn von günstigen Küstenvorsprüngen aus in Küstennähe sehen. Vögel können dann auch ins Binnenland abdriften und über Binnengewässern erscheinen.
STIMME: Am Nest ratternde, gurrende Laute.
BRUTBIOLOGIE: Nest in Bodenhöhlen oder Höhlungen in Felsen; ein Vogel brütet, der andere ist auf See und kehrt erst nachts zurück; 1 Ei; 1 Jahresbrut; April bis Juli.
NAHRUNG: Pickt kleine Stücke Fisch, Tran, Quallen und wirbellose Tiere im Flug von der Wasseroberfläche.

AN KÜSTEN VERWEHT
Wenn sie müde werden, aus den Küstenbuchten gegen eine steife Brise anzufliegen, patrouillieren Wellenläufer kurz entlang der Tidenlinie oder sogar über den Strand.

ÄHNLICHE ARTEN

Schnabel länger

Oberflügel dunkler

weißer Bürzel breiter

Schwanz gerundet

Bürzel dunkel

TRAUERSEE-SCHWALBE (S.199)

STURMSCHWALBE (S. 83)

VORKOMMEN
Brütet auf wenigen Inseln in Nordwesteuropa; im Herbst weiter verbreitet über dem Nordatlantik, aber selten in der Nordsee. Erscheint während Stürmen vor Nordwestengland und Nordwales und dann auch regelmäßig einzeln im Binnenland.

| Nur in der Nordsee zu sehen |
| J F M A **M** J J A **S O N D** |

| Körperlänge **18–21 cm** | Flügelspannweite **45–50 cm** | Gewicht **40–50 g** |
| **Kleine Schwärme** | Lebensdauer **bis 24 Jahre** | **An wenigen Orten†** |

Familien **Sulidae, Phalacrocoracidae, Pelicanidae**

TÖLPEL, KORMORANE, PELIKANE

Auf den ersten Blick scheint das eine sehr gemischte Vogelgruppe von Wasservögeln. Sie haben aber Gemeinsamkeiten, etwa einen relativ langen Innenflügel mit einem deutlich nach hinten gewinkelten Ellenbogengelenk nahe am Körper und vor allem eine breite Schwimmhaut über alle vier Zehen. Sie leben von Fischen. Einige sind auf das Meer beschränkt, andere kommen auch ins Binnenland.

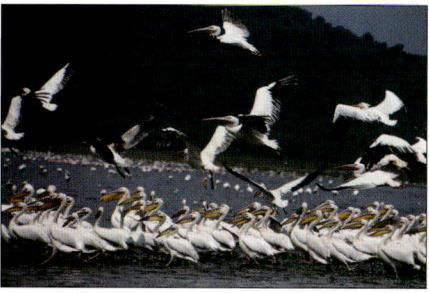

DICHTE SCHWÄRME
Rosapelikane rasten gemeinsam und suchen auch gemeinsam Nahrung in dichten Schwärmen.

TÖLPEL

Es handelt sich um Stoßtaucher, die entweder Fische aus größerer Höhe entdecken und dann kopfüber ins Wasser stoßen oder aus geringerer Höhe fischen und dabei in flachem Winkel eintauchen. Oft kann man sie von der Küste aus beobachten, sie verbringen aber den Winter auf hoher See. Sie brüten in wenigen großen Kolonien, meist auf Inseln vor der Küste.

KORMORANE

Der Kormoran ist ein Generalist, der auf offener See, in ruhigen Buchten und auf Seen und Flüssen nach Nahrung jagt. Er brütet auf Bäumen ebenso wie auf Felsen. Die Krähenscharbe nistet ausschließlich auf Felsen und fischt im Salzwasser. Die Zwergscharbe ist im Sommer ein reiner Süßwasservogel, der im Schilf brütet.

PELIKANE

Die bekannten riesigen Vögel auf dem Wasser mit ihrem auffallenden Sack unter dem Schnabel sind hervorragende Flieger, die sich oft in schön koordinierten Reihen, Keilen oder ungeordneten Schwärmen durch die Luft bewegen.

SULIDAE (TÖLPEL)

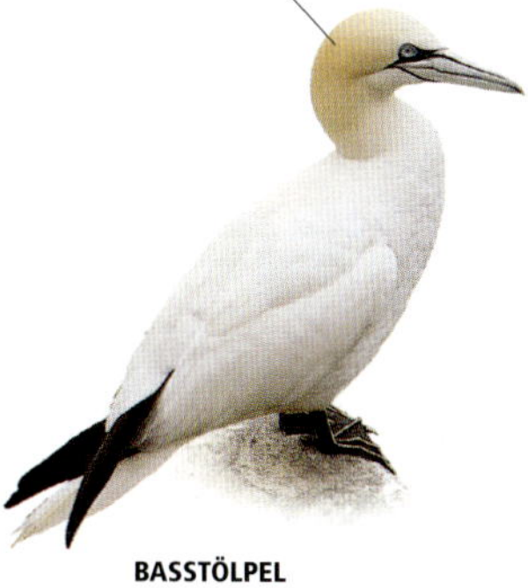

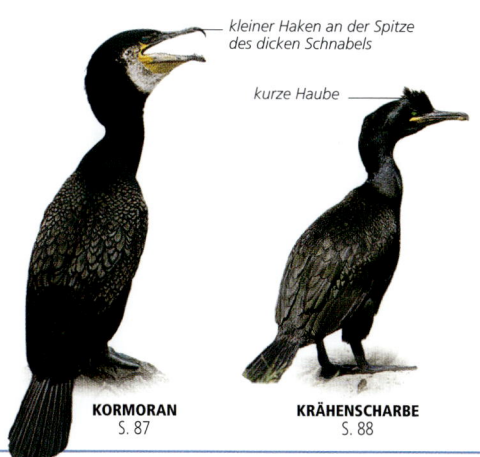

Kopf bräunlich gelb

BASSTÖLPEL
S. 86

PHALACROCORACIDAE (KORMORANE)

kleiner Haken an der Spitze des dicken Schnabels

KORMORAN
S. 87

kurze Haube

KRÄHENSCHARBE
S. 88

| Ordnung **Pelecaniformes** | Familie **Sulidae** | Art ***Morus bassanus*** |

Basstölpel

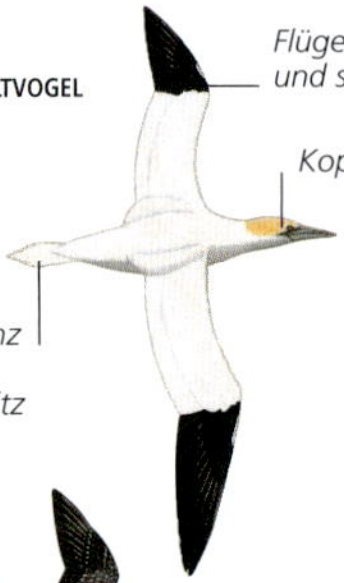

ALTVOGEL

Flügel lang
und schmal

Kopf gestreckt

Schwanz
schmal
und spitz

**IMMATUR
(1. WINTER)**

weißes
Band
über dem
Schwanz

IM FLUG

schwarze Flügelspitzen

Kopf bräunlich
gelb

Gefieder
weiß

Dolch-
schnabel

Körper schwärz-
lich mit weißen
Flecken

IMMATUR

ALTVOGEL

Schwärzliche
Federn werden
mit zunehmen-
dem Alter weiß.

IMMATUR

FLUG: Manövriert bei starkem Wind wie ein riesiger Sturmtaucher; bei leichtem Wind regelmäßige, kräftige Schläge der gerade gehaltenen Flügel.

Der Basstölpel ist der größte der europäischen Seevögel, mit den noch größeren Pelikanen verwandt. Für gewöhnlich sieht man ihn als strahlend weißen Vogel vor der Küste über dem Meer kreisen und nach Fischen tauchen, aber auch im Ruderflug einzeln oder in Gruppen. In seinen Brutkolonien lebt er in großer Zahl, auf See sind die Bindungen weniger eng. Der nach vorne gerichtete Blick sowie der gepolsterte Kopf und Hals befähigen ihn, auch schnell bewegliche Fische zu fixieren und kopfüber danach zu tauchen.
STIMME: Am Brutplatz rhythmischer Chor kehliger Laute; auf See schweigsam.
BRUTBIOLOGIE: Das Nest ist ein kleiner Haufen Algen und Abfall auf einem breiten Felsband hoch über dem Wasser; 1 Ei; 1 Jahresbrut; April bis Juli.
NAHRUNG: Fängt Fische durch Stoßtauchen aus der Luft.

DICHTE KOLONIEN
Kolonien des Basstölpels, für gewöhnlich an Küstenfelsen und steilen Abfällen, sind dicht und meist sehr groß.

ÄHNLICHE ARTEN

Schwanz
gerade abge-
schnitten

SCHMAROTZERRAUBMÖWE dunkle Form,
ähnlich Jungvogel im Flug (S. 192)

Schnabel
kürzer

viel kleiner

MANTELMÖWE immatur, ähnlich Immatur
im Flug (S. 214)

VORKOMMEN
Kolonien auf Felsinseln nördlich von Nordwestfrankreich, die vom frühen Frühjahr bis in den späten Herbst besetzt sind. Im Atlantik und in der Nordsee auf Nahrungsflügen und Wanderungen weitverbreitet; einige kommen auch ins Mittelmeer. Im Winter selten.

Nur in der Nordsee zu sehen
J F M A M J J A S O N D

| Körperlänge **85–90 cm** | Flügelspannweite **1,65–1,80 m** | Gewicht **2,8–3,2 kg** |
| **Schwärme** | Lebensdauer **16–20 Jahre** | **An wenigen Orten** |

Ordnung **Pelecaniformes**	Familie **Phalacrocoracidae**	Art *Phalacrocorax carbo*

Kormoran

ALTVOGEL

Schwanz länger als bei Gänsen

Hals im Flug geknickt

Kopf gestreckt

breite Flügel

weiße Unterseite

JUNGVOGEL

IM FLUG

flaches längeres Stirnprofil als bei Krähenscharbe

kleiner Haken an der Spitze des dicken Schnabels

am Schnabel orange-gelb

Gesicht zum Teil weiß

Kopf und Schnabel keilförmig

brauner Rücken

Unterseite überwiegend weiß

IMMATUR

Schnabel zeigt aufwärts.

schwarze Unterseite

kurze Beine; Schwimmhäute zwischen allen Zehen

Körper tief im Wasser

Hals gestreckt

ALTVOGEL (SOMMER)

ALTVOGEL (SOMMER)

langer, breiter Schwanz

Im Sommer sind Kormorane an den langen weißen Kopffedern und der kräftigen Gesichtszeichnung leicht zu erkennen. Im Frühling tragen sie am Schenkel einen runden weißen Fleck. Im Winter sind sie matter gefärbt, doch unverkennbar, wenn sie mit halb geöffneten Schwingen sitzen oder mit tief ins Wasser getauchtem Körper, gestrecktem Hals und aufwärts gerichtetem Schnabel schwimmen. Kormorane sind weitverbreitet an Süßwasser und Meeresküsten.

STIMME: Gutturale und krächzende Laute in der Brutkolonie oder in rastenden Gruppen; sonst schweigsam.

BRUTBIOLOGIE: Große Nester aus Zweigen in Bäumen oder auf Felsbändern, darunter oft weiße Kotspritzer; 3–4 Eier; 1 Jahresbrut; April bis Mai.

NAHRUNG: Fängt Fische in langen Tauchzügen von der Wasseroberfläche aus.

FLUG: Rasch und oft hoch; gestreckter Kopf, langer Schwanz, ziemlich breite Flügel, die gleichförmig schlagen; längere Gleitstrecken.

UNTERART

kräftig weiße Kopffedern im Frühling

P. c. sinensis (Mitteleuropa)

SITZEND
Kormorane haben eine typische Sitzhaltung mit halb geöffneten Flügeln, gestrecktem Hals und nach oben zeigendem Schnabel.

ÄHNLICHE ARTEN

Dolchschnabel

kürzerer Hals

KRÄHEN-SCHARBE (S. 88)

schlanker Schnabel

etwas kleiner

EISTAUCHER, Winter – ähnlich Immatur (S. 73)

VORKOMMEN
Brütet weitverbreitet, aber jeweils örtlich begrenzt in Europa. Zieht an der Küste geschützte Buchten und Flussmündungen vor und brütet auf Felsen; im Binnenland an Seen, Stauseen, Baggerseen oder sogar kleinen Teichen. Oft in und um Häfen und Jachthäfen.

In Mitteleuropa zu sehen
J F M A M J J A S O N D

Körperlänge **80–100 cm**	Flügelspannweite **1,30–1,60 m**	Gewicht **2–2,5 kg**
Meist in Trupps	Lebensdauer **15–20 Jahre**	**Bestand gesichert**

| Ordnung **Pelecaniformes** | Familie **Phalacrocoracidae** | Art **Phalacrocorax aristotelis** |

Krähenscharbe

kurze Haube

steile Stirn

am Kinn
weißer Fleck

dunkelbraunes
Gefieder

schlanker
Schnabel mit
schwachem
Haken

schlanker Hals

JUNGVOGEL

schmale
Flügel

langer
Schwarz

ALTVOGEL

schlanker
Körper

Kopf und
Hals dünner

Unter-
seite
braun

IMMATUR

schlanker Hals

grünschwarz
glänzendes
Gefieder

abgerundeter
Oberkopf

IM FLUG

**ALTVOGEL
(SOMMER)**

ALTVOGEL (WINTER)

Obwohl manchmal Einzelgänger, neigen Krähenscharben dazu, in größeren Gruppen zu brüten und dort, wo sie häufig sind, auch in Schwärmen von Hunderten zu jagen. Sie bevorzugen starke Gezeitenunterschiede und unruhiges Wasser unter Felsen und Steilküsten und schwimmen in Gruppen bei sehr gefährlich scheinenden Bedingungen. Im Binnenland sind sie sehr selten. Krähenscharben sind Kormoranen sehr ähnlich. Schlankheit und schlangengleicher Vorderkörper geben der Krähenscharbe jedoch ein typisches Aussehen.

STIMME: Raue, ratternde Laute am Nest; auf See schweigsam.
BRUTBIOLOGIE: Nest aus Grashalmen und Algen auf breiten Felsbändern oder in Nischen; 3–4 Eier; 1 Jahresbrut; Mai.
NAHRUNG: Fängt Fische unter Wasser im Tauchschwimmen von der Oberfläche aus, taucht oft mit einem kleinen Sprung.

FLUG: Geradlinig mit raschen Schlägen der schlanken Flügel; oft niedrig über dem Meer, auch wo Kormorane hoch fliegen.

UNTERART

P. a. desmaresti
(Mittelmeer)

Unterseite
mehr
weiß

STEHEN
Krähenscharben stehen wie Kormorane mit ausgebreiteten Flügeln, hier möglicherweise beim Verdauen schwerer Fischbeute.

ÄHNLICHE ARTEN

PRACHTTAUCHER im Winter;
(S. 72)

Vorderhals und
Gesicht weiß

Hinterkopf
flacher

Schnabel
dicker

größer
und
massiger

KORMORAN
(S. 87)

VORKOMMEN
Weitverbreitet an Küsten Europas, am Mittelmeer seltener. Brütet an Küstenfelsen und sucht vor Steilküsten und Inseln nach Nahrung. Selten in der Nähe von Häfen und außergewöhnlich im Binnenland.

In Mitteleuropa zu sehen
J F M A M J J A S O N D

Körperlänge **65–80 cm**	Flügelspannweite **90–105 cm**	Gewicht **1,75–2,25 kg**
Große Schwärme	Lebensdauer **bis 15 Jahre**	**Bestand gesichert**

Familie **Ardeidae**

DOMMELN UND REIHER

LAUERNDER VOGEL IM RÖHRICHT
In Wasser zwischen dichter Vegetation überraschen Rohrdommeln Aale und andere Fische, ohne die Deckung verlassen zu müssen

EUROPÄISCHE REIHER UND DOMMELN sind mit Ausnahme des Kuhreihers Vögel des Flachwassers am Ufer. In anderen Teilen der Welt findet man auch viele auf trockenem Grund bei der Nahrungssuche. Gemeinsame Merkmale sind lange Beine, dolchähnlicher Schnabel und langer, biegsamer Hals (der bei den Dommeln dicker ist). Dies erlaubt ihnen ein plötzliches Zupacken beim Beutefang. Meist leben sie auf dem Boden, können aber auch gut fliegen.

Die meisten leben in Gesellschaft und brüten in Kolonien, bei der Fischjagd halten sie sich aber oft einzeln. Kuhreiher suchen in Viehherden oder an Abfallhaufen nach Nahrung, jagen aber auch in Feuchtgebieten.

REIHER
Die größeren Arten sind langhalsig und wirken elegant. Sie sind hauptsächlich Fischjäger, nehmen aber fast alles zu sich, was sie fangen können. Die weißen Reiher sind gewöhnlich kleiner. In der Brutzeit tragen sie oft lange, elegante Schmuckfedern. Während einer kurzen Zeit im Frühjahr färben sich Beine und Schnabel auffällig und auch die unbefiederten Stellen im Gesicht bekommen Farbe während der Balz.

DOMMELN
Die Rohrdommel ist groß und gedrungen; das Gefieder ist auf hellem, bräunlichem Grund schwarz gemustert. Die Zwergdommel ist klein, Männchen und Weibchen sehen verschieden aus. Beide Arten sind scheu.

ARDEIDAE (DOMMELN UND REIHER)

im Schilf sehr gut getarnt

dünne weiße Federn

Rücken und Oberkopf schwarz

deutlich zugespitzte ovale Körperform

ROHRDOMMEL
S. 90

ZWERGDOMMEL
S. 91

NACHTREIHER
S. 92

RALLENREIHER
S. 93

Schnabel gelb, im Frühling rötlich

schwarzer Schnabel, gelbe Füße

Körper hellgrau

Hals und Kopf schlangenähnlich

Hals sehr lang

KUHREIHER
S. 94

SEIDENREIHER
S. 95

SILBERREIHER
S. 96

GRAUREIHER
S. 97

PURPURREIHER
S. 98

| Ordnung **Ciconiiformes** | Familie **Ardeidae** | Art *Botaurus stellaris* |

Rohrdommel ④

IM FLUG

- helles Feld
- breite, gebogene Flügel
- lange, nachhängende Zehen
- gestreifter Hals
- geflecker brauner Körper
- im Schilf sehr gut getarnt
- dicker Hals
- schwarzer Oberkopf
- Dolchschnabel
- schwarzer Streifen
- kurze Beine, sehr lange Zehen

FLUG: Wirkt schwer, niedrig und langsam, ein wenig ungleichmäßig, mit gebogenen, runden Flügeln; Beine hängen nach.

Nur wenige Vögel sind so stark auf einen bestimmten Lebensraum beschränkt wie die Rohrdommel auf feuchte Röhrichtflächen. Sogar trockeneres Schilf ist nicht für sie geeignet. Nur tieferes Wasser garantiert Fische im Schutz des Röhrichts am Rand eines versteckten Teiches. Um geeignete Lebensräume zu erhalten, ist kostspieliges Eingreifen nötig: Rohrdommeln sind von manchen ehemaligen Plätzen allmählich verschwunden.

STIMME: Tiefe und hohle rhythmische Rufe, wie *üh-buuhmb*.

BRUTBIOLOGIE: Nistet in Haufen von Rohrhalmen in dichtem Schilf; 4–6 Eier; 1 Jahresbrut; April bis Mai.

NAHRUNG: Fängt mit plötzlichem Zugriff des ausgestreckten Schnabels Fische, vor allem Aale.

NAHRUNGSSUCHE
Rohrdommeln suchen meist am Rand von dichtem Röhricht nach Nahrung; sie bewegen sich langsam mit seitlichem Körperschwenken vorwärts; Vereisung am Ufer treibt sie auch ins Offene.

HEIMLICHER FISCHJÄGER
Rohrdommeln sind auch in dichter Vegetation von Fischen abhängig und leben daher vor allem auf überfluteten Röhrichtflächen.

VERBREITUNG
Seltener Vogel großer feuchter Schilfgebiete, sehr lokal und verstreut in Europa. Im Winter in Westeuropa häufiger, bei Frost auch an kleinen Gewässern oder am offenen Wasser beim Fischfang.

PFAHLSTELLUNG
Bei Gefahr nimmt die Rohrdommel mit gestrecktem Hals und Schnabel nach oben eine Tarnhaltung ein.

ÄHNLICHE ARTEN

- **PURPURREIHER** (S. 98)
- viel kleiner
- viel schlanker
- längerer Schnabel
- langbeinig
- **ZWERGDOMMEL,** Jungvogel (S. 91)

In Mitteleuropa zu sehen
| J | F | M | A | M | J | J | A | S | O | N | D |

| Körperlänge **70–80 cm** | Flügelspannweite **1,25–1,35 m** | Gewicht **0,9–1,1 kg** |
| **Einzelgänger** | Lebensdauer **10–12 Jahre** | **Bestand gefährdet** |

Ordnung **Ciconiiformes**	Familie **Ardeidae**	Art *Ixobrychus minutus*

Zwergdommel

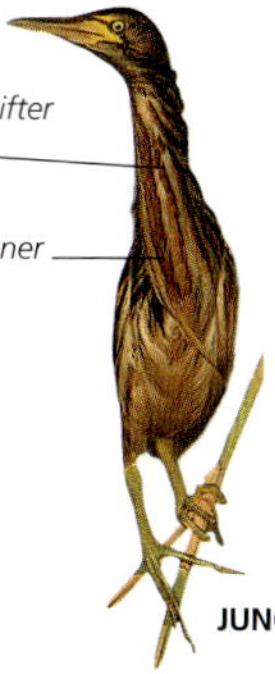

MÄNNCHEN

großer heller Flügelfleck

grüner Glanz auf schwarzer Oberseite

Rücken und Oberkopf schwarz

fein gestreifter Hals

hellbrauner Körper

JUNGVOGEL

heller bräunlicher Hals

IM FLUG

gestreifter brauner Rücken

Unterseite gestreift

heller Flügelfleck

WEIBCHEN

MÄNNCHEN

Dieser winzige Reiher hält sich sehr gut verborgen und ist schwer zu sehen. Am ehesten entdeckt man ihn bei kurzen schnellen Flügen über Feuchtflächen, wenn die hellen ovalen Flügelfelder ins Auge fallen. Mitunter zeigt sich eine Zwergdommel an der Spitze eines Pflanzenhalmes oder am Rand einer überhängenden Weide. Vor allem Männchen sind hübsch gezeichnet mit feiner Streifung am Hals und metallisch grünlichem Schimmer über der schwarzen Oberseite.
STIMME: Kurz und nasal; der nächtliche »Gesang« besteht aus einzelnen monotonen Krächzlauten.
BRUTBIOLOGIE: Kleines Nest aus Halmen im dichten Röhricht oder Busch; 2–7 Eier; 1 Jahresbrut; Mai bis Juli.
NAHRUNG: Jagt Fische, Frösche, Garnelen und große Wasserinsekten; sitzt für gewöhnlich ruhig, um dann plötzlich nach vorne auf die Beute zu stoßen.

FLUG: Schnell mit raschen Flügelschlägen, niedrig über dem Schilf.

JÄGER AM WASSER
Flachwasser mit guter Deckung ist das ideale Revier für die Zwergdommel, sodass sie meist nur im Flug zu sehen ist.

ÄHNLICHE ARTEN

RALLENREIHER Jungvogel ähnlich junger Zwergdommel (S. 93)
• weiße Flügel
• weißer Kopf

NACHTREIHER Jungvogel ähnlich junger Zwergdommel (S. 92)
länger, dunkler und gefleckt

VORKOMMEN
Von April bis Oktober in Süd- und Mitteleuropa. Lebt im Schilf entlang von Flüssen und in Mooren, auch in sehr kleinen Gewässern und in überflutetem Weidendickicht.

In Mitteleuropa zu sehen
J F M **A M J J A S** O N D

Körperlänge **33–38 cm**	Flügelspannweite **49–58 cm**	Gewicht **140–150 g**
Einzelgänger	Lebensdauer **bis 10 Jahre**	**Bestand gefährdet**

| Ordnung **Ciconiiformes** | Familie **Ardeidae** | Art *Nycticorax nycticorax* |

Nachtreiher

ALTVOGEL

graue Flügel

IM FLUG

Rücken und Flügel dunkelbraun

JUNGVOGEL

dünne weiße Federn

Rücken schwarz

breite, gerundete Flügel

schwarze Kappe

JUNGVOGEL

Stirn weiß

gelber Anflug

kurzer dicker Schnabel

Beine gelb (im Frühling rot)

helle Flecken auf Rücken und Flügeln

Brust gestreift

JUNGVOGEL

ALTVOGEL

Nachtreiher sind hauptsächlich in der Morgen- und Abenddämmerung aktiv, man kann sie aber auch am Tag sehen, besonders wenn man einen Ruheplatz entdeckt hat. Sie stehen auf Ästen in Baumkronen oder im Dickicht nahe am Wasser, wirken meist bewegungslos und aus der Entfernung als helle Flecken. Meist sieht man mehrere beisammen, aber erst wenn sie abfliegen, wird ihre Menge erkennbar, denn oft verlassen dann größere Gruppen die Bäume. Sie suchen bei einbrechender Dunkelheit Nahrung und jagen Fische im Seichtwasser in typischer Reiherart.

STIMME: Tief, kurz und krähenartig *kroak*.

BRUTBIOLOGIE: Kleines Nest aus Zweigen in Baum oder Busch; 3–5 Eier; 1 Jahresbrut; April bis Juli.

NAHRUNG: Jagt meist in der Dunkelheit kleine Fische und Großinsekten am Ufer.

FLUG: Geradlinig, tiefe Schläge der leicht gebogenen Flügel, manchmal in Gruppen.

WATET IM SEICHTWASSER

Nachtreiher fischen am Rand von Teichen und Flüssen. Meist werden sie erst in der Dämmerung aktiv, wenn sie Junge füttern, fischen sie aber auch tagsüber.

ÄHNLICHE ARTEN

deutlicher gestreift

ROHRDOMMEL ähnlich
Jungvogel (S. 90)

Brust und Hals ockerfarben

viel kleiner

ZWERGDOMMEL
(S. 91)

größer

VORKOMMEN

Im Röhricht oder auf hohen Bäumen an Flüssen und Seen, meist von März bis Oktober in Süd- und Mitteleuropa, doch meist sehr lokal begrenzt. Im Frühjahr auch manchmal weiter nördlich; Wintervögel sind Gefangenschaftsflüchtlinge.

| In Mitteleuropa zu sehen |
| J F M A M J J A S O N D |

| Körperlänge **58–65 cm** | Flügelspannweite **90–100 cm** | Gewicht **600–800 g** |
| **Ruht und brütet in Trupps** | Lebensdauer **10–15 Jahre** | **Bestand abnehmend** |

| Ordnung **Ciconiiformes** | Familie **Ardeidae** | Art *Ardeola ralloides* |

Rallenreiher

Flügel weiß

lange gestreifte Kopffedern

Rücken hell ockerbraun

ALTVOGEL (SOMMER)

deutliche zugespitzte ovale Körperform

Schnabel blaugrau mit dunkler Spitze

Vorderflügel hell

Kopf und Hals gestreift

IM FLUG

Rücken matt ockerbraun

Brust kräftig gestreift (Streifen bei Jungvögeln unschärfer)

ALTVOGEL (WINTER)

ALTVÖGEL (SOMMER)

Im Flug fallen Rallenreiher wegen ihrer reinweißen Flügel auf, die aus jedem Winkel zu sehen sind. Auf dem Boden sind sie jedoch unauffällig, denn das Weiß ist ganz verdeckt, der Kopf wird zwischen die Schultern zurückgezogen. So werden die Vögel in dicht bewachsenen Tümpeln, an großen Flüssen oder in Sümpfen leicht übersehen, wenn man sie nicht aufscheucht. Als südliche Vögel tauchen Rallenreiher nur als seltene Gäste weiter nördlich auf.

STIMME: Rauer, nasaler Krächzlaut, meist jedoch schweigsam.

BRUTBIOLOGIE: Das kleine Nest aus Gras und Schilfhalmen ist im Röhricht verborgen; 4–6 Eier; 1 Jahresbrut; April bis Juni.

NAHRUNG: Jagt auf Grasteppichen im Wasser stehend Fische.

FLUG: Niedrig mit schnellen Schlägen der leicht gebogenen Flügel; Füße ragen hinter dem Schwanz hervor.

FLÜGELSTRECKEN
Dieser Reiher mit vorgestrecktem Hals öffnet die Flügel nach der Gefiederpflege.

IM FLUG GANZ WEISS
Die leuchtend weißen Flügel des Rallenreihers fallen nur im Flug meist niedrig über einem Feuchtgebiet auf.

ÄHNLICHE ARTEN

ZWERGDOMMEL (S. 91)

Rücken dunkler

KUHREIHER (S. 94)

Flügelspitzen schwarz

größer und viel ausgedehnter weiß

VORKOMMEN
Hauptsächlich im Mittelmeergebiet im Sommer an allen Arten von Süßwassersümpfen und Feuchtgebieten mit Röhricht und Uferpflanzen, auch in Überschwemmungsgebieten und an Flüssen. Nur seltener Frühjahrsgast weiter nördlich.

In Mitteleuropa zu sehen
J F M **A M J J A S** O N D

| Körperlänge **40–49 cm** | Flügelspannweite **71–86 cm** | Gewicht **250–300 g** |
| In lockeren Trupps | Lebensdauer **5–10 Jahre** | Gefährdet |

Ordnung **Ciconiiformes**	Familie **Ardeidae**	Art *Bubulcus ibis*

Kuhreiher

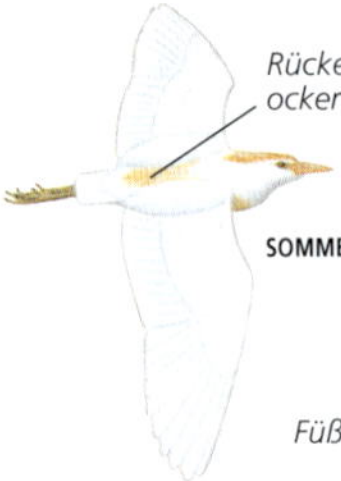

Oberkopf lebhaft ockerfarben

Schnabel gelb, im Frühling rötlich

Rücken lebhaft ockerfarben

SOMMER

wirkt aus Entfernung rein weiß

Flügel und Körper weiß

lebhaft ockerfarben im Frühling

Füße dunkel

SOMMER

IM FLUG

Schnabel gelb

Kinn und Kehle verdickt

FLUG: Schnell, geradlinig, oft in Trupps; schnelle, tief greifende Flügelschläge.

Körper reinweiß

SOMMER

Die meisten Reiher jagen Fische, doch Kuhreiher haben sich darauf spezialisiert, großen Säugetieren zu folgen und die von ihren Hufen aufgescheuchten Insekten zu fangen. Sie suchen auch auf frisch gepflügten Äckern nach Kleintieren in den Furchen. Auch an Abfallhaufen findet man die Reiher. Gegen Abend fliegen große, ungeordnete Trupps, die mitunter Tausende umfassen, als weiße Wolken zu Schlafplätzen in Bäumen (nicht selten auch dicht bei Gebäuden).

STIMME: Für gewöhnlich kurze krächzende oder kreischende Laute.

BRUTBIOLOGIE: Flache Nester aus Zweigen und Halmen in Bäumen; 4–5 Eier; 1 Jahresbrut; April bis Juni.

NAHRUNG: Sucht auf Feldern und an Abfallstellen nach Nahrung; oft zusammen mit Viehherden.

Beine mattgelb bis braun

WINTER

FOLGT DEN RINDERN
In Europa folgen Kuhreiher meist Weidetieren, in Afrika sammeln sie sich um die großen Herden von Antilopen, Büffeln und Elefanten.

BLITZENDES WEISS
Fliegende Trupps vermitteln einen glitzernden Eindruck; die Vögel sehen oft viel reinweißer aus als auf dem Boden.

VORKOMMEN
Hauptsächlich auf Spanien und Portugal beschränkt und auf den Süden Frankreichs; seltener Gast weiter nördlich. Standvogel in Küstengebieten und in der Umgebung von Seen mit dichten Büschen, die als Ruheplätze dienen.

ÄHNLICHE ARTEN

RALLENREIHER (S. 93)

SEIDENREIHER (S. 95)

schwarze Beine mit gelben Füßen

schlanker, schwarzer Schnabel

kleiner und dunkler

In Mitteleuropa zu sehen											
J	F	M	A	M	J	J	A	S	O	N	D

Körperlänge **45–50 cm**	Flügelspannweite **82–95 cm**	Gewicht **300–400 g**
Meist in Trupps	Lebensdauer **bis 10 Jahre**	**Bestand gesichert**

| Ordnung **Ciconiiformes** | Familie **Ardeidae** | Art *Egretta garzetta* |

Seidenreiher

im Gesicht blau

Kopf zurückgezogen

Gefieder reinweiß

schlanker Schnabel schwarz

keine Schmuckfedern an Kopf und Rücken

Hals gewinkelt

Hals schlangenartig gekrümmt

Flügel schwach gebogen

SOMMER

IM FLUG

Schmuckfedern über dem Schwanz gefächert

Brustfedern spitz und abstehend

Beine schwarz

WINTER

Füße gelb (können durch Schlamm dunkel sein)

SOMMER

D er Seidenreiher ist ein leuchtend weißer Reiher in Sümpfen, an Seeufern und an der Küste. Er breitet sich nordwärts aus und ist eine besondere Zierde an schlammigen Ufern oder auch tangbedeckten Felsen. Wie andere Reiher steht oder watet er lange Zeit im Seichtwasser und späht nach Beute. Oft sieht man Seidenreiher in kleinen, locker zusammenhaltenden Trupps auf der Nahrungssuche. Sie neigen dazu, sich abends an traditionellen Übernachtungsplätzen oft auch von weither zu sammeln.

STIMME: Gewöhnlich schweigsam.

BRUTBIOLOGIE: Zweignest in Bäumen, oft zusammen mit anderen reiherähnlichen Vögeln in Kolonien; 3–4 Eier; 1 Jahresbrut; April bis Juli.

NAHRUNG: Fängt kleine Fische und Frösche, nimmt auch Mollusken und andere kleine Wassertiere auf; rennt manchmal unter Flügelschlagen umher oder bewegt sich ganz vorsichtig.

FLUG: Geradlinig und schnell, Kopf zurückgezogen, Beine überragen Schwanz, Flügel nur schwach gebogen.

GEMEINSCHAFTLICHE NAHRUNGSSUCHE
In Gebieten, in denen Seidenreiher häufig sind, suchen kleine Gruppen oft gemeinsam nach Nahrung oder verteilen sich entlang einer Uferlinie.

VORKOMMEN
Lebt in Südeuropa, heute nordwärts bis Nordfrankreich und Mitteleuropa, am Wasser von Felsküsten bis zu schilfbestandenen Flachseen; bevorzugt flache Sand- und Schlammufer. Brütet kolonieweise hoch in Bäumen, oft zusammen mit anderen Reiherarten.

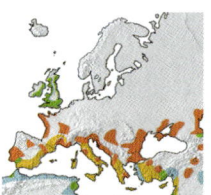

| In Mitteleuropa zu sehen |
| J F **M A M J J A S O** N D |

| **ÄHNLICHE ARTEN** |

SILBERREIHER (S. 96)

viel größer

KUHREIHER (S. 94)

Schnabel kürzer, heller

gedrungener

längere Beine mit dunklen Füßen

| Körperlänge **55–65 cm** | Flügelspannweite **88–106 cm** | Gewicht **400–600 g** |
| **Kleine Trupps** | Lebensdauer **bis 10 Jahre** | **Bestand gesichert** |

Ordnung **Ciconiiformes**	Familie **Ardeidae**	Art ***Ardea alba***

Silberreiher

gebogene Flügel

Gefieder reinweiß (im Sommer lange Schmuckfedern)

Hals sehr lang

Schnabel gelb, an der Spitze oft dunkel

Größe wie Graureiher

SOMMER

IM FLUG

Beine gelblich oder schwärzlich, Füße dunkel

WINTER

Neben einem Graureiher wird die Größe des Silberreihers deutlich. Er ist wahrlich ein gigantischer Reiher, so groß wie der Graureiher, eher noch etwas höher. Der schlanke, leuchtend weiße Vogel fällt schon von Weitem auf. Während der Brutzeit bilden sich lange Rückenfedern, der Schnabel wird gleichzeitig schwärzlich. Silberreiher jagen oft auf relativ trockenen grasigen Plätzen, beugen sich vor, und manchmal gerät ihr schlanker Körper in leichtes Zittern, bevor der Schnabel die Beute packt.

WINTER

FLUG: Langsam und geradlinig, Flügel gebogen, Flügelschlag langsamer als bei Seidenreiher.

STIMME: Meist schweigsam.

BRUTBIOLOGIE: Das Nest ist eine Plattform aus Zweigen in einem Baum; 2–3 Eier; 1 Jahresbrut; April bis Juli.

NAHRUNG: Fängt Fische, Amphibien und Kleinsäuger in Feuchtgebieten.

NESTER IN BÄUMEN
Silberreiher sitzen oft auf hohen Bäumen, um das Feuchtgebiet zu überblicken. Sie nisten in Kolonien auf Bäumen.

ÄHNLICHE ARTEN

SEIDENREIHER (S. 95)

viel kleiner

Füße gelb

BALZ
Im Frühling spreizt der Silberreiher am Ruheplatz seine langen Körperfedern zu einer spektakulären Balzpose.

VORKOMMEN
Sommervogel, Zugvogel oder Wintergast in Südosteuropa, fast überall selten in Westeuropa. In Röhricht oder am Ufer von großen Seen oder auf hohen Bäumen in der Nähe von Sümpfen.

In Mitteleuropa zu sehen

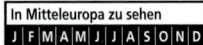

Körperlänge **85–100 cm**	Flügelspannweite **1,45–1,70 m**	Gewicht **1–1,5 kg**
In kleinen Trupps	Lebensdauer **10–15 Jahre**	**Bestand gesichert**

| Ordnung **Ciconiiformes** | Familie **Ardeidae** | Art **Ardea cinerea** |

Graureiher ⑤

Vorderkopf hellgrau

lange, schlanke schwarze Kopffedern

Stirn weiß

keine Haube

Kopf zurück-
gelegt

Flügel breit,
stark gebogen

Flügelspitzen
grauschwarz

ALTVOGEL

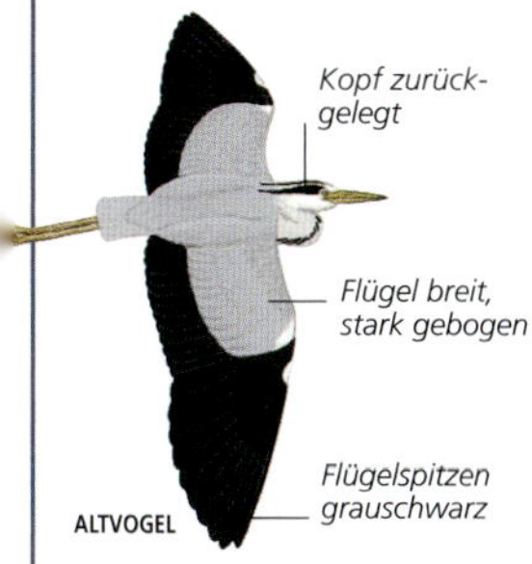

IM FLUG

Vorderhals
gefleckt

JUNGVOGEL

Dolchschnabel
gelb, orange
oder rosa (außer
Frühling matt)

Vorderhals mit
weißen Flecken

Körper
hellgrau

Beine lang

ALTVOGEL

FLUG: Geradlinig auf breiten, stark gebogenen Flügeln,
Kopf zurückgelegt, Füße überragen den Schwanz; fliegt
auch hoch, taucht aus größerer Höhe oft mit akrobatischen Drehungen und Wendungen ab.

Wenn er sich langsam am Ufer eines Sees
oder Flusses bewegt oder einfach ruhig steht,
ist dieser große, helle Reiher unverkennbar. Seine Gestalt
wirkt hoch und dünn, wenn er den langen Hals streckt, aber auch
gedrungen, wenn er den Kopf zwischen die Schultern einzieht. Er
kann auch hoch in einem Baumwipfel stehen oder erstaunlich gewandt
in großer Höhe fliegen. Für gewöhnlich scheu, hat er sich in manchen
Städten an Menschen gewöhnt und besucht in den frühen Morgen-
stunden sogar Gartentümpel.

STIMME: Kurz und rau
chräik; am Nest keckernde
und krächzende Laute.
BRUTBIOLOGIE: Große
Nester aus Ästen auf hohen
Bäumen (oder Büschen,
wenn Bäume fehlen).
4–5 Eier; 1 Jahresbrut; Februar bis Juni.
NAHRUNG: Fische, auch
Wühlmäuse.

RUHIG SITZEND
Graureiher lassen sich manchmal auch auf hohen Bäumen nieder,
gewöhnlich in etwas gebückter Haltung. Der Kopf wird zwischen
die Schultern gezogen.

ÄHNLICHE ARTEN

PURPURREIHER
(S. 98)

Schnabel
länger

schlanker
und mehr
bräun-
lich

Hals
dünn

LANGSAMER SCHLEICHER
Der Graureiher watet behutsam
durch niedrige Vegetation und
verharrt oft bewegungslos.

VORKOMMEN
Lebt an Süß- und Salzwasser von
Salzwiesen und Felsküsten bis zu
Überschwemmungsflächen und
Fischteichen fast überall in Europa.
Taucht vor allem im Winter, wenn
viele Gewässer vereist sind, auch
an Gewässern in Städten auf.

In Mitteleuropa zu sehen
J F M A M J J A S O N D

Körperlänge **90–98 cm**	Flügelspannweite **1,75–1,95 m**	Gewicht **1,6–2 kg**
Einzeln/kleine Trupps	Lebensdauer **bis 25 Jahre**	**Bestand gesichert**

| Ordnung **Ciconiiformes** | Familie **Ardeidae** | Art ***Ardea purpurea*** |

Purpurreiher

Fleck in Flügelmitte grau

Flügel gebogen, an der Basis schmal

Unterflügel rötlich braun

ALTVOGEL

IM FLUG

Zehen länger als Graureiher

Halskrümmung tiefer und runder als Graureiher

Rücken dunkel mit hellen, bräunlichen Schmuckfedern

ALTVOGEL

langer Schnabel schlank, wie Speerspitze

Hals und Kopf schlangen-ähnlich

dunkle Strei-fen auf hell-bräunlichem Grund

dunkler, rötlicher Schulterfleck

Unterseite lebhaft beigefarben

im Gesicht schmale Streifen

Körper braun

Hals blasser

viel schlanker als Rohr-dommel

JUNGVOGEL

FLUG: Geradlinig, kräftige Flügelschläge, Flügel gebo-gen, Hinterrand stärker gebogen als bei Graureiher, Hals-schlinge größer, manchmal auch lange Zehen auffällig.

Purpurreiher sind viel mehr Röhrichtvögel als Graureiher und daher schwieriger zu sehen, wenn sie nicht gerade niedrig über das Schilf fliegen oder an offenem Wasser nach Nahrung suchen. Sie brüten in kleinen Gruppen, sind aber meist weni-ger gesellig als die meisten Reiher. Eine vermutete Ausbreitung nach Norden hat sich in Europa nicht bestätigt. Nördlich des Brutareals erscheinen Purpur-reiher nur als seltene Gäste.

STIMME: Kurz und rau *chräk*.

BRUTBIOLOGIE: Nest oft im Röhricht, großer Haufen aus Halmen und anderem Pflanzenmaterial, manchmal auch in Bäumen; 4–5 Eier; 1 Jahresbrut; März bis Juli.

NAHRUNG: Fängt kleine Fische, Frösche und wirbel-lose Tiere mit seinem langen, schlanken Schnabel.

BEIM FISCHEN
Purpurreiher warten auf Beutesuche gewöhnlich geduldig im Seichtwasser oder waten langsam durchs Röhricht.

ÄHNLICHE ARTEN

Hals dick

GRAUREIHER (S. 97)

ROHRDOMMEL (S. 90)

Schnabel kräftiger

massiger und heller

Flügel breiter

viel ge-drungener

VORKOMMEN
Südlicher als Graureiher, fehlt in Nordeuropa und im nördlichen Mitteleuropa. Meist in Röhricht-feldern, Seggensümpfen oder nassen Wiesen. Gäste nördlich des Brutgebiets trifft man in Röh-richtbeständen oder bewachsenen Überschwemmungsgebieten.

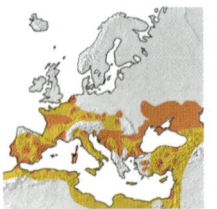

In Mitteleuropa zu sehen
J F M **A M J J A S O** N D

| Körperlänge **70–90 cm** | Flügelspannweite **1,10–1,45 m** | Gewicht **1–1,5 kg** |
| Einzelgänger | Lebensdauer **bis 23 Jahre** | **Gefährdet** |

Familie **Phoenicopteridae**

FLAMINGOS

D IE FAMILIE DIESER AUSSERGEWÖHNLICHEN Vögel umfasst nur wenige über die Welt verteilte Arten, von denen nur der Rosaflamingo auch in Europa vorkommt. Er brütet in nur wenigen großen Kolonien, darunter eine in der Camargue in Südfrankreich und eine in Südspanien. Man sieht Flamingos aber auch in nennenswerter Zahl an einigen flachen salzhaltigen Seen um das Mittelmeer, der einzige Lebensraum für diese Art. Brutkolonien liegen auf sehr flachen Inseln. Die aus Schlamm gebauten Nester sind sehr anfällig gegen Überflutung oder auch fallenden Wasserstand, der Nesträubern den Zugang zur Kolonie erlaubt. Flamingos ziehen daher in manchen Jahren nur sehr wenige Junge auf, erleben aber von Zeit zu Zeit auch ein besonders güns-

tiges Jahr, dessen Nachwuchs den Bestand erhält. Jungvögel sammeln sich in großen »Kindergärten« am Außenrand der großen Scharen.

PHOENICOPTERIDAE
(FLAMINGOS)

Hals extrem lang

ROSAFLAMINGO
S. 100

Familien **Ciconiidae, Threskiornithidae**

STÖRCHE UND IBISSE

V ON DEN BEIDEN STORCHARTEN in Europa hat der Weißstorch die Fähigkeit erworben, eng mit dem Menschen zu leben. Er nutzt Gebäude und Leitungsmasten als Nistplätze sowie Abfallplätze als Nahrungsgründe. Dennoch ist er bedroht durch die Vernichtung von Feuchtgebieten und die Ausweitung intensiver Landwirtschaft. Der Schwarzstorch ist dagegen ein Waldvogel, der auch in abgelegenen Felswänden brütet.

Beide sind Zugvögel, die den Winter im tropi-

schen und südlichen Afrika verbringen. Weißstörche ziehen in großen Scharen und sorgen damit für aufregende Anblicke, wenn sie das Mittelmeer an seiner engsten Stelle überqueren. Sie müssen durch Gleiten und Segeln Energie sparen und können dazu nur die über Land aufsteigende Luft nutzen. Schwarzstörche ziehen einzeln oder in kleineren Trupps, sind aber mit anderen großen Zugvögeln, wie Milanen und Adlern, auch über dem Meer und über Bergpässen zu sehen.

CICONIIDAE
(STÖRCHE)

leuchtend roter Dolchschnabel

Körper weiß, oft beschmutzt

THRESKIORNITHIDAE
(IBISSE)

Schnabel löffelförmig, schwarz mit gelber Spitze

SCHWARZSTORCH
S. 101

WEISSSTORCH
S. 102

LÖFFLER
S. 103

Ordnung **Phoenicopteriformes**	Familie **Phoenicopteridae**	Art *Phoenicopterus roseus*

Rosaflamingo

Flügelspitzen schwarz

roter Fleck auf schmalem Flügel

Hals gestreckt

ALTVOGEL

IM FLUG

Schnabel leuchtend rosa mit schwarzer Spitze

Gefieder weißlich bis blassrosa

Hals extrem lang

Körper grau

Schnabel grau

lange Beine blassrosa

Beine dunkel-grau

IMMATUR

ALTVOGEL

Flamingos, von denen es weltweit nur ein paar Arten gibt, sind auf den ersten Blick erkennbar. Der gebogene Schnabel, der lange Hals, die langen Beine und die rot aufleuchtenden Flügel des Rosaflamingo stehen für einen außergewöhnlichen Vogel, der in Europa exotisch wirkt. Obwohl auch kleine Trupps auftreten, leben die meisten in großen Schwärmen. Einzelvögel fernab des natürlichen Verbreitungsgebiets sind für gewöhnlich Gefangenschaftsflüchtlinge.

STIMME: Lauter, tiefer Trompetenruf; gackernde Laute wie Gänse.

BRUTBIOLOGIE: Das Nest ist ein Schlammhügel im Seichtwasser, geschützt vor landgebundenen Nesträubern; 1 Ei; 1 Jahresbrut; April bis Mai.

NAHRUNG: Der Schnabel wird mit der Oberseite nach unten durchs seichte Wasser gezogen und hält Krebstierchen fest; oft in sehr seichtem, aber auch in bauchtiefem Wasser oder beim Schwimmen.

FLUG: Geradlinig, schnell, sehr schlank mit gestrecktem Hals und nachhängenden Beinen, schmale Flügel.

WATENDER TRUPP
Flamingotrupps stehen normalerweise im Seichtwasser oder waten in langer Linie ins tiefere Wasser; manchmal schwimmen sie auch wie Schwäne.

FLIEGENDER TRUPP
Trupps formieren sich entweder überhaupt nicht oder fliegen in langer Linie.

ÄHNLICHE ART

CHILEFLAMINGO
Gefangenschaftsflüchtling
• graue Beine mit rosa Gelenken
• gelegentlich an Seen im Nordwesten Mitteleuropas zu beobachten

VORKOMMEN
Brütet an wenigen Plätzen an großen Salzseen in Spanien, Portugal, Südfrankreich, Sardinien und in der Türkei; als Nichtbrüter weiter verbreitet im Mittelmeergebiet an Salz- und Süßwasserseen, gewöhnlich in offenem Gelände.

In Mitteleuropa zu sehen											
J	F	M	A	M	J	J	A	S	O	N	D

Körperlänge **1,20–1,45 m**	Flügelspannweite **1,40–1,70 m**	Gewicht **3–4 kg**
Große Schwärme	Lebensdauer **bis 20 Jahre**	**Nur lokal**

| Ordnung **Ciconiiformes** | Familie **Ciconiidae** | Art **Ciconia nigra** |

Schwarzstorch

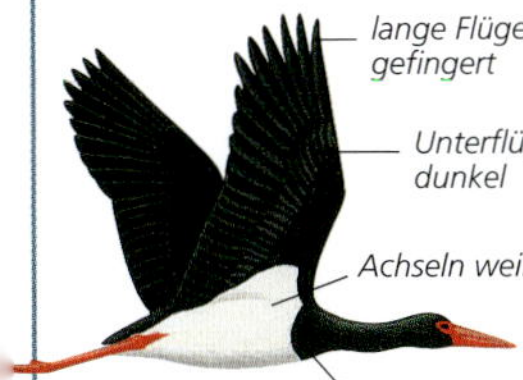

lange Flügel gefingert

Unterflügel ganz dunkel

Achseln weiß

ALTVOGEL

IM FLUG

Brust schwarz

schwarzer Hals lang

um die Augen rot

leuchtend roter Dolch- schnabel

Gefieder schwarz mit grünem und purpur- farbenem Glanz

Brust schwarz

Bauch weiß

lange Beine rot

ALTVOGEL

Rücken schwarz mit grünem Schimmer

Schnabel stumpfgrün

Beine blasser

JUNGVOGEL

FLUG: Kraftvoll, geradlinig, auf langen, gefingerten gestreckten Flügeln mit ruhigen Schlägen und länge- ren Gleitstrecken, meisterhafter Segler im Aufwind.

beim Gleiten gestreckte Flügel

ALTVOGEL

Der Schwarzstorch ist viel weniger bekannt als der etwas kräftigere Weißstorch. Er bevorzugt abgelegenere naturnahe Gebiete mit ausgedehnten Wäl- dern, Feuchtgebieten und einsamen Fels- wänden. Er ist überall selten, überwintert in Afrika und kehrt im Frühjahr ziemlich spät zurück. In kleiner Zahl kann die Art auf dem Zug über die Pyrenäen beobach- tet werden und einige schießen im Früh- jahr übers Ziel hinaus nach Norden.
STIMME: Gewöhnlich schweigsam; nur am Nest zischende Laute.
BRUTBIOLOGIE: Das Nest ist ein mäch- tiger Bau aus Ästen und Stöcken auf einem Felsband oder hoch oben in großen Bäumen; 2–4 Eier; 1 Jahresbrut; Mai bis Juli.
NAHRUNG: Jagt Frösche, Molche, Kröten und Wasserinsekten, die er mit seinem langen Schnabel aus dem Wasser holt.

AM NEST
Schwarzstörche brüten in abgele- genen Gebieten, nicht wie Weiß- störche in Städten und Dörfern.

VORKOMMEN
Lebt in großen Wäldern, Feucht- und Felsgebieten vor allem in Spanien, Portugal und von Mitteleuropa nach Osten. Zieht nach Afrika; nur selten außerhalb des normalen Verbreitungsgebiets zu sehen.

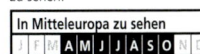

ÄHNLICHE ARTEN

WEISSSTORCH im Flug ähnlich, (S. 102)

KORMORAN Jung- vogel im Flug grob ähnlich, (S. 87)

Kopf und Brust weiß

langer Schwanz

Brust weiß

| Körperlänge **90–105 cm** | Flügelspannweite **1,10–1,45 m** | Gewicht **2,5–3 kg** |
| **Kleine Trupps** | Lebensdauer **bis 20 Jahre** | **Selten** |

101

Ordnung **Ciconiiformes**	Familie **Ciconiidae**	Art *Ciconia ciconia*

Weißstorch

Flügel breit und
gefingert

*langer Schnabel
rot (dunkelgrau
bei Jungvögeln)*

Kopf
vorgestreckt

Körper weiß,
oft beschmutzt

*Flügel beim Segeln
flach gestreckt*

ALTVOGEL

IM FLUG

*Hinterflügel
schwarz*

ALTVOGEL

*Beine hängen
nach*

ALTVOGEL

lange, kräftige,
rote Beine, schrei-
tet »würdevoll«

FLUG: Ruderflug niedrig mit gestreckten und
gefingerten Flügeln bei gestrecktem Hals; segelt
elegant, oft in durcheinanderkreisenden Trupps.

Als eine der größten und am auffälligsten gezeichneten Vogelarten bieten Weißstörche einen spektakulären Anblick, wenn sich Tausende sammeln, um an den Meerengen bei Gibraltar und Istanbul das Wasser zu überqueren. Obwohl immer noch weitverbreitet, nehmen Störche in vielen Gebieten ab. Wiederansiedelungsmaßnahmen haben in Nordwesteuropa geholfen, doch haben die Vögel Probleme mit dem Wegzug im Herbst.

STIMME: Generell schweigsam; am Nest lautes Schnabelklappern.

BRUTBIOLOGIE: Mächtige Nestburgen aus Ästen und Stöcken auf Masten, Türmen und hohen Hausdächern oder in Bäumen; 2–4 Eier; 1 Jahresbrut; April bis Juni.

NAHRUNG: Fängt verschiedene Wasserinsekten, kleine Nagetiere, Frösche und Kröten, kleine Fische an feuchten Stellen und im Flachwasser.

STORCH AUF DEM NEST
Weißstörche bauen ihr Nest oft auf Dächern, die großen Nestburgen sind weithin sichtbar. Man kann die Vögel beobachten, wenn sie im Nest stehen.

ÄHNLICHE ARTEN

*Grau (schwarz
und weiß in
heller Sonne)*

GRAUREIHER, im
Flug gebogene
Flügel (S. 97)

ROSAPELIKAN
kurze Beine (S. 408)

*Hals im
Flug zurück-
gebogen*

VORKOMMEN
Brütet in Europa mit Ausnahme des Nordens und zieht im Herbst nach Afrika. Sucht auf offenen Flächen in der Nähe von Feuchtgebieten nach Nahrung, aber auch am Rand von Städten und Dörfern, in denen er oft auf hohen Bauten nistet.

In Mitteleuropa zu sehen
J **F** **M** **A** **M** **J** **J** **A** **S** O N D

Körperlänge **0,95–1,10 m**	Flügelspannweite **1,80–2,20 m**	Gewicht **2,5–4,5 kg**
Zieht in Trupps	Lebensdauer **bis 25 Jahre**	**Gefährdet**

| Ordnung **Ciconiiformes** | Familie **Threskiornithidae** | Art *Platalea leucorodia* |

Löffler

Hals gestreckt

Flügelspitzen schwarz

ALTVOGEL **JUNGVOGEL**

IM FLUG

Hals dicker als bei Reihern

Körper reinweiß

buschige Haube

unterm Kinn orangefarbener Fleck

Schnabel löffelförmig, schwarz mit gelber Spitze

ALTVOGEL

Unterflügel einheitlich weiß

schwarze Beine dicker als bei Reihern

rosa Schnabel wird mit zunehmendem Alter schwarz

IMMATUR **ALTVOGEL**

Der Löffler hat einen flachen, breit endenden Schnabel. Ansonsten gleicht er einem Reiher und ist weiß wie Silber- und Seidenreiher. Er lebt in Feuchtgebieten und an Seen mit großen Flachwasserbereichen, hält sich aber im Winter auch an Flussmündungen an der Küste auf und schreitet wie ein Mensch durchs Wasser.

STIMME: Schweigsam.

BRUTBIOLOGIE: Das Nest ist eine flache Plattform aus Zweigen und Halmen in einem Baum oder im Röhricht; brütet in Kolonien oder mit anderen Arten untermischt; 3–4 Eier; 1 Brut; April bis Juli.

NAHRUNG: Schwenkt seinen teilweise eingetauchten Schnabel halb offen seitlich durchs Wasser, um Fische, Mollusken und Krebstiere zu fangen.

FLUG: Geradlinig, schwanenähnlich, Kopf vorgestreckt, regelmäßige Flügelschläge.

FLIEGENDER TRUPP
In Linien und breiten Bändern fliegend, schalten Löffler oft kurze Gleitstrecken zwischen längeren Phasen des Ruderflugs ein.

SEITWÄRTSSCHWENKEN DES SCHNABELS
Löffler waten langsam durchs Seichtwasser und schwenken den leicht geöffneten Schnabel seitwärts, bis sie Beute spüren; dann schnappen die Schnabelhälften über der Beute rasch zusammen.

ÄHNLICHE ARTEN

viel kleiner und schlanker

Schnabel kleiner

SEIDENREIHER (S. 95)

Beine kurz

Schnabel kurz

HÖCKERSCHWAN im Flug ähnlich, (S. 27)

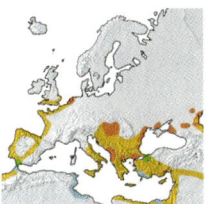

VORKOMMEN
Am häufigsten in Osteuropa, im Westen lokal; brütet an schilfbestandenen Seeufern mit Büschen, sucht in Salzpfannen, Küstensümpfen und in anderen Flachwassergebieten nach Nahrung. Sehr wenige überwintern in Europa.

| In Mitteleuropa zu sehen |
| J F M **A M J J A S** O N D |

| Körperlänge **80–93 cm** | Flügelspannweite **1,20–1,35 m** | Gewicht **1–1,5 kg** |
| **Kleine Trupps** | Lebensdauer **bis 25–30 Jahre** | **Sehr gefährdet** |

GREIFVÖGEL

S IE SIND EINE SEHR GEMISCHTE GRUPPE. Zu ihr zählen Vögel, die winzige Insekten fangen, andere, die von toten Tieren leben, und viele, die ihre Beute bis zur Größe eines Rehs selbst jagen. Obwohl meist hervorragende Flieger, sitzen manche stundenlang fast unbeweglich zwischen ihren Jagden. Andere bewegen sich die meiste Zeit in der Luft.

GEIER

Zu den Geiern zählen einige der größten Vögel Europas. Sie kreisen und gleiten in großer Höhe und nutzen ihr hervorragendes Sehvermögen, um Nahrung am Boden zu entdecken. Sie besteht vorzugsweise aus dem Fleisch frisch verendeter Tiere. Um hoch aufzusteigen, benötigen die Segelflieger warme aufsteigende Luft. Sie leben in Gebirgsgegenden Südeuropas.

ADLER, HABICHTE, BUSSARDE

Adler sind gute Jäger mit großen Augen und kräftigen Schnäbeln und Füßen. Bei den meisten sind die Beine befiedert. Bussarde sind kleiner, weniger kräftig, mit deutlich kleineren Schnäbeln. Weihen jagen über weithin offenem Boden und fliegen niedrig, um die Beute aus nächster Nähe zu überraschen. Vogeljäger wie der Sperber fangen ihre Beute überraschend in einem kurzen schnellen Angriff. Milane haben lange eingeschnittene Schwänze, die als Steuer dienen. Der Fischadler stößt aus der Luft nach Beute herunter. Der Schlangenadler lebt von Reptilien.

KRAFT
Der Steinadler macht mit seinen stechenden Augen und seinem mächtigen Hakenschnabel einen kraftvollen und »wilden« Eindruck.

FALKEN

Große Falken schlagen auch große Beutetiere, jagen aber nicht oft. Kleinere Falken sind dagegen viel aktiver. Einige jagen kleine Säugetiere, andere hauptsächlich Insekten oder Vögel.

ACCIPITRIDAE (BUSSARDE UND ADLER)

Kopf dunkel (bei Jungvögeln oft heller)

erdbrauner Schwanz

Flügel lang

Kopf weißlich

heller rostroter Schwanz

WESPENBUSSARD
S. 107

SCHWARZMILAN
S. 108

ROTMILAN
S. 109

Kopf und Hals
cremefarben

massiver Körper
dunkelbraun
(Jungvögel heller)

GÄNSEGEIER
S. 110

MÖNCHSGEIER
S. 111

SEEADLER
S. 112

riesige Spannweite
der flachen, tief
gefingerten Flügel

unordentliche
Krause aus
spitzen Federn

Kopf rund
und massig

cremefarbener
Fleck auf Flügel

SCHMUTZGEIER
S. 113

SCHLANGENADLER
S. 114

ROHRWEIHE
S. 115

Körper
hellgrau

über dem Innen-
flügel schwarzer
Balken

Unterseite
weiß, fein
dunkel
gebändert

KORNWEIHE
S. 116

WIESENWEIHE
S. 117

HABICHT
S. 118

Familien **Accipitridae, Pandionidae, Falconidae**

ACCIPITRIDAE (BUSSARDE UND ADLER) *Fortsetzung*

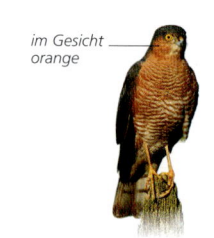

im Gesicht orange

SPERBER
S. 119

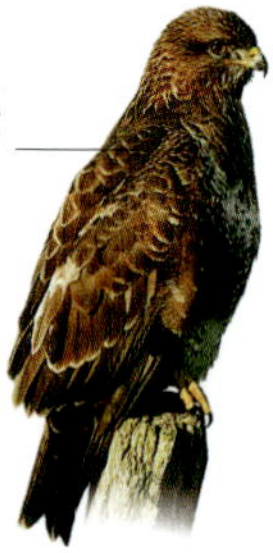

Schultern rund, Gestalt bucklig

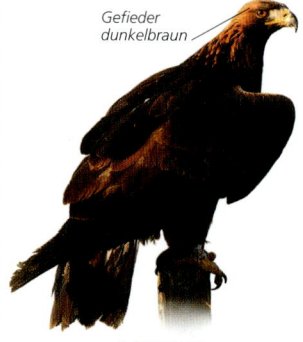

MÄUSEBUSSARD
S. 120

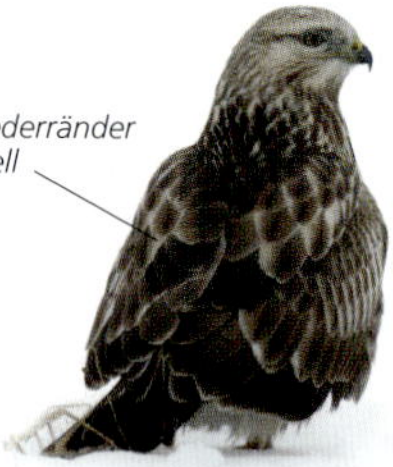

Federränder hell

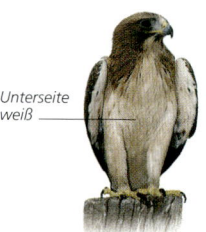

RAUFUSSBUSSARD
S. 121

Gefieder dunkelbraun

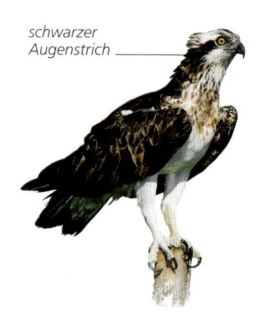

STEINADLER
S. 122

Oberseite dunkel, am Rücken weißer Fleck

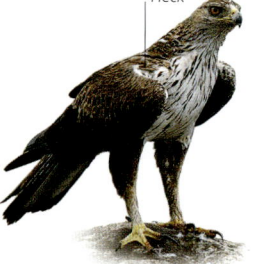

HABICHTSADLER
S. 123

Unterseite weiß

ZWERGADLER
S. 124

PANDIONIDAE (FISCHADLER)

schwarzer Augenstrich

FISCHADLER
S. 125

FALCONIDAE (FALKEN)

Rücken ungefleckt und lebhaft rotbraun

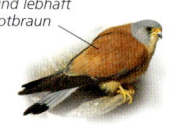

RÖTELFALKE
S. 126

Rücken hell rostfarben mit schwarzen Flecken

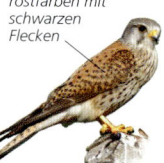

TURMFALKE
S. 127

kleiner Kopf flach, kaum gemustert

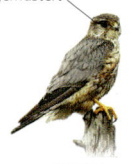

MERLIN
S. 128

auf heller Unterseite kräftige schwarze Striche

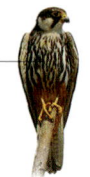

BAUMFALKE
S. 129

Körper groß und fest mit breiten Schultern

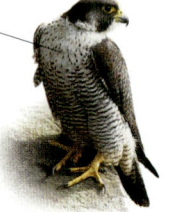

WANDERFALKE
S. 130

| Ordnung **Accipitriformes** | Familie **Accipitridae** | Art *Pernis apivorus* |

Wespenbussard

gleitet mit horizontalen oder etwas gesenkten Flügeln, auffallender Ausdrucksflug mit angehobenen Flügeln

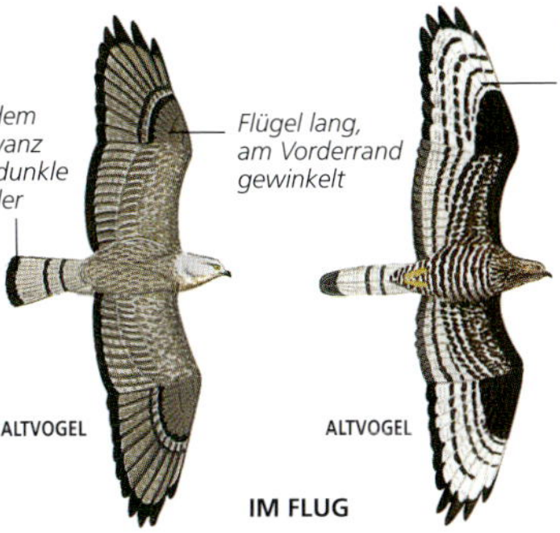

Kopf dunkel (bei Jungvögeln oft heller)

Augen gelb (bei Jungvögeln dunkel)

Unterseite und Unterflügel mit vielen Streifen

auf dem Schwanz drei dunkle Bänder

Flügel lang, am Vorderrand gewinkelt

Unterseite gestreift

ALTVOGEL

ALTVOGEL

IM FLUG

Schwanzbasis mit dunklen Bändern

ALTVOGEL

Kopf schmal, kuckucksähnlich, Schnabel vorgestreckt

Schwanz im Flug oft verdreht wie bei Milanen

Schwanz lang, in der Mitte am breitesten

ALTVOGEL

D er Wespenbussard ist kein eigentlicher Bussard, sondern ein einmaliger Nutzer von Wespen- und Bienennestern, der sogar auf dem Boden läuft, um Waben auszugraben. Während der Brutzeit ist er versteckt, man kann ihn besser auf dem Zug sehen, wie an der Ostsee und im Mittelmeer auf seinem Weg nach Afrika. Die große Variation der Färbungen und Muster fordert genaue Beobachtung zur Bestimmung.

STIMME: Nicht oft zu hören, pfeifend *piii-hää piiii-hä*.

BRUTBIOLOGIE: Kleine Plattform aus Zweigen und Grünzeug in Bäumen; 1–3 Eier; 1 Jahresbrut; April bis Juni.

NAHRUNG: Lebt von Wespen und Bienenlarven, Wachs, Honig, Insekten, Ameisenpuppen sowie kleinen Säugetieren und Reptilien.

FLUG: Leichter Ruderflug mit biegsamen tief greifenden Flügelschlägen; beim Gleiten Flügel horizontal oder leicht gebogen, Spitzen weisen nach unten.

VORKOMMEN
Weitverbreitet in Europa mit Ausnahme vom hohen Norden Skandinaviens und Island. Besiedelt ausgedehnte Waldungen oder bewaldetes Bergland, kommt im April an und zieht im September wieder ab. Wandert über bergige Länder Südeuropas und das Mittelmeer auf regelmäßigen Routen.

In Mitteleuropa zu sehen

| J | F | M | **A** | **M** | **J** | **J** | **A** | **S** | O | N | D |

ÄHNLICHE ARTEN

Kopf breit

MÄUSEBUSSARD
hält Flügel im Flug nach oben (S. 120)

gedrungener

Schwanz kürzer

Schwanz länger und eingeschnitten

SCHWARZMILAN (S. 108)

Kopf kürzer und dicker

AUFFÄLLIGES MUSTER
Die Unterseite der meisten Wespenbussarde ist kräftig gefleckt und gebändert, aber die Muster variieren im Einzelnen erheblich, manche sind viel heller.

| Körperlänge **50–57 cm** | Flügelspannweite **1,15–1,30 m** | Gewicht **550–1200 g** |
| Familiengruppen | Lebensdauer **bis 25 Jahre** | **Bestand gesichert** |

Ordnung **Accipitriformes**	Familie **Accipitridae**	Art *Milvus migrans*

Schwarzmilan

Flügel gebogen

kleiner Kopf heller

Flügel mattbraun mit hellem Diagonalband auf Oberseite

helle Flecken auf dem Rücken

einheitlich matt und dunkel

ALTVOGEL

IMMATUR

Schwanz leicht gegabelt

IM FLUG

erdbrauner Schwanz fein gebändert und gegabelt, wenn geschlossen

Schwanz wird im Flug oft gedreht.

Unterseite und Kopf heller

ALTVOGEL

Flügel lang

FLUG: Kreist viel, aber nicht in großer Höhe; Ruderflug langsam mit regelmäßigen, tief greifenden Flügelschlägen; Flügel beim Gleiten und Kreisen nach unten gebogen.

Ähnlich elegant wie der Rotmilan, fehlen dem Schwarzmilan die Kontraste und auffälligen Farben, auch wenn er keineswegs einheitlich schwarz ist. Mehr als Rotmilane greifen Schwarzmilane in eleganten Abschwüngen Nahrung aus dem Wasser. Der mit dem Fuß gepackte Brocken wird dann in der Luft verzehrt. Für gewöhnlich ist der Schwarzmilan in den Gebieten, in denen beide Arten vorkommen, häufiger; sie schließen sich häufiger zu Gruppen zusammen.

STIMME: Hohe, lang gezogene weinerliche *piiie-piiie-ii-i-ii-i.*

BRUTBIOLOGIE: Nest aus Zweigen, Erde und Abfall aller Art in Bäumen; 2–4 Eier; 1 Jahresbrut; März bis Juni.

NAHRUNG: Nimmt viele tote oder sterbende Fische aus dem Wasser auf, lebt ferner von Aas und Abfällen aller Art, auch von Dung, kleinen Vögeln, Reptilien und Wühlmäusen. In Gruppen jagen die Individuen einander und bekämpfen sich an Müllkippen.

AASFRESSER
Schwarzmilane schließen sich anderen Greifvögeln und Krähen an Aas und Müllkippen an; sie greifen auch Fressbares mit ihren Füßen in geschickten und zielsicheren Sturzflügen.

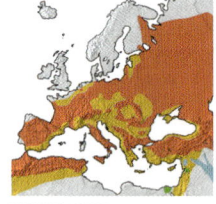

VORKOMMEN
Weitverbreitet von Spanien und Portugal bis Finnland und im Südosten bis zum Balkan. Sucht an Müllkippen und Abfallplätzen nach Nahrung, jagt über Land, auch an bewaldeten Hängen und an Küsten; mehr ans Wasser gebunden als der Rotmilan, an einigen Orten in der Umgebung von Städten.

In Mitteleuropa zu sehen
J F **M A M J J A S O** N D

ÄHNLICHE ARTEN

Bürzel hell

Flügel flach

Schwanz gerade abgeschnitten

ZWERGADLER dunkle Form (S. 124)

Gestalt schlanker

Schwanz länger

Flügelmuster kräftiger

auf dem Flügel kein helles Diagonalband

ROTMILAN (S. 109)

ROHRWEIHE ♀ ähnlich im Flug (S. 115)

Körperlänge **48–58 cm**	Flügelspannweite **1,30–1,50 m**	Gewicht **650–1100 g**
Kleine Trupps	Lebensdauer **bis 20 Jahre**	**Gefährdet**

Ordnung **Accipitriformes**	Familie **Accipitridae**	Art ***Milvus milvus***

Rotmilan

Kopf weißlich

Augen hell

Körper hell bräunlich bis rostrot

beim Kreisen Flügel gebogen

helle Flecken kontrastieren mit dunklem Bugfleck

ALTVOGEL

Schwanzunterseite hell

auf Oberflügel helles Band

ALTVOGEL

Schwanz gegabelt

IM FLUG

heller als Altvogel

heller rostroter Schwanz tief gegabelt, wenn zusammengelegt

Oberflügel heller als bei Altvögeln

IMMATUR

ALTVOGEL

Milane sind für ihre Gewandtheit und Meisterschaft in der Luft bekannt. Der Rotmilan ist der buntere von beiden. Man kann ihn leicht vom massigeren und weniger eleganten Mäusebussard unterscheiden. Er hat etwas von der Eleganz der Weihen, ist aber in seinen Bewegungen noch vielseitiger und wendiger. Wo er häufig ist, sammelt er sich auch in Gruppen zu zehn oder sogar 40 bis 60 Vögeln, wenn das Nahrungsangebot konzentriert ist.

STIMME: Hohe, lang gezogene klagende oder jammernde *wiiih-ii-uh,* höher als Mäusebussard.

BRUTBIOLOGIE: Nest aus Zweigen, Erde und Abfall, gut versteckt in Bäumen; 2–4 Eier; 1 Jahresbrut; März bis Juni.

NAHRUNG: Aas (Kaninchen oder Schafe); fängt Vögel bis zur Größe einer Krähe im Überraschungsangriff; auch Kleinsäuger, Insekten, Regenwürmer.

FLUG: Ruderflug langsam mit regelmäßigen, tief greifenden Flügelschlägen; dreht oft den Schwanz beim Steuern; kreist gut, aber meist nicht in großen Höhen; Flugmanöver manchmal akrobatisch.

VIELSEITIGER FLUG
Rotmilane beugen ihre Flügel und drehen ihren langen Schwanz von einer Seite auf die andere, um die Luftströmungen optimal zu nutzen. Sie sind zu steilen Abstürzen und wendigen Flugmanövern fähig.

VORKOMMEN
Weitverbreitet in Spanien, Portugal, Frankreich und im nordöstlichen Mitteleuropa bis zur Ostsee. Offenes Land mit Gehölzen und Wäldern, im Winter nur im Tiefland, auch in der Umgebung von Städten und an Müllkippen.

In Mitteleuropa zu sehen
J F M A M J J A S O N D

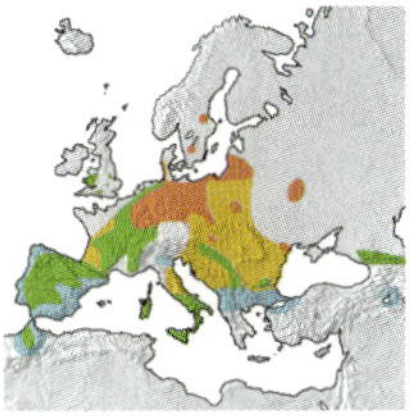

ÄHNLICHE ARTEN

SCHWARZMILAN (S. 108)

MÄUSEBUSSARD (S. 120)

Unterseite weniger kontrastreich

Flügel kürzer und steifer

Körper und Schwanz matter

kurzer Schwanz gerundet

Körperlänge **50–65 cm**	Flügelspannweite **1,45–1,65 m**	Gewicht **0,75–1,3 kg**
Kleine Trupps	Lebensdauer **bis 25 Jahre**	**Bestand gesichert**

| Ordnung **Accipitriformes** | Familie **Accipitridae** | Art *Gyps fulvus* |

Gänsegeier

Schnabel hoch

Kopf und Hals
cremefarben

Rücken
hellbraun

*beim Segeln
Flügel in
V-Haltung*

dunkler
Schwanz
sehr kurz

Flügeldecken
und Rücken leb-
haft hellbraun

Schwungfedern
dunkler

Flügel-
spitzen tief
gefingert

auf dunkel-
braunen Unter-
flügeln schmale
helle Bänder

IM FLUG

Der Gänsegeier ist ein mächtiger, langflügeliger und kurzschwänziger Vogel, der die meiste Zeit ruhig auf einer Felskante sitzend verbringt. Jeden Tag aber werden Nahrungsflüge unternommen. An kalten windigen Tagen kann der Wind zum Kreisen und Gleiten genutzt werden. An warmen ruhigen Tagen warten die Geier jedoch bis spät in den Tag, um warme Aufwinde nutzen zu können. Sie segeln mit etwas angehobenen Flügeln und gedrehten Flügelspitzen, deren Hinterrand einen leichten Bogen bildet, sodass sich die Gestalt beim Kreisen zu verändern scheint. Senkrecht von unten scheint sie breitflügelig und fast rechteckig, aus manchen Winkeln wirken die Flügel spitzer.

STIMME: Schweigsam, nur raues Zischen am Aas.

BRUTBIOLOGIE: Nest auf kahlen Felsbändern in einer Schlucht oder in hohen Wänden, in lockeren Kolonien von zehn oder mehr Paaren; 1 Ei; 1 Jahresbrut; April bis Juli.

NAHRUNG: Sucht nach Aas (Schafe, Ziegen oder kleinere Tiere).

FLUG: Schwere, tief greifende Flügelschläge; eindrucksvoller Segelflug mit Flügeln in V-Haltung.

MEISTERHAFTER GLEITFLIEGER
Gänsegeier können auch große Entfernungen ohne Flügelschlag zurücklegen, wenn sie warme aufsteigende Luft nutzen, um Höhe zu gewinnen.

ÄHNLICHE ARTEN

MÖNCHSGEIER
dunkle Unter-
flügel (S. 111)

Rücken
einheitlich
dunkel

Schwanz
länger

STEINADLER
(S. 122)

Kopf
länger

dunkler

Schwanz
länger

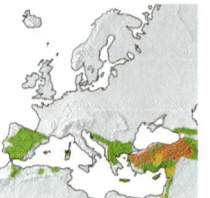

VORKOMMEN
Ziemlich häufig in Portugal und Spanien, selten in Südfrankreich, auf Sardinien, im Balkan und in der Türkei. In allen Typen offener Landschaft vom Tiefland bis ins Hochgebirge; brüten und übernachten in einer Felswand oder Schlucht.

| In Mitteleuropa nur sehr selten |
| J F M A M J J A S O N D |

| Körperlänge **0,95–1,10 m** | Flügelspannweite **2,30–2,65 m** | Gewicht **7–10 kg** |
| **Trupps** | Lebensdauer **bis 25 Jahre** | **Selten** |

| Ordnung **Accipitriformes** | Familie **Accipitridae** | Art *Aegypius monachus* |

Mönchsgeier

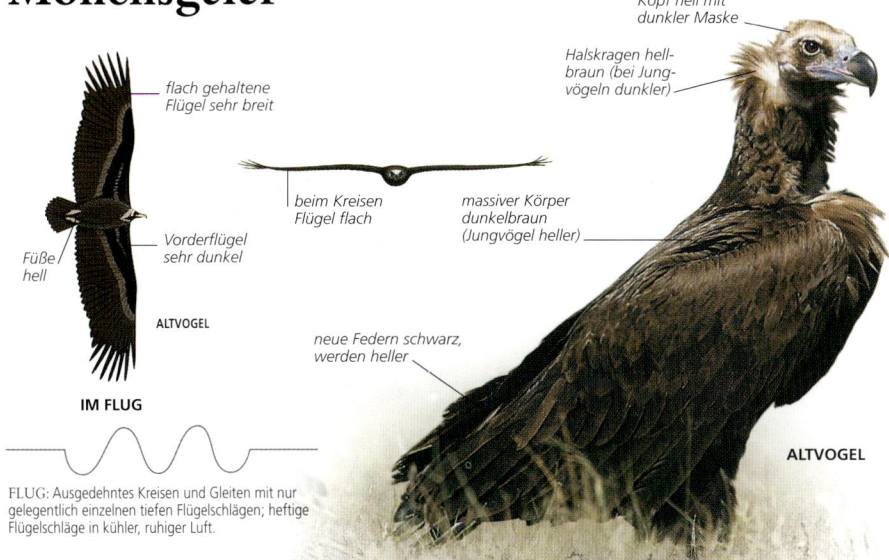

Kopf hell mit dunkler Maske

Halskragen hell-braun (bei Jung-vögeln dunkler)

massiver Körper dunkelbraun (Jungvögel heller)

flach gehaltene Flügel sehr breit

beim Kreisen Flügel flach

Vorderflügel sehr dunkel

Füße hell

ALTVOGEL

neue Federn schwarz, werden heller

ALTVOGEL

IM FLUG

FLUG: Ausgedehntes Kreisen und Gleiten mit nur gelegentlich einzelnen tiefen Flügelschlägen; heftige Flügelschläge in kühler, ruhiger Luft.

Als einer der größten flugfähigen Vögel der Erde macht der Mönchsgeier, wenn er in der Luft ist, durch seine Größe und sein majestätisches Gleiten einen gewaltigen Eindruck. Er zeigt großes Geschick beim Ausnützen jedes Aufwindes oder Windhauchs, wenn er scheinbar mühelos ohne einen Flügelschlag in der Luft schwebt. Die flach gehaltenen Flügel geben dem Mönchsgeier ein sehr breites, fast rechteckiges Flugbild, weniger elegant als das des Gänsegeiers. Im Unterschied zum Gänsegeier sitzen und brüten Mönchsgeier oft in Bäumen und sitzen auch viel auf dem Boden, besonders in der Nähe von Nahrung wie dem Kadaver eines Schafs oder einer Ziege.

STIMME: Meist schweigsam.

BRUTBIOLOGIE: Großes Nest aus Ästen in einem flachen Baumwipfel; 1 Ei; 1 Jahresbrut; April bis Juni.

NAHRUNG: Jagt selten lebende Beute; lebt meist von Aas, besucht auch regelmäßig Futterplätze.

GIGANT DER LÜFTE
Selbst unter gleich großen kreisenden Gänsegeiern beeindruckt der Mönchsgeier durch seine bloße Anwesenheit; der helle Kopf und die blassen Füße sind auffallende Merkmale.

VORKOMMEN
Beschränkt auf Zentralspanien, Mallorca und sehr selten im Nordosten Griechenlands. Das ganze Jahr in diesen kleinen Gebieten, selten außerhalb. Seltener Geier im Gebirge und in Hochländern mit Mischwald und offenen Landschaften.

| In Mitteleuropa nur sehr selten |
| J F M A M J J A S O N D |

ÄHNLICHE ARTEN

Unterflügel zweifarbig

Flügel kleiner

Kopf länger

Schwanz länger

GÄNSEGEIER (S. 110)

STEINADLER (S. 122)

| Körperlänge **1–1,15 m** | Flügelspannweite **2,50–2,85 m** | Gewicht **7–11,5 kg** |
| **Kleine Trupps** | Lebensdauer **bis 25 Jahre** | **Gefährdet** |

Ordnung **Accipitriformes**	Familie **Accipitridae**	Art *Haliaeetus albicilla*

Seeadler

gleitet auf horizontalen Flügeln

auf dem Rücken hell mit dunkelbraunen Flecken

Schwanz dunkel

JUNGVOGEL

Hinterende gesägt

JUNGVOGEL

Kopf hell

großer Schnabel leuchtend gelb

überall dunkelbraun

Schwanz dunkel

ALTVOGEL

kurzer Schwanz weiß

Kopf und Hals ragen weit heraus.

ALTVOGEL

riesige Spannweite der flachen, tief gefingerten Flügel

IM FLUG

D er Adler mit brettartigen Flügeln ist in seinem angestammten Verbreitungsgebiet selten geworden. Er überlebte in abgelegenen Feuchtgebieten und an felsigen Küsten und Inseln im Meer. Im Winter erscheint er an Flachküsten. In Schottland wurde er wieder angesiedelt. Er sitzt aufrecht auf Felsen oder Bäumen und stößt auf große Seen oder geschützte Meeresbuchten nach Fischen herunter.
STIMME: Im Sommer schrille Rufe am Nest.
BRUTBIOLOGIE: Das Nest ist ein großer Haufen von Ästen auf flachen Baumkronen oder Felsbändern; 2 Eier; 1 Jahresbrut; März bis Juli.
NAHRUNG: Sammelt kranke Fische oder Abfall vom Wasser mit seinen Füßen auf; nimmt tote Tiere auf und jagt Wasservögel und mittelgroße Säugetiere.

FLUG: Schwerfällig und geradlinig, Flügelschläge tief greifend und flexibel, kreist mit flach gehaltenen Flügeln.

STOSS AUF BEUTE
Etwas schwerfällig, aber mit Geschick stößt der Seeadler auf seine Beute und holt auch Fische oder genießbaren Abfall mit seinen Füßen aus dem Wasser.

VORKOMMEN
Am häufigsten in Skandinavien entlang von Felsküsten, seltener in Mittel- und Osteuropa, auf dem Balkan, in Island und in Schottland, wo er auf Küsteninseln wieder angesiedelt wurde. Überwintert meist in weiten offenen, auch landwirtschaftlich genutzten Tiefländern; meist halten sich ein oder zwei Vögel an traditionellen Plätzen auf.

In Mitteleuropa zu sehen
J F M A M J J A S O N D

ÄHNLICHE ARTEN

Flügel in V-form gehalten

Kopf kürzer

GÄNSEGEIER (S. 110)

Kopf kürzer

MÖNCHSGEIER (S. 111)

im Flug kürzerer Kopf

dunkler

Schwanz länger

STEINADLER (S. 122)

Flügel beim Kreisen in V-Form gehalten

Körperlänge **70–92 cm**	Flügelspannweite **2–2,45 m**	Gewicht **3,1–7 kg**
Familiengruppen	Lebensdauer **bis 20 Jahre**	**Selten**

Ordnung **Accipitriformes**	Familie **Accipitridae**	Art *Neophron percnopterus*

Schmutzgeier

Flügelspitzen schwarz

Ältere Immature werden mit zunehmendem Alter weiß.

Körper dunkelbraun

Vorderflügel weiß

Schwanz weiß

Kopf schlank

Füße hell

Oberflügel bräunlich

ALTVOGEL

JUNGVOGEL

IM FLUG

Schnabel schlank

Gesicht gelb

unordentliche Krause aus spitzen Federn

Körper schmutzig weiß

FLUG: Eindrucksvolles Kreisen; mitunter tief greifende langsame Flügelschläge.

ALTVOGEL

Unter den europäischen Geiern ist der Schmutzgeier der kleinste. Er hat die Größe eines mittelgroßen Adlers, ist jedoch deutlich größer als ein Bussard. In der Gefiederfärbung gleichen die Altvögel dem Weißstorch oder Pelikanen, die aber viel größer sind. Immature Vögel sind brauner, verbringen aber ihre ersten Jahres meist in Afrika und sind daher in Europa nicht häufig zu sehen. Am Boden sieht das Gefieder eines Altvogels oft schmutzig und verwahrlost aus als Folge der Nahrungsaufnahme an Abfallplätzen. Zwei oder drei Schmutzgeier kann man oft in Gesellschaft einer größeren Gruppe Gänsegeier sehen.

STIMME: Schweigsam.

BRUTBIOLOGIE: Nest aus Zweigen, Knochen und Abfall auf einem Felsband oder in einer kleinen Höhlung; 1–3 Eier; 1 Jahresbrut; April bis Juni.

NAHRUNG: Aas und Abfall.

EINDRUCKSVOLLER FLUG
Während er auf dem Boden oft recht schmutzig aussieht, wirkt der Schmutzgeier gegen einen blauen Himmel intensiv schwarz-weiß.

VORKOMMEN
Sommervogel in Portugal und Spanien, selten in Südfrankreich, Süditalien und im Balkan. Meist in bewaldetem Bergland, an Schluchten und Felswänden und auch an Müllhalden nahe kleinen Städten und Dörfern, oft mit Milanen und größeren Geiern.

In Mitteleuropa nur als Ausnahmegast zu sehen

| J | F | M | A | M | J | J | A | S | O | N | D |

ÄHNLICHE ARTEN

lang gestreckter Hals

STEINADLER
ähnlich dem Jungvogel im Flug (S. 122)

Schwanzende gerade

größer

WEISSSTORCH
ähnlicher Flug (S. 102)

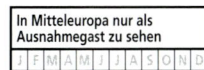

Körperlänge **55–65 cm**	Flügelspannweite **1,55–1,70 m**	Gewicht **1,6–2,1 kg**
Kleine Trupps	Lebensdauer **10–15 Jahre**	**Bestand gesichert**

Ordnung **Accipitriformes**	Familie **Accipitridae**	Art *Circaetus gallicus*

Schlangenadler

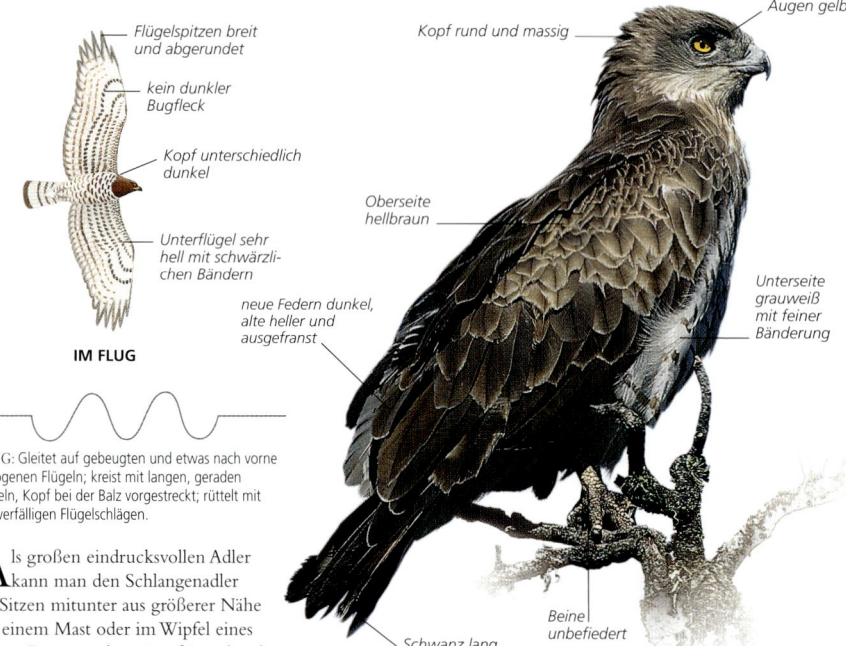

Augen gelb

Flügelspitzen breit und abgerundet

Kopf rund und massig

kein dunkler Bugfleck

Kopf unterschiedlich dunkel

Oberseite hellbraun

Unterflügel sehr hell mit schwärzlichen Bändern

Unterseite grauweiß mit feiner Bänderung

neue Federn dunkel, alte heller und ausgefranst

IM FLUG

Beine unbefiedert

Schwanz lang

FLUG: Gleitet auf gebeugten und etwas nach vorne gezogenen Flügeln; kreist mit langen, geraden Flügeln, Kopf bei der Balz vorgestreckt; rüttelt mit schwerfälligen Flügelschlägen.

Als großen eindrucksvollen Adler kann man den Schlangenadler im Sitzen mitunter aus größerer Nähe auf einem Mast oder im Wipfel eines hohen Baumes sehen. Das fein gebänderte Gefieder und die gelben Augen sind gute Kennzeichen des hübschen Vogels. Schlangenadler haben unbefiederte Beine, einen dicht befiederten runden Kopf und ein eulenähnliches Gesicht. Im Jagdflug rütteln sie oft, bevor sie mit zurückgenommenem Kopf, fast geschlossenen Flügeln und vorgestreckter Brust steil hinunterstoßen, die Füße dann erst im letzten Augenblick vorstreckend.

STIMME: Kurze, abrupt endende Rufe wie *kio, miiok*.

BRUTBIOLOGIE: Das Nest ist ein Haufen aus Zweigen, in der Krone eines großen Baumes; 1 Ei; 1 Jahresbrut; April bis Juni.

NAHRUNG: Schlangen und Eidechsen, stößt meist nach Rütteln auf sie herunter, manchmal von großer Höhe.

STÄNDIG AUF JAGD
Schlangenadler verbringen auf Beutesuche Stunden im Flug über unbewaldete Hügel und rütteln dabei oft.

ÄHNLICHE ARTEN

kleiner

auf Unterflügel schwarzer Bugfleck

Unterseite ungebändert

schwarzer Strich am Kopf

ZWERGADLER helle Form (S. 124)

FISCHADLER (S. 125)

VORKOMMEN
Im Sommer über hohen unbewaldeten Hängen und felsigem Gelände mit niedrigen Büschen in Portugal, Spanien, Frankreich, Italien und im Balkan. Kommt in Baumbeständen vor, ist aber meist über halbnatürlicher niedriger Vegetation zu sehen, wie der Macchie.

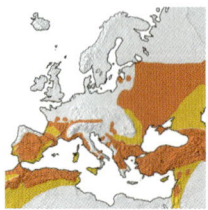

In Mitteleuropa zu sehen
J F M A M J J A S O N D

Körperlänge **62–69 cm**	Flügelspannweite **1,60–1,80 m**	Gewicht **1,5–2,5 kg**
Familiengruppen	Lebensdauer **bis 15 Jahre**	**Selten**

| Ordnung **Accipitriformes** | Familie **Accipitridae** | Art *Circus aeruginosus* |

Rohrweihe

Kopf hell

Rücken braun

an Flügeln grau

Mittelflügel silbergrau

Oberkopf gelblich

Flügel-spitzen breit schwarz abgesetzt

Gefieder dunkelbraun

IMMATUR

MÄNNCHEN

MÄNNCHEN

gerade abgeschnittener Schwanz hell

cremefarbener Fleck auf Flügel

Kopf und Kehle cremefarben

Gefieder dunkel-braun

Breite Flügel werden in V-Form gehalten.

Gefieder dunkel-braun

WEIBCHEN

IM FLUG

Bauch dunkel

MÄNNCHEN

dunkler, gerader und länger als bei Bussard

FLUG: Niedrig, geradlinig mit Körperdrehungen, Flügel bei kurzen Gleitphasen in V-Form angehoben; kreist oft.

WEIBCHEN

Die langflügeligen und langschwänzigen Weihen fliegen niedrig über offenem Boden und über Feuchtgebieten. Die größte und schwerste unter ihnen ist die Rohrweihe, die beim Kreisen auch für einen Mäusebussard oder Schwarzmilan gehalten werden kann. Sie lebt meist in der Nähe von Schilfflächen, kann aber auch über trockenem Boden fliegen, bei der Jagd und auf dem Zug vor allem über ebenem Weideland mit kleinen Tümpeln. Oft sitzt sie auch auf Büschen oder Baumkronen inmitten eines Feuchtgebiets. Männchen sind für gewöhnlich etwas kleiner als Weibchen; sie sind auch oft in noch teilweise braunem Immaturgefieder bereits Brutvögel.

STIMME: Schrille *kii-ju*, keckernd *kjek-ek-ek-ek* oder *kji-ji-ji-ji*.

BRUTBIOLOGIE: Plattform aus Halmen in dichtem Schilf über Wasser; 4 oder 5 Eier; 1 Jahresbrut; April bis Juli.

NAHRUNG: Jagt niedrig über Feuchtgebieten und stößt nach Kleintieren.

FLUGWEISE
Wie alle Weihen schlägt auch die Rohrweihe zwischen längeren Gleitphasen langsam mit den Flügeln, doch wirkt sie etwas schwerer als die anderen Arten.

ÄHNLICHE ARTEN

auf dem Vorder-flügel helles Band

Unterseite gestrichelt

dreht im Flug den Schwanz

KORNWEIHE ♀
ähnlich ♂♀ (S. 116)

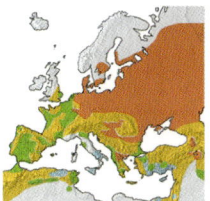

SCHWARZMILAN (S. 108)

VORKOMMEN
Weitverbreitet nach Norden bis Großbritannien und Südskandinavien in Schilfflächen oder hohem Gras auf Feuchtflächen. Die Brutvögel im Norden und Osten ziehen im Herbst nach Süden; einige westeuropäischen Brutvögel bleiben das ganze Jahr über in Sumpfgebieten.

| In Mitteleuropa zu sehen |
| J F **M A M J J A S O N** D |

Körperlänge **48–55 cm**	Flügelspannweite **1,10–1,25 m**	Gewicht **400–800 g**
Paare/Familiengruppen	Lebensdauer **bis 15 Jahre**	**Bestand gesichert**

| Ordnung **Accipitriformes** | Familie **Accipitridae** | Art *Circus cyaneus* |

Kornweihe

Flügelspitzen breiter, kürzer und weniger konisch als bei Wiesenweihe

beim Gleiten Flügel in angedeuteter V-form nach oben gehalten

Oberseite dunkelbraun

Flügelspitzen schwarz

auf dem Schwanz cremefarbene und braune Bänderung

auf silbergrauem Unterflügel dunkle Bänder

Körper hellgrau

Bürzel reinweiß

WEIBCHEN

MÄNNCHEN

Bürzel weiß

WEIBCHEN

IM FLUG

unter den Wangen weiße Linie

Unterseite weißlich

dunkle Striche auf warm hellbrauner Unterseite

MÄNNCHEN   **WEIBCHEN**

Schwanz grau

FLUG: Täuschend rasch, Segelflug mit angehobenen Flügeln oder auch tief greifende Flügelschläge, kreist oft.

Kornweihen kann man im Sommer auf Heideflächen und Feuchtgebieten antreffen, im Winter sind sie über Küstenwiesen und niedrigem Grasland zu beobachten. Männchen und Weibchen sehen sehr verschieden aus und wiederholen die Gefiedertypen der nah verwandten Kornweihe. Wie bei den meisten Greifvögeln sind die Weibchen größer und haben breitere Flügel als die Männchen.

STIMME: Am Nest laut und unregelmäßig *wiik-iik-ik-ik* von den Weibchen, gleichmäßiger *tschektschekeke-kekek* von den Männchen.

BRUTBIOLOGIE: Plattform aus Halmen (Boden), auch in höherer Vegetation; 4–6 Eier; 1 Jahresbrut; April bis Juli.

NAHRUNG: Jagt niedrig über Feuchtgebieten und stößt auf Kleinvögel und Wühlmäuse herunter.

AM BRUTPLATZ
Dieses Weibchen trägt Nistmaterial im Schnabel. Kornweihen bauen ein Nest auf dem Boden aus kleinen Ästchen und Gras.

| **ÄHNLICHE ARTEN** |

WIESENWEIHE ♂♀; ♀ hat längere schlankere Flügelspitzen (S. 117)

SUMPFOHREULE ähnlich ♀ (S. 231)

Bürzel grau

Schwanz kürzer

schwarze Flügelbinde

Kopf groß und rund

♂

VORKOMMEN
Brütet im Norden und Osten Europas, meist in Mooren oder Heidelandschaften, lokal auch in Mittel- und Westeuropa in Mooren oder sogar auf Ackerland. Im Winter in Westeuropa häufiger auf offenen Flächen mit niedriger Vegetation.

In Mitteleuropa zu sehen
J F M A M J J A S O N D

| Körperlänge **43–50 cm** | Flügelspannweite **1–1,20 m** | Gewicht **300–700 g** |
| **Übernachtet in Trupps** | Lebensdauer **bis 15 Jahre** | **Gefährdet** |

Ordnung **Accipitriformes**	Familie **Accipitridae**	Art **Circus pygargus**

Wiesenweihe

Flügelende schlank und spitz

gleitet mit angehobenen Flügeln

Unterseite einheitlich rostfarben

Kopf mittelgrau

MÄNNCHEN

über dem Innenflügel schwarzer Balken

JUNGVOGEL

Unterflügel mit rotbraunen Streifen

helle Halbmonde über und unter dem Auge

Bürzel grau

Oberseite mittelgrau

nach hinten gewinkeltes Flügelende lang, schlank und schwarz

Oberseite dunkelbraun

WEIBCHEN

Schwanz gebändert

Bürzel weiß

Unterseite hell mit kräftigen Strichen

Flanken gestrichelt

WEIBCHEN

IM FLUG

MÄNNCHEN

Wiesenweihen sind meistens recht schwierig von Kornweihen zu unterscheiden. Sie sind schlanker, schmalflügeliger und mehr an Ackerland gebunden. In Europa sind sie außerdem nur Sommervögel, die im Winter fehlen. Wiesenweihen sind die zierlichsten unter den eleganten Vögeln der Familie. Die nach hinten gerichteten spitzen Flügelenden helfen oft auch bei einer Bestimmung aus großer Entfernung.

STIMME: Hohe helle *jik-jik-jik* vom Männchen, *tschek-ek-ek-ek* vom Weibchen.

BRUTBIOLOGIE: Plattform aus Halmen auf dem Boden in Feuchtgebieten oder auf Ackerland; 4 oder 5 Eier; 1 Jahresbrut; Mai bis Juli.

NAHRUNG: Jagt Kleinsäuger, Reptilien und kleine Vögel in kurzen Stößen aus niedrigem Suchflug.

FLUG: Niedrig, elegant, mit angehobenen Flügeln beim Gleiten; weiche Flügelschläge.

MÄNNCHEN IMMATUR
Junge Männchen sind oft dunkel, da sich unter die grauen Altvogelfedern auch braune Federn mischen.

VORKOMMEN
Weitverbreitet nach Norden bis in den Süden Großbritanniens (sehr selten) und an die Ostsee; von April bis September auf Heideflächen, extensiv genutztem Grünland, Mooren und Getreideäckern, oft auch auf Äckern mit hohem Getreide brütend. Auf dem Zug an Küsten aber auch an hohen Bergpässen.

In Mitteleuropa zu sehen
J F **M A M J J A S O** N D

ÄHNLICHE ARTEN

KORNWEIHE ♂♀; ♂ hat breitere Flügel und weißen Bürzel (S. 116)

kürzer und gedrungener

größer und schwerer

dunkler braun

♀

Flügelenden stumpfer

ROHRWEIHE ♀ ähnlich ♀ (S. 115)

Körperlänge **40–45 cm**	Flügelspannweite **1–1,20 m**	Gewicht **225–450 g**
Paare/kleine Gruppen	Lebensdauer **bis 15 Jahre**	**Bestand sicher**

Ordnung **Accipitriformes**	Familie **Accipitridae**	Art *Accipiter gentilis*

Habicht

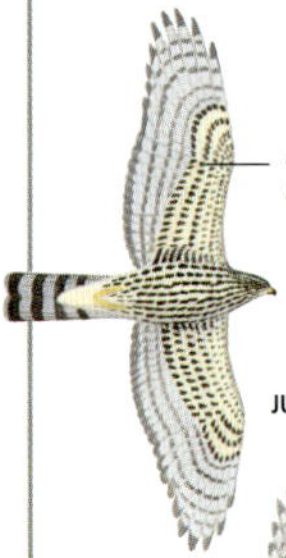

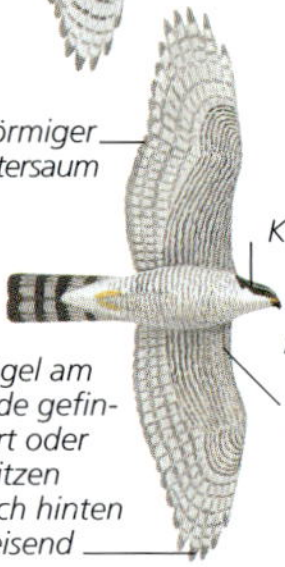

Unterseite hellbraun, schwarz längs gestrichelt (Sperber immer quer gestreift)

Oberseite braun

Kopf rund

Oberkopf dunkel, über dem Auge heller Streifen

hohe Brust und breite Schultern

Oberseite grau bis bräunlich (Weibchen brauner)

hintere Flügelhälfte heller (flacher als bei Sperber)

Flügel breit

JUNGVOGEL

JUNGVOGEL

Unterseite weiß, fein dunkel gebändert

S-förmiger Hintersaum

Kopf vorstehend

dicke Beine

MÄNNCHEN

ALTVOGEL

Flügel am Ende gefingert oder Spitzen nach hinten weisend

Vogel oben hat breite, wanderfalkenähnliche Flügel und einen gedrungenen Körper; Vogel unten ist T-förmig mit geraden Flügeln und breitem Schwanz

Unterschwanz weiß

Schwanz lang und rund

IM FLUG

Der Habicht ist ein kräftiger Beutegreifer und größer als der Sperber; besonders Weibchen können sehr groß werden. In den meisten Gebieten ist er wegen langer Verfolgung nicht häufig, in anderen hat er sich erholt. In Großbritannien hat man durch Wiederansiedlung die wild lebende Restpopulation gestärkt. Habichte sitzen für gewöhnlich gut versteckt in Bäumen und kreisen gelegentlich über dem Wald. Im zeitigen Frühjahr kann man sie am ehesten über ausgedehnten Wäldern sehen, wenn sie über ihren Revieren kreisen.

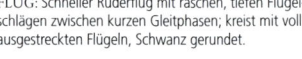

FLUG: Schneller Ruderflug mit raschen, tiefen Flügelschlägen zwischen kurzen Gleitphasen; kreist mit voll ausgestreckten Flügeln, Schwanz gerundet.

STIMME: Spechtähnlich nasal *gek-gek-gek* und *pi-äh*.

BRUTBIOLOGIE: Nest bemerkenswert großer flacher Haufen aus Zweigen und Grünzeug nahe am Stamm in einem großen Baum; 2–4 Eier; 1 Jahresbrut; März bis Juni.

NAHRUNG: Jagt in Wäldern oder auf Lichtungen, fängt Vögel von Drosselgröße bis hin zu Krähen, Hühnern und anderen Beutetieren; auch Kaninchen und Eichhörnchen.

KÜHNER JÄGER
Habichte verzehren ihre Beute nach dem Fang oder tragen sie zu regelmäßig benutzten Sitzwarten.

VORKOMMEN
Weitverbreitet in Europa mit Ausnahme von Island und Irland, aber meistens selten. In Kulturland mit Gehölzen und im Bergland, meist in lichten Hochwäldern mit Nadelbäumen. Im Winter einige auch in offenem Land.

ÄHNLICHE ARTEN

Kopf klein

MÄUSEBUSSARD
Flug langsamer
(S. 120)

Schwanz schmaler

Schwanz kürzer

SPERBER ♂♀
(S. 119)

In Mitteleuropa zu sehen

| J | F | M | A | M | J | J | A | S | O | N | D |

Körperlänge 48–61 cm	**Flügelspannweite 0,95–1,25 m**	**Gewicht 500–1350 g**
Familiengruppen	**Lebensdauer bis 25 Jahre**	**Bestand gesichert**

Ordnung **Accipitriformes**	Familie **Accipitridae**	Art *Accipiter nisus*

Sperber

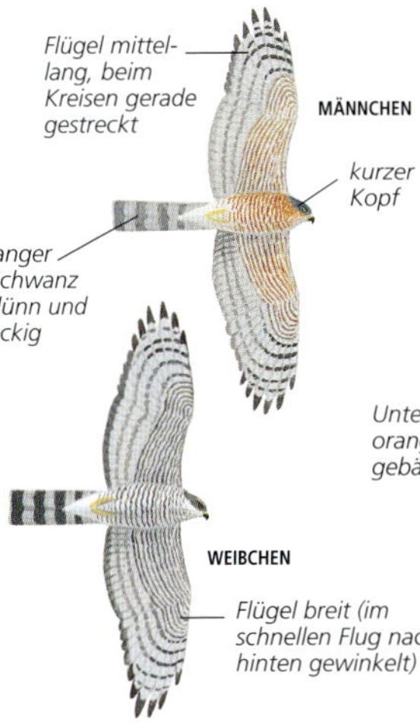

MÄNNCHEN

Flügel mittel-
lang, beim
Kreisen gerade
gestreckt

kurzer
Kopf

langer
Schwanz
dünn und
eckig

WEIBCHEN

Flügel breit (im
schnellen Flug nach
hinten gewinkelt)

IM FLUG

FLUG: Gerade, mit einigen raschen, tiefen Flügelschlägen zwischen kurzen, flachen Gleitstrecken; kreist mit
vorgezogenen Flügeln, Schwanz fest geschlossen; bei
der Balz Wellenflug.

Kopf klein
und kurz

Augen gelb

im Gesicht
orange

Oberseite
blaugrau

Unterseite
orangefarben
gebändert

dünne
Beine

MÄNNCHEN

Oberseite
brauner als
Altvogel

JUNGVOGEL

Unterseite
braun
gebändert

über dem Auge
heller Streifen

Unterseite
grau
gebändert

WEIBCHEN

An manchen Orten ist der Sperber nach Jahrzehnten der Pestizidvergiftung und langer Verfolgung
nur noch selten. In anderen Gebieten, in denen eine
Bestandserholung eingetreten ist, ist er häufig und bekannt. Meist kreist er über Wäldern, sitzt versteckt oder stürmt niedrig vorbei im raschen Gleitflug mit Schwenkungen des Körpers. Er jagt auch in Gärten und Parks, ist aber eigentlich ein Vogel der
Waldränder. Männchen sind deutlich kleiner als Weibchen.
STIMME: Wiederholt *kek-kek-kek-kek*, dünn und weinerlich *piiii-ii*; sonst schweigsam.
BRUTBIOLOGIE: Kleine Plattform aus dünnen Zweigen auf einem waagerechten Ast
nahe am Stamm; 4 oder 5 Eier; 1 Jahresbrut; April bis Juni.
NAHRUNG: Jagt kleine Vögel, indem er an Hecken und Waldrändern entlangstreicht
oder auch in Gärten kommt; Beute wird überrascht. Männchen jagen vor allem
Meisen und Finken, Weibchen Drosseln und Tauben.

GEWANDTER JÄGER
Breite Flügel und langer Schwanz
bieten große Manövrierfähigkeit
auf engem Raum und exakte Aus-
richtung des Jagdstoßes.

ÄHNLICHE ARTEN

Oberflügel mit Kontrast

stärkere Ausbuchtung
des Hinterrandes

Kopf
länger

TURMFALKE ♂♀
im Flug ähnlich,
mehr Flügelschläge
zwischen weniger
Gleitstrecken, rüt-
telt häufig (S. 127)

größer

HABICHT ♂♀
(S. 118)

VORKOMMEN
In Europa mit Ausnahme von
Island in Kulturland, Wäldern und
Bergland. Im Winter in offenerem
Gelände, auch in Salzmarschen
mit Gehölzen in der Nähe. Jagt
fast überall, auch in Gärten, in
denen Kleinvögel gefüttert werden.

In Mitteleuropa zu sehen
J F M A M J J A S O N D

Körperlänge **28–40 cm**	Flügelspannweite **60–80 cm**	Gewicht **150–320 g**
Familiengruppen	Lebensdauer **bis 10 Jahre**	**Bestand gesichert**

| Ordnung **Accipitriformes** | Familie **Accipitridae** | Art ***Buteo buteo*** |

Mäusebussard

Kopf kurz
und breit

beim Gleiten flacher;
kann auch rütteln

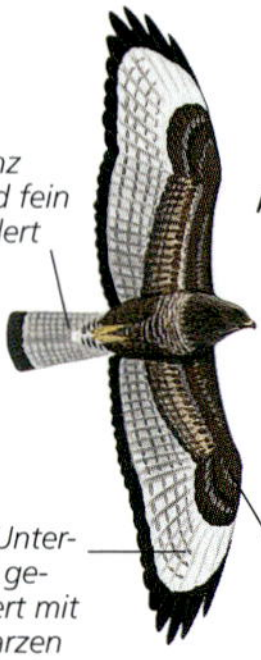

Schultern rund,
Gestalt bucklig

Oberseite inten-
siv braun

Kopf teilweise hell

Unterseite
hell, Brust
dunkel

Schwanz
hell und fein
gebändert

ALTVOGEL

helle Unter-
flügel ge-
bändert mit
schwarzen
Flügelspitzen

dunkler
Bugfleck

helles »U«
auf der
Bauchmitte

IM FLUG

ALTVOGEL (HELLE FORM)

FLUG: Schnell mit etwas ruckartigen, steifen Flügelschlägen;
segelt mit leicht angehobenen Flügeln in großen Kreisen.

Schwanz kurz
und rund

ALTVOGEL

ls einer der häufigsten und am weitesten verbreite-
ten Greifvögel liefert der Mäusebussard nützliche
Anhaltspunkte, um andere, seltenere Vögel zu erkennen.
Als eindrucksvoller und begeisternder Jäger ist er natürlich
auch selbst der Beobachtung wert. Sein Gefieder ist sehr
variabel, allerdings auf einem relativ einheitlichen Grundmuster. Er steigt in Kreisen über dem Brutrevier auf, sitzt
auch auf Leitungsmasten und Zaunpfosten. In manchen
Gebieten Europas ist er der häufigste Greifvogel.
STIMME: Oft zu hören, häufig als lautes *hi-äh* oder
schwächer *miu;* ruft im Flug oft.
BRUTBIOLOGIE: Zweignest in Bäumen oder an der Basis
eines Busches auf einem Felsband; 2–4 Eier; 1 Jahresbrut;
März bis Juni.
NAHRUNG: Jagt Kleinsäuger, vor allem Wühlmäuse und
Kaninchen, aber auch Käfer, Regenwürmer und gele-
gentlich Vögel; nimmt oft Fleisch von toten Tieren auf.

IM GEGENWIND
Ein Mäusebussard ist fähig, bewegungslos gegen den Wind in der Luft zu
stehen, wenn er nach Nahrung sucht. In ruhigerer Luft rüttelt er auch mit
wuchtigen Flügelschlägen.

VORKOMMEN
Weitverbreitet, außer im hohen
Norden Europas; in Nordosteuropa
nur Sommervogel, in bewaldetem
Kulturland, Bergland und am Rand
großer Wälder. Viele wandern
im Herbst nach Westeuropa und
verbringen dort den Winter in
offenem Tiefland.

| In Mitteleuropa zu sehen |
| J F M A M J J A S O N D |

ÄHNLICHE ARTEN

STEINADLER
(S. 122)

gleitet mit flachen
oder leicht ge-
senkten Flügeln

Kopf
schlank

Unterflügel
einheitlicher
gefärbt

längerer
Schwanz mit
drei Bändern

größer

WESPENBUSSARD
(S. 107)

| Körperlänge **50–57 cm** | Flügelspannweite **1,15–1,30 m** | Gewicht **550–1200 g** |
| **Familiengruppen** | Lebensdauer **bis 25 Jahre** | **Bestand gesichert** |

| Ordnung **Accipitriformes** | Familie **Accipitridae** | Art ***Buteo lagopus*** |

Raufußbussard

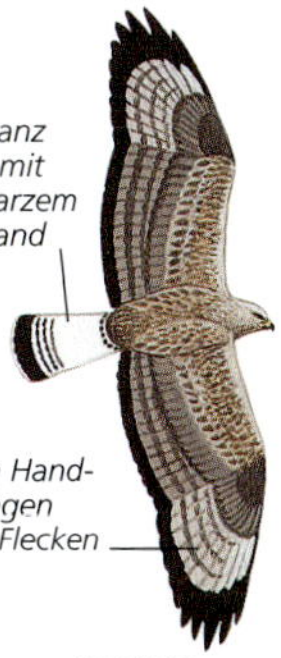

Kopf hell

Schwanz
weiß mit
schwarzem
Endband

Brust hell,
Bauch dunkel

Oberseite
dunkelbraun

JUNGVOGEL

an den Hand-
schwingen
weiße Flecken

Hinterrand (bei Jung-
vögeln hell) und Flü-
gelspitzen dunkel

IM FLUG

FLUG: Etwas flüssiger und flexibler als Mäusebussard;
kreist weniger, rüttelt oft.

Federränder
hell

ALTVOGEL

Dieser nordische Bussard erscheint manchmal
in kleiner Zahl im Winter weit südlich
seines Brutgebiets, wenn die Nahrung knapp
ist. Er ist eindeutig nahe mit dem Mäusebussard
verwandt, aber die Unterschiede reichen doch
für eine eindeutige Bestimmung aus. Im Winterquartier wie etwa in den Niederlanden kommen
Hunderte von Mäusebussarden auf einen Raufuß-
bussard, doch durch regelmäßiges Rütteln zieht letzterer
die Aufmerksamkeit auf sich. Seine befiederten Beine sind
meist schlecht zu sehen. Wie bei andern nordischen Arten ist
sein Bestand sehr eng mit der Zahl der Beutetiere verbunden.
STIMME: Laut klagender Ruf *pii-juh*.
BRUTBIOLOGIE: Zweignest auf Felsen oder
in Bäumen; 2–4 Eier; 1 Jahresbrut; März
bis Juni.
NAHRUNG: Stößt auf Kleinsäuger, vor allem
Wühlmäuse und kleine Kaninchen, herunter,
entweder von einem Ansitz oder aus dem
Rüttelflug.

GEGEN DEN WIND
Heller Kopf, dunkler Bauch und
heller Unterschwanz sind an diesem
rüttelnden Vogel gut zu sehen, der
gegen den Wind gerichtet nach
Beute am Boden Ausschau hält.

ÄHNLICHE ARTEN

STEINADLER Jungvogel,
längere Flügel (S. 122)

Kopf
brauner

massiger

viel
größer

MÄUSEBUSSARD
etwas ruckartiger
im Flug (S. 120)

VORKOMMEN
Brütet in Skandinavien auf Tundren
oder Hochflächen. Überwintert im
Tiefland Mitteleuropas, nach Westen
viel seltener und hier nur, wenn
weiter nördlich Nagetiere zurückgegangen sind. Wintergäste oft in
tief gelegener Feldflur.

| In Mitteleuropa zu sehen |
| J F M A M J J A S O N D |

| Körperlänge **50–60 cm** | Flügelspannweite **1,20–1,50 m** | Gewicht **600–1300 g** |
| Familiengruppen | Lebensdauer **bis 10 Jahre** | **Bestand gesichert** |

121

| Ordnung **Accipitriformes** | Familie **Accipitridae** | Art *Aquila chrysaetos* |

Steinadler

Kopf hellbraun
bis gelb

Gefieder
dunkelbraun

Körper dunkler als
bei Altvögeln

Flügel zu angedeuteter
V-Form angehoben

Weiß an Schwanz
und Flügel
nimmt mit
dem Alter ab

IMMATUR

Körper
und Flügel
massig

Kopf ragt vor
(weniger als
bei Seeadler)

IMMATUR

Unterflügel
dunkel
gebändert

IM FLUG

ALTVOGEL

langer Schwanz an
der Basis aufgehellt

ALTVOGEL

Im Unterschied zu dem massigen Seeadler und Geier verbindet der Steinadler Körpergröße mit Eleganz und sogar Anmut in der Luft. Oft sieht man ihn von Weitem über einem hohen Gipfel, buchstäblich als Punkt, doch oft reicht das langsame Kreisen in weiten Bögen aus, um ihn zu erkennen. Beobachtungen aus größerer Nähe sind schwierig, ein Zusammentreffen auf einem hohen Gipfel bedeutet eine seltene Chance.

STIMME: Gelegentlich schrille Rufe und Pfeifen: *twii-u.*

BRUTBIOLOGIE: Das Nest ist ein großer Haufen aus Zweigen, mit Wolle und Grünzeug belegt, auf einem Felsband oder einem großen Baum; 1–3 Eier; 1 Jahresbrut; Februar bis Juni.

NAHRUNG: Geht oft an Aas, vor allem im Winter (Schafe, Rehe, Gämsen); jagt Raufußhühner, Krähen, Hasen und Kaninchen.

FLUG: Ruderflug gleichmäßig; gleitet häufig; kreist mit angehobenen Flügeln; auffallende Schauflüge mit steilem Abstürzen, auch Abtauchen.

ADLER IM STAND
Ein stehender Steinadler sieht majestätisch aus. Die dicken befiederten Beine fallen bei einem stehenden Vogel auf.

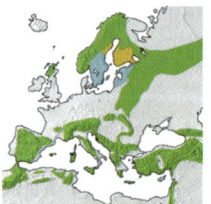

VORKOMMEN
Weitverbreitet, doch selten. Am häufigsten in Schottland, Spanien, Teilen Skandinaviens, Italien, im Balkan und in den Alpen. Meist über abgelegenen Gipfeln oder Bergwäldern, seltener an Steilküsten, hoch in der Luft. Hält sich von Städten und Dörfern sowie von Verkehrstrassen fern (im Gegensatz zu Bussarden).

ÄHNLICHE ARTEN

Unterflügel auffälliger gemustert

SEEADLER
(S. 112)

Schwanz kürzer

GÄNSEGEIER
(S. 110)

Flügel flach

Kopf
klein

kleiner

größer

MÄUSEBUSSARD
im Flug weniger massig (S. 120)

Schwanz
kürzer

Flügel
breiter

In Mitteleuropa zu sehen
J F M A M J J A S O N D

| Körperlänge **75–85 cm** | Flügelspannweite **1,90–2,20 m** | Gewicht **3–6,7 kg** |
| Familiengruppen | Lebensdauer **bis 25 Jahre** | Selten |

Ordnung **Accipitriformes**	Familie **Accipitridae**	Art *Aquila fasciata*

Habichtsadler

dunkles Band
in Flügelmitte

kurzer Kopf
hochgehalten

Oberseite dunkel,
am Rücken weißer
Fleck

Unterseite hell-
orangebraun

ziemlich langer
Schwanz mit
dunkler Endbinde **IMMATUR**

Unterseite weiß
mit dunklen
Strichen

JUNGVOGEL

auf dem Unter-
flügel schwärz-
liches Band

Schwanz
mit dunklem
Endband

heller Vorder-
saum

ALTVOGEL

Flügel flach
gehalten

langer Schwanz
schmal und eckig

ALTVOGEL

IM FLUG

D er Habichtsadler ist ein kräftiger Greifvogel,
der die Kraft eines Adlers mit dem Verhalten des mit schnellem
Flug angreifenden Habichts vereint. Er sitzt lange Zeit ruhig und
gedeckt auf einem Felsvorsprung, kreist ab und zu über seinem Revier
oder fliegt davon, um zu jagen. Er jagt ziemlich niedrig über Grund
und ist dann meist unauffällig. Er ist selten und an bestimmte Plätze
gebunden, die Paare sind oft isoliert und auf traditionelle
Reviere verteilt, meist in Gebieten mit steilen Felswänden
und Schluchten zwischen bewaldeten Hängen. In Europa
gibt es nur wenige Hundert Brutpaare.

FLUG: Gleitet auf flachen Flügeln mit gewinkeltem
Vorderrand; Flügelschläge flach; kreist und stößt
manchmal mit hoher Geschwindigkeit nach unten.

STIMME: Bellende oder schrille Laute, meist schweigsam.
BRUTBIOLOGIE: Das Nest ist ein großer Haufen aus
Zweigen in Felsnischen, auf breiten Felsbändern oder in
einer Steilwand; kaum auf Bäumen; 2 Eier; 1 Jahresbrut;
Februar bis Mai.
NAHRUNG: Jagdflug elegant und mit viel Kraft; jagt Hasen,
Kaninchen, Eichhörnchen, Rebhühner, Krähen und Tauben.

**AUFFALLENDE
ERSCHEINUNG**
Im Flug sehen Habichtsad-
ler groß und eckig aus mit
einem langen Schwanz,
langen flachen Flügeln und
kleinem Kopf über einer
kräftigen Brust; der weiße
Körper fällt besonders auf.

VORKOMMEN
Besiedelt bewaldetes Bergland
oder Felswände in Spanien,
Portugal, Südfrankreich und auf
dem Balkan. Zieht sich oft in
tiefe Schluchten zurück, die nicht
hoch gelegen sein müssen. Jagt
über benachbarten Wäldern und
Hügeln. Standvogel.

ÄHNLICHE ARTEN

HABICHT ohne wei-
ßen Fleck auf dem
Rücken (S. 118)

kleiner

kleiner

Kopf
runder

Unterseite
heller

ZWERGADLER
dunkle Form
ähnlich Immatur
(S. 124)

Flügel kürzer

In Mitteleuropa zu sehen
J F M A M J J A S O N D

Körperlänge **55–65 cm**	Flügelspannweite **1,45–1,65 m**	Gewicht **1,5–2,5 kg**
Paare/Familiengruppen	Lebensdauer **bis 15 Jahre**	**Gefährdet**

Ordnung **Accipitriformes**	Familie **Accipitridae**	Art *Hieraaetus pennatus*

Zwergadler

Kopf breit
und rund

auf dem Flügel
diagonales weißes
Band

weiße
Flecken

weißes
Band
auf dem
Bürzel

Flügelspitzen
deutlich gefingert

Schwanz lang
mit scharfen
Ecken

Flügel flach
oder leicht
gebogen,
keine
V-Haltung

heller
Fleck

Kopf
rund

überall
mattbraun

Unterseite weiß

**BEIDE FORMEN
VON OBEN**

DUNKLE FORM

IM FLUG

HELLE FORM

**HELLE
FORM**

FLUG: Schnell, mit langen Gleitphasen und etwas
schlapp wirkenden Flügelschlägen; kreist häufig.

Der Zwergadler ist ein kleiner, bussardgroßer Adler
und viel häufiger als der Habichtsadler. Er wird
oft von Krähen und anderen Greifvögeln angehasst. Er
kommt in einer dunklen und einer hellen Form vor,
doch Gestalt und Proportionen helfen bei der Bestimmung. Die Art ist typisch für warme, bewaldete Landschaften im Tiefland außerhalb der feuchteren Gebiete
des nordwestlichen Europa. Im Unterschied zum Mäusebussard ist sie nur Sommervogel in Europa.
STIMME: Bussardähnlich *hii-ääh* und laute melodische
Pfiffe während der Balz *kli-kli-kli.*
BRUTBIOLOGIE: Das Nest ist ein großer Haufen aus
Zweigen, gut versteckt in Baumwipfeln, seltener auf
einem Felsband; 2 Eier; 1 Jahresbrut; Februar bis April.
NAHRUNG: Fängt Reptilien, kleine Vögel und Säugetiere
oft nach einem fast senkrechten Stoß aus großer Höhe.

DEUTLICHES MUSTER
Im Flug steil von unten gesehen weisen Zwergadler an Flügeln und Schwanz
einen durchscheinenden Hinterrand auf sowie einen hellen Fleck an den
inneren Handschwingen. Von vorne sieht man weiße Schulterflecken.

ÄHNLICHE ARTEN

SCHWARZMILAN
(S. 108)

Flügel
länger

größer

Kopf
schmaler

Flügelform
eher rechteckig

etwas
ausge-
schnittener
Schwanz

Flügel
flexibler

HABICHTSADLER
Immatur (S. 123)

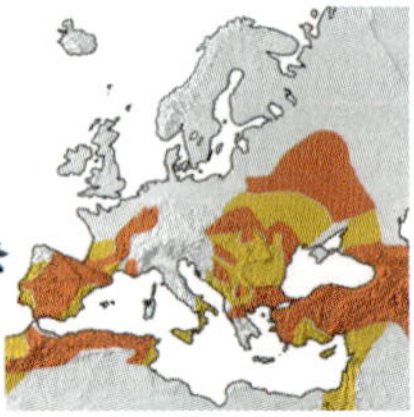

VORKOMMEN
In Spanien, Portugal, Frankreich und
Osteuropa in Wäldern und warmen,
sonnigen waldbestandenen Hügeln,
mit Ackerland und Buschflächen
untermischt. Auch nahe an Dörfern.
Bestände am sichersten in abgelegenen Gebieten mit wenig Störung.
März bis Oktober.

In Mitteleuropa selten zu sehen
J F M **A M J J A S** O N D

Körperlänge **42–51 cm**	Flügelspannweite **1,10–1,35 m**	Gewicht **700–1000 g**
Familiengruppen	Lebensdauer **bis 15 Jahre**	**Selten**

| Ordnung **Accipitriformes** | Familie **Pandionidae** | Art *Pandion haliaetus* |

Fischadler

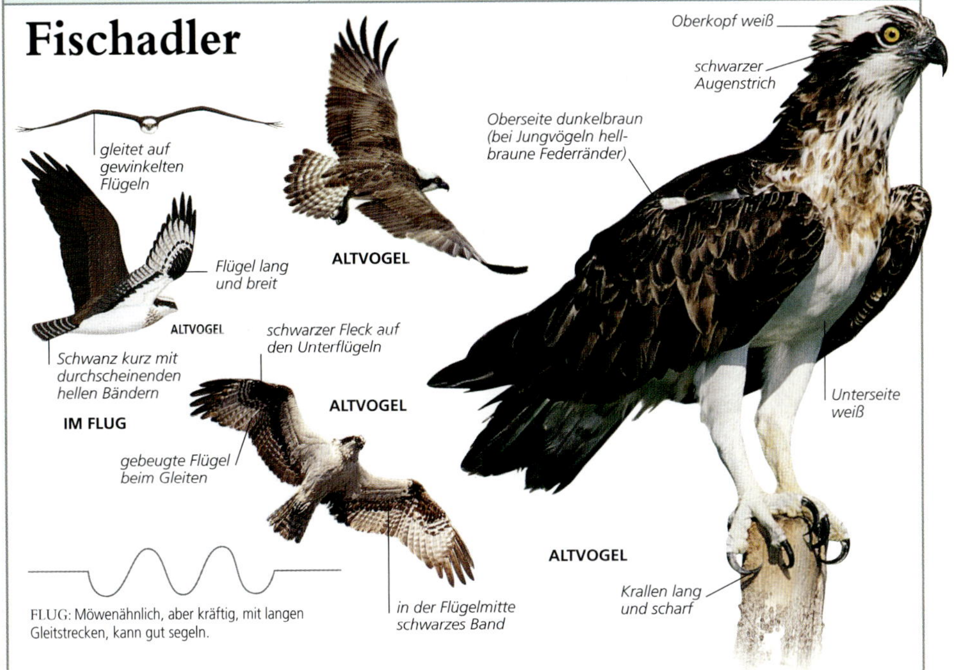

Oberkopf weiß

schwarzer Augenstrich

Oberseite dunkelbraun (bei Jungvögeln hellbraune Federränder)

gleitet auf gewinkelten Flügeln

ALTVOGEL

Flügel lang und breit

ALTVOGEL

schwarzer Fleck auf den Unterflügeln

Schwanz kurz mit durchscheinenden hellen Bändern

IM FLUG

ALTVOGEL

gebeugte Flügel beim Gleiten

Unterseite weiß

ALTVOGEL

Krallen lang und scharf

FLUG: Möwenähnlich, aber kräftig, mit langen Gleitstrecken, kann gut segeln.

in der Flügelmitte schwarzes Band

In der Größe liegt der eindrucksvolle Fischadler zwischen einem großen Adler und einem Bussard. Manchmal wird er aus großer Entfernung für eine junge Großmöwe gehalten. Sollte er rütteln und dann steil auf Wasser stoßen, gibt es keinen Zweifel mehr. Aus jedem Blickwinkel ist die Kombination von Gestalt und Zeichnung einmalig. Fischadler sieht man selten weit entfernt vom Wasser, wenn auch die Nester und Ruheplätze oft weit weg vom Ufer liegen. Oft sitzt er stundenlang auf einem Baum, einer Boje oder einem Felsen vor der Küste.
STIMME: Lautes Kläffen und wiederholtes hohes *pjii pjii pjii* nahe am Nest.
BRUTBIOLOGIE: Großes Nest aus Ästen auf Bäumen oder Felsen (früher auch auf Ruinen); 2 oder 3 Eier; 1 Jahresbrut; April bis Juli.
NAHRUNG: Fängt Fische im Stoßtauchen.

FISCH WIRD GEPACKT
Der Fischadler rüttelt schwerfällig über dem Wasser und fängt seine Beute steil herunterstoßend mit dem Kopf voran. Er schlägt seine Füße nach vorn, um den Fisch zu greifen.

ÄHNLICHE ARTEN

MANTELMÖWE Jungvogel, ähnlich im Flug (S. 214)
• Kopf länger und flacher
• Flügel spitzer

Kopf flach

SCHLANGENADLER (S. 114)

VORKOMMEN
Brütet in abgelegenen Plätzen Nordeuropas, in Mitteleuropa mehr in der Nähe des Menschen. Erscheint mit Ausnahme von Island in den meisten Ländern Europas von März bis Oktober an Küsten, großen Seen und Flüssen.

| In Mitteleuropa zu sehen |
| J F **M A M J J A S O** N D |

| Körperlänge **52–60 cm** | Flügelspannweite **1,45–1,70 m** | Gewicht **1,2–2 kg** |
| **Familiengruppen** | Lebensdauer **bis 30 Jahre** | **Selten** |

125

| Ordnung **Falconiformes** | Familie **Falconidae** | Art *Falco maumanni* |

Rötelfalke

heller Wangenfleck

Rücken schwarz gebändert

WEIBCHEN

Kopf blaugrau

Flügelfeld blaugrau

MÄNNCHEN

Außenflügel dunkler

Rücken ungefleckt und lebhaft rotbraun

WEIBCHEN

IM FLUG

MÄNNCHEN

rosabraune Brust fein gefleckt

Krallen weiß

Schwanz blau mit schwarzer Endbinde

Ähnlich gefärbt und gemustert wie der Turmfalke, kann man das Männchen des Rötelfalken an seinem ungefleckten Rücken gut unterscheiden, die Weibchen sind jedoch schwer auseinanderzuhalten. Die geringere Größe des Rötelfalken fällt meist nicht auf, er wirkt aber etwas gedrungener und hat kürzere Flügel. Er ist geselliger und brütet oft in Kolonien. Der Bestand der Rötelfalken hat in den letzten Jahrzehnten in Europa dramatisch abgenommen. Es ist jedoch nicht klar, ob dies auf Probleme im Winterquartier in Afrika oder im Brutgebiet zurückzuführen ist.

STIMME: Rascher und rauer dreisilbiger Ruf *tschä-tschä-tschä*; schwatzende Laute.

BRUTBIOLOGIE: Eier auf Felsbändern oder in Höhlungen, in lockeren Kolonien; 3–6 Eier; 1 Jahresbrut; April bis Juli.

NAHRUNG: Fängt Insekten in der Luft oder am Boden aus dem Rüttelflug.

FLUG: Leicht und schnell mit flachen Flügelschlägen; rüttelt wie Turmfalke.

Kopf blaugrau

MÄNNCHEN

Unterflügel weiß

Kopf bräunlich

WEIBCHEN

Schwanz braun mit schwarzer Endbinde

RÜTTELN
Der Rötelfalke sieht dem Turmfalken beim Rütteln sehr ähnlich; gedrungenerer Körper, kürzerer Schwanz und gerader Flügelhinterrand sind Bestimmungshilfen.

ÄHNLICHE ART

TURMFALKE ♂♀; ♀ sehr ähnlich (S. 127)

Rücken gefleckt

♂

VORKOMMEN
Brütet gesellig an Gebäuden und an Felswänden und sucht auf trockenem offenen Boden Nahrung in Spanien, Portugal, Südfrankreich, Süditalien und in Griechenland. Sommervogel, in den meisten Gebieten Abnahme; außerhalb der normalen Verbreitung sehr selten.

In Mitteleuropa zu sehen

| J | F | M | A | M | J | J | A | S | O | N | D |

| Körperlänge **27–33 cm** | Flügelspannweite **63–72 cm** | Gewicht **90–200 g** |
| **Trupps** | Lebensdauer **5–7 Jahre** | **Gefährdet†** |

| Ordnung **Falconiformes** | Familie **Falconidae** | Art *Falco tinnunculus* |

Turmfalke

Schwanz grau mit schwarzer Endbinde

äußerer Flügel braunschwarz

Rücken und Flügel gebändert

blaugrauer Kopf kurz und rund

ALTVOGEL, MÄNNCHEN

WEIBCHEN

WEIBCHEN

Innenflügel rostfarben

Rücken hell rostfarben mit schwarzen Flecken

Innenflügel hellbraun

Außenflügel heller als bei Weibchen

Krallen schwarz

langer Schwanz bei jungen Männchen schwach gebändert

IM FLUG

IMMATUR, MÄNNCHEN

Obwohl immer noch der bekannteste und am leichtesten zu beobachtende Greifvogel, hat der Turmfalke doch in letzter Zeit im Kulturland abgenommen. Den taubengroßen langflügeligen Tagjäger sieht man am häufigsten auf einem Leitungsmast sitzen oder an Straßenseiten rütteln, als ob er an einer Schnur aufgehängt wäre. Anders als beim Sperber gibt es zwischen den Geschlechtern nur einen geringen Größenunterschied, aber Unterschiede in der Färbung. Das Männchen hat einen blaugrauen Kopf und eine rostfarbene Oberseite, während beim Weibchen Kopf und Schwanz braun sind.
STIMME: Nasal klagend und weinerlich *kiii-eee-eee* in vielen Variationen.
BRUTBIOLOGIE: Eier auf Felsbändern, hohen Fensterbänken, in Steinbrüchen, Ruinen, alten Krähennestern oder Baumhöhlen; 4–6 Eier; 1 Jahresbrut; März bis Juli.
NAHRUNG: Fängt kleine Säugetiere, vor allem Wühlmäuse, und auch Käfer, Eidechsen, Regenwürmer und kleine Vögel.

〰〰〰〰〰〰〰〰〰〰〰〰〰〰〰

FLUG: Ruderflug mit ausholenden Flügelschlägen, kurze Gleitphasen; rüttelt auffällig; kreist mit ausgebreiteten Flügeln und gefächertem Schwanz; fliegt akrobatisch an Felswänden.

SCHWEBEN VOR DEM ABTAUCHEN
Turmfalken rütteln oft, wobei der Schwanz wie ein Fächer gespreizt ist. Der gefächerte Schwanz wirkt auch wie eine Bremse kurz vor der Landung des Vogels.

VORKOMMEN
In Europa fast überall von Städten bis zu abgelegenen Bergen, häufig um Gehölze und auf Ödflächen, bis in die neueste Zeit in der Feldflur, doch Abnahme mit moderner Bodenbewirtschaftung, die Nahrung fast nur auf Straßenböschungen beschränkt. Das ganze Jahr da, doch ziehen einige im Winter südwärts.

ÄHNLICHE ARTEN

auf den Flügeln grau

Rücken rotbraun und ungefleckt

Flügel breiter und kürzer

MERLIN ♀ ähnlich ♂♀ (S. 128)

Oberseite einfarbiger

RÖTELFALKE ♂ ähnlich ♂ (S. 126)

SPERBER ♂♀ (S. 119)

| In Mitteleuropa zu sehen |
| J F M A M J J A S O N D |

Körperlänge **34–39 cm**	Flügelspannweite **65–80 cm**	Gewicht **190–300 g**
Familiengruppen	Lebensdauer **bis 15 Jahre**	**Bestand abnehmend**

Ordnung **Falconiformes**	Familie **Falconidae**	Art *Falco columbarius*

Merlin

spitze Flügel mit breiter Basis

Oberseite schmutzig braun

kleiner Kopf flach, kaum gemustert

Oberseite blaugrau

Körper klein und gedrungen

heller Schwanz mit schwarzem Endband

MÄNNCHEN

Unterseite cremefarben mit Strichen

WEIBCHEN

Schwanz braun und cremefarben gebändert

WEIBCHEN

Unterseite orange-braun

IM FLUG

MÄNNCHEN

FLUG: Schnell, niedrig und geradlinig mit gleichmäßigen Flügelschlägen; jagt Beute akrobatisch mit angelegtem Flügel, Körperdrehungen und zunehmender Beschleunigung.

Der Merlin ist ein kleiner, agiler und gedrungener Falke des offenen Landes. Er hält sich meist niedrig über Grund und jagt seine Beute in raschem, wendigem Flug. Die meiste Zeit sitzt er auf niedrigen Pfosten, Steinen und sogar kleinen Erdhaufen und beobachtet dabei die Umgebung. Im Sommer ist er gut versteckt, gerade wenn er auf dem Boden brütet; baumbrütende Paare sind leichter zu entdecken, besonders wenn sie auf den Eindringling hinunterstoßen.

STIMME: Männchen ruft rasch und durchdringend *kik-kik-ki-kik*, Weibchen tiefer, mehr nasal *kee-kee-kee-kee;* außerhalb Nestumgebung und im Winter schweigsam.

BRUTBIOLOGIE: Kahle Mulde zwischen Heidekraut im Boden; 3–6 Eier; 1 Jahresbrut; April bis Juni.

NAHRUNG: Schlägt kleine Vögel im Flug; fängt auch größere Insekten in der Luft.

NIEDRIGER SITZPLATZ
Ein braunes Merlinweibchen sitzt auf einem niedrigen, flechtenbewachsenen Felsen in typischer aufrechter Haltung, aufmerksam und jederzeit jagdbereit.

ÄHNLICHE ARTEN

auffallend weiße Wangen

deutliches Kopfmuster

größer

BAUMFALKE (S. 129)

WANDERFALKE (S. 130)

VORKOMMEN
Weitverbreiteter, doch seltener Brutvogel in Moorgebieten Nordeuropas, manchmal auch an baumbestandenen Hängen oder am Rand von Nadelbaumpflanzungen; im Winter in den meisten Ländern Europas in offenen Landschaften, besonders Weiden und Küstenwiesen.

In Mitteleuropa zu sehen
J F M A M J J A S O N D

Körperlänge **25–30 cm**	Flügelspannweite **60–65 cm**	Gewicht **140–230 g**
Familiengruppen	Lebensdauer **bis 10 Jahre**	Bestand **gesichert**

Ordnung **Falconiformes**	Familie **Falconidae**	Art *Falco subbuteo*

Baumfalke

ALTVOGEL

Flügel lang und spitz

Rücken einheitlich dunkel

IM FLUG

Unterschwanz rötlich

weißer Seitenfleck am Hals

Unterseite dunkel gefleckt

etwas brauner als Altvogel

schwarzer Bartstreif

an Wangen und Kehle heller Fleck

kräftige Striche

auf heller Unterseite kräftige schwarze Striche

rostfarbene Schenkel

Schwanz kurz, schmal und einfarbig

Unterschwanz ohne Rot

JUNGVOGEL

ALTVOGEL

FLUG: Ruderflug mit weichen Flügelschlägen, jagt im Gleitflug; Suchflug mit plötzlichen Drehungen und Höhen-, Richtungs- und Geschwindigkeitsänderungen.

Kaum ein Vogel in der Luft übertrifft den Baumfalken an Eleganz, wenn er über einem Feuchtgebiet, einer Heidelandschaft oder einem Feld an einem Sommerabend nach Insekten jagt. Er gleitet durch den Luftraum und beschleunigt, um die Beute zu greifen: Die mühelos scheinende Erhöhung der Geschwindigkeit führt zu einem steilen Abtauchen oder Aufsteigen, bei dem er rasch und elegant mit den Füßen ein großes Insekt packt, etwa einen Käfer oder eine Libelle. Unter den europäischen Falken ist diese Art ungewöhnlich, die nur als Sommervogel mit Winterquartier in Afrika erscheint.

STIMME: Pfeifen wie *kju-kju-kju*.

BRUTBIOLOGIE: Wie andere Falken kein Nest, legt seine Eier in alte Krähennester; 2 oder 3 Eier; 1 Jahresbrut; Juni bis August.

NAHRUNG: Fängt Kleinvögel wie Schwalben im Flug und viele Insekten (Libellen, schwärmende Käfer) in der Luft.

KINDERSTUBE IN DER KIEFER
Ein verlassenes Krähennest in einem großen Nadelbaum bietet dem Baumfalken einen idealen Brutplatz.

DYNAMISCHER FLUG
Baumfalken können mit geschickten Wendungen Insekten fangen und jagen im schnellen Herunterstoßen Kleinvögel.

ÄHNLICHE ARTEN

WANDERFALKE (S. 130)

fülliger

Unterseite quer gebändert, nicht gestrichelt

im Flug an Bürzel und Schultern breiter

Gesicht einheitlicher gefärbt

Flügel kürzer

MERLIN ♂ ♀ (S. 128)

VORKOMMEN
Im größten Teil Europas mit Ausnahme des äußersten Nordens von April bis Oktober, brütet in Gehölzen. Jagt über offenem Land mit einzelnen Bäumen, wie Heideflächen, Mooren, Feldern und auch an Seeufern bei großem Insektenangebot.

In Mitteleuropa zu sehen											
J	F	M	**A**	**M**	**J**	**J**	**A**	**S**	**O**	N	D

Körperlänge **28–35 cm**	Flügelspannweite **70–84 cm**	Gewicht **130–340 g**
Kleine Trupps auf Nahrungssuche	Lebensdauer **bis 10 Jahre**	**Bestand gesichert**

| Ordnung **Falconiformes** | Familie **Falconidae** | Art *Falco peregrinus* |

Wanderfalke 15

Schnabelbasis gelb

ähnlich wie Baumfalke, aber schlanker

Augenring gelb

weißer Wangenfleck

ALTVOGEL

Flügel nach hinten gewinkelt

schwarze Ohrdecken

Brust weiß

breiter Bürzel hell

Oberseite blaugrau

Augenring und Schnabelbasis blaugrau

Körper groß und fest mit breiten Schultern

kurzer, gerade abgeschnittener Schwanz dunkel

IM FLUG

Unterseite eng schwarz gebändert

Oberseite brauner als Altvogel, hellbraune Federränder

Unterseite gestrichelt

ALTVOGEL

JUNGVOGEL

an Flanken und Bauch graue Bänderung

Schwanzspitze hellbraun

FLUG: Streckenflug schnell mit raschen regelmäßigen und ausholenden, fast wippenden Flügelschlägen; segelt auch mit flach ausgestreckten Flügeln; akrobatisch, auch mit senkrechten Stößen nach unten.

ALTVOGEL

Füße gelb

Der Wanderfalke ist einer der größeren Falken und ein Symbol des Überlebens unter widrigen Umständen wie Verfolgung und Vergiftung durch Pestizide. Heute ist er in manchen Ländern wieder im Aufwind und manchmal häufiger als früher, auch wenn Gebiete seiner ehemaligen Verbreitung immer noch unbesetzt sind. Die Weibchen sind merklich größer als die Männchen. Die Paare halten oft lange Zeit zusammen und kreisen gemeinsam über ihren Brutfelsen.

STIMME: Laute raue Rufe am Nest wie kehliges *hääk-hääk-hääk-hääk* und weinerliches *kii-kii-kii* oder *wiiii-ip*.

BRUTBIOLOGIE: Eier auf breiten Felsbändern oder in einer kleinen Mulde in einem Steinbruch, seltener auf einem Gebäude oder auf dem Boden; 2–4 Eier; 1 Jahresbrut; März bis Juni.

NAHRUNG: Vögel von der Größe einer Drossel bis zum Rebhuhn werden im Angriff von unten, in einer Hetzjagd oder durch Stoß von oben geschlagen.

KENNZEICHEN DES ALTVOGELS
Gegen den Himmel sehen Wanderfalken dunkel aus, aber aus größerer Nähe sieht man scharfe Kontraste aus Schwarz, Weiß und Gelb gegen das vorherrschende Grau.

ÄHNLICHE ARTEN

TURMFALKE ♂ ♀ (S.127)

kleiner und dunkler, schlankere Gestalt

Gestalt schlanker

BAUMFALKE nur im Sommer zu sehen (S. 129)

Schwanz länger

VORKOMMEN
Weitverbreitet, doch selten; brütet von Skandinavien und Großbritannien bis Spanien, Portugal, Italien und Griechenland in Bergland, an Felswänden, zunehmend auch in Städten. Jahresvogel, einige ziehen im Winter ab.

In Mitteleuropa zu sehen
| J | F | M | A | M | J | J | A | S | O | N | D |

| Körperlänge **39–50 cm** | Flügelspannweite **0,95–1,15 m** | Gewicht **600–1300 g** |
| Familiengruppen | Lebensdauer **bis 15 Jahre** | **Selten** |

RALLEN

IHR SCHMALER KÖRPER ERLAUBT ES DEN RALLEN, durch dichte Vegetation zu schlüpfen. Von der Seite vermittelt der hängende Bauch eine wesentlich rundere Gestalt. Die meisten leben in Feuchtgebieten. Einige sind Standvögel, andere Langstreckenzieher.

Das Teichhuhn ist häufig und auch leicht zu beobachten. Das Blässhuhn lebt geselliger und ist oft in großer Zahl auf Süßwassertümpeln zu sehen. Andere, wie die kleinen Sumpfhühner oder die Wasserralle, leben in so dichter Vegetation, dass sie schwer zu sehen sind oder nur dann, wenn sie an den Rand des Rohrgürtels oder des Seggenbestandes kommen. Sie sind eher versteckt als scheu und lassen sich manchmal aus nächster Nähe beobachten. Die Wachtelkönige leben in trockenen Grasflächen und feuchten Wiesen fern von offenem Wasser. Sie sind schwer zu sehen,

HEISERER RUF
Das ständig wiederholte *krek krek* des Wachtelkönigs ist ein auffallender Ruf, der leider immer seltener zu hören ist.

aber leicht zu hören. In den meisten europäischen Ländern haben sie infolge moderner Landwirtschaft stark abgenommen.

RALLIDAE (RALLEN)

langer roter Schnabel mit schwarzer Spitze

WASSERRALLE
S. 132

Schwanz kurz und oft gestelzt

TÜPFELSUMPFHUHN
S. 133

Rücken hellbeige mit kräftigen schwarzen Strichen

WACHTELKÖNIG
S. 134

diagonale weiße Streifen

TEICHHUHN
S. 135

Stirnschild und Schnabel weiß

BLÄSSHUHN
S. 136

Ordnung **Gruiformes**	Familie **Rallidae**	Art *Rallus aquaticus*

Wasserralle

ALTVOGEL

hellgelbbraun unter kurzem hochgestelltem Schwanz

Oberseite hell bis lebhaft braun mit kräftigen schwarzen Strichen

Augen rot

langer roter Schnabel mit schwarzer Spitze

Kopf und Brust schiefergrau

Füße hängen nach

IM FLUG

Flanken eng gebändert

Brust grau

Beine rosa

verwischte Streifung auf der Unterseite

Beine matt

JUNGVOGEL

ALTVOGEL

Dieser Vogel ist oft schwer zu sehen, nicht so sehr, weil er scheu ist, sondern weil er sich in dichter Vegetation im Wasser versteckt. Gelegentlich zeigt sich eine Wasserralle auf offenem Schlamm. Wegen ihrer Lebensraumansprüche ist sie sehr lückenhaft verbreitet und allgemein selten, weite Schilfflächen können aber größere Bestände beherbergen, die am besten durch aufmerksames Hören in der Morgen- und Abenddämmerung anhand der lauten, quiekenden Rufe zu entdecken sind.
STIMME: Lautes, ständig wiederholtes *kipkipkip-kip,* häufig laute, quiekende und grunzende Rufe (»Schweinequieken«).
BRUTBIOLOGIE: Nest aus Blättern und Halmen in der Vegetation etwas über dem Wasser; 6–11 Eier; 2 Jahresbruten; Mai bis August.
NAHRUNG: Meistens Insekten und Mollusken, nicht wählerisch, ausnahmsweise auch Wühlmäuse und kleine Vögel, tote Tiere, Samen und Beeren.

∧∧∧∧∧∧∧∧∧∧∧∧∧∧∧∧∧∧∧∧∧∧
FLUG: Schnell, kurz, niedrig mit erhobenen schwirrenden Flügeln und herunterbaumelnden Beinen.

WATET IM SCHILF
Wasserrallen waten im seichten Wasser in und um Schilffelder und in sumpfigen Weidendickichten; nur dann und wann erscheinen sie den Rändern.

ÄHNLICHE ARTEN

einheitlicher braun

TEICHHUHN Jungvogel (S. 135)

weiß unter dem Schwanz

Schnabel kurz

Schnabel kürzer

TÜPFELSUMPFHUHN (S. 133)

VORKOMMEN
Im größten Teil Europas außer Nordskandinavien in nassen Schilfflächen und Seggenbeständen; auch in überwachsenen Wasserlöchern, schlammigen Teichen, manchmal in Überschwemmungsflächen unter Weiden und Erlen und in Flussauen.

In Mitteleuropa zu sehen
J F **M A M J J A S O N** D

Körperlänge **22–28 cm**	Flügelspannweite **38–45 cm**	Gewicht **85–190 g**
Familiengruppen	Lebensdauer **bis 6 Jahre**	Bestand gesichert†

Ordnung **Gruiformes**	Familie **Rallidae**	Art ***Porzana porzana***

Tüpfelsumpfhuhn

ALTVOGEL

weißer Vorderrand am Flügel

Schwanz kurz und oft gestelzt

von der Seite rundlich

Schnabel kurz

Nacken hellgraubraun mit weißen Flecken

Unterseite gestreift

Unterschwanz hellbraun

IM FLUG

auf den Flanken weiße Bänderung

gelblicher Schnabel kurz mit roter Basis

an Kopf und Nacken brauner als Altvogel

ALTVOGEL

JUNGVOGEL

FLUG: Kurze Strecken, wenn aufgescheucht; fällt bald wieder mit hängenden Beinen in die Vegetation ein.

D as Tüpfelsumpfhuhn ist scheu und versteckt sich in dichter Vegetation. Mitunter aber erlaubt es eine Betrachtung seines reichen Musters und fast prächtigen Gefieders. Im Frühling sind Tüpfelsumpfhühner nur durch ihren nächtlichen Peitschenschlagruf zu entdecken. Die meisten werden in Westeuropa auf dem Herbstzug gesehen, wenn sinkende Wasserspiegel entlang der Schilfbestände Schlammstreifen freigeben.

STIMME: Wiederholtes scharfes *hwit, hwit, hwit* bei Dämmerung oder nach Eintritt der Dunkelheit.

BRUTBIOLOGIE: Das Nest ist eine kleine Schale aus Blättern und Stängeln zwischen senkrecht stehenden Halmen über dem Wasser; 8–12 Eier; 1 Jahresbrut; Mai bis Juli.

NAHRUNG: Pickt kleine Insekten und wasserlebende wirbellose Tiere aus Schlamm, von Blättern, aus dem Wasser.

SCHLANKE GESTALT
Wie alle kleineren Rallen scheint das Tüpfelsumpfhuhn von der Seite gesehen rundlich, in der Längsachse ist es jedoch schlank und kann durch dichte Vegetation schlüpfen.

VORKOMMEN
Weitverbreitet mit Ausnahme des hohen Nordens Europas, doch überall mit großen Lücken. Brütet auf großen Überschwemmungswiesen; Durchzügler an schilfbestandenen Feuchtstellen, oft am Schlammrand erscheinend, für gewöhnlich aber versteckt in dichter Deckung, wenn auch nicht sehr scheu.

In Mitteleuropa zu sehen

J	F	M	A	M	J	J	A	S	O	N	D

ÄHNLICHE ARTEN

TEICHHUHN (S. 135) größer

einheitlicher gefärbt

WASSERRALLE (S. 132)

unter dem Schwanz kräftige weiße Marke

langer Schnabel rot

Körperlänge **22–24 cm**	Flügelspannweite **35 cm**	Gewicht **70–80 g**
Einzeln	Lebensdauer **bis 5 Jahre**	**Bestand gesichert**

| Ordnung **Gruiformes** | Familie **Rallidae** | Art **Crex crex** |

Wachtelkönig 🔘19

kräftige schlanke, aber gerundete rostfarbene Flügel

weniger grau als Männchen

Gesicht weich grau und hellbraun

gedrungener kurzer Schnabel rosa

an den Flanken weiße und braune Streifen

Kehle und Brust grau

Beine rosa

ALTVOGEL

IM FLUG

WEIBCHEN

Rücken hellbeige mit kräftigen schwarzen Strichen

MÄNNCHEN

/\

FLUG: Niedrig, kurze Strecke mit raschen Flügelschlägen und nachhängenden Füßen; fällt rasch wieder in Deckung.

Wachtelkönige verstecken sich in hohem Gras (oder im zeitigen Frühjahr in Nesseln oder Seggen) und sind schwer zu sehen. Singende Männchen kann man jedoch leicht hören, vor allem in der Abenddämmerung und nachts. Durchzügler sind selten und werden meist zufällig entdeckt, wenn sie plötzlich dicht vor dem Fuß auffliegen und auffällig rostfarben aussehen. Die intensive Landwirtschaft bedroht das Überleben der Wachtelkönige in Osteuropa, wo noch gute Bestände überlebt haben. Einen Schutz der letzten Vorkommen hat das Überleben in Westeuropa ermöglicht. Hier leben sie in Blumenwiesen, extensiv genutztem Grünland und vor allem in Feuchtwiesen und Niedermooren.

STIMME: Laute, immer wiederholte Doppelrufe, etwas rau und geräuschhaft schnarrend wie *rrrep-rrrep.*

BRUTBIOLOGIE: Das Nest ist eine kleine Bodenmulde mit Gras oder Blättern ausgekleidet, von oben meist durch überhängendes Gras gedeckt: 8–12 Eier; 1 oder 2 Jahresbruten; Mai bis August.

NAHRUNG: Pickt Insekten, Samen, Larven und holt sich frische Triebe am Boden mit springenden Bewegungen.

SICHT AUS DER DECKUNG
Der Wachtelkönig hält sich im langen Gras gut versteckt und streckt mitunter seinen Kopf heraus, um einen freien Blick auf die Umgebung zu haben.

ÄHNLICHE ARTEN

grauer

WACHTEL ♂♀
(S. 65)

Flügel dunkel

Beine grün

Körper kleiner und runder

TÜPFELSUMPFHUHN
(S. 133)

weiß gepunktet

VORKOMMEN
Weitverbreitet, doch selten in Frankreich und Mitteleuropa, sehr selten in Irland und Westschottland. Brütet in hochgrasigen Wiesen und Feuchtwiesen mit dichter Deckung im Frühling und später Mahd. In Grünflächen mit früher Mahd kann die Art nicht überleben.

| In Mitteleuropa zu sehen |
| J F M **A M J J A S** O N D |

| Körperlänge **27–30 cm** | Flügelspannweite **45–53 cm** | Gewicht **135–200 g** |
| **Familiengruppen** | Lebensdauer **5–7 Jahre** | **Gefährdet** |

Ordnung **Gruiformes**	Familie **Rallidae**	Art *Gallinula chloropus*

Teichhuhn 20

ALTVOGEL

Rücken intensiv braun

Kopf schiefer-grau

Augen rot

Schnabel leuchtend rot mit gelber Spitze

Körper braun

Schnabel matt-grün und gelblich

JUNGVOGEL

Beine grün

IM FLUG

unter dem Schwanz kräftige weiße Marke

ALTVOGEL

Unterseite schiefergrau

diagonale weiße Streifen

lange grüne Zehen

Gefieder schillernd

ALTVOGEL

TTeichhühner sind eher Vögel des Ufers und angrenzender Feuchtgebiete als Vögel des offenen Wassers. Sie sind in manchen Gebieten überraschend häufig, da sie vom kleinen Tümpel bis zum großen See alle Gewässer besiedeln können. Kleine, locker zusammenhaltende Gruppen bewegen sich langsam nahrungssuchend auf feuchten Wiesen und rennen bei Störung in Deckung, starten auch zu einem kurzen Flug. Nur selten sieht man ein Teichhuhn aufs offene Wasser hinausschwimmen, es macht in derart exponierter Situation einen etwas verunsicherten Eindruck.

STIMME: Laute, kehlige oder metallische Rufe aus der Deckung *kürrük* oder *kittik*, hoch *kik*, stotternd *ki-kikikikiki-ik*.

BRUTBIOLOGIE: Flache Schale aus Blättern und Stängeln in der Vegetation von niedrigen Schilfhalmen bis hoch in Bäume; 5–11 Eier; 2–3 Jahresbruten; April bis August.

NAHRUNG: Pickt auf feuchtem Boden Samen, Früchte, Schnecken und Insekten auf, zwickt Triebe und Wurzeln ab, nimmt auch Eier.

FLUG: Niedrig, flatternd, lange Beine hängen nach; rennt oft über Wasser in die nächste Deckung.

HEFTIGE STREITIGKEITEN
In der Brutzeit kämpfen Teichhühner heftig, wobei sie ihre Füße einsetzen; Weibchen kämpfen mit Männchen.

VORKOMMEN
Weitverbreitet mit Ausnahme von Island und Nordskandinavien; in Nord- und Osteuropa nur im Sommer. Brütet an kleinen Teichen mit Uferbewuchs; ist auch in kleinen Wasserlöchern, Flüssen, Teichen, Seen und Stauseen aller Art zu finden. Sucht in kleinen Gruppen nach Nahrung, auch auf offenen, nassen Grasflächen, sogar in Hecken, meist nahe am Wasser.

ÄHNLICHE ARTEN

Schnabel lang und dünn

Körper schiefer-schwarz

Rücken gerundet

WASSERRALLE (S. 132)

BLÄSSHUHN (S. 136)

Schnabel weiß

KLETTERKÜNSTE
Teichhühner sind überraschend vielseitig und können auch auf Bäume und in dichten Büschen klettern.

In Mitteleuropa zu sehen
| J | F | M | A | M | J | J | A | S | O | N | D |

Körperlänge **32–35 cm**	Flügelspannweite **50–55 cm**	Gewicht **250–420 g**
Kleine Trupps	Lebensdauer **bis 15 Jahre**	**Bestand gesichert**

| Ordnung **Gruiformes** | Familie **Rallidae** | Art *Fulica atra* |

Blässhuhn ㉑

Hals und Kehle
schmutzig weiß

Schnabel
gelblich

JUNGVOGEL

ALTVOGEL

Hinterende
gerundet

Körper
schiefer-
schwarz

Kopf
intensiv
schwarz

Augen rot

Hinter-
rand
heller

Stirnschild und
Schnabel weiß

IM FLUG

ALTVOGEL

ALTVOGEL

große, graue Füße
mit Schwimmlappen
an den Zehen

FLUG: Für gewöhnlich niedrig, Ruderflug schnell, aber schwerfällig und nicht wendig; große Füße hängen nach.

Diese lärmenden Wasservögel findet man oft auf großen offenen Wasserflächen wie Stauseen oder Baggerlöchern; auf dem Meer sind sie selten. Sie suchen auch häufig an grasigen Ufern nach Nahrung. Nahrungssuchende Trupps sind gewöhnlich größer und halten enger zusammen als die von Teichhühnern. Blässhühner sind auch deutlich größer und gedrungener. Aus der Nähe kann man die breiten, mit Lappen besetzten Zehen erkennen, ähnlich wie bei Lappentauchern. Oberflächlich ähneln Blässhühner Enten, doch in Wirklichkeit besteht keine Ähnlichkeit mit einer europäischen Ente.

STIMME: Laut und explosiv *köwk*, hoch und quiekend *tjikk, pik*; Jungvögel äußern laut pfeifende Rufe.

BRUTBIOLOGIE: Das Nest ist ein großer Napf aus Pflanzenmaterial unter überhängenden Ästen, im Schilf oder auf schwimmendem Abfall am Ufer; 6–9 Eier; 1 oder 2 Jahresbruten; April bis August.

NAHRUNG: Taucht und kommt wie ein Korken wieder nach oben; lebt von Gras, Sämereien, Trieben und kleinen Wassertieren.

FAMILIE
Blässhühner brüten oft auch an Parkteichen, an denen man dann die Familien gut beobachten kann.

REVIERVERTEIDIGUNG
Blässhühner heben ihre Flügel an, um Eindringlingen zu imponieren und sie zu vertreiben; oft kommt es auch zu Kämpfen.

ÄHNLICHE ARTEN

TEICHHUHN
(S. 135)

Schnabel schlank und
aufgeworfen

schlanker

unter
spitzem
Schwanz
weiß

SCHWARZHALSTAUCHER
Winter, ähnlich Jungvogel (S. 78)

VORKOMMEN
Weitverbreitet mit Ausnahme von Island und Nordskandinavien, nur im Sommer in Nord- und Osteuropa. Brütet meist an Seen und Baggerseen mit Uferbewuchs oder überhängenden Ästen. Im Winter auf größeren Seen und auch an unbewachsenen Ufern.

In Mitteleuropa zu sehen
| J | F | M | A | M | J | J | A | S | O | N | D |

| Körperlänge **36–38 cm** | Flügelspannweite **70–80 cm** | Gewicht **600–900 g** |
| **Große Winterschwärme** | Lebensdauer **bis 15 Jahre** | **Bestand gesichert** |

Familien **Gruidae, Otididae**

KRANICHE UND TRAPPEN

Kraniche sind grosse, aufrecht stehende Vögel, ähnlich Reihern, aber mit kleinerem Schnabel und einem dickeren Hals, der sich in die Schultern verbreitert. Kraniche zeigen eine aufregende Balz mit eleganten Tänzen und trompetenden Rufen. Sie ziehen jeden Herbst nach Südeuropa und Afrika und fliegen in langen Linien oder großen Keilen in traditionelle Winterquartiere und benutzen immer wieder dieselben Rast- und Sammelplätze. Die Großtrappe ist riesig, die Zwergtrappe etwa fasanengroß und im Flug sehr schnell, entenartig. Beide können in intensiv genutztem Agrarland nicht überleben. Sie haben bereits abgenommen und werden im Bestand weiter zurückgehen.

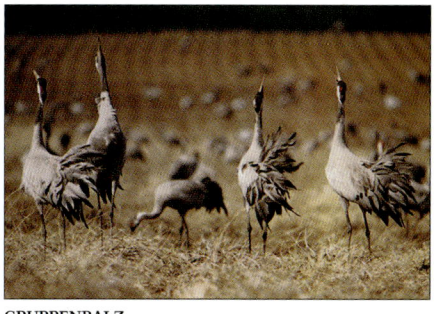

GRUPPENBALZ
Große Trupps sammeln sich im Frühjahr zur Balz mit eleganten rhythmischen Sprüngen und Verbeugungen sowie lauten Trompetenrufen.

GRUIDAE (KRANICHE)

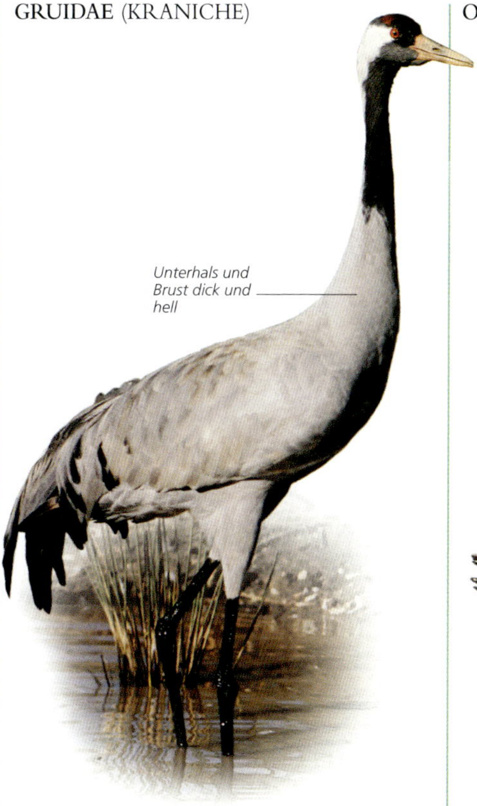
Unterhals und Brust dick und hell

KRANICH
S. 138

OTIDIDAE (TRAPPEN)

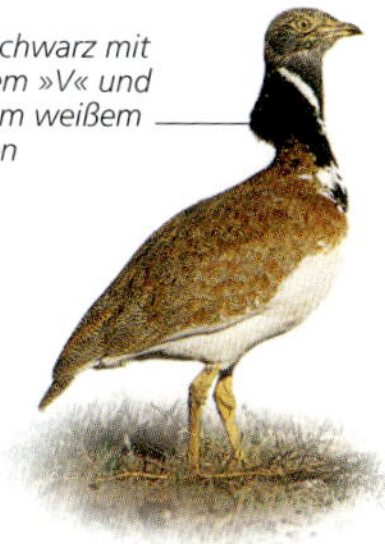
Hals schwarz mit weißem »V« und breitem weißem Kragen

ZWERGTRAPPE
S. 139

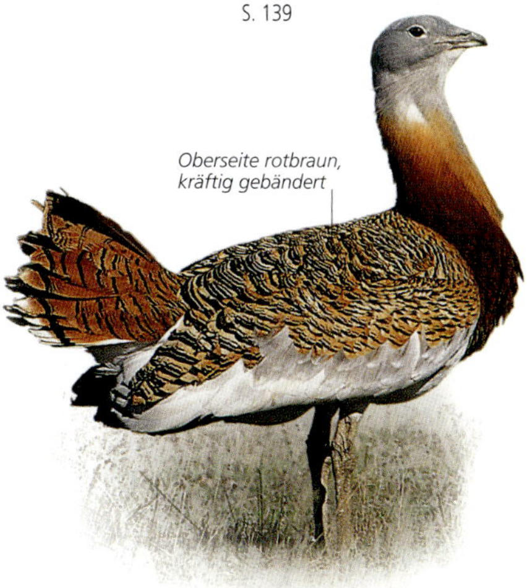
Oberseite rotbraun, kräftig gebändert

GROSSTRAPPE
S. 140

Ordnung **Gruiformes**	Familie **Gruidae**	Art *Grus grus*

Kranich

Kopf matt-braun

Körper bräunlich

JUNGVOGEL

auf dem Ober-kopf roter Fleck, oft schwer zu sehen

Kehle und Gesicht schwarz

Körper grau, am Rücken oft braun

Unterhals und Brust dick und hell

Flügelspitzen gefingert

ALTVOGEL

weißer Nacken- und Halsstreifen

ALTVOGEL

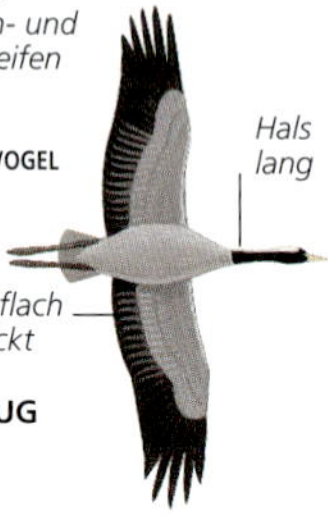

Hals lang

Flügel flach gestreckt

IM FLUG

über dem Schwanz Federbusch mit schwarzen Spitzen

kräftige lange Beine dunkel

ALTVOGEL

E iner der Symbolvögel Europas ist der Kranich, der im Norden im Frühling und Sommer seine spektakuläre Gemeinschaftsbalz zeigt. Im Winter halten sich große Schwärme in wenigen südlichen Feuchtgebieten auf. Dazwischen ist der Kranich meist ein seltener, wenn auch auffälliger Durchzügler. Graureiher werden oft als Kraniche bezeichnet, doch handelt es sich dabei wohl um eine Verwechslung des Namens: Die beiden Vögel sind sehr unterschiedlich. Der Kranich ist merklich größer und viel auffälliger als ein Reiher.

STIMME: Laut und tief *krruk* oder *krro;* bei der Balz im Frühjahr Trompetenrufe.

BRUTBIOLOGIE: Das Nest ist ein großer Haufen aus Pflanzen am Boden, in das sich der brütende Vogel hineindrückt, nicht einfach zu entdecken; 2 Eier; 1 Jahresbrut; Mai bis Juli.

NAHRUNG: Schreitet majestätisch übers Land und gräbt Wurzeln, Körner und Insektenlarven aus; im Winter Eicheln.

FLUG: Geradlinig, Hals und Beine gestreckt, Flügel gerade und flach, flache Schläge zwischen kurzen Gleitstrecken.

FLUG IM VERBAND
Kraniche fliegen in Linie oder in Keilen, auch ungeordnet.

GRUPPENBALZ
Große Trupps sammeln sich im Frühjahr zur Balz mit eleganten rhythmischen Sprüngen und Verbeugungen sowie lauten Trompetenrufen.

VORKOMMEN
Brütet in Nordeuropa und im östlichen Mitteleuropa in entlegenen Waldmooren und in großen ungestörten Sümpfen. Zugvögel sammeln sich an offenen Plätzen nahe der Küste. Im Winter in großen Steineichen- und Korkeichenbeständen oder an moorigen Seeufern in Südwesteuropa.

In Mitteleuropa zu sehen
| J | F | M | A | M | J | J | A | S | O | N | D |

ÄHNLICHE ARTEN

GRAUREIHER (S. 97)

Außen-flügel grauer

lange weiße Kopffedern

kleiner

Hals im Flug nach hinten gelegt

JUNGFERNKRANICH (S. 421)

Körperlänge **0,95–1,20 m**	Flügelspannweite **1,80–2,20 m**	Gewicht **4,5–6 kg**
Große Winterschwärme	Lebensdauer **bis 20 Jahre**	**Gefährdet**

| Ordnung **Gruiformes** | Familie **Otitidae** | Art *Tetrax tetrax* |

Zwergtrappe

Flügelspitzen schwarz
und gefingert

Kopf und Hals
fasanenähnlich

Rücken
gebändert

MÄNNCHEN

große weiße
Flügelfelder

IM FLUG

Kopf klein

Halsfedern bei
Balz abstehend

Hals schwarz
mit weißem »V«
und breitem
weißem Kragen

Oberseite sand-
farben und
dunkel gefleckt

Brust
gefleckt

Bauch
weiß

WEIBCHEN

Lange Beine: Die Zwerg-
trappe duckt sich bei
Gefahr in die Vegetation
und taucht erst wieder auf,
wenn sie sich sicher fühlt.

MÄNNCHEN

Auch wenn sie der Großtrappe in Gestalt und allgemeinem Erscheinungsbild ähnelt, ist die Zwergtrappe doch kleiner und in der Lage, rasch zu fliegen, mit fast schwirrendem Flügelschlag wie eine große Taube oder ein Rebhuhn. Es kann sehr schwer sein, sie zu entdecken, wenn sie nicht fliegt: Zwergtrappen leben auf weiten Flächen, in denen genügend Deckung vorhanden ist, um sich zu verstecken. In vielen Gebieten ist der Bestand als Folge intensiver Landwirtschaft und Bewässerungsmaßnahmen zurückgegangen.

STIMME: Die Männchen wiederholen im Frühjahr ein kurzes Grunzen etwa alle 10 Sekunden; sonst sehr ruhig mit Ausnahme der Pfeifgeräusche von den Flügeln im Flug. Die Weibchen lassen ein kurzes Gackern hören.

BRUTBIOLOGIE: Das Nest ist eine flache, nicht ausgelegte Bodenmulde in guter Deckung; 3–5 Eier; 1 Jahresbrut; April bis Juni.

NAHRUNG: Pickt Samen, Körner, Triebe, Wurzeln und Insekten auf.

MÄNNCHEN BALZEND
Bei der Balz erheben die Männchen ihren Kopf und spreizen die Halsfedern, sodass das schwarzweiße Muster des Halses sichtbar wird.

FLUG: Schnell, geradlinig, rebhuhnähnlich, mit schnellen Flügelschlägen und kurzen Gleitstrecken, in denen die Flügel steif angehoben sind.

WINTERTRUPPS
Größere Schwärme sammeln sich außerhalb der Brutzeit und fliegen rasch über offene grasige Ebenen.

ÄHNLICHE ARTEN

FASAN ♀ ähnlich ♀
(S. 68)

GROSSTRAPPE ♀
ähnlich ♀ (S. 140)

viel
größer

Schwanz
länger

kein Weiß
auf dem
Flügel

Beine
kürzer

VORKOMMEN
Brütet in offenen Gras- oder Getreidelandschaften, oft an trockenen, steinigen Plätzen, in Frankreich (Sommer), Spanien, Portugal und auf Sardinien, lokal in Italien und auf der Balkanhalbinsel. Seltener Gast außerhalb der regelmäßigen Brutplätze.

| In Mitteleuropa zu sehen |
| J F M A M J J A S O N D |

| Körperlänge **40–45 cm** | Flügelspannweite **83–91 cm** | Gewicht **500–900 g** |
| **Wintertrupps** | Lebensdauer **bis 10 Jahre** | **gefährdet** |

Ordnung **Gruiformes**	Familie **Otitidae**	Art *Otis tarda*

Großtrappe

auf den Flügeln
ausgedehnt weiß

MÄNNCHEN

IM FLUG

Schnabel
dick und
kurz

Hals und
Kopf grau

Schwanz kurz
und breit

Oberseite rotbraun,
kräftig gebändert

Brust
rostfarben

Oberseite schwarz
und rostfarben
gestreift

Hals und
Kopf schlank

WEIBCHEN

MÄNNCHEN

Die Großtrappe ist einer der größten flugfähigen Vögel der Welt. Die Männchen sind Laufvögel mit dicken Beinen und kräftigen Schnäbeln, die Weibchen sind merklich kleiner. Sie leben in halbnatürlichen Steppenlandschaften und abgelegenen Getreidanbaugebieten, doch ist ihre Zukunft gefährdet. Kleine Gruppen sind scheu und sehr störungsempfindlich. Großtrappen sind außerhalb ihrer regelmäßigen Vorkommen extrem selten; im nordwestlichen Europa erscheinen sie ausnahmsweise in offenem Ackerland in großen zeitlichen Abständen im Winter oder im zeitigen Frühjahr.

STIMME: Meist schweigsam.

BRUTBIOLOGIE: Das Nest ist eine flache, nicht ausgelegte Bodenmulde; 2 oder 3 Eier; 1 Jahresbrut; April bis Juni.

NAHRUNG: Fängt kleine Nagetiere, Reptilien, Amphibien und Insekten am Boden.

FLUG: Niedrig und geradlinig mit kräftigen gleichmäßigen Flügelschlägen

BALZ
Ein balzendes Großtrappenmännchen ist ein eindrucksvoller Anblick, es dreht seine Flügel und zeigt große weiße Federbüschel.

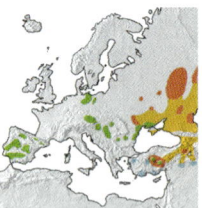

VORKOMMEN
Sehr lokal in Spanien, Portugal, Mittel- und Osteuropa, Standvogel in offenen Ebenen mit Grünland oder Getreideanbau, vor allem in Gebieten mit geringer Störung und offener Rundumsicht. Sonst nur sehr seltener Ausnahmegast.

In Mitteleuropa zu sehen
| J | F | M | A | M | J | J | A | S | O | N | D |

ÄHNLICHE ART

ZWERGTRAPPE ♂♀
(S. 139)

kleiner

START
Beim Starten werden die weißen Unterflügel der Großtrappen mit den schwarzen Flügelspitzen sichtbar.

Körperlänge **90–105 cm**	Flügelspannweite **2,10–2,40 m**	Gewicht **8–16 kg**
Kleine Trupps	Lebensdauer **15–20 Jahre**	**Bestand abnehmend**

WATVÖGEL

ATVÖGEL NENNT MAN auch Limikolen (Schlammbewohner). Einige leben allerdings fernab von Küsten und mehrere waten so gut wie nie. Es handelt sich um meist langbeinige Vögel mit kurzen bis langen Schnäbeln, die entweder gerade, ab- oder aufwärts gebogen sind. Einige zählen zu den am weitesten wandernden Langstreckenziehern der Welt. Die große Gruppe fasst Austernfischer, Säbelschnäbler, Stelzenläufer, Regenpfeifer, Brachschwalben, Strand- und Wasserläufer, Uferschnepfen und Brachvögel zusammen.

GRUPPEN

Regenpfeifer sind kurzschnäbelig. Hierzu zählen die breitflügeligen Kiebitze und die spitzflügeligen eigentlichen Regenpfeifer. Brachschwalben sind regenpfeiferähnlich, aber besonders gewandte Flieger. Langbeinige Säbelschnäbler und Stelzenläufer suchen im flachen Wasser nach Nahrung, einige kleine Strandläufer an Felsküsten, andere auf Sand oder im Schlamm. Mittelgroße Wasserläufer haben längere Beine und Schnäbel, sind weniger gesellig und machen sich durch laute Rufe bemerkbar. Die größeren Uferschnepfen tragen Prachtkleider im Sommer, Brachvögel hingegen sind noch viel größer und weisen keinerlei Gefiederunterschiede auf.

EINDRUCKSVOLLE WOLKEN
Bei Flut kommen riesige Mengen Strandläufer auf engem Raum zusammen. Wenn sie auffliegen, bilden sie eindrucksvolle Vogelwolken.

BURHINIDAE
(TRIEL)

langer Körper sandbraun, dunkel gestrichelt

RECURVIROSTRIDAE
(STELZENLÄUFER UND SÄBELSCHNÄBLER)

Oberkopf schwarz; Schnabel sehr dünn und aufgebogen

dunkel rosafarbene Beine extrem lang

STELZENLÄUFER
S. 146

TRIEL
S. 145

SÄBELSCHNÄBLER
S. 147

Familien **Burhinidae, Recurvirostridae, Haematopodidae, Charadriidae, Scolopacidae, Glareolidae**

HAEMATOPODIDAE
(AUSTERNFISCHER)

Schnabel lebhaft orangerot

CHARADRIIDAE
(REGENPFEIFER)

Oberseite weiß und gelb gefleckt

breites weißes Band von der Stirn zur Brustseite

AUSTERNFISCHER
S. 148

GOLDREGENPFEIFER
S. 149

KIEBITZREGENPFEIFER
S. 150

SCOLOPACIDAE
(SCHNEPFEN, STRANDLÄUFER UND VERWANDTE)

auf dem Körper brachvogelähnliches Strichmuster

Schnabel lang und gleichmäßig nach unten gebogen

REGENBRACHVOGEL
S. 156

GROSSER BRACHVOGEL
S. 157

Rücken hellgrau (kann im glitzernden Watt dunkel wirken)

an Kopf und Brust lebhaft ockerfarben

dunkler Rücken gleichmäßig hellbraun geschuppt

Beine hell

KNUTT
S. 161

KAMPFLÄUFER
S. 162

SICHELSTRANDLÄUFER
S. 163

TEMMINCKSTRANDLÄUFE
S. 164

leuchtend gelber Augenring

schwarzer Oberkopf in eine spitze Haube ausgezogen

Beine orangefarben, leuchtender als bei Flussregenpfeifer

FLUSSREGENPFEIFER
S. 152

SANDREGENPFEIFFER
S. 153

an den Brustseiten schwarze Marke (im Winter mehr braun), auf der Brust immer unterbrochen

breiter weißer Streifen vom Auge zum Nacken

KIEBITZ
S. 151

SEEREGENPFEIFER
S. 154

MORNELLREGENPFEIFER
S. 155

Schnabel lang, fein gespitzt und leicht aufgebogen

Kopf mit auffallendem Schwarz-Weiß-Muster

Beine bemerkenswert lang

UFERSCHNEPFE
S. 158

PFUHLSCHNEPFE
S. 159

STEINWÄLZER
S. 160

langer, spitzer Schnabel schwarz und leicht gebogen

weiße und rostfarbene Federränder

auf dem Rücken cremefarbige Linien

Beine glänzend schwarz

SANDERLING
S. 165

ALPENSTRANDLÄUFER
S. 166

MEERSTRANDLÄUFER
S. 167

ZWERGSTRANDLÄUFER
S. 168

Familien **Burhinidae, Recurvirostridae, Haematopodidae, Charadriidae, Scolopacidae, Glareolidae**

SCOLOPACIDAE (SCHNEPFEN, STRANDLÄUFER UND VERWANDTE)

Fortsetzung

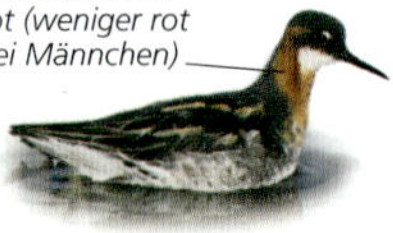
Hals leuchtend rot (weniger rot bei Männchen)

ODINSHÜHNCHEN
S. 169

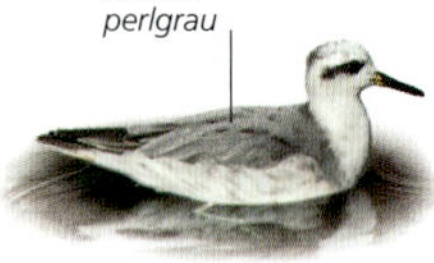
Rücken perlgrau

THORSHÜHNCHEN
S. 170

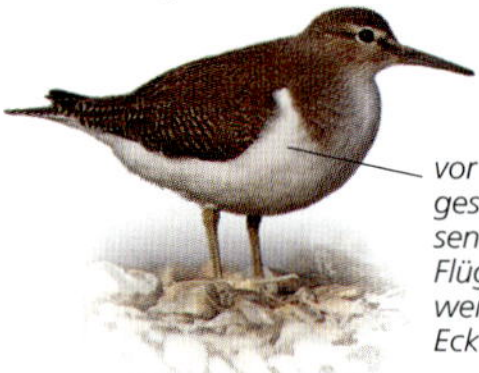
vor dem geschlossenen Flügel weißes Eck

FLUSSUFERLÄUFER
S. 171

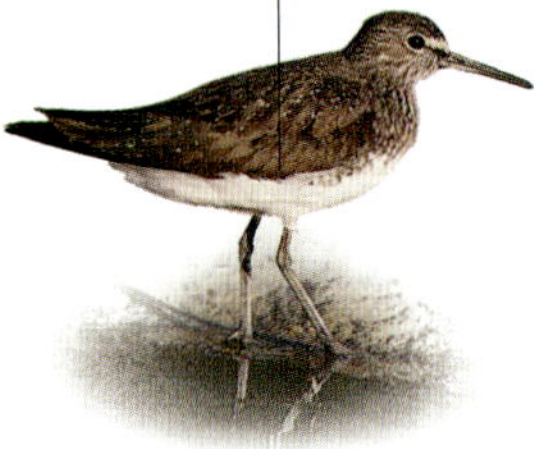
Oberseite dunkelgraubraun, weiß gesprenkelt

WALDWASSERLÄUFER
S. 172

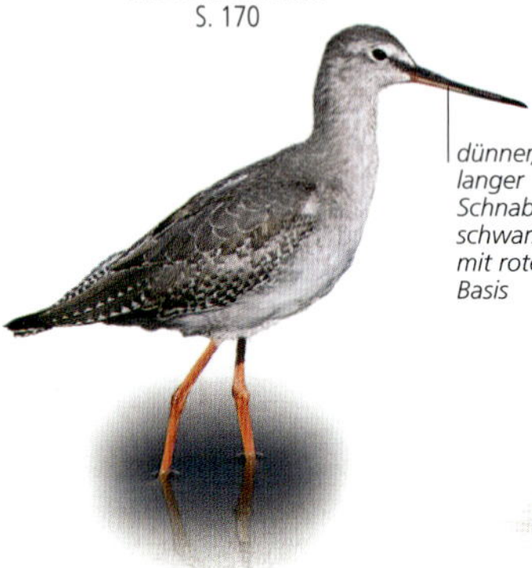
dünner, langer Schnabel schwarz mit roter Basis

DUNKLER WASSERLÄUFER
S. 173

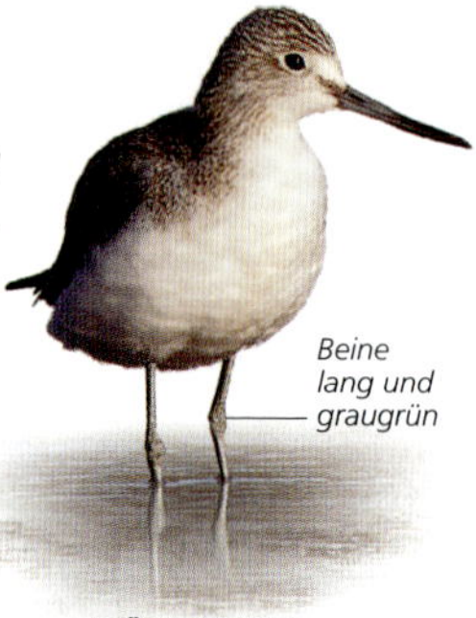
Beine lang und graugrün

GRÜNSCHENKEL
S. 174

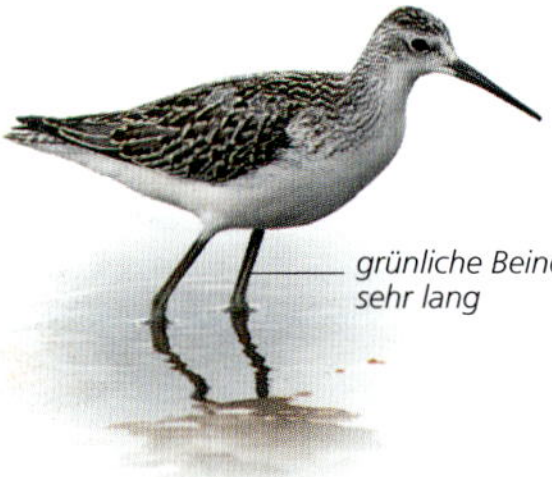
grünliche Beine sehr lang

TEICHWASSERLÄUFER
S. 175

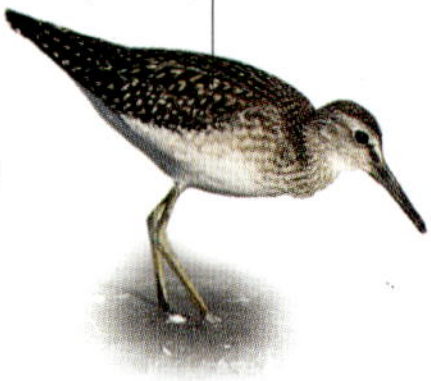
brauner Rücken cremefarben gefleckt (kräftiger gezeichnet als bei Waldwasserläufer, Rotschenkel oder Kampfläufer)

BRUCHWASSERLÄUFER
S. 176

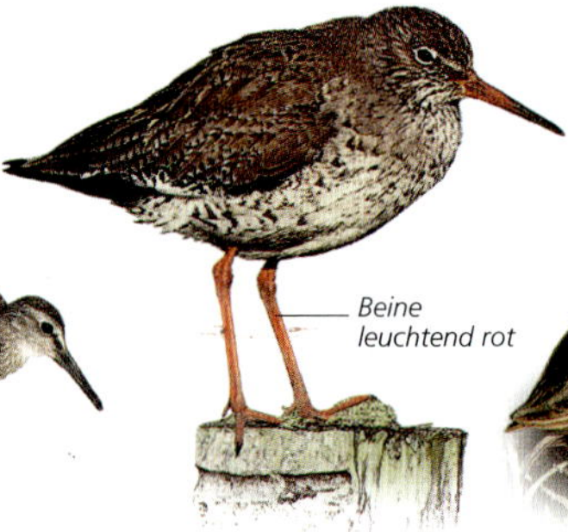
Beine leuchtend rot

ROTSCHENKEL
S. 177

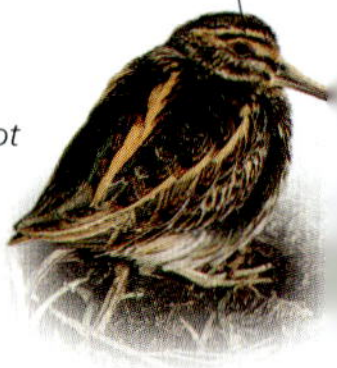
Oberkopf gestreift mit schwarzem Zentrum

ZWERGSCHNEPFE
S. 178

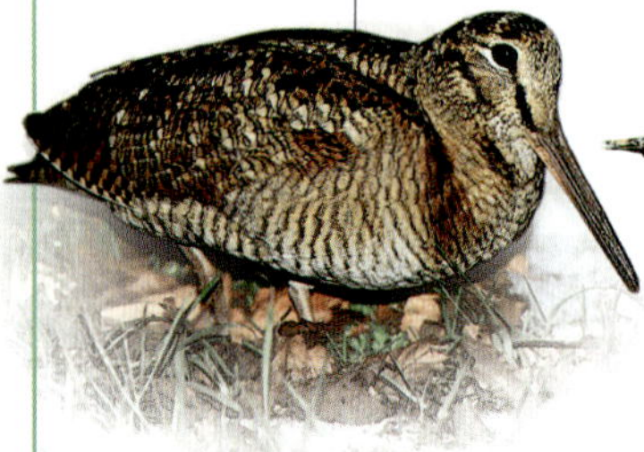
auf Oberseite Tarnmuster

WALSCHNEPFE
S. 179

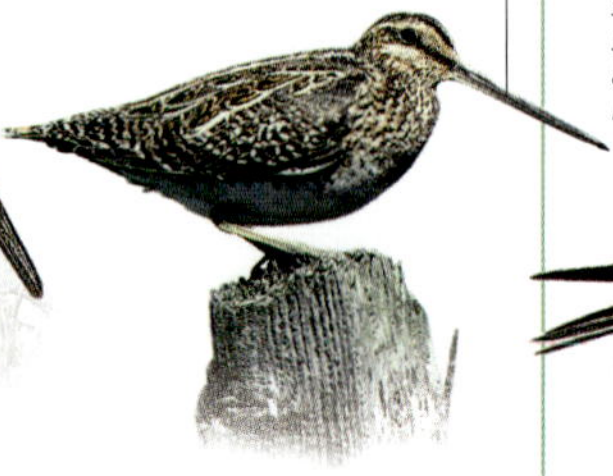
Schnabel extrem lang, nach unten gehalten

BEKASSINE
S. 180

GLAREOLIDAE (BRACHSCHWALBENARTIGE)

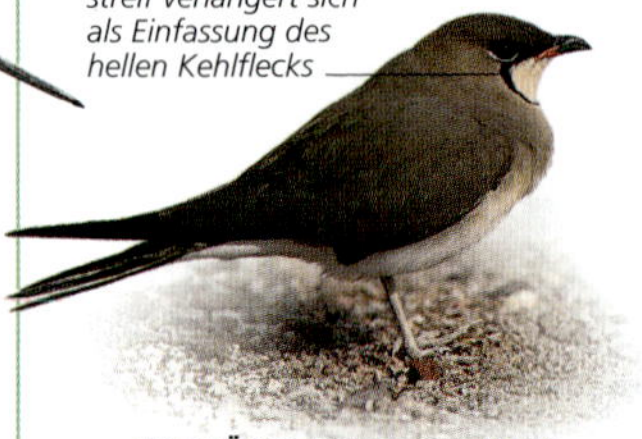
schwarzer Augenstreif verlängert sich als Einfassung des hellen Kehlflecks

ROTFLÜGEL-BRACHSCHWALBE
S. 181

| Ordnung **Charadriiformes** | Familie **Burhinidae** | Art **Burhinus oedicnemus** |

Triel

auf hellem Innenflügel
dunkle und helle Bänder

Kopf
gestreckt

ALTVOGEL

Schwanz
hell

auf
schwarzem
Außenflügel
weißer Fleck

IM FLUG

Gesicht und
Schnabelbasis hell

langer Körper sand-
braun, dunkel
gestrichelt

JUNGVOGEL

unter und
über dem
Auge helle
Streifen

Augen hell

Schnabel-
basis hell

über den
Flügel helles
Band

lange hellgelbe
Beine

ALTVOGEL

Triele sind dämmerungsaktive Vögel und bei Tag oft schwer zu entdecken. Sie stehen oder sitzen dann lange Zeit still und bewegen sich nur verstohlen vorwärts. Im Sommer sind sie nur an ganz bestimmten Plätzen zu finden. Die Vögel kommunizieren über größere Entfernungen mit wild und geheimnisvoll klingenden Rufen. Mit modernen Entwicklungen hat der Vogel große Probleme. In einigen Gebieten ist er nur noch durch Zusammenarbeit zwischen Naturschutz und aufgeschlossenen Landwirten als Brutvogel zu halten; in Dünen- und Heidelandschaften kämpft er ums Überleben.

STIMME: Laute Rufe, die an Großen Brachvogel oder Austernfischer erinnern, doch mehr klagend wie *kür-i, klip*, pfeifend *kiii, krrlii*.

BRUTBIOLOGIE: Flache Mulde auf trockenem Boden, mit Muscheln, Steinen oder auch Kaninchenkot ausgelegt; 2 Eier; 1 Jahresbrut; April bis August.

NAHRUNG: Beugt sich regenpfeiferartig nach vorn, um Käfer, Würmer, Schnecken, Frösche, Eidechsen und auch Mäuse mit dem Schnabel zu greifen.

FLUG: Gewöhnlich niedrig, schnell, gleichmäßige Flügelschläge und längere Gleitstrecken.

TARNUNG
Ein bewegungslos sitzender Triel ist außerordentlich schwer zu entdecken.

BALZENDES PAAR
Die weißen Flecken am Flügel und unter dem Schwanz werden in der Balz, aber auch bei Auseinandersetzungen präsentiert.

ÄHNLICHE ARTEN

GROSSER BRACHVOGEL
(S. 157)

FASAN ♀
(S.68)

Schnabel
gebogen

Schwanz
länger

Beine kürzer

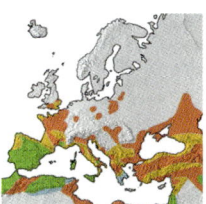

VORKOMMEN
Sommervogel im Süden Großbritanniens, in Frankreich, Spanien, Portugal und in Mittelmeerländern. Brütet auf Heideflächen, Muschelbänken, Äckern mit leicht steinigem Boden und geringer Vegetation im Frühjahr. Zunehmend weniger im Winter in Südwesteuropa.

| In Mitteleuropa zu sehen |
| J F **M A M J J A S** O N D |

| Körperlänge **40–45 cm** | Flügelspannweite **77–85 cm** | Gewicht **370–450 g** |
| **Herbsttrupps** | Lebensdauer **bis 10 Jahre** | **Gefährdet** |

| Ordnung **Charadriiformes** | Familie **Recurvirostridae** | Art *Himantopus himantopus* |

Stelzenläufer

am Kopf schwarz oder grau

Schnabel nadelfein

schwarze Oberseite mit glänzendem Dunkelgrün

Hals weiß

nach-hängende Beine oft gekreuzt

vom weißen Schwanz her lang gezogenes weißes »V« auf dem Rücken

ALTVOGEL (WINTER)

Flügel spitz

IM FLUG

dunkel rosafarbene Beine extrem lang

Unterseite weiß

Kopf weiß

Rückenfedern mit hellen Säumen

ALTVOGEL (WINTER)

JUNGVOGEL

ALTVOGEL (SOMMER)

Im Verhältnis von Länge zu Körpergröße nimmt der Stelzenläufer die Spitzenposition unter den Watvögeln ein. Die bemerkenswert langen Beine befähigen ihn, auch im tiefen Wasser zu waten; allerdings pickt er die Nahrung von der Wasseroberfläche. Der auffällige und elegante Vogel, der zu Europas schönsten Arten zählt, lebt vor allem in der Mittelmeerregion mit einem nordwärts reichenden Areal in Frankreich. Er ist besonders an heißen offenen und in der Hitze flimmernden Salzpfannen und Küstenlagunen zu erwarten. Einige Ähnlichkeiten mit dem verwandten Säbelschnäbler bestehen, doch ist er mit seinem Aussehen einmalig in Europa.

STIMME: Im Sommer ruffreudig, laut und durchdringend *küik küi küik* oder *kriiik kriiik;* im Winter schweigsam.

BRUTBIOLOGIE: Flache Mulde im Schlamm oder Sand, oft auf kleinen Inseln im Seichtwasser, mit Gras oder Blättern ausgekleidet; 3 oder 4 Eier; 1 Jahresbrut; April bis Juni.

NAHRUNG: Pickt Insekten vom feuchten Schlamm, von Pflanzen und der Wasseroberfläche, durch Vorwärtsneigen des Körpers oder beim Waten in tieferem Wasser.

FLUG: Kräftig und geradlinig, rasch, die langen Beine hängen (oft gekreuzt) hinten nach; spitze Flügel schlagen flach, im Wind auch Gleitstrecken.

SCHWÄRME AUF DEM DURCHZUG
Bevor sie sich als Paare auf die Nestplätze verteilen, rasten Stelzenläufer in Schwärmen im Seichtwasser.

ÄHNLICHE ARTEN

Rücken grau

Rücken weiß

Schnabel aufgebogen

LACHMÖWE Winter; ähnlich auf große Entfernung (S. 205)

Beine blaugrau

SÄBELSCHNÄBLER

VORKOMMEN
In Spanien, Portugal und in den Mittelmeerländern sowie in West- und Nordfrankreich, selten als Gast weiter nördlich. Lebt an seichten Ufern, in Reisfeldern, an Salzpfannen und Küstenlagunen, seltener an Flussmündungen und Süßwasserseen.

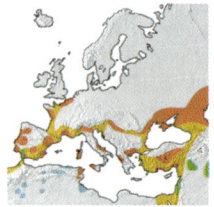

| In Mitteleuropa zu sehen |
| J F M **A M J J A** S O N D |

| Körperlänge **33–36 cm** | Flügelspannweite **70 cm** | Gewicht **250–300 g** |
| **Familiengruppen** | Lebensdauer **bis 10 Jahre** | **Bestand gesichert** |

Ordnung **Charadriiformes**	Familie **Recurvirostridae**	Art *Recurvirostra avosetta*

Säbelschnäbler

Oberkopf schwarz

Schnabel sehr dünn und aufgebogen

schlanker, strahlend weißer Körper

über Innenflügel diagonales Band

an jeder Seite des Rückens schwarzes Band

beugt sich bei der Nahrungssuche nach vorn

ALTVOGEL

gerade abgeschnittene, schwarze Flügelspitze (bei Männchen größer)

IM FLUG

braune Federspitzen

lange, blaugraue Beine

ALTVOGEL

ALTVOGEL

JUNGVOGEL

FLUG: Schnell, etwas steif; rasche Flügelschläge, oft in ungeordneten Trupps.

W enn die besonderen Lebensansprüche erfüllt sind, nämlich flaches, leicht salzhaltiges Wasser und feiner Schlamm mit trockeneren Inseln, dann brüten Säbelschnäbler in zerstreuten Kolonien, nicht so dicht wie Möwen oder Seeschwalben. Im Winter halten die Vögel jedoch in Schwärmen dicht zusammen, oft Schulter an Schulter, wenn sie im ablaufenden Tidenwasser nach Nahrung suchen. Durch Schutz und Erhaltung des Lebensraums konnten sich Säbelschnäbler wieder vermehren.

STIMME: Laut und flötend; ähnlich dem Bienenfresser *klüt* oder *kluup*.

BRUTBIOLOGIE: Flache Mulde auf kleinen Inseln oder im trockenen Schlamm, nackt oder mit Gras und Muschelschalen belegt; 3 oder 4 Eier; 1 Jahresbrut; April bis Juli.

NAHRUNG: Schwenkt den gebogenen Schnabel seitlich durchs Wasser, um Garnelen und Meereswürmer zu greifen.

DICHTE, ELEGANTE SCHWÄRME
Im Winter bilden Säbelschnäbler dicht zusammenhaltende, sich synchron bewegende Trupps, die zusammen fliegen und Nahrung suchen.

VORKOMMEN
Die meisten leben an der südlichen Ostseeküste und an den Nordseeküsten, im Mittelmeer und auch im Südwesten Großbritanniens an seichten Küstenlagunen oder an salzhaltigen Flachseen, auch auf schlammigem Grund in der Steppe. Im Winter vor allem an schlammigen Flussmündungen.

In Mitteleuropa zu sehen
| J | F | M | A | M | J | J | A | S | O | N | D |

ÄHNLICHE ARTEN

STELZENLÄUFER (S. 146)

Schnabel kurz

Schnabel gerade

Rücken einheitlich schwarz

Beine kurz

LACHMÖWE Winter; gleich weiß auf große Entfernung (S. 205)

Körperlänge **42–46 cm**	Flügelspannweite **67–77 cm**	Gewicht **250–400 g**
Wintertrupps	Lebensdauer **10–15 Jahre**	**Lokal vorkommend**

| Ordnung **Charadriiformes** | Familie **Haematopodidae** | Art *Haematopus ostralegus* |

Austernfischer 🔘22

Augen rot

langes weißes
Flügelband

Körper gedrungen,
auffallend schwarz
und weiß

Schnabel
mit dunk-
ler Spitze

am Rücken
weißes »V«

Schnabel lebhaft
orangerot

IMMATUR

**ALTVOGEL
(SOMMER)**

weißer Kragen

IM FLUG

Schnabel
mit dunk-
ler Spitze

Beine kurz,
blassrosa

**ALTVOGEL
(SOMMER)**

ALTVOGEL (WINTER)

D er lebhaft gemusterte Austernfischer ist ein fast
einmalig auffälliger Vogel in Europa: Kein anderer
bildet derart dichte, oft enorm große lärmende Schwärme.
Austernfischer neigen dazu, eine ganze Sandbank oder
eine Flussmündung mit ihrer Präsenz in Beschlag zu
nehmen. In einigen Gebieten stellen sie ein Problem für
Fischer dar, die Schaden an kommerzieller Muschelfische-
rei befürchten. Da die Zahl der Muscheln mancherorts
abgenommen hat, haben sich Austernfischer zunehmend
auf Nahrungssuche im Agrarland umgestellt.
STIMME: Laut und durchdringend *klip* oder *kliiip,* das sich
zu Reihen wie *kliip-a-kliip, kliip-a-kliip* steigern kann; in
großen Schwärmen wächst das zu einem schrillen Chor an.
BRUTBIOLOGIE: Das Nest ist eine flache Mulde in
Muschelschalen oder Sand, oft zwischen Steinen oder
Grasbülten; 2 oder 3 Eier; 1 Jahresbrut; April bis Juli.
NAHRUNG: Bohrt nach Meereswürmern und Mollusken
im Watt, holt Muscheln von Felsen und Tang, nimmt
auch Regenwürmer auf.

〜〜〜〜〜〜〜〜〜〜〜〜〜〜〜〜
FLUG: Schnell, geradlinig, mit raschen Flügelschlägen,
fliegt oft in bereits stehende Schwärme und trippelt
nach der Landung.

GROSSE, LÄRMENDE SCHWÄRME
Austernfischer suchen in großen Schwärmen nach Nahrung und erfüllen
die Luft mit ihren durchdringenden Rufen; bei der Rast sind die Schwärme
dicht gedrängt.

VORKOMMEN
Brütet an sandigen, schlammigen
oder felsigen Küsten, grasbewach-
senen Inseln oder auf Muschelbänken an der Küste, auch auf
Grasflächen in nordischen Flusstälern. An den Küsten das ganze
Jahr über. Seltener Gast südlich
der Brutgebiete.

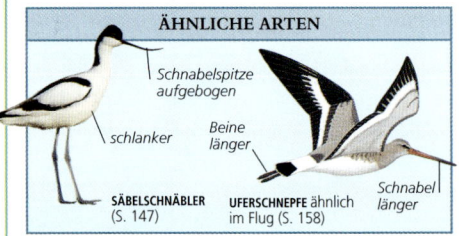

ÄHNLICHE ARTEN

Schnabelspitze
aufgebogen

schlanker

Beine
länger

SÄBELSCHNÄBLER
(S. 147)

UFERSCHNEPFE ähnlich
im Flug (S. 158)

Schnabel
länger

In Mitteleuropa zu sehen
| J | F | M | A | M | J | J | A | S | O | N | D |

| Körperlänge **40–45 cm** | Flügelspannweite **80–85 cm** | Gewicht **400–700 g** |
| **Große Trupps** | Lebensdauer **bis 15 Jahre** | **Bestand gesichert** |

| Ordnung **Charadriiformes** | Familie **Charadriidae** | Art *Pluvialis squatarola* |

Goldregenpfeifer

25

ALTVOGEL (SOMMER)

über dem Auge
heller Streifen

auf braunschwarzem Rücken
braungelbe Flecken

weißes
Flügelband

Kopf klein

Schnabel
kurz

auf der
Brust
hellgelb

Oberseite
weiß und
gelb gefleckt

Bauch
weiß

Bürzel
dunkel

Unterflügel
weiß

ALTVOGEL (SOMMER)

**ALTVOGEL
(WINTER)**

Bauch weiß

ALTVOGEL (WINTER)

**ALTVOGEL
(SOMMER)**

an den Seiten
des schwarzen
Bauches weiß

IM FLUG

Im Sommer ist der mittelgroße Goldregenpfeifer hübsch
gezeichnet, im Winter trägt er fein gemustertes Gefieder.
Auf Wiesen und Feldern mischen sich Goldregenpfeifer häufig unter Kiebitze, im Flug sondern sie sich jedoch ab und
sind kaum mit anderen Watvögeln wie etwa Kiebitzregenpfeifer
zusammen an der Küste. Sie nutzen traditionelle Rast- und Winterquartiere über Jahrzehnte, solange sie nicht zerstört sind.
STIMME: Klagende Pfiffe *tliie,* auch höher *tlii, triioliie* und Varianten;
im Singflug *piie-u, piie-u.*
BRUTBIOLOGIE: Flache
Bodenmulde, gewöhnlich
mit Flechten und Heidekraut
ausgelegt in Heide, Gras oder
Preiselbeeren, oft auch auf
Brandflächen; 4 Eier; 1 Jahresbrut; April bis Juli.
NAHRUNG: Fängt im Sommer Insekten, sucht im
Winter meist nach Regen-
würmern, die ihm oft
auch von Möwen abgejagt
werden.

FLUG: Schnell, geradlinig, oft hoch.

UNTERART

Gesicht und
Brust kräftiger
schwarz

weißes
Band

P. a. altifrons
(Nordeuropa)

SCHWÄRME FLIEGEN HOCH
Schwärme der Goldregenpfeifer
fliegen oft hoch und formen sich
zu langen Linien oder zu ungeordneten Gruppen.

VORKOMMEN
Brütet in Nordeuropa auf hoch
gelegenen Mooren und in der nordischen Tundra, sowohl in Grasflächen
mit Kalkboden als auch auf sauren
Heideböden mit Brandflächen. Im
Winter im Tiefland weitverbreitet auf
Äckern und Weiden, Salzmarschen
an den Küsten und auch manchmal
an Flussmündungen nach Schlamm.

In Mitteleuropa zu sehen
| J | F | M | A | M | J | J | A | S | O | N | D |

RASTENDER TRUPP
Bei der Nahrungssuche verteilen sich
die Schwärme über Grünland und
Felder, schließen sich aber bei Alarm
oder zum Ruhen eng zusammen.

ÄHNLICHE ART

Oberseite
silbergrau

**KIEBITZREGEN-
PFEIFER** Sommer,
ähnlich Altvogel
Sommer (S. 150)

Unter-
seite tief-
schwarz

| Körperlänge **26–29 cm** | Flügelspannweite **67–76 cm** | Gewicht **140–250 g** |
| Winterschwärme | Lebensdauer **bis 10 Jahre** | Bestand gesichert |

| Ordnung **Charadriiformes** | Familie **Charadriidae** | Art *Pluvialis squatarola* |

Kiebitzregenpfeifer 24

ALTVOGEL (MAUSERND IM SPÄTSOMMER)

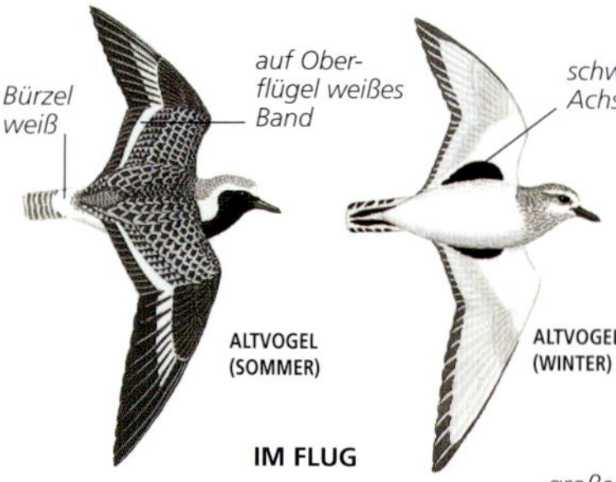

Gefieder fleckig

Bürzel weiß

auf Oberflügel weißes Band

schwarze Achselflecken

breites weißes Band von der Stirn zur Brustseite

Gesicht schwarz

Oberseite silbergrau, schwarz gesprenkelt

dicker schwarzer Schnabel

ALTVOGEL (SOMMER)

ALTVOGEL (WINTER)

IM FLUG

Rücken grau gefleckt (Jungvögel mehr braun, weniger gelb als bei Goldregenpfeifer)

großes Auge und kräftiger Schnabel

Unterseite schwarz

ALTVOGEL (SOMMER)

Unterseite hell

ALTVOGEL (WINTER)

Kiebitzregenpfeifer sind in erster Linie Küstenvögel, bei der Nahrungssuche über das Watt verteilt und bei Flut dann zu ziemlich unbeweglichen Schwärmen versammelt, unähnlich den großen, sehr mobilen Schwärmen der Goldregenpfeifer auf Wiesen und Salzmarschen. Für gewöhnlich mischen sich Pfuhlschnepfen, Brachvögel und Rotschenkel darunter. Die meisten Kiebitzregenpfeifer sind leicht zu erkennen, aber einige sind gelblich und daher mit Goldregenpfeifern zu verwechseln. Aus der Nähe sind sie hell, können aber weit weg auf dem Watt im Schlichtkleid sehr dunkel wirken.

STIMME: Hoch klagend *twii-u-wiee;* lauter, melancholisch flötender Gesang.

BRUTBIOLOGIE: Flache Bodenmulde, gewöhnlich auf trockener Erhebung; 4 Eier; 1 Jahresbrut; Mai bis Juli.

NAHRUNG: Holt im Winter Mollusken, Würmer und Krebstiere aus dem Schlamm; im Sommer in der arktischen Tundra meist Insekten.

FLUG: Schnell mit ausholenden Flügelschlägen; manchmal recht flugaktiv, vor dem Landen leichte Körperdrehung.

RASTPLATZ BEI FLUT
Die Flut zwingt die locker verteilten nach Nahrung suchenden Kiebitzregenpfeifer sich in dichten Schwärmen zu sammeln.

ÄHNLICHE ARTEN

Oberseite schwarz und gelb gefleckt

KNUTT Winter (S. 161)

kleiner

Schnabel länger

GOLDREGENPFEIFER Sommer (S. 149)

VORKOMMEN
Brütet in der nordischen Tundra. Auf dem Zug von Herbst bis Frühjahr meist im Wattenmeer und an anderen Flachküsten, manchmal auch an Sandstränden und Felsküsten. Schwärme rasten auch auf nahe gelegenen Grünflächen oder in seichten Küstenlagunen.

In Mitteleuropa zu sehen
| J | F | M | A | M | J | J | A | S | O | N | D |

| Körperlänge **27–30 cm** | Flügelspannweite **71–83 cm** | Gewicht **200–250 g** |
| **Winterschwärme** | Lebensdauer **bis 10 Jahre** | **Bestand gesichert**† |

| Ordnung **Charadriiformes** | Familie **Charadriidae** | Art *Vanellus vanellus* |

Kiebitz (26)

MÄNNCHEN (SOMMER)

Flügel breit und gerundet

Unterflügel weiß

rötlicher Fleck unter dem Schwanz

IM FLUG

schwarzer Oberkopf in eine spitze Haube ausgezogen

Rücken flach, dunkel grünschwarz, schimmert metallisch purpurn und grün

Stirn steil

Schnabel kurz

MÄNNCHEN (SOMMER)

kurze dünne Beine

Schopf kürzer als im Sommer

Rücken grün mit hellbraunen Federrändern

Schopf kürzer als bei Männchen

ALTVOGEL (WINTER)

Kehle gefleckt

WEIBCHEN (SOMMER)

Schopf kurz

hellbraune Federsäume

JUNGVOGEL (HERBST)

D er Kiebitz ist ein wohlbekannter und geschätzter Bewohner der Kulturlandschaft in Europa, nimmt aber bedenklich ab, seit sich in den meisten Gebieten der Landwirtschaft gewandelt hat. Er brütet in lockeren Kolonien in geeigneten Wiesen und Äckern, auch in Feuchtgebieten. In der restlichen Zeit sammeln sich Kiebitze in Schwärmen, oft gemischt mit Goldregenpfeifern oder Lachmöwen.

STIMME: Nasal und etwas weinerlich *wiit* oder *i-wit* mit Variationen; im Frühling Gesang der Männchen *whii-erwie-cchrräuit-wit-wit*, der von Flügelwuchteln begleitet wird.

BRUTBIOLOGIE: Flache Bodenmulde mit Gras ausgelegt; 3 oder 4 Eier; 1 Jahresbrut; April bis Juni.

NAHRUNG: Trampelt oft schnell mit dem Fuß auf den Boden, um Beute anzulocken oder zu entdecken; nimmt Insekten oder Spinnen vom Boden auf, zieht auch Regenwürmer aus dem Boden.

FLUG: Einmaliger weicher Flug mit regelmäßigen Schlägen der breiten, runden Flügel.

RASTENDER SCHWARM
Schwärme rasten oft dicht gedrängt, sonst sind die Individuen weiter verteilt.

VORKOMMEN
Brütet auf feuchten Flächen, Weiden, trockenen Äckern und in der Feldmark (nimmt hier ab) fast in ganz Europa. Zieht im Winter nach Süden und Westen, sucht auf Feldern, Wiesen, Salzmarsch und Uferschlamm von Seen und Stauseen nach Nahrung; bei hartem Wetter auch an der Küste.

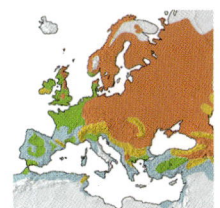

SCHWARM IN DER LUFT
Kiebitzschwärme fliegen in Linien, Keilen oder in ungeordneten Wolken, die kreisen oder wieder zum Standort zurückfliegen.

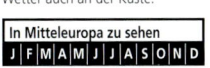

In Mitteleuropa zu sehen
J F M A M J J A S O N D

| Körperlänge **28–31 cm** | Flügelspannweite **70–76 cm** | Gewicht **150–300 g** |
| Winterschwärme | Lebensdauer **bis 10 Jahre** | Bestand gesichert |

| Ordnung **Charadriiformes** | Familie **Charadriidae** | Art *Charadrius dubius* |

Flussregenpfeifer

Flügel einfarbig (Sandregenpfeifer mit weißem Flügelband)

Kopf klein und gebändert

Oberseite sandbraun

Flügelenden lang zugespitzt

undeutliche helle Stelle über dem Auge

ALTVOGEL

IM FLUG

zwischen braunem Oberkopf und schwarzer Stirn weiße Linie

leuchtend gelber Augenring

kurzer Schnabel schwarz

schmales schwarzes Brustband

Unterseite reinweiß

matt rosa farbene Beine

Schnabel schwarz

Band durchbrochen

Beine matt

JUNGVOGEL

ALTVOGEL

Der kleine, mit präzisen, fast uhrwerkartigen Bewegungen laufende Flussregenpfeifer ist ein hübscher Watvogel an den Stränden von Binnengewässern und auch auf offenen Ödflächen. Im Frühjahr und Herbst hält er sich meist an der Wasserlinie von Stränden auf, die Brut findet aber oft auf einem durch Bulldozer bearbeiteten Fleck statt, auf dem sich noch keine dichte Vegetation bilden konnte. Daher ist er in seinem Auftreten auch recht unregelmäßig.

STIMME: Kurze, abrupt endende Pfiffe wie *piu;* im Singflug rollend rau *krrri-krrrii-krrri.*

BRUTBIOLOGIE: Mulde im trockenen, vegetationslosen Boden, schwer zu entdecken; 4 Eier; 1 Jahresbrut; April bis Juni.

NAHRUNG: Pickt Insekten und Wasserlebewesen vom Boden.

FLUG: Schnell, niedrig geradlinig mit gewinkelten spitzen Flügeln; fledermausartige Singflüge mit Körperrollen.

BALZ IM FRÜHLING
Stimmfreudige Männchen balzen am Boden mit gesenkten Flügeln; sie führen auch lange Singflüge in geringer Höhe über dem Brutrevier aus.

VORKOMMEN
Mit Ausnahme des hohen Nordens weitverbreitet in natürlichen, halbnatürlichen und technischen Lebensräumen von sandigen und kiesigen Stränden und Flusskiesbänken bis zu trockenen Abgrabungsflächen und Kiesgruben verschiedenster Art, selten an Meeresküsten, aber an Küstenlagunen mitunter als Durchzügler.

ÄHNLICHE ARTEN

SANDREGENPFEIFER weiße Flügelbinde (S. 153)

über dem Auge weißer Streifen

Schnabel farbiger

Beine farbiger

FLUSSUFERLÄUFER (S. 171)

Schwanz länger

Schnabel länger

SANDREGENPFEIFER Jungvogel ähnlich Jungvogel (S. 153)

In Mitteleuropa zu sehen
J F **M A M J J A S O** N D

| Körperlänge **14–15 cm** | Flügelspannweite **42–48 cm** | Gewicht **30–50 g** |
| **Trupps im Winter** | Lebensdauer **5–10 Jahre** | **Bestand gesichert†** |

| Ordnung **Charadriiformes** | Familie **Charadriidae** | Art ***Charadrius hiaticula*** |

Sandregenpfeifer 🔘 23

Brustband schwächer

Schnabel matt

ALTVOGEL (WINTER)

Schwanzseiten weiß

kräftige weiße Flügelbinde

über Auge weißer Streif

Kopf und Kehle schwarz und weiß gebändert

kurzer Schnabel schwarz und orangefarben

Schwanzspitze dunkel

ALTVOGEL (SOMMER)

IM FLUG

Oberseite hellsandbraun

breites Brustband

Kopf matt

über dem Auge weiß

Unterseite reinweiß

Beine orangefarben, leuchtender als bei Flussregenpfeifer

Beine matt

Brustband unvollständig

JUNGVOGEL

ALTVOGEL (SOMMER)

〰️〰️〰️〰️〰️〰️〰️〰️〰️

FLUG: Schnell, geradlinig; flache Schläge der gewinkelten Flügel, fledermausartiger Singflug.

Zusammen mit dem Alpenstrandläufer zählt der Sandregenpfeifer zu den häufigen Standardfiguren, nach denen andere Watvögel bestimmt werden. Es gibt einige weitere kleine Regenpfeifer mit ähnlichen Kopfmustern, aber in Europa keine mit derart leuchtend gefärbten Beinen und Schnabel. Es handelt sich in erster Linie um einen Küstenvogel, obwohl er auch ins Binnenland wandert zu Plätzen, an denen auch der Flussregenpfeifer vorkommt. Vor allem im Frühjahr und Herbst können erhebliche Mengen im Binnenland auftauchen, wenn die Bedingungen stimmen wird oft eine Unterbrechung des Zuges für mehrere Tage eingelegt. Bei Flut bilden sich eng zusammengedrängte Schwärme, oft auch mit anderen Watvögeln gemischt. Bei Ebbe halten sich die Trupps nach Arten mehr oder minder getrennt.

STIMME: Typisch ist ein flötender Pfiff, melodisch *pü-ji*, auch scharf *quiip;* im Singflug wiederholt *tuu-wii-a tuu-wii-a.*

BRUTBIOLOGIE: Flache Mulde in Sand oder Kies, mit Muschelschalen, Steinchen oder Halmen etwas ausgekleidet; 4 Eier; 2 oder 3 Jahresbruten; April bis August.

NAHRUNG: Pickt Insekten und Würmer vom Boden.

VERLEITEN: EINEN GEBROCHENEN FLÜGEL VORTÄUSCHEN
Wenn ein Beutefeind sich dem Nest nähert, täuscht der brütende Vogel eine Verletzung vor, um ihn abzulenken.

ÄHNLICHE ART

FLUSSREGENPFEIFER (S. 139)

Schnabel matter gefärbt

Beine matter gefärbt

einfarbiger Flügel

VORKOMMEN
Brütet auf Sand- und Muschelbänken, auch in Kiesgruben im Binnenland. So gut wie das ganze Jahr über an Stränden aller Art, doch selten an Felsküsten. Als Durchzügler weitverbreitet im Binnenland und an Küsten.

In Mitteleuropa zu sehen

| J | F | M | A | M | J | J | A | S | O | N | D |

| Körperlänge **17–19 cm** | Flügelspannweite **48–57 cm** | Gewicht **55–75 g** |
| **Trupps im Winter** | Lebensdauer **5–10 Jahre** | **Bestand gesichert** |

| Ordnung **Charadriiformes** | Familie **Charadriidae** | Art *Charadrius alexandrinus* |

Seeregenpfeifer

Flügelenden zeigen nach hinten

lange weiße Flügelbinde

Oberseite erdbraun

Oberkopf rostfarben

auf der Stirn schwarzes Band

JUNGVOGEL

Beine dunkel

Stirn weiß

Schnabel kurz und schwarz

dunkler Augenfleck

brauner Brustfleck

an den Brustseiten schwarze Marke (im Winter mehr braun), auf der Brust immer unterbrochen

Beine dunkel

Unterseite reinweiß

Brust reinweiß

Beine dunkel

MÄNNCHEN (SOMMER)

IM FLUG

MÄNNCHEN (SOMMER)

WEIBCHEN

Der Seeregenpfeifer ist noch recht weitverbreitet an den Küsten der Nordsee, am häufigsten aber um das Mittelmeer. Er zieht sandige Stellen vor, wie Uferzonen und vegetationslose Flächen um Salzpfannen und hinter Küstenwällen, selbst um Gebäude an der Küste. Einzelne Durchzügler weiter nördlich halten sich meist an Sandregenpfeifer; daher erfordert ihre Bestimmung sorgfältige Beobachtung, besonders bei Jungvögeln im Spätsommer.

STIMME: Ein kurzer, scharfer Pfiff, etwa *bi-jip;* trillernde Laute bei der Balz.

BRUTBIOLOGIE: Flache Mulde in Sand mit Muschelschalen oder Kieseln ausgelegt; 3 oder 4 Eier; 2 Jahresbruten; März bis Juli.

NAHRUNG: Fängt kleine wirbellose Tiere wie Fliegen vom Boden, indem er nach kurzem Lauf in typischer Regenpfeifermanier innehält und sich vorbeugt.

FLUG: Schnell mit gewinkelten spitzen Flügeln, gleitet unmittelbar vor der Landung.

HELLER KÜSTENREGENPFEIFER
Das Männchen hat im Frühling eine fast ganz weiße Unterseite mit nur kleinen Bruststrichen. Seine zierliche Gestalt und die flinken Bewegungen beleben den Strand.

ÄHNLICHE ARTEN

SANDREGENPFEIFER Jungvogel (S. 153)

FLUSSREGENPFEIFER Jungvogel (S. 152)

Beine hell

kein Flügelstreifen

Beine hell

VORKOMMEN
Meist auf sandigen Flächen nahe Küsten, auch in der Umgebung von Süßwasserlagunen und überfluteten Gebieten ohne Vegetation, an der Südküste der Nordsee und des Ärmelkanals, in Westfrankreich und um das Mittelmeer. Selten erscheinen Durchzügler im Binnenland.

In Mitteleuropa zu sehen
J F M **A M J J A S** O N D

| Körperlänge **15–17 cm** | Flügelspannweite **50 cm** | Gewicht **40–60 g** |
| **Kleine Trupps** | Lebensdauer **10 Jahre** | **Bestand abnehmend** |

Ordnung **Charadriiformes**	Familie **Charadriidae**	Art ***Charadrius morinellus***

Mornellregenpfeifer

von den Augen zum
Nacken helles »V«

Oberseite mit schwarzen,
hellbraunen und aprikosen-
farbigen Flecken

**JUNGVOGEL
(HERBST)**

Flügel einfarbig

dunkler
Augenstreif

Oberkopf
schwarz

**ALTVOGEL
(SOMMER)**

breiter weißer Streifen
vom Auge zum Nacken

Gefieder matt
(im Winter
blasser)

Gesichtsmuster
weniger deutlich
als bei Weibchen

IM FLUG

dünne schwarze und
breite weiße Bänder
an der Brust

Gefieder bunter
als bei Männchen

Kehle
weiß

Unterseite matter
als bei Weibchen

**MÄNNCHEN
(SOMMER)**

Bauch schwarz
(im Winter
weiß)

lebhaft rostrote
Unterseite, Bauch
schwärzlich

WEIBCHEN (SOMMER)

Der Mornellregenpfeifer ist einer der wenigen europäischen Vögel mit umgekehrten Rollen der Geschlechter; die Weibchen sind größer und farbiger als die Männchen. Er brütet auf hoch gelegenen Bergen oder in der Tundra, erscheint auf dem Zug auch regelmäßig in kleinen Trupps im Tiefland, meist auf Äckern. Berühmt ist seine Zutraulichkeit. Man kann diese Vögel durch gepfiffene Nachahmung ihres Rufs bis auf wenige Meter anlocken. Als Folge der Klima-erwärmung wird sein Brutgebiet sich wohl deutlich verkleinern.

FLUG: Schnell, mit raschen, tief ausholenden Flügelschlägen.

STIMME: Weich *pip pip* oder fein *wit-ii-wii*, außerhalb der Brutsaison schweigsam.

BRUTBIOLOGIE: Flache Bodenmulde, meist von niedriger Vegetation gedeckt; 3 Eier; 1 Jahres-brut; Mai bis August.

NAHRUNG: Fängt Fliegen, Käfer, Regenwürmer, Spinnen; beugt sich dabei nach typischer Art der Regenpfeifer nach vorne.

ÄHNLICHE ART

**GOLDREGEN-
PFEIFER**
Winter
(S. 149)

kein weißes
»V« über dem
Auge

kein
Brust-
band

BRUTBIOTOP
Mornellregenpfeifer brüten in hoch gelegenen welligen oder flachen Berggebieten mit niedriger Vegetation oder in der Tundra.

VORKOMMEN
Besiedelt die wilde nordische Tundra und Bergregionen mit ähnlicher Struktur südlich bis in die Pyrenäen, oft auch steinige Plätze. Auf dem Zug im Tiefland auf Feldern an meist traditionellen Plätzen im Binnenland.

In Mitteleuropa zu sehen
J F M **A M J J A S O** N D

Körperlänge **20–22 cm**	Flügelspannweite **57–64 cm**	Gewicht **90–145 g**
Kleine Trupps	Lebensdauer **5–10 Jahre**	**Bestand gesichert†**

| Ordnung **Charadriiformes** | Familie **Scolopacidae** | Art **Numenius phaeopus** |

Regenbrachvogel

auf dem Scheitel zwei dunkelbraune Bänder und dazwischen dünne helle Linie

Schnabel gebogen

Schwanz gebändert

auf dem Rücken langes weißes »V«

Brust mächtig

Oberflügel einheitlich dunkel

auf dem Körper brachvogelähnliches Strichmuster

Brust dunkel

IM FLUG

Bauch weiß

FLUG: Schnell, mit rascheren Flügelschlägen als Großer Brachvogel; Flügelschläge recht schnell und tief ausholend.

kurze graue Beine

Oberflächlich gleichen Regenbrachvögel den nah verwandten Großen Brachvögeln, die in Europa regelmäßiger und öfter zu sehen sind. Regenbrachvögel sind Brutvögel des Nordens und daher meist nur als Frühjahrs- oder Herbstdurchzügler zu sehen. Der Große Watvogel kann leicht übersehen werden, wenn man nicht auf seinen Ruf achtet. Als kleinerer, dunklerer und gedrungener Brachvogel ist er aber vom größeren und helleren Großen Brachvogel gut zu unterscheiden. Regenbrachvögel sind etwas dicker und ein wenig größer als die geradschnäbeligen Pfuhl- und Uferschnepfen. Wie bei den meisten gestrichelten braunen Vögeln entdeckt man bei genauem Hinsehen ein feines und komplexes Muster von feinen Strichen, Bändern und Flecken.

STIMME: Laut trillernde rasche Folge von Pfeiflauten auf einer Tonhöhe im Flug *pipipipipi*.

BRUTBIOLOGIE: Flache Bodenmulde; 4 Eier; 1 Jahresbrut; Mai bis Juli.

NAHRUNG: Insekten, Schnecken, Regenwürmer, Krabben.

DURCHZÜGLER IM WASSER
Die meiste Zeit des Sommers leben Regenbrachvögel auf trockenem Boden, Durchzügler können jedoch an den Ufern eines Sees oder an einer Flachküste im Wasser watend beobachtet werden.

ÄHNLICHE ARTEN

PFUHLSCHNEPFE
Winter (S. 159)

heller

GROSSER BRACHVOGEL (S. 157)

Kopf einfarbiger

Schnabel gerade

größer und heller

Schnabel länger

VORKOMMEN
Brütet in offenen Heide- und Moorlandschaften im hohen Norden und in Nordwesteuropa, auf dem Zug an vielen Küsten. Fliegt vor allem im Frühjahr über offenes Land, zieht aber ungestörte Wattflächen und Flussmündungen vor, rastet seltener im Binnenland.

In Mitteleuropa zu sehen
J F M **A M J J A S O** N D

| Körperlänge **40–46 cm** | Flügelspannweite **70–80 cm** | Gewicht **270–450 g** |
| Trupps im Frühling | Lebensdauer **10–15 Jahre** | Bestand gesichert† |

Ordnung **Charadriiformes**	Familie **Scolopacidae**	Art **Numenius arquata**

Großer Brachvogel 32

Oberflügel mit dunkler Spitze und hellerer Innenhälfte

Oberseite braun gestrichelt

Kopf einfarbig oder am Scheitel schwach gebändert

auf dem Bürzel breites »V«

möwenähnliche Form

IM FLUG

Flanken gefleckt

Schnabel lang und gleichmäßig nach unten gebogen

aus größerer Entfernung oft dunkel

graue Beine nicht besonders lang

Bauch weißer

A ls Brutvogel in weiten Teilen Europas ist der Große Brachvogel auch an den verschiedenen Küsten und um Binnengewässer weitverbreitet. An seiner Gestalt und an seiner Stimme kann man ihn leicht erkennen. Im Frühling lässt er einen der schönsten Vogelgesänge Europas hören. Aus größerer Entfernung wirken Große Brachvögel auf dem Watt oder an einer offenen Küste sehr groß und meistens auch dunkel. Erst größere Nähe und helles Sonnenlicht enthüllen die recht helle, sandbraune Gefiederfarbe.

STIMME: Typischer Ruf ist laut und melodisch flötend *kuu-li*, auch kehlig und etwas heiser *kü-kü-krrüih;* der Gesang beginnt langsam und beschleunigt sich zu einem rhythmischen Triller.

BRUTBIOLOGIE: Flache Bodenmulde mit Gras ausgekleidet; 4 Eier; 1 Jahresbrut; April bis Juli.

NAHRUNG: Würmer, Insekten, Krebs- und andere Meerestiere und Mollusken.

FLUG: Kräftig und geradlinig, möwenähnlich, mit relativ langsamen Flügelschlägen, oft in Ketten oder Keilen.

GEMISCHTE RASTGESELLSCHAFT
Große Brachvögel wirken neben Pfuhlschnepfen und anderen Watvögeln an Flutrastplätzen recht groß.

VIELSEITIGKEIT
Große Brachvögel können ihren langen Schnabel zur Nahrungssuche auf wellenüberspülten Felsen ebenso einsetzen wie im Watt.

ÄHNLICHE ARTEN

PFUHLSCHNEPFE
Immatur, Winter, Altvogel (S. 159)

Schnabel leicht aufgebogen

REGENBRACHVOGEL (S. 156)

Schnabel stärker gekrümmt

kleiner und dunkler

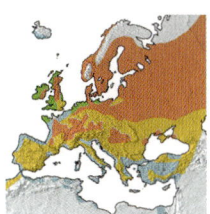

VORKOMMEN
Brütet weitverbreitet in Nord- und Westeuropa auf feuchten Wiesen, Hoch- und Niedermooren, nordischen Insel und Küsten. Überwintert in Westeuropa an Flussmündungen und Watt, auch auf feuchtem Grünland.

In Mitteleuropa zu sehen
J F M A M J J A S O N D

Körperlänge **50–60 cm**	Flügelspannweite **80–100 cm**	Gewicht **575–950 g**
Trupps im Winter	Lebensdauer **10–20 Jahre**	**Bestand abnehmend**

| Ordnung **Charadriiformes** | Familie **Scolopacidae** | Art *Limosa limosa* |

Uferschnepfe

breiter weißer
Flügelstreifen

Rücken grau

ALTVOGEL
(WINTER)

von Kopf bis
Brust kupferrot

IM FLUG

Unterseite
blassgrau

langer, gerader
Schnabel rosa-
farben mit
feiner Spitze

schwarzer Schwanz
mit breitem weißem
Band

Unterflügel
überwiegend
weiß

auf den Flanken
schwarze Bänder

ALTVOGEL (WINTER)

Oberseite mit rost-
farbener Schuppung

Beine bemer-
kenswert lang

Gefieder leuchtend
rost-farben bis hellbraun

JUNGVOGEL

**ALTVOGEL
(SOMMER)**

Die Uferschnepfe zählt zu den größeren Watvögeln Europas und ist an ihrem auffallenden Kontrastmuster im Flug unverkennbar. Am Boden kann man sie an ihren besonders langen Beinen erkennen. Normalerweise wird der Körper stark vorwärts geneigt, der Schnabel stochert fast bei den Zehen im weichen Boden. Uferschnepfen brüten auf feuchten Wiesen, die überschwemmt werden, aber dann wieder trocken fallen. Im Winter sind sie auf wenige Flussmündungsgebiete in Westeuropa konzentriert, die oft lang und schmal sind, aber eine große Schlammkrawatte aufweisen. Solche Plätze werden Jahr für Jahr aufgesucht. Frühjahrstrupps haben ein rotes Prachtkleid.

STIMME: Im Frühling ruffreudig mit nasalen Reihen wie *wiika-wiika-wiika* im Flug oder kurz *vi-vi-vi*.

BRUTBIOLOGIE: Flache Bodenmulde in reicher Vegetation; 3 oder 4 Eier; 1 Jahresbrut; Mai bis Juli.

NAHRUNG: Sticht tief in den Boden, oft auch im bauchtiefen Wasser nach Würmern, Mollusken und auch nach Sämereien.

FLUG: Schnell, geradlinig mit flachen, steifen Flügelschlägen, Kopf vorgestreckt, Beine überragen den Schwanz.

WINTERSCHWÄRME
Von Herbst bis Vorfrühling bilden Uferschnepfen Schwärme an geschützten Flussmündungen und beim Heimzug an Seen.

ÄHNLICHE ARTEN

AUSTERNFISCHER
im Flug ähnlich
(S. 148)

Schnabel
kürzer

Flügel ein-
farbig

über dem
Gelenk
kürzere
Beine

auffallendes
Schwarz-
weiß

PFUHLSCHNEPFE
(S. 159)

VORKOMMEN
Brütet in Nord- und Westeuropa in feuchten Wiesen und überfluteten Weiden; sonst viel an der Küste. Weitverbreitet außer im hohen Norden Skandinaviens, jedoch überall nur an bestimmten Plätzen. Im Winter viel an traditionellen Plätzen an Westeuropas Flussmündungen.

In Mitteleuropa zu sehen
J F M A M J J A S O N D

| Körperlänge **36–44 cm** | Flügelspannweite **62–70 cm** | Gewicht **280–500 g** |
| **Trupps im Winter** | Lebensdauer **10–15 Jahre** | **Gefährdet** |

Ordnung **Charadriiformes**	Familie **Scolopacidae**	Art ***Limosa lapponica***

Pfuhlschnepfe

am Hals warm orangebraun

Wintervögel kräftiger durchs Auge gestreift als Uferschnepfe

Oberflügel einfarbig, Spitzen etwas dunkler

Schnabel lang, fein gespitzt und leicht aufgebogen

viel kleiner und weniger bucklig als Brachvogel

Oberseite leuchtend hellbraun gestreift

graubraun und hellbraun gestrichelt (Altvögel weniger schachbrettartig)

Schwanz gebändert

Schnabelbasis rosa

ALTVOGEL (WINTER)

IM FLUG

JUNGVOGEL

Brust blasshellbraun

dunkle Beine kürzer

Unterseite tiefkupferrot (Weibchen blasser)

MÄNNCHEN (SOMMER)

IMMATUR (1. WINTER)

FLUG: Schnell, oft akrobatisch; Beine ragen nicht weit über den Schwanz.

Pfuhlschnepfen brüten nicht wie Uferschnepfen in Europa, sondern in der Tundra im hohen Norden; sonst sind sie aber an Küsten aller Art häufiger. Sie ziehen vor allem große Wattflächen vor, auf denen sich die Gruppen verteilen und nach Nahrung suchen, bis sie die Flut zu großen gemischten Watvogelrastplätzen treibt. Sie halten sich gern von Großen Brachvögeln, Rotschenkeln und anderen Arten etwas getrennt. Die Schwärme können große Höhen erreichen, um dann mit akrobatischen seitlichen Körperrollen und -wendungen zu landen.
STIMME: Im Flug rasch bellend *kirruk kirruk*.
BRUTBIOLOGIE: Flache Bodenmulde auf einem trockeneren Fleck der kalten Tundra; 4 Eier; 1 Jahresbrut; Mai bis Juli.
NAHRUNG: Sticht nach Würmern und Mollusken im Boden.

FLUCHT VOR DER FLUT
Die aufkommende Flut zwingt eine Gruppe Pfuhlschnepfen die Wattfläche zu verlassen und einen sicheren Ruheplatz auf einer nahe gelegenen Feuchtfläche aufzusuchen.

ÄHNLICHE ARTEN

GROSSER BRACHVOGEL (S. 157)
Schnabel nach unten gebogen

Schnabel gerader
größer

Beine länger

UFERSCHNEPFE kräftiges Flügelmuster im Flug (S. 158)

VORKOMMEN
Arktischer Brutvogel der Tundra. In Europa meist in Schwärmen verteilt an der Wattenküste und an Flussmündungen. In kleiner Zahl auch an kleinen Stränden und felsigen Küsten. Sie halten sich dort bis Mai auf und kehren ab Juli wieder zurück.

In Mitteleuropa zu sehen
J F M A M J J A S O N D

Körperlänge **33–42 cm**	Flügelspannweite **61–68 cm**	Gewicht **280–450 g**
Trupps im Winter	**Lebensdauer 10–15 Jahre**	**Gefährdet**

159

| Ordnung **Charadriiformes** | Familie **Scolopacidae** | Art ***Arenaria interpres*** |

Steinwälzer

Kopf mit auffallendem
Schwarz-Weiß-Muster

kräftiger, zuge-
spitzter Schnabel

Oberseite
schwarz, weiß
und leuchtend
kastanienbraun

auf dem Flügel
weißer Fleck und
weißer Streifen

Rücken
weiß

kräftiges
schwarzes
Brustband

**ALTVOGEL
(WINTER)**

Unterseite weiß

IM FLUG

**ALTVOGEL
(SOMMER)**

an dunklem Kopf und
Hals unregelmäßiges
weißliches Muster

Oberseite dunkelbraun
und schwarz (bei Jung-
vögeln mehr hellbraune
Federsäume)

kurze Beine leb-
haft orangefarben

Brust matt-
braunschwarz

**ALTVOGEL
(WINTER)**

Während die meisten Watvögel weichen Boden vorziehen, vor
allem Schlamm oder Sand, sind Steinwälzer auch auf Felsen zu
Hause, auch wenn Sandstrände mit angeschwemmtem Tang, Muschelschalen und kleinen Steinchen entlang der Flutlinie für sie ideal sind.
Steinwälzer sind für gewöhnlich stimmfreudig, sehr aktiv und oft
recht zutraulich.

STIMME: Schnelle, harte Stakkatorufe *tekatekatek, tjuk, tschik.*

BRUTBIOLOGIE: Spärlich ausgekleidete Bodenmulde nahe dem Strand
auf Inseln und an Felsküsten;
4 Eier; 1 Jahresbrut; Mai bis Juli.

NAHRUNG: Dreht Tangstücke,
Steine, Muschelschalen und Küs-
tenabfall um und sucht nach wirbellosen Kleintieren.

FLUG: Schnell, niedrig, etwas flatternd.

DICHT BESETZTER RUHEPLATZ
Bei Flut sieht man viele Steinwälzer ein bis zwei
Stunden lang dicht beisammensitzen.

STREITLUSTIGE NAHRUNGSGÄSTE
Kleine Trupps Steinwälzer streiten oft, wenn
sie an der Küste nach Nahrung suchen.

VORKOMMEN
Brütet an Felsküsten um Skandinavien. Zu anderen Zeiten an Meeresküsten von offen Sandstränden
bis zu Felsen, besonders aber
an festen Küsten und kiesigen
Flutlinien. Gelegentlich tauchen
Durchzügler auch im Binnenland
auf, sind aber meist nach wenigen
Tagen wieder weitergezogen.

In Mitteleuropa zu sehen
J F M A M J J A S O N D

ÄHNLICHE ARTEN

MEERSTRANDLÄUFER
(S.167)

Schnabel
länger

**ALPENSTRAND-
LÄUFER**
(S.166)

Schnabel
feiner

klein und
dunkel

heller

Beine
schwerfällig

| Körperlänge **21–24 cm** | Flügelspannweite **44–49 cm** | Gewicht **80–110 g** |
| Trupps | Lebensdauer **bis 10 Jahre** | **Bestand gesichert** |

| Ordnung **Charadriiformes** | Familie **Scolopacidae** | Art *Calidris canutus* |

Knutt

auf dem Rücken kastanienbraun,
schwarz und hellbraun gemustert

dünne helle
Flügelbinde

Kopf hell
kupferrot

über dem Auge
heller Streif

Unterseite
hell kupferrot

Rücken hellgrau
(kann im glitzern-
den Watt dunkel
wirken)

Schwanz
und Bürzel
hellgrau

**ALTVOGEL
(WINTER)**

IM FLUG

ALTVOGEL (SOMMER)

Schnabel
kurz und
gerade (bei
Kiebitzregen-
pfeifer größer
und mehr
abgerundet)

JUNGVOGEL

abwechslungsreiches
Muster von dunklen
und hellen Federrändern

kurze Beine
grau

Bauch weißlich

**ALTVOGEL
(WINTER)**

Unterseite mit aprikosen-
farbenem Anflug

Viele Watvögel bilden Schwärme und einige rücken bei
Flut eng aneinander, aber keine Art ist zu jeder Zeit
so gesellig wie der Knutt. Er bildet riesige Schwärme, manchmal zu
Hunderttausenden. Sie fliegen über das Watt zu neuen Nahrungsgründen oder sind von einem Ruheplatz aufgescheucht worden,
jedenfalls bieten sie eines der eindrucksvollsten Vogelschauspiele in
Europa. Der Knutt ist einer der gelegentlich im Binnenland an Seen
und Stauseen erscheinenden Zugvögel. Im Herbst sind dies Jungvögel, die überraschend zahm sein können, weil sie vielleicht noch nie
einen Menschen gesehen haben. Auf dem Watt bewegen sich Knutt-
schwärme meist langsam voran, die Vögel halten den Kopf nach unten,
der Schnabel stochert lebhaft in das weiche Substrat.
STIMME: Ziemlich schweigsam; im Flug gedämpft, kurz *uätt*, gelegentlich auch ein heller Pfiff; kein auffallender Flugruf.
BRUTBIOLOGIE: Flache Bodenmulde in der kalten Tundra, gewöhnlich
in der Nähe von Wasser; 3 oder 4 Eier; 1 Jahresbrut; Mai bis Juli.
NAHRUNG: Nimmt im Sommer Insekten und Pflanzenmaterial auf,
im Winter vor allem Mollusken und Meereswürmer.

∧∧∧∧∧∧∧∧∧∧∧∧∧∧∧∧∧∧∧∧∧∧∧

FLUG: Schnell, recht flache Flügelschläge, Schwärme
führen koordinierte Flugmanöver aus.

BEI DER RAST
Knutts und Alpenstrandläufer stehen Schulter an
Schulter und warten auf die kommende Ebbe.

ÄHNLICHE ARTEN

KIEBITZREGENPFEIFER
Winter, weißer
Bürzel
(S. 150)

ALPENSTRANDLÄUFER
Winter (S. 166)

*Schnabel
leicht gebogen*

kurzer, dicker
Schnabel

größer

kleiner

brauner

VORKOMMEN
Brütet in der arktischen Tundra. In
Westeuropa von Spätsommer bis
Spätfrühling, größte Schwärme im
Herbst und Winter, vor allem dicht
gedrängt im Wattenmeer und in
kleiner Zahl auch an anderen Küsten.

In Mitteleuropa zu sehen

| J | F | M | A | M | J | J | A | S | O | N | D |

Körperlänge **23–27 cm**	Flügelspannweite **47–54 cm**	Gewicht **125–215 g**
Große Schwärme	Lebensdauer **bis 10 Jahre**	**Nur lokal vorkommend**

| Ordnung **Charadriiformes** | Familie **Scolopacidae** | Art *Philomachus pugnax* |

Kampfläufer

Kopf flacher als Rotschenkel

kräftig schwarz gefleckt

können rot sein

kleiner als Männchen

WEIBCHEN (SOMMER)

Beine rötlich

Kopf oft weiß

Bauch hell

MÄNNCHEN (WINTER)

kurzer Schnabel schwach gebogen

dünne weiße Flügelbinde

JUNGVOGEL (HERBST)

IM FLUG

dunkler Bürzel mit weißen Seiten

an Kopf und Brust lebhaft ockerfarben

gelockte Federhauben verschiedener Farbe

hellbraune Säume an dunkelbraunen Federn

Männchen größer als Weibchen

breiter Federkragen verschiedener Färbung

schachbrettartig gezeichneter Rücken

Unterseite weiß (Grünschenkel reiner weiß, Rotschenkel an Brust brauner)

lange Beine hell ockergelb

MÄNNCHEN (FRÜHJAHR)

FLUG: Ziemlich langsam mit flachen, weichen Schlägen der ziemlich langen Flügel.

JUNGVOGEL (HERBST)

Im Frühling sehen die Kampfläufermännchen außergewöhnlich aus. Die Weibchen sind im Sommer kräftig gefleckt. Im Winter bleibt von solchen Besonderheiten wenig übrig. Jungvögel im Herbst, die dann am häufigsten in Europa zu sehen sind, fallen eher auf. Sie erscheinen Mitte Herbst an nassen Schlammufern von Seen und Stauseen und wirken im Vergleich zu kleineren Watvögeln und sogar Rotschenkeln sehr ruhig mit ihrer schrittweisen Fortbewegung, die selten einem Rennen nahekommt.
STIMME: Sehr schweigsam; gelegentlich tief grunzend *wek*.
BRUTBIOLOGIE: Mit Gras ausgelegte Mulde, gut versteckt in dichter Vegetation am Rand eines Sumpfes; 4 Eier; 1 Jahresbrut; April bis Juli.
NAHRUNG: Sucht in weichem Boden nach Würmern und Insektenlarven.

BALZ
Kampfläufermännchen balzen in Gruppen vor den Weibchen mit Scheingefechten. Ihr ungewöhnliches Prachtkleid sorgt für ein faszinierendes Schauspiel.

VORKOMMEN
Brütet auf feuchtem Grünland in Nordwesteuropa, weiter verbreitet im Nordosten. Sonst auf nassen Feldern und in Sümpfen, an schlammigen Seeufern, im Herbst Jungvögel am häufigsten, im Winter in Westeuropa an Flussmündungen.

ÄHNLICHE ARTEN

Oberseite deutlicher gefleckt

Rücken weniger geschuppt

weißer Augenstreif

brauner

BRUCHWASSERLÄUFER Herbst Jungvogel, ähnlich Jungvogel Herbst (S. 176)

ROTSCHENKEL ähnlich Altvogel Winter (S. 177)

In Mitteleuropa zu sehen

| J | F | M | A | M | J | J | A | S | O | N | D |

| Körperlänge **20–32 cm** | Flügelspannweite **46–58 cm** | Gewicht **70–230 g** |
| **Kleine Trupps** | Lebensdauer **10–15 Jahre** | **Bestand gesichert†** |

| Ordnung **Charadriiformes** | Familie **Scolopacidae** | Art *Calidris ferruginea* |

Sichelstrandläufer

Augenring und Kinn hell

langer dünner Schnabel leicht nach unten gebogen

heller Streif

dunkler Rücken gleichmäßig hellbraun geschuppt

Bauch weiß

ALTVOGEL (SOMMER)

Bürzel weiß

breite weiße Flügelbinde

dunkler Oberkopf

Brust hell pfirsichfarben (keine schwarzen Striche)

JUNGVOGEL (HERBST)

lange Beine schwarz

IM FLUG

Flügel lang

Unterseite ungestrichelt

JUNGVOGEL (HERBST)

JUNGVOGEL (HERBST)

Sichelstrandläufer sind häufig mit Zwergstrandläufern vergesellschaftet; sie sind im Mittelmeergebiet im Frühjahr eher selten und recht unregelmäßig im Herbst im westlichen Europa. Man kann die gleiche Abfolge des Zuges wie beim Zwergstrandläufer erkennen: Die frühen Wegzügler sind Altvögel, denen dann die Jungvögel folgen.

STIMME: Weich trillernd und etwas rollend *tschirr-up.*

BRUTBIOLOGIE: Kleine Mulde auf dem Boden; 4 Eier; 1 Jahresbrut; Mai bis Juli.

NAHRUNG: Mit längeren Beinen und längerem Schnabel können sie im Vergleich zum Alpenstrandläufer in etwas tieferem Wasser und weichem Schlamm Würmer suchen.

FLUG: Schnell und geradlinig mit gelegentlichen raschen und plötzlichen Körperwendungen.

WEISSER BÜRZEL
Nur dieser Vogel und einige viel seltenere Strandläuferarten haben einen ungezeichneten weißen Bürzel.

PRACHTVOLL IM FRÜHJAHR
Sichelstrandläufer sind im Frühling mit ihren kupferroten Prachtkleidern prächtige Vögel. Sie neigen dazu, öfter als Alpenstrandläufer auch im tieferen Wasser zu waten.

ÄHNLICHE ARTEN

ALPENSTRANDLÄUFER Jungvogel, ähnlich Jungvogel (S. 166)

an Brust und Flanken gestrichelt

Beine kürzer

KNUTT Sommer (S. 161)

größer und schwerer

Beine kürzer

VORKOMMEN
Brütet in der Hocharktis. Sonst meist in seichtem Süßwasser oder an Schlammsäumen an Küstenlagunen oder stehenden Binnengewässern. Altvögel im Frühling vor allem in Südosteuropa und im Spätsommer in Westeuropa; im Herbst kommen danach erst die Jungvögel.

In Mitteleuropa zu sehen
J F **M A M J** J **A S** O N D

| Körperlänge **18–34 cm** | Flügelspannweite **38–41 cm** | Gewicht **45–90 g** |
| **Kleine Schwärme** | Lebensdauer **bis 10 Jahre** | **Nur lokal vorkommend** |

| Ordnung **Charadriiformes** | Familie **Scolopacidae** | Art *Calidris temminckii* |

Temminckstrandläufer

JUNGVOGEL (HERBST)

auf der graubraunen Oberseite dunkle Flecken

Oberseite matt-graubraun

Beine hell

ALTVOGEL (SOMMER)

ALTVOGEL (WINTER)

äußere Schwanz-federn weiß

IM FLUG

oben variable dunkle Flecken

kurzer, dünner Schnabel dunkel

Hinterkörper lang gestreckt

dunkles Brustband mit hellerer Mitte

Beine hell (Zwerg-strandläufer dunkel)

Bauch weiß

ALTVOGEL (FRÜHLING)

Unter den winzigen Watvögeln sind Temminckstrandläufer an ihren hellen Beinen und am Fehlen des hellen »V« auf dem Rücken zu erkennen. Der eigenartige Strandläufer kann in Trupps von Zwergstrandläufern, die im Frühling an den Seeufern im südlichen Europa erscheinen, übersehen werden. Er schließt sich den anderen kleinen Strandläufern eigentlich nicht an und ist mehr zufällig darunter. Anders als seine häufigeren Verwandten sucht er eher in bewachsenen, sumpfigen Stellen als am offenen Strand nach Nahrung. In Nordwesteuropa erscheinen kleine Trupps im Frühling, im Herbst sind vor allem einzelne Jungvögel auf dem Zug zu sehen, die dann auch oft erstaunlich zahm sind. Sie haben dünne hellbraune Federsäume, die sich zu einem charakteristischen Muster formen.
STIMME: Rascher trockener Triller *tirr-r-r tirr-r-r*.
BRUTBIOLOGIE: Kleine nackte Bodenmulde in der Vegetation; 4 Eier; 1 Jahresbrut; Mai bis Juni.
NAHRUNG: Pickt und stochert nach winzigen wirbellosen Tieren in niedriger Vegetation oder auf nassem Schlamm.

〰〰〰〰〰〰〰〰〰〰〰〰〰〰〰〰

FLUG: Schnell, geradlinig; fliegt aufgeschreckt mit stotternden Trillern auf, oft in großer Höhe.

VORKOMMEN
Seltener Brutvogel in Nordskandinavien, doch als Durchzügler weitverbreitet. Recht häufig in Osteuropa, selten in Nordwesteuropa, oft nur zu zweit oder zu dritt im späten Frühjahr oder einzelne Jungvögel im Herbst, meist am Süßwasser an bewachsenen Ufern.

In Mitteleuropa zu sehen
| J | F | M | A | M | J | J | A | S | O | N | D |

ÄHNLICHE ARTEN

auf dem Rücken helles »V«

FLUSSUFERLÄUFER (S. 171)

Beine schwarz

Schwanz-wippen

größer

ZWERGSTRAND LÄUFER (S. 168)

SINGENDES MÄNNCHEN
Männchen lassen sich auf Stümpfe oder Bäume nieder, um ihr Brutrevier überblicken zu können. Dann steigen sie zu einem hohen Singflug mit trillernden Strophen auf.

| Körperlänge **13–15 cm** | Flügelspannweite **34–37 cm** | Gewicht **20–40 g** |
| **Einzeln/kleine Trupps** | Lebensdauer **bis 5 Jahre** | **Bestand gesichert†** |

Ordnung **Charadriiformes**	Familie **Scolopacidae**	Art *Calidris alba*

Sanderling

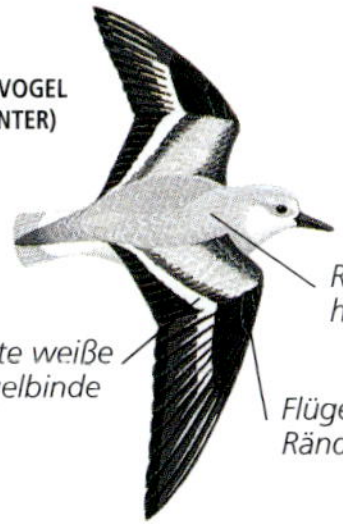

Rücken perlgrau (Alpen-
strandläufer brauner)

Kopf
hellgrau

**ALTVOGEL
(WINTER)**

Rücken
hellgrau

breite weiße
Flügelbinde

Flügel mit dunklen
Rändern

Schwarzer
Schnabel
gerade

Beine glänzend
schwarz

Unterseite
reinweiß

IM FLUG

**ALTVOGEL
(WINTER)**

grauer Rücken mit
dunklen Flecken

Kopf und Rücken schwarz,
hellbraun und kastanien-
braun marmoriert

auf der Brust
hellbraun

Brust hellkastanienfarben
mit dunklem Muster,
Bauch reinweiß

ALTVOGEL (SOMMER)

JUNGVOGEL (HERBST)

FLUG: Schnell, niedrig, oft als kleiner Rundflug;
Trupps gut koordiniert.

Der Sanderling nimmt unter den Watvögeln in Aussehen und Verhalten eine
besondere Stellung ein. Im Winter ist er bei Weitem der
hellste und er ist besonders agil und schnell, wenn es gilt,
den an das Ufer schlagenden Wellen davon- und dann
wieder nachzulaufen, um kleine mit ihnen an das Ufer
gespülte Nahrungstiere aufzuschnappen. Bei Flut vermischen sich Sanderlinge und Alpenstrandläufer oft; in der
dicht gedrängten Rastgesellschaft heben sich die Sanderlinge als helle Flecken gegen die Alpenstrandläufer ab.
STIMME: Scharf und kurz *plit* oder *twik twik.*
BRUTBIOLOGIE: Flache Bodenmulde teilweise mit Wei-
denblättern ausgelegt; 4 Eier; 1 Jahresbrut; Mai bis Juli.
NAHRUNG: Meereswürmer, Mollusken, Krebstiere,
Insekten und andere Kleintiere am Strand.

NAHRUNGSSUCHE AN WELLENRÄNDERN
Kleine Trupps Sanderlinge laufen auf einem Sandstrand mit den Wellen
hin und her.

ÄHNLICHE ARTEN

ALPENSTRANDLÄUFER Winter,
bewegt sich langsa-
mer (S. 166)

brauner
und ge-
deckter

Schnabel
länger

kleiner

**ZWERGSTRAND-
LÄUFER** Sommer
mit hellem
»V« auf dem
Rücken (S. 168)

VORKOMMEN
Brütet in der nordischen Tundra,
sonst Durchzügler und Gast im
Europa von Spätsommer bis Spätfrühling. Im Winter Trupps an breiten Sandstränden. Aber auch an
anderen Küsten zu finden, gelegentlich auch einzeln im Binnenland.

In Mitteleuropa zu sehen											
J	F	M	A	M	J	J	A	S	O	N	D

Körperlänge **20–21 cm**	Flügelspannweite **36–39 cm**	Gewicht **50–60 g**
Wintertrupps	Lebensdauer **bis 10 Jahre**	**Bestand gesichert**

| Ordnung **Charadriiformes** | Familie **Scolopacidae** | Art *Calidris alpina* |

Alpenstrandläufer 🔘 27

ALTVOGEL (WINTER)

Kopf und Rücken
mattgraubraun

langer, spitzer
Schnabel schwarz
und leicht gebogen

dünne weiße
Flügelbinde

Bürzel mit
dunkler Mitte
und weißen
Seiten

JUNGVOGEL

IM FLUG

Brust mattgrau
gestrichelt

auf dem Rücken
schwarze und creme-
farbene Streifen

Rücken lebhaft
kastanienfarben
und schwarz

auf hellbrauner Unter-
seite dunkle Striche
(Sichelstrandläufer viel
undeutlicher)

kurze Beine
schwarz

großer schwarzer
Bauchfleck

auf weißlicher
Brust feine
dunkle Striche

JUNGVOGEL   **ALTVOGEL (SOMMER)**

D er weitverbreitete und in unterschiedlichen Feuchtgebieten anzutreffende Alpenstrandläufer ist der typische kleine
Watvogel Europas und wird oft als Anhaltspunkt zur Bestimmung
anderer Arten benutzt. Im Frühling sehen die gestrichelten Altvögel recht bescheiden gefärbt aus, währen die Jungvögel im Herbst
mehr Farbe und komplexe Muster aufweisen. Der
Alpenstrandläufer lässt sich auch durch seinen charakteristischen Ruf leicht identifizieren.

STIMME: Dünne und etwas vibrierend *trriie* oder rauer
triirrrr, im Singflug wird dies zu Strophen trillernder,
rau klingender Laute verlängert.

BRUTBIOLOGIE: Kleine, mit Gras gepolsterte Schale auf
dem Boden oder in einem Grasbüschel; 4 Eier; 1 Jahresbrut; Mai bis Juli.

NAHRUNG: Stochert ziemlich lethargisch im Schlamm
oder auch an trockeneren Stränden, manchmal auch
im Wasser watend nach Würmern, Insekten und
Mollusken.

‿‿‿‿‿‿‿‿‿‿‿‿‿‿‿‿‿‿‿‿‿‿‿

FLUG: Schnell; Schwärme fliegen dicht gedrängt und
sehr gut koordiniert, oft in Schwenkungen übers Meer
und dann wieder zurück in spektakulären Manövern.

WINTERRASTPLATZ
Dieser Schwarm Alpenstrandläufer ist durch die Flut auf einen kleinen
exponierten Platz einer Felsküste gezwungen worden; wenn das Wasser
abläuft, verteilen sich die Vögel.

ÄHNLICHE ARTEN

größer

Rücken heller

grauer

weiß am
Bauch

KNUTT
(S. 161)

SANDERLING
(S. 165)

VORKOMMEN
Brütet auf nassen Mooren, in
nassen Heidelandschaften und auf
nördlichen Inseln bis zur Tundra im
fernen Norden und Nordwesten
Europas. Außerhalb der Brutgebiete an allen nassen Plätzen von
Überschwemmungs-
flächen und
Seeufern bis zum Wattenmeer.

| In Mitteleuropa zu sehen |
| J F M A M J J A S O N D |

| Körperlänge **16–20 cm** | Flügelspannweite **35–40 cm** | Gewicht **40–50 g** |
| Schwärme | Lebensdauer **bis 10 Jahre** | Häufig |

Ordnung **Charadriiformes**	Familie **Scolopacidae**	Art *Calidris maritima*

Meerstrandläufer

auf dem Kopf rostfarben

dunkler Schnabel leicht gebogen

weiße und rostfarbene Federränder

dünne weiße Flügelbinde

auf der Brust dunkle Striche

weiße Seiten am schwarzen Bürzel

ALTVOGEL (WINTER)

ALTVOGEL (SOMMER)

auf dem Oberkopf breite bräunliche Striche

IM FLUG

auf den Flügeln Schuppenmuster

Schnabelbasis hell

Beine mattgelb

Kopf und Hals stumpf graubraun

dunkler Rücken mit schuppenartigen weißen Federsäumen

dunkler Schnabel mit mattgelber Basis

JUNGVOGEL

an den Flanken dunkle Striche

Bauch weiß

Beine orangegelb

ALTVOGEL (WINTER)

/\
FLUG: Niedrig, schnell, gezielte Flüge von Fels zu Fels.

Der Meerstrandläufer ist eng an seinen Lebensraum am äußersten Rand der Brandung gebunden, wo er seine Nahrung zwischen ständig von Wellen überspülten, tangbedeckten Felsen sucht. Nur ausnahmsweise taucht er im Binnenland auf. Wenn sie nicht mit den nervöseren Steinwälzern zusammen sind, sind Meerstrandläufer überraschend zutraulich. Wie viele Watvögel zieht auch diese Art nicht vor Mitte Mai zu den Brutplätzen ab und kann bereits wieder im Juli zurückkommen. Daher ist sie die meisten Monate im Jahr in Westeuropa als nicht brütender Gast zu beobachten.

STIMME: Einfach, nicht laut *wiit* oder *wiit-wit*.

BRUTBIOLOGIE: Kleine Mulde im Boden auf der weiten offenen Tundra; 4 Eier; 1 Jahresbrut; Mai bis Juli.

NAHRUNG: Insekten, Spinnen und andere wirbellose Tiere; im Winter Schnecken und Mollusken.

ÄHNLICHE ARTEN

GRAUBRUSTSTRANDLÄUFER (S. 428)

mehr hellbraun

Oberseite viel brauner

Beine dunkel

ALPENSTRANDLÄUFER Jungvogel; ähnlich Jungvogel (S. 166)

UNAUFFÄLLIG
Als dunkler Watvogel auf einem dunklen Felsen wird der Meerstrandläufer oft übersehen.

VORKOMMEN
Brütet in Island und Skandinavien in der Tundra und auf Bergen. Im Winter weitverbreitet vor allem an Felsküsten mit viel Tang, zeitweise auch an kahlen Felsen und an steinigen Stränden, auch auf Hafenmolen und Piers und anderen menschlichen Bauwerken.

In Mitteleuropa zu sehen
J F M A M J J A S O N D

Körperlänge **20–22 cm**	Flügelspannweite **40–44 cm**	Gewicht **60–75 g**
Kleine Trupps	Lebensdauer **bis 10 Jahre**	**Bestand gesichert**

Ordnung **Charadriiformes**	Familie **Scolopacidae**	Art *Calidris minuta*

Zwergstrandläufer

am häufigsten zu sehen

auf dem Rücken cremefarbige Linien

heller Kopf mit gestricheltem Scheitel

über dem Auge gegabelte weiße Linie

auf dem Rücken deutliches cremefarbenes »V«

JUNGVOGEL (HERBST)

IM FLUG

Unterseite reinweiß (viel heller als bei Alpenstrandläufer)

kleiner als Spatz, viel kleiner als Star oder Alpenstrandläufer

Beine schwarz

kurzer Schnabel schwarz

Brust hell, einige Flecke an den Seiten

Oberseite mattgrau

auf lebhaft brauner Oberseite schwarze und cremefarbene Flecken

JUNGVOGEL (HERBST)

ALTVOGEL (SOMMER)

ALTVOGEL (WINTER)

Kopf leuchtend rostfarben

FLUG: Schnell, Körperdrehungen; oft weit aufs Wasser hinaus und dann wieder zurück.

D er Zwergstrandläufer ist der kleinste der häufigeren Watvögel. Er ist ein Küstenvogel um das Mittelmeer im Frühjahr und wandert im Sommer in den hohen Norden. Im Herbst wandern die Altvögel früh gegen Süden, gefolgt von der größeren Welle der Jungvögel in Westeuropa. Einem solchen Zugmuster folgen viele Watvogelarten. Zwergstrandläufer gesellen sich oft zu größeren Schwärmen Alpenstrandläufer und manchmal auch zu Sichelstrandläufern.

STIMME: Hart und scharf *tipp* oder *trip*, manchmal *ti-ti-trip*.

BRUTBIOLOGIE: Kleine Bodenmulde nahe am Wasser; 4 Eier; 1 Jahresbrut; Mai bis Juli.

NAHRUNG: Läuft am Wasserrand umher und findet dort winzige Tiere; watet nicht oft ins tiefere Wasser.

JUNGVOGEL AUF DEM ZUG
Die meisten Herbstzügler sind Jungvögel in frischem, deutlich gezeichnetem Gefieder. Sie sind oft bemerkenswert zutraulich.

ÄHNLICHE ARTEN		

ALPENSTRANDLÄUFER Jungvogel (S.166)

kein »V« auf dem Rücken

größer

Schnabel länger

auf Flanken und Bauch matter

SANDERLING Sommer (S. 165)

größer

VORKOMMEN
Brütet in der Tundra. Auf dem Zug an den Schlammrändern von Seen und Lagunen, weniger an der offenen Meeresküste. Altvögel meistens in Südosteuropa im Frühling; die Mehrzahl in Westeuropa betrifft kleine Trupps von Jungvögeln.

In Mitteleuropa zu sehen
J F M **A M J J A S** O N D

Körperlänge **12–14 cm**	Flügelspannweite **34–37 cm**	Gewicht **20–40 g**
Kleine Trupps	Lebensdauer **bis 10 Jahre**	**Bestand gesichert†**

| Ordnung **Charadriiformes** | Familie **Scolopacidae** | Art ***Phalaropus lobatus*** |

Odinshühnchen

Gesicht dunkel

Kehle weiß

Flügel schwärzlich mit kräftigen weißen Streifen

Hals leuchtend rot (weniger rot bei Männchen)

auf dunkelgrauem Rücken lange hellbraune Streifen

feiner schwarzer Schnabel

WEIBCHEN (SOMMER)

wirkt sehr dunkel

IM FLUG

WEIBCHEN (SOMMER)

Oberkopf schwarz

schwarze Maske

Rücken schwärzlich gestreift

Schnabel ganz schwarz

schwarzer Augenfleck

Oberseite grau

Schnabel nadelfein

JUNGVOGEL

ALTVOGEL (WINTER)

D er kleine, zarte Watvogel verbringt einen großen Teil seines Lebens schwimmend auf dem Meer, Hals aufrecht, Schwanz und Flügel etwas angehoben. Odinshühnchen sind häufige Brutvögel im hohen Norden und überwintern in großer Zahl im Mittleren Osten; in weiten Teilen Europas sind sie aber selten. In den meisten Gebieten Westeuropas sind sie nur gelegentliche Herbstgäste, meist im Jugendkleid. Sie sind im Binnenland seltener als Thorshühnchen. Man muss genau beobachten, um die Bestimmung im Schlichtkleid zu sichern.

STIMME: Scharf *twik* und kurze, zwitschernde Laute.

BRUTBIOLOGIE: Mulde in Grasbüscheln in nassen Mooren; 4 Eier; 1 Jahresbrut; April bis Juli.

NAHRUNG: Fängt an der Wasserlinie am Ufer Insekten oder pickt sie von der Wasseroberfläche, dreht sich dabei oft wie ein Kreisel.

FLUG: Schnell, niedrig, flatternd, Flügel mit breiter Basis.

ÄHNLICHE ART

THORSHÜHNCHEN Winter, ähnlich Altvogel Winter (S. 170)

Schnabel dicker

hellerer Rücken

BRUTVOGEL IM SUMPF
Im Sommer sind das Flachwasser rohrbestandener Seen oder auch steinige Teiche auf nordischen Inseln die besten Plätze zur Beobachtung.

VORKOMMEN
Brütet an nordischen Teichen und Mooren im äußersten Norden und Nordwesten Europas. Überwintert auf dem Meer. Seltener Durchzügler im Frühjahr und Herbst, dann meist Jungvögel, an Küstenlagunen. Viel weniger durch Stürme ins Inland verdriftet als Thorshühnchen.

In Mitteleuropa zu sehen
J F M **A M J J A S O** N D

| Körperlänge **17–19 cm** | Flügelspannweite **30–34 cm** | Gewicht **25–50 g** |
| **Wintertrupps** | Lebensdauer **bis 10 Jahre** | **Bestand gesichert†** |

| Ordnung **Charadriiformes** | Familie **Scolopacidae** | Art *Phalaropus fulicarius* |

Thorshühnchen

breites weißes Flügelband

Gesicht schwarz

dicker gelber Schnabel mit schwarzer Spitze

MÄNNCHEN (SOMMER)

WEIBCHEN (SOMMER)

Unterseite orangerot

WEIBCHEN (SOMMER)

schwarzer Augenfleck

dunkler Schnabel mit gelber Basis

Rücken perlgrau

weiße Wangen

IM FLUG

ALTVOGEL (WINTER)

Unterseite weiß

W ie bei Wassertretern üblich sind auch beim Thorshühnchen die Rollen vertauscht: Die Weibchen sind bunter als die Männchen, die Männchen bebrüten das Gelege und führen die Jungen. Obwohl es weiter nördlich brütet als die anderen Arten, ist es im Herbst der häufigste Wassertreter an den europäischen Küsten und wird von Herbststürmen auch manchmal ins Binnenland verschlagen. Typisch ist das Schwimmen, doch im Binnenland werden Thorshühnchen wie andere Watvögel auch an Schlammufern watend beobachtet. Auf dem Meer wird es leicht übersehen, sammelt sich aber manchmal in kleinen schwimmenden Trupps, die von Schiffen gestört in raschem Tempo auffliegen.

STIMME: Hoch *prip* oder *whit*.

BRUTBIOLOGIE: Kleine grasige Mulde in der nordischen Tundra; 4 Eier; 1 Jahresbrut; Juni bis Juli.

NAHRUNG: Pickt wirbellose Tiere vom Schlamm oder von der Wasseroberfläche, oft während des Schwimmens.

∧∧∧∧∧∧∧∧∧∧∧∧∧∧∧∧∧∧∧

FLUG: Etwas flatternd und ungerichtet; niedrig über Wellen mit flachen Flügelschlägen.

JUNGVOGEL SCHWIMMEND
Thorshühnchen schwimmen auf dem offenen Meer und können durch Herbststürme nahe an die Küste verschlagen werden; doch für gewöhnlich werden sie auch mit rauer See fertig.

VORKOMMEN
Seltener Brutvogel in Island. Sonst auf dem Meer, manchmal auf dem Zug vor exponierten Küstenvorsprüngen, einige können durch Herbststürme an alle Küsten abdriften und auch an Binnengewässer, aber immer selten, besonders im Prachtkleid.

| In Mitteleuropa zu sehen |
| J F M **A M** J J **A S O N** D |

ÄHNLICHE ARTEN

ODINSHÜHNCHEN Winter, ähnlich Altvogel Winter (S. 169)

SANDERLING Winter, ähnlich Altvogel Winter (S. 165)

Oberseite mehr gestreift

Schnabel sehr dünn

Kopf hell

| Körperlänge **20–22 cm** | Flügelspannweite **37–40 cm** | Gewicht **50–75 g** |
| **Kleine Trupps** | Lebensdauer **bis 10 Jahre** | **Bestand gesichert†** |

| Ordnung **Charadriiformes** | Familie **Scolopacidae** | Art *Actitis hypoleucos* |

Flussuferläufer

28

dunkler Rücken gefleckt (im Winter einfarbiger)

kräftige weiße Flügelbinde

Flügel steif und gebogen

Oberseite mittelbraun

helle Flecken an den Federrändern

ALTVOGEL (SOMMER)

ALTVOGEL (SOMMER)

Schwanz dunkel mit weißen Seiten

IM FLUG

Schnabel mit heller Basis und dunkler Spitze

Schwanz lang

Brust grau, in der Mitte heller

vor dem geschlossenen Flügel weißes Eck

Beine grünlich oder mattockerfarben

JUNGVOGEL (HERBST)

D er Flussuferläufer ist als häufiger Watvogel viel weiter verbreitet als seine nordischen Gegenstücke, Wald- und Bruchwasserläufer. Einige kann man in milderen Gegenden Mitteleuropas sogar im Winter sehen, auch wenn die meisten die Wintermonate in Afrika verbringen. Er ist ein typischer Süßwasservogel, aber auch an felsigen Meeresküsten zu sehen. Meist begegnet man ihnen nur in geringer Zahl, selten mehr als zehn beisammen, die eher über eine größere Strecke verteilt sind, als in einer Gruppe zusammenzuhalten. Typisch sind die Bewegungen: Meist wird der Kopf tief gehalten und der Schwanz wippt ständig auf und ab.
STIMME: Laut und weit zu hören *hididi* beim Abflug, im Sommer auch trillernd *tui-tui-tui, tschip, tidledi tidledi tidledi*.
BRUTBIOLOGIE: Bodenmulde mit Gras ausgelegt, oft auf grasbewachsenem Ufer; 4 Eier; 1 Jahresbrut; April bis Juli.
NAHRUNG: Sucht eifrig an der Wasserlinie nach Insekten und auch nach Würmern und Mollusken.

FLUG: Sehr charakteristisch niedrig über das Wasser mit steifen, flatternden Schlägen der gebogenen Flügel.

BAD
Alle Watvögel baden regelmäßig, auch bei kaltem Wetter, um ihr Gefieder in gutem Zustand zu halten.

ÄHNLICHE ARTEN

ALPENSTRAND-LÄUFER (S. 166)
Oberseite gestrichelt

WALDWASSERLÄUFER (S. 172)
Unterflügel dunkler

Schnabel länger

dunkler

Beine länger

Oberseite mit weißen Flecken

VORKOMMEN
Brütet an steinigen Flüssen und an kiesigen oder grasigen Seeufern in vielen Ländern Europas. Auf dem Zug an allen Gewässertypen von Stauseen und Flüssen bis zu schlammigen Flussmündungen und sogar Felsküsten.

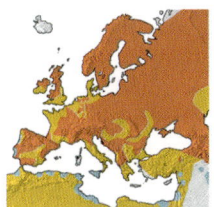

In Mitteleuropa zu sehen
J F **M A M J J A S O** N D

| Körperlänge **19–21 cm** | Flügelspannweite **32–35 cm** | Gewicht **40–60 g** |
| **Kleine Trupps** | Lebensdauer **bis 10 Jahre** | **Bestand gesichert** |

| Ordnung **Charadriiformes** | Familie **Scolopacidae** | Art *Tringa ochropus* |

Waldwasserläufer

Oberflügel
sehr dunkel

Unterflügel
schwarz
(Bruchwasser-
läufer brauner)

Bürzel
großflächig
weiß

Oberseite dunkel-
graubraun, weiß
gesprenkelt

vor dem Auge
heller Streif

Oberkopf
dunkel

Schnabel grau
mit dunkler
Spitze

auf dem
Schwanz
kräftige
Bänderung

ALTVOGEL

IM FLUG

Brust grau
gestrichelt

Oberseite mit unscharfen
hellbraunen Flecken

Beine grünlich

Unterseite
reinweiß

JUNGVOGEL

ALTVOGEL

Wie andere Wasserläufer sind auch Waldwasserläufer meist nur einzeln oder zu wenigen zu sehen; sie sammeln sich nicht in dichten Schwärmen oder in größerer Zahl. Oft steigen ein oder zwei von einem schlammigen Tümpel auf und fliegen in größerer Höhe umher, kommen dann entweder zurück oder fliegen weit weg. Oft sieht man sie nahe der Küste, aber nicht auf dem offenen Watt. Waldwasserläufer aus der Nähe zu sehen ist für gewöhnlich schwierig, da sie sehr wachsam sind und rasch auffliegen. Dabei wirken sie kontrastreich schwarz und weiß.

STIMME: Melodisch flötend *tlu-iit, wiit wiit* beim Auffliegen.

BRUTBIOLOGIE: Altes Nest einer Drossel oder eines ähnlich großen Vogels im Baum nahe einem Waldmoor; 4 Eier; 1 Jahresbrut; Mai bis Juli.

NAHRUNG: Oft bis zum Bauch im Wasser, stochernd und pickend nach Insekten, Krebstieren und Würmern.

FLUG: Fliegt schnell, steigt nach Störung steil auf mit leicht zuckenden Schlägen der gewinkelten Flügel.

WATEN IM SCHLAMM
Der Waldwasserläufer watet meist an schlammigen Ufern nahe einer Deckung, wippt oft mit dem Schwanz, ist aber weniger lebhaft als der Flussuferläufer.

ÄHNLICHE ARTEN

FLUSSUFERLÄUFER
(S. 171)

brauner

Beine
kürzer

brauner

BRUCHWASSERLÄUFER
Bürzel weniger ausgedehnt weiß (S. 176)

VORKOMMEN
Brütet in Nord- und Nordosteuropa. Lokal auch im Winter, auf dem Zug weitverbreitet. Meist an kleinen Teichen, Flüssen, Wasserlöchern, Gräben, Schlammufern von Stauseen und mehr auf bewachsenen Flächen als andere Wasserläufer.

In Mitteleuropa zu sehen
J F M A M J J A S O N D

Körperlänge **21–24 cm**	Flügelspannweite **41–46 cm**	Gewicht **70–90 g**
Kleine Trupps	Lebensdauer **bis 10 Jahre**	**Bestand gesichert†**

| Ordnung **Charadriiformes** | Familie **Scolopacidae** | Art *Tringa erythropus* |

Dunkler Wasserläufer

Oberflügel einfarbig

auf dem Rücken helle Flecken

über Auge weißer Streifen

schwarzer Streifen zum Auge

Kopf blassgrau

Rücken weiß

Unterseite schwarz

Beine dunkel

Oberseite mittelgrau

dünner, langer Schnabel schwarz mit roter Basis

Beine ragen über das Schwanzende

ALTVOGEL (WINTER)

ALTVOGEL (SOMMER)

Brust hellgrau

IM FLUG

zwischen Auge und Schnabel weißer Streifen

Unterseite reinweiß

Körper dunkelbraun

Beine lebhaft rot

Flanken kräftig gebändert

Beine rot

ALTVOGEL (WINTER)

JUNGVOGEL (HERBST)

Unter den größeren Watvögeln wirkt der Dunkle Wasserläufer besonders agil und lebhaft bei der Nahrungssuche. In kleinen Gruppen springen und rennen die Vögel umher, kippen den Hinterkörper nach oben und tauchen sogar nach winzigen Fischchen im Seichtwasser. Einzelne Durchzügler kann man auch an ihrem sehr typischen Ruf erkennen. Im Winter sind sie selten in Westeuropa zu sehen, am häufigsten im Spätsommer und Herbst. Als Brutvögel sind sie auf den fernen Norden Europas beschränkt.

STIMME: Laut scharf und deutlich *tjuit* (am Ende betont).

BRUTBIOLOGIE: Mulde auf offenem Boden; 4 Eier; 1 Jahresbrut; Mai bis Juli.

NAHRUNG: Oft im Wasser nach Beute jagend, stochert kaum im Schlamm; greift kleine Fische, Würmer und Mollusken.

FLUG: Schnell und geradlinig, Beine stehen über, werden manchmal jedoch etwas nach vorne gehalten.

NAHRUNGSAUFNAHME
Kleine Gruppen der Dunklen Wasserläufer suchen in kleinen Buchten nach Nahrung, ähnlich den Enten.

ÄHNLICHE ARTEN

ROTSCHENKEL ähnlich Altvogel Winter (S. 177)

GRÜNSCHENKEL (S. 174)

brauner

Schnabel kürzer

Beine kürzer

Beine matt grün

Schnabel etwas aufgeworfen

VORKOMMEN
Brütet in Waldmooren und auf der offenen Tundra im fernen Norden Europas. Zu anderen Zeiten am Süßwasser und an Brackwasserlagunen, Salzmarschen, Flüssen, Seeufern und an Stauseen im Binnenland. Überwintert einzeln im westlichen Europa.

In Mitteleuropa zu sehen
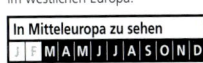

| Körperlänge **29–32 cm** | Flügelspannweite **48–52 cm** | Gewicht **135–250 g** |
| **Kleine Trupps** | Lebensdauer **bis 10 Jahre** | **Bestand gesichert** |

Ordnung **Charadriiformes**	Familie **Scolopacidae**	Art *Tringa nebularia*

Grünschenkel (31)

auf der Oberseite helle schuppenförmige Federsäume

Oberseite einfarbig

Kopf und Hals hell

Oberseite grau

auf dem Rücken weißer Keil

ALTVOGEL (WINTER)

Schnabel etwas aufgeworfen

JUNGVOGEL

langhalsiger und weniger gedrungen als Rotschenkel oder Kampfläufer

Oberseite mit schwärzlichen Flecken

IM FLUG

Unterseite deutlich weiß

Brust gestrichelt

Beine lang und graugrün

ALTVOGEL (WINTER)

ALTVOGEL (SOMMER)

D er Grünschenkel ist einer der schönsten Watvögel, obwohl ihm auffällige Farbmuster fehlen. Seine Proportionen machen ihn zu einem eleganten Vogel. Er ist deutlich größer als ein Rotschenkel, beinahe so groß wie eine Uferschnepfe. An seinem lauten melodischen Ruf kann man ihn leicht erkennen. Man findet ihn am Watt und an Binnengewässern. Als Brutvogel ist er auf abgelegene, ursprüngliche Plätze beschränkt und schwer zu beobachten.

STIMME: Häufigster Ruf laut auf gleicher Tonhöhe pfeifend und weit tragend *tjü tjü tjü*, ohne Beschleunigung.

BRUTBIOLOGIE: Mulde oft in der Nähe eines umgestürzten Stammes, eines Steins oder Pfostens in Gras oder Heidekraut; 4 Eier; 1 Jahresbrut; Mai bis Juli.

NAHRUNG: Sucht beim Waten im seichten Wasser, oft sehr aktiv auch nach Beute rennend; fängt kleine Fische, nimmt Würmer, Insekten und Krebstiere auf.

FLUG: Schnell mit regelmäßigen Flügelschlägen, Vogel wirkt schlank und spitz.

ELEGANTE GESTALT
Langer Schnabel und lange Beine verleihen dem Grünschenkel eine besonders elegante Gestalt.

ÄHNLICHE ARTEN

kleiner

brauner

Schnabel sehr dünn schlanker

gedrungener

Beine kürzer

TEICHWASSERLÄUFER (S. 175)

ROTSCHENKEL (S. 177)

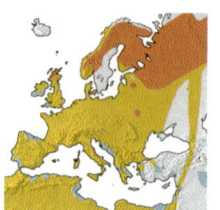

VORKOMMEN
Brütet auf Mooren nahe offenem Wasser in Nordwesteuropa. Auf dem Zug am Wasser, etwa an Stauseen und Seeufern, im Binnenland. Nicht oft auf dem offenen Watt. Überwintert in Westeuropa.

In Mitteleuropa zu sehen											
J	F	M	A	M	J	J	A	S	O	N	D

Körperlänge **30–35 cm**	Flügelspannweite **53–60 cm**	Gewicht **140–270 g**
Kleine Trupps	Lebensdauer **bis 10 Jahre**	**Bestand gesichert**

| Ordnung **Charadriiformes** | Familie **Scolopacidae** | Art *Tringa stagnailis* |

Teichwasserläufer

Kopf und Hals hell

über dem Auge heller Streifen

Oberseite grau mit hellbraunen Flecken

auf dem Rücken langes wei- ßes »V«

Flügel dunkel

dunkler Schnabel dünn und gerade

JUNGVOGEL (HERBST)

Unterseite weiß

grünliche Beine sehr lang

schmale, abgewinkelte Flügelform

IM FLUG

Oberseite graubraun mit dunklen Flecken

Flanken gefleckt

Brust gestrichelt

ALTVOGEL (SOMMER)

JUNGVOGEL (HERBST)

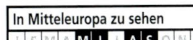

FLUG: Schnell und geradlinig mit raschen Flügel- schlägen; Beine reichen über den Schwanz.

D ie langen Beine und der sehr feine gerade Schna- bel machen den Teichwasserläufer zu einem besonders zarten und eleganten Watvogel, fast ein Stelzenläufer unter den Wasserläufern. Er ist deutlich kleiner als ein Rotschenkel, doch muss man genau hin- sehen, wenn man ihn alleine sieht, denn auch mit dem Grünschenkel bestehen Ähnlichkeiten. Er bewegt sich meist zierlich am Ufer von schlammigen Süßwasser- tümpeln. In Westeuropa sind Teichwasserläufer im All- gemeinen selten, sie werden aber regelmäßig in einigen Gebieten Südosteuropas gesehen.

STIMME: Schnell und scharf *kju* oder hoch *kjü kjü kjü*.

BRUTBIOLOGIE: Wenig ausgekleidete Mulde in einem grasigen Moor oder in offen Waldmooren des Nordens; 4 Eier; 1 Jahresbrut; Mai bis Juli.

NAHRUNG: Pickt kleine Insekten und Krebsbtiere vom Schlamm oder von der Wasseroberfläche.

HELLER GESAMTEINDRUCK
Im Sommer ist er brauner mit schwarzen Flecken auf der Oberseite; sonst aber sieht der Teichwasserläufer sehr hell und fast farblos aus.

ÄHNLICHE ARTEN

BRUCHWASSER- LÄUFER (S. 176)

Schnabel kürzer

Oberseite mehr gefleckt

größer

Schnabel dicker und etwas auf- geworfen

GRÜNSCHENKEL (S. 174)

VORKOMMEN
Brütet im Norden und im extremen Osten von Europa in Waldmooren und feuchten Waldlichtungen. Zieht durch das östliche Mittelmeer- gebiet, weiter westlich selten im Spätfrühling oder Herbst. Meist am Süßwasser.

In Mitteleuropa zu sehen
J F M A M J J A S O N D

| Körperlänge **22–25 cm** | Flügelspannweite **50 cm** | Gewicht **80–90 g** |
| **Kleine Trupps** | Lebensdauer **bis 10 Jahre** | **Bestand gesichert†** |

| Ordnung **Charadriiformes** | Familie **Scolopacidae** | Art *Tringa glareola* |

Bruchwasserläufer

auf dem Rücken
kleine helle Flecken

brauner Rücken cremefarben
gefleckt (kräftiger gezeichnet als
bei Waldwasserläufer, Rotschenkel oder Kampfläufer)

kein Weiß auf
dem Oberflügel

heller Streif zieht sich
bis hinter das Auge
(vgl. Waldwasserläufer)

Bürzel
weiß

helle
Unterflügel

**ALTVOGEL
(SOMMER)**

**JUNGVOGEL
(HERBST)**

auf dem Schwanz
enge Bänderung

Unterseite weiß

IM FLUG

lange Beine gelblich
ockerfarben

Brust ge-
strichelt

gerader Schnabel
mit dunkler Spitze

Bruchwasserläufer
haben die typische
Gestalt der Wasserläufer,
sind aber zarter und langbeiniger als Waldwasserläufer.
Sie sind auch schlanker als
die größeren Rotschenkel und
Grünschenkel. Als ausgesprochene
Süßwasservögel sind sie kaum an der offenen
Küste zu sehen, dagegen oft in bewachsenen Teichen und
Tümpeln, in denen sie auch auf der schwimmenden Vegetation laufen. Im Frühjahr ziehen viele Bruchwasserläufer
durch das östliche und südliche Europa und sind in Westeuropa durchaus selten. Im Herbst trifft man sie dort häufiger, besonders im August. Einzelne Individuen tauchen
dann auf geschützten Schlammufern an Stauseen oder
Lagunen an der Küste auf, suchen fast nervös wirkend
nach Nahrung und fliegen oft bei geringster Störung
rasch in größerer Höhe ab.
STIMME: Artkennzeichnend rasch und scharf
giff-giff-giff-giff.
BRUTBIOLOGIE: Mit Laub ausgekleidete Bodenmulde,
auch Nester auf Bäumen; 4 Eier; 1 Jahresbrut; Mai bis Juli.
NAHRUNG: Läuft geschickt über schwimmende Vegetation oder am Ufer und pickt dabei nach Insekten und
kleinen wirbellosen Wassertieren.

**JUNGVOGEL
(HERBST)**

/\/\/\/\/\/\/\/\/\/\/\/\/\/\/\/\/\

FLUG: Schnell, kräftig mit zuckenden Flügelschlägen;
steigt bei Störung oft hoch in die Luft.

WATVOGEL IM SEICHTWASSER
Bruchwasserläufer suchen an schlammigen Ufern oder im Seichtwasser nach
Nahrung; bei Störung fliegen sie rasch mit aufgeregt klingenden Rufen auf.

ÄHNLICHE ARTEN

ROTSCHENKEL
(S. 177)

weniger gefleckt

dunkler
Unterflügel

größer und
dunkler

Schnabel
dicker

Beine rot

WALDWASSERLÄUFER
Ruf anders, Bürzel leuch-
tender weiß (S. 172)

VORKOMMEN
Sommervogel, brütet in Nord- und
Nordosteuropa. Durchzügler sind
weitverbreitet im Süden und
Westen, meistens an Schlammufern, bewachsenen Rändern
flacher Lagunen, Salzpfannen und
oft nahe an der Küste, aber für
gewöhnlich nicht auf dem Watt.

In Mitteleuropa zu sehen

| J | F | M | A | M | J | J | A | S | O | N | D |

| Körperlänge **19–21 cm** | Flügelspannweite **36–40 cm** | Gewicht **50–90 g** |
| **Kleine Trupps** | Lebensdauer **bis 10 Jahre** | **Bestand abnehmend** |

| Ordnung **Charadriiformes** | Familie **Scolopacidae** | Art ***Tringa totanus*** |

Rotschenkel 🔘 30

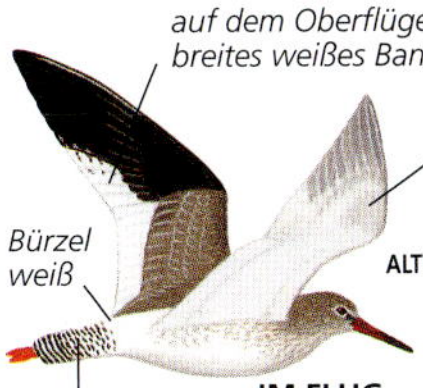

auf dem Oberflügel
breites weißes Band

Oberseite einheitlich braun

Unterflügel
weiß

Kopf und Oberseite
dunkelbraun

heller
Augenring

keine
Flecken
auf der
Unterseite

Bürzel
weiß

ALTVOGEL

IM FLUG

Schwanz
gebändert

ALTVOGEL (WINTER)

Schnabel gerade
mit roter Basis

hellbraune Feder-
säume

Bauch weiß
mit dunklen
Flecken

Beine leuchtend rot

Beine
gelb-
orange

**ALTVOGEL
(SOMMER)**

JUNGVOGEL

FLUG: Schnell, geradlinig, gleitet beim Niedergehen und hebt unmittelbar vor dem Landen die Flügel an.

S ein lautes Auftreten macht den Rotschenkel zu einem der auffälligsten Strandvögel. Er rastet in dichten Schwärmen bei Flut und wirkt dabei bemerkenswert dunkel gegenüber den helleren Pfuhlschnepfen und Knutts. In Gebieten mit Entwässerungen und Intensivierung der Landwirtschaft nehmen Rotschenkel stark ab; die Bestände sind auch durch den Verlust an Salzmarschen beeinträchtigt. Immerhin ist die Art an vielen Küsten noch häufig.

STIMME: Laute melodische Rufe, wie *tji-ji-ji, tji, tji-ii* oder auch kurz *tjik tjik;* Gesang, im Flug schnell vorgetragen, ist ein Jodeln wie *tü-ju tü-ju tü-ju.*

BRUTBIOLOGIE: Spärlich ausgelegte Bodenmulde, oft durch längeres Gras als Dach vor Sicht von oben geschützt; 4 Eier; 1 Jahresbrut; April bis Juli.

NAHRUNG: Stochert und pickt in weichem Boden nach Insekten, Würmern, Krebstieren und Mollusken.

GEDRÄNGE AM RUHEPLATZ
Rotschenkelschwärme werden durch die aufkommende Flut dicht zusammengedrängt. Sie halten sich meist von anderen Watvögeln getrennt.

VORKOMMEN
Brütet auf Salzsümpfen, nassen Weiden, nahe Süßwasserseen oder in nassen Mooren in Nord- und Osteuropa. Sonst an nassen Stellen am Süßwasser und an Meeresküsten, hauptsächlich im Watt, aber auch an den unterschiedlichsten Gewässern.

ÄHNLICHE ARTEN

KNUTT Winter
(S. 161)

kleiner

kleiner
heller

Beine
kürzer

Schnabel
länger

PFUHLSCHNEPFE Winter
(S. 159)

In Mitteleuropa zu sehen

| J | F | M | A | M | J | J | A | S | O | N | D |

| Körperlänge **27–29 cm** | Flügelspannweite **45–52 cm** | Gewicht **85–155 g** |
| **Wintertrupps** | Lebensdauer **bis 10 Jahre** | **Bestand abnehmend** |

| Ordnung **Charadriiformes** | Familie **Scolopacidae** | Art *Lymnocryptes minimus* |

Zwergschnepfe

auf dem Rücken breite cremefarbene Streifen

Schwanz kurz

heller Flügel- hinterrand

Schnabel nach unten gewinkelt

IM FLUG

Oberseite sehr dunkel

Oberkopf gestreift mit schwarzem Zentrum

Schnabel kürzer als bei Bekassine

Rücken gestreift, grün schillernd

Flanken gestreift

kurze Beine grünlich

FLUG: Ziemlich langsam, fast flatternd im Vergleich mit Bekassine; Flügel nach hinten gewinkelt.

Während sich die Bekassine versteckt und doch oft ganz offen nach Nahrung sucht, ist die Zwergschnepfe so gut wie nie zu sehen, da sie sich immer in der Tiefe dichter Vegetation an sehr nassen Plätzen verborgen hält. Man kann die hübschen kleinen Vögel nur nach dem Auffliegen sehen. Und sie fliegen meist nur auf, um gleich wieder in die Deckung einzufallen. Nahe Beobachtungen am Boden sind meist auf Einbrüche sehr kalten Wetters beschränkt, wenn die Zwergschnepfe gezwungen ist, sich auch an unge- wöhnlichen Plätzen niederzulassen. Überwinternde Vögel finden sich Jahr für Jahr an traditionellen Plätzen ein, auch an sehr kleinen feuchten Stellen nahe einem See oder am Rand eines Küstensumpfes. An günstigen Plätzen können zehn oder 20 Zwergschnepfen in lockerer Gruppe beisammen sein.

STIMME: Für gewöhnlich schweigsam; im Balzflug gedämpft und hohl *og-ogok og-ogok.*

BRUTBIOLOGIE: Mulde in einer trockenen Gras- oder Seggen- bülte im Moor; 4 Eier; 1 Jahresbrut; Mai bis Juli.

NAHRUNG: Geht hüpfend und sucht dabei mit dem Schnabel im Boden nach Insektenlarven, Würmern und Samen.

GUT VERSTECKT
Die Zwergschnepfe sucht in dichter Vegetation an nassen Plät- zen nach Nahrung und ist am Boden sehr schwer zu sehen.

ÄHNLICHE ARTEN

BEKASSINE ruft, wenn aufge- scheucht (S. 180)

zentraler Streifen am Oberkopf hell

Schnabel länger

von Kopf bis Rücken viel einfarbiger

ALPENSTRAND- LÄUFER (S. 166)

VORKOMMEN
Brütet in nordischen Mooren, weiter südlich nur im Winterhalbjahr. Außerhalb der Brutzeit auf sehr nassen Grünflächen, Plätzen mit stehendem Wasser und Schlamm, Rändern von Rohrbeständen und von Salzmarschen, immer in dichter Vegetation.

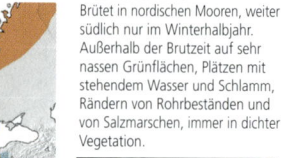

| In Mitteleuropa zu sehen |
| J F M A M J J A S O N D |

| Körperlänge **17–19 cm** | Flügelspannweite **30–36 cm** | Gewicht **35–70 g** |
| **Kleine Trupps** | Lebensdauer **5–10 Jahre** | **Gefährdet†** |

Ordnung **Charadriiformes**	Familie **Scolopacidae**	Art *Scolopax rusticola*

Waldschnepfe

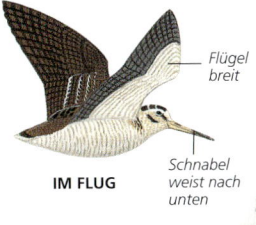

IM FLUG

Flügel breit

Schnabel weist nach unten

auf Oberseite Tarnmuster

Augen sitzen weit hinten am Kopf

auf Oberkopf kräftige schwarze Bänder

Kopf eckig

Schnabel lang, gerade, mit dicker Basis

Unterseite gleichmäßig gebändert

Wegen ihrer hervorragenden Tarnung ist die Waldschnepfe sehr schwer zu sehen, meist nur an Waldrändern bei Dämmerung im Frühling oder im Sommer beim »Schnepfenstrich«. Dabei handelt es sich um eine geheimnisvolle Balz knapp über Baumhöhe mit schnellem Zittern der gebogenen Flügel und regelmäßigem dumpfem Quorren und hohem Pfeifen. Sonst bleiben Waldschnepfen in dichter Vegetation auf dem Waldboden oder in der Nacht bei der Nahrungssuche auf Feuchtflächen so gut wie unsichtbar. Nur selten, meist bei schlechtem Wetter, sieht man eine am Boden sitzen. Bei Störung geht sie mit Gepolter hoch und fliegt ziemlich niedrig und schnell. Manchmal kommt sie dann in einem großen Bogen zurück.

STIMME: Bei der Balz hohe scharfe Pfiffe und tiefes Grunzen, etwa *tsi-wip quorrr quorrr*.

BRUTBIOLOGIE: Flache Mulde im Falllaub oder unter Brombeeren; 4 Eier; 1 Jahresbrut; März bis August.

NAHRUNG: Bohrt nach Würmern, Käfern und Sämereien im weichen Waldboden, an Wasserlöchern und in Feuchtgebieten.

FLUG: Schnell und geradlinig; fliegt mit lautem Flügelgeräusch ab und fliegt in einer Zickzackbahn.

GUT GETARNT
Eine Waldschnepfe auf ihrem Nest oder auf dem Boden sitzend ist selbst aus großer Nähe nur sehr schwer zu entdecken.

ABENDSTRICH
Im Sommer fliegen Waldschnepfen regelmäßig bestimmte Strecken im Wald bei Dämmerung ab.

ÄHNLICHE ARTEN

kleiner

Kopf gestreift, nicht quer gebändert

Schnabel viel länger

Kopf gestreift

BEKASSINE (S. 180)

DOPPELSCHNEPFE (S. 430)

VORKOMMEN
Mit Ausnahme von Island und großen Teilen Spaniens und Portugals weitverbreitet; viele ziehen im Winter nach Westen und Süden. Brütet in Wäldern und Gehölzen mit weichem Boden, Mooren und Feuchtstellen und ist auch im Winter dort anzutreffen.

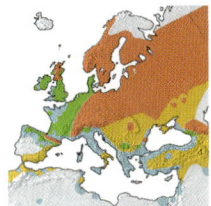

In Mitteleuropa zu sehen
J F M A M J J A S O N D

Körperlänge **33–38 cm**	Flügelspannweite **55–65 cm**	Gewicht **250–420 g**
Familientrupps	Lebensdauer **bis 10 Jahre**	**Gefährdet**

| Ordnung **Charadriiformes** | Familie **Scolopacidae** | Art ***Gallinago gallinago*** |

Bekassine 〔33〕

kräftig gestreifter Kopf mit cremefarbenen Mittelstreifen

Rücken dunkelbraun mit langen breiten cremefarbenen Streifen

Flügel dunkel mit hellem Hinterrand

Schnabel extrem lang, nach unten gehalten

Brust gestrichelt

IM FLUG

Schwanz mit rostfarbenem Zentrum

Flanken gebändert

Bauch weiß

sticht auf der Nahrungssuche mit dem Schnabel in weichem Boden

Die Bekassine benötigt Überflutungsgebiete und weichen nassen Boden, um mit ihrem außerordentlich langen Schnabel einstechen und Würmer greifen zu können. Bei trockenem Boden kann sie nicht lange überleben. Mit der zunehmenden Austrocknung unserer modernen Kulturlandschaft, der Rückhaltung des Wassers in festen Kanälen ist die faszinierende Frühjahrsbalz der Bekassine in weiten Teilen ihres ehemaligen Verbreitungsgebiets verschwunden. Noch kann man sie in Feuchtgebieten sehen oder sie gelegentlich an nassen Ufern aufstöbern. Bei der Balz zeigen Bekassinen einen steilen Wellenflug und tauchen dabei mit ausgespreizten Schwanzfedern ab.

STIMME: Scharfes *ätch* beim überraschten Auffliegen; im Frühjahr rhythmisch und melodisch *tü-ke tü-ke*; kurzes wimmerndes Meckern im Flug, das von den schwingenden abgespreizten Schwanzfedern erzeugt wird.

BRUTBIOLOGIE: Mit Gras gepolsterte flache Mulde in dichter Vegetation; 4 Eier; 1 oder 2 Jahresbruten; April bis Juli.

NAHRUNG: Bohrt tief im weichen Boden nach Würmern.

FLUG: Schnell, dreht sich von einer Seite auf die andere mit zuckenden Schlägen der nach hinten gewinkelten Flügel; kurz vor dem Landen rasches Flügelflattern.

RAST
Der mittelgroße Watvogel kann lange Zeit ruhig neben einer Seggenbülte oder einem Grasbüschel sitzen und ist meist weniger aktiv als andere Watvogelarten.

VORKOMMEN
Bevorzugt nasse Moore und Hochmoorheiden, brütet in Nordwest- und Nordeuropa. Außerhalb der Brutzeit an allen Typen von Süßwasser-Feuchtgebieten mit Seichtwasser und weichem Schlamm, bei Frostwetter an der Küste.

In Mitteleuropa zu sehen
J F M A M J J A S O N D

ÄHNLICHE ARTEN

ZWERGSCHNEPFE fliegt kaum freiwillig auf (S. 178)

kleiner

Schnabel kürzer

WALDSCHNEPFE (S. 179)

Kopf gebändert

größer

| Körperlänge **25–28 cm** | Flügelspannweite **37–43 cm** | Gewicht **80–120 g** |
| **Kleine Trupps** | Lebensdauer **5–10 Jahre** | **Bestand gesichert†** |

| Ordnung **Charadriiformes** | Familie **Glareolidae** | Art *Glareola pratincola* |

Rotflügel-Brachschwalbe

rot am kleinen Schnabel

Oberflügel braun mit schwarzer Außenhälfte

Schwarzer Augenstreif verlängert sich als Einfassung des hellen Kehlflecks.

Flügel lang

Oberseite erdbraun

weißer Hinterrand

Kupferrote Unterflügeldecken sehen oft dunkel aus.

Brust dunkel

ALTVOGEL

IM FLUG

Bürzel weiß

Schwanz gegabelt

heller Bauch

feine helle Flecken

Kehlfleck nicht schwarz umsäumt

ALTVOGEL

JUNGVOGEL

Als eleganter, spezialisierter Watvogel mit einer Luftjagdtechnik ist die Rotflügel-Brachschwalbe grundsätzlich ein Mittelmeervogel, der nur gelegentlich weiter nördlich vorkommt. Es handelt sich um einen lang gestreckten Vogel mit schlanker Körperform; wenn er mit aufgeplusterten Federn am Boden steht, kann er aber fast rund aussehen, abgesehen von den herausragenden Flügelspitzen und seinem schlanken Schwanz. In der Luft zeigt er aber die Gewandtheit und Manövrierfähigkeit einer Trauerseeschwalbe. Sie sind oft in kleinen Trupps bei der Nahrungssuche.

STIMME: Scharfes, weit tragendes und seeschwalbenähnliches *kit kitkit*, auch rhythmisch *kirri-tik-kit-ik*.

BRUTBIOLOGIE: Flache Mulde in trockenem Schlamm auf dem Boden, lockere Kolonien; 2 bis 3 Eier; 1 Jahresbrut; April bis Juli.

NAHRUNG: Fängt mit dem Schnabel Insekten im Flug.

FLUG: Elegant, mit Abtauchen und raschen Änderungen von Geschwindigkeit und Richtungen, plötzlichen Körperdrehungen und Haken.

RUHEPAUSE ZWISCHEN JAGDFLÜGEN
Rotflügel-Brachschwalben sitzen oder stehen zwischen kurzen Jagdflügen auch längere Zeit am Boden.

ÄHNLICHE ARTEN

Oberflügel einfarbig

Schwanz kurz   Bauch weiß

WALDWASSERLÄUFER im Flug ähnlich, doch weniger schwalbenähnlich (S. 172)

SCHWARZFLÜGEL-BRACH-SCHWALBE (S. 422)

VORKOMMEN
Im Sommer in Südspanien, Portugal, Frankreich, Italien und auf der Balkanhalbinsel, sonst nur seltener Gast. In extensiv genutzten flachen Gebieten mit trockenem Schlamm, kurzrasiger Weide, Ödflächen, Feuchtgebieten, trockengelegten Flussmündungen oder Salzpfannen.

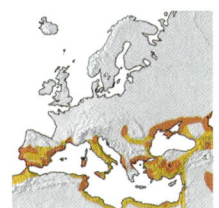

| In Mitteleuropa zu sehen |
| J F M **A M J J A S** O N D |

| Körperlänge **24–28 cm** | Flügelspannweite **60–70 cm** | Gewicht **50–80 g** |
| **Trupps** | Lebensdauer **bis 5 Jahre** | **Gefährdet** |

ALKEN

 A LS MEERESVÖGEL, kommen Alken nur zum
Brüten auf Küstenfelsen oder in Höhlen
an Land. Sie bilden lärmende Kolonien und
verbringen den Winter auf dem Meer. Sie sind
hervorragende Schwimmer und Taucher und setzen unter Wasser auch ihre Flügel ein. Sie fliegen
mit schwirrenden Schlägen ihrer kleinen Flügel.
Gegenüber Verschmutzung sind sie sehr empfindlich; oft stellen sie die Masse der Opfer bei einer
Ölkatastrophe. Andere Alken leiden vor allem
unter der Abnahme der Fischbestände.

ÄHNLICHKEIT MIT PINGUINEN
Alken sehen aus wie die nördlichen Gegenstücke der auf der
Südhalbkugel lebenden Pinguine.

ALCIDAE (ALKEN)

hoher dreieckiger Schna-
bel blaugrau, orange,
gelb und rot gemustert

Körper
schwarz

PAPAGEITAUCHER
S.183

GRYLLTEISTE
S.184

Schnabel dick und
seitlich abgeflacht

Unterseite weiß,
gegen schwarze
Kehle rund
abgesetzt

TORDALK
S.185

Schnabel
kurz und
dick

KRABBENTAUCHER
S.186

TROTTELLUMME
S.187

Ordnung **Charadriiformes**	Familie **Alcidae**	Art *Fratercula arctica*

Papageitaucher

Flügel einheit-
lich schwarz

Gesicht wie
eine grau-
weiße Scheibe

Oberseite und
Hals schwarz

Auge dunkel

hoher dreieckiger
Schnabel blau-
grau, orange,
gelb und rot
gemustert

**ALTVOGEL
(SOMMER)**

Unterseite
weiß

**ALTVOGEL
(SOMMER)**

IM FLUG

∧∧∧∧∧∧∧∧∧∧∧∧∧∧∧∧∧∧∧∧∧∧∧∧∧∧∿∿∿

FLUG: Schnell, geradlinig und niedrig; Flügelschläge
rasch und flatternd; in Trupps oft höher über dem
Meer oder der Brutkolonie in Kreisbahnen.

Papageitaucher sind mehr lokal konzentriert als Trottellummen, da sie Erde
benötigen, um im Sommer ihre Bruthöhlen zu graben. Im Winter leben
sie weit draußen auf dem Atlantik. Im
Sommer sieht man oft Vögel von den Küsten
nach Norden und Westen fliegen. Wintervögel, denen das bunte Schnabelornament der
Brutzeit fehlt, sind jedoch nahe der Küste
für gewöhnlich selten. Gelegentlich werden
Papageitaucher auch durch Herbststürme ins
Inland getragen und tauchen dann an völlig
unerwarteten Plätzen auf.
STIMME: Am Nest laute bellende und kehlige
Rufe wie *aaarr, kaar-o-arr.*
BRUTBIOLOGIE: Besetzt fertige Höhlen, gräbt
Höhlen in weiche Erde oder findet Höhlung
zwischen Felsen; 1 Ei; 1 Jahresbrut; Mai bis Juni.
NAHRUNG: Taucht von der Wasseroberfläche
nach kleinen Fischen und Tintenfischen.

Schnabelrillen
nehmen mit
dem Alter zu

Schnabel kleiner, matter
(verliert farbige Scheide)

Gesicht düster
grau (wie bei
Jungvögeln)

Beine lebhaft
orangefarben

**ALTVOGEL
(SOMMER)**

ALTVOGEL (WINTER)

RÜCKKEHR ALS HERAUSFORDERUNG
Altvögel, die Fische zu ihren Jungen bringen,
werden oft von Möwen gejagt.

VORKOMMEN
Brütet an Küsten und auf Inseln
von Island bis Nordwestfrankreich
in Höhlen an Küstenfelsen oder
grasigen Hängen. Auf dem Meer
weitverbreitet, doch im Winter
selten, wenn die meisten draußen
auf dem Atlantik sind. Selten nach
Stürmen im Binnenland.

In Mitteleuropa zu sehen
J F **M A M J J A S O** N D

ÄHNLICHE ARTEN

KRABBENTAUCHER
schnellere Flügel-
schläge (S. 186)

kleiner

Schnabel
klein

TORDALK
(S. 185)

größer und
massiger

dicker
Schnabel
schwarz

Schnabel
dolchähnlich

größer

TROTTELLUMME
(S. 187)

Körperlänge **26–29 cm**	Flügelspannweite **47–63 cm**	Gewicht **310–500 g**
Kleine Trupps	Lebensdauer **10–20 Jahre**	**Gefährdet**

Ordnung **Charadriiformes**	Familie **Alcidae**	Art **Cepphus grylle**

Gryllteiste

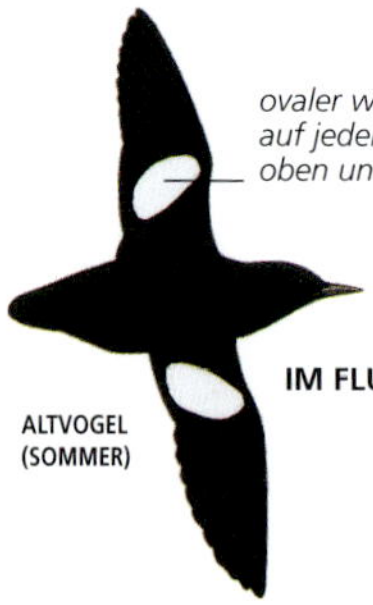

schwarzer Streifen auf Flügelfleck, sonst gleiches Gefieder
wie Altvogel Winter

um die Augen
schwarz

schwarzer
Kopf

Schnabel
klein und
dolchförmig

ovaler weißer Fleck
auf jedem Flügel
oben und unten

JUNGVOGEL

IM FLUG

**ALTVOGEL
(SOMMER)**

großer weißer
Flügelfleck

Körper
schwarz

Beine
leuchtend rot

ALTVOGEL (SOMMER)

Gryllteisten sind nicht annähernd so gesellig wie andere Alken und ziehen kleine Inseln und felsige Landspitzen an den nördlichen Küsten und Insel-gruppen vor. Die Paare schwimmen das ganze Jahr über in Küstennähe. Die hervorragenden Schwimmer und Taucher kommen bei ruhigem Wetter oft weit in Fjorde und Buchten hinein. Im Sommer sind sie an ihrem einmaligen Färbungsmuster leicht zu erkennen, doch auch im Winter, da sie den weißen Flügelfleck beibehalten; der jetzt weiße Rücken ist aber gefleckt, Oberkopf und Augenumgebung sind düster schwarzgrau. Wintervögel können mit ähnlich aussehenden Arten verwechselt wer-den, doch der helle Kopf und der spitze Schnabel helfen, die Gryllteiste von Enten und Lappentauchern zu unterscheiden.

STIMME: Schriller, hoher und pfeifen-der Ruf verlängert sich in ein schnelles Trillern; auch gelegentlich dünne *sip-sip-sip*-Lauten zu hören.

BRUTBIOLOGIE: Nische zwischen Fel-sen oder Höhle in einer Hafenmauer; 1 Ei; 1 Jahresbrut; Mai bis Juni.

NAHRUNG: Taucht nach kleinen Fischen und Krebstieren.

FLUG: Niedrig, geradlinig mit schnellen, schwirren-den Flügelschlägen.

SCHLECHT ZU FUSS
Gryllteisten sitzen für gewöhnlich horizontal, weniger aufrecht als Lummen und sind an Land nicht so agil wie Papageitaucher.

VORKOMMEN
Brütet an den Küsten Nordeuro-pas, für gewöhnlich an felsigen Inseln mit einzelnen Steinen oder Höhlen in Felsen. In der Regel Standvogel, nur selten im Winter anderswo. Ans Meer gebunden, extrem selten im Binnenland.

In Mitteleuropa zu sehen
J F M A M J J A S O N D

ÄHNLICHE ARTEN		

kein weißer
Flügelfleck

PAPAGEITAUCHER
(S. 183)

Schnabel dick

Schwanz
extrem kurz

Oberseite
schwarz

TROTTELLUMME
Winter (S. 187)

Flügel
schwarz

OHRENTAUCHER
Winter (S. 77)

Körperlänge **30–32 cm**	Flügelspannweite **52–58 cm**	Gewicht **350–450 g**
Familientrupps	Lebensdauer **bis 10 Jahre**	**Bestand abnehmend**

| Ordnung **Charadriiformes** | Familie **Alcidae** | Art *Alca torda* |

Tordalk

horizontale Linie vor dem Auge

auf dem Schnabel weiße Linie

Oberkopf schwarz

Kopf schwarz (Jungvogel mit dunkelgrauer Wange)

Schwanz spitz

Brust und Kehle weiß

Schnabel dick und seitlich abgeflacht

ALTVOGEL (SOMMER)

ALTVOGEL (WINTER)

Bürzel schwarz mit breiten weißen Seiten

Oberseite schwarz

Unterseite weiß

IM FLUG

ALTVOGEL (SOMMER)

Obwohl nicht so häufig wie die Trottellumme, ist der Tordalk gleichwohl ein häufiger Bestandteil der nordischen Seevogelkolonien, oft weniger auffällig, da er sich weniger für offene Felsbänder als vielmehr für Felshöhlen interessiert. Im Sommer kommen Tordalken eher in geschützte Buchten und Flussmündungen als Trottellummen. Im Allgemeinen kann man sie am besten an der Gestalt erkennen, der oft angehobene Schwanz ist dabei sehr nützlich im Vergleich mit dem kurzen, gerade abgeschnittenen Schwanz der Trottellumme. Aus der Nähe sind Kopf- und Schnabelform die wichtigsten Kennzeichen.

STIMME: Lange tremulierende und knatternde Laute an der Kolonie, tief *urrrrr.*

BRUTBIOLOGIE: Eier auf geschütztem Felsband oder in einer Höhlung zwischen Steinen; 1 Ei; 1 Jahresbrut; Mai bis Juni.

NAHRUNG: Taucht oft sehr tief von der Wasseroberfläche nach Fischen; setzt seine Flügel unter Wasser ein.

FLUG: Schnell, niedrig, geradlinig mit schnellen, fast schwirrenden Flügelschlägen; vor dem Landen auf dem Felsen kleiner Schwung nach oben.

STARKER FLIEGER
Tordalken fliegen trotz ihrer kleinen Flügel gut und mit gleichmäßigen Flügelschlägen. Sie bewegen sich ganz anders als die oberflächlich ähnlichen Sturmtaucher.

VORKOMMEN
Brütet an Felsküsten von Island südwärts bis Nordwestfrankreich, in der Regel an Felswänden mit Höhlungen oder Steinen mit Schutzmöglichkeiten. Im Winter weiterverbreitet, doch selten nah an der Küste. Sehr selten im Binnenland nach Stürmen.

In Mitteleuropa zu sehen
| J | F | M | A | M | J | J | A | S | O | N | D |

ÄHNLICHE ARTEN

Kopf kleiner

scharfer Dolchschnabel

DICKSCHNABELLUMME (S. 434)

Schnabel gedrungen, konisch

PAPAGEITAUCHER (S. 183)

TROTTELLUMME (S. 187)

Schnabel farbig, dreieckig

| Körperlänge **37–39 cm** | Flügelspannweite **63–67 cm** | Gewicht **590–730 g** |
| **Kleine Trupps** | Lebensdauer **10–20 Jahre** | **Bestand gesichert** |

| Ordnung **Charadriiformes** | Familie **Alcidae** | Art *Alle alle* |

Krabbentaucher

schlanke Flügel

WINTER

weißer Hinterrand

IM FLUG

auf den Schultern weiße Striche

weiße Halsseite reicht nach oben bis hinter die Wangen

Gesicht und Oberkopf schwarz

Schnabel kurz und dick

WINTER

das Schwarz auf dem Rücken erstreckt sich dünn auf die Brustseiten

FLUG: Schnell, niedrig, Flügel leicht nach hinten geschlagen, schwirrender Flug.

Kopf und Brust ganz schwarz

SOMMER

Der Krabbentaucher ist der kleinste und am weitesten nördlich lebende Alk. In den meisten Teilen Europas ist er selten und am ehesten als Gast im Spätherbst in der Nordsee zu erwarten. In »guten« Jahren können Herbststürme auch einige ins Binnenland verschlagen. Brutkolonien sind oft riesig. Die lebhaften kleinen Vögel schwimmen mit erhobenem Kopf und hochgestrecktem Schwanz, erschöpfte oder kranke dagegen gekrümmt und mit hängenden Flügeln. Sie fallen oft Raubmöwen und Möwen zum Opfer oder auch Krähen, wenn sie erschöpft ins Binnenland verschlagen werden. Krabbentaucher öffnen ihre Flügel leicht, wenn sie nach Nahrung tauchen, kommen dann wie ein Korken an die Wasseroberfläche zurück und schwimmen wie Bojen selbst in der rauesten See.

STIMME: Schrille, zwitschernde oder schwätzende Rufe und Triller; auf See schweigsam.

BRUTBIOLOGIE: Höhlung hoch über der Küste; 1 Ei; 1 Jahresbrut; Juni.

NAHRUNG: Taucht nach Fischen, Plankton und Krebstieren.

ZUGVÖGEL IM STURM
Im Spätherbst werden einige Krabbentaucher von Stürmen an die Küsten verschlagen. Sie können dann ganz unerwartet über Küstenfelsen und sandigen Stränden gesehen werden.

ÄHNLICHE ARTEN

größer

TORDALK (S. 185)

Schnabel groß und dreieckig

Schnabel dick

PAPAGEITAUCHER (S. 183)

VORKOMMEN
Brütet in der Arktis auf Inseln. Besucht meist selten im Spätherbst Nordwesteuropa, ist dort auch seltener Wintergast, für kurze Zeit auch zahlreich in der Nordsee nach Stürmen aus Nord. Selten erscheinen sturmverdriftete Vögel im Binnenland.

In Mitteleuropa zu sehen
J F M A M J J A S O N D

Körperlänge **17–19 cm**	Flügelspannweite **40–48 cm**	Gewicht **140–170 g**
Kleine Trupps	Lebensdauer **bis 10 Jahre**	**Bestand gesichert†**

| Ordnung **Charadriiformes** | Familie **Alcidae** | Art *Uria aalge* |

Trottellumme

scharfer Dolchschnabel

Oberseite dunkel- braun bis schwarz

Hals lang

Schwanz kurz und Ende gerade

Unterseite weiß, gegen schwarze Kehle rund abgesetzt

schwimmt tief

ALTVOGEL (SOMMER)

Oberkopf dunkel

auf weißem Gesicht schwarzer Strich durchs Auge (Jungvögel ähnlich)

aufrechte Haltung

Bürzel dunkel mit schmalen weißen Seiten

ALTVOGEL (SOMMER)

weißer Hinterrand **IM FLUG**

ALTVOGEL (SOMMER)

ALTVOGEL (WINTER)

Trottellummen domi-
nieren im Sommer
zusammen mit Dreizehen-
möwen Seevogelkolonien
auf dicht besetzten Simsen von
Küstenfelsen. Sie schwimmen vor der Küste in langen Reihen
unter den Felsen. Von Landspitzen sieht man sie oft niedrig
und schnell hinausfliegen. Im Winter sind sie nahe der Küste
nur während und nach Stürmen zu sehen. Im Süden
ihres Verbreitungsgebiets sind sie
ganz braun und daher leicht von
Tordalken zu unterscheiden; nördliche Vögel sind schwärzer.
STIMME: In Kolonien laute, ratternde, nasale und auch brüllende
Laute wie *arrrr-rrr-rr;* Jungvögel
laut pfeifend auf dem Meer.
BRUTBIOLOGIE: Eier auf Felsband;
1 Ei; 1 Jahresbrut; Mai bis Juni.
NAHRUNG: Taucht von der Wasseroberfläche nach Fischen tief
unter Wasser.

∿∿∿∿∿∿∿∿∿∿∿∿∿∿∿∿

FLUG: Niedrig, schnell und geradlinig, wenig manövrierfähig; schnelle, fast schwirrende Flügelschläge, vor
dem Landen kleiner Schwung nach oben.

GROSSE SCHWÄRME
Große Schwärme Trottellum-
men schwimmen unter den
Brutkolonien im Meer.

GROSSE KOLONIEN
Trottellummen bedecken
hohe steile Küstenfelsen
in der Brutsaison; oft sind
Tordalken dazwischen.

VORKOMMEN
Brütet an Felsküsten Islands,
Skandinaviens, Großbritanniens,
Nordwestfrankreichs, Spaniens,
Portugals; meist auf kahlen Felsen
mit flacher Oberseite. Im Winter
selten in Küstennähe, selbst nach
Stürmen.

ÄHNLICHE ARTEN

TORDALK
(S. 185)
Kopf flacher
Schwanz spitz

DICKSCHNABELLUMME
(S. 434)
Schnabel dicker und stumpf

Schnabel dicker mit weißem Strich

Flügel länger

kleiner

**SCHWARZSCHNABEL-
STURMTAUCHER** (S. 82)

| In Mitteleuropa zu sehen |
| J F M A M J J A S O N D |

| Körperlänge **38–54 cm** | Flügelspannweite **64–73 cm** | Gewicht **850–1130 g** |
| **Kleine Trupps** | Lebensdauer **10–20 Jahre** | **Bestand gesichert** |

RAUBMÖWEN, SEESCHWALBEN UND MÖWEN

DIE MEISTEN dieser hervorragenden Schwimmer und Flieger leben auf dem Meer, einige verbringen aber manche Zeiten im Jahr am Süßwasser. Seeschwalben rütteln und tauchen, größere Möwen können in Aufwinden oder bei günstiger Brise kreisen. Möwen sind gut zu Fuß, doch Raubmöwen und vor allem die kurzbeinigen Seeschwalben sind auf dem Boden nicht sehr beweglich. Alle verteidigen heftig ihr Nest.

FISCHJÄGER
Eine Flussseeschwalbe schaut ins Wasser. Sie wird dann kopfüber hinunterstürzen, um die Beute mit ihrem Schnabel zu packen.

RAUBMÖWEN

Die »Piraten des Meeres« fangen ihre eigene Beute, doch den größten Teil ihrer Nahrung erbeuten sie, indem sie andere Seevögel jagen und sie zwingen, ihre Beute fallen zu lassen oder hervorzuwürgen.

SEESCHWALBEN

Sie sind meist kleiner und langschwänziger. Einige tragen im Sommer eine schwarze Kopf-kappe und tauchen aus der Luft nach Fischen, andere picken im Flug Nahrung vom Wasser auf.

MÖWEN

Die Dreizehenmöwe ist eine Meeresmöwe, die anderen brüten im Binnenland oder kommen teilweise im Winter ins Inland. Viele bleiben auch an der Küste. Möwen suchen in Schwärmen nach Nahrung, die größeren Arten leben auch räuberisch. Die Geschlechter sind gleich, doch unterscheiden sich die Kleider der immaturen Vögel oft sehr stark von denen der Altvögel.

STERCORARIIDAE (RAUBMÖWEN)

Schwanz stumpf und gedreht

SPATELRAUBMÖWE
S.191

scharf zugespitzte Schwanzfeder

SCHMAROTZERRAUBMÖWE
S.192

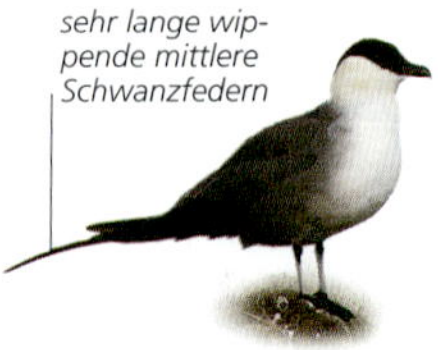

sehr lange wippende mittlere Schwanzfedern

FALKENRAUBMÖWE
S.193

Oberseite dunkelbraun gestrichelt

SKUA
S.194

STERNIDAE (SEESCHWALBEN)

spitzer gelber Schnabel mit kleiner schwarzer Spitze

schwarze Kappe rund

lange Beine schwarz

Kehle und Wangen weiß

ZWERGSEESCHWALBE
S. 195

LACHSSEESCHWALBE
S. 196

RAUBSEESCHWALBE
S. 197

WEISSBART-SEESCHWALBE
S. 198

...erseite rauchiges ...nkelgrau

schwarzer Oberkopf, im Nacken abstehende Federn

roter Schnabel mit schwarzer Spitze

hellgrau

Beine kurz

...RAUERSEESCHWALBE
S. 199

BRANDSEESCHWALBE
S. 200

FLUSSSEESCHWALBE
S. 201

ROSENSEESCHWALBE
S. 202

KÜSTENSEESCHWALBE
S. 203

LARIDAE (MÖWEN)

Augen dunkel

schwarzes Zickzackband auf Flügel

IMMATUR (1. WINTER)

dunkelbraune Kapuze

Kopf weiß mit dunklen Ohrflecken

IMMATUR (1. WINTER)

DREIZEHENMÖWE
S. 204

LACHMÖWE
S. 205

heller Kopf mit dunkler Zeichnung, die im Frühjahr zunimmt

schwarzes Zickzackband auf Flügel

weiße Flügelspitzen ohne Schwarz

IMMATUR (1. WINTER)

um das Auge dunkler Fleck

lange, schwarze Flügelspitzen

JUNGVOGEL

ZWERGMÖWE
S. 206

SCHWARZKOPFMÖWE
S. 207

kräftiges weißes Band zwischen grauem Rücken und schwarzen Flügelspitzen

Flügel braun, zu hellbraun ausbleichend, mit dunkelbraunen Spitzen

Rücken schiefergrau

Körper dunkelbraun, gefleckt

IMMATUR (1. WINTER)

IMMATUR (1. WINTER)

STURMMÖWE
S. 208

HERINGSMÖWE
S. 209

189

LARIDAE (MÖWEN) *Fortsetzung*

IMMATUR

Kopf reinweiß

*Beine hell-
bis tiefgelb*

SILBERMÖWE
S. 210

*Körper
braun
gefleckt*

*Schnabel
schwärzlich*

IMMATUR

MITTELMEERMÖWE
S. 211

*auf milchkaffeebraunem
Körper Bänderung*

*Flügelspitzen
ragen deutlich
über den
Schwanz*

IMMATUR
(1. WINTER)

POLARMÖWE
S. 212

*kurze weiße
Flügelspitzen*

*Schnabel hell-
rosa mit scharf
abgesetztem
schwarzem Fleck*

IMMATUR
(1. WINTER)

Kopf weißlich

EISMÖWE
S. 213

IMMATUR
(1. WINTER)

Rücken schwarz

MANTELMÖWE
S. 214

190

| Ordnung **Charadriiformes** | Familie **Stercorariidae** | Art *Stercorarius pomarinus* |

Spatelraubmöwe

dicker Schnabel mit rosabrauner Basis

Oberkopf schwarz

weiße Flügel-marke

**ALTVOGEL
(DUNKLE FORM)**

Schwanz löffel-förmig

Rücken braun

braunes Brustband

Schwanz stumpf

IM FLUG

**ALTVOGEL
(HELLE FORM)**

Körper braun

unter dem Schwanz breit gebändert

Unterseite weiß

Schwanz stumpf und gedreht

Beine grau

JUNGVOGEL (HERBST, DUNKLE FORM)

ALTVOGEL (SOMMER, HELLE FORM)

Spatelraubmöwen brüten im hohen Norden und sind in Europa im Sommer selten zu sehen. Im Frühling ziehen kleine Trupps von Alt-vögeln an westlichen und südlichen Küstenkaps in einem auf kurze Zeit konzentrierten Durchzug vorbei. Im Herbst kann man größere Mengen entlang westeuropäischen Küsten sehen. Sie jagen jedoch weit vor der Küste und es bedarf meist eines starken land-einwärts wehenden Windes, um einige in Sichtweite des Ufers zu bringen.

STIMME: Abseits der Brutplätze für gewöhnlich schweigsam.

BRUTBIOLOGIE: Einfache Boden-mulde in der offenen arktischen Tundra; 2 Eier; 1 Jahresbrut; Juni.

NAHRUNG: Fängt im Sommer Lem-minge und Seevögel; sonst Fisch, den sie anderen Vögeln abjagen, und Abfälle.

FLUG: Streckenflug geradlinig, gleichmäßig; Flügel-schläge weich und kraftvoll; bei Angriff schneller, wendige Jagd.

DURCHZÜGLER IM HERBST
Nach Herbststürmen erschöpfte Durchzügler rasten manchmal an Stränden und suchen Nahrung wie Möwen.

VORKOMMEN
Brütet im äußersten Nordosten Europas. Auf dem Durchzug meist in der Nordsee und auf dem Atlantik. Tritt in unterschiedlicher Zahl auf: Für gewöhnlich spärlich, manchmal findet konzentrierter Frühjahrsdurchzug statt; gelegent-lich längerer Einflug im Spätherbst in die Nordsee; im Winter wenige.

In Mitteleuropa zu sehen
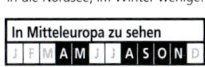

ÄHNLICHE ARTEN

SCHMAROTZERRAUB-MÖWE (S. 192)

SKUA (S. 194)

SILBERMÖWE Immatur (S.210)

kleiner und schlanker

größer, breitere Flügel

Oberflügel hell mit dunk-ler Spitze

| Körperlänge **46–51 cm** | Flügelspannweite **1,15–1,25 m** | Gewicht **550–900 g** |
| Kleine Trupps | Lebensdauer **10–15 Jahre** | Bestand gesichert† |

Ordnung **Charadriiformes**	Familie **Stercorariidae**	Art ***Stercorarius parasiticus***

Schmarotzerraubmöwe

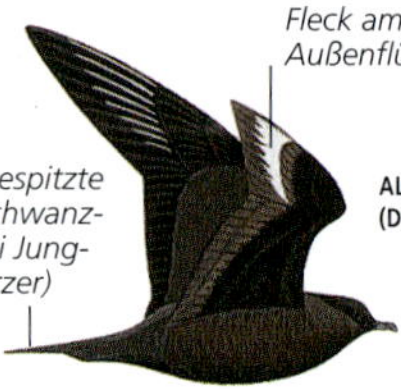

Schnabel bläulich mit dunkler Spitze

Oberkopf dunkel

graubraunes oder gelbliches Brustband

Rücken braun

weiße Flügelmarke

ALTVOGEL (HELLE FORM)

kleiner weißer Fleck am Außenflügel

Beine blaugrau, Zehen schwärzlich

Unterseite weißlich

scharf zugespitzte mittlere Schwanzfedern (bei Jungvögeln kürzer)

ALTVOGEL (DUNKLE FORM)

ALTVOGEL (HELLE FORM)

IM FLUG

Schwanzdecken einheitlich schwarz (bei Jungvögeln oben und unten gebändert)

Körper dunkelbraun (Jungvögel mehr rostbraun)

ALTVOGEL (DUNKLE FORM)

FLUG: Streckenflug leicht, manchmal etwas regellos; lange und hartnäckige Verfolgungsjagden dichtauf.

Abgesehen von gelegentlichen Einflügen von Spatelraubmöwen im Spätherbst ist die allgemein häufigste Raubmöwe in Europa die Schmarotzerraubmöwe. Eine Hilfe für die Bestimmung der selteneren Arten ist die möglichst gute Kenntnis ihrer Gefiedervielfalt. Am Brutplatz ist sie ein sehr dynamischer Vogel mit schnellen, hohen und steil abtauchenden Balzflügen. Auf dem Meer jagt sie als Pirat andere Seevögel, um sie zum Herauswürgen von Fischen zu zwingen. Ihre pfeilschnelle Verfolgungsjagd von Seeschwalben und kleinen Möwen – oft arbeitet ein Paar zusammen – ist aufregend zu beobachten.

STIMME: Im Sommer laut nasal klagend *ahh-jiuh, ii-ai, ka-ju* usw.; auf See schweigsam.

BRUTBIOLOGIE: Mulde in Moos und Heide; 2 Eier; 1 Jahresbrut; Mai bis Juni.

NAHRUNG: Raubt Fische von Seeschwalben und Möwen, fängt selbst Fische, kleine Vögel, Wühlmäuse und nimmt auch Beeren und Insekten auf.

ELEGANZ IN DER LUFT
Die langflügelige, schlanke Schmarotzerraubmöwe mit ihren verlängerten zentralen Schwanzspießen ist im Flug einer der elegantesten Seevögel.

VORKOMMEN
Brütet auf nordischen Mooren und Inseln von Schottland nach Norden bis in die Arktis. Frühjahrs- und Herbstzügler erscheinen vor den meisten europäischen Küsten, besonders an der Nordsee und am Atlantik. Im Frühherbst meist die häufigste Raubmöwe. Im Binnenland selten nach Stürmen.

ÄHNLICHE ARTEN		

SPATELRAUBMÖWE (S. 191)

Schwanz stumpf

STURMMÖWE Immatur, ähnlich heller Form; weißer Bürzel (S. 208)

SILBERMÖWE Immatur, ähnlich dunkler Form; weißer Bürzel (S. 210)

dunkles Schwanzband

dunkles Schwanzband

stärkerer Kontrast auf Oberflügel

In Mitteleuropa zu sehen
J F **M A M** J J **A S O** N D

Körperlänge 37–44 cm	**Flügelspannweite** 0,95–1,15 m	**Gewicht** 380–600 g
Kleine Trupps	**Lebensdauer** 10–15 Jahre	**Bestand gesichert†**

Ordnung **Charadriiformes**	Familie **Stercorariidae**	Art *Stercorarius longicaudus*

Falkenraubmöwe

Flügel dunkel und schmal

dickhalsig

Oberkopf schwarz

Oberflügel graubraun mit sehr wenig Weiß

ALTVOGEL (SOMMER)

dunkler Hinterrand

Oberseite graubraun

dicker Hals, flacher Bauch

Körper braun

ALTVOGEL (SOMMER)

Brust weiß

IM FLUG

Bauch dunkel

sehr lange wippende mittlere Schwanzfedern

unter dem Schwanz breite helle Bänderung

ALTVOGEL (SOMMER)

JUNGVOGEL (DUNKLE FORM)

D ie Falkenraubmöwe ist für gewöhnlich die seltenste der kleineren Raubmöwen. Mitunter ziehen im Frühling große Mengen in wenigen Tagen vor den westlichsten Küsten nach Norden und kleinere Zahlen in längeren Perioden im Herbst nach Süden, besonders in der Nordsee. In ihrem Brutgebiet im hohen Norden ist die Falkenraubmöwe sehr aggressiv und setzt sich auch schon mal auf den Kopf eines Eindringlings. Sie fliegt niedrig und leicht, fast seeschwalbenähnlich und jagt selten andere Seevögel. Wie manche andere Arten lebt sie im Sommer von Lemmingen. Anders als die Schmarotzerraubmöwe hat die Falkenraubmöwe als Altvogel keine dunkle Form, doch sind die Jungvögel sehr variabel.

STIMME: Klagende möwenähnliche Rufe und hohe Alarmrufe im Sommer; auf See schweigsam.

BRUTBIOLOGIE: Einfache Bodenmulde in der Tundra oder in Bergen; 2 Eier; 1 Jahresbrut; Juni.

NAHRUNG: Im Sommer meist Lemminge, Wühlmäuse und kleine Vögel; auf See Abfälle und Fische, meistens selbst gefangen.

FLUG: Streckenflug leicht, etwas regellos, oft kleiner Anstieg vor einem Heruntergehen auf das Wasser.

AGGRESSIVER ALTVOGEL
Brutvögel fliegen um den Eindringling und rufen laut; die Biegsamkeit der Schwanzspieße fällt dann besonders auf.

ÄHNLICHE ARTEN

Brustband

SPATELRAUB-MÖWE breitere Flügel (S. 191)

Schwanz dick

Bauch heller

größer

SCHMAROTZERRAUB-MÖWE (S. 192)

VORKOMMEN
Brütet im Norden und Westen Norwegens und im extremen Norden Schwedens. Zieht durch die Nordsee, um die westlichen Insel Schottlands und vor den Westküsten Spaniens und Portugals in einem kurzen Frühjahrszug von Altvögeln und in einem längeren Herbstzug.

In Mitteleuropa zu sehen
J F M **A M J J A S O** N D

Körperlänge **35–41 cm**	Flügelspannweite **1,05–1,12 m**	Gewicht **250–450 g**
Kleine Trupps	Lebensdauer **bis 10 Jahre**	**Bestand gesichert†**

Ordnung **Charadriiformes**	Familie **Stercorariidae**	Art *Stercorarius skua*

Skua

Flügel lang, breit
und am Ende spitz

Oberkopf dunkel

an Nacken und Rücken
hellbraune bis creme-
farbene Striche

an den Außen-
flügeln großer
weißer Fleck

ALTVOGEL

Oberseite dunkel-
braun gestrichelt

Bauch
immer
dunkel

IM FLUG

dunkler,
starker
Schnabel
mit Haken

Unterseite einfarbig
dunkel (Jungvögel
oft dunkler)

ALTVOGEL

dicke Beine
schwärzlich

ALTVOGEL

Die Skua ist die größte, schwerste und räuberischste Raubmöwe. Ihre Attacke gegen Nesteindringlinge führt sie gezielt in Kopfhöhe aus. In den letzten Jahren ist der Bestand auf Kosten anderer Seevögel deutlich angestiegen. Fast überall in Westeuropa ist die Skua als Zugvogel (von und nach Afrika) im Frühling und Herbst, am besten von Küstenvorsprüngen in Zeiten heftiger küstengerichteter Seewinde, zu sehen. Unter solchen Bedingungen ist die Schmarotzerraubmöwe aber meist zahlreicher. Die Skua begleitet Möwen und Tölpel in Trupps um Fischereischiffe und an küstennahen Süßwasserseen an ihren Brutplätzen im Norden.

STIMME: Bellend *ak-ak-ak* oder tief *tak-tak;* auf dem Meer schweigsam.

BRUTBIOLOGIE: Einfache Mulde auf moorigen Flächen; 2 Eier; 1 Jahresbrut; Mai bis Juli.

NAHRUNG: Raubt Fische von anderen Seevögeln bis zur Größe eines Basstölpels; tötet Vögel bis zur Größe einer Dreizehenmöwe; nimmt viel Abfall und Aas auf.

FLUG: Niedrig, geradlinig, mit langsamen Flügelschlägen; schnelle Jagdflüge nur kurz.

PRÄSENTATION DER WEISSEN FLÜGELMARKEN
Skuas balzen an ihren Brutplätzen und zeigen dabei ihre auffallenden weißen Flügelmarken.

VORKOMMEN
Brütet von Schottland nach Norden auf Inseln und abgelegenen Mooren und Hügeln. Vor den Küsten Westeuropas und auf dem Meer im Frühjahr und Herbst weitverbreitet; manchmal durch Stürme an die Küste verschlagen; auch an exponierten Küsten bei normalen Bedingungen zu sehen. Im Winter selten.

In Mitteleuropa zu sehen
J F **M A M J J A S O N** D

ÄHNLICHE ARTEN

SILBERMÖWE
Immatur (S. 210)
Farbe weniger
einheitlich

auf dem Flügel
weniger weiß

schlanker

Schwanz lang

**SCHMAROTZERRAUB-
MÖWE** (S. 192)

kleiner

Schwanz
lang

SPATELRAUBMÖWE
(S. 191)

Körperlänge **50–58cm**	Flügelspannweite **1,25–1,4m**	Gewicht **1,2–2kg**
Kleine Trupps	Lebensdauer **10–20 Jahre**	**Bestand gesichert**

| Ordnung **Charadriiformes** | Familie **Sternidae** | Art *Sterna albifrons* |

Zwergseeschwalbe

an den Flügel-
spitzen schwärz-
licher Streifen

auf dem
Rücken dunkle
Pfeilzeichnung

Oberkopf gestrichelt

durch das Auge
schwarzer Streif

Stirn
weiß

Oberkopf
schwarz

Schnabel
schwärzlich

Nacken
schwarz

kurzer
weißer
Schwanz
gegabelt

**ALTVOGEL
(SOMMER)**

Rücken
hellgrau

spitzer
gelber
Schnabel
mit kleiner
schwarzer
Spitze

IM FLUG

JUNGVOGEL

Stirn weiß

Beine orange-
farben bis
gelb

Unterseite
reinweiß

**ALTVOGEL
(SOMMER)**

**ALTVOGEL
(SOMMER)**

Die schnell und nervös wirkende Zwergseeschwalbe ist inzwischen selten geworden. Im Binnenland ist sie nur ausnahmsweise, sonst aber an den meisten Küsten zu sehen. Das helle Gefieder und die geringe Größe fallen gewöhnlich schon beim ersten Blick auf. An den Brutkolonien lärmen die Vögel und greifen auch Eindringlinge an. Die meisten Kolonien liegen an beliebten Stränden und können nur überleben, wenn sie besonders geschützt sind. Der Vogel brütet oft nahe an der Wasserlinie und läuft bei hohen Flutwellen Gefahr, Eier und Junge zu verlieren.

STIMME: Scharf, hoch und rasch *kirri-kirri-kirri* und *kititit*.

BRUTBIOLOGIE: Flache Mulde im Sand oder in angespülten Muschelschalen; 2 oder 3 Eier; 1 Jahresbrut; Mai bis Juni.

NAHRUNG: Stößt nach Fischen aus einem kurzen Rüttelflug; oft nahe am Strand.

FLUG: Schnell mit flatternden Flügelschlägen; rüttelt kurz mit sehr schnell schlagenden Flügeln.

WINZIGE SEESCHWALBEN
Zwergseeschwalben sind kleiner und heller als Flussseeschwalben, die zu keiner Jahreszeit eine weiße Stirn tragen.

VORKOMMEN
Brütet auf schmalen Sandbänken und Streifen angespülter Muschel-schalen, sehr lokal südlich der Ostsee, gesichert nur, wenn geschützt; auch im Binnenland in Südspanien, Portugal und Osteuropa. Meist Küstenwanderer im Frühjahr und Herbst, im Binnenland selten.

| In Mitteleuropa zu sehen |
| J F M **A M J J A S O** N D |

ÄHNLICHE ARTEN

BRANDSEESCHWALBE
(S. 200)
viel größer

schwarzer
Schnabel
länger

größer und
grauer

KÜSTENSEESCHWALBE
(S. 203)

größer und
grauer

Flügel
länger

Beine
schwarz

Beine rot

FLUSSSEESCHWALBE
langsamer (S. 201)

Schwanz
länger

| Körperlänge **22–24 cm** | Flügelspannweite **48–55 cm** | Gewicht **50–65 g** |
| **Kleine Trupps** | Lebensdauer **bis 10 Jahre** | **Bestand abnehmend** |

| Ordnung **Charadriiformes** | Familie **Sternidae** | Art *Gelochelidon nilotica* |

Lachseeschwalbe

am Außenflügel schmales dunkles Band

Kopf weiß, dunkler Augenfleck

Schnabel dick

schwarze Kappe rund

kräftiger Schnabel schwarz

ALTVOGEL (SOMMER)

ALTVOGEL (WINTER)

Schwanz hellgrau

Rücken hellgrau

ALTVOGEL (SOMMER)

hellgrauer Anflug an Handschwingen wird abgerieben, darunter schwarz

IM FLUG

Unterseite weiß

Beine schwarz

FLUG: Streckenflug leicht und geschmeidig, etwas möwenähnlicher als bei anderen Seeschwalben.

Die Lachseeschwalbe ist eine mehr lokal vorkommende Seeschwalbe Europas. Im Verhalten und im Körperbau gleicht sie den typischen Meeres-Seeschwalben mit schwarzer Kappe wenig, jedoch im allgemeinen Aussehen. Sie ist ein Vogel der Süßwassersümpfe und der Küstenlagunen, obwohl sie auch übers Meer wandert. Im Winter in Afrika suchen Lachseeschwalben über den großen offenen Flächen mit großer Menge an Tieren nach Nahrung; in Europa fliegen sie auch über Flächen, auf denen Weidetiere Insekten aufstöbern. Außerhalb ihrer normalen Verbreitung müssen sie sorgfältig von Brandseeschwalben unterschieden werden, doch ist es allgemein nicht schwer, sie zu erkennen. Abgesehen von dem charakteristischen grauen Schwanz sehen sie sehr hell aus.

STIMME: Nasal und tief *kä-wäk*, sonst auch lachende und knarrende Lautfolgen.

BRUTBIOLOGIE: Flache Mulde mit Gras ausgelegt auf Sand oder trockenem Schlamm nahe am Wasser; 3 Eier; 1 Jahresbrut; Mai bis Juni.

NAHRUNG: Nimmt Nahrung meist im Flug auf und stößt nach unten; Insekten, Kleinvögel, Nagetiere.

FLUGBILD
Im Flug zeigen Lachseeschwalben lange, spitze Flügel mit dunklen Rändern gegen die spitz zulaufenden Enden.

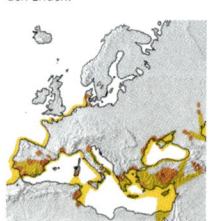

VORKOMMEN
Brütet und sucht Nahrung um Lagunen, in Reisfeldern, Sümpfen und nassen Grünflächen meist in Süd- und Osteuropa, sehr lokal an der Nordsee. Außerhalb Südeuropa allgemein sehr seltener Gast, meist an der Küste.

ÄHNLICHE ARTEN

BRANDSEESCHWALBE (S. 200)

schwarze Kappe mit Federspitzen

Schnabel länger, schlanker mit gelblicher Spitze

grauer

am Schnabel rot

WEISSBART-SEESCHWALBE Winter (S. 198)

Beine rot

kleiner und dunkler

FLUSSSEESCHWALBE (S. 201)

In Mitteleuropa zu sehen

| J | F | M | **A** | **M** | **J** | **J** | **A** | **S** | **O** | N | D |

| Körperlänge **35–42 cm** | Flügelspannweite **76–86 cm** | Gewicht **200–250 g** |
| **Trupps** | Lebensdauer **bis 10 Jahre** | **Sehr gefährdet†** |

Ordnung **Charadriiformes**	Familie **Sternidae**	Art ***Hydroprogne caspia***

Raubseeschwalbe

große schwarze Kappe mit weißen Flecken, etwas aufgefasert am Hinterkopf

Oberseite grau

unter den Flügelspitzen schwarz

Schnabel rot mit schwarzer Markierung an der Spitze

ALTVOGEL (SOMMER)

IM FLUG

lange Beine schwarz

Kopf eckig, Hals dick

Schwanzfedern mit dunklen Spitzen

JUNGVOGEL

ALTVOGEL (HERBST)

Kappe mit weißen Strichen

Schnabel matt gefärbt

ALTVOGEL (SOMMER)

FLUG: Kräftig mit langsamen, gleichmäßigen Flügelschlägen.

D ie Raubseeschwalbe mit ihrem mächtigen roten Schnabel ist die größte Seeschwalbe, aber überall selten. Obwohl ihre Größe ganz offensichtlich ist, fallen bei der ausgeglichenen Proportion der rote Schnabel und der für eine Seeschwalbe massige Körper nicht gleich ins Auge. Gegen andere Seeschwalben sieht sie gewaltig aus, aber wenn sie unter großen Möwen steht, wirkt sie niedriger und langgestreckter. Im Flug führen die langen, gewinkelten Flügel und das auffallende schwarze Feld unter den Flügelspitzen zu einem Basstölpeleffekt im Kleinen. Raubseeschwalben fliegen über Wasser meist mit dem Kopf nach unten.

STIMME: Tief und fast explosiv *krii-äk*, in Brutkolonien ausgesprochen lärmend.

BRUTBIOLOGIE: Flache Mulde im Sandboden oder in Muschelschalen; 2 oder 3 Eier; 1 Jahresbrut; Mai bis Juni.

NAHRUNG: Taucht nach Fischen, fliegt mitunter lange Strecken von der Kolonie zu Nahrungsgründen.

AUFFALLENDE SEESCHWALBE
Im Sommer fallen die schwarze Kappe und der leuchtend rote Schnabel dieser großen Seeschwalbe ins Auge.

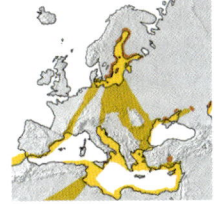

VORKOMMEN
Die meisten brüten um die Ostsee auf niedrigen Inseln und an der Küste. Seltener Durchzügler in Osteuropa und am Mittelmeer, noch seltener aber am Atlantik und in der Nordsee. Meist an der Küste, aber zuweilen auch im Binnenland.

In Mitteleuropa zu sehen											
J	F	M	**A**	**M**	**J**	**J**	**A**	**S**	**O**	N	D

ÄHNLICHE ARTEN

Schnabel schlanker

BRANDSEESCHWALBE (S. 200) *Schwanz länger*

FLUSSSEESCHWALBE (S. 201)

dünner Schnabel schwarz

kleiner

KÖNIGSSEESCHWALBE, untere Flügelspitzen im Flug heller (S. 433)

kleiner und schlanker

kurze Beine rot

Körperlänge **48–55 cm**	Flügelspannweite **0,96–1,10 m**	Gewicht **200–250 g**
Trupps	Lebensdauer **bis 10 Jahre**	**Gefährdet†**

197

| Ordnung **Charadriiformes** | Familie **Sternidae** | Art *Chlidonias hybrida* |

Weißbart-Seeschwalbe

JUNGVOGEL

ALTVOGEL (SOMMER)

auf dem Rücken bräunliche Schuppen-zeichnung

Bürzel und Schwanz mittelgrau

große schwarze Kappe

Schnabel dunkelrot

Kehle und Wangen weiß

Rücken mittelgrau

Bauch schwärzlich

ALTVOGEL (SOMMER)

Beine dunkelrot

Ohrdecken schwarz

Rücken hellgrau

Hinterkopf und Nacken gestrichelt

IMMATUR (1. WINTER)

Bürzel grau

ALTVOGEL (WINTER)

Beine dunkelbraun

IM FLUG

ALTVOGEL (WINTER)

Körper hell

Schnabel dunkel

FLUG: Leicht, aber geringfügig weniger wendig als Trauerseeschwalbe, geradliniger.

WEISSES GESICHT
Bei einem Vogel im Prachtkleid fallen die weißen Wangen und die Kehle ins Auge.

Die größte der Sumpfseeschwalben, die Weißbart-Seeschwalbe, kann man im Herbst oder Winter eher mit einer Flussseeschwalbe oder einer Küstensee-schwalbe verwechseln, da sie sehr hell ist. Im Prachtkleid ist sie jedoch einmalig. Der kräftige Schnabel und die ziemlich breiten Flügel lassen sie massiger aussehen als die Trauerseeschwalbe. Weißbart-Seeschwalben sind ein vertrauter Anblick über Sümp-fen und Küstenlagunen in Südeuropa. Wie andere Seeschwalben überwintern auch sie in Afrika. In Nordwesteuropa sind sie bei Weitem die seltenste der drei Sumpfsee-schwalben, obwohl sie relativ nah in Frankreich und Spanien brüten.

STIMME: Trocken kratzend *tscherrk*.

BRUTBIOLOGIE: Schwimmendes Nest aus Pflanzen; 3 Eier; 1 Jahresbrut; Mai bis Juni.

NAHRUNG: Pickt nach Insekten, Fischchen und Krebstieren an der Wasseroberfläche.

VORKOMMEN
Verstreuter Brutvogel und seltener Durchzügler in Süd- und Osteu-ropa im Sommer, über Sümpfen, Überschwemmungsflächen, Lagunen. Nur sehr wenige Gäste abseits der Brutverbreitung.

ÄHNLICHE ARTEN

Altvogel mit schwar-zem Gesicht

TRAUERSEE-SCHWALBE
Altvogel, Jung-vogel; Jungvogel ist dunkler (S. 199)

Altvogel mit weißem Vorderflügel

WEISSFLÜGEL-SEESCHWALBE
Altvogel, Jungvogel; dunklerer Sattel bei Jungvogel (S. 434)

Schwanzgabel tiefer

Schwanz und Bürzel weißer

FLUSSSEESCHWALBE
(S. 201)

In Mitteleuropa zu sehen
J F M **A M J J A S** O N D

| Körperlänge **24–28 cm** | Flügelspannweite **57–63 cm** | Gewicht **70–80 g** |
| **Trupps** | Lebensdauer **bis 10 Jahre** | **Bestand abnehmend** |

Ordnung **Charadriiformes**	Familie **Sternidae**	Art ***Chlidonias niger***

Trauerseeschwalbe

Kopf
schwarz

Oberseite rauchiges
Dunkelgrau

Schnabel
schwärz-
lich

**ALTVOGEL
(SOMMER)**

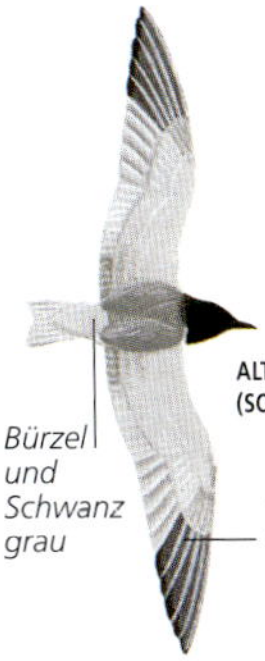

Unter-
schwanz
weiß

Beine
schwärzlich

Bürzel
und
Schwanz
grau

Flügel
spitz

Stirn
weiß

Körper
brauner als
Altvogel

Schwanz
und Hinter-
teil grau

dunkler
Brustfleck

**ALTVOGEL
(SOMMER)**

IM FLUG

schwarze Kappe
geht in schwarze
Flecken über den
Ohren über

Vorderflügel
dunkel

dunkler
Brustfleck

JUNGVOGEL

ALTVOGEL (WINTER)

Sumpfseeschwalben (Gattung *Chlidonias*) sind kleine elegante Seeschwalben, die im Flug auf der Wasseroberfläche nach Nahrung
picken, nicht ins Wasser stoßen wie die Seeschwalben der Gattung
Sterna. Von den drei Arten ist die Trauerseeschwalbe am
weitesten verbreitet und im Sommer am einheitlichsten
dunkel gefärbt. In den meisten Gebieten Westeuropas
zieht sie in größeren Trupps durch, oft kurz im Frühjahr, in kleiner Zahl regelmäßiger und über längere
Zeit im Herbst. Größere Trupps im Herbst können
auch die seltenere Weißflügel-Seeschwalbe enthalten
und sind daher immer einer genauen Durchsicht wert.
STIMME: Kurz, etwas rau *kik, kik-kiik.*
BRUTBIOLOGIE: Nest aus Wasserpflanzen im Sumpf
oder Flachwasser; 3 Eier; 1 Jahresbrut; Mai bis Juni.
NAHRUNG: Pickt nach Insekten, kleinen Fischchen,
Krebstieren und Amphibien an der Wasseroberfläche.

FLUG: Schwimmend mit eleganten Wendungen und
häufigem Abtauchen zur Wasseroberfläche; Streckenflug geradlinig und rhythmisch.

TYPISCHER SITZPLATZ
Trauerseeschwalben setzen sich zwischen ihren eleganten Nahrungsflügen
über die Wasseroberfläche oft auf
Pfosten und Bojen in Binnenseen.

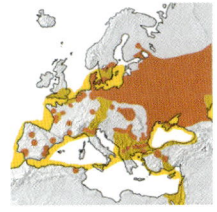

VORKOMMEN
Die meisten brüten in Osteuropa;
als Durchzügler in Europa weiter-
breitet, im Westen besonders im
Herbst häufig, über Sümpfen,
Lagunen, Salzpfannen, Binnenseen
und Stauseen; lokal im Sommer in
West- und Südeuropa. Gelegent-
lich auch größere Schwärme im
Binnenland.

In Mitteleuropa zu sehen

J	F	M	**A**	**M**	**J**	**J**	**A**	**S**	O	N	D

ÄHNLICHE ARTEN

WEISSBART-SEESCHWALBE
Sommer, ähnlich
Altvogel Sommer
(S. 198)

Schnabel
rot

WEISSFLÜGEL-SEESCHWALBE
Sommer, ähnlich Altvogel
Sommer, dunkle Unter-
flügel (S. 434)

Unter-
flügel
dunkel

weiße
Wangen

größer

auffallend
schwarz-weiß

ZWERGMÖWE
im Flug ähnlich (S. 206)

Körperlänge **22–24 cm**	Flügelspannweite **63–68 cm**	Gewicht **50–75 g**
Trupps	Lebensdauer **bis 10 Jahre**	**Bestand abnehmend**

| Ordnung **Charadriiformes** | Familie **Sternidae** | Art *Sterna sandvicensis* |

Brandseeschwalbe

ALTVOGEL (WINTER)

auf dem Außen-
flügel dunkle
Striche

langer, schlanker
Schnabel schwarz
mit gelblicher Spitze

Oberseite mit
undeutlicher
Bänderung

nach Juli weiße
Stirn

schwarze
Schwanz-
spitzen

schwarzer Ober-
kopf, im Nacken
abstehende Federn

JUNGVOGEL

silbergrauer
Rücken

ALTVOGEL (WINTER)

**ALTVOGEL
(SOMMER)**

Unterseite
weiß

kurzer weißer
Schwanz wenig
tief gegabelt

Flügel sehr hell
silbergrau

Beine schwarz

IM FLUG

**ALTVOGEL
(SOMMER)**

Die große, aktive und stimmfreudige Brandseeschwalbe hat eine zerfaserte Haube, einen langen spitzen Schnabel und lange gewinkelte Flügel, die sie oft vom Körper abspreizt und etwas hängen lässt. Sie scheint fast damit zu prahlen, jedenfalls viel mehr als die kleineren Fluss- und Küstenseeschwalben. Sie fällt im Flug auf, sieht reinweiß aus, was die Größe unterstreicht. Brandseeschwalben stoßen beim Fischen aus beachtlicher Höhe herunter und erzeugen einen hörbaren Aufprall auf dem Wasser. Die Brutkolonien sind sehr störungsempfindlich und werden leicht verlassen, selbst nach ein paar erfolgreichen Brutjahren.

STIMME: Laut und rau, rhythmisch *kärr-
ink* oder *kier-ik*.

BRUTBIOLOGIE: Flache Mulde im Sand oder in angespülten Muschelschalen; 1 oder 2 Eier; 1 Jahresbrut; Mai bis Juni.

NAHRUNG: Fängt im Stoßtauchen Fische.

FLUG: Kräftig geradlinig, Flügel lang und gewinkelt, Schwanz kurz; regelmäßige flache Flügelschläge.

LEBHAFTE KOLONIE
Kolonien der Brandseeschwalbe auf Sanddünen sind groß und bestehen mitunter aus Hunderten von Nestern.

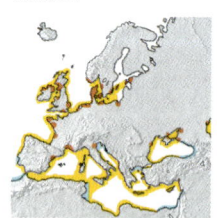

VORKOMMEN
Nördlich bis an die Ostsee weitver-breitet, doch nur lokal vorkommend. Zieht sandige Küsten und seichte Küstenlagunen vor, auch Inseln vor der Küste. Im Binnenland seltener Durchzügler, an allen Küsten jedoch weitverbreitet zu sehen.

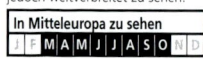

In Mitteleuropa zu sehen:
J F **M A M J J A S O** N D

ÄHNLICHE ARTEN

kleiner und
grauer

dickerer und
kürzerer Schnabel
ganz schwarz

Kappe runder

massiger

Beine kurz
und rot

**FLUSSSEE-
SCHWALBE** (S. 201)

LACHSEESCHWALBE
(S. 196)

weißer Keil auf
dem Vorderflügel

LACHMÖWE (S. 205)

| Körperlänge **36–41 cm** | Flügelspannweite **95–105 cm** | Gewicht **210–260 g** |
| **Trupps** | Lebensdauer **bis 10 Jahre** | **Bestand abnehmend** |

Ordnung **Charadriiformes**	Familie **Sternidae**	Art ***Sterna hirundo***

Flussseeschwalbe 〔37〕

Oberkopf schwarz

roter Schnabel mit schwarzer Spitze

Oberseite grau

dunklere äußere Schwungfedern

breiteres dunkles Band am Unterflügel

durchscheinender Fleck am Unterflügel

ALTVOGEL (SOMMER)

Hals lang

Schnabel lang

helle, kurze Handschwingen kontrastieren mit längeren dunkleren (bei Küstenseeschwalbe einheitlich gefärbt)

Unterseite grau

Beine rot

ALTVOGEL (SOMMER)

IM FLUG

Nacken dunkel

Oberflügel vorne schwärzlich, Mitte hell, dunkelgraues Band an der Hinterkante

Schnabelbasis hell

Schulter dunkel

Bürzel hellgrau

Beine lang

Stirn weiß

Schulter dunkel

Unterflügel wie bei Altvogel

JUNGVOGEL

auf dem Außenflügel schwarze Striche

ALTVOGEL (WINTER)

D ie Flussseeschwalbe kann man am wahrscheinlichsten in weiten Teilen Europas im Binnenland sehen, doch ist sie in ihrem Verbreitungsgebiet auch ein Vogel der Küste. Sie ist eine typische Seeschwalbe mit schwarzer Kappe, hellem grauem Körper und rotem Schnabel sowie roten Beinen. Für gewöhnlich taucht sie im Flugstoß nach Beute. Sie mischen sich oft unter Brand- oder Küstenseeschwalben.

STIMME: Hoch und kratzend *kierr-i kierr-i kierr-i*, scharf *kikikiki* oder schnell *kirrikirrikirrik*.

BRUTBIOLOGIE: Flach ausgescharrte Mulde in Sand oder trockenem Boden; 2–4 Eier; 1 Jahresbrut; Mai bis Juni.

NAHRUNG: Stößt aus der Luft nach Fischen und wirbellosen Wassertieren; pickt Insekten und Fische auch im Flug von der Wasseroberfläche.

FLUG: Streckenflug locker, mit weichen, flachen Flügelschlägen; kreist hoch über der Kolonie.

STOSSTAUCHER
Die Flussseeschwalbe ist ein klassischer Stoßtaucher, rüttelt, bevor sie mit dem Kopf voran nach einem Fisch taucht.

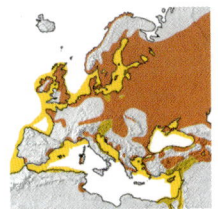

VORKOMMEN
Weitverbreitet; brütet im Binnenland von Mittel- und Osteuropa, lokal auch in Kiesgruben und auf Flusskiesbänken. Durchzügler fast überall an der Küste, mäßig häufig auch im Binnenland am Süßwasser.

ÄHNLICHE ARTEN

Unterseite reinweiß

KÜSTENSEESCHWALBE kein dunkler Strich an einem durchscheinenden Fleck im Außenflügel im Flug (S. 203)

Schnabel schwarz

größer und heller

Schnabel kürzer

Beine schwarz

ROSENSEESCHWALBE kein dunkles Band unter der Flügelspitze im Flug (S. 202)

BRANDSEESCHWALBE (S. 200)

In Mitteleuropa zu sehen
| J | F | M | **A** | **M** | **J** | **J** | **A** | S | O | N | D |

Körperlänge **31–35 cm**	Flügelspannweite **82–96 cm**	Gewicht **90–150 g**
Trupps	Lebensdauer **bis 10 Jahre**	**Bestand gesichert**

| Ordnung **Charadriiformes** | Familie **Sternidae** | Art *Sterna dougallii* |

Rosenseeschwalbe

an den
Flügelspitzen
schwärzliche
Streifen

am Rücken schwarz-
braune Streifen

Stirn
dunkel

helle Unterflügel
ohne dunklen
Hinterrand

**ALTVOGEL
(SPÄTSOMMER)**

ALTVOGEL

Beine schwärzlich

lange
weiße
Schwanz-
spitzen

glatte schwarze
Kappe

Schnabel
schwarz (rote
Basis im Spät-
sommer größer)

JUNGVOGEL

hellgrau

IM FLUG

weiße Unterseite
leicht rosa getönt

längliche
Beine rot

~~~~~~

FLUG: Sehr schnell wie große Zwergseeschwalbe; gedrungener Körper,
etwas kürzere Flügel und sehr langer Schwanz sind wichtige Merkmale.

**ALTVOGEL
(FRÜHJAHR)**

Weltweit nehmen die Bestände ab, und in Europa ist die Rosenseeschwalbe ein seltener Vogel, was vor allem mit Problemen in
Westafrika zu tun hat, wo die Art den Winter verbringt. Zusammen mit
Küsten- und Flussseeschwalbe bildet sie ein Trio, doch ist sie leicht von
den beiden anderen Arten zu unterscheiden, da sie in gewisser Hinsicht
an die weißer gefärbte Brandseeschwalbe erinnert.
Wie die Küstenseeschwalbe, aber anders als die Flussseeschwalbe ist sie in Nordwesteuropa kaum im vollen
Schlichtkleid zu sehen.

STIMME: Rau und auf einer Tönhöhe *krrähk* sowie ein
melodischer, sonst bei Seeschwalben nicht zu hörender zweisilbiger Ruf *tschi-wik*.

BRUTBIOLOGIE: Grasnest oft in höherer Vegetation;
1 oder 2 Eier; 1 Jahresbrut; Mai bis Juni.

NAHRUNG: Stößt nach kurzem Rütteln aus der Luft
nach Fischen, besonders Sandaalen und Sprotten.

ELEGANTE BALZ
Am elegantesten sind Rosensee-
schwalben, wenn sie im Frühjahr
ihr Balzverhalten zeigen.

VORKOMMEN
Sehr lokal in Großbritannien,
Irland und Nordwestfrankreich,
brütet in kleiner Zahl auf Inseln
mit Vegetation. Seltener Durchzügler vor den Küsten oder an
Flussmündungen; extrem selten
im Binnenland.

ÄHNLICHE ARTEN

FLUSSSEESCHWALBE dunkles Band
an der Spitze des Unterflügels
im Flug (S. 201)

grauer

BRANDSEESCHWALBE (S. 200)

Haube mit abste-
henden Federn

KÜSTENSEESCHWALBE
(S. 203)

schwarzer Schna-
bel mit heller
Spitze

Beine
kürzer

grauer

In Mitteleuropa selten zu sehen
J F M **A M J J A S O** N D

| Körperlänge **33–38 cm** | Flügelspannweite **75–80 cm** | Gewicht **95–130 g** |
| **Trupps** | Lebensdauer **bis 10 Jahre** | **Gefährdet** |

| Ordnung **Charadriiformes** | Familie **Sternidae** | Art ***Sterna paradisaea*** |

Küstenseeschwalbe

abgerundete schwarze Kappe (im Winter weiße Stirn)

kurzer Schnabel rot (im Winter schwärzlich)

dünne Linie am Außenrand der Flügel

Außenflügel sehr hell

schmaler dunkler Saum auf durchscheinenden Handschwingen

weißer Schwanz mit sehr langen Außenfedern

sehr stark zugespitzte Flügel

ALTVOGEL (SOMMER)

ALTVOGEL

Rücken grau

wirkt halslos und kurzschnäbelig

geschlossene Flügelspitze einheitlich grau

Unterseite grau

IM FLUG

am Rücken dunkle »V«- und Halbmondzeichnung

Schnabel schwarz

Beine kurz

ALTVOGEL (SOMMER)

Oberflügel vorne schwärzlich, Mitte grau, hinten weiß

weißer Bürzel

Beine kurz

Unterflügel wie bei Altvogel

JUNGVOGEL

Die Küstenseeschwalbe ist ein nördlicher Vogel und mehr ans Meer gebunden als die Flussseeschwalbe. Sie ist der elegantere Vogel in diesem wirklich schwer zu unterscheidenden Artenpaar in Europa. Gute Bedingungen sind nötig, um sie von der Flussseeschwalbe sicher unterscheiden zu können. Kein Vogel brütet nördlicher als Küstenseeschwalben und keiner überwintert weiter südlich.

STIMME: Hoch und scharf *kii-jää*, ansteigend *pii-pii-pii*, kurz kik oder krerr.

BRUTBIOLOGIE: Flache Mulde in Sand oder Muschelschalen, auch Nische in einem Felsen; 2 Eier; 1 Jahresbrut; Mai bis Juni.

NAHRUNG: Stößt aus der Luft nach Fischen, hält dabei in Etappen kurz inne; pickt Insekten von der Wasseroberfläche.

FLUG: Leicht und schwimmend, kürzerer Innen- und längerer Außenflügel als Flussseeschwalbe, kürzerer Kopf und Hals, längerer Schwanz.

SILBERFLÜGEL
Der gleichmäßig blasssilbergraue Oberflügel des Altvogels ist hier beim Füttern der Jungen gut zu sehen.

VORKOMMEN
Brütet im hohen Norden, nach Süden bis Großbritannien und an den Küsten Mitteleuropas auf kleinen Inseln oder an Kiesstränden. Zieht über die Nordsee und an den atlantischen Küsten entlang, im Binnenland selten, hier kleine Trupps gelegentlich im Frühjahr.

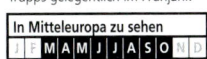

In Mitteleuropa zu sehen
J F **M A M J J A S O** N D

ÄHNLICHE ARTEN

FLUSSSEE-SCHWALBE (S. 201)

dunklerer Keil auf Außenflügel

untere Flügelspitzen mit dunklem Band

Kopf, Hals und Schnabel länger

ROSENSEESCHWALBE (S.202)

Schnabel schwärzer

mehr weiß

WEISSBART-SEE-SCHWALBE Jungvogel; ähnlich Jungvogel (S. 198)

massiger und grauer

| Körperlänge **32–35 cm** | Flügelspannweite **80–95 cm** | Gewicht **80–110 g** |
| **Trupps** | Lebensdauer **bis 10 Jahre** | **Bestand gesichert** |

Ordnung **Charadriiformes**	Familie **Laridae**	Art *Rissa tridactyla*

Dreizehenmöwe

36

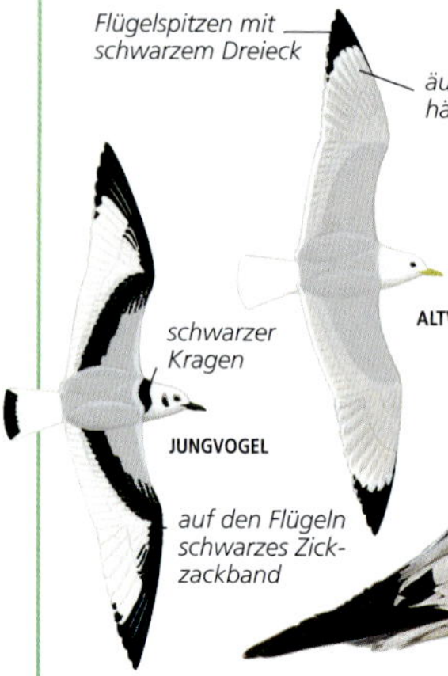

Augen dunkel

Schnabel hellgrün-gelb

Kragen wird grau

schwarzes Zickzack-band über Oberflügel

IMMATUR (1. WINTER)

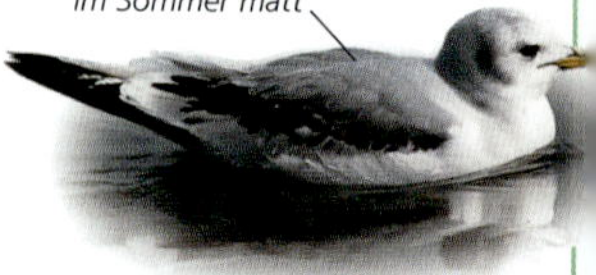

Flügelspitzen mit schwarzem Dreieck

Kopf und Brust weiß

äußere Flügel-hälfte hell

Rücken blaugrau

ALTVOGEL

im Sommer matt

schwarzer Kragen

JUNGVOGEL

auf den Flügeln schwarzes Zick-zackband

kurze Beine schwärzlich

IMMATUR (2. SOMMER)

dunkler Ohrfleck

Hinterkopf grau

IM FLUG

ALTVOGEL (SOMMER)

Flügelspitzen ganz schwarz

FLUG: Leicht, elegant; führt im Wind über den Wellen Bögen mit gewinkelten Flügeln aus.

ALTVOGEL (WINTER)

Die Dreizehenmöwe ist die am stärksten ans Meer gebundene Möwe und kommt nur ans Land, um zu brüten; einige besuchen auch Süßwasserflächen nahe der Küste, um zu trinken und zu baden. Trupps von nicht brütenden immaturen Vögeln fliegen im Sommer mitunter an Stränden vorbei oder sitzen auf felsigem Untergrund. Im Winter sieht man einige in Häfen. Die meisten suchen weit draußen auf dem Meer nach Nahrung, setzen sich einem harten Leben mit kalten Herbststürmen und Winterregen monatelang aus. Im Sommer brüten sie auf steilen Felsen selbst auf winzigsten Vorsprün-gen und lassen ihre typischen Rufe hören. Oft brüten sie in großen Kolonien zusammen mit Trottellummen, Tordalken oder Papageitauchern.

STIMME: Hell, nasal rhythmisch *kitt-i-wäik*; sonst auch ein hoher miauender Ruf.

BRUTBIOLOGIE: Nest aus Algen auf einem winzigen Felsvorsprung am Meer oder auf einem Gebäude; 2 oder 3 Eier; 1 Jahresbrut; Mai bis Juni.

NAHRUNG: Fängt Fische von der Oberfläche oder im flachen Eintauchen; Fischereiabfälle.

JUNGVOGEL ALS BLICKFANG
Der scharf begrenzte schwarze Kragen und die schwarzen Flügel-marken sind auffallende Merkmale der Jungvögel.

VORKOMMEN
Brütet auf kahlen nördlichen und westlichen steilen Küstenfelsen, oft in gemischten Seevogelkolo-nien. Im Winter auf dem Meer weitverbreitet, an Küsten seltener. Selten, aber fast regelmäßig auch im Binnenland auf dem Zug oder verschlagen.

In Mitteleuropa zu sehen
J F M A M J J A S O N D

ÄHNLICHE ARTEN

auf den Flügel-spitzen weiße Flecken

ZWERGMÖWE
Jungvogel, ähn-lich Immatur (S. 206)

SILBERMÖWE (S. 210)

viel größer

viel kleiner

Rücken dunkler

auf den Flügelspitzen weiße Flecken

Beine grün

Beine rosa

STURMMÖWE (S. 208)

Körperlänge **38–40cm**	Flügelspannweite **0,95–1,10m**	Gewicht **300–500g**
Große Schwärme	Lebensdauer **bis 10 Jahre**	**Bestand gesichert**

Ordnung **Charadriiformes**	Familie **Laridae**	Art *Chroicocephalus ridibundus*

Lachmöwe

34

JUNGVOGEL

Hals und Rücken braun

Vorderrand des Außenflügels weiß

weißer Außenrand des dunkelgrauen Unterflügels

am Hinterrand schwarz

ALTVOGEL (WINTER)

Rücken sehr blasses Grau

IM FLUG

dunkelbraune Kapuze

dunkelbraune Kapuze

Schnabel tiefrot

Schnabel mit schwarzer Spitze

Hals und Rücken werden grau

auf den Flügeln braunes Band

Beine orangebräunlich

IMMATUR (1. WINTER)

Flügelspitze lang und schwarz

Kopf weiß mit dunklen Ohrflecken

Beine tiefrot

Schnabel lebhaft rot

Beine lebhaft rot

weißer Flügelvorderrand

dunkler Hinterrand

dunkle Binde am Schwanzende

ALTVOGEL (WINTER)   **ALTVOGEL (SOMMER)**

IMMATUR (1. WINTER)

Häufig und bekannt ist die kleine, lebhafte und sehr helle Lachmöwe, die zu den Möwen mit einer dunklen Kapuze im Prachtkleid zählt. Im Schlichtkleid ist der Kopf weiß mit einigen Flecken. Die dunklen Unterflügel vermitteln einen fast flackernden Eindruck im Flug. Lachmöwen sind im Binnenland seit je häufig und nicht etwa auf das Meer oder die Küste beschränkt. Ihr Bestand hat mit dem Bau von Stauseen und Baggerseen, die sie als neue Brut- und Rastplätze nutzen, wohl etwas zugenommen. Müllkippen und Abfallstellen bieten für große Schwärme Nahrung.

FLUG: Leicht, elegant und sehr wendig, gleitet viel; gleichmäßige Schläge der spitzen Flügel.

STIMME: Laute kreischende, lachende und gackernde Rufe, *kwärr, kii-ärr, kiwuk, kik-kik.*

BRUTBIOLOGIE: Kleiner Haufen aus Halmen auf dem Boden oder in der Ufervegetation an feuchten Stellen oder auf Inseln; 2 oder 3 Eier; 1 Jahresbrut; Mai bis Juni.

NAHRUNG: Würmer, Sämereien, Fische, Insekten vom Boden oder Wasser; fängt auch im Flug Insekten, nimmt an Futterstellen Brot auf.

VORKOMMEN

Als Brutvogel von Küsten bis zu Seen in höherem Binnenland weitverbreitet, aber meist nur lokal in Kolonien. Oft sehr zahlreich; zeitweise verbreitet an See- und Flussufern, Meeresküsten, im Agrarland, an Müllkippen und Flüssen auch in Städten, dort vor allem im Winter.

In Mitteleuropa zu sehen
J F M A M J J A S O N D

ÄHNLICHE ARTEN

SCHWARZKOPFMÖWE Sommer (S. 207)

Kopf schwarz

Schnabel dicker

Flügelspitzen weiß

größer und dunkler

schwarze Flügelspitzen mit weißen Flecken

STURMMÖWE (S.208)

ZWERGMÖWE rundere Flügel (S. 206)

Kopf klein

helle Flügelspitzen

kleiner

Körperlänge **34–37 cm**	Flügelspannweite **1–1,10 m**	Gewicht **225–350 g**
Große Schwärme	Lebensdauer **10–15 Jahre**	**Bestand gesichert**

| Ordnung **Charadriiformes** | Familie **Laridae** | Art *Hydrocoloeus minutus* |

Zwergmöwe

auf dem Ober-
flügel schwarze
Zickzackzeichnung

am Außenflügel
helle Striche

kein Schwarz auf
der Oberseite

Hinterkante
dunkel (bei Drei-
zehenmöwe hell)

Unterseite schwärzlich
mit weißem Hinterrand

dunkler Rücken hellt sich
im Herbst auf, undeutliches
Brustband bleibt

Unterflügel heller
als Altvogel

**ALTVOGEL
(WINTER)**

**IMMATUR
(1. WINTER)**

dunkler
Ohrfleck

Braun an Nacken
und Rücken wird im
Winter grau

**IMMATUR
(2. SOMMER)**

IM FLUG

heller Kof mit dunkler
Zeichnung, die im
Frühjahr zunimmt

Schnabel
dunkel

Kopf und Schnabel
schwarz

Flügelspitzen hell

Rücken hellgrau

Rücken
perlgrau

Schwarz
auf dem
Unterflügel
kann sicht-
bar sein.

Beine rot

**ALTVOGEL
(WINTER)**

**ALTVOGEL
(SOMMER)**

Kurzbeinig, kleinschnäbelig, zierlich und elegant erinnert die Zwergmöwe etwas an die Sumpfseeschwalben. Wie Trauerseeschwalben
gaukeln auch Zwergmöwen auf der Nahrungssuche über das Wasser. Vor
allem im Frühjahr und im Herbst erscheinen sie über Seen und Stauseen,
ähnlich wie die Seeschwalben. Junge können aber
im Spätsommer lange verweilen. Das Gefieder verbindet das typische Aussehen einer dunkelköpfigen
Möwe mit einem davon stark abweichenden Imma-
turkleid, das sehr an die Dreizehenmöwe erinnert.
In weiten Teilen Europas sind Zwergmöwen selten.
STIMME: Rufe kurz und seeschwalbenähnlich *kek-
kej-kek, akar akar akar.*
BRUTBIOLOGIE: Grasnest auf dem Boden oder in
dichter Verlandungsvegetation; 3 Eier; 1 Jahresbrut;
Mai bis Juni.
NAHRUNG: Pickt meist Insekten, wirbellose
Wassertiere und kleine Fische von der Oberfläche
des Wassers aus gaukelndem Flug.

FLUG: Leicht und gaukelnd, meist niedrig, rasche
Flügelschläge, häufige Wendungen.

HELLE OBERFLÜGEL
Altvögel haben keine Spur von
Schwarz auf dem Oberflügel.

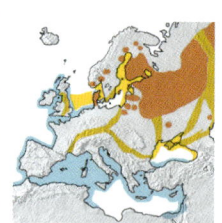

VORKOMMEN
Brütet vor allem in Osteuropa in
nassen, grasigen Feuchtgebieten
und an überfluteten Stellen. Sonst
an Küstenseen (an Küsten und
Binnenseen auf dem Zug). Überwintert im Westen bis Irland und
zieht regelmäßig entlang den Küsten
Westeuropas und auch in zunehmender Zahl durchs Binnenland.

In Mitteleuropa zu sehen
J F **M A M J J A S O N** D

ÄHNLICHE ARTEN

braune Kapuze

größer

SCHWARZKOPFMÖWE
weiße Unterflügel
(S. 207)

Schnabel
dick

DREIZEHENMÖWE Immatur,
ähnlich Immatur (S.204)

Rücken
grauer

schmaler dunkler
Kragen

LACHMÖWE
am Außenflügel
weißes Dreieck
(S. 205)

größer

| Körperlänge **25–27 cm** | Flügelspannweite **70–77 cm** | Gewicht **90–150 g** |
| **Kleine Schwärme** | Lebensdauer **5–10 Jahre** | **Bestand abnehmend** |

| Ordnung **Charadriiformes** | Familie **Laridae** | Art *Larus melanocephalus* |

Schwarzkopfmöwe

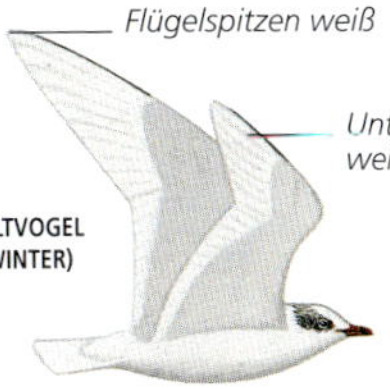

Rücken gefleckt

Flügelspitzen weiß

*lange, schwarze
Flügelspitzen*

*Unterflügel
weiß*

**ALTVOGEL
(WINTER)**

JUNGVOGEL

*um das Auge
dunkler Fleck*

*um den Hinter-
kopf grau*

weiße Augenlider

*Schnabel dick,
rot bis schwarz*

IM FLUG

*weiße Flügelspitzen
ohne Schwarz*

**IMMATUR
(2. WINTER)**

*schwarze
Flecken
auf weißen
Flügelspitzen*

*Beine rot
bis schwarz*

*Flügelspitzen
weiß*

*schwarze Kapuze,
weiße Augenlider*

**ALTVOGEL
(WINTER)**

**ALTVOGEL
(SOMMER)**

Vor etwa fünfzig Jahren schien diese hübsche Möwe bis zu einem möglichen Verschwinden abzunehmen, doch neuerdings haben sich die Zahlen bemerkenswert erholt. Die Schwarzkopf-möwe hat sich, wenn auch nur an einzelnen Stellen, sogar über ihr früheres Verbreitungsgebiet hinaus nach Mittel- und Westeuropa ausgebreitet. An der Nordsee, am Ärmelkanal und im mitteleuropä-ischen Binnenland ist sie zu einem regelmäßigen Besucher gewor-den und brütet heute in einigen Kolonien der Lachmöwe. Altvögel im Prachtkleid sind leicht zu erkennen.

STIMME: Nasal, auf- und abfallend *iiu-irr iiu-irr*.

BRUTBIOLOGIE: Mit Gras ausgekleidetes Nest auf Sand, Muschelfeldern oder in Feuchtgebieten; 3 Eier; 1 Jahres-brut; Mai bis Juni.

NAHRUNG: Fische, wirbellose Wassertiere, Würmer, Abfall am Strand, in Müllkippen auf Feldern und in Kläranlagen.

FLUG: Leicht, elegant, aber ziemlich steife Schläge der gestreckten Flügel; kreist und gleitet wenig.

IMMATUR
Immature Vögel (1. Winter) haben eine dunkle Maske, ein hellgraues Feld auf dem Oberflügel, schwarze Flügelspitzen sowie ein schwarzes Schwanzband. Immature Sturmmö-wen sind auf dem Rücken dunkler.

VORKOMMEN
Brütet an flachen Lagunen und Küstensümpfen, in Westeuropa sehr verstreut und selten, häufiger im Südosten. Im Winter an Fluss-mündungen, Stränden, Seen und Häfen und mitunter an Müllkippen weit im Binnenland, meist in Ost-europa, aber zunehmend auch in Mittel- und Nordwesteuropa.

In Mitteleuropa zu sehen
J F M A M J J A S O N D

ÄHNLICHE ARTEN

braune Kapuze

*schwarze
Spitzen*

STURMMÖWE Immatur,
ähnlich Immatur
(S. 208)

*Schnabel
dünner*

LACHMÖWE
Sommer, ähnlich
Altvogel Sommer
(S. 205)

*Rücken
dunkler grau*

Körperlänge **36–38 cm**	Flügelspannweite **0,98–1,05 m**	Gewicht **200–350 g**
Schwärme	Lebensdauer **10–15 Jahre**	**Bestand gesichert**

Ordnung **Charadriiformes**	Familie **Laridae**	Art *Larus canus*

Sturmmöwe

große weiße Flecken an schwarzer Flügelspitze

ALTVOGEL (WINTER)

IM FLUG

Flügel braun, zu hellbraun ausbleichend, mit dunkelbraunen Spitzen

schwarzes Band auf weißem Schwanz

IMMATUR (1. WINTER)

Rücken grau

IMMATUR (1. WINTER)

kräftiges weißes Band zwischen grauem Rücken und schwarzen Flügelspitzen

weiße Flecken an den Flügelspitzen

Schnabel mattgelbgrün

auf dem Kopf graubraune Flecken

Augen schwarz (bei Silbermöwe hell)

Rücken mittelgrau

Augen dunkel

Beine grün bis gelbgrün

ALTVOGEL (WINTER)

Rücken mittelgrau

Schnabel braungrau mit dunkler Spitze

Flügel bleichen aus

Beine hellbraunrosa

IMMATUR (1. SOMMER)

Kopf weiß

Gestalt schlank

kein Rot auf dem Schnabel

Beine grün

ALTVOGEL (SOMMER)

FLUG: Fließend und leicht, mit kurzen Gleitphasen; kreist nie oder selten.

In ihrem Gefiedermuster ähnelt die Sturmmöwe der Silbermöwe. Sie ist in manchen Gebieten nicht häufig und sogar im Winter, wenn sie weiter verbreitet ist, hat sie eine erstaunlich lokale Verbreitung. Sie erreicht ihr Alterskleid in drei Jahren, braucht also länger als die kleinen Möwen und etwa ein bis zwei Jahre weniger als die großen Arten. Die Gefiederänderungen mit Jahreszeit und Alter kann man gut verfolgen, wie bei den anderen Möwen sehen aber Männchen und Weibchen gleich aus.

STIMME: Laute hohe nasale Rufe wie *kii-ii-ja, kii-är-är-är*, kurz *gagaga*.

BRUTBIOLOGIE: Kleiner Haufen aus Gras auf dem Boden oder auf einem niedrigen Baumstumpf; 2 oder 3 Eier; 1 Jahresbrut; Mai bis Juni.

NAHRUNG: Würmer, Insekten, Fische, Mollusken vom Boden oder aus dem Wasser.

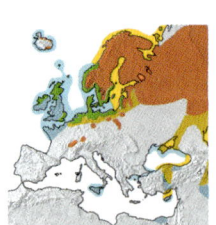

VORKOMMEN
Weitverbreitet, aber doch lokal begrenzt, Brutvogel an Küsten- und in Feuchtgebieten in Nordwest- und Nordeuropa. Im Winter besonders auf Weiden, allen Typen von Küsten, Stauseen und auch an Müllkippen, allgemein aber weniger gleichmäßig verbreitet als Lachmöwen und auch weniger häufig.

In Mitteleuropa zu sehen
J F M A M J J A S O N D

ÄHNLICHE ARTEN

SILBERMÖWE (S. 210)

auf dem Schnabel roter Fleck

größer und heller

Beine rosa

gelber Schnabel mit rotem Fleck

heller

LACHMÖWE Winter, weißes Dreieck auf dem Außenflügel (S. 205)

größer

MITTELMEERMÖWE (S. 211)

Körperlänge **38–44 cm**	Flügelspannweite **1,05–1,25 m**	Gewicht **300–500 g**
Schwärme	Lebensdauer **bis 10 Jahre**	Bestand abnehmend

| Ordnung **Charadriiformes** | Familie **Laridae** | Art *Larus fuscus* |

Heringsmöwe

Flügelspitzen schwarz mit einem weißen Hauptfleck

auf Unterflügel dunkelgraues Band

ALTVOGEL (WINTER)

IM FLUG

Kopf weiß

Schnabel gelb mit rotem Fleck

ALTVOGEL (SOMMER)

Beine leuchtend gelb

Kopf dicht graubraun gestrichelt

Rücken schiefergrau

Beine mattgelb

Flugfedern dunkel

Körper dunkelbraun, gefleckt

Schnabel schwarz

IMMATUR (1. JAHR)

lange Flügelspitzen

Rücken wird dunkelgrau

IMMATUR (2. JAHR)

ALTVOGEL (WINTER)

Im Sommer fällt die Heringsmöwe durch den lebhaften Farbkontrast zwischen schiefergrauem Rücken, weißem Körper und leuchtend gelben Beinen und Schnabel auf. Sie hat das gleiche Grundmuster wie andere weißköpfige Möwen mit schwarz-weißen Flügelspitzen. Die schwarzen Stellen sind besonders reich pigmentiert, die weißen sind schwächer und verschwinden, wenn die Federn alt und abgenutzt sind. Heringsmöwen sind Sommervögel in Westeuropa, haben aber auch einen großen Winterbestand im Binnenland. Gleichwohl bleibt die Art ein Zugvogel und kann oft im Frühjahr und Herbst hoch übers Land fliegend beobachtet werden. Die Unterart *L. f. graellsii* (Nordwesteuropa) ist oberseits heller; *L. f. fuscus* (Skandinavien) ist kleiner, dunkler und das ganze Jahr über weißköpfig, langflügelig und ans Meer gebunden.
STIMME: Tiefe kehlige, klagende Laute, auch bellende und jaulende, *kjo kjo-jo-jo,* kurz *gagaga.*
BRUTBIOLOGIE: Grasnest auf festem Boden; 2 oder 3 Eier; 1 Jahresbrut; Mai.
NAHRUNG: Fische, Würmer, Mollusken und Abfall; lebt im Sommer auch von Seevögeln.

FLUG: Majestätisch gleitend und kreisend; Ruderflug mit kräftigen regelmäßigen Flügelschlägen.

UNTERART

L. f. intermedius (Niederlande)

Rücken fast schwarz

HÜBSCHER ALTVOGEL
Im Frühling ist die Heringsmöwe eine der prächtigsten europäischen Möwen mit lebhafter Schnabel- und Beinfärbung.

VORKOMMEN
Brütet auf Felsen, Inseln, in Feuchtgebieten und auf Dächern in Nord- und Nordwesteuropa. Im Winter an Müllkippen und Stauseen, an Küsten und oft auch auf Agrarflächen. Die meisten ziehen südwärts nach Afrika, viele bleiben aber auch in Westeuropa.

ÄHNLICHE ARTEN

SILBERMÖWE Immatur, ähnlich Immatur; heller Fleck auf dem Flügel (S. 210)

MITTELMEERMÖWE, schärfer abgesetzte schwarze Flügelspitzen (S. 211)

Rücken heller

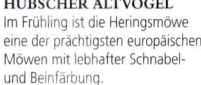

In Mitteleuropa zu sehen

| J | F | M | A | M | J | J | A | S | O | N | D |

| Körperlänge **52–67 cm** | Flügelspannweite **1,30–1,50 m** | Gewicht **650–1000 g** |
| **Große Schwärme** | Lebensdauer **10–15 Jahre** | **Bestand gesichert** |

Ordnung **Charadriiformes**	Familie **Laridae**	Art *Larus argentatus*

Silbermöwe 〔35〕

weiße Flecken an schwarzen Flügelspitzen

im Flug helles Feld hinter der Flügelbeugung

Körper braun gefleckt

IMMATUR

gelber Schnabel mit rotem Fleck

Kopf reinweiß

Rücken hellgrau

ALTVOGEL (WINTER)

ALTVOGEL (SOMMER)

IM FLUG

graubraune Striche am Kopf

ALTVOGEL (SOMMER)

Beine hellrosa

ALTVOGEL (WINTER)

D ie Silbermöwe hat in vielen Teilen Europas abgenommen, wird in der Stadt aber oft als Belästigung empfunden. Sie ist im Sommer hauptsächlich ein Bewohner von Küstenfelsen, doch streicht sie über alle Typen von Küsten und taucht auch weit im Binnenland auf. Sie sucht Nahrung an Müllkippen oder großen Stauseen. Schwärme auf ihrem Flug zu den Übernachtungsplätzen in langen Ketten oder in Keilform bieten ein eindrucksvolles Bild. Im Winter sammeln sich oft Gruppen um den Ausfluss von Abwasserleitungen, um kleine Häfen oder im Watt bei Ebbe.

STIMME: Laut schallend, oft jauchzend oder bellend *kiu*, *kii-ju-ju-ju*, kurz *gagagag* oder *käk käk*.

BRUTBIOLOGIE: Grasnest am Boden, an Felsbändern oder Gebäuden; 2 oder 3 Eier; 1 Jahresbrut; Mai.

NAHRUNG: Fische, Mollusken, Insekten, Abfälle und Aas vom Boden oder aus dem Wasser.

FLUG: Geradlinig, kräftig, mit gleichmäßigen Flügelschlägen, meisterhaft kreisend und gleitend.

IMMATUR
Es dauert etwa vier Jahre, bis der hellgraue Rücken und die reinweiße Unterseite allmählich erscheinen.

UNTERART

L. a. argentatus (Skandinavien) Winter

größer, dunkler grau

weniger Schwarz

VORKOMMEN
Brütet weitverbreitet in Nordwesteuropa an Felswänden, auf Inseln oder Hausdächern. Im Winter weitverbreitet an Stränden, Stauseen, oft zahlreich an Müllkippen und häufig auf Agrarflächen. Gelegentlich überall fliegend zu beobachten.

In Mitteleuropa zu sehen											
J	F	M	A	M	J	J	A	S	O	N	D

ÄHNLICHE ARTEN

Augen dunkel

kleiner

Beine grünlich

STURMMÖWE (S. 208)

kleiner Schnabel ohne roten Fleck

MITTELMEERMÖWE (S. 211)

Beine lebhaft gelb

dunkler grau

Rücken färbt sich dunkler grau

HERINGSMÖWE Immatur, ähnlich Immatur (S. 209)

Körperlänge **55–67 cm**	Flügelspannweite **1,30–1,60 m**	Gewicht **750–1250 g**
Schwärme	Lebensdauer **10–20 Jahre**	**Bestand gesichert**

| Ordnung **Charadriiformes** | Familie **Laridae** | Art *Larus michahellis* |

Mittelmeermöwe

lebhaft gelber Schnabel mit rotem Fleck

Kopf weiß

Rücken mittelgrau

scharf abgegrenzte Flügelspitzen mit viel Schwarz und etwas Weiß

lange schwarze Flügelspitzen, weiße Flecken tragen sich im Sommer ab

Schnabel schwärzlich

Beine hell- bis tiefgelb

ALTVOGEL

IM FLUG

IMMATUR (1. WINTER)

ALTVOGEL

Bis vor Kurzem wurde die Mittelmeermöwe als eine Unterart der Silbermöwe angesehen. Ihre genaue Einordnung ist noch umstritten. Sie ersetzt im Mittelmeer die mehr im Norden verbreitete Silbermöwe mit dunkleren Unterarten auf den Atlantischen Inseln (Kanaren, Azoren, Madeira) und zu unterscheidenden Vögeln vielleicht einer eigenen Art im Osten. In Asien ist die Situation noch komplexer. Mittelmeermöwen sind große, hübsche Vögel mit offensichtlich enger Verwandtschaft zu den küstenbewohnenden Silbermöwen in Nordwesteuropa. Heute brüten beide auch an wenigen Plätzen unmittelbar nebeneinander, ohne zu hybridisieren. **STIMME:** Tiefer als Silbermöwe, ähnlich wie Heringsmöwe.
BRUTBIOLOGIE: Grasnest auf festem Boden, einem Felsband oder auch einem Gebäude; 2 oder 3 Eier; 1 Jahresbrut; Mai.
NAHRUNG: Wirbellose Wassertiere, Mollusken, Fische und Abfall aus dem Wasser oder vom Boden.

FLUG: Kräftig und elegant mit kräftigen flachen Flügelschlägen.

AUFFALLENDES MUSTER
Die Mittelmeermöwe zeigt einen auffallenden Kontrast zwischen den schwarzen Flügelspitzen und dem übrigen Unterflügel.

L. cachinnans

Steppenmöwe Kopf birnenförmig
In Westeuropa seltener Gast

mehr Weiß an Flügelspitze

langer Schnabel

lange Beine

VORKOMMEN
Brütet in Südeuropa vor allem auf Felseninseln und Felsen vor der Küste, sucht aber häufig die Gebiete um Docks und Städte auf. Zieht im Spätsommer nach Norden, häufig von der Schweiz bis nach Südostengland an Müllhalden und Ufern.

| In Mitteleuropa zu sehen |
| J F M A M J J A S O N D |

ÄHNLICHE ARTEN

SILBERMÖWE (S. 210)

Beine rosa

SILBERMÖWE Immatur, ähnlich Immatur (S. 210)

weniger deutliche Zeichnung an Flügel und Schwanz

HERINGSMÖWE Flügelspitze weniger scharf markiert (S. 209)

Rücken dunkler

| Körperlänge **55–65 cm** | Flügelspannweite **1,30–1,50 m** | Gewicht **750–1200 g** |
| Schwärme | Lebensdauer **bis 10 Jahre** | **Bestand gesichert†** |

| Ordnung **Charadriiformes** | Familie **Laridae** | Art *Larus glaucoides* |

Polarmöwe

Flügelspitzen bräunlich elfenbeinfarben ausgebleicht

auf milchkaffeebraunem Körper Bänderung

Kopf rund

Flügel lang

Schnabel schwärzlich mit trübweißer Basis

vom Kopf zur Brust wolkig hellbraun und grau

Schnabel kurz, hellgelb mit rotem Fleck

Rücken hellgrau

IMMATUR (1. WINTER)

rundlicher, untersetzter Körper

ALTVOGEL (WINTER)

Beine kurz

IMMATUR (1. WINTER)

lange Flügel, runder Bauch

ALTVOGEL (WINTER)

Flügelspitzen ragen deutlich über den Schwanz

IM FLUG

Flügelspitzen weiß

Es ist ungewöhnlich, dass zwei Arten sich so ähnlich in Gefieder-färbung und -muster sind wie Eismöwe und Polarmöwe. Die Polarmöwe ist fast immer die seltenere der beiden, taucht aber sowohl im Binnenland als auch um Küstenhäfen (ebenso auf offener See) in ein oder zwei Individuen auf, Gäste vom arktischen Grönland. Es handelt sich um einen schönen Vogel, besonders im Prachtkleid. Wie bei der Eis-möwe fallen bei der milchkaffeebraunen immaturen Vögeln die elfenbeinfarbenen Flügelspitzen auf. Um die beiden Arten zu unterscheiden, sind Details der Gestalt und Struktur entscheidender als das Gefieder.
STIMME: Schrille quiekende und bellende Laute ähnlich der Silbermöwe.
BRUTBIOLOGIE: Kleines Grasnest auf Felsbändern oder auf dem Boden; 2 oder 3 Eier; 1 Jahresbrut; Juni.
NAHRUNG: Fische, Mollusken, Krebstiere, Abfall von Wasser, Boden und Müllkippen.

FLUG: Gleichmäßig, leicht, Körper etwas dickbauchig; Flügel ziemlich ausgestreckt.

IMMATUR
in den ersten beiden Jahren bleichen Polarmöwen im Sommer fast zu weiß aus und sind daher schwer einer Altersstufe sicher zuzuordnen.

VORKOMMEN
Brütet in Grönland. Im Winter häufig in Island, viel seltener in Großbritannien und Irland und nur vereinzelt in der Nordsee. Folgt oft Fischereifahrzeugen und ist auch in Häfen zu sehen, kaum im Binnenland. Folgt oft auch Trupps häufigerer Möwen an Abfällen und am Strand.

| In Mitteleuropa zu sehen |
| J F M A M J J A S O N D |

ÄHNLICHE ARTEN

EISMÖWE (S. 213)

Flügel kürzer

größer

EISMÖWE Immatur, ähnlich Immatur (S. 213)

Schnabel dicker

SILBERMÖWE Immatur, ähnlich Immatur (S. 210)

Schnabel rosa mit dunkler Spitze

Flügelspitzen dunkel

Flügelspitze schwärzlich

| Körperlänge **52–60 cm** | Flügelspannweite **1,30–1,45 m** | Gewicht **750–1000 g** |
| **Schwärme** | Lebensdauer **bis 10 Jahre** | **Bestand gesichert†** |

| Ordnung **Charadriiformes** | Familie **Laridae** | Art *Larus hyperboreus* |

Eismöwe

**JUNGVOGEL
(1. WINTER)**

helle, bräunliche Flügelspitzen

reinweiße Flügel-
spitzen

Gefieder braun
gefleckt

Unterseite dunkler
als Rücken

kurze weiße
Flügelspitzen

wolkig grau-
braun von
Kopf bis Brust

roter Fleck
am großen,
gelben
Schnabel

Oberseite
hellgrau

lange
Flügel,
schwerer
Körper mit
flachem
Bauch

**ALTVOGEL
(WINTER)**

**JUNGVOGEL
(1. WINTER)**

IM FLUG

milchkaffefarbenes
Gefieder gebändert
und marmoriert

Schnabel
hellrosa
mit scharf
abgesetztem
schwarzem
Fleck

Beine hellrosa

**ALTVOGEL
(WINTER)**

Flügelspitzen
elfenbeinfarben

Schwanz hell

**IMMATUR
(1. WINTER,
AUSGEBLEICHT)**

FLUG: Majestätisch, oft gleitend und kreisend,
kräftige, tief ausholende Flügelschläge bei einem
ziemlich langsamen Streckenflug.

In Europa ist die Eismöwe nur ein Wintervogel (obwohl sie in Island und Spitzbergen brütet), der bis in das frühe Frühjahr in Nordwest-europa verweilt, solange der Schnee noch weiter nördlich liegt. Die stark räuberische Möwe folgt Fischereifahrzeugen und ist um nordische Häfen zu sehen, schließt sich aber auch binnenländischen Möwentrupps an, etwa an Müllkippen und an Schlafplätzen in Stauseen. Weißflügelige Möwen (Eismöwe und Polarmöwe) in Winterschwärmen zu entdecken, bedeutet eine interessante Herausforderung für den Vogelbeobachter.
STIMME: Sehr ähnlich Silbermöwe, aber etwas rauer.
BRUTBIOLOGIE: Haufen aus Gras und Halmen auf Felsbändern oder auf dem Boden; 2 oder 3 Eier; 1 Jahresbrut; Mai bis Juni.
NAHRUNG: Fische, wirbellose Tiere, fast alle organischen Abfälle und Müll; im Sommer mehr Jäger.

ELEGANTES PRACHTKLEID
In ihrem reinen grauweißen Prachtkleid ist die Eismöwe ein hübscher Anblick.

ÄHNLICHE ARTEN

POLARMÖWE
(S. 212)

Schnabel
kleiner

Flügel-
spitze
schwärz-
lich

Band am
Schwanz und
Flügelspitzen
dunkel

SILBERMÖWE Immatur,
ähnlich Immatur (S. 210)

etwas
kleiner

VORKOMMEN
Brütet lokal in Island. Im Winter
selten an den Küsten, um Häfen,
an Müllkippen und Stauseen in
Nordwesteuropa, gewöhnlich
unter Schwärmen häufigerer
Möwen, oft auch in Gruppen um
Trawler weit draußen auf dem Meer.

| In Mitteleuropa zu sehen |
| J F M A M J J A S O N D |

| Körperlänge **62–70 cm** | Flügelspannweite **1,40–1,60 m** | Gewicht **1–2 kg** |
| **Schwärme** | Lebensdauer **10–20 Jahre** | **Bestand gesichert** |

Ordnung **Charadriiformes**	Familie **Laridae**	Art *Larus marinus*

Mantelmöwe

Kopf weißlich

Schnabel schwarz

IMMATUR (1. WINTER)

großer weißer Fleck an der Flügelspitze

Flügel breit

auf dem weißen Kopf feine Zeichnung

Hand-schwingen dunkel

ALTVOGEL (SOMMER)

Rücken schwarz

großer gelber Schnabel mit rotem Fleck

Kopf hell

ALTVOGEL (WINTER)

IM FLUG

Rücken mit Schach-brettmuster

IMMATUR (2. WINTER)

Unterseite weiß

auffallend große Gestalt

ALTVOGEL (WINTER)

Beine hellgrau, weißlich oder rosa

Kopf weiß

ALTVOGEL (SOMMER)

FLUG: Schwer mit langsamen, tief ausholenden, weichen Flügelschlägen.

Die mächtige und großschnäbelige Mantelmöwe ist die größte Möwe der Welt und ein ausgesprochener Räuber. Die Größe des Schnabels ist ein guter Anhaltspunkt für das Bestimmen der Vögel in Immaturkleidern. Sie ist allgemein weniger häufig als die Silbermöwe, wenn sich auch durchaus Schwärme von Hunderten bilden können in Gebieten, in denen die Art häufig ist, sogar im Sommer, wenn solche Ansammlungen etwa in Nordschottland den Trawlern folgen. Im Winter bilden Mantelmöwen nur einen kleinen Anteil der Möwenansammlungen an Gewässern im Binnenland.

STIMME: Tiefe bellende Rufe, *rau joug* oder *ou-ou-ou*.

BRUTBIOLOGIE: Flaches Grasnest auf einem Felsband; 3 Eier; 1 Jahresbrut; Mai bis Juni.

NAHRUNG: Im Sommer Seevögel und Wühlmäuse; ferner Fische, Krebstiere, Abfall vom Meer, auf Stränden oder von Müllkippen.

MÄCHTIGE MÖWE
Groß mit auffallenden Kontrasten dominieren Mantelmöwen immer das Bild in einer gemischten Möwenansammlung.

ÄHNLICHE ARTEN

HERINGSMÖWE (S. 209)

SILBERMÖWE Immatur, ähnlich Immatur (S. 210)

kleiner

Beine gelb

an den Flügelspitzen weniger weiß

brauner und weniger deutlich gemustert

Schnabel kleiner

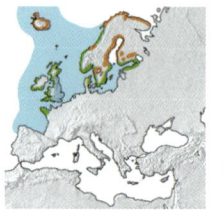

VORKOMMEN
Weitverbreitet in Nordwesteuropa, an Felsküsten und auch seltener auf Felsen im Wasser. Oft in Trupps an Küstenlagunen. Im Winter an Stränden, in Häfen, an Müllkippen und Staubecken. In Westeuropa zunehmend im Binnenland.

In Mitteleuropa zu sehen
| J | F | M | A | M | J | J | A | S | O | N | D |

Körperlänge **64–78 cm**	Flügelspannweite **1,50–1,70 m**	Gewicht **1–2,1 kg**
Schwärme	Lebensdauer **10–20 Jahre**	**Bestand gesichert**

TAUBEN

TAUBEN SIND MITTELGROSSE kompakt gebaute Vögel mir relativ kleinem Kopf. Ihr Körper ist meist dicht und weich befiedert. Ihre Beine sind für gewöhnlich kurz und rot. Die kleinen Schnäbel sind an der Basis zu einer fleischigen Wachshaut angeschwollen, in der die Nasenlöcher liegen. Schnabel und Beine können auch auffällig gefärbt sein, doch ist für die Bestimmung der Arten das Muster in Flügeln und Schwanz wichtig. Zwischen Geschlechtern und Jahreszeiten gibt es kaum Unterschiede in der Gefiederfärbung und auch die Jungvögel sehen in der Regel wie die Altvögel aus, nur ganz allgemein etwas gedeckter gefärbt und oft an hellen Federsäumen zu erkennen.

Tauben trinken, indem sie Wasser saugend aufnehmen. Ihre Lautäußerungen sind laut und einfach mit wenig Unterschieden zwischen Rufen und Gesang. Die Laute sind gute Bestimmungshilfen. Mit Ausnahme der Türkentaube rufen Tauben nicht im Flug. Dafür erzeugen aber ihre Flügel oft klatschende Geräusche, entweder bei der Balz oder im plötzlichen Auffliegen bei einer Störung. Wahrscheinlich übernimmt dann das Flügelklatschen die Aufgabe eines Alarmrufes. Die Nester der Tauben sind nachlässig gebaut. Die Eier, in der Regel nur zwei, sind reinweiß. Eierschalen kann man auf dem Boden oft weit vom Nest entfernt finden, da sie von den Altvögeln nach dem Schlüpfen weggetragen und dann fallen gelassen werden. Die Brutzeit ist meist sehr lang, denn die meisten Tauben können mehrere Jahresbruten großziehen. Dies gelingt, weil das Angebot an Jungennahrung nicht so eng jahreszeitlich begrenzt ist wie bei vielen anderen Vögeln. Tauben füttern ihre Jungen nämlich anfangs mit Kropfmilch, einem Sekret, das im Kropf der Altvögel hergestellt wird.

COLUMBIDAE (TAUBEN)

Hals purpur und grün glänzend

FELSENTAUBE
S. 216

Hals glänzend grün

HOHLTAUBE
S. 217

großer weißer Fleck auf jeder Seite des Halses

RINGELTAUBEN
S. 218

Körper hellgraubraun

TÜRKENTAUBE
S. 219

dunkle Flecken auf hellbraunem Rücken

TURTELTAUBE
S. 220

KUCKUCKE

IN EUROPA GIBT ES NUR ZWEI VON VIELEN KUCKUCKSARTEN. Sie sind Brutparasiten, die ihre Eier in Nester anderer Arten legen, die dann die jungen Kuckucke aufziehen. So trifft man den Kuckuck nicht in Familientrupps. Kuckucke haben kurze, gebogene Schnäbel, kleine Köpfe, lange breite Schwänze und spitze Flügel, die an breiter Basis ansetzen und bis tief unter die Körperlinie schlagen. Das verleiht dem Kuckuck eine besondere Gestalt im Flug.

CUCULIDAE (KUCKUCKE)

auf weißer Unterseite graue Bänderung

KUCKUCK
S. 221

| Ordnung **Columbiformes** | Familie **Columbidae** | Art *Columba livia* |

Felsentaube

kleiner weißer Fleck am Schnabel

Hals purpur und grün glänzend

Rücken hellgrau

großer weißer Fleck auf dem Rücken

Unterflügel weiß

schwarzes Schwanzband

IM FLUG

zwei breite dunkle Flügelbinden

großer weißer Fleck

Unterseite dunkel

STRASSENTAUBE

FLUG: Schnell herabstoßend; Streckenflug mit schnellen, tief greifenden Schlägen der Flügel nach hinten; Abtauchen und Gleiten, um Felsen auch mit zu einem »V« angehobenen Flügeln.

Die Felsentaube ist die Stammmutter der Haustauben. Ihr wirklich wild lebender Bestand ist in manchen Gebieten mit wieder frei lebenden Haustauben durchsetzt. Nur in Teilen Nordwesteuropas leben noch reine Felsentauben mit einem reinen Gefiedermuster. In den meisten Gebieten findet man unterschiedliche Gefiedermuster und -farben. Die wilde Felsentaube ist ein Brutvogel steiler Felswände, entweder im Binnenland oder – in Europa häufiger – am Meer. Von hier fliegen die Tauben täglich auf die Felder zur Nahrungssuche.

STIMME: Tiefe rollende *uu-iuuh-urr, u-ru-ku.*

BRUTBIOLOGIE: Lockeres, dürftiges Nest auf Felsvorsprüngen oder in Höhlungen; 2 Eier; 3 Jahresbruten; in manchen Gebieten das ganze Jahr.

NAHRUNG: Pickt auf Feldern nach Samen, Knospen, Beeren und wirbellosen Tieren.

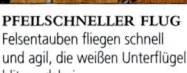

PFEILSCHNELLER FLUG
Felsentauben fliegen schnell und agil, die weißen Unterflügel blitzen dabei.

BRUTVOGEL AN FELSRÄNDERN
Felssimse und kleine Höhlungen bilden die ideal geschützten Nistplätze für wild lebende Schwärme der Felsentaube. Dieser Brutvogel hat ein unverfälschtes Gefiedermuster mit einem ungefleckten Rücken.

VORKOMMEN
Brütet an den Küsten von Großbritannien und Irland das ganze Jahr; auch an Felsen in Südeuropa. Als verwilderte Straßentaube weitverbreitet von Küstenfelsen bis in die Großstädte; Nahrungssuche oft in der Feldflur.

In Mitteleuropa zu sehen
J F M A M J J A S O N D

ÄHNLICHE ARTEN

RINGELTAUBE im Flug auf dem Flügel weiß (S. 218)

HOHLTAUBE (S. 217)

runder

kleine schwarze Flügelbinden

größer

WANDERFALKE ähnlich im Flug (S. 130)

Schwanz länger

Flügel länger

| Körperlänge **30–35 cm** | Flügelspannweite **63–70 cm** | Gewicht **250–350 g** |
| Schwärme | Lebensdauer **bis 10 Jahre** | **Bestand gesichert** |

Ordnung **Columbiformes**	Familie **Columbidae**	Art *Columba oenas*

Hohltaube

38

IM FLUG

Flügelspitzen und Hinterrand schwarz

Flügelmitte hell

dunkles Schwanzband

Kopf klein und rund

Unterflügel grau

auf dem Flügel zwei kurze dunkle Bänder

Hals glänzend grün

Körper blaugrau

Brust tief-weinrot

Beine leuchtend rosarot

Die hübsche Taube des Kulturlandes braucht Gehölze mit alten Bäumen zur Brut. Sie ist etwas kleiner und runder als die Ringeltaube und ihre Flügel sind stumpfer als die der Brieftauben oder der Tauben in den Straßen der Städte. Sie kann leicht übersehen werden, doch sind ihr Balzgesang und die Balzflüge sehr charakteristisch. Oft sind Hohltauben mit zahlreicheren Ringeltauben vermischt, wenn sie nach Nahrung suchen oder mit ihnen in Gehölzen übernachten.

STIMME: Tiefe, rhythmische dumpfe Laute, die mit zunehmender Betonung und Lautstärke mehrfach wiederholt werden, etwa *uu-wuh uu-wuh*.

BRUTBIOLOGIE: Nest in Baumhöhlen, Mauer- oder Felshöhlen sowie Nistkästen; 2 Eier; 2 oder 3 Jahresbruten; fast das ganze Jahr.

NAHRUNG: Sucht am Boden nach Sämereien, Knospen, Trieben, Wurzeln, Blättern und Beeren.

FLUG: Schnell, kraftvoll; tief ausholende Flügelschläge; im Balzflug Gleiten mit steil angehobenen Flügeln, Körper schaukelt hin und her.

GESELLIGER VOGEL
Abendgesellschaften von Hohltauben können groß sein, werden an Übernachtungsplätzen in Gehölzen aber von der Ringeltaube oft übertroffen.

NAHRUNGSSUCHE
Am Saum von Süßwasserüberflutungen werden Samen ausgewaschen und Hohltauben sammeln sich, um das große Nahrungsangebot zu nutzen.

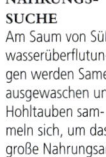

VORKOMMEN
Brütet abgesehen von Nordeuropa weitverbreitet. Meist Sommervogel in Mittel- und Osteuropa, im Westen auch Standvogel. In vielen Lebensräumen mit Gehölzen im Tiefland und in Parks bis zu geschlossenen Laub- und Mischwäldern, auch im Bergland.

ÄHNLICHE ARTEN

FELSENTAUBE (S. 216)

Hals länger

RINGELTAUBE Jungvogel (S. 218)

größere Flügel-binden

auf dem Flügel weiß

Schwanz lang

größer

STRASSENTAUBE spitzere Flügel; oft weiße Unterflügel (S. 216)

In Mitteleuropa zu sehen

J	F	M	A	M	J	J	A	S	O	N	D

Körperlänge **32–34 cm**	Flügelspannweite **63–70 cm**	Gewicht **290–330 g**
Schwärme	Lebensdauer **bis 10 Jahre**	**Bestand gesichert**

| Ordnung **Columbiformes** | Familie **Columbidae** | Art *Columba palumbus* |

Ringeltaube

am Hals kein Weiß

großes weißes Band über den Mittelflügel

großer weißer Fleck auf jeder Seite des Halses

Rücken grau

Aussehen matter und weniger prächtig

auf Flügel weiß nahe Vorderrand

Bürzel heller als Rücken

ALTVOGEL

JUNGVOGEL

IM FLUG

Brust lebhaft rosa

Beine mattrot

dunkles Band auf dem Schwanz

ALTVOGEL

Die Ringeltaube ist eine sehr hübsche und auffällig gezeichnete große Taube. Manchmal schließen sich Ringeltauben zu riesigen Schwärmen zusammen und beleben in milden Tieflandgebieten die Winterszene in der offenen Kulturlandschaft. Im Sommer ist der gedämpfte dumpfe Gesang typisch für Wälder und Gehölze. Einzelne Vögel im Flug können durchaus mit einem Greifvogel verwechselt werden, doch genauere Beobachtung sollte jeden Zweifel beseitigen können.

STIMME: Gedämpfter, rhythmischer, dumpfer und etwas hohl klingender Gesang *kuu-kuhku, ku-ku, kuk.*

BRUTBIOLOGIE: Das Nest ist eine dünne Plattform aus Zweigen in Baum oder Busch; 2 Eier; 1 oder 2 Jahresbruten; April bis September (oft im Herbst).

NAHRUNG: Lebt von Knospen, Blättern, Beeren und Früchten in Bäumen; nimmt Nahrung vom Boden auf und kommt auch manchmal an Futterstellen, wenn sie ungestört ist.

FLUG: Schnell, geradlinig mit starken, tief ausholenden Flügelschlägen; startet, wenn überrascht, mit kräftigem Flügelklatschen; fliegt oft in großen Trupps.

NAHRUNGSSUCHE AUF DEM BODEN
Ringeltauben kommen oft auf den Boden herunter, um Nahrung zu suchen, manchmal in großen Schwärmen. Sie nehmen Sämereien, Körner und frische Triebe auf.

VORKOMMEN
Weitverbreitet mit Ausnahme von Island und Nordskandinavien, in Nord- und Osteuropa nur Sommervogel. Brütet in einer Vielzahl von Wäldern, auch in der Feldflur mit kleinen Gehölzen, in Stadtparks und großen Gärten. Im Herbst und Winter suchen Schwärme vor allem auf Ackerland nach Nahrung.

In Mitteleuropa zu sehen

ÄHNLICHE ARTEN

HOHLTAUBE (S. 217)
mehr blaugrau

auf Flügel und Hals kein Weiß

kleiner

Schwanz kürzer

FELSENTAUBE weißer Bürzel (S. 216)

kleiner

TÜRKENTAUBE (S. 219)

kleiner

Schwanz länger

| Körperlänge **40–42 cm** | Flügelspannweite **75–80 cm** | Gewicht **480–550 g** |
| Große Schwärme | Lebensdauer **bis 10 Jahre** | Bestand gesichert |

| Ordnung **Columbiformes** | Familie **Columbidae** | Art *Streptopelia decaocto* |

Türkentaube 🔊40

Augen dunkel

auf Oberflügel graues Feld

im Nacken schmaler schwarzer Kragen

Flügelspitzen dunkel

Körper hell-graubraun

Kopf und Brust fein rosa überflogen

ALTVOGEL

Kopf klein

Schwanz dunkel mit weißlicher Spitze

IM FLUG

Beine rot

kein Kragen

Körper sandfarben

JUNGVOGEL

ALTVOGEL

Die Ausbreitung der Türkentaube vom äußersten Südosten Europas über den ganzen Kontinent war eine bemerkenswerte natürliche Erscheinung des 20. Jahrhunderts. Heute ist diese Taube ein häufiger Anblick in Dörfern und Vorstädten Europas, ihr ziemlich monotoner dreisilbiger Gesang ist ein vertrauter Laut. Türkentauben sind großenteils von Nahrung abhängig, die ihnen eher zufällig geboten wird und eigentlich für Singvögel im Garten gedacht ist. Die Balzflüge kann man oft über einem bebauten Platz mit einigen Bäumen oder in Gärten und Parks sehen.

STIMME: Laut und oft wiederholt dreisilbiger Gesang *ku-kuuh-kuk, ku-kuuh-ku;* für Tauben ungewöhnlich auch ihr Ruf im Flug: *kwäh.*

BRUTBIOLOGIE: Nest ist eine Plattform aus Zweigen oder Abfall; 2 Eier; 2 oder 3 Jahresbruten, auch mehr; fast das ganze Jahr.

NAHRUNG: Pickt Körner, Sämereien, Knospen und Triebe in Parks, auf Feldern, in Gärten.

〜〜〜〜〜〜〜〜〜〜〜〜〜〜〜〜〜〜

FLUG: Schnell, geradlinig; nach längerem Ruderflug oft Anstieg, um dann in weitem Boden auf ausgebreiteten Schwingen herabzugleiten; Flügel normalerweise nach hinten gewinkelt und etwas gebogen.

NADELBÄUME BEVORZUGT
Türkentauben sitzen und brüten meist in dichten Nadelbäumen, oft in Parks oder Gärten.

VORKOMMEN
Weitverbreitet mit Ausnahme von Island und Nordskandinavien, in Nord- und Osteuropa nur Sommervogel. Brütet in Wäldern, auch in der Feldflur mit kleinen Gehölzen, Stadtparks und Gärten. Im Herbst und Winter suchen Schwärme vor allem auf Ackerland nach Nahrung.

In Mitteleuropa zu sehen
| J | F | M | A | M | J | J | A | S | O | N | D |

| **ÄHNLICHE ARTEN** |

TURTELTAUBE (S. 220)
Rücken mit Schachbrettmuster

Schwanz kürzer

STRASSENTAUBE (S. 216)
massiger

TURMFALKE ♀ (S. 127)
sitzt aufrechter

Flügel schmal

Schwanz mit schmalem weißem Rand

Flecken-muster

Schwanz schmal

| Körperlänge **31–33 cm** | Flügelspannweite **47–55 cm** | Gewicht **150–220 g** |
| Kleine Schwärme | Lebensdauer **bis 10 Jahre** | Bestand gesichert† |

Ordnung **Columbiformes**	Familie **Columbidae**	Art ***Streptopelia turtur***

Turteltaube 〔41〕

Kopf hell-grau

schwarz und weiß gebänderter Halsfleck

Mittelflügel blaugrau

ALTVOGEL

blau-grauer Bürzel

dunkle Flecken auf hellbraunem Rücken

Brust rosa

IM FLUG

schwarzer Schwanz mit weißer Spitze

Kopf und Hals hell bräunlich

matter Halsfleck

Muster weniger regelmäßig

Körper mattbraun

Bauch in jedem Alter weiß

ALTVOGEL

JUNGVOGEL

Anders als die Türkentaube ist die Turteltaube ein Vogel bewaldeter Flächen und der Feldflur mit großen Hecken geblieben. Im Spätsommer finden sich Schwärme auf Stoppelfeldern zusammen, um liegen gebliebene Körner zu suchen. Im Frühling sieht man Turteltauben auch an Küsten in kleinen Trupps als Durchzügler auf ihrem Weg von Afrika. Ihre Bestände nehmen als Folge der Intensivierung der Landwirtschaft in den meisten Teilen Europas bedenklich ab. Ihr gur-render Gesang – ehemals ein typischer Laut im Hoch-sommer – ist nun viel seltener zu hören.

STIMME: Tief gurrend *rurrr rurrr ruurr.*

BRUTBIOLOGIE: Kleine Plattform aus dünnen Zweigen in Hecke oder Baum; 2 Eier; 2 oder 3 Jahresbruten; Mai bis Juli.

NAHRUNG: Pickt auf dem Boden Sämereien auf und nimmt frische Triebe von Getreide.

〰〰〰〰〰〰〰〰〰〰〰〰〰〰〰

FLUG: Leicht, schwimmend, mit seitlichen Körper-drehungen; Kopf hochgehalten, Flügel nach hinten gewinkelt, etwas zuckende Abschläge; im Balzflug auch auf ausgebreiteten Flügeln gleitend.

HECKENSPEZIALIST
Der Verlust hoher und dichter Hecken hat zu einer weiträumigen Abnahme der Turteltaube geführt.

ÄHNLICHE ARTEN

TURMFALKE ♂♀ im Flug ähnlich (S. 127)

größer

TÜRKENTAUBE (S. 219)

heller, ein-heitlicher gefärbt

größer

Schwanz schmal

Flügel länger und stärker ausgebreitet

VORKOMMEN
Sommervogel in den meisten Gebieten Europas mit Ausnahme von Island, Irland und Skandina-vien; Bestand nimmt ab. In Agrar-land mit Gehölzen, Laubwäldern und dichten alten Hecken.

In Mitteleuropa zu sehen											
J	F	M	A	M	J	J	A	S	O	N	D

Körperlänge **26–28 cm**	Flügelspannweite **47–53 cm**	Gewicht **130–180 g**
Kleine Schwärme	Lebensdauer **bis 10 Jahre**	**Bestand abnehmend**

| Ordnung **Cuculiformes** | Familie **Cuculidae** | Art *Cuculus canorus* |

Kuckuck

Schwanz fächerförmig

Kopf hochgehalten

Schnabel kurz, dick, gebogen und mit gelber Basis

Augen gelb

Flügel lang

im Nacken heller Fleck

Kopf und Brust mittelgrau

Unterflügel mit hellen Bändern

ALTVOGEL

Schwanz dunkel mit weißen Punkten

ALTVOGEL

JUNGVOGEL

Oberseite mittelgrau

Flügelspitzen dunkel

IM FLUG

auf weißer Unterseite graue Bänderung

brauner Rücken mit heller Bänderung

ALTVOGEL

auf dem Schwanz breite rostfarbene und schwarze Bänder

JUNGVOGEL

D er ziemlich große, langschwänzige und langflügelige Kuckuck ist durch seinen Ruf im Frühjahr jedermann bekannt. Im Spätsommer kann man öfter die gebänderten braunen Jungvögel sehen, die laut und durchdringend rufen und fast von jedem vorbeikommenden Vogel gefüttert werden. Der Bettelruf und der riesige orangefarbene Rachen erweisen sich als unwiderstehlich. Meist sitzen Kuckucke tief in einem Baum. Sie sind leichter zu sehen, wenn sie gelegentlich von Baum zu Baum fliegen.

STIMME: Bekannt ist der Gesang des Männchens *ku-kuh*, mitunter auch dreisilbig *ku-ku-kuh*, auch ein raues *wachachach* ist oft im Anschluss zu hören; die Weibchen machen sich durch ein kehliges trillerndes Lachen bemerkbar; die Jungen betteln durchdringend *ssii-ssii-ssii*.

BRUTBIOLOGIE: Legt die Eier in Nester anderer Vögel; 1 bis 25 (gewöhnlich 9) Eier pro Weibchen, 1 pro Nest; Mai bis Juni.

NAHRUNG: Holt sich auf dem Boden Schmetterlingsraupen; frisst auch kleine Insekten.

FLUG: Niedrig, geradlinig, wirkt schwer, Kopf nach oben gehalten, Flügel unter die Körperlinie; schnelle, tiefe Abschläge; taucht vor dem Landen oft nach unten.

GROSSER JUNGVOGEL
Kuckucksjunge werden oft von kleinen Pflegeeltern gefüttert, wie etwa von Rohrsängern.

VORKOMMEN
Sommervogel überall in Europa mit Ausnahme von Island. Zieht im Frühherbst ab. Buschige Moore und Heidelandschaften, Wälder und mit Gehölzen bestandene Feldflur, in der Nähe von Schilf und überall, wo geeignete Wirtsnester zu finden sind.

In Mitteleuropa zu sehen
| J | F | M | A | M | J | J | A | S | O | N | D |

ÄHNLICHE ARTEN

SPERBER ♂; ähnlich im Flug (S. 119)

Kopf eckig

Schwanz dünner

Flügel breiter und stumpfer

HOHLTAUBE ähnlich im Flug (S. 217)

kürzere Flügel

Schwanz breit

massiger

TURMFALKE ♀; ähnlich Jungvogel (S. 127)

Kopf runder

im Flug längere Außenflügel

Schwanz dünner

| Körperlänge **32–34 cm** | Flügelspannweite **45–65 cm** | Gewicht **105–130 g** |
| **Einzeln** | Lebensdauer **bis 10 Jahre** | **Bestand gesichert** |

EULEN

EULEN SIND hoch spezialisierte Vögel mit hervorragendem Seh- und Hörvermögen. Sie sehen noch gut bei wenig Licht, jedoch nicht in vollständiger Dunkelheit. Viele können ihre Beutetiere allein anhand der Geräusche, die sie machen, exakt orten. Ihre Ohren sind etwas asymmetrisch in Größe, Form und Position. Wenn eine Eule ihren Kopf dreht und auf und ab bewegt, ist sie dabei, ihre Beute akustisch zu fixieren.

SCHWUNG NACH VORNE
Eulen können ihren ganzen Körper nach vorne schwingen, wenn sie mit den Zehen zugreifen, sei es bei einer Beute oder zum Landen.

BRUTSTRATEGIEN

Einige Eulen besetzen feste Reviere und ziehen jedes Jahr nur wenige Junge groß. Andere sind Nomaden und brüten überall, wo das Nahrungsangebot groß ist. Sie legen viele Eier, aber nur in Jahren mit ausreichender Nahrung überleben auch viele Jungvögel. Der Waldkauz und der Raufußkauz sind typische Waldeulen; Zwergohreule und Steinkauz leben eher in offener Umgebung. Der

Uhu ist ein mächtiger und kräftiger Wirbeltierjäger, so wie die Schneeeule in der nordischen Tundra. Die beiden Ohreulen gleichen sich in Gefiederfärbung und Gestalt, beide jagen in offenem Gelände. Die Sumpfohreule lebt auf Heideflächen und Feuchtwiesen und auch bei vollem Tageslicht, die Waldohreule lebt dagegen in Wäldern und Gehölzen und jagt nach Eintritt der Dunkelheit.

TYTONIDAE (SCHLEIEREULEN)

runder, herzförmiger Gesichtsschleier

SCHLEIEREULE
S. 224

STRIGIDAE (EULEN)

zwischen den Augen ein helles »V«

kurzer weißer Überaugenstreif

ZWERGOHREULE
S. 225

SPERLINGSKAUZ
S. 226

cremefarbene Flecken auf mittelbraunem Rücken

STEINKAUZ
S. 227

STRIGIDAE (EULEN)
Fortsetzung

große,
schwarze
Augen

lange
Federohren
aufgestellt

Augen
leuchten
orange-
farben,
dunkel
umrandet

Augen groß und
tief orangerot,
schwarz eingefasst

Federohren

Unterseite
hell und
gestrichelt

WALDKAUZ
S. 229

WALDOHREULE
S. 230

hohe
Augenbraue

schwärzlicher
Ring um die
kalt wirkenden
gelben Augen

UHU
S. 228

SUMPFOHREULE
S. 231

RAUFUSSKAUZ
S. 232

Familie **Caprimulgidae**

ZIEGENMELKER

ZIEGENMELKER SIND IN EUROPA Sommervögel, die von der
Fülle von Nachtschmetterlingen leben, den Tag über
bewegungslos verbringen und sich bei Dämmerung zur
Jagd erheben. Die gewandten Flugjäger haben lange Flügel
und einen langen Schwanz. Ihr merkwürdiger Gesang hilft
dabei, ihre Anwesenheit zu bemerken. Ziegenmelker leben in
offener Heide oder locker bewaldeten Gebieten mit großen
Lichtungen, fliegen oft über Büsche und zwischen Bäumen.
In der Dämmerung kommen sie nah an Eindringlinge heran.

CAPRIMULGIDAE
(ZIEGENMELKER)

Körper und Schwanz
lang gestreckt

ZIEGENMELKER
S. 233

| Ordnung **Strigiformes** | Familie **Tytonidae** | Art **Tyto alba** |

Schleiereule 〔43〕

runder, herzförmiger
Gesichtsschleier

Augen schwarz

Unterflügel
weiß

Oberseite hell
bräunlich

Kopf groß

Schwanz
kurz

graue und
schwarze Flecken

Unterseite
weiß

auf Außen-
flügel dünne
dunkle Bänder

IM FLUG

Im Winter kann man die mittelgroße Eule auch am Tag
sehen, und oft jagt sie im Sommer auch schon deutlich vor
der Dämmerung, wenn sie Junge zu füttern hat. Bei solchen Gelegen-
heiten bietet sie einen ganz besonderen Anblick, etwa an den Straßenböschungen, die oft die einzigen noch verbliebenen ungepflegten Grasflächen darstellen, über denen Schleiereulen nach Mäusen jagen können.
Sie suchen auch Feuchtgebiete auf, z.B. wild wachsende Grasstreifen im
Anschluss an Schilfflächen oder auf Dämmen.

STIMME: Zischendes oder
schnarchendes und schnur-
rendes *schrrriii;* Warnruf schrill
und heiser quietschend.

BRUTBIOLOGIE: Nest in
Baumhöhlen, zwischen
Heuballen und in Gebäuden
(Nistkästen auf Kirchtürmen
und in Scheunen); 4–7 Eier;
1 Jahresbrut; Mai bis Juni.

NAHRUNG: Jagt von Ansitzwarten oder im niedrigen
Flug nach Wühlmäusen,
Mäusen, Ratten und gele-
gentlich auch Vögeln.

NACHTJÄGER
Schleiereulen sind im Allgemeinen
nachtaktiv. Wenn sie Junge füttern,
kann man sie aber auch schon vor
Sonnenuntergang sehen.

FLUG: Leicht, fast hüpfend mit tief ausholenden
Flügelschlägen; rüttelt und stößt mit nach hinten
gestreckten Flügeln kopfüber ins hohe Gras.

UNTERART

T. a. guttata
(Mittel und
Osteuropa)

Unterseite
lebhaft
orangebraun

VORKOMMEN
Weitverbreitet, aber meist selten
in Südost-, Mittel- und Westeuropa;
fehlt in Island, Skandinavien und
Nordosteuropa. Brütet und jagt in
offenen Landschaften von Kulturland bis zu Feuchtgebieten und in
jungen Aufforstungen.

ÄHNLICHE ARTEN

SUMPFOHREULE
(S. 231)

Augen
gelb

viel
größer

WALDKAUZ
(S. 229)

dunkle Flügel-
flecken

Oberseite
weiß

brauner

Unter-
seite
ge-
strichelt

SCHNEEEULE
(S. 436)

In Mitteleuropa zu sehen

| J | F | M | A | M | J | J | A | S | O | N | D |

| **Körperlänge 33–39 cm** | **Flügelspannweite 85–93 cm** | Gewicht **290–460 g** |
| **Familientrupps** | **Lebensdauer 5–10 Jahre** | **Bestand abnehmend** |

Ordnung **Strigiformes**	Familie **Strigidae**	Art *Otus scops*

Zwergohreule

Flügel
gebändert

zwischen den
Augen helles »V«

Ecken am Oberkopf
oft als Federrohren
aufgestellt

Kopf schmal,
oben flach

gelbe Augen
schwarz umrahmt

Gesichtsschleier
mit dunklen
Seiten

Körper grau oder
rostbraun

auf heller
Unterseite
dunkle
Striche

kompliziertes
Muster nur aus
der Nähe zu
sehen

IM FLUG

FLUG: Kurze, rasche Streckenflüge, nur schwache
Wellenbahn, rasche Flügelschläge in Folge.

In Dörfern und Gehölzen am Mittelmeer ist in der Morgen- und
Abenddämmerung der Ruf der Zwergohreule überall zu hören.
Dem Ruf zu folgen ist meist schwierig, aber oft nur eine Frage der Zeit;
mit Geduld gelingt es zuweilen, eine Zwergohreule recht gut zu sehen,
wenn sie nahe einer Straßenlaterne sitzt. Beobachtungen am Tag sind
viel schwieriger, denn es ist so gut wie aussichtslos, eine Zwergohreule an
ihrem Tagesrastplatz zu suchen. Steinkäuze leben oft in der Nähe, sodass die
Bestimmung Sorgfalt verlangt. Steinkäuze sind Standvögel, Zwergohreulen in
den meisten Gebieten nur Sommervögel. Zwergohreulen kann man auf Dächern
und Kirchtürmen inmitten von Dörfern sehen, Steinkäuze eher an den Dorfrändern,
um Bauernhöfe oder einzeln stehenden Scheunen. Steinkäuze wirken runder und
gedrungener mit einem breiteren und flacheren Kopf, Zwergohreulen werden vor
allem zu Flügelspitzen und Schwanz hin schlanker. Sie sind nördlich ihres regelmäßig
besiedelten Brutgebiets nur Ausnahmegäste, gewöhnlich im Frühling.
STIMME: Sehr charakteristisch in der Dämmerung: einzelne flötende melodische Pfiffe
wie *pju* oder *tju*, regelmäßig alle 2 bis 3 Sekunden wiederholt.
BRUTBIOLOGIE: In Baum- oder Mauerhöhlen; 4 oder 5 Eier; 1 Jahresbrut; April bis Juli.
NAHRUNG: Jagt meistens von ihren Sitzplätzen nach unten stoßend Insekten.

VORKOMMEN
Im Sommer weitverbreitet in
Südeuropa, nach Norden bis
Mittelfrankreich und die Alpen.
In kleinen Städten, in Parks und
Gehölzen, oft um alte Gebäude
oder in Friedhöfen, auch im
Mischwald. Die meisten ziehen im
Herbst weg, nur wenige bleiben in
Südeuropa.

In Mitteleuropa zu sehen
J F M **A M J J A** S O N D

ÄHNLICHE ARTEN

Kopf flacher

gedrun-
gener

STEINKAUZ
(S. 227)

RAUFUSSKAUZ
anderer Lebens-
raum (S. 232)

Kopf
runder

Augen
schwarz

viel
größer

WALDKAUZ
(S. 229)

Körperlänge **19–21 cm**	Flügelspannweite **47–54 cm**	Gewicht **150 g**
Familientrupps	Lebensdauer **bis 10 Jahre**	**Bestand abnehmend†**

| Ordnung **Strigiformes** | Familie **Strigidae** | Art *Glaucidium passerinum* |

Sperlingskauz

breite, rundliche Flügel

Oberkopf dunkler als bei Altvögeln

brauner Rücken mit feinen weißen Punkten

großer Kopf

gedrungener, schmaler Schwanz

Schwanz oft aufgerichtet oder gedreht

IM FLUG

JUNGVOGEL

kurzer weißer Überaugenstreif

kleine gelbe Augen

Brust und Flanken kräftig gebändert

Bauch großteils weiß mit dunklen Strichen

FLUG: Schnell, wellenförmig wie ein Specht, mit abwärts gerichteten Gleitphasen

schmaler, gebänderter Schwanz

ALTVOGEL

Der Sperlingskauz ist die kleinste europäische Eule und eher dämmerungs- als nachtaktiv. Manchmal sieht man ihn auf einem hohen Nadelbaum sitzen. Mitunter gelingt es, ihn anzulocken, indem man seinen Ruf nachahmt. Er erbeutet in einer furchtlosen Jagd kleine und mittelgroße Vögel, auch solche, die größer sind als er selbst.

STIMME: Dünnes, drosselähnliches *psii*; im Herbst eine Serie dünner, an Intensität zunehmender, ansteigender Flötentöne, meist 5–10; im Frühjahr Wiederholung einfacher Pfiffe, ähnlich dem Ruf des Gimpels.

BRUTBIOLOGIE: Bezieht eine natürliche Baumhöhle oder Spechthöhle, 4–7 Eier; 1 Jahresbrut; April bis Juni.

NAHRUNG: Jagt kleine Säugetiere, vor allem Mäuse und Waldvögel; überrascht sie am Ansitz oder auf dem Boden.

ÄHNLICHE ART

breiterer, hellerer Gesichtsschleier

RAUFUSSKAUZ
Weiße Flecken an Schultern, größere Augen (S. 232)

AUFGERICHTETER SCHWANZ
Der Sperlingskauz ist eine rundliche Eule mit mittellangem Schwanz, den er oft leicht aufrichtet. So wirkt er wachsam und keck.

VORKOMMEN
Bevorzugt Nadelwälder (vor allem Fichtenwälder) oder Mischwälder im Gebirge und im hohen Norden Europas; verlässt seine Brutplätze selten.

| In Mitteleuropa zu sehen |
| J F M A M J J A S O N D |

| Körperlänge **15–19 cm** | Flügelspannweite **32–39 cm** | Gewicht **50–65 g** |
| **Familiengruppen** | Lebensdauer **5–10 Jahre** | **Bestand gesichert** |

Ordnung **Strigiformes**	Familie **Strigidae**	Art *Athene noctua*

Steinkauz

Oberkopf dunkel
mit kleinen
weißen Flecken

Kopf
breit

niedrige weiße
Augenbrauen

Flügel kurz und rund,
braun und creme-
farben gebändert

Augen groß, hellgelb,
schwarz umrandet

cremefarbene
Flecken auf
mittelbraunem
Rücken

auf heller
Unterseite
komplexe
Wellenstreifung

IM FLUG

D er Steinkauz – in Europa weitverbreitet – ist eine kleine, gedrungene, flachköpfige und kurzschwänzige Eule. Im Sitzen auf einer exponierten Warte am helllichten Tag kann er sehr rund wirken, streckt sich aber und sieht viel schlanker aus, wenn er beunruhigt ist. Er jagt in der Abenddämmerung, sitzt aber oft im hellen Tageslicht und zieht oft lärmende Kleinvögel auf sich. Sein Wellenflug erinnert an einen Specht oder an eine große Drossel. In vielen Gebieten Europas lebt er in Ruinen und alten Scheunen mit schadhaften Dächern oder im Bergland mit großen Steinen, die über die Hänge verteilt sind.

STIMME: Lauter melodischer, etwas klagender und am Ende ansteigender Gesang *kuuuhk*, Ruf scharf und abfallend *kihu*, Warnruf hoch *kji kji kji*.

BRUTBIOLOGIE: In langen Baumhöhlen oder in Mauerlöchern, vielfach hauptsächlich in langen Nistkästen; 2 bis 5 Eier; 1 Jahresbrut; Mai bis Juli.

NAHRUNG: Fängt kleine Nager, Würmer, kleine Vögel und Insekten am Boden.

FLUG: Auffallend wellenförmig mit raschen Folgen von Flügelschlägen und abwärts gerichteten Gleitphasen; steigt vor der Landung etwas auf.

KOMPAKTE SILHOUETTE
Eine runde, kurzschwänzige, dünnbeinige Gestalt auf einem exponierten Sitzplatz bei Dämmerung ist wahrscheinlich ein Steinkauz.

VORKOMMEN
In Europa weitverbreitet als Standvogel nordwärts bis Großbritannien und an die Ostsee. Große Vielfalt der Lebensräume, offene felsige Hänge und Inseln, Kulturland und Parks mit alten Bäumen und alten Gebäuden, auch in Halbwüsten mit großen Steinen und Felswänden.

In Mitteleuropa zu sehen
J F M A M J J A S O N D

ÄHNLICHE ARTEN

ZWERGOHREULE
Unterschied in Lebensraum und Verhalten (S. 225)

Körper schlank, deutliche Federohren

WALDKAUZ
(S. 229)

Augen dunkel

viel größer

SUMPFOHREULE
(S. 231)

viel größer

Flügel lang

Körperlänge **21–23 cm**	Flügelspannweite **50–56 cm**	Gewicht **150–200 g**
Familientrupps	Lebensdauer **bis 10 Jahre**	**Bestand abnehmend**

| Ordnung **Strigiformes** | Familie **Strigidae** | Art *Bubo bubo* |

Uhu

IM FLUG

Flügel dunkelbraun mit hellem Fleck

auf dem Rücken dunkel marmoriert und gestrichelt

große Federohren meist zu einem flachen »V« gewinkelt

um den Schnabel helles Feld

helles »V« auf der Stirn

Auge groß und tief orangerot, schwarz eingefasst

Unterseite kräftig gestrichelt

Der Uhu ist ein massiger Vogel und einer der kräftigsten Wirbeltierjäger Europas. Er überwältigt sogar nicht selten andere Eulen und Greifvögel, vor allem wenn er seine Revieransprüche durchsetzt. Eigentlich ein Vogel von Felswänden und Steinbrüchen, brütet der Uhu auch manchmal relativ nahe an Dörfern und Gehöften, zieht aber in der Regel abgelegene ruhige Plätze menschlichen Siedlungen vor. Er ruft früh im Jahr und ist im Sommer keinesfalls leicht aufzuspüren: Sorgfältiges Absuchen geeigneter Felsbänder, Höhlungen und Bäume an besetzten Brutplätzen ist oft ergebnislos. Seine Augen verleihen ihm ein ganz besonderes Sehvermögen bei sehr geringem Licht, und er jagt meistens bei völliger Dunkelheit. Die Unterart *B. b. ascalaphus* (Mittlerer Osten) ist heller, unterseits hellbraun und hat gelbe Augen.

STIMME: Gesang tief und gedämpft, aber trotzdem 2 bis 4 Kilometer weit zu hören *u-hu,* bellende Alarmrufe *kwäk, kwä* oder *kwä-kwä-kwä.*

BRUTBIOLOGIE: Kahle Mulde in einem Baum oder in einem geschützten Felsband; 2 oder 3 Eier; 1 Jahresbrut; April bis Mai.

NAHRUNG: Von kleinen Nagetieren bis zu größeren Tieren wie Krähen, Tauben und kleinen Säugetieren wie Ratten, Igeln, Hasen oder Eichhörnchen.

FLUG: Geradlinig, kraftvoll; Flügel in häufigen Gleitphasen leicht gebogen; Kopf wirkt sehr groß.

VERSTECKTE EULE
Hervorragende Tarnzeichnung macht einen ruhig sitzenden Uhu extrem schwer sichtbar.

VORKOMMEN
In Kontinentaleuropa weitverbreitet, aber überall selten, meist in Waldgebirgen mit Schluchten und Felswänden und tief eingeschnittenen Flusstälern mit tiefen Höhlungen oder großen Felsbändern und großen alten Bäumen. Kommt außerhalb der Brutgebiete nicht vor.

| In Mitteleuropa zu sehen |
| J F M A M J J A S O N D |

ÄHNLICHE ARTEN

kleiner und schlanker

keine Federohren

viel kleiner

keine Federohren

Auge dunkel

kleiner

WALDOHREULE (S. 230)

WALDKAUZ (S. 229)

MÄUSEBUSSARD (S. 120)

| Körperlänge **59–73 cm** | Flügelspannweite **1,40–1,80 m** | Gewicht **1,5–3 kg** |
| Einzeln | Lebensdauer **10–20 Jahre** | Gefährdet |

| Ordnung **Strigiformes** | Familie **Strigidae** | Art ***Strix aluco*** |

Waldkauz

Kopf groß und rund

Gesichtsschleier sichtbar

große, schwarze Augen

auf den Flügeln helle Flecken und Bänder

Rücken braun mit diagonaler Reihe von weißen Flecken auf jeder Seite

Flügel und Schwanz kurz

ALTVOGEL

IM FLUG

ALTVOGEL

Körper rotbraun oder graubraun (Dunenjunge hellgrau)

Unterseite hell und gestrichelt

ALTVOGEL

FLUG: Kraftvoll und recht schnell, etwas schwerfällig in Wellenbahn; tiefe, regelmäßige Flügelschläge, kurze Gleitphasen.

Der Waldkauz ist die Eule, die nach Eintritt der Dunkelheit ihren dunklen, melodischen Gesang hören lässt. Das Stimmrepertoire ist aber recht groß, ein lautes kurzes *ku-it* hört man das Jahr über viel regelmäßiger als den schaurig-schönen Gesang. Meist sieht man nicht mehr als eine große, dickköpfige Silhouette. Manchmal attackieren den Kauz tagsüber Kleinvögel und verraten damit seine Anwesenheit oder man kann ihn in Bäumen oder im Efeu über weißen Kotspritzern finden. In solchen Fällen lässt er sich auch aus der Nähe eingehend beobachten.

STIMME: Laute und etwas erregt klingende Rufe, Variationen des nasalen *ku-wit* oder *ki-jip;* langer, etwas tremulierender Gesang *hu hu-huuu huu-hu-hu.*
BRUTBIOLOGIE: Höhle in Bäumen oder Gebäuden, auch in einem alten Krähen- oder Elsternnest; 2 bis 5 Eier; 1 Jahresbrut; April bis Juni.
NAHRUNG: Schlägt Mäuse, Ratten, Frösche, Käfer und Regenwürmer am Boden; fängt Kleinvögel an den Schlafplätzen oder auch auf Nestern während der Nacht.

NACHTJÄGER
Waldkäuze beginnen nach Eintritt der Dämmerung zu rufen, starten aber erst bei völliger Dunkelheit zur Jagd.

VORKOMMEN
Standvogel in fast ganz Europa mit Ausnahme von Island, Irland und Nordskandinavien. In allen Waldtypen und mit Bäumen bestandenen Landschaften, z. B. Feldflur mit großen Hecken und Gehölzen, große Gärten mit Nadelbäumen oder in Parks.

| In Mitteleuropa zu sehen |
| J F M A M J J A S O N D |

ÄHNLICHE ARTEN

Federohren

Augen orangefarben

WALDOHREULE (S. 230)

HABICHTSKAUZ (S. 436)

größer und grauer

Augen gelb

Gesicht heller

kleiner

RAUFUSSKAUZ (S. 232)

| Körperlänge **37–40 cm** | Flügelspannweite **95–105 cm** | Gewicht **330–590 g** |
| **Familiengruppen** | Lebensdauer **bis 10 Jahre** | **Bestand gesichert** |

Ordnung **Strigiformes**	Familie **Strigidae**	Art *Asio otus*

Waldohreule

am Außenflügel
heller Fleck

Federohren
angelegt

lange
Federohren
aufgestellt

Auge leuchten
orangefar-
ben, dunkel
umrandet.

Oberflügel
marmoriert

dunkler
Fleck am
Flügelbug

Flügelspitzen grau

IM FLUG

Unterseite dicht
gestrichelt

FLUG: Ähnlich Sumpfohreule, aber viel seltener tagsüber zu sehen; etwas kurzflügeliger, weniger gaukelnd.

Die großen Waldohreulen kann man im Winter auf gemeinsa-men Schlafplätzen zu einigen bis zu zwanzig und mehr Vögel antreffen. Solche Ruheplätze finden sich oft in großen Fichten, aber auch in dichten Birken- und Weidenzweigen, in denen sie schwierig zu entdecken sind. Mitunter geben sie Gewölle ab oder spritzen ihren Kot auf den Boden. Wenn sie nicht gestört werden, verlassen sie kaum vor Dunkelwerden den Ruheplatz; nur gelegentlich kann man eine Waldohreule bei gutem Licht jagen sehen.

STIMME: Gesang ist eine langsame Folge tiefer kurzer Laute etwa in Atemtempo *hu hu hu hu hu;* Jungvögel betteln mit durchdringenden Lauten *zieh.*

BRUTBIOLOGIE: Alte Nester von Krähen, Elstern oder Eichhörnchen, auch unter dichten Büschen gelegentlich; 3 bis 5 Eier; 1 Jahresbrut; März bis Juni.

NAHRUNG: Jagt vom Ansitz oder im Flug, fängt kleine Nager oder schlafende Vögel.

RUHEPLATZ IM WINTER
Typische Winterruheplätze befinden sich in dichtem Geäst von Bäumen. Manchmal sitzen mehrere Waldohreulen zusammen.

VORKOMMEN
Weitverbreitet außerhalb Islands und Nordskandinaviens; in Nord-osteuropa nur Sommervogel. Brütet meist in Nadelwäldern und Windschutzstreifen nahe Feucht-gebieten aller Art; Ruheplätze im Dickicht von Weiden oder Birken nahe Feuchtgebieten oder in alten hohen Hecken, mitunter auch in Gärten und Parks in der Stadt.

In Mitteleuropa zu sehen

ÄHNLICHE ARTEN

Augen
gelb

UHU
(S. 228)

Augen schwarz

viel größer

runder und
dunkler

Hinter-
rand
weiß

SUMPFOHREULE
sehr ähnlich im Flug
(S. 231)

WALDKAUZ
(S. 229)

Körperlänge **35–37 cm**	Flügelspannweite **84–95 cm**	Gewicht **210–330 g**
Am Ruheplatz in kleinen Trupps	Lebensdauer **10–15 Jahre**	Bestand gesichert

| Ordnung **Strigiformes** | Familie **Strigidae** | Art *Asio flammeus* |

Sumpfohreule

Flügelspitze dunkel

an den Rücken-seiten Reihen heller Flecken

Unterflügel weißlich mit schmalem dunklem Band am Buggelenk

Kopf groß und rund, winzige Federohren meist verborgen

schwärzlicher Ring um die kalt wirkenden gelben Augen

komplexes Muster auf der Oberseite

schwarzer Fleck am Flügelbug

Hinter-rand weiß

Außenflügel orangebraun bis gelblich

Bauch weiß

IM FLUG

Unterseite braunweiß mit feinen dunklen Strichen

FLUG: Niedrig, in Wellen, recht schnell; langsame Schläge der etwas steifen Flügel, die hoch angehoben werden, etwas gaukelnd und auch Gleitphasen.

Tagsüber sieht man von den Eulen am ehesten die Sumpfohreule, wenn sie wie eine Weihe jagt und noch bei gutem Licht lange vor der Abend-dämmerung niedrig über dem Boden fliegt. Ihr Bestand und ihre Verbreitung spiegeln die wechselnde Zahl von Wühl-mäusen wider. Sie kann für ein oder zwei Jahre im Kulturland erscheinen, wenn Felder zeitweise nicht bewirt-schaftet werden, ist aber häufiger an der Küste, über Mooren und auch in jungen Koniferenpflanzungen. Im Flug kann man sie leicht mit der Waldohreule verwechseln, die aber fast immer nachtaktiv ist.

IM GAUKELFLUG AUF DER JAGD
Die langen Flügel und das geringe Gewicht erlauben der Sumpfohreule einen gaukelnden, leichten Jagdflug.

STIMME: Nasal bellend *kie-eff* oder heiser peitschend *ki-ou*; Gesang tief, weich und schnell *bu-bu-bu-bu* im Balzflug.

BRUTBIOLOGIE: Mulde auf dem Boden; 4 bis 8 Eier; 1 oder 2 Jahresbruten; April bis Juli.

NAHRUNG: Jagt knapp über dem Boden oder vom Ansitz; fängt kleine Nagetiere und Vögel.

VORKOMMEN
Weitverbreitet in Europa, meist im Norden, nur unregelmäßig im Süden, hier vor allem von der Größe von Beutetierpopulationen abhängig. Brütet in allen Typen von ungestörten Grasflächen, in Mooren, Heiden, Hochmooren und Anpflanzungen, viele Plätze werden nur kurzfristig bei hoher Mäusedichte besiedelt.

In Mitteleuropa zu sehen

| J | F | M | A | M | J | J | A | S | O | N | D |

ÄHNLICHE ARTEN

Augen orangerot

WALDKAUZ (S. 229)

Augen schwarz

KORNWEIHE ♀ (S. 116)

Hinterflügel grau

Flügel kürzer

Schwanz länger

Oberseite einfarbiger

WALDOHREULE, im Flug sehr ähnlich (S. 230)

| Körperlänge **34–42 cm** | Flügelspannweite **90–105 cm** | Gewicht **260–350 g** |
| **Kleine Trupps** | Lebensdauer **10–15 Jahre** | **Gefährdet†** |

| Ordnung **Strigiformes** | Familie **Strigidae** | Art *Aegolius funereus* |

Raufußkauz

hohe Augenbraue

Kopf groß

großer, heller Gesichtsschleier mit schwärzlichem Rand

Oberseite tief schokoladenbraun (Jungvögel überall dunkelbraun)

Auge hell gelb

auf dem geschlossenen Flügel weiße Flecken und Bänder

an den Rückenseiten Band aus feinen weißlichen Tupfen

ALTVOGEL

IM FLUG

Unterseite hell mit weicher brauner Marmorierung

ALTVOGEL

ALTVOGEL

∧∧∧∧∧∧∧∧∧∧∧∧∧∧∧∧∧∧∧∧∧∧∧
FLUG: Schnell, kurze Flugstrecken, geradlinig mit Folgen rascher Flügelschläge zwischen Gleitphasen.

Die kleinen bis mittelgroßen Raufußkäuze sind schwer zu sehen, denn sie leben vor allem in dichten Wäldern und sind nachtaktiv. Am besten kontrolliert man Eulenspuren (Kotspritzer oder Gewölle) in der Umgebung von geeigneten Nesthöhlen oder hört auf die Rufe, die in ruhigen Nächten häufig und auch über größere Entfernung (bis 3 km) zu hören sind. Die Kombination der Rufe mit Größe und Gestalt der meist nur als Silhouette zu sehenden Eule hilft zur Bestimmung; Steinkäuze oder Zwergohreulen trifft man nicht in dichten Wäldern und andere Eulen sind deutlich größer.

STIMME: Hart, unmelodisch *tziak;* Gesang ist eine Reihe von 5 bis 8 Pfiffen, die etwas ansteigen und schneller werden *pu-pu-pu-pu-pu-pu-pu-pu.*

BRUTBIOLOGIE: Kahle Mulde in einer Baumhöhle oder verlassenen Spechthöhle, auch in Nistkästen; 3 bis 6 Eier; 1 Jahresbrut; Mai bis Juni.

NAHRUNG: Fängt Wühlmäuse vom Ansitz auf Bäumen, selten exponiert.

WACHSAMER GESICHTSAUSDRUCK
Die hohen Augenbrauen verleihen dem Gesicht des Raufußkauzes ständig einen besonders wachsamen oder alarmierten Ausdruck.

VORKOMMEN
Brütet in Nordost- und Mitteleuropa, meist in Bergwäldern, im Alpengebiet und selten in den Pyrenäen. Standvogel in dichten Wäldern mit kleinen Lichtungen, kaum von den Brutplätzen weiter entfernt anzutreffen.

ÄHNLICHE ARTEN

STEINKAUZ anderer Lebensraum (S. 227)

Kopf flacher

Augen schwarz

gedrungener

viel größer

WALDKAUZ (S. 229)

SPERLINGSKAUZ (S. 226)

Kopf kleiner

kleiner

In Mitteleuropa zu sehen

| J | F | M | A | M | J | J | A | S | O | N | D |

| Körperlänge **22–27 cm** | Flügelspannweite **50–62 cm** | Gewicht **150–200 g** |
| Einzeln | Lebensdauer **bis 10 Jahre** | Bestand **gesichert†** |

| Ordnung **Caprimulgiformes** | Familie **Caprimulgidae** | Art *Caprimulgus europaeus* |

Ziegenmelker (44)

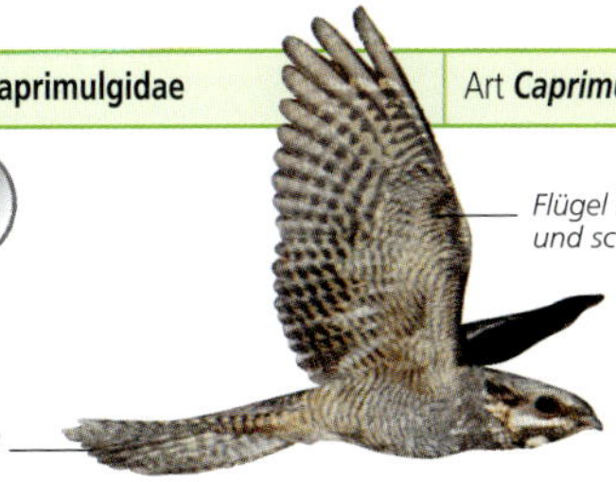

Flügel lang und schmal

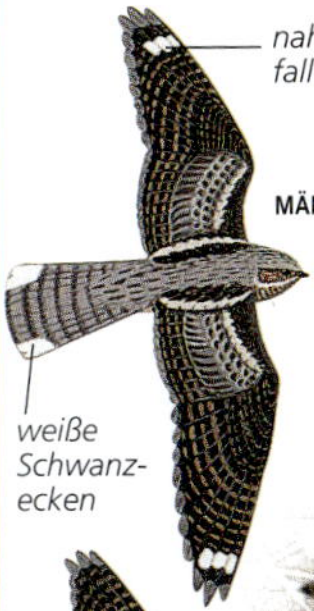

nahe der Flügelspitze auffallender weißer Fleck

Schwanz lang

MÄNNCHEN

WEIBCHEN

weiße Schwanzecken

graubrauner Körper gebändert, marmoriert und gefleckt

auf der Wange weiße Marke

Kopf flach

Schnabel winzig

Körper und Schwanz lang gestreckt

WEIBCHEN

MÄNNCHEN

IM FLUG

D er Ziegenmelker ist einer der beeindruckendsten kleineren Vögel Europas; er singt in der Abenddämmerung mit einem bemerkenswert langen schnurrenden Triller. Er schießt über trockenen Boden oder zwischen einzelnen Bäumen dahin, kommt auch hoch über den Kopf eines sich still verhaltenden Beobachters und fängt im schnellen Flug Nachtschmetterlinge. Es ist sehr schwierig, ihn bei Tag zu finden, und man kann daher leider auch kaum das komplexe Muster seines Prachtkleids ausreichend bewundern.

STIMME: Tief nasal *krruit,* der Gesang ist ein langes, ratterndes Schnurren, das aus der Entfernung weich, aus der Nähe viel härter klingt, etwa *errrrrörrrrrörrrrrrerrrr.*

BRUTBIOLOGIE: Einfache, sehr flache Bodenmulde; 2 Eier; 1 oder 2 Jahresbruten; Mai bis Juli.

NAHRUNG: Fängt meist in der Dämmerung Insekten, hauptsächlich Nachtfalter, im Flug mit weit geöffnetem Schlund.

FLUG: Leicht, gaukelnd, rasche Richtungs- und Höhenänderungen mit schnellen, tief ausholenden Flügelschlägen; manchmal auch viele Drehungen und Wendungen.

ALTVOGEL AUF DEM NEST
Die Tarnung ist so perfekt, dass man nur ausnahmsweise einen brütenden Ziegenmelker findet.

ÄHNLICHE ARTEN

FELDSCHWIRL
höherer Gesang mit hellerem Triller (S. 313)

rostfarbener Kragen

ROTHALS-ZIEGENMELKER
anderer Gesang (S. 437)

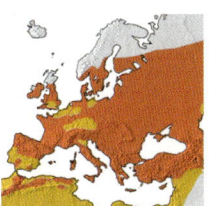

VORKOMMEN
In Europa sehr lückenhaft, fehlt im Norden Großbritanniens, in Island und in Nordskandinavien. Brütet auf Heideflächen und Böden mit niedriger Vegetation oder auf Waldlichtungen. Überwintert in Afrika.

| In Mitteleuropa zu sehen |
| J F M **A M J J A S** O N D |

| Körperlänge **26–28 cm** | Flügelspannweite **54–60 cm** | Gewicht **75–100 g** |
| **Einzeln** | Lebensdauer **bis 10 Jahre** | **Bestand abnehmend†** |

SEGLER

KEINE VÖGEL SIND BESSER an das Leben in der Luft angepasst als die Segler. Sie haben einen kleinen Schnabel, aber einen großen Schnabelspalt, mit dem sie fliegende Insekten fangen. Ihr schlanker, spitzer Körper und die langen, steifen, sichelförmigen Flügel sind für lang anhaltenden Flug aerodynamisch ideal. Wenn Segler balzen, entwickeln sie hohe Geschwindigkeiten; die Nahrungsflüge sind meist viel langsamer, dabei gleiten die Vögel effizient und gewandt. Ihre Füße sind winzig, alle vier Zehen sind nach vorne gerichtet. Das reicht aus, um sich an rauer Oberfläche anzuhängen, erlaubt ihnen aber nicht, sich auf einen Leitungsdraht oder Zweig zu setzen. Man sieht Segler daher auch so gut wie nie irgendwo ruhen. Sie tauchen in die Höhlung, in der sich das Nest befindet, ohne wahrnehmbare Unterbrechung ein.

Segler sind mit ihren Nistplätzen extrem von Gebäuden abhängig geworden, nur noch wenige brüten in Felshöhlungen oder in Baumhöhlen. Doch sind moderne Bauten für Segler meist nutzlos. Die Bestimmung kann schwierig sein, aber gute Sicht lässt Unterschiede in Gestalt und Muster zwischen den meisten Arten erkennen. Alle leben gesellig und fliegen in der Brutzeit oft in dichten Gruppen mit hohem Tempo. Sie kommen spät im Frühjahr an und ziehen bereits im Spätsommer wieder nach Afrika ab.

SCHRILLE RUFE
Etwa in Dachfirsthöhe schießen im Sommer Gruppen von Mauerseglern unter schrillen Rufen vorbei. Es scheint, dass dieses Verhalten für die Sozialbindung der Vögel in einer Kolonie große Bedeutung hat.

APODIDAE (SEGLER)

Unterseite mit heller Wellenzeichnung

ALPENSEGLER
S. 237

im schnellen Gleitflug weisen Flügel nach hinten

Schwanz tief gegabelt

MAUERSEGLER
S. 235

FAHLSEGLER
S. 236

| Ordnung **Apodiformes** | Familie **Apodidae** | Art **_Apus apus_** |

Mauersegler

wirkt gegen den Himmel
einheitlich schwarz

schwarzer
Körper wird im
Spätsommer
brauner

Kinn
weißlich

dünne
weiße
Feder-
ränder

Kopf kurz,
fast kein
Schnabel

ALTVOGEL

Flügel sichelförmig
gebogen, spitz

JUNGVOGEL

ALTVOGEL

IM FLUG

Unterflügel
blitzt in der
Sonne hell
auf.

ALTVOGEL

Schwanz tief
gegabelt

FLUG: Oft langsam und geradlinig in langen Gleitstrecken zwischen raschen ausholenden Flügelschlägen, Flügel sehr steif; Gruppen schießen mit
zitternden Flügelschlägen schnell durch die Luft.

Kein anderer Vogel ist mehr in der Luft als der Mauersegler. Jungvögel verbringen die ersten drei Jahre nach dem Ausfliegen in
der Luft, ehe sie zum Brutplatz zurückkehren. Wie Seevögel kommen
sie an Land, um zu brüten. In Europa erscheinen Mauersegler spät im
Frühling und ziehen früh im Herbst nach Afrika ab. Schwärme fliegen
sehr hoch oder auf Dachfirsthöhe. Ihre sichelförmigen Flügel und ihre
schrillen Schreie machen die Bestim-
mung leicht, aber in Südeuropa kann sie
der Fahlsegler erschweren.

STIMME: Laute schrille Rufe, meist von
Trupps, _sriiiii, sirrr._

BRUTBIOLOGIE: Mit Federn ausgekleidete Höhlung in einem Gebäude; 2 oder
3 Eier; 1 Jahresbrut; Mai bis Juni.

NAHRUNG: Fängt im Flug kleine
Insekten.

VERSTECKTES NEST
Mauersegler nisten tief in Höhlungen, meist in älteren
Gebäuden, heute kaum mehr in Felswänden.

SCHREIENDE FLUGGRUPPEN
Nahrungssuchende Mauersegler fliegen viel langsa-
mer, als man meinen möchte, lärmende, sich jagende
Gruppen erreichen hohe Geschwindigkeiten.

VORKOMMEN
Im Sommer weitverbreitet in
Europa mit Ausnahme von Island;
kommt spät an und zieht früh
wieder ab. Nahrungsflüge über
jeder Art von offenem Land, auch
in Dörfern, Städten und Großstäd-
ten. Benötigt alte Gebäude zur
Brut, in Neubauvierteln gewöhnlich keine Brutmöglichkeit.

| In Mitteleuropa zu sehen |
| J F M **A M J J A S** O N D |

ÄHNLICHE ARTEN

FAHLSEGLER
(S. 236)

Bauch weiß

große
weiße
Kehle

etwas
heller

ALPENSEGLER
(S. 237)

RAUCHSCHWALBE
(S. 293)

Oberseite
blau

größer

Unterseite
hell

Gestalt ganz
anders

| Körperlänge **16–17 cm** | Flügelspannweite **42–48 cm** | Gewicht **36–50 g** |
| **Schwärme** | Lebensdauer **bis 10 Jahre** | **Bestand gesichert** |

| Ordnung **Apodiformes** | Familie **Apodidae** | Art *Apus pallidus* |

Fahlsegler

Flügelspitze dunkler braun

auf Oberflügel hell-braunes Diagonalband

ALTVOGEL

Gesicht um schwarzes Auge herum heller als bei Mauersegler

stärker gefleckt als Alt-vogel mit auffälligen hellen Federrändern

Unterflügel hell-erdbraun (Federn mit hellem Saum)

Flügelspitze dunkler als Flügelmitte

Unterseite mit heller Wellen-zeichnung

IM FLUG

JUNGVOGEL

Kinn und Kehle weiß

ALTVOGEL

D er Fahlsegler ist dem Mauersegler sehr ähnlich, aber etwas heller und eher erd- oder lehmbraun bei guter Sicht; er hat auch etwas breitere Flügel, einen kürzeren Schwanz und breiteren Kopf. Da er im Flug meist gegen den Himmel auftaucht, ist eine gute Sicht nicht so leicht zu erreichen. Wenn er aber beim niedrigen Flug gegen dunklen Hintergrund zu sehen ist, sollten die Unterschiede erkenn-bar sein. In vielen südeuropäischen Städten sind beide Arten häufig und bieten daher Gelegenheit zum Vergleich und zur Verwechslung. Fahlsegler sind gelegentlich im Sommer oder Herbst, wenn die Mau-ersegler schon lange abgezogen sind, auch weit nördlich ihrer normalen Verbreitung gesehen worden. Aber gelegentlich bleibt auch ein Mauersegler länger zurück. Einsame Segler außerhalb des normalen Verbreitungsgebiets bedürfen für eine sichere Bestimmung sorgfältiger Beobachtung.

STIMME: Schrill wie Mauersegler, aber meist tiefer und deutlich abfallend, daher mehr zweisilbig; mit Sicherheit aber schwer zu unterscheiden.

BRUTBIOLOGIE: Nicht ausgekleidete Höhlung unter einem Dach, in einem alten Gebäude oder einer Mauer; 2 oder 3 Eier; 1 Jahresbrut; Mai bis Juni.

NAHRUNG: Wie Mauersegler nur kleine Insekten und driftende Spinnen in der Luft.

FLUG: Schnell, seglertypisch mit steifen Flügeln, Flügelschläge etwas langsamer; im Mittel längere Gleitphasen als Mauersegler.

VORKOMMEN
Brütet in Südeuropa, meist nahe von Küsten, weiter im Inland in Südspanien und Italien, in Altbauvierteln von Dörfern und Städten. Zieht nach Afrika; nur ausnahmsweise nördlich seines Verbreitungsgebiets. Jagt über allen Typen offenen Landes.

In Mitteleuropa zu sehen
J F M A M J J A S O N D

ÄHNLICHE ARTEN

MAUERSEGLER (S. 235)

ALPENSEGLER (S. 237)

UFERSCHWALBE (S. 291)

größer

schwarz

an Kehle weniger weiß

weiß auf der Unterseite

kleiner und gedrungener

| Körperlänge **16–18 cm** | Flügelspannweite **39–46 cm** | Gewicht **50 g** |
| **Schwärme** | Lebensdauer **10–15 Jahre** | **Bestand gesichert†** |

Ordnung **Apodiformes**	Familie **Apodidae**	Art ***Apus melba***

Alpensegler

Im schnellen Gleitflug weisen Flügel nach hinten.

Flügel mit breiter Basis und sichelförmiger Spitze

Bauch weiß

Schwanz kurz, deutlich gegabelt

Unterseite weiß

Kinn und Kehle weiß, schwer zu sehen

Unterschwanz dunkel

IM FLUG

dunkelbraunes Brustband

FLUG: Kraftvoll vorbeisausend; locker erscheinende Schläge der steifen, sichelförmigen Flügel.

Der Alpensegler ist der größte und kräftigste Segler in Europa. Er bevorzugt Felswände in Gebirgen, brütet aber nicht nur in großer Höhe, sondern auch viel tiefer, etwa in tief eingeschnittenen Flusstälern oder großen Gebäuden. Er mischt sich oft unter andere Segler oder Felsenschwalben und ist oft mit Alpendohlen in der Luft zu sehen. Mitunter ist es nicht leicht, die Größe zu schätzen, sodass Ansichten von Silhouetten nicht immer ausreichen, um Alpensegler außerhalb ihrer normalen Verbreitung sicher zu bestimmen. Oft handelt es sich um zum Teil weiße Mauersegler.

STIMME: Lauter Chor grünfinkenartiger Triller, höher und tiefer, variabel in Geschwindigkeit und Tonhöhe *tititi-ti-ti-ti-ti*.

BRUTBIOLOGIE: Flacher, mit Gras und Stängeln ausgekleideter Napf in Höhlung eines Gebäudes oder Felsen; 2 oder 3 Eier; 1 Jahresbrut; April bis Juni.

NAHRUNG: Nur kleine Insekten in der Luft, im Flug mit dem Schnabel gefangen.

KRAFTVOLLER FLIEGER
Die Silhouette eines Alpenseglers kann durchaus an einen Baumfalken erinnern.

VORKOMMEN
Sommer- und Brutvogel in Südeuropa bis an den Nordrand der Alpen. Jagt über alle Typen offener Landschaft, besonders über Bergstädte. An Felswänden und über Schluchten von Seehöhe bis ins Hochgebirge, meist von April bis September.

In Mitteleuropa zu sehen
| J | F | M | **A** | **M** | **J** | **J** | **A** | **S** | O | N | D |

ÄHNLICHE ARTEN

MAUERSEGLER (S. 235)

BAUMFALKE ähnliche Gestalt (S. 129)

FELSENSCHWALBE weniger sichelförmige Flügel (S. 292)

kleiner und schlanker

viel kleiner

weißer Halsfleck

Körperlänge **20–23 cm**	Flügelspannweite **51–58 cm**	Gewicht **75–100 g**
Schwärme	Lebensdauer **10–15 Jahre**	Bestand **gesichert†**

237

Familien **Alcedinidae, Meropidae, Coraciidae, Upupidae**

EISVÖGEL, BIENENFRESSER, RACKEN, WIEDEHOPF

Diese Arten fallen zusammen mit den Spechten zwischen die Segler und Ziegenmelker und die Singvögel und werden oft als den Singvögeln nahestehend bezeichnet. Sie sind hier mehr der üblichen Konvention nach als Gruppe zusammengefasst, nicht weil Verwandtschaftsbeziehungen zwischen ihnen bestehen.

EISVÖGEL

Der »Originaleisvogel«, von dem die Familie ihren Namen hat, die europäische Art, ist ein Fischjäger. Er wird oft durch seinen Ruf entdeckt oder durch das Geräusch, wenn er ins Wasser taucht.

BIENENFRESSER

Bienenfresser fangen tatsächlich Bienen und Wespen, wobei sie die Stacheln wegklopfen, indem sie ihre Beute gegen eine fest Unterlage schlagen. Sie fangen aber auch viele andere Insekten.

RACKEN

Sie erinnern in Gestalt und Lauten an Krähen. Sie sind aber viel bunter, besonders im Hochsommer, wenn die helleren Federränder abgetragen sind und sich die darunterliegenden Farben entfalten.

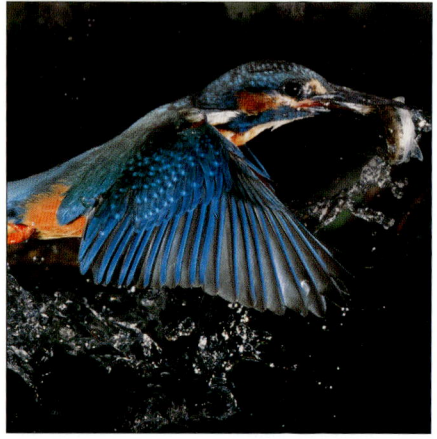

BEIM FISCHEN
Der europäische Eisvogel stößt ins Wasser, um einen Fisch zu fangen. Eine durchsichtige Membran schützt das Auge während des Tauchens.

WIEDEHOPF

Auf einer Fotografie ist der Wiedehopf eine auffallende Gestalt und lebhaft gemustert, doch in seinem Lebensraum ist er oft überraschend unauffällig, wenn er auf dem Boden läuft. Erst wenn er fliegt, fällt er plötzlich ins Auge.

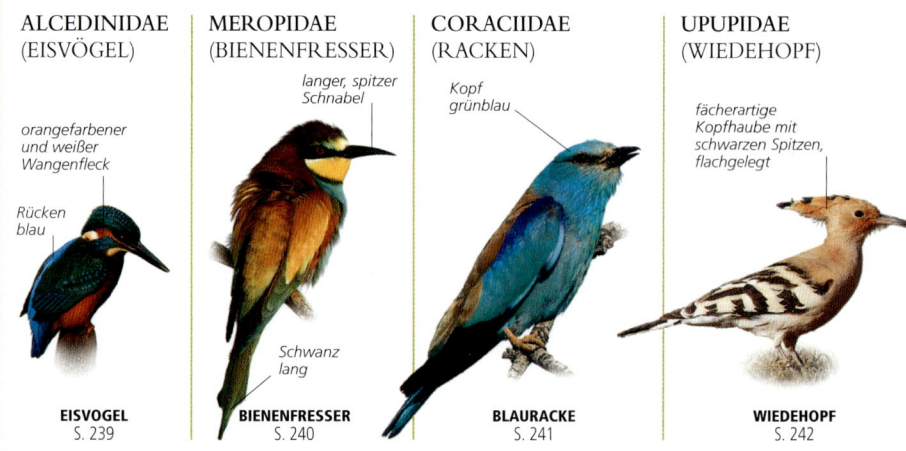

ALCEDINIDAE (EISVÖGEL)

orangefarbener und weißer Wangenfleck
Rücken blau

EISVOGEL
S. 239

MEROPIDAE (BIENENFRESSER)

langer, spitzer Schnabel
Schwanz lang

BIENENFRESSER
S. 240

CORACIIDAE (RACKEN)

Kopf grünblau

BLAURACKE
S. 241

UPUPIDAE (WIEDEHOPF)

fächerartige Kopfhaube mit schwarzen Spitzen, flachgelegt

WIEDEHOPF
S. 242

| Ordnung **Coraciiformes** | Familie **Alcedinidae** | Art *Alcedo atthis* |

Eisvogel

blauer Oberkopf
gebändert

Rücken leuchtend
blau

orangefarbener
und weißer
Wangenfleck

Schnabel
schwarz

MÄNNCHEN

leuchtend blaue
Oberseite (etwas
matter bei
Jungvögeln)

Kinn weiß

IM FLUG

Schnabel
schwarz mit
roter Basis

winzige Beine rot
(bei Jungvögeln
schwärzlich)

Unterseite
rostorange

MÄNNCHEN

MÄNNCHEN

WEIBCHEN

Die meisten Menschen, die ihn zum ersten Mal sehen, denken, der Eisvogel ist überraschend klein. Er ist auch trotz seiner leuchtenden Farben viel unauffälliger, als man erwarten könnte. Im Schattenspiel des sich bewegenden Laubes über welligem Wasser kann er extrem schwer zu entdecken sein. Oft ist es der hohe scharfe Ruf, der die Aufmerksamkeit erregt, meist gefolgt von einem kurzen Eindruck des leuchtend blauen Rückens über dem Wasser. Manchmal erlaubt der Vogel jedoch auch einen langen Blick aus größerer Nähe. Eisvögel sind besonders gefährdet durch harte Winter und so schwanken die Populationen von Jahr zu Jahr. Gelegentlich stellt sich ein Eisvogel auch an einem Gartenteich mit Goldfischen ein, doch sind solche Besuche gewöhnlich kurz, denn er fliegt bei Störung rasch weg.

STIMME: Laut, scharf und hoch *zi-it* oder *zi-ti*.

BRUTBIOLOGIE: Tiefe Röhre in weicher Erdwand über dem Wasser, Nestkammer mit Fischgräten ausgelegt; 5–7 Eier; 2 Jahresbruten; Mai bis Juli

NAHRUNG: Fängt Fische, kleine, im Wasser lebende wirbellose Tiere und Amphibien; taucht von Sitzwarte oder einem Rüttelflug aus.

FLUG: Niedrig, geradlinig, schnell; wenig manövrierfähig; schnelle, fast schwirrende Flügelschläge.

VORKOMMEN
In den meisten Teilen Europas, nach Norden bis Schottland, an die Ostsee und bis ins südlichste Skandinavien. Nur Sommervogel im Norden und Osten des Brutgebiets, zieht von hier im Winter südwärts. An Flüssen und Kanälen, in Feuchtgebieten, Baggerseen und an der Küste, besonders im Winter.

KÜHNER TAUCHER
Der Eisvogel stürzt sich kopfüber von einer niedrigen Sitzwarte aus ins Wasser, manchmal auch nach einem kurzen Rüttelflug.

In Mitteleuropa zu sehen
J F M A M J J A S O N D

| Körperlänge **16–17 cm** | Flügelspannweite **24–26 cm** | Gewicht **35–40 g** |
| Paare | Lebensdauer **5–10 Jahre** | **Bestand abnehmend** |

Ordnung **Coraciiformes**	Familie **Meropidae**	Art ***Merops apiaster***

Bienenfresser

Oberkopf dunkel (bei
Jungvögeln grüner)

langer, spitzer
Schnabel

Flügel dunkel
mit Bronze-
schimmer

auf der Schulter
goldgelb

Kehle groß-
flächig gelb

ALTVOGEL

im Schwanz
zentrale
Federn
länger und
spitz (bei
Jungvögeln
kürzer)

Rücken rotbraun
(bei Jungvögeln
grüner)

Unterseite
grünblau

**ALTVOGEL
(AM NEST)**

IM FLUG

durchscheinende
Unterflügel silbrig
und kupferfarben

ALTVOGEL

FLUG: Steigt mit steifen, rasch schlagenden Flügeln
auf; gleitet und kreist abwärts oder jagt Beute mit
weiteren Flügelschlägen und mit flach ausgebreiteten
Flügeln gleitend.

Schwanzspitze
kann abgebrochen
sein

ALTVOGEL

Schwanz lang

Rand
schwarz

Bienenfresssser zählen nicht nur zu den far-
benprächtigsten Vögeln Europas, sie sind
auch in Gestalt, Verhalten und Rufen einmalig. Diese Kombination macht die Bestimmung leicht, auch wenn man die Farben
nicht sieht. Es gibt jedoch mehrere ähnliche
Arten in Afrika und im Mittleren Osten. Bienenfresser sitzen oft auf Leitungen und sind
vom Auto aus leicht neben der Straße zu
entdecken. Sie fliegen viel rufend umher und
ziehen die Aufmerksamkeit auf sich. Sie brüten in
Kolonien. In der Tat fangen sie Bienen und Wespen und
scheinen gegen das Gift dieser Hautflügler immun zu
sein, obwohl sie die Stacheln wegklopfen, bevor sie ihre
Beute verschlingen. Mit Vorsicht kann man Bienenfresser
um ihre Brutkolonie beobachten.

STIMME: Kennzeichnende,
gedämpfte, aber weit
tragende kehlige Rufe
prüt prüt.

BRUTBIOLOGIE: Röhren in
sandigen Steilwänden oder
in flacher Erde; 4–7 Eier;
1 Jahresbrut; Mai bis Juni.

NAHRUNG: Fängt Insekten
im Flug, in langen Schlei-
fen von einer Sitzwarte aus
oder im Gleitflug.

ÄHNLICHE ART

STAR ♂♀,
ähnlich in der
Grundform
(S. 333)

Flügel
kürzer

**GESELLIGE
VÖGEL**
Bienenfresser trifft
man das ganze Jahr
über meist in Trupps;
oft sitzen sie Schulter
an Schulter.

VORKOMMEN
Brütet in Süd- und Osteuropa nordwärts bis Mittelfrankreich und zu
den Alpen, Sommervogel. Seltener
Gast und neuerdings einzelner Brutvogel weiter nördlich in Mitteleuropa.
Gewöhnlich in warmen, oft sandigen
Gebieten mit Obstgärten, Buschflächen, Grasland und Erdwänden.

In Mitteleuropa zu sehen
J F M **A M J J A S** O N D

Körperlänge **27–29 cm**	Flügelspannweite **36–40 cm**	Gewicht **50–70 g**
Trupps	Lebensdauer **5–10 Jahre**	**Bestand abnehmend**

Ordnung **Coraciiformes**	Familie **Coraciidae**	Art *Coracias garrulus*

Blauracke

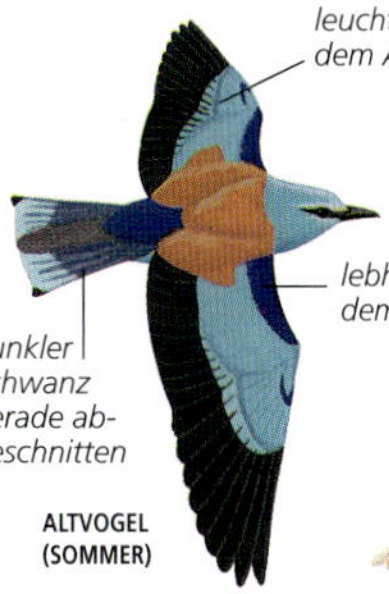

leuchtend blau auf
dem Außenflügel

Körper blasser
und matter als
bei Altvögeln

lebhaft türkisblau auf
dem Innenflügel

dunkler
Schwanz
gerade ab-
geschnitten

**ALTVOGEL
(SOMMER)**

IM FLUG

IMMATUR (WINTER)

Kopf
grünblau

kräftiger, spitzer
Schnabel grau

Brust
schwach
gestrichelt

Rücken
hellrot-
braun

Unterseite
grünblau

geschlossene Flügel
leuchtend grünblau

**ALTVOGEL
(SOMMER)**

FLUG: Geradlinig, mit regelmäßigen flachen Flügelschlägen, Flügel leicht gewinkelt; in der Balz Taumelflug.

Der erste Anblick einer Blauracke mag etwas
enttäuschend sein, da ein sitzender Vogel
gedeckt aussieht, doch wenn er abfliegt,
zeigt er seine intensiven Farben, die bei
einem europäischen Vogel einzigartig
sind. Besonders im späten Frühjahr,
wenn die Altvögel noch ein frisches
Gefieder tragen, ist die Blauracke
ein farbenprächtiger Vogel, da die hellen
Federsäume abgenutzt sind. Blauracken
sind vor allem für Südosteuropa charakteristisch, weniger häufig in Südwesteuropa
und seltene Gäste nördlich ihrer Brutverbreitung. Sie sitzen oft auf Leitungen oder
Holzmasten. Sie lassen sich aber auch in
Bäumen im Schatten der Krone nieder.
In Afrika konzentrieren sich Blauracken
gern um die Herden von Säugetieren
oder an Steppenfeuern, wenn Insekten
zum Auffliegen gezwungen werden. Im
Sommer sind sie in Europa sehr selten
nördlich ihrer Verbreitungsschwerpunkte.
STIMME: Raue krähenähnliche Rufe *rak,
rak-aak* oder *rack-ak-ak*.
BRUTBIOLOGIE: Baumhöhlen, Mauerlöcher,
Höhlen in Gebäuden; 4–7 Eier; 1 Jahresbrut;
Mai bis Juni.
NAHRUNG: Fängt große Insekten und kleine
Nagetiere, gewöhnlich am Boden nach Her-
unterfliegen von einer Sitzwarte.

HÖHLENBRÜTER
Eine große ausgefaulte Baumhöhle ist der typische
Nistplatz einer Blauracke.

VORKOMMEN
Brütet in Südeuropa nordwärts
bis an die Ostsee in Osteuropa;
anwesend von Mai bis August.
Den Lebensraum bildet offenes
Land mit Obstgärten, Gehölzen,
Büschen und wildes Grasland; sitzt
oft auf Leitungen oder auf der
Spitze einzeln stehender Büsche.

In Mitteleuropa zu sehen
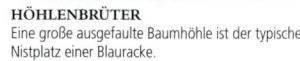

Körperlänge **30 cm**	Flügelspannweite **52–57 cm**	Gewicht **120–190 g**
Kleine Trupps	Lebensdauer **bis 10 Jahre**	Bestand **abnehmend†**

241

| Ordnung **Coraciiformes** | Familie **Upupidae** | Art **Upupa epops** |

Wiedehopf 46

Haube
aufgestellt

auf dem schwarzen
Schwanz breites
weißes Band

ALTVOGEL

auf Außenflügel breites
weißes Band

fächerartige Kopf-
haube mit schwarzen
Spitzen, flachgelegt

kleiner weißer
Bürzel

ALTVOGEL

Kopf und Körper
rosa bis rosabraun
(Jungvögel matter)

IM FLUG

dünner, leicht
gebogener
Schnabel

Rücken und Flügel
schwarz und weiß
gebändert

dunkle Beine kurz

ALTVOGEL

FLUG: Geradlinig, aber etwas wellenförmig, zögerlich
und etwas unruhig, aber nicht schwimmend; ziemlich
rasche Streckbewegungen der Flügel.

In einem sonnigen Gehölz am Mittelmeer kann der Wiedehopf plötzlich für Belebung sorgen, wenn er auffliegt und sein aufblitzendes schwarz-weißes Muster präsentiert. Im Sitzen richtet er seine einmalig gestaltete Haube auf, die auch im Flug gefächert sein kann. Er ruft von einem Baum oder einem Dachfirst mit gefächerter Haube, doch sonst bleibt er ruhig und ist nicht leicht zu entdecken. Seine Färbung ist recht gedeckt, keineswegs auffällig, doch das Flügelmuster ist bemerkenswert und bei keinem anderen europäischen Vogel zu finden, die Bestimmung ist daher einfach.

STIMME: Weich, tief und etwas hohl klingend *uhp-uhp-uhp-uhp,* oft wiederholt; rau *tscherr.*

BRUTBIOLOGIE: Höhle in Bäumen oder Mauern; 5–8 Eier; 1 Jahresbrut; April bis Juli.

NAHRUNG: Läuft auf dem Boden und pickt Larven, Insekten, Würmer.

AUFBLITZENDES WEISS
Vom Nest auffliegend breitet der Wiedehopf seine Flügel
zu einem überraschenden Spiel von Schwarz und Weiß
in der durchscheinenden Sonne aus.

ÄHNLICHE ARTEN

EICHELHÄHER
auffällig weißer
Bürzel (S. 265)

BUNTSPECHT ♂♀
(S. 248)

einfacheres
Flügelmuster

großer weißer
Schulterfleck

VORKOMMEN
Weitverbreiteter Brutvogel und
seltener Gast außerhalb des
Brutgebiets nach Norden bis an
die Ostsee. Nur Sommervogel
mit Ausnahme von Südspanien,
Südportugal und den Balearen. In
offenen Gehölzen, Parks, Gärten,
alten Gehöften und Obstgärten.

In Mitteleuropa zu sehen
| J | F | M | **A** | **M** | **J** | **J** | **A** | **S** | O | N | D |

Körperlänge **26–28 cm**	Flügelspannweite **44–48 cm**	Gewicht **60–75 g**
Familientrupps	Lebensdauer **5–10 Jahre**	**Bestand gesichert**

SPECHTE

DIE MEISTEN SPECHTE sind an Bäume gebunden, kommen aber mit einer Vielfalt an Arten, Alter und Größe der Bäume zurecht: Der Buntspecht kann im Winter in Weidendickichten nach Nahrung suchen, benötigt aber dickere Äste zur Anlage seiner Bruthöhle. Andere Arten suchen auf dem Boden nach Nahrung. Der Grünspecht, der von Ameisen lebt, sitzt bei der Nahrungssuche mehr auf grasigem Boden. Andere sind auf große Bestände von Totholz angewiesen. In Europa gibt es zwei Hauptgruppen, die Grünspechte und die schwarz-weißen Arten. Grün- und Grauspecht sind groß, recht einheitlich gefärbt und lassen laute lachende Rufreihen hören. Die schwarz-weißen Spechte sind kräftig gebändert und

SPECHTSCHMIEDE
Buntspechte bearbeiten Zapfen und Nüsse. Um an den Inhalt zu kommen, klemmen sie sie in einen Rindenspalt und klopfen sie mit Schnabelhieben auf.

gefleckt und haben meist auch etwas Rot im Gefieder. Sie äußern kurze scharfe Rufe, trommeln aber im Frühjahr, wobei sie mit ihrem Schnabel in hohem Tempo gegen einen Resonanzkörper (z. B. toter Ast) schlagen.

WENDEHALS

Der Wendehals ist braun, gebändert und gestrichelt und in seiner Haltung den anderen Spechten sehr unähnlich, auch wenn seine Rufe und sein allgemeines Verhalten nahe Verwandtschaft andeuten. Als Ameisenspezialist sucht er oft am Boden nach Nahrung. Er ist ein Zugvogel.

TARNUNG
Durch seine Tarnfärbung ist der Wendehals in den Ästen schwer zu entdecken; wenn man ihn genauer betrachtet, ist er aber ein hübscher Vogel.

PICIDAE
(SPECHTE)

kleiner roter
Stirnfleck

Oberseite graubraun mit komplexem Muster

Bürzel
grüngelb

WENDEHALS
S. 245

GRÜNSPECHT
S. 246

GRAUSPECHT
S. 247

PICIDAE (SPECHTE) *Fortsetzung*

Oberseite kräftig schwarz-weiß

Unterschwanz intensiv rot

BUNTSPECHT
S. 248

gelbbraune Unterseite fein gestrichelt

MITTELSPECHT
S. 249

schwarzer Wangenfleck

Rücken schwarz mit breiter weißer Bänderung

KLEINSPECHT
S. 250

gelbe Kappe

DREIZEHENSPECHT
S. 251

Dolchschnabel hell mit dunkler Spitze

Gefieder glänzend schwarz

SCHWARZSPECHT
S. 252

Ordnung **Piciformes**	Familie **Picidae**	Art *Jynx torquilla*

Wendehals

dünner Schnabel kurz und spitz

Oberkopf hellgrau

Flügel gebändert

langer dunkler Augenstreif

schwarzbrauner Streifen auf Mittelrücken

Kehle hell-braun, fein gebändert

Oberseite graubraun mit komplexem Muster

auf hellgrauem Schwanz feine dunkle Bänder

Schwanz breit und gerundet

auf den Flügeln helle Flecken

IM FLUG

Der Wendehals ist ein sehr außergewöhnlicher Specht. Er sieht eher einer großen Grasmücke oder einer kleinen Drossel ähnlich. Er bewegt sich auf dem Boden, fliegt in Büsche oder Bäume, schlüpft durch das Laub, klammert sich an dicke Äste oder Stämme, sitzt aber öfter quer auf den Zweigen als die meisten häufigen Spechte. Aus mäßiger Entfernung handelt es sich um einen gedeckten und weniger auffälligen Vogel, doch Sicht aus der Nähe enthüllt sowohl ein komplexes Muster als auch goldbraune Farben. Hat man ihn entdeckt, ist ein Wendehals oft über längere Zeit aus der Nähe zu beobachten, besonders auf dem Zug. Gelegentlich taucht er dann auch an unerwarteten Plätzen auf wie in Gärten oder Parks.

STIMME: Schnell wiederholte nasale Laute wie *gjä-gjä-gjä-gjä*, gedämpfter und tiefer als Turmfalke oder Kleinspecht.

BRUTBIOLOGIE: Bereits bestehende Höhlen in Bäumen oder Mauern, Nistkästen; 7–10 Eier; 1 Jahresbrut, gelegentlich 2; Mai bis Juni.

NAHRUNG: Oft auf dem Boden, Ameisen und ihre Larven und Puppen, verschiedene andere Insekten, Spinnen und auch Beeren.

FLUG: Gewöhnlich kurze Flugstrecken, leichte Wellenbahn, Phasen rascher Flügelschläge.

TARNFARBEN
Die Farbmuster des Wendehalses liefern eine hervorragende Tarnung auf der Rinde eines Baumes, sodass der Vogel schwer zu entdecken ist.

VORKOMMEN
Weitverbreiteter, doch meist nicht häufiger Sommervogel. Fehlt in Island, Irland, Großbritannien und Nordskandinavien. Brütet im Kulturland mit Bäumen und Gehölzen, in lockeren Kiefern- oder Mischwäldern, in großen Gärten. Zugvögel oft auch an der Küste.

ÄHNLICHE ARTEN

SPERBERGRASMÜCKE ♂♀
(S. 307)

Oberseite einfarbiger

Oberseite einfarbiger

keine Bänderung im Flügel

NEUNTÖTER ♀
sitzt offener
(S. 255)

In Mitteleuropa zu sehen											
J	F	**M**	**A**	**M**	**J**	**J**	**A**	**S**	O	N	D

Körperlänge **16–17 cm**	Flügelspannweite **25–27 cm**	Gewicht **30–45 g**
Einzeln	Lebensdauer **5–10 Jahre**	**Bestand abnehmend**

| Ordnung **Piciformes** | Familie **Picidae** | Art *Picus viridis* |

Grünspecht

Bürzel grüngelb

Körper rundlich

um die weißlichen Augen schwarz

lebhaft rote Kappe

schwarzer Bartstreif mit rotem Zentrum

MÄNNCHEN

dunkle Flügel weißlich gebändert

Wangen hellgrün

MÄNNCHEN

IM FLUG

Oberseite grün

auf mattgrüner Oberseite weiße Flecken

auf Gesicht und Unterseite schwärzliche Flecken und Striche

einheitlich schwarzer Bartstreif

Bürzel grüngelb

JUNGVOGEL

Der große, helle und trotzdem farbenprächtige Grünspecht sitzt die meiste Zeit auf dem Boden. Er ist weitverbreitet und meist recht häufig in Wäldern und trockenen Heidegebieten. Im Frühjahr ist er durch seine lauten Rufe leicht zu entdecken; sein typischer Flugruf trägt auch sehr weit und ist artspezifisch. Er zimmert seine Bruthöhle selbst, hat aber einen weniger kräftigen Schnabel als die schwarzweißen Spechte, lebt auch weit weniger von Insektenlarven im Holz oder unter der Rinde und trommelt selten. Im Flug ist er ein typischer Specht mit tiefer Wellenbahn und dem Hochziehen kurz vor der Landung.

WEIBCHEN

FLUG: Tiefe Wellen, doch schnell mit Folgen rascher Flügelschläge zwischen Gleitstrecken mit geschlossenen Flügeln.

STIMME: Laut, schrill, explosiv *kjü-kjü-kjü;* Gesang lachend und etwas an Tonhöhe abnehmend *klü-klü-klü-klü.*

BRUTBIOLOGIE: Große Höhle in einem Baum, Eingang 6,5 cm Durchmesser; 5–7 Eier; 1 Jahresbrut; Mai bis Juli.

NAHRUNG: Nimmt Ameisen und deren Larven und Puppen mit seiner Zunge auf.

VORKOMMEN

Weitverbreiteter Standvogel mit Ausnahme von Island und den meisten Gebieten Nordskandinaviens. In Laub- und Mischwäldern und in heideähnlichen Gebieten mit größeren Gehölzen und Büschen. Sucht regelmäßig auf Rasenflächen mit Ameisen nach Nahrung.

| **UNTERART** | | **ÄHNLICHE ARTEN** | |

Kopf grauer

um das Auge schwarz

P. v. sharpei ♂ (Spanien, Portugal)

Oberkopf grau, Stirn rot

PIROL ♀ ähnlich ♂♀ (S. 254)

kein entsprechendes Kopfmuster

Flügel dunkler

GRAUSPECHT ♂♀ (S. 247)

In Mitteleuropa zu sehen

| J | F | M | A | M | J | J | A | S | O | N | D |

| Körperlänge **30–33 cm** | Flügelspannweite **40–42 cm** | Gewicht **180–220 g** |
| Einzeln | Lebensdauer **5–10 Jahre** | Bestand abnehmend |

| Ordnung **Piciformes** | Familie **Picidae** | Art **Picus canus** |

Grauspecht

grauer Kopf ohne Stirnfleck

untersetzte Gestalt

Bürzel mattgelbgrün

IM FLUG

kleiner roter Stirnfleck

schmaler schwarzer Bartstreif

Rücken hellgraugrün

Bürzel matt, gelblicher

WEIBCHEN

FLUG: Schnell, tief wellenförmig, schwingt sich zum Ansitz auf.

Flügelspitzen und Rand des Schwanzes dunkel

MÄNNCHEN

Auf den ersten Blick ähnelt der Grauspecht dem Grünspecht außerordentlich. Er hat jedoch einen kleineren Schnabel und ist am ganzen Körper gedeckter. Im Flug wirkt er ein wenig gedrungener, der Hals ist weniger auffallend verschmälert. An seinem charakteristischen Ruf ist er am besten zu lokalisieren. Indem man den Ruf imitiert, kann man ihn anlocken.

STIMME: Gesang eine Reihe abfallender und gegen Ende zu langsamer werdender Pfeiftöne, weniger lachend als Buntspecht.

BRUTBIOLOGIE: Höhlen in Baumstämmen wie Espen, Buchen oder Eichen, Loch etwa 5,5 cm Durchmesser; 7–9 Eier; 1 Jahresbrut; April bis Juli.

NAHRUNG: Nimmt Insekten, vor allem Ameisen, vom Boden auf; Nahrung vielfältiger als die des Grünspechts, auch Baumsaft.

NACH ART DER SPECHTE
Wie andere Spechtarten stützt sich der Grauspecht mit seinem Schwanz ab, wenn er aufrecht auf einem Ast oder Baumstumpf sitzt. Er kann auch unter einem Ast hängen und hält sich dabei mit seinen kräftigen Füßen und Krallen fest.

VORKOMMEN
Verbreiteter Jahresvogel in Wäldern, Parks und Auwäldern, auch in höher gelegenen Mischwäldern, in Mittel- und Osteuropa.

| In Mitteleuropa zu sehen |
| J F M A M J J A S O N D |

ÄHNLICHE ARTEN

große rote Kappe

schwarzer Augenfleck

Gesicht heller und grüner

GRÜNSPECHT kräftigerer Gesang, einheitlichere Tonlage (S. 246)

| Körperlänge **27–30 cm** | Flügelspannweite **38–40 cm** | Gewicht **125–165 g** |
| **Familiengruppen** | Lebensdauer **5–10 Jahre** | **Bestand abnehmend** |

| Ordnung **Piciformes** | Familie **Picidae** | Art ***Dendrocopos major*** |

Buntspecht

Männchen mit weitgehend rotem Oberkopf (Weibchen weniger rot)

großer weißer Schulterfleck

Flügel gebändert

MÄNNCHEN

IM FLUG

Körper und Flügel wie Altvogel, aber matter

JUNGVOGEL

MÄNNCHEN

Oberseite kräftig schwarz-weiß

roter Fleck am Hinterkopf

Unterseite weiß bis sehr hell bräunlich

Unterschwanz intensiv rot

kein Rot am Nacken

FLUG: Schnell, tiefe Wellentäler mit kurzen Folgen schwirrender Flügelschläge.

In den meisten Gebieten ist der Buntspecht häufig. Er kündigt sich im Frühjahr mit einem lauten Trommeln an: Der Schnabel hämmert kurz und abrupt in schneller Folge auf einen dürren Ast als Resonanzkörper. Er benutzt seine steifen Schwanzfedern als Stütze, krallt sich am Stamm fest und richtet sich aufwärts. Der Griff ist fest genug, um ihn auch auf der Unterseite eines Astes für eine Weile ohne die Hilfe des Stützschwanzes zu halten. Man muss sorgfältig beobachten, um die Art sicher zu bestimmen.

STIMME: Laut, hart und explosiv *kik,* weniger oft ratternde Alarmlaute; Trommeln kurz, laut und schnell.

BRUTBIOLOGIE: Zimmert Höhlen in einen Stamm oder einen großen Ast, Einflugloch 5–6 cm Durchmesser; 4–7 Eier; 1 Jahresbrut; April bis Juni.

NAHRUNG: Insekten und Larven unter der Rinde, die mit dem Schnabel herausgeschlagen werden; Samen und Beeren, an Futterstellen Nüsse, Samen und Fett.

WEIBCHEN

BESUCH AM FUTTERPLATZ
Der Buntspecht benützt seine steifen Schwanzfedern zu einem sicheren Griff am Körbchen mit Erdnüssen.

VORKOMMEN
Lebt in Hochwäldern und sogar in hohem Buschwerk und besucht Gärten überall in Europa mit Ausnahme von Island, Irland und dem extremen Norden Skandinaviens. Zugvögel aus Nordeuropa wandern im Herbst und Winter nach Süden und Westen.

ÄHNLICHE ARTEN

BLUTSPECHT ♂♀ (S. 438)

anderes Halsmuster

Unterschwanz heller

Kopf rund

Schnabel klein

Unterschwanz heller

MITTELSPECHT ♂♀ (S. 249)

Schulterfleck fehlt.

viel kleiner

KLEINSPECHT ♂♀ (S. 250)

In Mitteleuropa zu sehen
| J | F | M | A | M | J | J | A | S | O | N | D |

| Körperlänge **22–23 cm** | Flügelspannweite **34–39 cm** | Gewicht **70–90 g** |
| Einzeln | Lebensdauer **5–10 Jahre** | **Bestand gesichert** |

Ordnung **Piciformes**	Familie **Picidae**	Art **Dendrocopos medius**

Mittelspecht

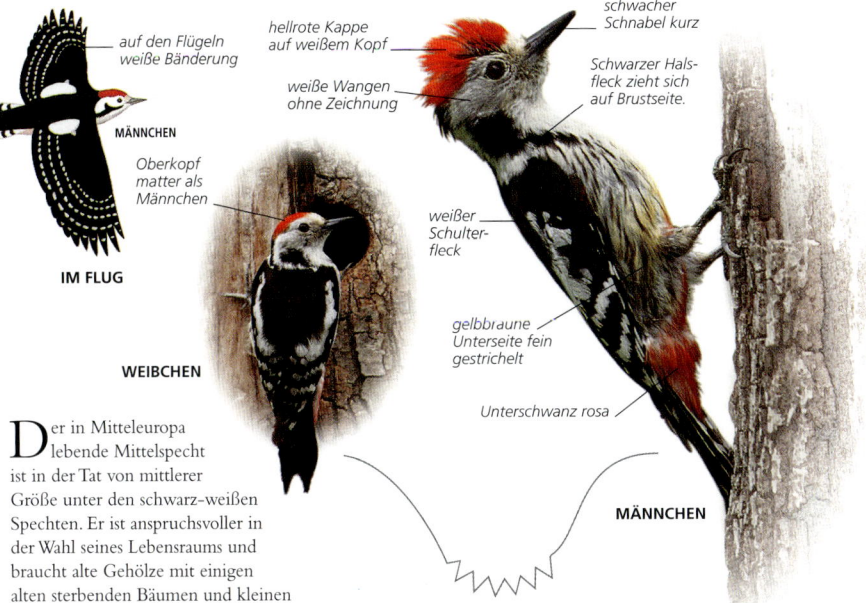

auf den Flügeln weiße Bänderung

MÄNNCHEN

IM FLUG

Oberkopf matter als Männchen

WEIBCHEN

hellrote Kappe auf weißem Kopf

weiße Wangen ohne Zeichnung

schwacher Schnabel kurz

Schwarzer Halsfleck zieht sich auf Brustseite.

weißer Schulterfleck

gelbbraune Unterseite fein gestrichelt

Unterschwanz rosa

MÄNNCHEN

FLUG: Typische schnelle Wellenbahn mit kurzen Folgen rascher Flügelschläge.

D er in Mitteleuropa lebende Mittelspecht ist in der Tat von mittlerer Größe unter den schwarz-weißen Spechten. Er ist anspruchsvoller in der Wahl seines Lebensraums und braucht alte Gehölze mit einigen alten sterbenden Bäumen und kleinen Lichtungen und absterbenden Ästen, in die er seine Nisthöhle zimmern kann. In intensiv bewirtschafteten Forsten und jungen Aufforstungen kann er nicht überleben. Er ist relativ ruhig und befindet sich oft in hohen Bäumen, sodass er leicht übersehen wird. Im Frühjahr ruft er öfter, als dass er trommelt.

STIMME: Der Gesang ist ein langsam wiederholtes nasales *kwek-kwek-kwek-kwek,* selten schwach *kik* und schnell rhythmisch *kük-ük kük-ük kük-ük.*

BRUTBIOLOGIE: Zimmert Höhlen in verrottende Äste, Einflugloch 4 cm Durchmesser; 4–7 Eier; 1 Jahresbrut; Mai bis Juni.

NAHRUNG: Insekten, Larven und Baumsaft in hohen Ästen, oft in totem oder absterbendem Holz.

VERSTECKTER BRUTVOGEL. Bis die Jungen zu rufen beginnen, ist der Mittelspecht wie auch die anderen Spechtarten in der Nestumgebung nicht zu hören.

VORKOMMEN Brütet lokal in Nordspanien, Frankreich und nach Osten bis Osteuropa und auf die Balkanhalbinsel. Meist in älteren Gehölzen mit etwas Totholz oder absterbenden Bäumen. In stark durchforsteten Beständen und jungen oder einheitlichen Monokulturen nicht überlebensfähig.

In Mitteleuropa zu sehen

| J | F | M | A | M | J | J | A | S | O | N | D |

ÄHNLICHE ARTEN

BUNTSPECHT ♂♀ (S. 248)

etwas andere Kopfzeichnung

Unterschwanz kräftiger rot

Schnabel größer

Oberseite gebändert

KLEINSPECHT ♂♀ (S. 250)

Kopfzeichnung anders

weißer Schulterfleck fehlt

BLUTSPECHT ♂♀ (S. 438)

Körperlänge **19–22 cm**	Flügelspannweite **35 cm**	Gewicht **60–75 g**
Einzeln	Lebensdauer **5–10 Jahre**	Bestand gesichert

| Ordnung **Piciformes** | Familie **Picidae** | Art *Dendrocopos minor* |

Kleinspecht

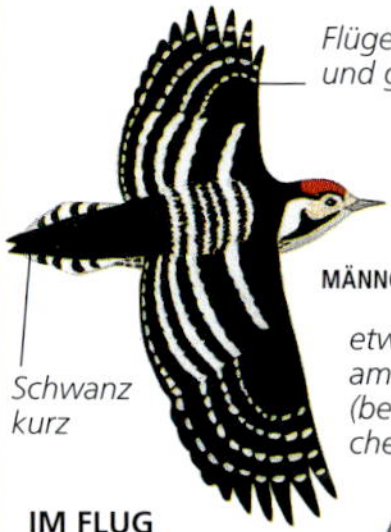

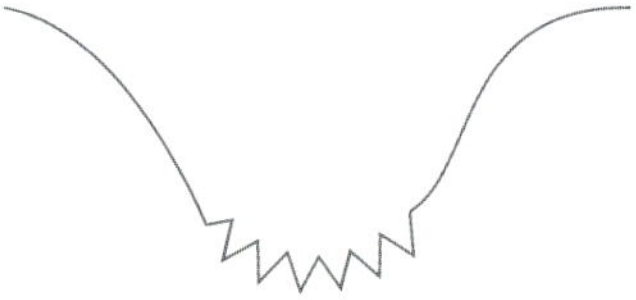

Flügel breit und gerundet

Oberkopf rot

schwarzer Wangenfleck

Oberkopf schwarz

MÄNNCHEN

Schwanz kurz

etwas Rot am Oberkopf (beim Männchen mehr)

IM FLUG

Rücken schwarz mit breiter weißer Bänderung

Rücken gebändert

WEIBCHEN

bräunlich weiße Unterseite fein gestrichelt

JUNGVOGEL

FLUG: Ziemlich unsicher wirkend; kurze Folgen von Flügelschlägen zwischen Gleitstrecken mit geschlossenen Flügeln in stark wellenförmiger Flugbahn.

MÄNNCHEN

Der kleinste der Spechte ist auch am unauffälligsten gemustert. Doch ist der Kleinspecht mit Sicherheit einer der Buntspechtverwandten, er verbringt aber die meiste Zeit in höheren, dünneren Ästen der Bäume, ganz unähnlich den anderen. Er schätzt vor allem Linden, Ulmen und andere Bäume mit aufrechten Zweigen; auch er benützt seinen Schwanz als Stütze und hängt nach oben gerichtet am Stamm. Wegen seiner geringen Größe und seines meist ruhigen Verhaltens ist er sehr leicht zu übersehen.

STIMME: Scharf, aber schwach *kjik*, nasale helle Rufreihen *gi-gi-gi-gi-gi-gi,* besonders im Frühjahr; trommelt nur schwach.

BRUTBIOLOGIE: Höhlen in Bäumen, Einflugloch 3 cm Durchmesser; 4–6 Eier; 1 Jahresbrut; Mai bis Juni.

NAHRUNG: Holt Insekten und deren Larven hinter lockerer oder verrottender Rinde hervor; nimmt Insekten von dicken holzigen Pflanzenstängeln auch nahe am Boden.

VORKOMMEN
In den meisten Ländern Europas mit Ausnahme von Island, Irland, vom Norden der Britischen Inseln und großen Teilen Spaniens und Portugals. Weitverbreitet in Gehölzern, Obstgärten, Hecken mit alten oder geschädigten Bäumen. Standvogel abgesehen von lokalen Wanderungen in Gärten oder Parks.

In Mitteleuropa zu sehen
J F M A M J J A S O N D

ÄHNLICHE ARTEN

BUNTSPECHT ♂♀ (S. 248)

großer weißer Schulterfleck

Unterschwanz rot

weißer Schulterfleck

MITTELSPECHT ♂♀, ♀ hat mattrote Kappe (S. 249)

WENDEHALS ähnlicher Ruf (S. 245)

braun

| Körperlänge **14–15 cm** | Flügelspannweite **25–27 cm** | Gewicht **18–22 g** |
| **Einzeln** | Lebensdauer **5–10 Jahre** | **Bestand gesichert** |

Ordnung **Piciformes**	Familie **Picidae**	Art *Picoides tridactylus*

Dreizehenspecht

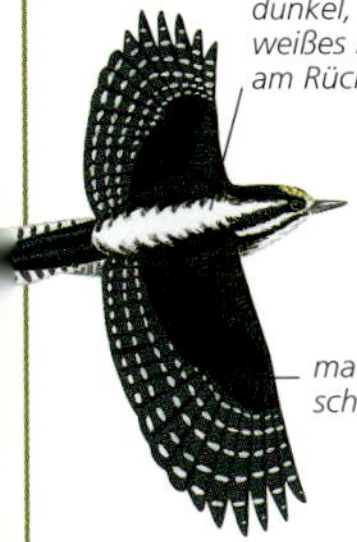

dunkel, langes
weißes Band
am Rücken

gelbe Kappe

mattgelbe Kappe,
bei Männchen
deutlicher

Kopf schwarz und
weiß gestreift

mattgrau-
schwarz

IM FLUG

weißer Rücken

MÄNNCHEN

unterseits
gebändert

WEIBCHEN

D er recht große, heimliche Dreizehenspecht ist großteils schwarz und
mattweiß gezeichnet. Er besitzt keine rote
Gefiederfärbung, aus geringer Entfernung
erkennt man jedoch seine mattgelbe Kappe.
Er kommt in Misch- und Nadelwäldern vor,
vor allem solchen mit toten oder absterbenden
Bäumen, typischerweise in Gebirgsregionen. Stark
bewirtschaftete Forste, wo Totholz entfernt wird,
bewohnt er nicht.

FLUG: Typischer Spechtflug, deutlich wellenförmig
mit kurzen Folgen rascher, tiefer Flügelschläge.

STIMME: Weicher als Buntspecht *gik*, Trommelwirbel
langsam, dann schneller.

BRUTBIOLOGIE: Höhle,
Einflugloch etwa 5 cm
Durchmesser, in Stamm
eines absterbenden Bau-
mes; 3–5 Eier; 1 Jahresbrut;
April–Juni.

NAHRUNG: Hackt Löcher,
um Baumsäfte aufzuneh-
men; schält Rinde von
toten Bäumen, um Insek-
tenlarven, zu erreichen.

ÄHNLICHE ART

rote Kappe

unterm
Schwanz
rot oder
rosafarben

**WEISSRÜCKEN-
SPECHT**
(S. 438)

BRUTHÖHLE
Der Dreizehenspecht zimmert auf für Spechte typische Weise eine Bruthöhle
in einen Nadelbaum. Im Sommer, wenn er immer wiederkehrt, um seine
Jungen zu füttern, kann man ihn dort am besten beobachten.

VORKOMMEN
Seltener Standvogel in Misch-
oder Nadelwäldern, vor allem
alte Fichtenwälder mit toten
Bäumen, in Nord- und sehr lokal
in Mitteleuropa.

In Mitteleuropa zu sehen
J F M A M J J A S O N D

Körperlänge **22–24 cm**	Flügelspannweite **34–38 cm**	Gewicht **65–75 g**
Familiengruppen	Lebensdauer **5–10 Jahre**	**Bestand gesichert**

| Ordnung **Piciformes** | Familie **Picidae** | Art *Dryocopus martius* |

Schwarzspecht

Dolchschnabel hell mit dunklerer Spitze

Flügel gerundet mit gefingerten Enden

Rot nur am Hinterkopf

kräftig rote Kappe

Augen weiß

Hals schlank

MÄNNCHEN

IM FLUG

Gefieder glänzend schwarz

Der Schwarzspecht ist zwar der größte Specht, doch deshalb nicht leichter zu sehen als jeder andere. Schwarzspechte sind in geschlossenen Hochwäldern mit Buche, Fichte oder Kiefer nicht selten. Im Winter kommen sie auch in Gärten oder Vorstadtparks. In vielen Gebieten Europas ist das Vorkommen des Schwarzspechts vor allem mit Bergland verbunden, in Nordwesteuropa ist er aber auch im Tiefland häufig. Meist kann man ihn anhand seiner lauten Rufe entdecken oder an seinem explosiven Trommeln wie ein Maschinengewehr. Gewöhnlich ist er aber scheu und man kann sich ihm nicht so leicht nähern.

WEIBCHEN

Schwanz wird als Stütze benutzt.

MÄNNCHEN

STIMME: Laut, hoch und klagend *kliööh;* laut und weit tragend *krrri-krri-krri-krri;* lautes Lachen ähnlich Grünspecht, jedoch lauter und unregelmäßiger; trommelt laut.

BRUTBIOLOGIE: Große ovale Höhle 9 × 12 cm Eingangsdurchmesser in großem Baum; 4–6 Eier; 1 Jahresbrut; April bis Juni.

NAHRUNG: Gräbt Insektenlarven aus Baumästen und -strünken sowie aus gefallenen Stämmen; nimmt Ameisen vom Boden.

FLUG: Geradlinig, keine Wellenbahn; Kopf hochgereckt, Flügelschläge meist unterhalb der Körperlinie; schwenkt vor der Landung mit kurzem Flügelschwirren nach oben.

KRÄFTIGER FLUG
Obwohl groß und schwer, wirkt der Schwarzspecht mit seinen breiten Flügeln und seinem dünnen Hals recht schlank.

ÄHNLICHE ARTEN

DOHLE (S. 267)

Nacken grau

kleiner

Schnabel stumpf

GRÜNSPECHT ♂♀ in Silhouette ähnlich (S. 246)

VORKOMMEN
Brütet von Nordspanien nach Osten über Frankreich nordwärts bis Skandinavien, fehlt in den meisten Teilen Italiens, in Großbritannien und Island. Lebt an großen Bäumen in Hochwäldern oder in Gebieten mit kleineren Waldstücken. Im Winter auch in weiterem Umkreis.

| In Mitteleuropa zu sehen |
| J F M A M J J A S O N D |

| Körperlänge **40–46 cm** | Flügelspannweite **67–73 cm** | Gewicht **250–370 g** |
| **Einzeln** | Lebensdauer **bis 10 Jahre** | **Bestand gesichert** |

PIROLE

EINIGE ARTEN sehen in Büchern ausgesprochen farbenprächtig aus, manche von ihnen enttäuschen dann in der Wirklichkeit ein wenig. Das Männchen des Pirols jedoch bietet immer einen schönen Anblick mit seinem leuchtenden Gelb und tiefen Schwarz. Der Gesang ist laut und auffällig. Den Vogel aber zu sehen ist meistens sehr schwierig. Pirole leben in dichten Laubkronen, meist in Pappeln oder im Eichenwald. Selbst die auffällige Farbe ist schwer zu entdecken im Spiel von Licht und Schatten.

Männchen und Weibchen sind für gewöhnlich unterschiedlich gefärbt. Alte Weibchen werden aber fast so prächtig wie Männchen. Den Winter verbringen Pirole in Afrika, wo sie mit mehreren anderen ähnlichen Arten in Kontakt kommen. In Europa gibt es nichts Vergleichbares, mit Ausnahme vielleicht nur eines ungenau gesehenen Grünspechts im Flug, der einem Pirolweibchen ähnelt. Kein anderer Vogel ist aber nur entfernt so gelb wie das Pirolmännchen im Prachtkleid.

ORIOLIDAE (PIROLE)

Gefieder lebhaft gelb und tiefschwarz

PIROL
S. 254

WÜRGER

IN IHRER GESTALT und Größe ähneln sie Drosseln, doch haben Würger einen mächtigen Schnabel, der mit einem scharfen Haken endet, und kräftige Füße. Sie stoßen von einer Ansitzwarte auf den Boden herunter oder fangen Insekten und Kleinvögel im Flug. Ein Würger kann einen Vogel verfolgen und fangen, der fast so groß ist wie er selbst.

Würger sind in der Regel Zugvögel. Der Raubwürger verbringt den Winter meist in Westeuropa, die anderen ziehen nach Afrika. Die meisten Arten sind vor allem an wärmere Gebiete in Süd- und Osteuropa angepasst, in denen es viele Großinsekten gibt. Intensive Landwirtschaft hat in vielen Gegenden die Bestände reduziert. Der Neuntöter ist als Brutvogel aus Teilen seines ursprünglichen Verbreitungsgebietes verschwunden.

Einige Arten haben augenfällige Unterschiede im Federkleid von Männchen und Weibchen, bei anderen sehen die Geschlechter mehr oder minder gleich aus.

LANIIDAE (WÜRGER)

Rücken rotbraun

dicker Schnabel schwarz

Oberseite grau (bei Jungvögeln Schuppenzeichnung auf Rücken und Flanken)

Oberkopf rostbraun

NEUNTÖTER
S. 255

SCHWARZSTIRNWÜRGER
S. 256

RAUBWÜRGER
S. 257

ROTKOPFWÜRGER
S. 258

Ordnung **Passeriformes**	Familie **Oriolidae**	Art *Oriolus oriolus*

Pirol 83

Bürzel kräftig gelb

Flügelenden spitz

WEIBCHEN

kein Schwarz im Gesicht

Gefieder grüner als Männchen

MÄNNCHEN

Flügel schwarz

hintere Flanken hellgelb

WEIBCHEN

IM FLUG

Gefieder lebhaft gelb und tiefschwarz

Schnabel rosarot

Körper lang und schlank

MÄNNCHEN

/\/\/\/\/\/\/\/\/\/\/\/\/\/\/\/\

FLUG: Drosselähnlich, geradlinig, nur leichte Wellenbahn, schnell von Baum zu Baum.

Trotz prächtiger Farben und lauten, einmaligen Gesangs bleibt der Pirol meist im dichten Kronendach der Bäume verborgen. Gelegentlich kurze Sichtbegegnungen können vielleicht von einem längeren Eindruck ergänzt werden, wenn der Vogel aus einer Baumgruppe in die nächste fliegt und dann wie eine schnell fliegende gelbe Drossel aussieht. Das Weibchen sieht im Flug mehr wie ein Grünspecht aus, doch fehlt ihm der gelbe Bürzel; im Sitzen macht es einen ganz anderen Eindruck. Pirole kommen vor allem in Laubbaumbeständen vor, besonders in Pappeln, aber auch in Eichenwäldern oder Kastanienbäumen.

STIMME: Ruf rau und heiser, fast ähnlich wie Eichelhäher *wjääik*, auch schnell *gigigi*; Gesang aus kräftigen, melodischen Flötentönen, etwa *widlio* oder *dlühio*.

BRUTBIOLOGIE: Napf aus Gras, Blättern und Rinde hoch im Baum; 3 oder 4 Eier; 1 Jahresbrut; Mai bis Juni.

NAHRUNG: Liest Raupen und andere wirbellose Tiere von Blättern im dichten Kronendach auf; im Spätsommer und Herbst auch Beeren und andere weiche Früchte.

FASZINIERENDE FARBEN
Der Pirol ist einer der auffälligsten Vögel Europas; eine gute Sicht auf das Männchen enthüllt eine leuchtende Kombination von Gelb gegen tiefes Schwarz.

ÄHNLICHE ARTEN

MISTELDROSSEL ähnlich im Flug, fliegt hoch (S. 343)

Schwanz länger

GRÜNSPECHT ♂♀ ähnlich im Flug, doch mehr Wellenlinie (S. 246)

Rücken grüner

Flügel mit Fleckenmuster

VORKOMMEN
Brütet in Europa nach Norden bis Finnland, Südschweden und Südostengland. Sommervogel in offenen oder dichten Laubwäldern, Auwäldern, Pappelanpflanzungen oder Parks mit vielen Bäumen.

In Mitteleuropa zu sehen
| J | F | M | **A** | **M** | **J** | **J** | **A** | **S** | O | N | D |

Körperlänge **22–25 cm**	Flügelspannweite **35 cm**	Gewicht **55 g**
Einzelgänger	Lebensdauer **bis 5 Jahre**	**Bestand gesichert**

| Ordnung **Passeriformes** | Familie **Laniidae** | Art *Lanius collurio* |

Neuntöter

schwarze Maske

Kopf hell-blaugrau

Rücken rotbraun

MÄNNCHEN

Bürzel grau

hinter dem Auge dunkler Fleck

Rücken rotbraun

auf hellgrau-bräunlicher Unterseite undeutliche Schuppen-zeichnung

Unterseite hellrosa überflogen

WEIBCHEN

Schwanz rostbraun

WEIBCHEN

IM FLUG

Schwanz schwarz mit weißen Seiten

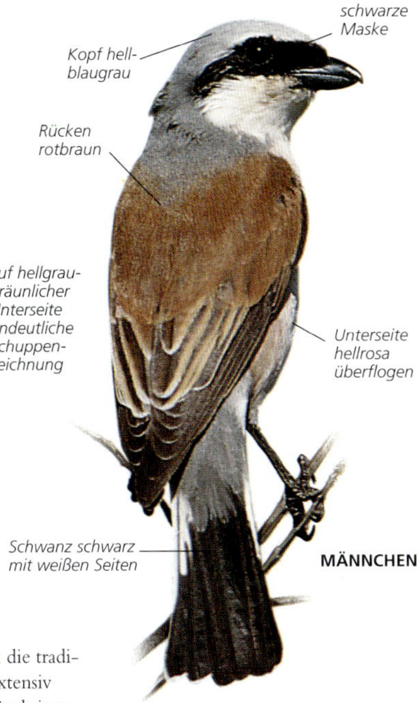

MÄNNCHEN

FLUG: Hüpfend, kurze Folgen rascher Flügelschläge, Schwanz manchmal in Bewegung.

Der Neuntöter ist noch mäßig häufig in Gegenden, in denen die traditionelle Landwirtschaft ausreichend Hecken, Büsche und extensiv genutztes Grasland mit vielen Insekten übrig gelassen hat. Die Vögel sitzen exponiert auf Warten und spähen nach Beute, die sie im schnellen Herunterstoßen auf den Boden fangen. Größere Tiere werden auf einen Sitzplatz zurückgebracht, oft auch auf einen Dorn gespießt, um leichter bearbeitet werden zu können oder als Vorrat aufgehoben zu werden.
STIMME: *Wäh,* bei Unruhe auch härter und schnalzend *tshäik;* Gesang leise mit rauen, knirschenden Lauten und auch Nachahmungen.
BRUTBIOLOGIE: Unordentliches Nest aus Gras, Moos, Federn und Abfall in einem Busch; 5 oder 6 Eier; 1 Jahresbrut; Mai bis Juni.
NAHRUNG: Fängt vom Ansitz im Herunterstoßen Käfer und andere große Insekten; frisst auch Eidechsen, Amphibien oder Mäuse.

GETARNTES WEIBCHEN
Männchen sitzen oft frei auf der Spitze eines Busches, die bescheidener gefärbten Weibchen neigen dazu, während der Brutzeit nicht zu sehr aufzufallen, und setzen sich tiefer in die Büsche und Hecken.

VORKOMMEN
Brütet in Europa mit Ausnahme von Nordskandinavien und Südspanien, verschwunden in Großbritannien. Sommervogel im Agrarland mit Hecken, Dornbüschen und buschigen Hängen. Auf dem Zug nach Ostafrika auch außerhalb der Brutplätze.

| In Mitteleuropa zu sehen |
| J F M A **M J J A S O** N D |

ÄHNLICHE ARTEN

BEUTELMEISE ♂♀; akrobatisch zwischen Blättern (S. 273)

winzig

NACHTIGALL ähnlich ♀ (S. 346)

Schwanz rostbraun

einfarbiger

BLUTHÄNFLING ♂♀, geselliger (S. 387)

winzig

| Körperlänge **16–18 cm** | Flügelspannweite **24–27 cm** | Gewicht **25–30 g** |
| Einzelgänger | Lebensdauer **3–5 Jahre** | Nimmt ab† |

Ordnung **Passeriformes**	Familie **Laniidae**	Art *Lanius minor*

Schwarzstirnwürger

auf schwarzem Flügel weißer Fleck

ALTVOGEL

Rücken mittelgrau

IM FLUG

Oberkopf schuppig grau

schwarze Maske schmal

Rücken schuppig grau

JUNGVOGEL

dicker Schnabel schwarz

Schwarze Maske zieht sich über die Stirn (weniger stark bei Weibchen).

Oberseite grau, schwarz und weiß

Unterseite rosa

Flügel reichen bis über die Schwanzbasis.

MÄNNCHEN

∧∧∧∧∧∧∧∧∧∧∧∧∧∧∧∧∧∧∧∧∧

FLUG: Niedrig, sehr kräftig, aber in Wellenlinien mit tief greifenden Flügelschlägen; schwingt sich nach oben auf Sitzplatz.

D er Schwarzstirn-würger zählt zu den auffälligen und hübschen Vögeln mit schwarz-weißem Gefiedermuster. Für gewöhnlich ist er leicht zu sehen, wenn er wie andere Würger lange Zeit auf offenen Ansitzwarten sitzt. Er fliegt auf Jagd oder stürzt sich mit flatternden schwarz-weißen Flügeln auf den Boden. Schwarzstirnwürger sind die südöstlichen Gegenstücke zum Raubwürger, die vor allem warme, trockene Sommer vorziehen und in Afrika überwintern. In Teilen Osteuropas folgen Durch-züglern den langen Leitungen entlang der Straßen in Gebiete, die eigentlich nur baumlose Agrarsteppen sind. Würger haben starke Krallen, um Beute zu fangen und zu halten. Sie benutzen ihren Hakenschnabel, um Beute zu töten und Wühlmäuse oder Vögel aufzuschneiden. Beutestücke können auch auf Dornen aufgespießt werden, um sie leichter bearbeiten zu können.

STIMME: Kurz, hart *tsche tsche*; Gesang mit hart kreischenden Lauten, oft im rüttelnden Singflug vorgetragen.

BRUTBIOLOGIE: Unordentliches Nest aus Gras und Zweigen in Büschen oder Bäumen; 5–7 Eier; 1 Jahresbrut; Mai bis Juli.

NAHRUNG: Stößt von oft hohen Ansitzwarten auf Eidechsen, Käfer und Kleinvögel.

MÄNNCHEN IM PRACHTKLEID
Das Männchen des Schwarzstirnwürgers ist mit seiner kräftigen schwarzen Zeichnung und seiner rosafarbenen Unterseite ein besonders hübscher Vogel.

ÄHNLICHE ARTEN

RAUBWÜRGER (S. 257)

Stirn hell

groß

Flügel kürzer

Schwanz länger

brauner

deutlicheres Schuppen muster

ROTKOPFWÜRGER
Jungvogel, ähnlich Jung-vogel (S. 258)

schlanker

VORKOMMEN
Brütet im äußersten Süden Frank-reichs, in Italien und häufiger in Balkanländern und Osteuropa. Sommervogel in trockenen Gebieten mit einzelnen Bäumen und Büschen, in Obstbeständen und entlang von Straßen und an Waldrändern.

In Mitteleuropa zu sehen
J F M A **M J J A S** O N D

Körperlänge **19–21 cm**	Flügelspannweite **30 cm**	Gewicht **30 g**
Einzelgänger	Lebensdauer **3–5 Jahre**	Bestand **abnehmend**†

| Ordnung **Passeriformes** | Familie **Laniidae** | Art *Lanius excubitor* |

Raubwürger

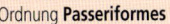

auf schwarzem Flügel kräftiges weißes Band

durch das Auge breites schwarzes Band

Oberseite grau (bei Jungvögeln Schuppenzeichnung auf Rücken und Flanken)

etwas matter als Männchen

ALTVOGEL

Schwanz schwarz mit weißen Seiten

auf den Flanken feine Bänderung

IM FLUG

WEIBCHEN

Unterseite mattweiß (bei Jungvögeln sehr feine Bänderung)

MÄNNCHEN

FLUG: Hüpfend, in Wellenlinie, schwirrende Flügel zwischen Gleitstrecken, Aufwärtsschwung zum Sitzplatz.

Der Raubwürger ist der größte europäische Würger, kräftig gemustert in der Kombination grau, weiß und schwarz. Er kann leicht zu sehen, aber auch oft erstaunlich versteckt sein. Wie andere Würger nutzt er exponierte Sitzwarten und ist daher aus großer Entfernung als weißer Fleck auf einer Buschspitze zu sehen. Er hält durch Pendeln des Schwanzes und Vorwärtsneigen des Körpers das Gleichgewicht. Manchmal schaukelt er in einem merkwürdigen Winkel, bevor er mit flatternden Flügeln zu Boden stößt, um seine Beute zu fangen.

STIMME: Hoher Triller *prrrih* oder heiser *wääch wääch;* Gesang kurz und einfach mit trillernden, knirschenden und plaudernden Lauten.

BRUTBIOLOGIE: Etwas nachlässig wirkendes Grasnest in hohem Busch oder niedrigem Baum; 5–7 Eier; 1 Jahresbrut; Mai bis Juli.

NAHRUNG: Stößt vom Ansitz auf Mäuse, Kleinvögel, große Insekten und Eidechsen.

UNTERART

L. meridionalis
Galt früher als Unterart von *L. excubitor*, heute als eigene Art; Südfrankreich, Spanien, Portugal, Nordafrika.

Oberseite dunkler

Unterseite grauer oder mehr rosa

GLEICHGEWICHT
Der lange Schwanz bedeutet für den Raubwürger auf dem dünnen Ast eine Hilfe, um das Gleichgewicht zu halten.

VORKOMMEN
Brütet weitverbreitet, aber sehr lückenhaft und lokal, in Skandinavien, von Nordeuropa bis Frankreich, Spanien, Portugal. Nordeuropäische Brutvögel überwintern westlich bis Großbritannien, südlich bis Norditalien. Brütet in Birkenwäldern, Mooren oder in Südeuropa in trockenen Buschgebieten oder auf Heiden.

ÄHNLICHE ARTEN

SCHWARZSTIRNWÜRGER ♂♀ (S. 256)

Stirn schwarz

Flügel länger

Schnabel größer

NEUNTÖTER ♂♀ (S. 255)

kein Grau

Rücken rotbraun

viel größer

Schwanz kürzer

ELSTER (S. 264)

In Mitteleuropa zu sehen

| J | F | M | A | M | J | J | A | S | O | N | D |

| Körperlänge **22–26 cm** | Flügelspannweite **30 cm** | Gewicht **30–40 g** |
| **Einzelgänger** | Lebensdauer **3–5 Jahre** | **Bestand abnehmend** |

| Ordnung **Passeriformes** | Familie **Laniidae** | Art *Lanius senator* |

Rotkopfwürger

weiße Schulter-
federn mit dünnen
dunklen Halb-
monden (bei
Neuntöter braun)

Oberkopf
rostbraun

kräftiger weißer
Schulterfleck

Oberseite
graubraun

MÄNNCHEN

Bürzel
weiß

helle Unterseite
grau gebändert

IM FLUG

JUNGVOGEL

um das Auge
helles Feld

Rücken schwarz
und weiß

auf dem Rücken
weißes »V«

Unterseite
weiß

WEIBCHEN

Schwanz schwarz,
an der Basis
etwas weiß

MÄNNCHEN

Wie andere Würger können auch Rotkopfwürger sehr auffällig sein, wenn sie auf Leitungen, Bäumen oder Spitzen von Büschen sitzen, aber auch mühselig zu finden, wenn sie in dichte Deckung abtauchen. Sie sind markant gemustert und leicht zu bestimmen. Sie leben von Insekten und Kleinvögeln, die sie von einem Ansitz aus beobachten und dann jagen oder durch einen Stoß von oben herunter erbeuten.

FLUG: Kräftig, schnell, niedrig, wellenartiger Schwung auf Sitzplatz.

STIMME: Kurz heiser *wä-wä-wä* oder klappernd *dscherrr*, Gesang recht laut und schnell mit plaudernden, kratzenden und schnalzenden Lauten.

BRUTBIOLOGIE: Nachlässig wirkendes Nest aus Gras und Halmen in einem niedrigen Busch; 5 oder 6 Eier; 1 Jahresbrut; April bis Juli.

NAHRUNG: Fängt große Insekten am Boden oder in der Luft vom Ansitz aus sowie kleine Vögel, Mäuse, Eidechsen.

AUF ANSITZ
Ein fütternder Rotkopfwürger hat ein scharfes Auge für große Insekten und andere mögliche Beute. Er kann sogar kleine Vögel jagen und greifen.

VORKOMMEN
Brutvogel in Spanien, Portugal, Italien, Südfrankreich und ostwärts bis auf die Balkanhalbinsel, lokal in Mitteleuropa. Sommervogel in Buschgelände, offener Landschaft, Obstbeständen, alten vernachlässigten Gärten und anderen Plätzen mit Büschen.

| In Mitteleuropa zu sehen |
| J F M **A M J J A S** O N D |

ÄHNLICHE ARTEN

viel größer

NEUNTÖTER Jungvogel, ähnlich Jungvogel (S. 255)
• Färbung wärmer
• Schulterfedern brauner

ELSTER
(S. 264)

| Körperlänge **17–19 cm** | Flügelspannweite **25–30 cm** | Gewicht **25–35 g** |
| **Einzelgänger** | Lebensdauer **3–5 Jahre** | **Gefährdet** |

RABENVÖGEL

IN EUROPA gibt es eine beachtliche Vielfalt in der Familie der Rabenvögel. Der Eichelhäher ist farbenprächtig und auffällig gemustert. Wie die meisten Krähen wird er heftig verfolgt und ist daher sehr scheu; wo er in Ruhe gelassen wird, ist er viel mutiger. Der Unglückshäher ist wiederum ganz anders gefärbt; er ist ein Vogel der Wälder hoch im Norden. Elstern sind auffällige langschwänzige, schwarz-weiße Vögel. Die Alpendohle ist eine Art des Hochgebirges, die im Winter herunterkommt und sich auch mit der Alpenkrähe zusammentut, ebenfalls ein geselliger Vogel dort, wo er häufig ist. Alpenkrähen trifft man auch an Küstenfelsen in Nordwesteuropa. Der größte Rabenvogel der Welt ist der Kolkrabe. Die ebenfalls ganz schwarze Rabenkrähe ist weitverbreitet, wird aber in Teilen Europas durch die grauschwarze Nebelkrähe ersetzt.

ELSTER
Die Elster ist ein sehr geselliger Vogel und hat in Vorstadtlebensräumen zugenommen, in denen Ziersträucher und Parks ideale Voraussetzungen für Nistplätze bieten. Elstern sind auf den ersten Blick kenntlich.

CORVIDAE
(RABENVÖGEL)

unterm Schwanz orangerot

UNGLÜCKSHÄHER
S. 261

spitzer, leicht gebogener Schnabel intensiv rot

ALPENKRÄHE
S. 262

Schnabel kurz, hellgelb

langer dunkler Schwanz mit grünem und blauem Metallglanz

ALPENDOHLE
S. 263

ELSTER
S. 264

blaues Flügelfeld

EICHELHÄHER
S. 265

auf dem dunkelbraunen Körper überall weiße Flecken

TANNENHÄHER
S. 266

Familie **Corvidae**

CORVIDAE (RABENVÖGEL) *Fortsetzung*

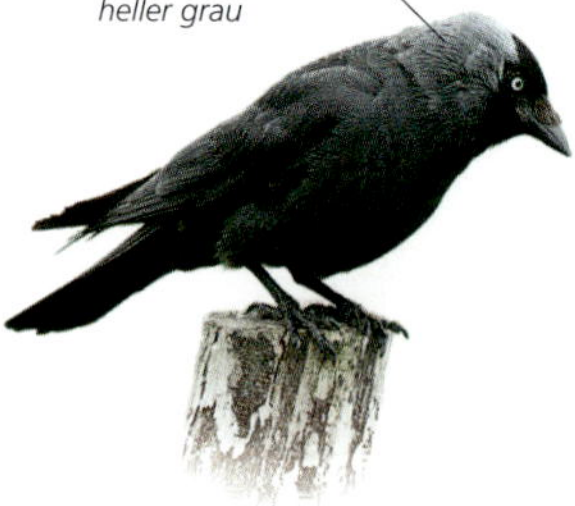
Nacken und Wangen heller grau

DOHLE
S. 267

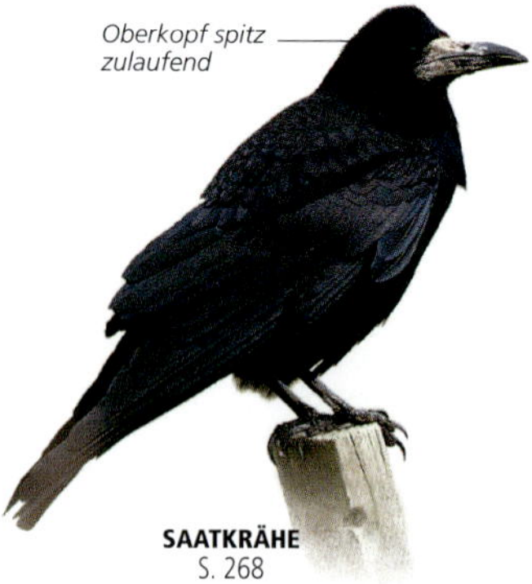
Oberkopf spitz zulaufend

SAATKRÄHE
S. 268

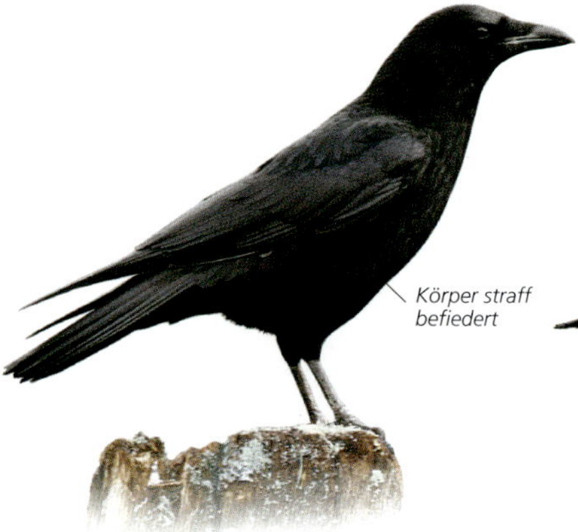
Körper straff befiedert

RABENKRÄHE
S. 269

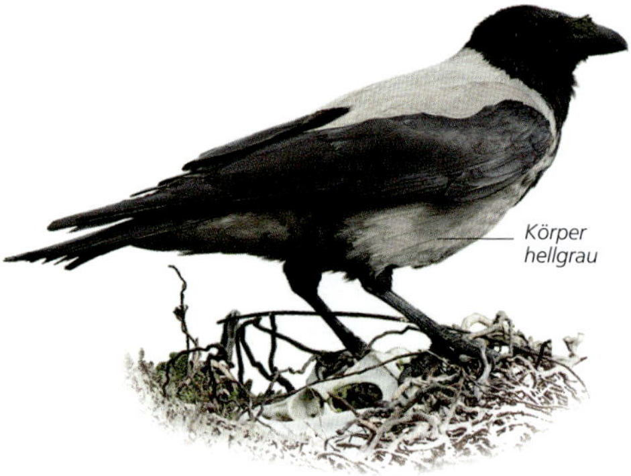
Körper hellgrau

NEBELKRÄHE
S. 270

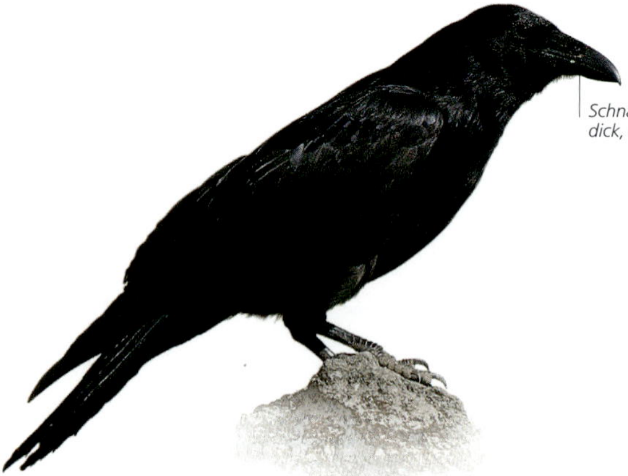
Schnabel lang, sehr dick, First gebogen

KOLKRABE
S. 271

Ordnung **Passeriformes**	Familie **Corvidae**	Art *Perisoreus infaustus*

Unglückshäher

rostorangefarbene
Flügelbinden

Kopf wirkt
dunkel.

heller Fleck
über Schnabel

dunkle Haube

kurzer, dicker
Schnabel

heller
Schwanz-
fleck

Unterseite
hellbeigebraun

WINTER

IM FLUG

unterm Schwanz
orangerot

Unterseite
hellbeige-
braun

orangeroter
Flügelfleck

Schwanz mit
hellen Seiten

ALTVOGEL

FLUG: Glatt, schnell, ruhig, sehr wendig in engen Räumen.

Dieser kleine Häher, der dem Eichelhäher vor allem im Gesichtsausdruck und Schnabel ähnelt, ist ein Vogel des hohen Nordens, den man in Forstgebieten oft in der Umgebung von Dörfern und Lagerplätzen sieht. Er ist meist furchtlos und Menschen gegenüber zutraulich und sucht nach Abfällen. In vielen Teilen seines Verbreitungsgebietes ist er dennoch ein recht heimlicher Vogel. Menschliche Eindringlinge werden unter leisen Rufen untersucht. Nur wenn ein Altvogel seine Jungen füttert, kann man Jung- und Altvögel gut unterscheiden.
STIMME: Meist schweigsam, gelegentlich schwaches Miauen, auch eichelhäherartiges Kreischen bei Gefahr.
BRUTBIOLOGIE: Nest ist eine lockere Plattform aus Zweigen und Flechten nahe dem Stamm eines Nadel-baumes; 3–4 Eier; 1 Jahresbrut; Mai bis Juli.
NAHRUNG: Fast alles von geeigneter Größe, von Insekten und kleinen Säugetieren hin zu Eiern, Sämereien, Beeren und Abfällen in Siedlungen. Legt in Rindenspalten und unter Kiefernnadeln Vorratslager für den Winter an.

AN LAGERPLÄTZEN
Der Unglückshäher ist oft zutraulich oder beachtet Menschen nicht. Im Sommer sucht er in der Umgebung von Lagerplätzen im Wald nach essbaren Abfällen.

ÄHNLICHE ART

EICHELHÄHER
(S. 265)
*Körper heller,
rosa über-
laufen*

*Bürzel
weißlich*

VORKOMMEN
Nordskandinavien; Jahresvogel in tiefen Kiefern- und Fichtenwäldern, vor allem mit alten, flechtenbewachsenen Bäumen und Unterholz. Außerhalb der Brutplätze fast unbekannt.

In Mitteleuropa zu sehen											
J	F	M	A	M	J	J	A	S	O	N	D

Körperlänge **30 cm**	Flügelspannweite **40–45 cm**	Gewicht **80–100 g**
Kleine Trupps	Lebensdauer **bis 10 Jahre**	**Bestand gesichert**

Ordnung **Passeriformes**	Familie **Corvidae**	Art *Pyrrhocorax pyrrhocorax*

Alpenkrähe

spitzer, leicht gebogener Schnabel intensiv rot

Schnabel orange-rot, blasser als bei Altvogel

Flügel lang, gerade, tief gefingert (von unten Schwungfedern mehr grau)

Körper glänzend schwarz

ALTVOGEL

IM FLUG

JUNGVOGEL

Schwanz gerade

Beine rot

ALTVOGEL

Oberflächlich einer Dohle ähnlich, ist die Alpenkrähe einheitlich schwarz und glänzender. Sie ist außerdem ein ausgesprochen akrobatischer Flieger. Man trifft sie im Allgemeinen in kleinen Trupps. Dort, wo Alpenkrähen häufig sind, bilden sich viel größere Schwärme, die oft zusammen mit Alpendohlen Bergweiden absuchen oder auch grüne Täler weiter unten, wenn oben noch Schnee liegt. In Nordwesteuropa leben Alpenkrähen mehr an der Küste, sind aber dort nirgends so häufig wie im Gebirge.

STIMME: Ruf artkennzeichnend etwas explosiv *tjiach*, an Dohle erinnernd, aber in der Klangfarbe deutlich anders.

BRUTBIOLOGIE: Nest aus Zweigen mit Haaren und Wolle ausgelegt in einer Felsspalte oder in einer Ruine; 3–5 Eier; 1 Jahresbrut; Mai bis Juli.

NAHRUNG: Nimmt Ameisen vom Boden auf, gräbt auch Insekten aus obersten Bodenschichten und stemmt Flechten von der Unterlage ab.

FLUG: Akrobatisch; kreist gut und oft; manchmal in langen Wellenlinien; taucht vor steilen Felswänden rasch und tief ab mit angewinkelten Flügeln.

GEWANDTE FLIEGER
Die fluggewandten Alpenkrähen stürzen rasch nach unten, um dann wieder steil aufzusteigen; Paare und kleine Gruppen sind an solchen Flugspielen beteiligt.

VORKOMMEN
Brütet in Hochländern und Gebirgen von Portugal, Spanien, Südfrankreich, Italien, in den Alpen und im Balkan. Lokaler Brutvogel an den Küsten von Irland, Großbritannien, Nord- und Westfrankreich. Jahresvogel an Felsen, in Schluchten, auf Gebirgsmatten.

In Mitteleuropa zu sehen
| J | F | M | A | M | J | J | A | S | O | N | D |

ÄHNLICHE ARTEN

SAATKRÄHE
(S. 268)

dicker Schnabel schwarz

größer

Gesicht weißlich

größer

RABENKRÄHE
(S. 269)

dicker Schnabel dunkel

ALPENDOHLE
(S. 263)
rundere Flügel

Schnabel gelb

Schwanz runder

Körperlänge **37–41 cm**	Flügelspannweite **68–80 cm**	Gewicht **280–360 g**
Schwärme	Lebensdauer **5–10 Jahre**	**Gefährdet**

| Ordnung **Passeriformes** | Familie **Corvidae** | Art *Pyrrhocorax graculus* |

Alpendohle

IM FLUG

langer Flügel leicht gerundet und gefingert

Unterflügel in zwei Helligkeitsabstufungen

Körper glänzend schwarz

Schnabel kurz, hellgelb

langer Schwanz mit gerundeter Spitze

Beine rot

Die Alpendohle ist ein Hochgebirgsspezialist, doch manchmal in Tälern oder im Vorland auf Wiesen und Feldern zu sehen, mitunter auch zusammen mit Alpenkrähen. Im Winter taucht sie auch gelegentlich an Felsküsten auf. Ihre Rufe sind typisch und weit zu hören, wenn sie um die Gipfel kreist. Die Flügel der Alpendohle sind weniger gerade als die der Alpenkrähe und auch weniger gestreckt. Man kann die beiden Arten an ihrer Flugsilhouette schon aus Entfernungen bestimmen, in denen Einzelheiten wie Schnabelfärbung unmöglich zu sehen sind.

STIMME: Ruf hoch *zirrrr*, auch pfeifend *zii-üp* und etwas rollend *bschrrüt*, meist gut zu unterscheiden von Alpenkrähe und Dohle.

BRUTBIOLOGIE: Nest aus Zweigen in einer Felshöhle oder -spalte; 3–5 Eier; 1 Jahresbrut; Mai bis Juli.

NAHRUNG: Insekten und andere wirbellose Tiere von Grasland, auch Samen, Beeren und Abfall.

FLUG: Akrobatisch und elegant; Kreisen und Gleiten mit gestreckten Flügeln, oft in großen Schwärmen; sehr schnelle Höhenveränderungen durch Abtauchen und steiles Aufsteigen.

KREISENDE SCHWÄRME
Alpendohlen kann man oft in kreisenden Schwärmen vor dem Hintergrund großer Gipfel und Massive sehen.

NAHRUNGSSUCHE
Alpendohlen suchen meist auf alpinen Matten nach Nahrung, oft in großen, lebhaft agierenden Schwärmen.

ÄHNLICHE ARTEN

SAATKRÄHE (S. 268)

dicker schwarzer Schnabel

größer

Schwanz gerader

ALPENKRÄHE Flügel gerade (S. 262)

Schnabel rot

VORKOMMEN
Brut- und Jahresvogel in den Pyrenäen, Alpen, italienischen Hochgebirgen und im Balkan. Im Winter meist tiefer, oft regelmäßig in Ortschaften der Talregion. Regelmäßig um Gipfelstationen von Bergbahnen, Hütten und Gipfelrestaurants.

In Mitteleuropa zu sehen
J F M A M J J A S O N D

Körperlänge **36–39 cm**	Flügelspannweite **65–74 cm**	Gewicht **250–350 g**
Schwärme	Lebensdauer **5–10 Jahre**	**Bestand gesichert†**

Ordnung **Passeriformes**	Familie **Corvidae**	Art **Pica pica**

Elster 🔘 84

weiße Flügelspitzen mit schwarzen Linien

Flügel schwarz mit grünblauem Metallglanz

großer weißer Schulterfleck

von Kopf bis Schwanz schwarz

langer dunkler Schwanz mit grünem und blauem Metallglanz

ALTVOGEL

IM FLUG

Brust schwarz

Bauch weiß

Gefiedermuster wie Altvogel

ALTVOGEL

zunächst Schwanz kürzer als bei Altvogel

JUNGVOGEL

Fast unter allen Umständen ist die Elster ein auffälliger, geselliger schwarz-weißer Vogel, den man kaum übersehen kann. Elstern bauen große Nester, die vor allem im Winter sehr auffällig sind, wenn das Laub gefallen ist. Es sind überdachte Burgen, die auch Schutz vor Krähen bieten. Meist sieht man Elstern in Paaren, sie bilden aber oft auch kleine Gruppen und gelegentlich füllen sich hohe Bäume mit Schwärmen von 20 bis 40 Vögeln gleichzeitig, wenn sie sich zur Übernachtung sammeln. Es gibt keinen ähnlich aussehenden Vogel in Europa.

STIMME: Ruf rau und schackernd *tschäk-tschäk-tschäk*, auch leisere und melodische Laute; Gesang leise schwätzend, selten zu hören.

BRUTBIOLOGIE: Großes, überdachtes Kugelnest aus Zweigen mit einem festen, lehmigen Kern, der mit feinem Material ausgelegt ist; 5–8 Eier; 1 Jahresbrut; April bis Juni.

NAHRUNG: Meistens Insekten, Körner und Abfall in vielen Lebensräumen von Feldern bis zu Parkplätzen und Straßenrändern; nimmt im Sommer auch Kleinvögel und Nestlinge.

FLUG: Geradlinig, etwas mühselig wirkend; Flügel unregelmäßig flatternd, manchmal nach unten stoßend und abschwingend.

AUGENFÄLLIG
Langer Schwanz und schwarz-weißes Gefieder machen Elstern zu hübschen Vögeln.

VORKOMMEN
Brütet in ganz Europa bis auf Island; Jahresvogel im Agrarland, an Waldrändern, in Gehölzen und Hecken, mittlerweile auch in Städten und Parks sowie Zunahme in Vorstädten, kommt auch in Gärten.

In Mitteleuropa zu sehen
J F M A M J J A S O N D

ABTAUCHEN
Elstern sehen bei Flügen über größere Entfernungen etwas angestrengt aus, sind aber in kleineren Distanzen gewandt genug, um rasch von einem hohen Sitzplatz abzutauchen und Nahrung aufzunehmen.

Körperlänge **44–46 cm**	Flügelspannweite **52–60 cm**	Gewicht **200–250 g**
Kleine Trupps	Lebensdauer **bis 10–15 Jahre**	**Bestand gesichert**

Ordnung **Passeriformes**	Familie **Corvidae**	Art *Garrulus glandarius*

Eichelhäher 〔85〕

Oberkopf gestreift

kurzer dicker Schnabel dunkel

breiter schwarzer Bartstreif

weißer Fleck auf schwärzlichen Flügeln

Körper hell rosabraun

Haltung beim Einemsen

großer weißer Bürzel

IM FLUG

blaues Flügelfeld

Schwanz schwarz

Als Waldvögel kommen Eichelhäher auch in Parks und Gärten. Im Allgemeinen sind sie scheu; ihr rauer Ruf ist oft der einzige Hinweis auf ihre Anwesenheit. Sie werden aber viel zahmer, wenn sie in Parks ungestört bleiben. Man kann sie dann bei der Nahrungssuche auf dem Boden unter Bäumen beobachten oder auch, wenn sie im Herbst Eicheln sammeln. Ein Vogel kann mehrere in einer Kropftasche unter der Kehle tragen, dazu noch eine im Schnabel. Er vergräbt Hunderte als Vorrat für den Winter und Frühling. Es sieht sehr geschäftig aus, wenn Eichelhäher am Boden herumhüpfen. Manchmal setzen sie sich Ameisen ins Gefieder; man nennt dieses Verhalten Einemsen. Seine Bedeutung ist noch unklar, aber vielleicht werden damit Parasiten bekämpft.

STIMME: Ruf rau kreischend *krrrschä*, aber auch miauend *hijäh,* sehr ähnlich Mäusebussard.

BRUTBIOLOGIE: Großes Nest aus Zweigen, meist niedrig in Büschen; 4 oder 5 Eier; 1 Jahresbrut; April bis Juni.

NAHRUNG: Vielseitig von Raupen bis Kleinnager, im Sommer Insekten, aber auch Eier und Nestlinge; im Winter vor allem gesammelte Eicheln.

FLUG: Langsam, etwas mühselig, rudernde Flügelbewegungen; oft auch hoch über Grund bei Wanderungen und dem Eintragen von Vorräten im Herbst.

VORRÄTE WERDEN ANGELEGT
Eichelhäher sammeln jeden Herbst Eicheln und vergraben sie, um sie im Spätwinter oder Frühling wieder herauszuholen, wenn andere Nahrung knapp geworden ist.

ÄHNLICHE ART

WIEDEHOPF (S. 242)

langer Schnabel gebogen

Flügel gebändert

VORKOMMEN
Brütet fast in ganz Europa, fehlt in Nordschottland, in Island und Nordskandinavien. Jahresvogel im Laub- und Mischwald und in Parks; kommt auch in große Gärten. Brutvögel Nordeuropas ziehen im Herbst nach Südwesten.

In Mitteleuropa zu sehen
| J | F | M | A | M | J | J | A | S | O | N | D |

Körperlänge **33–35 cm**	Flügelspannweite **52–58 cm**	Gewicht **140–190 g**
Kleine Trupps	Lebensdauer **bis 5 Jahre**	**Bestand gesichert†**

| Ordnung **Passeriformes** | Familie **Corvidae** | Art *Nucifraga caryocatactes* |

Tannenhäher

IM FLUG

Flügel dunkel-grauschwarz

ALTVOGEL

schwarzer Schwanz mit weißem Endsaum

Unterschwanz weiß

auf dem dunkelbraunen Körper überall weiße Flecken

Oberkopf dunkelbraun (bei Jungen gestrichelt)

dicker Dolchschnabel

Körper gedrungen

bräunlich schwarze Flügel ungefleckt (bei Jungvögeln mit Flecken)

ALTVOGEL

Der hell gefleckte, krähenähnliche Tannenhäher setzt sich oft ganz frei auf die Spitze eines Nadelbaums und ist gut zu beobachten. Man findet ihn im Allgemeinen leicht in seinem begrenzten Brutgebiet, doch manchmal erscheinen viele Tannenhäher weit außerhalb der normalen Brutverbreitung. Dabei handelt es sich dann um Bestandsspitzen, die mit einer Nahrungsknappheit zusammenfallen und eine weiträumige Wanderung auslösen. Wenn viele Vögel zu weiten Wanderungen gezwungen werden, führt das zu Invasionen; viele überleben aber nicht, und so schrumpft die starke Zunahme rasch wieder zusammen. Bei solchen Invasoren handelt es sich fast immer um die dünnschnäbelige Unterart von Russland, möglicherweise sind auch einige nordische dickschnäbelige Vögel dabei. Die Vögel sind weit von ihrer Brutheimat entfernt oft erstaunlich zahm.

STIMME: Ruf *hart* und rollend *krrräh* im Frühjahr und Sommer.

BRUTBIOLOGIE: Nest aus Zweigen mit Gras und Moos ausgelegt nahe einem Baumstamm, meist Fichte; 3 oder 4 Eier; 1 Jahresbrut; Mai bis Juli.

NAHRUNG: Einige Insekten, doch meist Früchte und Samen von Hasel, Arve oder Fichte, die im Spätsommer vergraben und im Winter wieder gefunden werden.

FLUG: Ähnlich Eichelhäher auf breiten Flügeln, aber kurzschwänzig; kräftig, geradlinig; Sitzplatz auf Baumspitze wird mit einem Schwung von unten angeflogen.

EINMALIGER VOGEL
Der Tannenhäher sieht unverwechselbar aus, doch Anfänger könnten ihn auch für einen Star oder eine junge Misteldrossel halten.

ÄHNLICHE ART	UNTERART
STAR Winter (S. 333) viel kleiner	*N. c. macrothyncus* (Nordeuropa, Asien): mehr Weiß am Schwanz; dünnerer Schnabel.

VORKOMMEN
Brütet in Südskandinavien und vom Ostseeraum nach Osten, ferner in Mittel- und Hochgebirgen Mittel- und Osteuropas in Wäldern mit Hasel, Fichte und Kiefer (in den Alpen Arve). Jahresvogel; wenn Nahrung knapp ist, Wanderungen nach Süden und Westen.

In Mitteleuropa zu sehen
J F M A M J J A S O N D

Körperlänge **32–35 cm**	Flügelspannweite **49–53 cm**	Gewicht **120–170 g**
Kleine Trupps	Lebensdauer **bis 5 Jahre**	**Bestand gesichert†**

| Ordnung **Passeriformes** | Familie **Corvidae** | Art ***Corvus monedula*** |

Dohle 86

Nacken und Wangen
heller grau

kleine schwarze
Kappe

Körper
grauschwarz

Augen
weißlich

kurzer,
dicker
Schnabel

IM FLUG

Unterflügel
dunkelgrau

A ls kleine Krähe ist die Dohle ein gewandter Flieger. Schwärme kreisen und gleiten über Wäldern oder um Felswände und Steinbrüche, oft auch um hohe Gebäude. Während der Flugspiele rufen Dohlen oft und sind daher leicht zu identifizieren. Sie können aber auch übersehen werden, wenn sie zusammen mit Saatkrähen auf Feldern Nahrung suchen. Selbst im Flug, wenn ein großer Schwarm durcheinanderwirbelt, wird ihre Anwesenheit oft nicht gleich ersichtlich, auch wenn der Größenunterschied deutlich ist. Dohlen sind oft recht zahm, setzen sich auf kleine oder große Gebäude. Oft fliegen dann plötzlich kleine Gruppen auf, geradewegs und hoch mit erheblicher Geschwindigkeit.

STIMME: Hell und scharf klingend *kja*, oft auch in Reihen, manchmal lang gezogen und heiser wie *kjäää* oder *kjaar*, mehrere variable Laute.

BRUTBIOLOGIE: Nest aus Zweigen mit Dung, Wurzeln, Moos oder Haaren ausgekleidet in Baum-, Fels- oder Mauerlöchern; 4–6 Eier; 1 Jahresbrut; April bis Juli.

NAHRUNG: Nimmt am Boden Regenwürmer, Samen, Abfall auf; pickt auch Raupen von Blättern; Beeren.

FLUG: Geradlinig; wirkt leicht mit gleichmäßigen weichen Flügelschlägen, langsamer als Tauben; gewandt und akrobatisch im Wind, kreist gut, meist in Trupps.

AUCH IM WALD ZU HAUSE
Dohlen schätzen Felswände und alte Gebäude, sind aber auch in den Kronen alter Bäume zu Hause.

VORKOMMEN
Brütet in fast ganz Europa, fehlt in Island und Nordskandinavien. In Nordosteuropa nur im Sommer, doch sonst Jahresvogel. In Städten, Parks, Wäldern, Agrarland mit Gehölzen und in Gärten um alte Häuser.

In Mitteleuropa zu sehen
| J | F | M | A | M | J | J | A | S | O | N | D |

ÄHNLICHE ARTEN

SAATKRÄHE
(S. 268)

ALPENKRÄHE, anderer Ruf, Flügel gerader, Unterseite mit zwei Helligkeitsstufen (S. 262)

Schnabel
länger,
Gesicht
weißlich

längerer,
roter
Schnabel

| Körperlänge **33–34 cm** | Flügelspannweite **67–74 cm** | Gewicht **220–270 g** |
| **Schwärme** | Lebensdauer **5–10 Jahre** | **Bestand gesichert†** |

Ordnung **Passeriformes**	Familie **Corvidae**	Art **Corvus frugilegus**

Saatkrähe

Oberkopf spitz zulaufend

Schnabel deutlich zugespitzt

Flügel spitzer als bei Aaskrähe

Körper glänzend schwarz

um Schnabelbasis nackte weißliche Haut

zunächst Gesicht dunkel

ALTVOGEL

IM FLUG

Schnabel dünn

schlanker Schwanz gerundet (bei Rabenkrähe gerade)

Schwanz gerundet

locker ab-stehende Federn

JUNGVOGEL

ALTVOGEL

Wo sie häufig sind, zählen Saatkrähen zu den bekannten Vögeln des Agrarlandes und der Dörfer. Sie sind große Rabenvögel und ausgesprochen gesellig, oft auch zusammen mit Dohlen, Hohltauben und Lachmöwen. Sie brüten in Kolonien in Baumkronen; die großen Reisignester sind immer gut zu sehen – mit Ausnahme des Hochsommers, wenn sie vom Laub verborgen werden. Gelegentlich brüten einzelne Paare mehr oder minder isoliert und sind daher vielleicht mit Rabenkrähen zu verwechseln; die beiden Arten sind manchmal nur schwer voneinander zu trennen.

STIMME: Heiser und rau *choah* oder *kaar,* vor allem an der Kolonie oft höhere und metallische Laute.

BRUTBIOLOGIE: Nest aus Zweigen in Bäumen, ausgekleidet mit Gras, Moos oder Blättern; 3–6 Eier; 1 Jahresbrut; März bis Juni.

NAHRUNG: Würmer, Käferlarven, Samen, Körner und Wurzeln vom Boden, besonders von frisch gepflügten Feldern oder Stoppeläckern, sucht auch an Straßenrändern nach Insekten und überfahrenen Tieren.

FLUG: Geradlinig, gleichmäßiger Flügelschlag; um die Kolonie auch akrobatisch mit Drehungen und Abtauchen, kreist oft.

IN DER KOLONIE
Dutzende von Saatkrähennestern finden sich normalerweise eng zusammen in Baumkronen und bilden eine auffällige Kolonie.

ÄHNLICHE ARTEN

RABENKRÄHE (S. 269)

Gesicht schwarz

Kopf flacher

KOLKRABE Flügel gewinkelt, im Flug keilförmiger Schwanz (S. 271)

kleiner und grauer

dichteres Gefieder

DOHLE (S. 267)

Schnabel dicker

VORKOMMEN
Fehlt in Island, Skandinavien und in den Mittelmeerländern, Jahresvogel in West- und Mitteleuropa und Sommervogel in Nordosteuropa. Vor allem im Agrarland mit einzelnen Bäumen und Gehölzen, in Parks, großen Gärten und Dörfern mit Gruppen alter Bäume.

In Mitteleuropa zu sehen

| J | F | M | A | M | J | J | A | S | O | N | D |

Körperlänge **44–46 cm**	Flügelspannweite **81–99 cm**	Gewicht **460–520 g**
Schwärme	Lebensdauer **5–10 Jahre**	**Bestand gesichert**

| Ordnung **Passeriformes** | Familie **Corvidae** | Art **Corvus corone** |

Rabenkrähe

breiter Kopf flach

Flügelspitzen gerade

Gefieder glänzend schwarz

dicker Schnabel, First gebogen

segelt nicht oft

Körper straff befiedert

Schwanz gerade

IM FLUG

Die Rabenkrähe ist am ganzen Körper schwarz und leicht mit dem größeren Kolkraben und vor allem mit der Saatkrähe zu verwechseln. Rabenkrähen sind im Gegensatz zu Saatkrähen eher Einzelgänger, ruhen jedoch oft zu vielen, manchmal zu Hunderten und suchen in Schwärmen nach Nahrung. Rabenkrähen brüten einzeln, Saatkrähen in Kolonien oder zumindest in kleineren Ansammlungen von Nestern. Rabenkrähen sind auf dem offenen Land oft wachsam, können in Gärten und Städten jedoch dreist werden.

STIMME: Rau krächzend *krra*, auch kürzer *konk* und andere Varianten. Offener, mehr rollend, weniger heiser als Saatkrähen.

BRUTBIOLOGIE: Flaches Nest aus Zweigen, in Bäumen oder Büschen; 4–6 Eier; 1 Jahresbrut; März bis Juli.

NAHRUNG: Nimmt alle Arten von wirbellosen Tieren am Boden auf, auch Eier, Körner und Abfall; oft in Paaren, auch in Schwärmen auf Feldern.

FLUG: Geradlinig, gleichmäßige Flügelschläge mit wenigen Gleitphasen; kreist gelegentlich.

AUFMERKSAM UMHERSTREIFEND
Eine kräftige, aufrechte Gestalt. Stehen und langsames, würdevolles Schreiten sind charakteristisch für die Rabenkrähe.

VORKOMMEN
Rabenkrähen brüten von Großbritannien bis Dänemark und Ostdeutschland, auch in Spanien und Frankreich. Nebelkrähen brüten in Irland, Schottland und von Skandinavien und der Ostgrenze Deutschlands nach Osten, außerdem in Italien und in Südosteuropa.

In Mitteleuropa zu sehen
| J | F | M | A | M | J | J | A | S | O | N | D |

ÄHNLICHE ARTEN

SAATKRÄHE (S. 268)
Gesicht hell
Schwanz länger

KOLKRABE im Flug längere Flügel (S. 271)
lockere Befiederung

DOHLE (S. 267)
Schnabel dicker
kleiner und grauer
Kopf und Schnabel kleiner

| Körperlänge **44–51 cm** | Flügelspannweite **93–104 cm** | Gewicht **540–600 g** |
| **Mitunter Schwärme** | Lebensdauer **5–10 Jahre** | **Bestand gesichert** |

Ordnung **Passeriformes**	Familie **Corvidae**	Art **Corvus cornix**

Nebelkrähe

schwerer
schwarzer
Schnabel

schwarze
Haube

Kopf flach,
ähnlich der
Rabenkrähe

IM FLUG

kräftig
grau-schwar-
zes Muster

Körper
hellgrau

Schwanz
und Flügel
schwarz

**ALTVOGEL
AM NEST**

Nebelkrähen sind in offener Land-schaft und auch in städtischen Gebieten, etwa auf Müllhalden, in großen Teilen Europas ein vertrauter Anblick. Sie ersetzen die Rabenkrähe. Nur an einer schmalen Linie, wo beide Arten aufeinandertreffen, hybridisieren sie, wie in Deutschland an der Elbe. Bis vor Kurzem wurden Raben- und Nebelkrähe als eine Art, die Aaskrähe, betrachtet. Sie sind wild und scheu, wo sie verfolgt werden (wie dies oft der Fall ist). In Städten und Dörfern können sie zutraulich werden.

STIMME: Rau krächzend *krra*, auch kürzer *konk* und andere Varianten. Offener und mehr rollend sowie weniger heiser als Saatkrähen.

BRUTBIOLOGIE: Nest aus Zweigen, flacher als das der Saatkrähe, in Bäumen oder Büschen; 4–6 Eier; 1 Jahresbrut; März bis Juli.

NAHRUNG: Nimmt alle Arten von wirbellosen Tieren am Boden auf, auch Eier, Körner und Abfall; oft in Paaren, bei reichen Nahrungsquellen auch in Schwärmen auf Feldern.

FLUG: Geradlinig, leicht, gleichmäßige Flügelschläge mit wenigen Gleitphasen.

ALLESFRESSER
Nebelkrähen fressen fast alles Essbare, auch Kaninchen und Vögel, die überfahren wurden, Abfälle auf Müllhalden und viele große Insekten.

ÄHNLICHE ARTEN

**RABENKRÄHE/
NEBELKRÄHE-HYBRIDE**
(S. 269)

dunkler

variable
dunkle
Körper-
zeichnung

viel kleiner

Körper
schwärzer

DOHLE
(S. 267)

VORKOMMEN
Irland, Schottland und von Skandinavien und der Ostgrenze Deutschlands nach Osten, außerdem in Italien und Südosteuropa.

In Mitteleuropa zu sehen
J F M A M J J A S O N D

Körperlänge **44–51 cm**	Flügelspannweite **93–104 cm**	Gewicht **540–600 g**
Kleine Trupps	Lebensdauer **5–10 Jahre**	**Bestand gesichert**

| Ordnung **Passeriformes** | Familie **Corvidae** | Art **Corvus corax** |

Kolkrabe 89

segelt elegant

Flügel lang, gefingert und Hinterrand geschwungen

Kopf ragt weit vor

Fluggeräusch zu hören

IM FLUG

Schwanz keilförmig

Gefieder einheitlich schwarz

Schnabel lang, sehr dick, First gebogen

Kopf groß

Lockere Kehlfedern können als Bart abgespreizt werden.

Schwanz lang

Der weltweit größte Rabenvogel ist deutlich massiger, langflügeliger und langschwänziger als die Aaskrähe. Der mächtige Schnabel ist bei geringer Entfernung ein auffälliges Kennzeichen. Aus großer Entfernung geben Gestalt, Flugweise, Rufe und oft die Situation wichtige Hinweise. Kolkraben findet man oft über den wildesten Landschaften, auch über hohen kahlen Berggipfeln. Allerdings besuchen sie auch Agrarflächen, insbesondere Weiden, dort, wo sich auch Rabenkrähen aufhalten. Wo man sie nicht stört, fliegen sie auch über Städte und ganz ausnahmsweise brüten sie an Gebäuden.

STIMME: Tief und rollend *korrk*, auch wiederholt, bei Erregung schnell und tief *krak-krak-krak;* schwer zu beschreibende glucksende Laute, wie etwa *gklong*.

BRUTBIOLOGIE: Großer Bau aus kräftigen Zweigen, mit Wolle, Gras und Haaren gut ausgelegt, oft viele Jahre in Benutzung, unter Überhang, in Felsnische oder in einem hohen Baum; 4–6 Eier; 1 Jahresbrut; Februar bis Mai.

NAHRUNG: So gut wie alles Organische, fängt kleine Säugetiere und Vögel, geht an Aas, sammelt Abfälle (z.B. an Müllkippen), wirbellose Kleintiere und Körner.

FLUG: Kräftig, akrobatisch, Flügel oft gewinkelt; kann sich auf den Rücken rollen; segelt oft und leicht; faszinierende Flugspiele des Paares.

MÄCHTIGER KOPF
Kolkraben können die Federn an Kehle, Kinn und Kopf aufplustern, sodass der Kopf viel größer wirkt.

ÄHNLICHE ARTEN

RABENKRÄHE anderer Ruf (S. 269)
Schwanz deutlicher gerade, kleiner

SAATKRÄHE (S. 268)
Schnabel dünner, kleiner

Schnabel dünn, kleiner

VORKOMMEN
Brütet in den meisten Gebieten Europas, fehlt in einigen Tieflandgebieten Großbritanniens, Frankreichs, der Beneluxländer, Dänemarks und Westdeutschlands. Jahresvogel in großen Wäldern, im Hochgebirge, in offenen Grünlandschaften mit einzelnen Bäumen, an Felsküsten.

In Mitteleuropa zu sehen

| J | F | M | A | M | J | J | A | S | O | N | D |

| Körperlänge **54–67 cm** | Flügelspannweite **1,20–1,50 m** | Gewicht **0,8–1,5 kg** |
| Paare/kleine Trupps | Lebensdauer **10–15 Jahre** | Bestand gesichert† |

Familien **Remizidae, Paridae, Timaliidae, Aegithalidae**

MEISEN UND VERWANDTE

IN DIESER GRUPPE sind die eigentlichen Meisen (Paridae) mit Vertretern einiger anderer Familien zusammengestellt worden, nämlich der Bartmeise (eigentlich ein Papageienschnabel), der Schwanzmeise und der Beutelmeise. Alle leben mehr oder minder gesellig, am wenigsten die Beutelmeise. Die meisten sind Waldvögel, Beutel- und Bartmeise leben jedoch im Schilf oder zumindest in der Uferzone.

Die eigentlichen Meisen sind ziemlich oder sogar sehr kleine Vögel (die Tannenmeise zählt zu den kleinsten Vögeln Europas), entweder grün, blau, gelb und weiß oder Mischungen von stumpfgraubraun, hellbraun, weiß und schwarz. Einige Arten sind regelmäßige Besucher von Futterstellen im Garten. Sie sind primär Waldvögel, die ihre Brutzeit nach dem plötzlichen Erscheinen großer Mengen von kleinen Schmetterlingsraupen im Laub der Bäume ausrichten (die Klimaänderung könnte diese Synchronisation empfindlich stören). Gartenbrüter haben weniger Nachwuchs, überstehen aber den Winter dank der vielen Futterplätze in vielen Gegenden besser. Im Winter sieht man oft gemischte Meisentrupps im Wald, in Hecken oder auch im Garten auf Nahrungssuche, meist mit Blau- und Kohlmeisen, denen sich Sumpfmeisen, Tannenmeisen oder sogar einzelne Weidenmeisen angeschlossen haben.

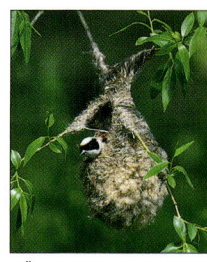

HÄNGENDES NEST
Das Nest der Beutelmeise ist ein Meisterstück der Konstruktion, das an einem dünnen, schwankenden Ast hängt.

REMIZIDAE (BEUTELMEISEN)

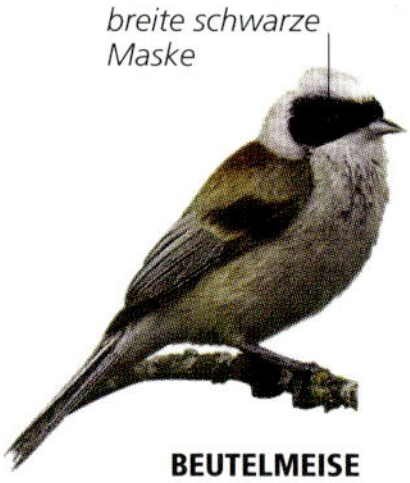
breite schwarze Maske

BEUTELMEISE
S. 273

PARIDAE (MEISEN)

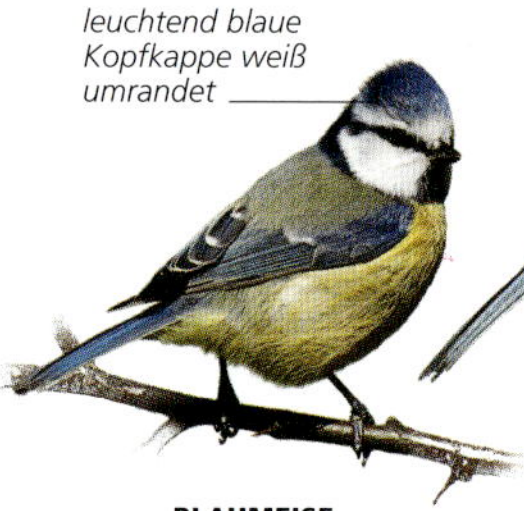
leuchtend blaue Kopfkappe weiß umrandet

BLAUMEISE
S. 274

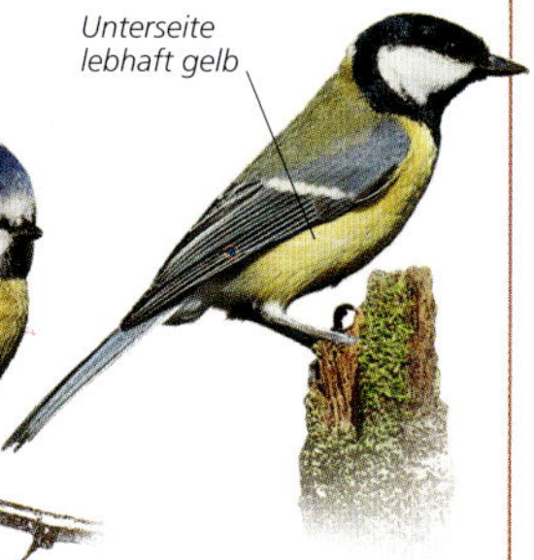
Unterseite lebhaft gelb

KOHLMEISE
S. 275

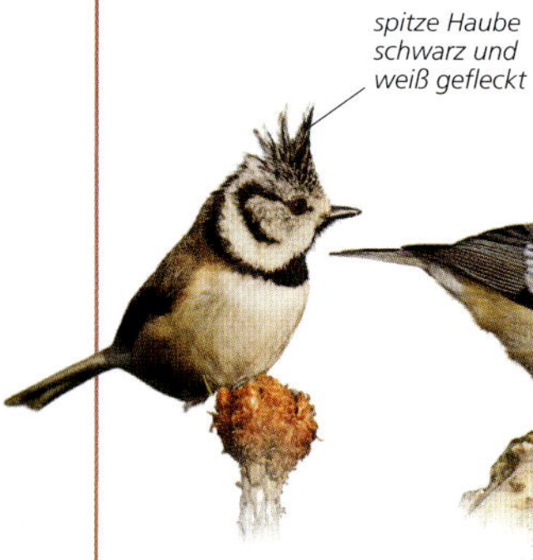
spitze Haube schwarz und weiß gefleckt

HAUBENMEISE
S. 276

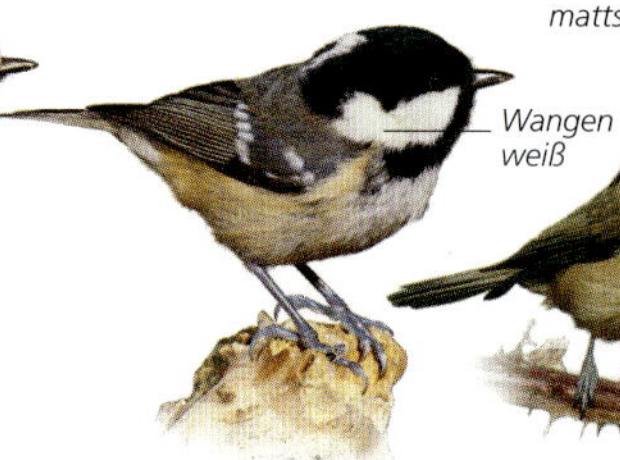
Wangen weiß

TANNENMEISE
S. 277

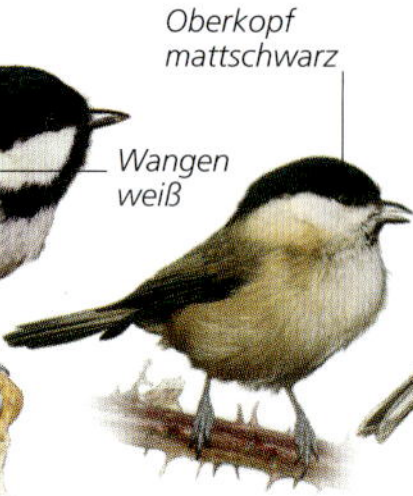
Oberkopf mattschwarz

WEIDENMEISE
S. 278

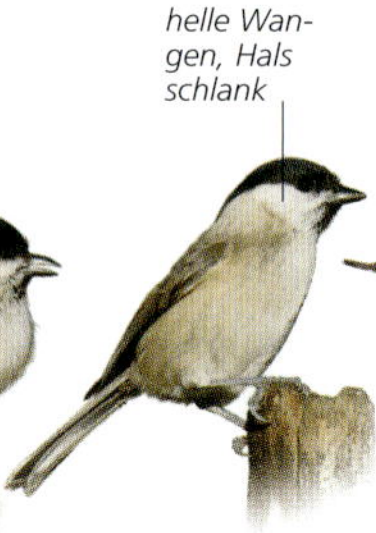
helle Wangen, Hals schlank

SUMPFMEISE
S. 279

TIMALIIDAE (BARTMEISE)

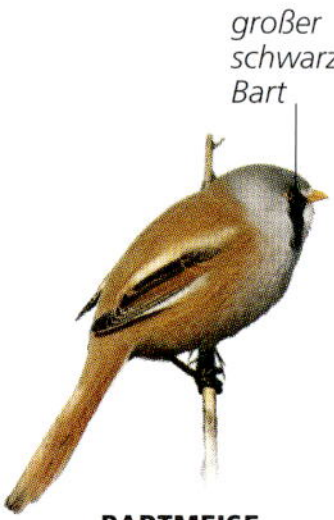
großer schwarzer Bart

BARTMEISE
S. 280

AEGITHALIDAE (SCHWANZMEISEN)

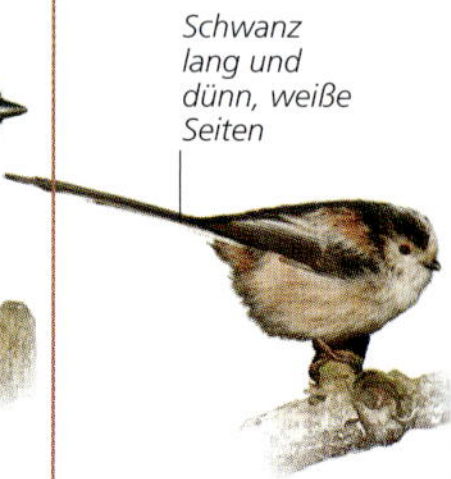
Schwanz lang und dünn, weiße Seiten

SCHWANZMEISE
S. 281

| Ordnung **Passeriformes** | Familie **Remizidae** | Art *Remiz pendulinus* |

Beutelmeise

intensiv rot-
braunes Band
auf den Flügeln

MÄNNCHEN

IM FLUG

wird nach
und nach
schwarz

schwarze
Maske kleiner

WEIBCHEN

Schwanz
einfarbig
dunkel

Rücken
einheitlich
hellbraun

JUNGVOGEL

Kopf hellgrau

Schnabel
spitz
kegelförmig

Rücken
rotbraun

breite
schwarze
Maske

Unterseite hell-
rostbräunlich

MÄNNCHEN

/\/\/\/\/\/\/\/\/\/\/\/\/\/\/\

FLUG: Schnell, rasche Richtungswechsel, Wellenlinie
mit Folgen rascher Flügelschläge.

Die Beutelmeise ist ein hübscher, gut
kenntlich gemusterter Vogel, doch oft
schwer zu entdecken in dichten Uferbäumen.
Im Winter ist sie oft in niedrigeren Büschen
in und an Schilfflächen und daher leichter zu
sehen. Meist hält sie sich nahe am Wasser auf,
doch manchmal auch weiter davon entfernt in
einer Baumreihe entlang einem kleinen Graben
oder einer feuchten Wiese. Sie ist in Südosteuropa häufig, hat sich aber nach Westen ausgebreitet und taucht häufiger auch abseits von
Brutplätzen in Mittel- und Westeuropa auf.
STIMME: Ruf fein und dünn pfeifend, aber weit
tragend *tsiii* oder *tsiiiiii*, klingt länger gezogen und
weicher als Rohrammer; Gesang Mischung aus
Trillern und Rufen.
BRUTBIOLOGIE: Hängenest
aus Samen (Pappeln, Wei-
den) sowie Spinnweben;
mit seitlicher Eingangs-
röhre oben, hängt an einem
dünnen Zweig; 6–8 Eier;
1 Jahresbrut; Mai bis Juni.
NAHRUNG: Kleine Insekten
und Schilfsamen.

HÄNGENDES BEUTELNEST
Das außergewöhnliche Nest ist
wie ein nach unten hängender
Beutel geformt, oben ist eine
kurze Eingangsröhre angesetzt.

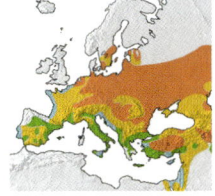

VORKOMMEN
Im Sommer nördlich bis in den
Ostseeraum, im Winter vor allem
im Mittelmeergebiet. Brütet in
Feuchtgebieten mit hohen Bäumen,
vor allem Weiden und Pappeln, und
Schilfbeständen; im Winter meist
im Schilf.

ÄHNLICHE ARTEN

BLUTHÄNFLING
♂♀ in offenen
Landschaften
(S. 387)

größer

viel größer

NEUNTÖTER ♂;
ruhiger (S. 255)

In Mitteleuropa zu sehen

| J | F | M | A | M | J | J | A | S | O | N | D |

| Körperlänge **10–11cm** | Flügelspannweite **20 cm** | Gewicht **8–10g** |
| **Kleine Trupps** | Lebensdauer **3–5 Jahre** | **Bestand gesichert†** |

| Ordnung **Passeriformes** | Familie **Paridae** | Art **Cyanistes caeruleus** |

Blaumeise 78

Oberkopf grünlich

leuchtend blaue Kopfkappe weiß umrandet

auf blauen Flügeln weiße Flügelbinde

schwarzer Augenstreif

weiße Wangen

Unterseite mattgelblich

MÄNNCHEN

IM FLUG

JUNGVOGEL

Kinn schmal und schwarz

etwas weniger blau als Männchen

Unterseite hellgelb mit schmalem schwarzem Mittelstreifen

Schwanz blau (am lebhaftesten bei Männchen im Frühjahr)

MÄNNCHEN

WEIBCHEN

Häufig, stimmfreudig, bunt und zahm sind Eigenschaften, die Blaumeisen zu beliebten Gartenvögeln machen. Sie brüten auch in Nistkästen in größeren Gärten, sind aber damit nicht sehr erfolgreich, da die Brut eine riesige Zahl von Raupen benötigt, um zu gedeihen. Nur größere Waldflächen produzieren ausreichend Nahrung. Aber auch dort hatten in neuester Zeit Blaumeisen geringeren Bruterfolg, da die Jungen schlüpften, als das Nahrungsangebot bereits zurückgegangen war; Raupen waren als Folge der Klimaänderung früher erschienen.

STIMME: Ruf *sisidüdü* oder *sisi*, bei Erregung *terrrret-et-et-et;* Gesang einige getrennte hohe Töne, dann eine tiefere rasche Reihe *si-si-si-sisisisi*.

BRUTBIOLOGIE: Kleiner Napf aus Moos mit Haaren und Federn ausgelegt in einer Baumhöhle oder einem Nistkasten; 7–16 Eier; 1 Jahresbrut; April bis Mai.

NAHRUNG: Winzige Insekten, Spinnen und Samen; kommt an Futterstellen.

FLUG: Schnell, über große Entfernungen Wellenbahn; Folgen schwirrender Flügelschläge; plötzlicher Halt an einem Sitzplatz.

AM FUTTERGERÄT
Die Blaumeise nutzt ihren sicheren Griff mit den Zehen, um in ein hängendes Erdnusskörbchen zu picken; sie kann sich auch kopfüber daran hängen.

VORKOMMEN
Fast in ganz Europa, fehlt in Island und im Norden Skandinaviens. Jahresvogel in Wäldern, Parks und Gärten. Im Winter auch oft im Schilf und sogar an Salzpfannen.

ÄHNLICHE ARTEN

große weiße Wangen an schwarzem Kopf

größer

KOHLMEISE ♂♀ (S. 275)

TANNENMEISE (S. 277)

kein Blau oder Gelb

kleiner

kein Weiß auf den Wangen

kein Blau

WINTERGOLDHÄHNCHEN ♂♀ (S. 323)

In Mitteleuropa zu sehen
J F M A M J J A S O N D

| Körperlänge **11,5 cm** | Flügelspannweite **17–20 cm** | Gewicht **9–12 g** |
| **Lockere Trupps** | Lebensdauer **2–3 Jahre** | **Bestand gesichert** |

| Ordnung **Passeriformes** | Familie **Paridae** | Art **Parus major** |

Kohlmeise (76)

Kopf glänzend schwarz

Kopf mattgrün- lich schwarz

helle Flügelbinde

weißer Wangenfleck

Wangen gelber

MÄNNCHEN

Rücken grün

Flügel blaugrau

IM FLUG

JUNGVOGEL

Unterseite lebhaft gelb

auf der Unter- seite dicker schwarzer Streifen

Schwanz grau mit weißen Kanten

MÄNNCHEN

/\/\/\/\/\/\/\/\/\/\/\/\/\/\/\/\

FLUG: Kraftvoll, in Wellenbahn mit kurzen Folgen rascher Flügelschläge.

MÄNNCHEN

Die Kohlmeise ist eine große, farbenprächtige und aggressive Meise und so gut wie überall bekannt, da sie einer der vertrautesten Gartenvögel ist. Sie ist aber auch im Wald häufig und in buschigem Hügelland. Sie sucht mehr auf dem Boden nach Nahrung als die kleineren Meisen, deren extreme Leichtigkeit und Behendigkeit der Kohlmeise fehlen. Gleichwohl ist sie ein akrobatischer Vogel, der sich energischer und unruhiger bewegt als die meisten Zweigsänger der Bäume. Im Frühling hört man ihren lieblichen und wohlbekannten Gesang.

Streifen auf der Unterseite schmaler

STIMME: Rufe sehr vielfältig und oft auch verwirrend, z.B. ähnlich wie Buchfink *ping ping*, auch *tsi-huit* oder einfach *tui*, raue Folge *dschä-dschä-dschä;* Gesang pfeifend, hell klingelnd etwas stereotyp *ti-tä* oder *zi-zi-tä*.

BRUTBIOLOGIE: Napf aus Moos, Blättern und Gras in Baumhöhle, Spechthöhle oder heute häufig in Nistkästen; 5–11 Eier; 1 Jahresbrut; April bis Mai.

NAHRUNG: Insekten, Samen, Beeren; im Herbst und Winter vor allem Baumsamen und Trockenfrüchte, viele auch vom Boden; häufiger Besucher von Futterstellen.

WEIBCHEN

ÄHNLICHE ARTEN

BLAUMEISE ♂♀; weißer Ring um den Hals (S. 274)

Oberkopf hellblau

kleiner

weiß im Nacken

kein Gelb oder Grün

TANNENMEISE (S. 277)

VORKOMMEN
Jahresvogel fast überall in Europa mit Ausnahme von Island in einer großen Vielfalt von Waldtypen und Gehölzen, häufiger Park- und Gartenvogel; in Südeuropa auch an warmen buschigen Hängen und in Bergländern.

In Mitteleuropa zu sehen
| J | F | M | A | M | J | J | A | S | O | N | D |

| Körperlänge **14 cm** | Flügelspannweite **22–25 cm** | Gewicht **16–21 g** |
| **Kleine Trupps** | Lebensdauer **2–3 Jahre** | **Bestand gesichert** |

| Ordnung **Passeriformes** | Familie **Paridae** | Art *Lophophanes cristatus* |

Haubenmeise

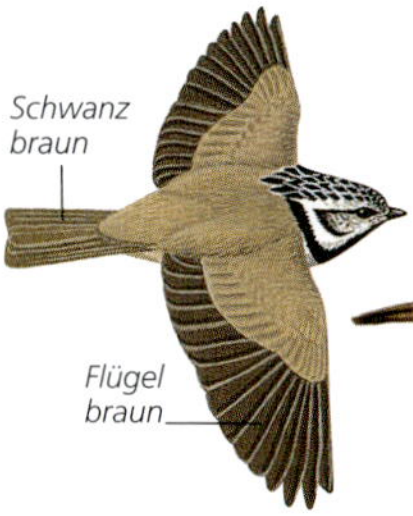

spitze Haube schwarz und weiß gefleckt

Gesicht weiß mit schwarzer Umrahmung der Wangen

Schwanz braun

Rücken warm braun

Flügel braun

einfarbige Flügel

schwarzer Kehllatz

IM FLUG

hellbräunlich graue Unterseite

ΛΛΛΛΛΛΛΛΛΛΛΛΛΛΛΛΛΛΛΛ

FLUG: Flatternd, recht schnell, schwirrende Flügelschläge.

Es gibt mehrere Meisen mit Haube, in Europa ist die Haubenmeise aber die einzige und daher auch leicht als Silhouette zu bestimmen. Sie ist noch mehr als die Tannenmeise ein Nadelwaldvogel und auf alte Holzbestände angewiesen, da sie sich die Bruthöhle selbst ins Holz gräbt. Sie scheint etwas Vielfalt zu benötigen, etwa Lichtungen und Waldränder wie auch abgestorbene und sterbende Stämme, in denen sie brüten kann. Man kann sie leicht an ihrem etwas stotternden Ruf erkennen.

Wie die meisten Meisen nimmt auch die Haubenmeise von der Anwesenheit von Menschen kaum Notiz, sodass man sie auch aus nächster Nähe beobachten kann.

STIMME: Ruf ein rollendes *bürrrr* oder auch hohes *si* und dann kombiniert *zigürr;* aus diesen Lauten besteht auch der leise, eilige Gesang.

BRUTBIOLOGIE: Kleiner Napf in einer selbst gefertigten Höhle in einem alten Baumstumpf; 5–7 Eier; 1 Jahresbrut; April bis Juni

NAHRUNG: Winzige Insekten und Spinnen sowie Samen.

KIEFERNSPEZIALIST
Obwohl man Haubenmeisen in Europa auch in Mischwäldern und vor allem in Fichtenwäldern trifft, ziehen sie offenbar alte Kiefernwälder vor, in denen auch abgestorbene Bäume und Baumstümpfe den Bau einer Höhle erlauben.

VORKOMMEN
Mit Ausnahme von Italien, dem größten Teil des Balkangebiets, des extremen Nordens Skandinaviens und weiten Teilen der Britischen Inseln weitverbreiteter Jahresvogel in Nadelwäldern, lokal auch in Mischwäldern.

ÄHNLICHE ARTEN

Oberkopf schwarz ohne Haube

Flügelbinden

keine Haube

keine Haube

TANNENMEISE
(S. 277)

SUMPFMEISE
(S. 279)

WEIDENMEISE
(S. 278)

In Mitteleuropa zu sehen

| J | F | M | A | M | J | J | A | S | O | N | D |

| Körperlänge **11,5 cm** | Flügelspannweite **17–20 cm** | Gewicht **10–13 g** |
| Lockere Trupps | Lebensdauer **2–3 Jahre** | Bestand gesichert |

Ordnung **Passeriformes**	Familie **Paridae**	Art *Periparus ater*

Tannenmeise 77

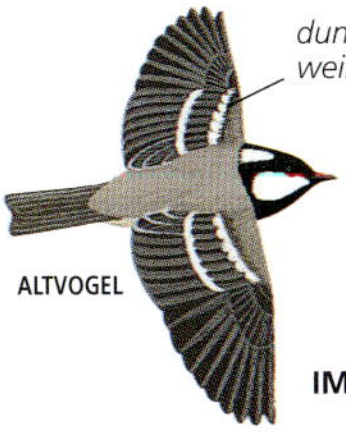

weißer Nackenfleck

Kopf schwarz

Rücken grau

dunkle Flügel mit zwei weißen Flügelbinden

ALTVOGEL

IM FLUG

großer schwarzer Kehllatz

Wangen weiß

weißer Nacken

Wangen gelber

JUNGVOGEL

Unterseite hell-beigebraun

ALTVOGEL

D ie Tannenmeise, einer der kleinsten Vögel Euro-pas, findet sich immer in der Nähe von Nadel-bäumen, selbst in isolierten Kiefern oder Fichten innerhalb eines großen Laubwaldes. Vielerorts ist sie auch ein Gartenvogel. Im Herbst und Winter schließt sie sich regelmäßig anderen Meisen an zu größeren, locker zusammenhaltenden Trupps, die auf der Suche nach Nahrung durch Wälder und Gärten streifen. Solch ein Trupp kann einen Wald in erstaunlichem Ausmaß beleben. Tannenmeisen nützen ihr geringes Gewicht, um auf der Nahrungssuche an den dünnsten Zweigen zu turnen.

STIMME: Ruf auf einer Tonhöhe *zü* oder *tzi;* Gesang ist zart und schnell, kann an Kohlmeise erinnern, ist aber feiner, etwa *tsi-tsü-tsi-tsü.*

BRUTBIOLOGIE: Napf aus Moos und Blättern mit Haaren ausgelegt in einer Bodenhöhle oder einem ausgefaulten Baumstumpf, in einer Baum-oder Mauerhöhle sowie in Nistkästen; 7–11 Eier; 1 Jahresbrut; April bis Juni.

NAHRUNG: Winzige Insekten, Spinnen und Insekteneier auf Bäumen; nimmt viele Samen und Trockenfrüchte auf; kommt auch an Futterstellen.

FLUG: Schwach, flatternd mit schwirrenden Flügeln, oft plötzlicher Stopp an einem Sitzplatz.

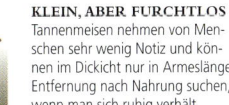

KLEIN, ABER FURCHTLOS
Tannenmeisen nehmen von Menschen sehr wenig Notiz und können im Dickicht nur in Armeslänge Entfernung nach Nahrung suchen, wenn man sich ruhig verhält.

VORKOMMEN
Mit Ausnahme von Island und dem hohen Norden Skandinaviens in ganz Europa Brutvogel. Jahres-vogel in Misch- und Nadelwäldern, großen Parks und Gärten mit Nadelbäumen.

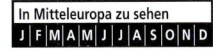

In Mitteleuropa zu sehen
J F M A M J J A S O N D

ÄHNLICHE ARTEN

deutlich grün und gelb

viel größer

KOHLMEISE ♂♀
(S. 275)

kein weißer Nackenfleck

keine Flügel-binde

SUMPFMEISE
(S. 279)

kein weißer Nackenfleck

keine Flügelbinde

WEIDENMEISE
(S. 278)

Körperlänge **11,5 cm**	Flügelspannweite **17–21 cm**	Gewicht **18–10 g**
Lockere Trupps	Lebensdauer **2–3 Jahre**	**Bestand gesichert**

| Ordnung **Passeriformes** | Familie **Paridae** | Art *Poecile montanus* |

Weidenmeise 〈79〉

IM FLUG

Flügel klein, rund und einfarbig braun

Oberkopf mattschwarz

Kopf wirkt groß

Helle Wangen reichen weit nach hinten.

Rücken mattbraun

Kinn schwarz

helles Flügelfeld

Unterseite matt hellbräunlich grau

Flanken orange-bräunlich getönt

∧∧∧∧∧∧∧∧∧∧∧∧∧∧∧∧∧∧∧∧∧∧∧

FLUG: Niedrig, schnell, schwirrende Flügelschläge wie andere kleine Meisen.

Die Weidenmeise ist der Sumpfmeise sehr ähnlich. Man trifft sie aber häufiger an Plätzen mit einigen alten Bäumen und vielen niedrigen Büschen, wie alte Hecken oder Weidendickichte in Auwäldern oder Feuchtgebieten. Sie kommt aber auch oft in Wäldern vor. Weidenmeisen kommen auch an Futterstellen, neigen aber wie die Tannenmeise dazu, nur einen Futterbrocken zu nehmen und ihn an anderer Stelle zu verzehren. Die Weidenmeise wirkt »stiernackig« und lässt ihren tiefen Ruf oft hören, der hilft, die beiden Arten voneinander zu unterscheiden. **STIMME:** Ruf sind hohe *si si*, kombiniert mit einem gedehnten tiefen *däh* (wichtiges Artmerkmal); Gesang unterschiedlich, entweder hohe, auf gleicher Tonhöhe bleibend reine Pfiffe oder mehr schwätzend und variabel.

BRUTBIOLOGIE: Kleiner Napf in einer selbst gefertigten Höhle in einem alten Baumstumpf; 6–9 Eier; 1 Jahresbrut; April bis Juni.

NAHRUNG: Insekten, Sämereien und Beeren; kommen in manchen Gebieten auch an Futterstellen.

FUTTERKORB
In manchen Gegenden kommt auch die Weidenmeise in den Garten an aufgehängtes Meisenfutter. Auf diesem Bild ist das charakteristische helle Flügelfeld zu sehen.

VORKOMMEN
Brütet in Mittel-, Nord- und Osteuropa, nach Westen bis Großbritannien und Ostfrankreich, nach Süden bis Mittelitalien/Balkanhalbinsel. Jahresvogel in Nadelwäldern und Birken- und Weidenbeständen, Mischwäldern, Hecken. In Mitteleuropa selten in Gärten.

In Mitteleuropa zu sehen
| J | F | M | A | M | J | J | A | S | O | N | D |

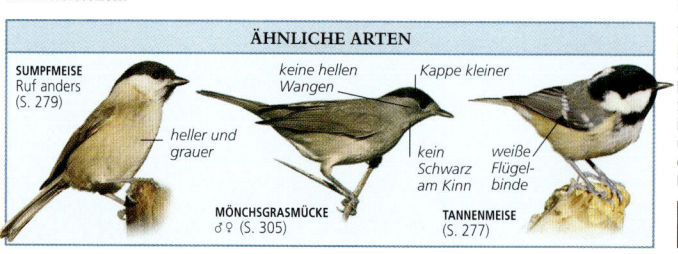

ÄHNLICHE ARTEN

SUMPFMEISE
Ruf anders
(S. 279)

heller und grauer

keine hellen Wangen

Kappe kleiner

kein Schwarz am Kinn

MÖNCHSGRASMÜCKE
♂♀ (S. 305)

weiße Flügelbinde

TANNENMEISE
(S. 277)

| Körperlänge **11,5 cm** | Flügelspannweite **17–18 cm** | Gewicht **9–11 g** |
| Lockere Trupps | Lebensdauer **2–3 Jahre** | Bestand gesichert† |

| Ordnung **Passeriformes** | Familie **Paridae** | Art **Poecile palustris** |

Sumpfmeise

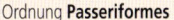

Glänzend schwarze Kopfkappe zieht sich bis in den Nacken.

schwarzer Kinnlatz nur klein

kleine Flügel graubraun und gerundet

Oberseite einfarbig graubraun

helle Wangen, Hals schlank

kein helles Flügelfeld

Unterseite hellgraubräunlich

IM FLUG

schlanker Schwanz

Sumpf- und Weidenmeise sind auffallend ähnlich und stellen eine regelrechte Herausforderung auch für den erfahrenen Vogelbeobachter dar. Besonders hilfreich sind die Rufe. Man muss die am häufigsten geäußerten kennen, um die beiden Arten auseinanderzuhalten. Für die Sumpfmeise ist ein explosives *pitschä* der beste Anhaltspunkt, denn dieser Ruf ist anders als jeder, der von Weidenmeisen zu hören ist. Beide Arten können im Garten auftauchen, die Sumpfmeise allerdings weit häufiger. Sumpfmeisen bevorzugen die Umgebung von älteren Laubbäumen, besonders Buchen und Eichen, obwohl sie auch oft in tieferen Schichten im dichten Unterwuchs nach Nahrung suchen. Sie schließen sich im Winter gemischten Meisentrupps an, aber gewöhnlich sind nur ein oder zwei dabei. Wie die meisten Meisen legen Sumpfmeisen ihre Nester in bereits bestehenden Höhlen an, während Weidenmeisen ihre Bruthöhle selbst zimmern.

STIMME: Ruf explosiv *pitschä*, auch mit angehängtem kurzem Zetern; Gesang kurz und monoton, oft einfach ein Klappern schnell aneinandergereihter Töne.

BRUTBIOLOGIE: Napf in einer Höhle in einem Baum, oft in Nistkästen; 6–8 Eier; 1 Jahresbrut; April bis Juni.

NAHRUNG: Insekten und Spinnen im Sommer; im Herbst und Winter Samen, Beeren und kleine Trockenfrüchte, auch vom Boden; Futterstellengast.

FLUG: Niedrig, flatternd mit Folgen rascher Flügelschläge, ähnlich anderen kleinen Meisen.

GEFÄLLIGER EINDRUCK
Eine glänzend schwarze Kopfkappe und gleichmäßig gefärbte Flügel geben der Sumpfmeise ein sauberes, gefälliges Aussehen und zugleich Bestimmungshilfen gegenüber der sehr ähnlichen Weidenmeise.

VORKOMMEN
Brütet vom Süden der Britischen Inseln, von Südskandinavien und ostwärts über Mitteleuropa nach Süden bis Italien und auf die Balkanhalbinsel. Jahresvogel in Laubwäldern, Parks, kommt auch in Gärten und besucht Futterstellen.

In Mitteleuropa zu sehen
J F M A M J J A S O N D

ÄHNLICHE ARTEN

Kappe viel kleiner

helleres Flügelfeld

weiße Flügelbinde

kein dunkler Kinnlatz

TANNENMEISE (S. 277)

MÖNCHS-GRASMÜCKE ♂♀ (S. 305)

WEIDENMEISE (S. 278)

| Körperlänge **11,5 cm** | Flügelspannweite **18–19 cm** | Gewicht **10–12 g** |
| **Lockere Trupps** | Lebensdauer **2–3 Jahre** | **Bestand gesichert** |

Ordnung **Passeriformes**	Familie **Timaliidae**	Art ***Panurus biarmicus***

Bartmeise

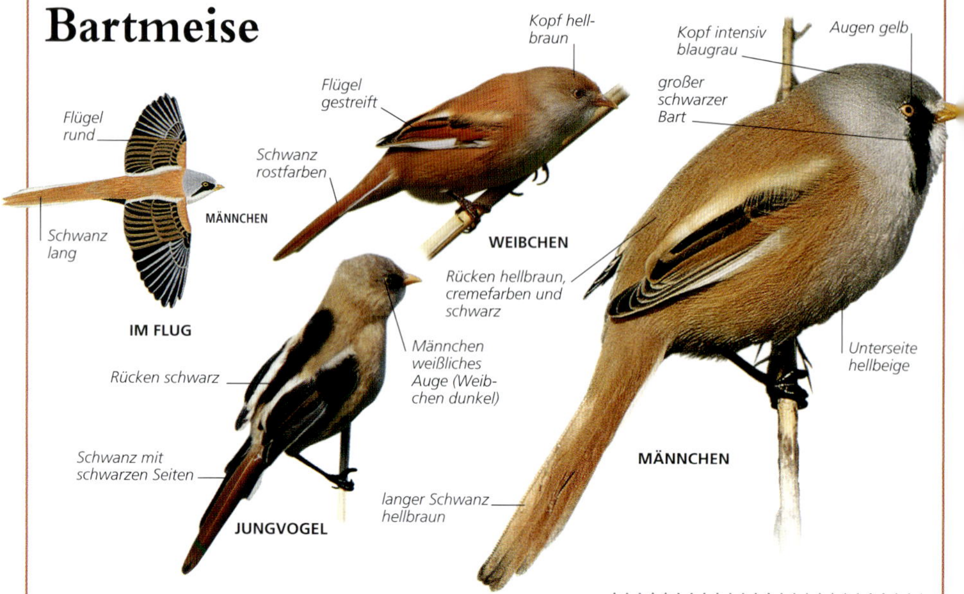

*Kopf hell-
braun*

*Flügel
gestreift*

*Kopf intensiv
blaugrau*

Augen gelb

*großer
schwarzer
Bart*

*Flügel
rund*

*Schwanz
rostfarben*

*Schwanz
lang*

MÄNNCHEN

WEIBCHEN

*Rücken hellbraun,
cremefarben und
schwarz*

IM FLUG

*Männchen
weißliches
Auge (Weib-
chen dunkel)*

Rücken schwarz

*Unterseite
hellbeige*

*Schwanz mit
schwarzen Seiten*

MÄNNCHEN

*langer Schwanz
hellbraun*

JUNGVOGEL

D ie Bartmeise ist näher mit den Timalien und Papageienschnäbeln
Asiens verwandt als mit den Meisen. Sie ist einer der am engsten
auf einen bestimmten Lebensraum begrenzten Vögel Europas. Sie
ist ausschließlich auf große Schilfflächen angewiesen, auch wenn sie
kurzfristig in andere hohe Halmvegetation von Feuchtgebieten ausweicht, wenn im Winter der Bestandsdruck
zwingt, sich nach neuen Lebensräumen umzusehen.
Bartmeisen sind oft schwer zu sehen, besonders an win-
digen Tagen; da sie aber häufig rufen, kann man ihre
Anwesenheit leicht feststellen. Ein kurzer Blick auf einen
hellbräunlichen, langschwänzigen Vogel, der durch eine
Lücke im Schilf huscht, hilft ebenfalls weiter.
STIMME: Nasal und manchmal auch recht laut *psching*
oder *ping,* auch im Chor; zeitweise sehr ruhig.
BRUTBIOLOGIE: Tiefer Napf aus Blättern, Halmen und
Schilfrispen in stehendem oder gebrochenem Schilf über
Wasser; 5–7 Eier; 2 oder 3 Jahresbruten; April bis August.
NAHRUNG: Nimmt Raupen von Schilfhalmen und
Schilfsamen von den Rispen oder vom Schlamm auf.

FLUG: Niedrig und schnell über Schilf, flatternd,
nachhängender Schwanz.

SCHILFBEWOHNER
Geduld und ruhiges Wetter sind nötig für einen Blick auf Bartmeisen wie
in diesem Bild. Sie leben im Schilf, sind aber manchmal überraschend
wenig scheu.

VORKOMMEN
Sehr lokal, brütet in Schilfbeständen im Osten der Britischen Inseln,
in Nord- und Südfrankreich,
in den Niederlanden, Norddeutschland, Ostseeländern bis
Südschweden und in Ostspanien,
Südportugal, Italien und Südosteuropa. Jahresvogel, invasionsartig
auch an neuen Plätzen.

In Mitteleuropa zu sehen

| J | F | M | A | M | J | J | A | S | O | N | D |

ÄHNLICHE ARTEN

*Schwanz
kürzer*

*ganz
andere
Farben*

einfarbiger

TEICHROHRSÄNGER
(S. 320)

SCHWANZMEISE
(S. 281)

Körperlänge **12,5 cm**	Flügelspannweite **16–18 cm**	Gewicht **12–18 g**
Lockere Trupps	Lebensdauer **2–3 Jahre**	**Bestand gesichert†**

| Ordnung **Passeriformes** | Familie **Aegithalidae** | Art ***Aegithalos caudatus*** |

Schwanzmeise 81

Rücken gemischt matt-
schwarz und rosa

über und hinter
dem Auge
schwarzes Band

Kopf
mattweiß

Schwanz lang und
dünn, weiße Seiten

ALTVOGEL

winzige lang-
schwänzige
Gestalt

Schnabel
winzig

IM FLUG

Gefieder schwarz
und weiß (ohne
rosa)

Unterseite
mattweiß

JUNGVOGEL

ALTVOGEL

Die Schwanzmeise ist in ihrer Gestalt – winziger, runder Körper mit langem Schwanz – einmalig. Für gewöhnlich trifft man sie in kleinen Gruppen. Im Sommer bewegen sich Familientrupps stimmfreudig durch hohe Büsche oder Unterholz. Im Winter bilden sich oft viel größere Trupps, die ausschwärmen und eine Lichtung in einem kleinen, wirbelnden Vogelstrom hintereinander überqueren. Ihre hohen Rufe ähneln denen anderer Meisen und Goldhähnchen, haben aber einen besonders scharfen und spitzen Charakter und sind oft mit tieferen schnurrenden Lauten kombiniert, an denen man die Art sofort erkennen kann.

FLUG: Schwache, schwirrende Flügelschläge, oft in Gruppen, die von Busch zu Busch fliegen, Schwanz wippt beim Fliegen.

STIMME: Ruf meist dreimal hoch und scharf *srih-srhi-srih*, gefolgt von tieferem schnurrendem *zerrrr*. Gesang leise zwitschernd, selten zu hören.
BRUTBIOLOGIE: Einmaliges Kugelnest mit seitlichem Eingang, ein weicher Ball aus Flechten, Moos, Spinnweben und Federn in hohen Büschen oder Astwinkeln an Bäumen; 8–12 Eier; 1 Jahresbrut; April bis Juni.
NAHRUNG: Pickt winzige Insekten und Spinnen von Zweigen und Blättern; wenig kleine Samen.

ERSTAUNLICHES NEST
Das mit Flechten belegte Kugelnest der Schwanzmeise ist eine erstaunliche Konstruktion. Wenn die Jungen heranwachsen, kann es sich etwas ausdehnen.

VORKOMMEN
Brütet mit Ausnahme von Island in ganz Europa. Jahresvogel in Misch- oder Laubwäldern mit buschigem Unterwuchs, in hohen Büschen und hohen alten Hecken; zunehmend auch in Gärten.

In Mitteleuropa zu sehen
J F M A M J J A S O N D

LANG UND SCHLANK
Eine Schwanzmeise sieht im Sommer schlanker aus. In kaltem Winterwetter plustert sie sich auf und wirkt wie ein kleiner Ball mit einem angehängten Schwanz.

| Körperlänge **14 cm** | Flügelspannweite **16–19 cm** | Gewicht **7–9 g** |
| **Trupps** | Lebensdauer **2–3 Jahre** | **Bestand gesichert** |

LERCHEN

Lerchen sind fast ausschliesslich Bodenvögel. Wenn sie nicht gerade singen, sind sie
leicht gedrungene und lang gestreckte Vögel,
massiger als Pieper oder Stelzen, aber weniger
gedrungen als die meisten Finken. Lerchen haben
kräftige, konische Schnäbel in der Form zwischen
Insektenfresserschnäbeln der Pieper und den
Körnerfresserschnäbeln der Finken, was auf ihre
vielseitige Nahrung hinweist. Sie fliegen kraftvoll
mit recht langen, oft stark gewinkelten Flügeln.
Lerchen haben zarte, kurze Beine, aber lange
Zehen und Krallen; besonders lang ist die Kralle
der Hinterzehe. Es scheint dies eine Anpassung
an das Laufen in grasiger Vegetation zu sein. Sie
laufen leichtfüßig sehr rasch auf dem Boden und
können auch rennen. Sie suchen auf offenem
Boden nach Nahrung.

Als Vögel des offenen Landes haben Lerchen
in der Regel keine festen Sitzplätze, von denen
aus sie ihren Gesang vortragen. Sie singen vom
Boden oder von einem niedrigen Pfosten aus,
können aber den Effekt durch einen Singflug
wesentlich verstärken. Kleider von Männchen und Weibchen, Winter und Sommer sind

KRAFTVOLLE FLIEGER
Feldlerchen haben große Flügel, die ihnen im Flug ein fast drosselartiges
Aussehen verleihen, doch ihre mehr gewinkelten Flügel haben einen
geraderen Hinterrand.

gewöhnlich weitgehend gleich, wenn auch
manche Jungvögel genügend abweichen, um als
solche erkannt zu werden. Einige Arten sind sehr
schwer zu bestimmen. Rufe und Gesänge sind
hilfreich, doch wichtige Gefiedermerkmale wie
Unterflügelfärbung (bei Hauben- und Theklalerche) sind oft schwer zu sehen und strukturelle
Unterschiede (wie Länge der Flügelspitzen
bei Kurzzehen- und Stummellerche) können
frustrierend schwierig zu erkennen sein.

ALAUDIDAE (LERCHEN)

großer schwarzer Halsfleck

Schnabel dick, ähnelt Finkenschnabel

spitze Federhaube aufgestellt

fächerförmige Haube angehoben

KALANDERLERCHE
S. 283

KURZZEHENLERCHE
S. 284

HAUBENLERCHE
S. 285

THEKLALERCHE
S. 286

über dem Auge langer weißlicher Streifen bis in den Nacken

Brust hellbraun

Kehle und Gesicht hellgelb (Jungvögel ohne Gelb)

Schwanz mit weißem Rand

HEIDELERCHE
S. 287

FELDLERCHE
S. 288

OHRENLERCHE
S. 289

| Ordnung **Passeriformes** | Familie **Alaudidae** | Art *Melanocorypha calandra* |

Kalanderlerche

Kopf kräftig gezeichnet

Oberflügel dunkel mit breitem weißem Hinterrand

Unterflügel schwärzlich mit weißem Hinterrand

Unterseite weiß mit feinen Strichen an der Brust

IM FLUG

Oberkopf gestrichelt

großer kegelförmiger Schnabel hell mit dunklem First

dunkle Wangen unten weiß gesäumt

großer schwarzer Halsfleck

Rücken dicht gestrichelt

FLUG: Niedrig, schwerfällig, flache, aber manchmal schnelle Flügelschläge; Singflug hoch und mit ungewöhnlich langsamen Flügelschlägen.

Die Kalanderlerche ist eine große Lerche des Mittelmeergebiets und für weithin offene Ebenen charakteristisch, entweder trockene Grassteppe oder kultiviertes Land mit großen Getreidefeldern. Kalanderlerchen können sich auch in sumpfigen Gebieten sammeln, vor allem auf salzigen Flächen in einer Landsenke oder nahe dem Meer; Schwärme von Nichtbrütern können Hunderte zählen. Wie die meisten Lerchen singen sie im Flug und lassen sich in der Höhe mit langsamen Schlägen der ausgebreiteten Flügel treiben. Sie sind Standvögel in Südwesteuropa, mehr Zugvögel in Südosteuropa; weiter nördlich extrem selten. **STIMME:** Trocken rollend und hart *tschrrrip*, langer Gesang im Flug, klangvoll wie bei der Feldlerche, aber langsamer und mit rauen Lauten untermischt. **BRUTBIOLOGIE:** Grasmulde in der Vegetation; 4–7 Eier; 2 Jahresbruten; April bis Juli. **NAHRUNG:** Sucht am Boden nach Samen, Trieben und Insekten.

VARIABLER HALSFLECK
Wenn die Kalanderlerche ihren Kopf hebt, wird der schwarze Halsfleck gut sichtbar, er bleibt in geduckter Haltung jedoch verborgen.

VORKOMMEN
Standvogel in Spanien, Portugal, Südfrankreich, Italien und lokal auf der Balkanhalbinsel; außerhalb der Brutgebiete extrem selten. Brütet im Kulturland und auf offenen, trockenen und steinigen Grasflächen; manchmal in Schwärmen in Salzpfannen mit niedrigem Bewuchs.

In Mitteleuropa zu sehen
| J | F | M | A | M | J | J | A | S | O | N | D |

ÄHNLICHE ARTEN

kein dunkler Halsfleck

KURZZEHENLERCHE (S. 284)

GRAUAMMER (S. 405)

kleiner

viel kleinerer Halsfleck

einfarbiger

Flügel hell

Flügel heller

kleiner und heller

FELDLERCHE (S. 288)

| Körperlänge **17–20 cm** | Flügelspannweite **35–40 cm** | Gewicht **45–50 g** |
| Schwärme | Lebensdauer **bis 5 Jahre** | Bestand abnehmend† |

| Ordnung **Passeriformes** | Familie **Alaudidae** | Art *Calandrella brachydactyla* |

Kurzzehenlerche

dunkler Schwanz
mit heller Mitte
und weißlichen
Seiten

ALTVOGEL

dunkles Feld
zwischen
zwei hellen
Flügelbinden

IM FLUG

über Auge
heller Streifen

weißer
Augenring

ALTVOGEL

Oberseite hellbraun
(Jungvögel am
Rücken stärker
gefleckt)

Oberkopf dunkel,
oft rostfarben

Wangen wenig
gezeichnet

an der Halsbasis
dunkler Fleck

Schnabel
dick, ähnelt
Finkenschnabel

Unterseite
mattweiß

FLUG: Schwirrender, spatzenähnlicher Flug mit
raschen Flügelschlägen zwischen Gleitphasen mit
geschlossenem Flügel; hoher hüpfender Singflug.

ALTVOGEL

Die Kurzzehenlerche ist eine kleine, häufige
Lerche in Südeuropa und hat als Artkennzeichen die hellste und am wenigsten gezeichnete
Unterseite einer regelmäßig in Europa vorkommenden
Lerche. Allgemein sieht sie eher unscheinbar aus und ist
daher am ehesten an ihren Rufen und am Gesang zu erkennen. Sie liebt
offene Flächen und Felder, für gewöhnlich in warmen und trockenen
Gebieten, und erscheint als seltener Gast
außerhalb der normalen Brutverbreitung
in sehr kleiner Zahl. Als Durchzügler trifft
man sie oft an Küsten, besonders auf Sand-
und Grasflächen.

STIMME: Schilpend spatzenähnlich *tschrrit*,
oder *trilp*, manchmal summend wie Stummellerche; unmelodische Strophen, variabler schneller Triller mit schilpenden Rufen.

BRUTBIOLOGIE: Flachmuldiges Bodennest
im Gras, mit feinerem Material ausgekleidet; 3–5 Eier; 2 Jahresbruten; Mai bis Juli.

NAHRUNG: Sucht am Boden nach Samen
und Insekten.

SCHMÄCHTIGE LERCHE
Die Kurzzehenlerche ist eine ziemlich lang gestreckte und
schlanke Lerche; die langen Flügel geben ihr zusammen
mit dem Schwanz eine spitz zulaufende Gestalt.

VORKOMMEN
Weitverbreitet in Spanien, Portugal, Italien und auf der Balkanhalbinsel, lokal in Frankreich.
Brütet an trockenen offenen
Stellen von kultiviertem Land oder
verwildertem Grasland bis in die
Halbwüste. Zieht im Herbst nach
Afrika. Einige wandern im Frühjahr
und Herbst weiter nach Norden.

In Mitteleuropa zu sehen
J F M A M J J A S O N D

ÄHNLICHE ARTEN

FELDLERCHE im Flug
weißer Flügelhinterrand (S. 288)

STUMMELLERCHE
(S. 438)

GRAUAMMER
(S. 405)

Brust
gestrichelt

Flügelspitzen
länger

Brust
mehr
gestrichelt

Schnabel
größer

viel
größer

| Körperlänge **14–16 cm** | Flügelspannweite **30 cm** | Gewicht **25 g** |
| **Kleine Trupps** | Lebensdauer **bis 5 Jahre** | **Gefährdet** |

Ordnung **Passeriformes**	Familie **Alaudidae**	Art *Galerida cristata*

Haubenlerche 🔘50

spitze Federhaube
aufgestellt

Schnabel gebogen

auf Unterflügel
rostorange-
farbenes Feld

Rücken hellbraun,
gestrichelt

unter dem Auge
dunkle Linie

Haube flach
gelegt

Bürzel
hell

Oberflügel
einfarbig hell

auf der
Brust dunkle
Striche

Schwanz
schwärzlich
mit grauer
Mitte und
orangefarbe-
nen Seiten

Unterseite
weißlich

IM FLUG

Verschiedene Lerchen haben kurze, stumpfe Hauben, die aufgestellt werden können, aber dann immer noch rundlich wirken. In Europa haben die Hauben- und die Theklalerche spitze und auffällige Hauben. Beide Arten sind sehr schwer zu unterscheiden, doch ist die Haubenlerche viel weiter verbreitet und häufiger, sowohl was die Brutverbreitung als auch was die Lebensraumwahl angeht. Die Haubenlerche ist ein typischer Kulturlandvogel, oft an Straßenrändern zu sehen und vor dem Verkehr auffliegend. Dann kann man die breiten, runden Flügel und den kurzen Schwanz sehen. Selten sitzt sie auf Büschen, wie es die Theklalerche gerne tut.

STIMME: Flötender, wohlklingender Ruf etwa *trii-üü-liii* oder *wi-wi-tjü;* Gesang von Warte oder im hohen kreisenden Singflug.

BRUTBIOLOGIE: Kleine Mulde am Boden im Gras, mit einigen Halmen ausgelegt; 3–6 Eier; 2 oder 3 Jahresbruten; April bis Juni.

NAHRUNG: Sucht am Boden oft auf Flecken ohne Vegetation Insekten, Samen und Triebe.

FLUG: Wirkt etwas schlampig und schwer, mit kurzen Folgen recht langsamer Flügelschläge und abfallender Gleitstrecken; Singflug hoch in Kreisen.

SCHLANK UND WACHSAM
Leicht alarmiert richtet die Haubenlerche ihre Federhaube auf und wird durch Körperstrecken hoch und schlank; wenn sie entspannt ist, wirkt sie viel rundlicher.

VORKOMMEN
Weitverbreiteter, aber lückig verteilter Brutvogel nordwärts bis Dänemark und in die baltischen Staaten, weiter nördlich seltener Gast. Meist in Kulturland oder in halbnatürlicher Vegetation mit wenig Bäumen, manchmal auf devastierten Plätzen mit leichtem Sandboden oder auf dem Grün eines Flughafens.

In Mitteleuropa zu sehen
J F M A M J J A S O N D

ÄHNLICHE ARTEN

Haube
viel
kürzer

weißer
Flügelrand

Haube kürzer

THEKLALERCHE grauere Unterflügel; auf der Brust stärkere Striche (S. 286)

STUMMELLERCHE (S. 438)

FELDLERCHE (S. 288)

Körperlänge **17–19 cm**	Flügelspannweite **30–35 cm**	Gewicht **30–35 g**
Kleine Trupps	Lebensdauer **bis 5 Jahre**	**Bestand abnehmend**

Ordnung **Passeriformes**	Familie **Alaudidae**	Art *Galerida theklae*

Theklalerche

fächerförmige Haube angehoben

Schnabel gerade

unter den Augen dunkler Strich

um die Augen hell

Oberflügel einfarbig

Unterflügel grau

Rücken graubraun, dicht gestrichelt

auf weißlicher Brust kräftige dunkle Streifung

Bürzel rostfarben **IM FLUG**

schwärzlicher Schwanz mit rosabrauner Mitte und rostfarbenen Seiten

Haube niedergelegt

Bauch weiß

Wie die Haubenlerche hat auch die Theklalerche eine auffällige spitze Federhaube, wenn auch etwas stumpfer und mehr einem Fächer ähnlich als die Federspitzen der Haubenlerche. Theklalerchen trifft man seltener auf Getreidefeldern als Haubenlerchen; sie kommen allerdings an vielen Hängen mit kleinen Getreidefeldern vor, die durch Büsche und Hecken unterbrochen werden. Für gewöhnlich brüten sie in Obstgärten und Lichtungen in offenen Wäldern oder auch auf steinigem Grasland und kahlen Felshängen. Unterschiede in Gefieder und Ruf zu anderen Lerchen (vor allem der Haubenlerche) sind sehr gering. Die Bestimmung beruht daher auf einer Kombination von Faktoren.

STIMME: Volltönender flötender Ruf etwa *tü-tjui, tü-tjüi-lüüi* in Variationen; weicher und variabler Gesang im Flug.

BRUTBIOLOGIE: Mulde am Boden in Vegetation; 3–5 Eier; 2 Jahresbruten; April bis Juni.

NAHRUNG: Nimmt frische Triebe, Samen und Insekten vom Boden auf.

FLUG: Serien rascher Flügelschläge zwischen kurzen Gleitstrecken; hoher kreisender Singflug.

TARNUNG
Thekla- und Haubenlerchen unterscheiden sich in der Färbung nur unwesentlich, beide gleichen oft der Grundfärbung des Bodens und der Steine in ihrem Lebensraum.

VORKOMMEN
Brütet in Spanien, Portugal und sehr lokal in Südfrankreich in trockenen kultivierten Gebieten mit Bäumen, steinigen Grashügeln und an Berghängen, offen und ohne Bäume, aber auch auf buschigen Hängen mit sehr locker stehenden Bäumen. Ausgesprochener Standvogel.

ÄHNLICHE ARTEN

HAUBENLERCHE
Unterflügel mehr orangefarben
(S. 285)

Schnabel länger

Schwanzseiten weiß

FELDLERCHE Hinterrand des Flügels weiß (S. 288)

HEIDELERCHE schwarz am Flügelrand
(S. 287)

kleiner

In Mitteleuropa zu sehen
J F M A M J J A S O N D

Körperlänge **15–17 cm**	Flügelspannweite **30–35 cm**	Gewicht **30 g**
Kleine Trupps	Lebensdauer **bis 5 Jahre**	**Gefährdet**

Ordnung **Passeriformes**	Familie **Alaudidae**	Art **Lullula arborea**

Heidelerche 🔘 51

auf Oberkopf kräftige gelbliche und schwarze Streifen

über dem Auge langer weißlicher Streifen bis in den Nacken

kurze Haube

Flügelfleck hellbraun/schwarz-hellbraun

rostfarbene Wangen dunkel gesäumt

Rücken lebhaft hellbraun, schwarz gestrichelt (Jungvogel heller gefleckt)

ALTVOGEL

schwarz-weißer Flügelfleck

sehr kurzer Schwanz an den Ecken weiß

auf weißlicher Brust dunkle Striche

Bauch weißlich

IM FLUG

ALTVOGEL

ALTVOGEL

FLUG: Mit gerundeten Flügeln etwas flatternd, Schwanz sehr kurz; tiefwellige Flugbahn.

Die Heidelerche ist eine der kleinsten Lerchen und ein Vogel in lichten Wäldern, auf Waldlichtungen, sandigen Heiden und wieder aufgeforsteten Nadelholzbeständen auf sandigem Boden. Im Frühjahr singen die Männchen auf einem Baum oder fliegen in einem kreisenden Singflug. Im Winter streifen kleine Trupps in milderen Gegenden über das Kulturland und halten sich auch unter einzelnen Bäumen. Wenn man sich Nahrung suchenden Heidelerchen nähert, fliegen sie schon in größerer Entfernung auf oder ducken sich im Vertrauen auf ihre Tarnfärbung, um dann erst im letzten Moment hochzugehen.

STIMME: Dreisilbiger klangvoller Ruf nach oben gezogen *ti-lüü-i* oder *ti-luui*; Gesang melodisch flötende Tonreihe, abfallend und auch an Lautstärke abnehmend etwa *lü-lü-lü-lü-lü* oder *düu-düu-düu-düu, lüdl-lüdl-lüdl-lüdl*.

BRUTBIOLOGIE: Mit Gras und Haaren gepolstertes Nest auf dem Boden nahe einem Busch; 3 oder 4 Eier; 2 Jahresbruten; April bis Juni.

NAHRUNG: Pickt Insekten und kleine Sämereien auf.

BODENVOGEL
Heidelerchen sind die meiste Zeit bei der Nahrungssuche auf dem Boden oder sitzen auf niedrigen Baumstümpfen.

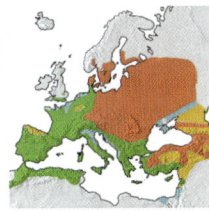

VORKOMMEN
Weitverbreitet bis in den Süden Großbritanniens und Skandinaviens; im Norden und Osten des Verbreitungsgebietes nur Sommervogel. Brütet in lichten Wäldern, in buschigen Heiden und besonders auf abgeholzten Flächen, die wieder aufgeforstet werden, mit offenem, sandigem Boden oder kurzer Grasdecke. Im Winter auch auf Feldern.

ÄHNLICHE ARTEN

FELDLERCHE (S. 288)

HAUBENLERCHE (S. 285)

hochstehende Haube

Schnabel dicker

kleiner und mehr rostfarben

größer

heller und einfarbiger

Schwanz länger

BLUTHÄNFLING ♀ (S. 387)

In Mitteleuropa zu sehen

J	F	M	A	M	J	J	A	S	O	N	D

Körperlänge **15 cm**	Flügelspannweite **27–30 cm**	Gewicht **24–36 g**
Kleine Trupps	Lebensdauer **bis 5 Jahre**	**Gefährdet**

| Ordnung **Passeriformes** | Familie **Alaudidae** | Art *Alauda arvensis* |

Feldlerche 🔘49

kurze, stumpfe Haube braun und schwarz gestrichelt

über dem Auge weißlich

Zentrum der Wangen hell

Unterflügel grau

Unterschwanz dunkel

auf dem Rücken dunkle Streifen

breite weiße Schwanzseiten

Hinterrand weißlich

IM FLUG

Brust hellbraun

Oberseite eng hellbraun gestreift

Bauch weiß

FLUG: Variabel, Flügel gewöhnlich steif, am Hinterrand gerade, vorne gewinkelt; oft plötzlich rasche Folgen schneller Flügelschläge und Gleitstrecken nach unten mit geschlossenen Flügeln.

Hinterzehe lang

heller Kehllatz

Die Feldlerche ist weitverbreitet, nimmt aber angesichts der Intensivierung der Landwirtschaft großflächig ab. Sie ist die klassische Lerche der europäischen Agrarlandschaft ebenso wie der Heide und der Grasflächen im Bergland. Sie ist eine recht große Lerche, in der Größe zwischen Haussperling und Drossel. Ihr Flugbild ist sehr typisch mit den vorn gewinkelten und hinten gerade abgeschnittenen Flügeln und dem kurzen Schwanz. Bei kaltem Wetter können große Schwärme, die denen der Rotdrossel ähneln, tagsüber in Richtung milderer Rückzugsgebiete fliegen. Bei der Nahrungssuche neigen Feldlerchen dazu, sich locker zu verteilen.

STIMME: Rufe rollend *trrli* oder *prrüt*, auch höher *siii*; Gesang von einer Warte oder in hohem kreisendem Flug schnell und reichhaltig in der Aneinanderreihung verschiedener rollender, zirpender und auch pfeifender Töne.

BRUTBIOLOGIE: Grasnapf am Boden; in Getreide, Gras; 3–5 Eier; 2 oder 3 Jahresbruten; April bis Juli.

NAHRUNG: Sucht am Boden im Gras oder auf nackter Erde nach Sämereien, Trieben, Körnern und Insekten.

SINGFLUG
Im Singflug steigt die Feldlerche dauernd flatternd senkrecht auf; sie fliegt oben auf der Stelle und taucht dann steil ab.

VORKOMMEN
Weitverbreitet, fehlt in Island; brütet auf offenem Feuchtland, in Heiden, auf kultivierten Flächen im Tiefland, besonders Getreidefeldern, auf extensiven Weiden und im Grünland. Im Winter auf Ackerland weitverbreitet, Vögel aus Nord- und Osteuropa ziehen in großen Schwärmen nach Süden und Westen.

In Mitteleuropa zu sehen
J F M A M J J A S O N D

ÄHNLICHE ARTEN

HAUBENLERCHE (S. 285)
einfarbiger und heller
auf den Flügeln kein Weiß

KURZZEHENLERCHE (S. 284)
kleiner
auf der Brust heller

HEIDELERCHE (S. 287)
kleiner
Schwanz kürzer
auf den Flügeln kein weißer Rand

| Körperlänge **18–19 cm** | Flügelspannweite **30–36 cm** | Gewicht **33–45 g** |
| **Schwärme** | Lebensdauer **bis 5 Jahre** | **Gefährdet** |

Ordnung **Passeriformes**	Familie **Alaudidae**	Art *Eremophila alpestris*

Ohrenlerche

winzige Hörner

Gesicht blassgelb

Kehle und Gesicht hellgelb (Jungvögel ohne Gelb)

schwarze Muster am Kopf matter als im Sommer

dunkler Schwanz mit heller Mitte

Flügel einfarbig

Oberseite mittelbraun

breites schwarzes Band an der Oberbrust

ALTVOGEL (WINTER)

IM FLUG

ALTVOGEL (SOMMER)

variables braunes Brustband weiter unten

Unterseite weiß

ALTVOGEL (WINTER)

D ie Ohrenlerche hat als Brutvogel im Gebirge Skandinaviens und in den Bergen von Südosteuropa und Nordafrika eine seltsame Verbreitung. Dazwischen, vor allem um die Nord- und Ostsee, ist sie Wintergast. Als solcher ist sie besonders anzutreffen auf sandigen Stränden und Küsten mit Flachstrand und ruhigen, kleinen nassen und sumpfigen Flächen, in denen das mit der Ebbe zurücklaufende Wasser kleine Tümpel hinterlässt und auf Flächen sehr niedriger Vegetation. Sie kann sich an solchen Plätzen mit Schneeammern vermischen. Bevor sie im Frühjahr aufbrechen, können Trupps von Ohrenlerchen bereits das volle Prachtkleid angelegt haben, da die matten Federränder abgetragen sind; dann entsteht ein Gefiedermuster, das keine andere europäische Lerche aufweist. Brutvögel im Balkan sind am Rücken grauer und weniger braun als nordische Vögel.

STIMME: Pieperähnlich dünn *siip-siip;* lange Wiederholung zwitschernder Laute von einer Singwarte oder im Flug.

BRUTBIOLOGIE: Mit Haaren ausgelegte Grasmulde am Boden; 4 Eier; 1 oder 2 Jahresbruten; Mai bis Juli.

NAHRUNG: Läuft wie eine Maus am Boden und sucht Samen, Insekten, Krebstiere und winzige Mollusken.

FLUG: Schnell, in Wellenlinie, Flügel häufig kurz geschlossen; kreist vor dem Landen oft niedrig über dem Boden.

HÜBSCHE LERCHE
Wenn sie auf dem Boden nach Nahrung sucht, ist die Ohrenlerche recht unauffällig, aus der Nähe ist sie jedoch ein attraktiver Vogel.

ÄHNLICHE ARTEN	
Kopfmuster nicht auffällig	**STRANDPIEPER** (S. 376)
	kleiner und schlanker
	an der Brust gestrichelt
FELDLERCHE (S. 288)	Beine länger

VORKOMMEN
Brütet in gebirgigen Gebieten Skandinaviens. Im Winter nicht häufig und lokal um die Ost- und Nordsee. Meist an der Küste, an Stränden um die Flutmarke, weniger oft auf nahe gelegenem Kulturland. Standvogel in Bergländern der Balkanhalbinsel.

In Mitteleuropa zu sehen

J	F	M	A	M	J	J	A	S	O	N	D

Körperlänge **14–17 cm**	Flügelspannweite **30–35 cm**	Gewicht **35–45 g**
Kleine Schwärme	Lebensdauer **bis 5 Jahre**	**Bestand gesichert†**

SCHWALBEN

S CHWALBEN LEBEN GRÖSSTENTEILS in der Luft, denn sie leben von Insekten, die sie im Flug fangen. Sie haben winzige Schnäbel, aber einen großen Schnabelspalt. Ihre Füße sind sehr klein, aber immerhin stark genug, um den Vögeln auf einem Leitungsdraht oder einem Zweig einen guten Halt zu geben.

Mehl- und Uferschwalben sind etwas gedrungener als Rauchschwalben und haben keine so stark verlängerten äußeren Schwanzfedern wie ihre nahen Verwandten. Die Flügel sind breiter angesetzt und laufen spitz zu, der tief gegabelte Schwanz sitzt an einem rundlichen Körper. Mehlschwalben bauen ein Nest aus kleinen Schlammklümpchen an Gebäuden, während Uferschwalben Röhren in Sandwände graben und in größeren Kolonien brüten.

Die elegantesten dieser Familie, die Rauchschwalben, neigen dazu, in geringeren Höhen als Mehlschwalben zu jagen und in einem flüssigeren Flug mit raschen Höhenunterschieden auch größere Beutetiere aufzunehmen. Alle haben stark verlängerte äußere Schwanzfedern, die bei den alten Männchen am längsten sind. Rötelschwalben bauen Nester aus Schlammklümpchen ähnlich Mehlschwalben, allerdings mit einem längeren Eingangsschlauch. Rauchschwalben

SONNENBAD
Mehlschwalben nehmen auf einem Dach ein Sonnenbad; die weißen Bürzelfedern sind gesträubt und gut sichtbar.

brüten im Inneren von Gebäuden in versteckten Winkeln. Im Spätsommer und Herbst sammeln sich große Schwalbenschwärme und benutzen oft Schilfbestände zur Übernachtung, bevor sie nach Afrika abziehen. Rauchschwalben aus Europa halten sich während des Winterhalbjahres in verschiedenen Teilen Südafrikas auf.

HIRUNDINIDAE (SCHWALBEN)

Oberseite einheitlich braun

heller Kragen unter dunklem Wangenstreifen

Kinn tiefrostrot

UFERSCHWALBE
S. 291

FELSENSCHWALBE
S. 292

RAUCHSCHWALBE
S. 293

Unterseite weiß

Kehle hell

MEHLSCHWALBE
S. 294

RÖTELSCHWALBE
S. 295

| Ordnung **Passeriformes** | Familie **Hirundinidae** | Art ***Riparia riparia*** |

Uferschwalbe

*setzt sich oft an Erd-
wände oder an den
Eingang der Nesthöhle*

Oberflügel
braun

ALTVOGEL

IM FLUG

ALTVOGEL

Oberseite ein-
heitlich braun

braunes
Brustband

beim Sitzen
auf Zweigen
und Leitun-
gen aufrechte
Haltung

Unterseite weiß

Flügel braun
(Jungvögel
haben helle
Federsäume)

ALTVOGEL

Schwalben sind kleine Luftjäger. Unter ihnen ist die Uferschwalbe die kleinste mit der unstetigsten und am meisten flatternden Flugweise. Sie kommt relativ zeitig im Frühling aus dem Winterquartier zurück, zu Zeiten, in denen die Bedingungen noch sehr schwierig sind für einen Vogel, der von Insekten als Nahrung abhängig ist. Zu dieser Zeit sind Uferschwalben fast ganz auf Seen und andere Wasserflächen konzentriert, weil hier am ehesten Insekten zu erwarten sind. Bald danach finden sie sich an ihren Kolonien ein, sind aber sehr schnell dabei, auch neue Mög-lichkeiten ausfindig zu machen, selbst in kleinen Straßenabschnitten oder Sandgruben, die nur für ein oder zwei Jahre Nistgelegenheiten bieten. Künstlich angelegte Nistwände haben sich als sehr erfolgreich erwiesen.

STIMME: Trocken raspelnd *tschrrrp*;
Gesang besteht aus ähnlichen Lautfolgen
und ist ein leises Gezwitscher.

BRUTBIOLOGIE: Tiefe waagerechte Höh-len in Erd- und weichen Sandsteinwänden; 4 oder 5 Eier; 2 Bruten; April bis Juli.

NAHRUNG: Fängt Insekten im Flug, oft über Wasser; mitunter sucht sie auf nack-tem Boden nach Nahrung.

FLUG: Etwas unstet flatternd mit schnellem Ausstre-cken der Flügel, die stark nach hinten abgewinkelt werden; schneller, wenn sie im Schilf zur Übernach-tung einfallen oder ein Räuber in der Nähe ist.

KOLONIEN
Uferschwalbenkolonien sind leicht in steilen Erdwän-den und Sandgruben zu entdecken, aber meist auf wenige Plätze beschränkt.

VORKOMMEN
Brütet in Erdwänden, sandigen Steilufern und Sandgruben in Europa mit Ausnahme von Island. Weit verbreitet in Flusstälern, meist nahe am Wasser und vor allem im zeitigen Frühjahr über Wasser jagend, auch in Feuchtgebieten mit ausgewaschenen Erdwänden.

| In Mitteleuropa zu sehen |
| J F M **A M J J A S O** N D |

ÄHNLICHE ARTEN

ALPENSEGLER
(S. 237)

Fügel steif

viel größer

MAUERSEGLER
(S. 235)

*ganz
dunkel*

Flügel steif

Rücken blau-
schwarz

MEHLSCHWALBE
weißer Bürzel
(S. 294)

| Körperlänge **12 cm** | Flügelspannweite **26–29 cm** | Gewicht **13–14 g** |
| **Kleine Schwärme** | Lebensdauer **bis 5 Jahre** | **Bestand abnehmend** |

| Ordnung **Passeriformes** | Familie **Hirundinidae** | Art *Ptyonoprogne rupestris* |

Felsenschwalbe

heller Kragen unter dunklem Wangenstreif

Rücken mattbraun und Bürzel mit grauem Anflug

Schwanz braun mit länglichen weißen Flecken nahe der Spitze

auf Unterflügel schwärzlicher Keil

Kinn braungrau, fein gestrichelt

hinterer Unterkörper düster graubraun

IM FLUG

Unterseite sehr hell bräunlich grau

Unter den europäischen Schwalben zählt sie zu den größten und ist am einheitlichsten gefärbt. Sie ist ein sehr gewandter Flieger und kreist und gleitet geschickt entlang von Felswänden. Sie fliegt wie ein Pendel von den Wänden weg und wieder hin, wobei sie sich an den Enden der Flugbahn jeweils rasch umdreht. Bei solchen Flügen wird sie oft von kleineren und weniger geschickten Mehlschwalben begleitet.

STIMME: Kurzer hoher, metallisch klingender Laut wie *tschirr*, schneller zwitschernder Gesang.

BRUTBIOLOGIE: Schlammnest unter Felsenüberhang, an einem Gebäude oder in einer Höhle; 4 oder 5 Eier; 1 oder 2 Bruten; April bis Juli.

NAHRUNG: Fängt Insekten und driftende Spinnen im Flug.

FLUG: Weich elegant, vor Felswänden hin und her oder über Wasser; gewandtes Gleiten mit nur wenigen Flügelschlägen, rasche Wendungen.

SCHWANZFLECKEN
Weiße Flecken auf dem Schwanz der Felsenschwalbe sind artkennzeichnend, doch manchmal schwer zu sehen.

SAMMELN VON SCHLAMM
Beobachtungen aus der Nähe sind oft möglich, wenn Felsenschwalben an einer Pfütze oder einem nassen Erdflecken Nestmaterial sammeln.

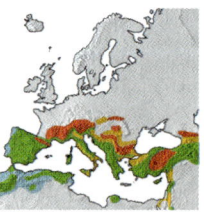

VORKOMMEN
In Südeuropa das ganze Jahr, brütet in Spanien, Portugal, in den Alpen, in Italien und auf der Balkanhalbinsel. Typisch für Gebirgsregionen oder Tiefländer mit Schluchten und breiten steinigen Flussbetten; auch in älteren Teilen von Städten um das Mittelmeer, in denen Gebäude sowie Felsen genutzt werden; auch um hohe Berggipfel.

ÄHNLICHE ARTEN

UFERSCHWALBE (S. 291)

viel kleiner

Unterseite weißer

Flügel steif

viel größer

MEHLSCHWALBE weißer Bürzel (S. 294)

ALPENSEGLER (S. 237)

Unterseite weiß

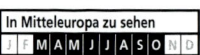

In Mitteleuropa zu sehen
| J | F | M | A | M | J | J | A | S | O | N | D |

| Körperlänge **14–15 cm** | Flügelspannweite **32 cm** | Gewicht **20–25 g** |
| **Kleine Schwärme** | Lebensdauer **bis 5 Jahre** | **Bestand gesichert** |

| Ordnung **Passeriformes** | Familie **Hirundinidae** | Art *Hirundo rustica* |

Rauchschwalbe

52

Oberkopf dunkel

Stirn dunkelrostfarben

Oberseite tiefdunkelblau (Jungvögel matter)

Kinn tiefrostrot

Flügel lang und schlank

ALTVOGEL

breites blauschwarzes Brustband

IM FLUG

Unterseite weiß bis hellrostfarben

ALTVOGEL

Schwanz tief gegabelt mit langen Schwanzspießen (bei Weibchen kürzer)

Unterschwanzdecken hell

ALTVOGEL

Die Rauchschwalbe ist in ganz Europa ein populärer Sommervogel. Unter den Schwalben wirkt sie im Flug am leichtesten und elegantesten, fliegt oft niedrig, während Mehlschwalben höher in der Luft nach Nahrung suchen, fast so hoch wie Segler. Sie jagt über Ackerrainen und über dem Grün der Dörfer, über Golfplätzen und offenem Land und fängt größere Insekten als die Luftjäger in höheren Lagen. Heute ist sie auf Gebäude angewiesen, in denen sie ihr Nest anlegen kann.

STIMME: Rufe sehr charakteristisch *witt witt* oder auch härter *tswit*; Gesang ein schnelles liebliches Gezwitscher mit sehr charakteristischen Trillern.

BRUTBIOLOGIE: Nach oben offener Napf aus Schlamm und Stroh, auf einem Balken oder einen Mauervorsprung in einem Nebengebäude oder Stall; 4–6 Eier; 2 Bruten; April bis August.

NAHRUNG: Fängt Insekten, in tieferem Flug als andere Schwalben.

FLUG: Flügel nach hinten weisend mit breiter Basis und zugespitzt; zuckende, flache, nach hinten gerichtete Flügelschläge; flüssig und elegant mit Seitwärtsschwenken des Körpers.

GEWANDTER FLUG
Eine Rauchschwalbe stürzt vom Nest, um durch eine offene Tür oder ein offenes Fenster pfeilschnell hinauszuschießen.

HERBSTSCHWÄRME
Bevor sie nach Afrika abziehen, sammeln sich Rauch- und Mehlschwalben in flatternden Schwärmen auf Überlandleitungen.

VORKOMMEN
Sommervogel in ganz Europa mit Ausnahme von Island. Oft nahe am Wasser, besonders im Frühling und Herbst, Nahrungsflüge über grasige oder kultivierte Flusstäler, offenem Land oder auch über Kulturland mit Hecken; brütet in und um Gehöfte und Dörfer, doch nicht im Zentrum in Vorstädten.

In Mitteleuropa zu sehen
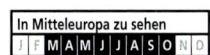

ÄHNLICHE ARTEN

RÖTELSCHWALBE heller Bürzel (S. 295)

ganz dunkel

Kinn hell

unter dem Schwanz schwarz

MEHLSCHWALBE weißer Bürzel (S. 294)

viel kleiner

MAUERSEGLER nie auf offener Sitzwarte (S. 235)

Flügel dünn

| Körperlänge **17–19 cm** | Flügelspannweite **32–35 cm** | Gewicht **16–25 g** |
| **Große Schwärme** | Lebensdauer **bis 5 Jahre** | **Bestand abnehmend** |

Ordnung **Passeriformes**	Familie **Hirundinidae**	Art *Delichon urbicum*

Mehlschwalbe

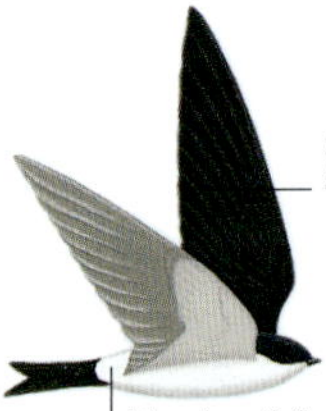

Unterflügel dunkel

ALTVOGEL

Flügel
braunschwarz

Schwanz tief
gegabelt ohne
Außenspieße

Nest auf der
Außenseite
von Mauern

**ALTVÖGEL
(AM NEST)**

Bürzel weiß (bei
Jungvögeln dunkler)

IM FLUG

Oberkopf
blauschwarz

Rücken blauschwarz

Kehle
weiß

ALTVOGEL

Unterseite
weiß

Beine weiß
befiedert

Mehlschwalben
sind unter den
Schwalben am engsten
an Gebäude der Menschen
gebunden, und zwar nur als
Nistplätze. Sonst sind sie
nicht weiter auf Siedlun-
gen angewiesen. Sie sind
keine Gartenvögel, sondern
jagen nur darüber hin und kommen auch
nicht auf den Boden, außer wenn sie
Schlamm zum Bau ihrer kugeligen Mör-
telnester sammeln. In vielen Gegenden
Südeuropas brüten sie noch immer an
abgelegenen Plätzen, z.B. in Felswänden
im Gebirge.

STIMME: Rasch und hart *prrit* oder *tschrrit*,
tschirrit; Gesang zwitschernde Improvisa-
tion ähnlicher Laute.

BRUTBIOLOGIE: Geschlossenes Schlammnest mit Eingang am Oberrand unter
Dachrinnen oder einem Überhang;
4 oder 5 Eier; 2 oder 3 Bruten; April bis
September.

NAHRUNG: Fängt Insekten und driftende
Spinnen hoch in der Luft.

FLUG: Steif, in Kreisen mit Folgen flatternder Flügelschläge und langen Gleitstrecken, weniger flüssig als
Rauchschwalbe.

HERBSTSCHWARM
Mehlschwalben sammeln sich im Herbst auf
Leitungen, bevor sie nach Afrika ziehen.

VORKOMMEN
Sommervogel in ganz Europa mit
Ausnahme von Island, im Süden
häufig vor allem über Städten,
Dörfern, offenen Gebieten, Schluchten im Gebirge, Stauseen und Schilfflächen. In Nord- und Westeuropa
Brutvogel in modernen Vorstädten
ebenso wie in alten Bauernhäusern
und Dörfern, heute aber selten an
natürlichen Felswänden.

In Mitteleuropa zu sehen
J F **M A M J J A S O** N D

ÄHNLICHE ARTEN

RAUCHSCHWALBE
(S. 293)

Oberseite
einheitlich
dunkel

UFERSCHWALBE
Bürzel dunkel
(S. 291)

Oberseite
braun

MAUERSEGLER
setzt sich nicht
(S. 235)

größer

Gefieder über-
all dunkel

Körperlänge **12 cm**	Flügelspannweite **26–29 cm**	Gewicht **15–21 g**
Schwärme	Lebensdauer **bis 5 Jahre**	**Bestand gesichert**

| Ordnung **Passeriformes** | Familie **Hirundinidae** | Art **Cecropis daurica** |

Rötelschwalbe

rostroter Halskragen

ALTVOGEL

dicke
Schwanzspieße

Schwärz-
licher
Schwanz
wirkt wie
angesetzt.

Bürzel matt
orangebraun

ALTVOGEL

Kopfseiten und Nacken-
fleck rostfarben

Oberkopf
dunkelblau

IM FLUG

ALTVOGEL

Rücken dunkel-
blau (matter bei
Jungvögeln)

Schwanz
schwärzlich
ohne weiße
Flecken

Unterschwanz schwarz

Kehle
hell

Unterseite sehr hell rost-
rötlich mit feinen Stricheln

ALTVOGEL

FLUG: Ganz steif, Flügel gerade ausgestreckt, flache
Flügelschläge, lang kreisendes Gleiten.

In einem Schwalbenschwarm stechen Rötelschwalben wegen ihrer Gestalt und ihrer Bewegung mindestens ebenso heraus wie durch ihre
Zeichnung. Sie wirken steifer, geradflügeliger und im
Flug etwas weniger wendig und locker, gerade genug für
ein geschultes Auge. Sie sind Vogel des südlichen Europa,
erscheinen aber zunehmend häufiger im Frühjahr und
Herbst weiter nördlich. Im Sommer trifft man sie vor
allem in Gebieten mit Felswänden und Schluchten,
sowohl im Inland als auch an der Küste; sie brüten unter
natürlichen Überhängen, in Höhlen und an Gebäuden.
STIMME: Dünn *twiik* oder *tsik* oder bei Alarm schärfer
kiir; Gesang tiefer, rauer und kürzer als Rauchschwalbe.
BRUTBIOLOGIE: Halbkugeliges Schlammnest mit einer
Eingangsröhre unter Überhang, in einer Höhle oder unter
einer Dachrinne; 3–5 Eier; 2–3 Bruten; April bis Juni.
NAHRUNG: Fängt Insekten in der Luft wie die anderen
Arten der Familie.

ROSTROTER KRAGEN
Der rostfarbene Fleck zwischen dunklem Oberkopf und dunklem Rücken
ist an einem sitzenden Vogel leicht zu sehen, weniger gut im Flug.

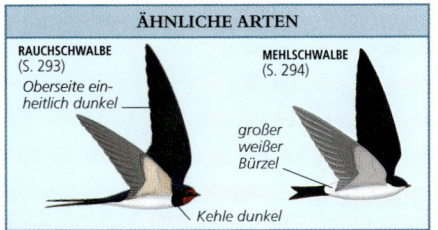

ÄHNLICHE ARTEN

RAUCHSCHWALBE
(S. 293)
Oberseite ein-
heitlich dunkel

MEHLSCHWALBE
(S. 294)

großer
weißer
Bürzel

Kehle dunkel

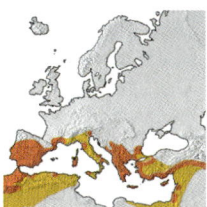

VORKOMMEN
Brutvogel in Südeuropa, vor allem
in Spanien, Portugal und auf der
Balkanhalbinsel; seltener Gast weiter nördlich im Spätfrühling oder
Herbst. Oft in Gebirgsgegenden
mit Felswänden, auch an Küstenfelsen, in Schluchten und alten
Städten und Dörfern.

In Mitteleuropa zu sehen
| J | F | M | A | M | J | J | A | S | O | N | D |

| Körperlänge **14–19 cm** | Flügelspannweite **30–35 cm** | Gewicht **20 g** |
| **Kleine Schwärme** | Lebensdauer **bis 5 Jahre** | **Bestand gesichert** |

ZWEIGSÄNGER

DIESE VÖGEL SIND meistens kleiner als Drosseln und sogar kleiner als die meisten Kleindrosseln.

Die Schwirle (*Locustella*) vollführen heuschrecken- oder grillenähnliche Gesänge. Sie haben schlanke Köpfe, Flügel mit gebogenem Außenrand und lange Unterschwanzdecken.

Die Rohrsänger (*Acrocephalus*) sind meistens Schilfvögel mit dünnen spitzen Schnäbeln, flachen Köpfen, langen Schwänzen und kräftigen Füßen, mit denen sie sich an Rohrhalmen festhalten können. Ihre Gesänge sind temporeich mit Wiederholungen, die Rufe schnurrend oder rollend.

Die Spötter (*Hippolais*) sind hellgrün oder bräunlich mit langen spitzen Schnäbeln. Sie haben kurze Unterschwanzdecken und gerade abgeschnittene Schwänze. Sie singen eilig plaudernd und kratzend.

Die Grasmücken (*Sylvia*) haben kurze Schnäbel, oft gerundete oder sogar nach oben leicht spitz

UNTERSCHIEDLICHE KLEIDER DER GESCHLECHTER
Nur wenige Arten haben wie die Mönchsgrasmücke verschiedene Gefieder für Männchen und Weibchen.

zulaufende Köpfe und schlanke Schwänze. Die Rufe sind kurz und hart, ihre Gesänge oft melodisch und vielfältig.

Die Laubsänger (*Phylloscopus*) sind meist grünliche und gelbliche, durchs Laub huschende Vögel mit feinen Lockrufen und typischen Gesängen.

SYLVIIDAE (ZWEIGSÄNGER)

Oberseite dunkelrötlich braun

SEIDENSÄNGER
S. 300

Schwanz dunkel mit gelbgrünen Federsäumen

BERGLAUBSÄNGER
S. 301

langer und breiter gelber Überaugenstreif

WALDLAUBSÄNGER
S. 302

Unterseite hellgrünlich bis gelblich braun

ZILPZALP
S. 303

graugrün bis
olivbraun mit
hellen Beinen

FITIS
S. 304

recht gedrungener
Körper, schwarze
oder braune Kappe

MÖNCHSGRASMÜCKE
S. 305

Oberseite hell
beigebraun

GARTENGRASMÜCKE
S. 306

um die leuchtend
gelben Augen dunkel

SPERBERGRASMÜCKE
S. 307

Unterseite
weiß, ver-
wachsen
hellrosa

KLAPPERGRASMÜCKE
S. 308

auf den Flügeln auffal-
lendes rostbraunes Feld

DORNGRASMÜCKE
S. 309

helle Flecken
auf dunkel-
rostbrauner
Kehle

PROVENCEGRASMÜCKE
S. 310

von Kinn
bis Brust
rosafarben

WEISSBARTGRASMÜCKE
S. 311

297

SYLVIIDAE (ZWEIGSÄNGER) *Fortsetzung*

roter Augenring

Oberkopf und Wangen
fein gestrichelt

SAMTKOPFGRASMÜCKE
S. 312

FELDSCHWIRL
S. 313

Flügelkante leicht
gerundet

Schnabel
orangegelb mit
dunklem First

ROHRSCHWIRL
S. 314

GELBSPÖTTER
S. 315

hellgelb zwischen
Schnabel und
Auge (keine
dunkle Linie)

breiter weißer
Überaugenstreif
keilförmig

ORPHEUSSPÖTTER
S. 316

MARISKENSÄNGER
S. 317

Rücken hellbraun mit weichen grauen Strichen

SCHILFROHRSÄNGER
S. 318

Unterseite gelblich weiß

SUMPFROHRSÄNGER
S. 319

...änger Schwanz ...it hellen Unter-...chwanzdecken

TEICHROHRSÄNGER
S. 320

DROSSELROHRSÄNGER
S. 321

dunkelbrauner Schwanz breit, leicht gerundet

kurzer, schmaler, oft aber gefächerter Schwanz mit schwarzen und weißen Punkten auf der Unterseite

auf dem Flügel breites weißes Band in V-Form

Halsseiten bronzegelb

CISTENSÄNGER
S. 322

WINTERGOLDHÄHNCHEN
S. 323

SOMMERGOLDHÄHNCHEN
S. 324

| Ordnung **Passeriformes** | Familie **Sylviidae** | Art **Cettia cetti** |

Seidensänger

72

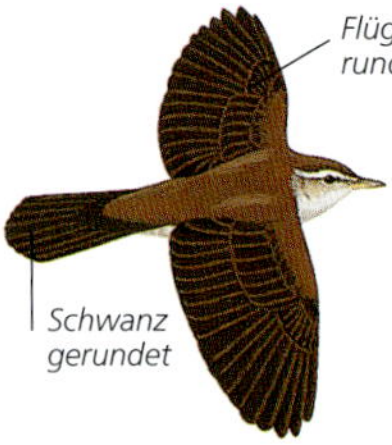

Kopfprofil leicht spitz

schmaler heller Über-augenstreif

Gesicht grau

Flügel kurz, rund, rostbraun

Oberseite dunkel-rötlich braun

Schnabel kurz und spitz

Schwanz gerundet

Unterseite hellgrau

IM FLUG

Unterschwanz rostbraun mit hellen Bändern

Schwanz breit, dunkel-rotbraun

Der Seidensänger ist klein, dunkel und sehr schwer zu sehen, aber trotzdem dank seinem lauten, explodie-renden Gesang leicht wahrzunehmen. Die gleiche Phrase wird alle paar Minuten wiederholt, doch bewegt sich der Vogel, sobald er singt, sodass die nächste Strophe schon von einer anderen, oft weiter entfernten Stelle des Feuchtgebietes oder Flussufers erschallt. Er ist ein Jahresvogel und hat sich nach Norden ausgebreitet, wohl als Folge milderer Winter; strenge Winter verursachen gelegentlich großräumige Rückgänge für einige Jahre.

FLUG: Kurze, schnelle Flüge zwischen Dickichten mit raschen Flügelschlägen; Schwanz gefächert.

STIMME: Ruf laut und explosiv *plitt*, auch gereiht; Gesang ist ein lauter Ausbruch klangvoller lauter Töne, von denen der erste oft kurz ist und mit einer Pause von der folgenden kurzen Reihe abgesetzt ist, etwa *prit itschütt-itschüt-itschüt.*

BRUTBIOLOGIE: Tiefer Napf aus Gras und Blättern in dichter Vegetation; 3–5 Eier; 1 oder 2 Jahresbruten; April bis Juni.

NAHRUNG: Sucht in dichter Vegetation nahe dem Boden nach Insekten, Spin-nen, kleinen Schnecken und Sämereien.

GANZ UNTEN
Dieser Sänger ist meist im Dickicht zu sehen. Er hält sich selten auf Büschen oder Bäumen auf.

VORKOMMEN
Brütet in Südeuropa im Mittelmeer-raum, in Spanien, Portugal, Frankreich nördlich bis in die Beneluxländer und selten im Süden Großbritanniens; im Norden verursacht hartes Wetter periodische Rückgänge. An dicht bewachsenen Flussufern, um Tümpel, in Verlandungszonen und oft, aber keineswegs immer, in Sümpfen.

In Mitteleuropa selten.

| J | F | M | A | M | J | J | A | S | O | N | D |

ÄHNLICHE ARTEN

NACHTIGALL (S. 346)
Gesicht ein-farbiger
Schwanz rötlicher
größer

heller
Schwanz länger

kräftigerer Überaugen-streif
heller, beiger
Schnabel länger

TEICHROHRSÄNGER (S. 320)

SCHILFROHR-SÄNGER (S. 318)

| Körperlänge **14 cm** | Flügelspannweite **15–19 cm** | Gewicht **12–18 g** |
| Einzeln | Lebensdauer **bis zu 5 Jahre** | Bestand gesichert |

| Ordnung **Passeriformes** | Familie **Sylviidae** | Art **Phylloscopus bonelli** |

Berglaubsänger

schwacher heller
Überaugenstreif

runder Kopf
hellgrau

Rücken hell-
grünlich grau

Schwanz dunkel
mit gelbgrünen
Federsäumen

Augenring
undeutlich

kräftiger
spitzer
Schnabel

Bürzel
gelblich

IM FLUG

Flügel grün mit
hellen, grünlich
gelben Deckfedern

Beine hell-
graubraun

Unterseite
seidenweiß

FLUG: Kurz, geradlinig, Flatterflug wie andere ähnliche Zweigsänger.

Der Berglaubsänger ist ein südliches Gegenstück zum Waldlaubsänger, aber viel weniger farbenprächtig. Er hat auch einen oberflächlich ähnlichen, allerdings einfacheren klappernden Gesang, den man von der Spitze einer Eiche, von Talhängen oder aus dichten Nadelbäumen hören kann. In jedem Fall ist es nicht leicht, Berglaubsänger ausfindig zu machen. Geduld wird belohnt, aber Sichtbeobachtungen sind kurz, da sich der Vogel dauernd bewegt und sich im Dickicht unauffällig verhält.
STIMME: Ruf zweisilbig pfeifend *hü-if;* Gesang ein klappernder Triller, an Waldlaubsänger erinnernd, aber ohne Einleitung und meist langsamer.
BRUTBIOLOGIE: Kleines überdachtes Nest am Boden unter einem Grasbüschel oder einem kleinen Überhang; 5 oder 6 Eier; 1 Jahresbrut; Mai bis Juni.
NAHRUNG: Pickt Insekten von Blättern und Zweigen.

FEINE KENNZEICHEN
Dem Berglaubsänger fehlen auffällige Kennzeichen. So bedarf es einiger Minuten geduldigen Beobachtens, um ihn zu bestimmen.

P. orientalis

Balkanlaubsänger
Galt früher als Unterart von **P. bonelli**, heute als eigene Art; Südosteuropa, Naher Osten; Ruf hart *tschipp*.

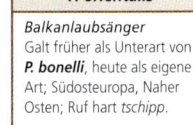

Oberseite
grauer

VORKOMMEN
Brütet in Spanien, Portugal, Südfrankreich, Italien, in den Alpen bis Süddeutschland und in einer Unterart im Balkan. Sommervogel in Laub- und Nadelwäldern, an buschigen Hängen oder bis zur Baumgrenze im Hochgebirge. Sehr seltener Gast außerhalb der Brutgebiete.

| In Mitteleuropa zu sehen |
| J F M **A M J J A S O** N D |

ÄHNLICHE ARTEN

Kopf gestreift
leuchtender

Unterseite gelb

WALDLAUBSÄNGER
(S. 302)

Überaugen-
streif

Unterseite
matter

FITIS
(S. 304)

Überaugen-
streif

Flügel kurz

kleiner

ZILPZALP
(S. 303)

| Körperlänge **11–12 cm** | Flügelspannweite **19–23 cm** | Gewicht **7–11 g** |
| Einzeln | Lebensdauer **bis zu 5 Jahre** | Bestand gesichert |

| Ordnung **Passeriformes** | Familie **Sylviidae** | Art *Phylloscopus sibilatrix* |

Waldlaubsänger

Flügel lang

Oberseite
leuchtend grün

langer und breiter
gelber Überaugenstreif

Flügel bräunlich
mit hellgelblichen
Federsäumen

Flügelspitzen lang
(oft neben dem
Schwanz hängend)

dunkler Strich
durchs Auge

IM FLUG

Kinn und Vorderbrust
hellschwefelgelb

Unterseite
seidenweiß

ʌʌʌʌʌʌʌʌʌʌʌʌʌʌʌʌʌʌʌʌʌ

FLUG: Fliegt oft geradlinig, etwas zögernd, von Ast
zu Ast unter dem Laubdach.

Der Waldlaubsänger ist einer der größeren seiner Gattung und auch der am lebhaftesten gefärbte mit rein zitronengelben und hellgrünen Gefiederpartien. Er lebt in Wäldern mit freiem Raum zwischen den Bäumen und ist viel weniger weitverbreitet als der Fitis oder der Zilpzalp. Abseits der Brutplätze ist er auch überraschend selten und auf dem Durchzug an der Küste und anderswo kaum zu sehen. Am besten kann man ihn durch seinen Gesang und seinen Lockruf ausfindig machen.

STIMME: Ruf laut und klangvoll *düh;* Gesang beginnt mit kurzen metallischen Lauten und geht dann in einen schnellen Triller über, etwa *zip zip zip-zip zip-zwürrrrrrrr;* dazwischen Reihen klangvoller *düht-düht-düht,* sich beschleunigend.

BRUTBIOLOGIE: Kleines überdachtes Nest im Laub auf dem Boden; 6 oder 7 Eier; 1 Jahresbrut; Mai bis Juni.

NAHRUNG: Bewegt sich durchs Laub und pickt Insekten und Spinnen von Blättern.

ZITTERNDER SÄNGER
Der schnelle Triller im Gesang scheint den ganzen Körper des Waldlaubsängers zu erfassen, denn er zittert im Rhythmus mit.

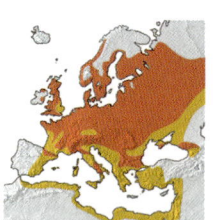

VORKOMMEN
Lokaler Sommervogel, der von Großbritannien und Frankreich nach Osten in Europa brütet mit Ausnahme von Nordskandinavien. In alten Laubwäldern mit freiem Raum unter dem Laubdach und Falllaub am Boden. Selten außerhalb der Brutplätze.

| In Mitteleuropa zu sehen |
| J F **M A M J J A S** O N D |

ÄHNLICHE ARTEN

FITIS (S. 304)
Oberseite
gedeckter

Unterseite
weniger
gelb

kleiner und
matter

Flügel
kurz

ZILPZALP
(S. 303)

Kopf einfarbiger

grauer

BERGLAUBSÄNGER
(S. 301)

| Körperlänge **13 cm** | Flügelspannweite **19–24 cm** | Gewicht **7–12 g** |
| **Einzeln** | Lebensdauer **bis zu 5 Jahre** | **Bestand gesichert†** |

Ordnung **Passeriformes**	Familie **Sylviidae**	Art *Phylloscopus collybita*

Zilpzalp 74

dünner heller Überaugen-streif (bei Jungvögeln länger, deutlicher, gelber)

Kopf rund

dunkler Augenstrich

unter dem Auge weißer Halbmond

Flügel kurz und gerundet

Flügelspitzen kurz (bei Fitis länger)

ALTVOGEL

IM FLUG

Schnabel dünn

Unterseite hellgrünlich bis gelblich braun

Schwanz wird oft nach unten geschlagen.

dünne Beine schwärzlich (bei Fitis meist heller)

ALTVOGEL

grüner Körper olivgrau getönt

ALTVOGEL

FLUG: Kurz, langsam, schwach, in Wellenbahn.

Während in manchen Gebieten der Fitis häufiger ist, wurde der Zilpzalp derjenige kleine grüne Laub-sänger, der als Standard dient, mit dessen Hilfe die anderen Arten bestimmt werden können. Während des Zuges, vor allem auch noch spät im Herbst, ist er in Büschen an der Küste und in der Umgebung von Seen und Stauseen häufig anzutreffen und singt dann auch oft. Manchmal taucht ein Durchzügler für einen Tag in einem Garten oder in einem Park auf und singt. Im Sommer ist der Zilpzalp jedoch ein Vogel größerer Bäume in einem Wald oder einem großen Park. Zilpzalp und Fitis zu unterscheiden kann ein wirkliches Problem bedeuten, es ist aber durchaus wert, die kleinen Unterschiede zu registrieren und sich zu merken. Ein häufiges Herunterschlagen des Schwanzes ist ein guter erster Hinweis auf einen Zilpzalp.

STIMME: Ruf fast einsilbig kurz, nach oben gezogen; Gesang laut und rhythmisch in meist zwei Tonlagen *zilp-zalp zilp-zalp,* dazwischen gedämpft *trrret trrret.*

BRUTBIOLOGIE: Kleines überdachtes Nest sehr niedrig im Busch oder in Kräutern; 5 oder 6 Eier; 1 oder 2 Jahresbruten; April bis Juli.

NAHRUNG: Pickt Insekten und Spinnen von Blättern; schlüpft elegant durchs Laub, ohne kleine Sprünge.

AUSDAUERNDER SÄNGER
Die ersten Ankömmlinge singen meist andauernd, bevor noch die Blätter aus den Knospen gekommen sind. Im Herbst auf dem Zug singen Zilpzalpe wieder.

UNTERART

P. c. tristis (Sibirien, sehr seltener Gast in Mitteleuropa)

gebogene weiße Flügelbinde

brauner

VORKOMMEN
Brütet in den meisten Gebieten Europas, fehlt in Island; viele über-wintern in Südeuropa und auch in Westeuropa. In Wäldern, Gehölzen, großen Gärten und Parks; vor allem auf dem Zug auch in Büschen und in niedrigerer Deckung.

ÄHNLICHE ARTEN

FITIS zweisilbiger Ruf, längere Flügel (S. 304)

Kopf flacher

Kopf gestreift

heller

größer und auffälliger gefärbt

WALDLAUBSÄNGER längere Flügel (S. 302)

Beine hell

In Mitteleuropa zu sehen
J F **M A M J J A S O N** D

Körperlänge **10–11cm**	Flügelspannweite **15–21cm**	Gewicht **6–9g**
Einzeln	Lebensdauer **bis zu 5 Jahre**	**Bestand gesichert†**

| Ordnung **Passeriformes** | Familie **Sylviidae** | Art *Phylloscopus trochilus* |

Fitis 🔘73

Flügel ein-farbig und rund

deutlicher gelber Überaugenstreif

Rücken intensiver grün

lange Flügel-spitze

Kopf flacher als Zilpzalp

schmaler heller Überaugenstreif

Schnabel kurz und dünn

dünner dunkler Augenstrich

Oberseite graugrün bis olivbraun

Unter-seite viel gelblicher

ALTVOGEL

IM FLUG

JUNGVOGEL

Unterseite bräunlich weiß bis hellgelb

Flügelspitze länger als bei Zilpzalp

helle gelb-braune Beine

ALTVOGEL

D ie Laubsänger sind kleine, zarte Vögel der Bäume und Büsche. Sie schlüpfen ruhig durch das Laub, ohne die auffällige Geschäftigkeit der kleinen Meisen und anders als die etwas schwerfälligen und ruhigen Grasmücken. Die in Europa brütenden Arten sind in der Grundfarbe hellgrün und gelblich. Der Fitis ist meist am häufigsten und am weitesten verbreitet und besonders regelmäßig in seinem Lebensraum anzutreffen. Im Frühling lässt er seinen gemütvollen, einfachen Gesang hören. Wie andere Laubsänger ist er mehr oder minder Einzelgänger, wenn er nicht gerade Junge füttert oder auf dem Durch- zug mehrere zufällig im selben Baum Nahrung suchen. Fitisse im hohen Norden und in Nord- osteuropa sind oberseits mehr graubraun und unterseits weißlich, also weniger grün und gelb.

STIMME: Ruf einfach pfeifend *hü-it*, weicher und mehr zweisilbig als der Zilpzalp; Gesang eine Folge abfallender dünner Pfeiftöne mit lieblichem Klang, die etwas wehmütig wirken.

BRUTBIOLOGIE: Kleines überdachtes Nest aus Gras auf oder nahe dem Boden in guter Deckung; 6 oder 7 Eier; 1 Jahresbrut; April bis Mai.

NAHRUNG: Liest Insekten und Spinnen von Blättern auf, wenn er durchs Laub huscht; fängt auch Fliegen in der Luft.

FLUG: Schnell, leicht, hüpfendes Flattern über kurze Entfernung.

FRÜHLINGSKÜNDER
Die Flötenstrophe des Fitis ist ein sicheres Zeichen für den Frühling. Im April können Dutzende über Nacht zurückgekommen sein und am nächsten Morgen zu singen beginnen.

VORKOMMEN
Brütet von Mittelfrankreich und Mitteleuropa nach Norden über- all mit Ausnahme von Island; Sommervogel. In Südeuropa häufiger Durchzügler. In Gehölzen und lichten Wäldern sowie Büschen aller Art, vor allem Weiden und Birken, in Gärten allerdings nur selten.

In Mitteleuropa zu sehen
J F M **A M J J A S O** N D

ÄHNLICHE ARTEN

ZILPZALP (S. 303)

Kopf runder

dünner Augenring

eindeutiger grün

Kopf einfarbiger

Flügel kurz

dünne Beine schwärzlich

WALDLAUBSÄNGER (S. 302)

auf der Brust gelb

Bauch weiß

Unter-seite weiß

BERGLAUBSÄNGER (S. 301)

| Körperlänge **11 cm** | Flügelspannweite **17–22 cm** | Gewicht **6–10 g** |
| **Einzeln** | Lebensdauer **bis zu 5 Jahre** | **Bestand gesichert** |

Ordnung **Passeriformes**	Familie **Sylviidae**	Art *Sylvia atricapilla*

Mönchsgrasmücke 68

Flügel und Schwanz einfarbig bräunlich grau

kleine schwarze Kappe

Rücken graubraun

für eine Grasmücke recht gedrungen

Gesicht und Kehle grau

MÄNNCHEN

IM FLUG

braune Kappe

Unterseite hellgrau

brauner als Männchen

MÄNNCHEN

WEIBCHEN

A ls häufigste Grasmücke brüten Mönchsgrasmücken in vielen Gebieten in dichtem Unterwuchs oder buschigen Wäldern sowie in Parks und auch in vielen Gärten. Der Gesang ist melodisch flötend, die Rufe sind kurz und hart. Einige überwintern in Nordwesteuropa, viele mehr in Südeuropa, besonders in Obstgärten, Weingärten und Olivenhainen. Im Herbst kommen viele Mönchsgrasmücken in Gärten, um reife Beeren zu holen, am häufigsten Holunder. Auf den Britischen Inseln zeigen sich einige auch an Futterstellen.

STIMME: Kurz und hart *täk;* Gesang laut, wohltönend, flötend, oft nach einem leise schwätzenden Vorgesang.

BRUTBIOLOGIE: Kleiner Napf aus Gras und Halmen in einem Busch; 4 oder 5 Eier; 2 Jahresbruten; April bis Juli.

NAHRUNG: Liest Insekten von Blättern auf; frisst auch reichlich weiche Beeren, besonders Holunder.

FLUG: Kurz, wirkt schwer, flatternd mit kurzen Folgen rascher, zuckender Flügelschläge.

MELODISCHER GESANG
Der Gesang der Mönchsgrasmücke ist meist gut von dem etwas längeren der Gartengrasmücke zu unterscheiden, wenn auch manchmal Ähnlichkeiten auftreten.

VORKOMMEN
Brütet in den meisten Gebieten Europas mit Ausnahme von Island und Nordskandinavien. Sommervogel in Nord-, Mittel- und Osteuropa, zunehmend im Winter auf den Britischen Inseln, mehr überwintern in Spanien, Portugal, Italien und auf der Balkanhalbinsel. In Wäldern, Parks, großen Gärten mit Büschen.

In Mitteleuropa zu sehen
J F **M A M J J A S O** N D

ÄHNLICHE ARTEN

SUMPFMEISE ähnlich ♂♀ (S. 279)

schwarze Kappe größer

gedrungener

Kinn schwarz

Kopf runder

einheitlicher und brauner

GARTENGRASMÜCKE ähnlich ♂♀ (S. 306)

SAMTKOPFGRASMÜCKE ♂♀ (S. 312)

Männchen mit großer schwarzer Kapuze

langer Schwanz

Körperlänge **13 cm**	Flügelspannweite **20–23 cm**	Gewicht **14–20 g**
Einzeln	Lebensdauer **bis zu 5 Jahre**	**Bestand gesichert**

| Ordnung **Passeriformes** | Familie **Sylviidae** | Art *Sylvia borin* |

Gartengrasmücke 🔘 67

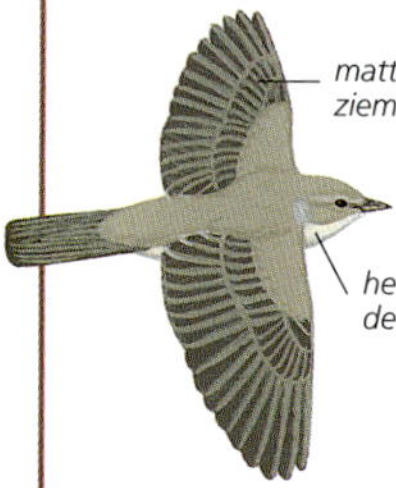

anders als Mönchsgrasmücke,
Fitis und Zilpzalp keine Kappe,
kein Augenstich und kein
heller Überaugenstreif

Kopf
rund

Schnabel
kurz und
dick

große dunkle
Augen

Oberseite hell
beigebraun

matt und
ziemlich hell

dünner
heller
Augenring

hellgrauer Fleck auf
den Halsseiten

Unterseite
hellbräunlich

Jungvogel hat
deutliche helle
Federränder

Beine grau

IM FLUG

D ie kleine kurzschnäbelige,
rundgesichtige Garten-
grasmücke ist so gut wie nicht
gezeichnet und fällt daher nicht auf,
hat aber einen wundervollen Gesang. Sie
lebt normalerweise als Einzelgänger, man kann
aber im Spätsommer auch zwei oder drei zusammen mit
anderen kleinen Insektenfressern an Beeren sehen, die die Fettvorräte
für den langen Herbstzug ergänzen. Sie erscheint im Herbst auf dem
Durchzug in Gärten und Dickichten, oft an der Küste oder am Ufer
von Seen auf einer kleinen Unterbrechung des Zuges an Plätzen, an
denen sie nicht brütet. Die Bewegungen der Gartengrasmücke sind
ein wenig langsamer und schwerer als die
eines Fitis oder eines Zilpzalps.

STIMME: Ruf tief *tek* oder in Folge *tschäk-
tschäk-tschäk,* weicher als Mönchsgrasmücke;
Gesang wohltönend, manchmal etwas rau, die
Töne sprudeln in hohem Tempo heraus, nicht
so reine Flötentöne wie Mönchsgrasmücke.

BRUTBIOLOGIE: Flache Schale aus Gras und
Moos in einem Busch; 4 oder 5 Eier; 1 Jahresbrut; Mai bis Juli.

NAHRUNG: Sammelt Insekten und Spinnen
von Blättern, schlüpft geschickt durchs Laub;
nimmt im Herbst auch viele Beeren und
Sämereien auf.

ALTVOGEL

FLUG: Etwas zögerlich, schwerfällig; kurze Flüge
durch Bäume und Büsche.

**KEIN AUFFÄLLIGES
MERKMAL**
Der unscharfe graue Halsfleck ist
hier gut zu sehen, doch sonst gibt
es kaum ein Zeichnungsmuster an
der Gartengrasmücke.

VORKOMMEN
Brütet in den meisten Teilen Europas,
fehlt in Island und weithin in Irland.
Sommervogel in offenen Waldgebieten, hohen, dichten Büschen
und in Parks mit vielen Bäumen
und Büschen, oft auch zusammen
mit Mönchsgrasmücken mit einem
kleinen Unterschied in der Wahl
des Lebensraums.

| In Mitteleuropa zu sehen |
| J F M **A M J J A S O** N D |

ÄHNLICHE ARTEN

Färbung
kontrast-
reicher

Oberkopf röt-
lich braun

GRAUSCHNÄPPER sitzt
aufrecht auf offenen
Warten (S. 360)

gestreifte
Flügel

lebhafter

Schnabel
länger

Brust
silber-
grau

**MÖNCHSGRAS-
MÜCKE** ♀ (S. 305)

TEICHROHRSÄNGER
(S. 320)

| Körperlänge **14 cm** | Flügelspannweite **20–24 cm** | Gewicht **16–23 g** |
| **Einzeln** | Lebensdauer **bis 5 Jahre** | **Bestand gesichert** |

Ordnung **Passeriformes**	Familie **Sylviidae**	Art *Sylvia nisoria*

Sperbergrasmücke

weiße Flügel-
binden

MÄNNCHEN

langer,
gerade abge-
schnittener
Schwanz
mit weißen
Ecken

IM FLUG

Oberseite
mittelgrau

Unterseite
weiß mit
enger grauer
Bänderung

um die leuchtend
gelben Augen
dunkel

Auge dunkel

**JUNGVOGEL
(HERBST)**

dicker, kräftiger
Schnabel mit
heller Basis

**MÄNNCHEN
(SOMMER)**

Oberseite
graubraun

weiße Flügel-
binde

Augen nicht
auffallend

Unterseite
schmutzig weiß

**IMMATUR
(1. WINTER)**

Unterseite
unvollständig
gebändert

WEIBCHEN

Die zu den großen Zweigsängern Europas zählende Sperbergrasmücke wirkt manchmal ähnlich dem Wende-hals mit einer deutlich gebänderten Unterseite und hellem Auge, das dem Gesicht ein strenges Aussehen verleiht. Im Herbst, wenn man die Art auf dem Zug am ehesten außerhalb der Brutplätze sehen kann, handelt es sich bei den meisten um helle, fast ungebänderte Jungvögel, die aber ebenfalls das etwas massige und aggressive Aussehen haben. Sie sind meist recht unruhige Vögel und nicht leicht zu beobachten.

STIMME: Laut, trocken ratternd *trrr-r-rt*; Gesang wie Gartengrasmücke, aber härter, rauer und höher.

BRUTBIOLOGIE: Großes Nest in Gesträuch; 4–5 Eier; 1 Jahresbrut; Mai bis Juli.

NAHRUNG: Pickt Insekten, Spinnen von Blättern.

∧∧∧∧∧∧∧∧∧∧∧∧∧∧∧∧∧∧∧∧∧

FLUG: Niedrig, wirkt schwer, langflügelig, Schwanz zusammengelegt oder gefächert; hoher, flatternder Singflug.

HERBSTZÜGLER
Die im Herbst durchziehende Sperbergrasmücke ist gedrungen mit hellem Flügelband.

VORKOMMEN
Brütet in Osteuropa westlich bis Norditalien an buschigen Stellen und Waldlichtungen; Sommer-vogel. Seltener Gast auf dem Durchzug, vor allem im Herbst, in Nordwesteuropa, auch an Küsten in Dickichten auf Dünen oder kleinen Hügeln.

ÄHNLICHE ARTEN			

WENDEHALS (S. 245)

am Rücken
entlang
dunkles
Band

Schwanz
kürzer

brauner

Kopf runder

einfarbiger

GARTENGRASMÜCKE
(S. 306)

kleiner und
einfarbiger

MÖNCHSGRASMÜCKE
♀ ähnlich Jungvogel
(S. 305)

In Mitteleuropa zu sehen

Körperlänge **15–17 cm**	Flügelspannweite **15–20 cm**	Gewicht **12–15 g**
Einzeln	Lebensdauer **bis zu 5 Jahre**	Bestand **gesichert**†

| Ordnung **Passeriformes** | Familie **Sylviidae** | Art *Sylvia curruca* |

Klappergrasmücke

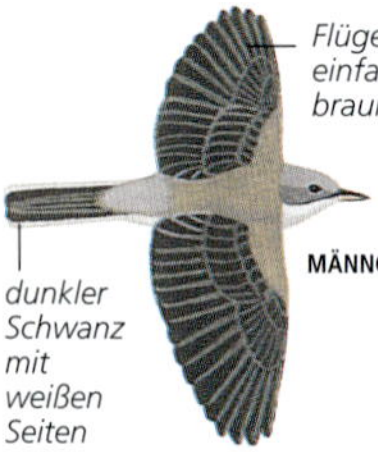

Kopf hellgrau

durchbrochener weißer Augenring

JUNGVOGEL

Flügel einfarbig braun

MÄNNCHEN

dunkler Schwanz mit weißen Seiten

IM FLUG

Flügel graubraun

Kinn weiß

WEIBCHEN

dunkle Beine (bei Dorngrasmücke hell)

Oberkopf olivgrau bis blaugrau

durch das Auge dunkles Feld

Rücken stumpf graubraun

dunkler Wangenfleck

Kehle reinweiß

Unterseite weiß, verwachsen hellrosa

MÄNNCHEN

Beine dunkelgrau

/\/\/\/\/\/\/\/\/\/\/\/\/\/\/\/\/\/\/\

FLUG: Schnell, kurz; Flatterflug mit Wellenbahn, schnelle, schwirrende Flügelschläge.

Die Klappergrasmücke ist eine kleine, dunkelbeinige und mit dunkler Gesichtsmaske ausgestattete, recht heimliche Grasmücke an Waldrändern und in dichten alten Hecken. Man kann sie leicht an ihrem Gesang ausfindig machen, doch oft wechselt sie zwischen den Gesangsstrophen den Platz. Im Herbst ist sie leicht an Büschen und Bäumen mit Beeren zu entdecken, oft in Gesellschaft mit anderen Grasmückenverwandten, die allerdings keinen organisierten Vogeltrupp bilden. Jungvögel sehen zu dieser Zeit sauber und frisch aus.
STIMME: Trocken und schnalzend *tett*, auch zeternd in kurzen Reihen; Gesang laut hölzern klappernde Strophe nach einem leisen schwätzenden Vorgesang.
BRUTBIOLOGIE: Napf aus Gras und Zweigen, mit Haaren und kleinen Wurzeln ausgepolstert, in einem Busch; 4–6 Eier; 1 Jahresbrut; Mai bis Juni.
NAHRUNG: Liest Insekten von Blättern auf; im Spätsommer viele Beeren.

HÖLZERNES KLAPPERN
Das Männchen sitzt beim Singen aufrecht und bewegt sich zu einem anderen Sitzplatz, bevor eine neue Klapperstrophe einsetzt.

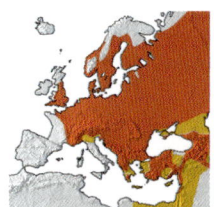

VORKOMMEN
Sommervogel und Brutvogel in den meisten Teilen Europas westlich bis Mittelfrankreich und Großbritannien; fehlt in Italien, Spanien und Portugal, Nordskandinavien und Island. In höheren Dickichten, oft an Waldrändern, auch in Nadelwaldaufforstungen und in dichten alten Hecken.

In Mitteleuropa zu sehen
| J | F | M | A | M | J | J | A | S | O | N | D |

ÄHNLICHE ARTEN

DORNGRASMÜCKE
♂ ähnlich ♂♀ (S. 309)

roter Augenring

MÖNCHSGRASMÜCKE
♂♀ (S. 305)

dunkle Kappe

Flügel rotbraun

Beine hell

Unterseite deutlich rosa

WEISSBARTGRASMÜCKE
♂♀ (S. 311)

Kehle grau

| Körperlänge **13 cm** | Flügelspannweite **17–19 cm** | Gewicht **10–16 g** |
| Einzeln | Lebensdauer **bis zu 5 Jahre** | Bestand gesichert |

| Ordnung **Passeriformes** | Familie **Sylviidae** | Art *Sylvia communis* |

Dorngrasmücke

weißlicher Augenring

Kopf blaugrau

Rücken mattbraun

Unterseite hell, verwaschen rosa

Kopf braun

auf den Flügeln auffallendes rostbraunes Feld

Kehle abgesetzt weiß

langer, dunkler Schwanz weiß gesäumt

MÄNNCHEN

Unterseite rosabräunlich

WEIBCHEN

IM FLUG

unruhiges Schwanzzucken

Beine hellorangebraun (bei Klappergrasmücke dunkel)

Flügel mit schwärzlichen Federzentren

JUNGVOGEL (HERBST)

MÄNNCHEN

Die Dorngrasmücke ist ein Vogel offener Landschaften mit niedrigen Büschen und Gestrüpp; sie liebt bewachsene Straßenböschungen und Bahndämme, Hecken und als lebende Zäune gesetzte Brombeersträucher oder Dickichte um Weiden und Heideflächen. Sie singt manchmal von einem niedrigen Sitzplatz, manchmal auch von einem hohen Leitungsdraht, oft in hüpfenden Singflugen. Sehr oft ist sie auch heimlich und hält sich tief in der dichten Vegetation, verrät sich aber durch ihre bezeichnenden Rufe und zeigt sich dann oft auch neugierig auf einem exponierten Sitzplatz.

STIMME: Rufe etwas nasal *wähd-wähd-wähd*, auch rau *tschärr*; Gesang kurz, manchmal längere raue und hastig vorgetragene Strophe, oft Singflug.

BRUTBIOLOGIE: Kleiner Napf aus Gras und Halmen niedrig in Dornbüschen; 4 oder 5 Eier; 2 Jahresbruten; April bis Juli.

NAHRUNG: Pickt kleine Insekten von Blättern; im Spätsommer und Herbst viele Beeren, besucht nur manchmal Gärten.

FLUG: Niedrig, hüpfend in Wellenlinien, oft Schwanzwippen.

EIFRIGER SÄNGER
Das Männchen singt mehr mit Kraft als mit Melodie von einem Busch oder einem Leitungsdraht.

VORKOMMEN
Brütet in vielen Teilen Europas mit Ausnahme von Island und weiten Teilen Skandinaviens. In buschigen, trockenen und heideartigen Plätzen mit niedrigen Dornsträuchern und dichter Staudenflora; Sommervogel.

In Mitteleuropa zu sehen
J F M **A M J J A S O** N D

ÄHNLICHE ARTEN

matter grau

WEISSBARTGRASMÜCKE ♂♀ (S. 311)

grauer

dunkler

Schwanz länger

Männchen ist unterseits stärker rosa.

Männchen ist unterseits röter.

KLAPPERGRASMÜCKE ♂♀ (S. 308)

Beine dunkel

PROVENCEGRASMÜCKE ♂♀ (S. 310)

| Körperlänge **14 cm** | Flügelspannweite **19–23 cm** | Gewicht **12–18 g** |
| Einzeln | Lebensdauer **bis zu 5 Jahre** | **Bestand gesichert** |

| Ordnung **Passeriformes** | Familie **Sylviidae** | Art *Sylvia undata* |

Provencegrasmücke

kurzer, spitzer Schnabel mit gelber Basis

Auge und Augenring rot

helle Flecken auf dunkel rostbrauner Kehle

kurze, runde Flügel

Rücken bräunlich grau

MÄNNCHEN

langer, schlanker Schwanz dunkel

langer hüpfender Schwanz

Unterseite dunkelrotbraun

IM FLUG

matter als Männchen

Unterseite blasser als Männchen

WEIBCHEN

MÄNNCHEN

Als ein Jahresvogel in Europa schwankt die Provencegrasmücke in Bestand und Verbreitung in Zusammenhang mit der Strenge des vorhergehenden Winters. Sie lebt vor allem in warmen, flachen Heidegebieten und auf Hängen mit kurzer Kräuter- und Sträuchervegetation mit dichten Stechginsterhorsten, wo sie sich versteckt und oft schwer zu sehen ist. Sie fliegt von einem Busch zum anderen, verschwindet aber enttäuschend schnell aus der Sicht. Bei warmem ruhigem Wetter kommt sie auch einmal an die Spitze und zeigt sich in ihrer kennzeichnenden Färbung.

STIMME: Rau und heiser gezogen *tschärrr*; Gesang schnell, kratzend und zwitschernd.

BRUTBIOLOGIE: Grasnapf mit dünnen Halmen ausgelegt, niedrig in Ginster oder Heide; 3–5 Eier; 2 oder 3 Jahresbruten; April bis Juli.

NAHRUNG: Insekten und viele Spinnen in niedriger Vegetation.

FLUG: Schnell, in Wellenbahn mit wippendem Schwanz; über kurze Entfernung rasche Flügelschläge.

PRÄCHTIGES MÄNNCHEN
Nur eine gute Sicht kann die reiche Färbung des Männchens richtig zur Geltung bringen.

VORKOMMEN
Brütet lokal in geeigneten Lebensräumen im Süden Großbritanniens, Nordwest-, West- und Südfrankreich, Spanien, Portugal, Italien und auf vielen Mittelmeerinseln. In Heide und Stechginsterbeständen, auf offenen Flächen mit kleinen Büschen und an Hängen mit einzelnen Bäumen und aromatischen Kräutern und Sträuchern; Jahresvogel.

ÄHNLICHE ARTEN

SARDENGRASMÜCKE
♂♀, sehr lokal (S. 443)

grau

Oberseite grauer

Schwanz kürzer

Männchen mit dunklem Oberkopf

grauer

Kehle weiß

WEISSBARTGRASMÜCKE ♂♀ (S. 311)

SAMTKOPFGRASMÜCKE ♂♀ (S. 312)

In Mitteleuropa zu sehen

| J | F | M | A | M | J | J | A | S | O | N | D |

| Körperlänge **12–13 cm** | Flügelspannweite **13–18 cm** | Gewicht **9–12 g** |
| Einzeln | Lebensdauer **bis zu 5 Jahre** | Gefährdet |

Ordnung **Passeriformes**	Familie **Sylviidae**	Art *Sylvia cantillans*

Weißbartgrasmücke

vom Kopf zum Rücken hell blaugrau

roter Augenring

kräftiger weißer Streifen unter grauen Wangen

Flügel kurz und rund

langer, schlanker Schwanz grau

Schwanz mit weißen Seiten

MÄNNCHEN

weißer Ring um roten Augenring

von Kinn bis Brust rosafarben

IM FLUG

weißlicher Wangenstreif

Bauch heller

Kehle blassrosa

Unterseite weißlich

Beine gelblich

WEIBCHEN

MÄNNCHEN

Mehrere Grasmücken Europas besiedeln südliche Gebiete, meist um das Mittelmeer. Die Weißbartgrasmücke ist eine typische Grasmücke warmer, sonnendurchfluteter Hänge und Felder mit ungepflegten Hecken und Dickichten, aromatischen Sträuchern und dornigen Stauden und Büschen. Sie taucht oft rasch außer Sicht ins Dickicht ab und kann enttäuschend versteckt sein, auch wenn sie oft an der Spitze erscheint und zu einem kurzen hüpfenden Singflug in voller Sicht startet. Weibchen sind blasser als Männchen im Sommer. Weibchen und immature Vögel, die noch blasser sind, bereiten mehr Schwierigkeiten, besonders wenn sie im Herbst als Ausnahmegäste weiter nördlich erscheinen.

STIMME: Stimme scharf klickend *tet*, oft rasch wiederholt; Gesang hoch, unregelmäßig, rau und zwitschernd, mit Bluthänfling vergleichbar.

BRUTBIOLOGIE: Kleiner Napf in niedriger Vegetation; 3 oder 4 Eier; 2 Jahresbruten; April bis Juni.

NAHRUNG: Sucht in kleinen Büschen und Kräutern, aber auch höher im Laub nach Insekten und Spinnen.

FLUG: Flüge wirken schwächlich, schnell; mit kurzen Folgen von Flügelschlägen entstehen Wellenlinien.

WEISSER BART
Männchen und manchmal auch Weibchen zeigen einen auffälligen weißen Streifen vom Schnabel bis auf die Kehlseiten.

VORKOMMEN
Brütet an buschigen Hängen, in trockenen Heiden und dornigen Dickichten, in offenen immergrünen Wäldern in Spanien, Portugal und im mediterranen Europa; Sommervogel. Gelegentlich erscheinen Gäste weiter nördlich in dichtem, niedrigem Gestrüpp.

In Mitteleuropa zu sehen
J F **M A M J J A S** O N D

ÄHNLICHE ARTEN

dunkler

einfarbiger

Schwanz schlanker

PROVENCEGRASMÜCKE ♂♀ (S. 310)

Männchen mit dunklem Kopf

grauer

Schwanz länger

SAMTKOPFGRASMÜCKE ♂♀ (S. 312)

auf den Flügeln rostbraun

größer

DORNGRASMÜCKE ♂♀ (S. 309)

Körperlänge **12–13 cm**	Flügelspannweite **13–18 cm**	Gewicht **9–12 g**
Einzeln	Lebensdauer **bis zu 5 Jahre**	**Bestand gesichert**

| Ordnung **Passeriformes** | Familie **Sylviidae** | Art *Sylvia melanocephala* |

Samtkopfgrasmücke

schwarzer Oberkopf zieht sich bis auf Wangen herunter

roter Augenring

Flügel kurz und rund

MÄNNCHEN

Rücken hellgrau

Schwanz lang

große weiße Kehle

IM FLUG

Augenring orange

Kopf grau

brauner und heller als Männchen

Unterseite weißlich

Kehle weiß

langer Schwanz dunkel mit weißen Seiten

MÄNNCHEN

weiße Schwanzseiten

WEIBCHEN

D ie Samtkopfgrasmücke ist langschwänzig und hat eine dunkle Kappe. Sie zählt zu den mediterranen Grasmücken steiniger, trockener Plätze mit dichtem Buschwerk oder kleinen Sträuchern, die man sehr selten nördlich ihres Verbreitungsgebietes trifft. Bei einer typischen Begegnung sieht man oft nicht mehr als einen kleinen Vogel mit einem langen Schwanz in das Dickicht verschwinden, der dann auch nicht mehr zum Vorschein kommt. An manchen Plätzen sind Samtkopfgrasmücken auch in höheren Bäumen in Gärten und Obstgärten. Der Vogel macht sich durch ein Rattern bemerkbar, das oft in kurzen Abständen zu hören ist. Man sieht oft Paare und Familiengruppen, aber keine größeren Trupps.
STIMME: Häufig zu hörender harter Warnruf *trret-trret-tret*; Gesang raues Schwätzen im schnellen Tempo, die oft Rufe enthalten.
BRUTBIOLOGIE: Kleiner Napf in niedrigem Busch; 3–5 Eier; 2 Jahresbruten; April bis Juli.
NAHRUNG: Kleine Insekten und Spinnen, meist niedrig in der Vegetation oder nahe am Boden.

∧∧∧∧∧∧∧∧∧∧∧∧∧∧∧∧∧∧∧∧∧∧∧

FLUG: Kurz, hüpfend; flatternde Flüge zwischen Büschen.

AUFFÄLLIGER AUGENRING
Selbst beim brauneren Weibchen der Samtkopfgrasmücke ist der rote Augenring noch gut zu erkennen.

VORKOMMEN
Jahresvogel in Spanien, Portugal und Südfrankreich sowie der Mittelmeerregion; weiter nördlich selten. In buschigen Gebieten, auch offenen Wäldern mit Unterwuchs, häufig auch in Dickichten um Gebäude, Dornbüschen an Steinwällen und in ähnlichen trockenen Gebieten.

| In Mitteleuropa zu sehen |
| J F M A M J J A S O N D |

ÄHNLICHE ARTEN

MASKENGRASMÜCKE ♂, ähnlich ♂ (S. 443)

Kehle schwarz

gedrungener

WEISSBARTGRASMÜCKE ♂ ähnlich ♂ (S. 311)

Rücken blauer

Brust rötlich

beim Männchen kleinere schwarze Kappe

MÖNCHSGRASMÜCKE ♂♀ (S. 305)

Kehle grau

| Körperlänge **13–14 cm** | Flügelspannweite **15–18 cm** | Gewicht **10–14 g** |
| **Familiengruppen** | Lebensdauer **bis zu 5 Jahre** | **Bestand gesichert** |

Ordnung **Passeriformes**	Familie **Sylviidae**	Art *Locustella naevia*

Feldschwirl

Flügel stumpf

Rücken und Bürzel
hellolivbraun, gefleckt
oder gestreift

Oberkopf und
Wangen fein
gestrichelt

Schwanz
gerundet

Unterseite weißlich
oder beige, kaum
gezeichnet

IM FLUG

FLUG: Niedrig, kurz, flatternd; hebt seinen etwas
gefächerten Schwanz und taucht in die Deckung ein.

Schwanz lang,
breit, gerundet

Der Feldschwirl ist der häufigste der Schwirle, die alle klein, häufig gestreift, immer rundschwänzig und in hohem Maße versteckt lebende Vögel sind, die man gewöhnlich schwer zu Gesicht bekommt. Sie haben lange, trillernde, zirpende oder ratternde Gesänge, die man oft eher einem Insekt, etwa einer Grille, zuschreibt. Man hört die Gesänge meist erst in der Abenddämmerung oder an ruhigen, warmen, doch bedeckten Frühsommertagen. Man wird Schwirle kaum an der Spitze eines großen Busches oder hohen Baumes sitzen oder in Hecken umherhuschen sehen.

STIMME: Ruf laut und spitz *psit;* Gesang insektenartig hoch schwirrend, klingt fast mechanisch und etwas klappernd, in sehr langen Folgen sirrrrrrrrrrrrrrrr (*i* immer durchklingend).

BRUTBIOLOGIE: Kleines Nest aus Gras und Blättern in dichter niedriger Vegetation; 5 oder 6 Eier; 2 Jahresbruten; Mai bis Juli.

NAHRUNG: Kriecht wie eine Maus durch sehr niedrige Vegetation nahe am Boden nach kleinen Insekten und Spinnen.

HOHE STIMME
Manche Menschen können einen derart hohen Gesang, wie ihn der Feldschwirl produziert, gar nicht hören.

VORKOMMEN
Weitverbreitet von Irland nach Osten bis Finnland und Russland, südwärts nach Zentralfrankreich, Nordspanien und bis in die Alpen; Sommervogel. In feuchten Gebieten mit Gras, Grünland mit Büschen, Niedermooren und Verlandungszonen mit dichten Büschen, auch in jungen Nadelholzaufforstungen.

In Mitteleuropa zu sehen
| J | F | M | A | M | J | J | A | S | O | N | D |

ÄHNLICHE ARTEN

SCHILFROHRSÄNGER
(S. 318)

Rücken und Schwanz
einfarbig

HECKENBRAUNELLE
(S. 358)

größer und
gedrungener

grauer

Überaugen-
streif viel
deutlicher

TEICHROHRSÄNGER
(S. 320)

Körperlänge **12,5 cm**	Flügelspannweite **15–19 cm**	Gewicht **11–15 g**
Einzeln	Lebensdauer **bis zu 5 Jahre**	**Bestand gesichert**

| Ordnung **Passeriformes** | Familie **Sylviidae** | Art *Locustella luscinioides* |

Rohrschwirl

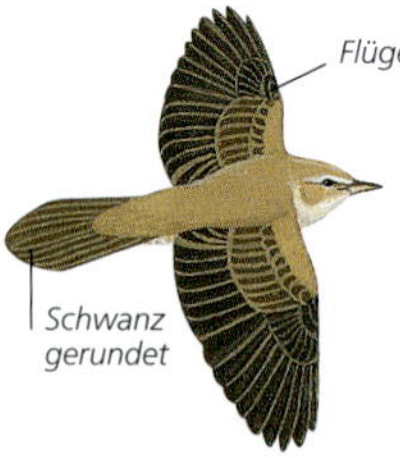

Langer, flacher Kopf geht gleitend in den Schnabel über.

Kehle hell

Unterseite hell-bräunlich, Bauch heller

Flügel rund

Oberseite einheitlich braun

Schwanz gerundet

IM FLUG

Flügelkante leicht gerundet

∧∧∧∧∧∧∧∧∧∧∧∧∧∧∧∧∧∧∧∧∧∧∧∧

FLUG: Kurze, flatternde Flüge zwischen Schilfhorsten. Nachts längere Migrationsflüge.

langer Schwanz, am Ende gerundet

Unterseite des Schwanzes dunkel

Der Rohrschwirl ist die Ausnahme unter den Schwirlen, denn er ist eher wie die einfarbigen Rohrsänger einfarbig und nicht gestreift. Wie die Rohrsänger ist er auch ein Vogel dichter Schilfbestände. Rohrschwirle sind leicht an ihrem Gesang zu erkennen (obwohl viele überhaupt nicht wahrnehmen, dass hier ein Vogel singt), besonders in der Morgen- und Abenddämmerung. Bei Geduld wird man den dunklen Sänger vielleicht an einem Schilfhalm entdecken. Die Vögel sind nicht häufig, außerhalb ihrer Brutgebiete werden Durchzügler selten registriert. Die Charakteristika der Gruppe, nämlich runde Flügelkanten, lange mächtige Unterschwanzdecken und gerundeter Schwanz, helfen bei der Bestimmung, wenn man einen Vogel aus der Nähe sieht. Rohrschwirle überwintern in Afrika.

STIMME: Scharf metallisch *kwit*; Gesang ähnlich Feldschwirl, doch tiefer und schneller, daher mehr tonlos surrend *sörrrrrrrrr*.

BRUTBIOLOGIE: Kleines, lockeres Nest aus Gras im Schilf oder in Seggen; 4 Eier; 2 Jahresbruten; April bis Juni.

NAHRUNG: Sucht nach Insekten und Spinnen in dichter Vegetation.

VORKOMMEN
In sehr lokalen Vorkommen über Europa verteilt von Spanien und Portugal bis in den äußersten Südosten von England und ostwärts nach Asien; Sommervogel in ausgedehnten Schilfflächen. Sehr seltener Gast außerhalb solcher Plätze, z. B. an der Küste.

In Mitteleuropa zu sehen
J F M **A M J J A S** O N D

ÄHNLICHE ARTEN

gerade Flügelkante

FELDSCHWIRL (S. 313)

Rücken und Oberkopf fein gestrichelt

dunkler

kürzer

TEICHROHR-SÄNGER anderer Gesang (S. 320)

Schwanz kürzer

SEIDENSÄNGER (S.300)

| Körperlänge **14–15 cm** | Flügelspannweite **15–20 cm** | Gewicht **12–15 g** |
| Einzeln | Lebensdauer **bis zu 5 Jahre** | **Bestand gesichert†** |

Ordnung **Passeriformes**	Familie **Sylviidae**	Art *Hippolais icterina*

Gelbspötter

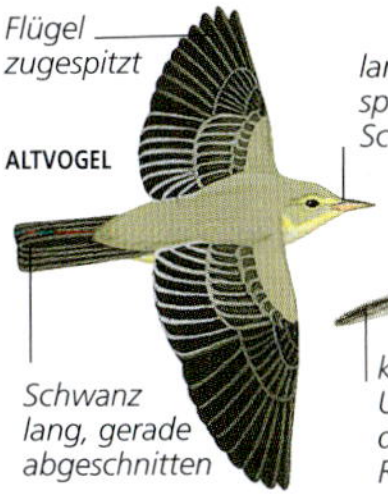

Flügel zugespitzt

ALTVOGEL

langer, spitzer Schnabel

JUNGVOGEL

heller, spitzer Schnabel

Unterseite weißlich

Oberseite hellgraugrün

zwischen Schnabel und Auge hellgelb

Kopf groß

Schnabel orangegelb mit dunklem First

Schwanz lang, gerade abgeschnitten

kürzere Unterschwanzdecken als Rohrsänger

IM FLUG

kleines Feld heller Federränder im Flügel

Flügelprojektion länger als bei Orpheusspötter

Beine mattgrau

hellzitronengelb von Kinn bis Schwanz

ALTVOGEL

FLUG: Kräftig, geradlinig, auf langen Flügeln rasch wieder in Deckung.

Unter den Spöttern ist der Gelbspötter relativ groß, hat einen gerade abgeschnittenen Schwanz und einen breiten Schnabel. Dieser fällt allerdings nicht immer auf, wenn man ihn nicht von unten sieht. Aber selbst von der Seite sieht er kräftig, lang, gerade und spitz aus, die helle Farbe unterstreicht den Eindruck noch. Spötter werden am besten durch ihre Verbreitung und anhand kleiner Strukturen bestimmt, besonders verschiedener Elemente von Schwanz, Flügel und Unterschwanzdecken, die helfen können, die ähnlichen Arten voneinander zu unterscheiden.

STIMME: Ruf dreisilbig *ti-ti-lühit*, hart *täk* oder *tätät*; Gesang laut, schnell und lang anhaltend, sehr variabel und auch mit Nachahmungen durchsetzt; dabei nasale und kratzende Töne.

BRUTBIOLOGIE: Tiefer Napf in Astgabel, aufgehängt in einem hohen Busch oder kleineren Baum; 4 oder 5 Eier; 1 Jahresbrut; Mai bis August.

NAHRUNG: Pickt Insekten von Blättern; frisst auch Beeren von höheren Zweigen.

GATTUNGSMERKMALE
Spötter *(Hippolais)* sind etwas gedrungen, haben ein helles, nicht gezeichnetes Gesicht und dolchartige Schnäbel.

VORKOMMEN
Weitverbreiteter Sommervogel und Brutvogel von Ostfrankreich nach Osten und Norden, fehlt in Nordskandinavien. In offenen Misch- oder Laubwäldern, vor allem Auwälder entlang von Flüssen, aber auch in Parks und großen Gärten. In Nordwesteuropa Durchzügler im Frühjahr und vor allem im Herbst.

ÄHNLICHE ARTEN

ORPHEUSSPÖTTER (S. 316)

Kopf runder

Flügel kürzer mit hellem Feld

dunkler Augenstrich

kleiner

Kopf und Schnabel kleiner

TEICHROHRSÄNGER (S. 320)

brauner; kein Grün oder Gelb

Schwanz leicht eingekerbt

FITIS (S. 304)

In Mitteleuropa zu sehen
| J | F | M | **A** | **M** | **J** | **J** | **A** | **S** | O | N | D |

Körperlänge **13,5 cm**	Flügelspannweite **20–24 cm**	Gewicht **10–14 g**
Einzeln	Lebensdauer **bis zu 5 Jahre**	**Bestand gesichert**

| Ordnung **Passeriformes** | Familie **Sylviidae** | Art *Hippolais polyglotta* |

Orpheusspötter

Flügel ziemlich lang, rund

ALTVOGEL

große dunkle Augen in hellem Gesicht

Schnabel dick, spitz und hell

Oberseite graugrün

hellgelb zwischen Schnabel und Auge (keine dunkle Linie)

Brust und Kehle gelb

Spuren eines helleren Feldes im Flügel (vgl. Gelbspötter)

IM FLUG   **JUNGVOGEL**

Flügelprojektion kürzer als bei Gelbspötter

Beine matt-bräunlich

ALTVOGEL

FLUG: Ziemlich schwach in flatterndem Flug, gewöhnlich nur über kurze Strecken.

Der Orpheusspötter ersetzt den östlicheren Gelbspötter in Südwesteuropa; beide Arten sind sich aber am Verwechseln ähnlich. An westeuropäischen Küsten erscheinen sie beide als Durchzügler und sind kaum sicher voneinander zu trennen, vor allem wenn im Herbst das Gefieder der Jungvögel die Bestimmung noch schwieriger macht. Orpheus- und Gelbspötter sind beide grundsätzlich grüne und gelbe Vögel, andere Arten der Gattung *Hippolais* dagegen mehr hellbraun und beige. Der sitzende Orpheusspötter hat einen einheitlicher gefärbten Flügel mit einer kürzeren Spitze (Handschwingenprojektion) als der Gelbspötter.
STIMME: Ruf kurz schnalzend *tett* und spatzenähnlich *tr-r-r-r-r;* Gesang plaudernd in hohem Tempo mit pfeifenden, zwitschernden, nasalen und leiernden Tönen; keine Klangunterschiede.
BRUTBIOLOGIE: Tiefer Napf in Astgabel aufgehängt in einem Baum oder hohen Busch; 4 oder 5 Eier; 1 Jahresbrut; Mai bis August.
NAHRUNG: Liest Insekten von Blättern auf; frisst im Herbst auch Beeren.

GESANG IM FRÜHJAHR
Der Gesang des Orpheusspötters enttäuscht bei einem Vogel dieses Namens. Er ist ein rasches Plaudern, oft etwas leiernd und nasal.

VORKOMMEN
Brütet in Süd- und Westeuropa, von Westdeutschland und der Schweiz bis Spanien, Portugal und Italien; Sommervogel in lichten Waldgebieten, Büschen, Hecken und Obstgärten. Frühjahrs-(und weniger Herbst-)durchzügler an westeuropäischen Küsten bis in den Süden Großbritanniens.

| In Mitteleuropa zu sehen |
| J F M **A M J J A S** O N D |

ÄHNLICHE ARTEN

GELBSPÖTTER (S. 315)

dunkler Augenstreif

Schnabel kürzer

keine Spur von Gelb

Flügel länger mit deutlicherem hellem Feld

FITIS (S. 304)

GARTENGRAS-MÜCKE (S. 306)

| Körperlänge **12–13 cm** | Flügelspannweite **18–20 cm** | Gewicht **11–14 g** |
| **Einzeln** | Lebensdauer **bis zu 5 Jahre** | **Bestand gesichert†** |

| Ordnung **Passeriformes** | Familie **Sylviidae** | Art *Acrocephalus melanopogon* |

Mariskensänger

schwärzlicher Oberkopf schwach gestrichelt

vom Schnabel zum Auge schwarze Linie

breiter weißer Überaugenstreif keilförmig

Rücken rostbraun und dunkel gestreift

kurze Flügelspitze

dünner schwarzer Bartstreif

Kinn und Kehle weiß

Flanken orange-bräunlich

Bauch weiß

undeutliche dunkle Striche auf gerundetem Schwanz

IM FLUG

FLUG: Kurz, niedrig, flatternd über dem Schilf.

Der Mariskensänger ist meist ein sehr ungewöhnlicher Gast, da er kaum außerhalb seines begrenzten Verbreitungsgebiets in Europa anzutreffen ist. Nur die im Südosten Mitteleuropas brütende Population und weiter östliche Brutvögel führen Wanderungen aus. Er ist dem Schilfrohrsänger sehr ähnlich und man muss ihn daher sorgfältig beobachten. Im Brutgebiet gibt der Gesang entscheidende Hinweise. Der Mariskensänger hüpft viel auf oder nahe dem Boden und zuckt häufig mit dem etwas angehobenen Schwanz. Die kürzere Flügelspitze trägt zu einer eindeutigen Bestimmung bei.

STIMME: Ruf wie Schilfrohrsänger, kehliger, *trek* oder schnell in Reihe *trk-tk-tk-tk;* Gesang schnell und abwechslungsreich, mit häufigen Pfeiftönen *wü-wü-wü.*

BRUTBIOLOGIE: Tiefer Grasnapf mit Pflanzen ausgelegt im Schilf; 5 oder 6 Eier; 1 Jahresbrut; April bis Juni.

NAHRUNG: Insekten und andere kleine wirbellose Tiere von Schlamm und dichter Vegetation im Seichtwasser.

AUFFALLENDES KOPFMUSTER
Ein weißer Keil über dem Auge und ein seidenweißes Kinn sind bei guter Sicht auffällige Merkmale des Mariskensängers.

VORKOMMEN
Sehr lokal in Südeuropa, brütet in Süd- und Ostspanien, Südfrankreich, auf den Balearen, in Italien, im Südosten Mitteleuropas und auf der Balkanhalbinsel in Schilfbeständen oder in Binsen. Jahresvogel in Westeuropa und sehr selten außerhalb der Brutplätze zu beobachten, im Osten auch Zugvogel.

| In Mitteleuropa zu sehen |
| J **F M A M J J A S** O N D |

ÄHNLICHE ARTEN

Brust heller

heller

Flügelspitze länger

SCHILFROHRSÄNGER (S. 318)

BRAUNKEHLCHEN ♂♀, Lebensraum und Sitzhaltung anders (S. 352)

Gestalt anders

| Körperlänge **12–13 cm** | Flügelspannweite **17–21 cm** | Gewicht **10–15 g** |
| **Einzeln** | Lebensdauer **bis zu 5 Jahre** | **Bestand gesichert†** |

Ordnung **Passeriformes**	Familie **Sylviidae**	Art ***Acrocephalus schoenobaenus***

Schilfrohrsänger 69

auf Oberkopf schwarze und cremefarbene Streifen

breiter silberweißer Überaugenstreif

vom Schnabel zum Auge dunkle Linie

Bürzel ungestreift hellbraun

ALTVOGEL

IM FLUG

ALTVOGEL

Brust (bei Jungvögeln gestrichelt) und Flanken hellbräunlich

Unterseite weißlich

Rücken hellbraun mit weichen grauen Strichen

ALTVOGEL

Unter den Rohrsängern kann man zwei Gruppen unterscheiden, die gestreiften und die mehr oder minder einfarbigen und ungezeichneten. Schilfrohrsänger sind an ihrer Zeichnung gut zu erkennen, weitverbreitet und lokal auch häufig, aber auf Uferzonen oder sumpfige Lebensräume beschränkt. Sie sind aber keineswegs ausschließlich Schilfvögel, sondern kommen in einer größeren Vielfalt von Vegetation vor, etwa in Seggen, Nesseln, Weiden oder Erlen oder hohen Wiesen. So findet man Schilfrohrsänger auch in Hecken nahe einem Gewässer oder sogar an trockeneren Plätzen, auf denen dicke Halme wachsen, Durchzügler trifft man in ähnlichen Lebensräumen.

STIMME: Trocken und rau *tschrrr,* scharf *tek*; Gesang eilig schwätzend, nicht rhythmisch gegliedert, mit schnarrenden, trillernden und pfeifenden Tönen, auch Nachahmungen, mitunter Singflug.

BRUTBIOLOGIE: Tiefer Grasnapf mit Moos, Spinnweben in Pflanzen; 5 oder 6 Eier; 1 oder 2 Jahresbruten; April bis Juli.

NAHRUNG: Sucht in Rohr, Seggen, Nesseln und Büschen nach Insekten, Spinnen und Sämereien.

/\/\/\/\/\/\/\/\/\/\/\/\/\/\/\/\/\

FLUG: Kurz, flatternd und recht ziellos wirkend; Schwanz manchmal gefächert.

LEBHAFTER SÄNGER
Ein singendes Männchen klettert oft an die Spitze eines Busches oder eines Schilfhalmes.

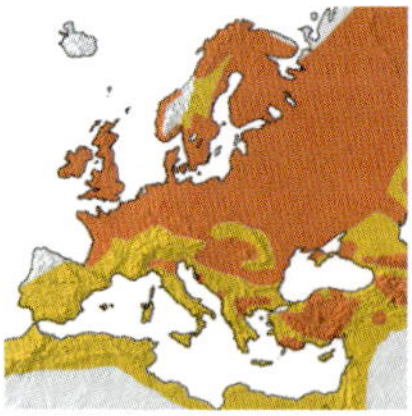

VORKOMMEN
Als Brutvogel weitverbreitet, fehlt in Island. In Rohrbeständen von kleinen Tümpeln bis zu großen Schilfflächen und anschließender Verlandungsvegetation, seltener in Nesseln, Weidenbüschen und anderen Pflanzen; Sommervogel.

In Mitteleuropa zu sehen
| J | F | M | A | M | J | J | A | S | O | N | D |

ÄHNLICHE ARTEN

MARISKENSÄNGER
Jahresvogel (S. 317)

Oberkopf dunkler

Flügelspitzen kürzer

TEICHROHRSÄNGER
(S. 320)

kein Überaugenstreif

Rücken einfarbig

SEGGENROHRSÄNGER
(S. 444)

heller zentraler Scheitelstreif

kräftigere Streifung

Körperlänge **13 cm**	Flügelspannweite **17–21 cm**	Gewicht **10–13 g**
Einzeln	Lebensdauer **bis zu 5 Jahre**	Bestand gesichert†

| Ordnung **Passeriformes** | Familie **Sylviidae** | Art ***Acrocephalus palustris*** |

Sumpfrohrsänger

ALTVOGEL

Rücken ohne Zeichnung (mit grauem Anflug im Frühjahr)

Kopf kürzer als Teichrohrsänger

dünner weißer Augenring

Oberseite hell olivbraun (bei Jungvögeln wärmer braun)

Oberseite helloliv-braun (wärmer braun bei Jungvögeln)

dunkler graubrauner Schwanz nur leicht gerundet

lange, schwarze Federn mit hellen Rändern

IM FLUG

heller Schna-bel mit dunklem First (kürzer als Teichroh-sänger)

Bürzel etwas wärmer braun

lange Flügel-spitzen (länger als Teichrohrsänger)

Beine hell

Unterseite gelblich weiß

ALTVOGEL

D er ebenfalls einfarbige Sumpfrohrsänger ist ein Vogel nasser Flussufer und feuchter Plätze mit üppiger und dichter Vegetation; er ist kein eigentlicher Schilfbewohner. Durchzügler erscheinen einzeln gelegentlich in Gärten oder auch an der Küste und bedürfen zur sicheren Bestim-mung eingehender Beobachtung und Geduld. Wenn man nicht den vol-len Gesang hört, ist die Art sehr schwer zu bestimmen. Ihr Lebensraum ist meist sehr begrenzt und in der Natur auch meist nur kurzlebig. In manchen Gegenden ist der Sumpfrohrsänger daher ein unsteter Brutvo-gel, auch einer der letzten der rückkeh-renden Zugvögel im Frühsommer.

STIMME: Ruf knarrend *tschek* oder kurz *tschk*; Gesang voll von Nachahmungen anderer Vogelstimmen (auch solchen aus Afrika), flüssig, in hohem Tempo und mit erstaunlichen Motiv- und Ton-sprüngen und auch Tempowechseln.

BRUTBIOLOGIE: Flacher Napf aus Gras von starken Halmen gehalten; 4–5 Eier; 1 Jahresbrut; Juni bis Juli.

NAHRUNG: Sucht in dichter Vegetation Insekten und Spinnen, auch Beeren.

ALTVOGEL

FLUG: Niedrig, kurz, flatternd mit schwirrenden Flü-geln; unstet in der Richtung.

AUSSERGEWÖHNLICHE SÄNGER
Sumpfrohrsänger singen meist in Büschen, Nesseldickich-ten und anderen hohen und dichten Pflanzen.

VORKOMMEN
Lokaler Sommervogel vom äußersten Südosten Englands und Südskandinaviens über Mittel-, Südost- und Osteuropa. In dichter Feuchtvegetation von Weiden, Seggen, Nesseln und Dolden-blütlern mit oder ohne Schilf. Seltener Durchzügler an Küsten und auf Inseln.

ÄHNLICHE ARTEN

TEICHROHRSÄNGER (S. 320)

etwas wärmer braun

SCHILFROHRSÄNGER (S. 318)

gut sichtbarer Überaugenstreif

Bürzel rotbraun

Unterschwanz-decken diffus gezeichnet

ROHRSCHWIRL (S. 314)

In Mitteleuropa zu sehen
J F M **A M J J A S** O N D

Körperlänge **13–15 cm**	Flügelspannweite **18–21 cm**	Gewicht **11–15 g**
Einzeln	Lebensdauer **bis zu 5 Jahre**	**Bestand gesichert**

Ordnung **Passeriformes**	Familie **Sylviidae**	Art *Acrocephalus scirpaceus*

Teichrohrsänger

lange Schwungfedern, Ränder hell, aber nur undeutlich

Oberseite einheitlich hellbraun (mehr rotbraun bei Jungvögeln)

ALTVOGEL

langer Schwanz mit hellen Unterschwanzdecken

Unterseite hellbräunlich

dünner heller Augenring

Bürzel etwas heller als Rücken

Kopf flach, doch Scheitelfedern bei Erregung gesträubt

IM FLUG

Schwanz leicht gerundet

Kehle weiß

ALTVOGEL

Beine dunkelbraun oder grau

Schnabel lang, schlank und spitz

D er Teichrohrsänger ist ein typischer Schilfvogel, der nur selten auch anderswo an trockeneren Stellen oder in Weiden brütet, die über das seichte Wasser wachsen. Seine einheitliche Färbung macht ihn anderen, auch seltenen Arten sehr ähnlich. Vom Schilfrohrsänger ist er aber leicht zu unterscheiden. Sein mit Wiederholungen versehener metronomhafter Gesang ist auch sehr kennzeichnend, auch wenn er oft stark variiert. Auf dem Zug können Teichrohrsänger auch an unerwarteten Stellen erscheinen, etwa in Büschen und Hecken.

STIMME: Ruf knarrend *trschrrrä* oder kurz *tschk;* Gesang ausgesprochen rhythmisch mit kurzen rauen und harten Elementen, aber auch Pfeiflauten; meist werden Silben wiederholt, etwa *trrik trrik trrrik, tschr tschr tschr, tiri tiri tiri, täck täck täk.*

BRUTBIOLOGIE: Tiefer Napf aus Gras, Schilfblättern und -rispen um mehrere senkrechte Schilfhalme geflochten; 3–5 Eier; 2 Jahresbruten; Mai bis Juli.

NAHRUNG: Insekten und andere kleine Wirbellose auf Schlamm und dichter, feuchter Vegetation; gelegentlich auch Sämereien.

ALTVOGEL

/\/\/\/\/\/\/\/\/\/\/\/\/\/\/\/\/\

FLUG: Kurz, niedrig, flatternd zwischen Rohrhalmen oder Zweigen, Schwanz wird manchmal beim Abtauchen in die Deckung gefächert.

UMGREIFEN DER ROHRHALME
Der Teichrohrsänger kann vertikale Halme umklammern und daran klettern.

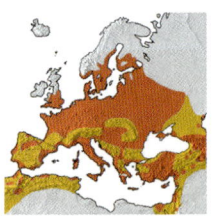

VORKOMMEN
Als Brutvogel und Sommervogel weitverbreitet, nordwärts bis Großbritannien und Südskandinavien. In großen Schilfbeständen, besonders im Wasserschilf, aber auch an kleinen Gewässern und auch in Weiden am Ufer von Seen und Flüssen. Durchzügler mitunter auch anderswo.

In Mitteleuropa zu sehen
J F M **A M J J A S O** N D

ÄHNLICHE ARTEN

Oberseite weniger rostbraun

SCHILFROHRSÄNGER (S. 318)

heller Überaugenstreif

hellbräunlicher Bürzel

SUMPFROHRSÄNGER anderer Gesang (S. 319)

Kopf flacher

Flügel kürzer

Unterschwanzdecken diffus gezeichnet

ROHRSCHWIRL (S. 314)

Körperlänge **13–15 cm**	Flügelspannweite **18–21 cm**	Gewicht **11–15 g**
Einzeln	Lebensdauer **bis zu 5 Jahre**	Bestand gesichert

Ordnung **Passeriformes**	Familie **Sylviidae**	Art ***Acrocephalus arundinaceus***

Drosselrohrsänger

Schwanz lang und breit

vom Schnabel bis über das Auge hell-bräunlicher Streifen

dunkler Augen-strich

Oberseite einheitlich warm braun

großer, dicker Schnabel mit dunkler Spitze

Kehle weiß

Bürzel einfarbig

Unterseite hell-rostbräunlich

IM FLUG

lange Flügelspitzen

dunkelbrauner Schwanz breit, leicht gerundet

FLUG: Niedrig, pfeilschnell, schießt drosselähnlich zwischen Schilfhorsten hin und her.

Dieser massige Rohrsänger erreicht fast die Größe einer Drossel und ist ein Schilfbewohner, er kann aber mitunter auch an bemerkenswert kleinen Feuchtstellen angetroffen werden oder auch in schmalen Schilfstreifen und hohem Gras entlang von Flüssen und an Überflutungsstellen. In sehr kleiner Zahl erscheint er auch regelmäßig nördlich seiner Brutverbreitung; solche Individuen bleiben dann manchmal eine oder zwei Wochen und singen lebhaft. Der Gesang ist sofort zu erkennen, laut und knarrend, mit holprigen Verzögerungen und manchmal an Frösche erinnernd.

STIMME: Ruf knarrend und rau *krrr,* aber auch schnalzend *tschak;* Gesang auffallend laut und rau, mit Verzögerungen und sehr großen Tonsprüngen, hohe schrille Laute wechseln mit tiefen knarrenden.

BRUTBIOLOGIE: Tiefes Nest an senkrechten Rohrhalmen über Wasser aufgehängt; 3–6 Eier; 1 oder 2 Jahresbruten; Mai bis August.

NAHRUNG: Nimmt Insekten und verschiedene wirbellose Tiere von Blättern und vom Schilf auf, das er auf Nahrungssuche durchstöbert.

LAUTER SÄNGER
Von der Spitze eines großen Schilfhalmes lässt der Drosselrohrsänger einen rauen und knarrenden Gesang hören.

VORKOMMEN
Brütet in Europa nördlich bis Südskandinavien, nicht auf den Britischen Inseln. Sommervogel in Schilfwäldern und schilfbestandenen Teich- und Flussufern. Auf dem Zug erscheint er auch nördlich seines Verbreitungsgebiets.

ÄHNLICHE ARTEN

viel kleiner

SINGDROSSEL (S. 341)

TEICHROHR-SÄNGER (S. 320)

Unterseite mit deutlichen Flecken

In Mitteleuropa zu sehen
J F **M A M J J A S O** N D

Körperlänge **16–20 cm**	Flügelspannweite **25–26 cm**	Gewicht **30–40 g**
Einzeln	Lebensdauer **bis zu 5 Jahre**	Bestand **gesichert**†

Ordnung **Passeriformes**	Familie **Sylviidae**	Art *Ciscticola juncidis*

Cistensänger

IM FLUG

auf dem Kopf dunkel- und hellbraune Streifen

auf dem Rücken cremefarbene und schwarze Streifen

Flügel sehr kurz und gerundet

kurzer, schmaler, oft aber gefächerter Schwanz mit schwarzen und weißen Punkten auf der Unterseite

Schwanz klein und gerundet

Unterseite ungezeichnet, hellbräunlich

dünne Beine rosa

FLUG: Meist niedrig, schnell, schwirrend, wirkt schwach; Singflug höher in Wellenlinien, aber langsam.

Der kleine und unspektakuläre Cistensänger ist der einzige europäische Vertreter einer weitverbreiteten afrikanischen und südasiatischen Gattung vieler kleiner, zum Verwechseln ähnlicher Grasmückenverwandter. Für gewöhnlich verrät er sich durch seinen Gesang, Wiederholungen eines einzelnen, scharfen und durchdringenden Lauts, die in Pausen exakt synchron mit einem wellenförmigen Singflug vorgetragen werden. Optisch gleicht er keinem anderen europäischen Singvogel, obwohl er klein und gestreift ist. Deshalb wiederum sind nichtsingende Vögel in der dichten Vegetation schwer zu entdecken. Weibchen haben zwei oder mehr Bruten und sind dabei mit verschiedenen Männchen verpaart.
STIMME: Ruf laut *tschipp;* Gesang ist eine Folge gleichartiger hoher spitzer Töne, die in exaktem Abstand im wellenförmigen Singflug gebracht werden, *zit…zit…zit…*
BRUTBIOLOGIE: Tiefes flexibles birnen- oder flaschenförmiges Nest aus Gras, Federn und Spinnweben in hohem Gras; 4–6 Eier; 2 oder 3 Jahresbruten; April bis Juni.
NAHRUNG: Nimmt Insekten, Spinnen und Sämereien auf.

MUSTER WIE ABGE-STORBENES GRAS
Die hellen und dunklen Streifen auf dem Rücken tarnen den Cistensänger zwischen braunen und rötlichen Grashalmen.

VORKOMMEN
Lokaler Brutvogel um das Mittelmeer, in Spanien, Portugal und an der Atlantikküste von Frankreich. Ganzjährig am Brutplatz, nach harten Wintern aber Verringerung der Verbreitung. In hohem Grasland, in Sümpfen, auf Dünen und manchmal auch in Getreidefeldern mit grasigen Rainen.

In Mitteleuropa zu sehen
| J | F | M | A | M | J | J | A | S | O | N | D |

ÄHNLICHE ARTEN

SCHILFROHR-SÄNGER (S. 318)
größer
kräftiger Überaugenstreif

kräftigerer Überaugenstreif
BRAUNKEHLCHEN
♂♀; sitzt offener (S. 352)
größer

FELDSCHWIRL (S. 313)
größer und länger
langer, schlanker Schwanz

Körperlänge **10–11 cm**	Flügelspannweite **12–15 cm**	Gewicht **10 g**
Einzeln	Lebensdauer **bis zu 5 Jahre**	Bestand **gesichert†**

| Ordnung **Passeriformes** | Familie **Sylviidae** | Art *Regulus regulus* |

Wintergoldhähnchen

Gestalt ohne Hals

auf dem Flügel breites weißes Band in V-Form

Gefieder matt bis intensiv olivgrün

auf dem Oberkopf schwarze Streifen, dazwischen gelb (bei Jungvögeln hell graugrün)

um das Auge weißlich

Flügel schwärzlich

ALTVOGEL

ALTVOGEL

IM FLUG

Unterseite hellbräunlich bis grün

ALTVOGEL

Wintergoldhähnchen sind Europas kleinste Vögel und können manchmal auf Armeslänge beobachtet werden, wenn sie an unteren Baumästen nach Nahrung suchen. Sie sind nicht etwa so kühn oder mit der Gegenwart von Menschen vertraut, sie ignorieren Menschen einfach. Die Folgen sehr hoher, nadeldünner, aber mit Energie vorgetragener Goldhähnchenrufe gehören zum Nadelwald. Der Gesang ist gleichermaßen dünn, aber durchdringend. Im Winter suchen Wintergoldhähnchen in verschiedenen Plätzen nach Nahrung, auch in Hecken, niedrigen Büschen und sogar in Ginster- oder Brombeersträuchern.

STIMME: Ruf sehr hoch und fein, aber mit Nachdruck *si-si-si-si;* Gesang ebenso hoch, auf- und abperlend mit einem anderen Schlussteil etwa *siedli-i siedli-i siedli-i siedli-i-didl-iio.*

BRUTBIOLOGIE: Winziger Napf aus Spinnweben, Moos und Flechten um einen Ast geschlungen; 7 oder 8 Eier; 2 Jahresbruten; April bis Juli.

NAHRUNG: Pickt winzige Insekten, Spinnen und Insekteneier von und zwischen Nadeln auf.

/\

FLUG: Schnell, schwirrende Flügel.

DURCHDRINGENDER GESANG
Der sehr hohe Gesang des Wintergoldhähnchens durchdringt das Geräusch des Windes in den Bäumen und sogar das Rauschen des Verkehrs.

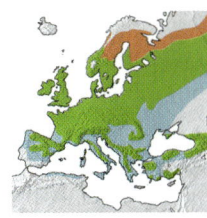

VORKOMMEN
Brütet in weiten Teilen Europas mit Ausnahme von Island und dem extremen Norden Skandinaviens und auch großen Teilen des Mittelmeergebiets. Jahresvogel in Misch- und Nadelwäldern, auch in großen, mit Bäumen bestandenen Gärten. Auf dem Zug, vor allem an der Küste, auch in sehr niedrigen Büschen.

| In Mitteleuropa zu sehen |
| J F M A M J J A S O N D |

ÄHNLICHE ARTEN

SOMMERGOLDHÄHNCHEN
(S. 324)

weißer Überaugenstreif

Flügel einfarbig

heller

größer

Oberkopf einfarbig

einfarbige Flügel

FITIS (S. 304)

ZILPZALP
(S. 303)

| Körperlänge **8,5–9 cm** | Flügelspannweite **13–15,5 cm** | Gewicht **5–7 g** |
| **Einzeln** | Lebensdauer **2–3 Jahre** | **Bestand gesichert†** |

Ordnung **Passeriformes**	Familie **Sylviidae**	Art *Regulus ignicapilla*

Sommergoldhähnchen

oberseits lebhaft grün

weiße Spitzen der inneren Flügelfedern

Halsseiten bronzegelb

breite schwarze Kappe mit orangefarbener Mitte (bei Jungvögeln Oberkopf einfarbig)

breiter weißer Überaugenstreif, oft keilförmig (bei Jungvögeln matter)

helle Streifen auf dem dunklen Flügel

ALTVOGEL

IM FLUG

weiße Flügelbinde V-förmig

Unterseite weißlich

ALTVOGEL

ALTVOGEL

Das Sommergoldhähnchen ist in Europa zwar weniger weitverbreitet als das Wintergoldhähnchen, aber in manchen Gegenden häufiger zu sehen. Beide Arten sind sich sehr ähnlich. Die Rufe des Sommergoldhähnchens sind geringfügig kräftiger und der deutlich weniger rhythmische, dynamische Gesang ist ein gutes Artkennzeichen, wenn man den Vogel nur als Silhouette gegen den Himmel auf einem hohen Nadelbaum sieht.

STIMME: Ruf hoch *siit;* Gesang scharf und schnell, sich beschleunigend *si si si si siiiii.*

BRUTBIOLOGIE: Winziger Napf aus Moos und Flechten unterhalb eines Astes, meist in einem Nadelbaum; 7–11 Eier; 2 Jahresbruten; April bis Juli.

NAHRUNG: Pickt winzige Insekten und Spinnen von und zwischen den Nadeln, aber auch von Blättern auf; bewegt sich gewandt, rüttelt oft kurz.

FLUG: Kurz, schnell, flatternd über meist kurze Entfernungen.

NEST IN DER FICHTE
Sommergoldhähnchen legen ihr Nest meist in einem Nadelbaum an. Inmitten der dichten Nadeln ist es schwer zu sehen.

ÄHNLICHE ARTEN

WINTERGOLDHÄHNCHEN
♂♀ (S. 323)

über dem Auge kein Weiß

Gesicht einfarbiger

Flügel einfarbig

ZILPZALP
(S. 303)

großer gelber Überaugenstreif

GOLDHÄHNCHEN-LAUBSÄNGER
im Flug gelber Bürzel (S. 447)

VORKOMMEN
Brütet vom extremen Süden Großbritanniens nach Süden bis Spanien und nach Osten bis in die baltischen Länder und auf die Balkanhalbinsel. In Laub-, Misch- und Nadelwäldern, auch in Büschen verschiedenster Art, vor allem auf dem Zug.

In Mitteleuropa zu sehen
J F **M A M J J A S O N** D

Körperlänge **9 cm**	Flügelspannweite **13–16 cm**	Gewicht **5–7 g**
Einzeln	Lebensdauer **2–3 Jahre**	**Bestand gesichert**

SEIDENSCHWÄNZE, MAUER-LÄUFER, KLEIBER, BAUMLÄUFER

D IESE VÖGEL finden ihre Nahrung alle beim Klettern und Kriechen über eine harte Unterlage, sei es Rinde, Mauer oder Fels.

SEIDENSCHWÄNZE

Die gesellligen und oft sehr zahmen Seidenschwänze sind mit einer Haube geschmückt, kurzbeinig und auffällig. In Westeuropa schwankt ihre Zahl von Jahr zu Jahr erheblich.

MAUERLÄUFER

Der Mauerläufer – es gibt nur eine Art in seiner Familie – ist ein Vogel der Felswände und Schluchten im Hochgebirge, der manchmal im Winter auch aus den Bergen heraus in Steinbrüche, an Brücken und große Gebäude des Tieflandes kommt. Er ist an einer großen grauen Felswand nicht leicht zu entdecken, bietet aber aus der Nähe einen atemberaubenden Anblick. Mauerläufer klettern meist in kleinen Sprüngen und fächern dabei ihre Flügelspitzen zuckend nach außen.

KLEIBER

Die agilen Kleiber nutzen die Kraft ihrer Beine und Krallen zu einem festen Griff, der ihnen auch erlaubt, auf der Unterseite eines Astes oder eines Überhangs und sogar ebenso leicht Kopf voran nach unten wie aufwärts zu klettern. Der Kleiber ist ein Waldvogel, der auch auf dem Boden nach Nahrung sucht. Der Felsenkleiber klettert dagegen auf Felsen, Mauern und Ruinen.

FESTER GRIFF
Kleiber können mehr oder minder in jedem Winkel an einem Ast hängen, auch kopfüber.

BAUMLÄUFER

Sie laufen buchstäblich an Bäumen. Sie können zwar auf der Unterseite eines Astes hängen, benutzen aber ihren Schwanz als Stütze, sodass sie nie mit dem Kopf voran nach unten klettern. Ihre Bestimmung ist schwierig, es sei denn, man kann eine Art der Verbreitung nach ausschließen oder man hört den Gesang. Wald- und Gartenbaumläufer singen für gewöhnlich unterschiedlich, aber manchmal kann der Gartenbaumläufer vor allem in den Rufen sehr der anderen Art ähneln. Baumläufer schließen sich im Winter auch herumstreifenden Meisenschwärmen an.

BOMBYCILLIDAE
(SEIDENSCHWÄNZE)

lange
Haube

SEIDENSCHWANZ
S. 326

TICHODROMADIDAE
(MAUERLÄUFER)

Flügel
schwärzlich
mit leuchtend
roten Flecken

MAUERLÄUFER
S. 327

SITTIDAE
(KLEIBER)

durch das Auge
schwarzer Streifen

KLEIBER
S. 328

CERTHIIDAE
(BAUMLÄUFER)

Kehle
reinweiß

Unterseite
seidenweiß

WALDBAUM-LÄUFER
S. 329

GARTENBAUM-LÄUFER
S. 330

325

Ordnung **Passeriformes**	Familie **Bombycillidae**	Art ***Bombycilla garrulus***

Seidenschwanz

ALTVOGEL

auf schwarzem Flügel
weiße Binde

Schwanz
matt-
schwarz
mit gelbem
Endsaum

IM FLUG

Bürzel und
Hinterrücken
hellgrau

schwarzer
Kehllatz

lange Haube

schwarzer
Strich durch
das Auge

Körper hell-
rosabraun

MÄNNCHEN

gelber Saum

gelber
Streifen
dünner

undeutlicherer
Kehllatz

auf den Flügeln wachs-
artige rote Plättchen

langer gelber oder
weißer Streifen über
dem geschlossenen
Flügel

WEIBCHEN

Unterschwanz
rostrot

MÄNNCHEN

S eidenschwänze sind Brutvögel des Nordens und besuchen Westeuropa nur im Winter in stark wechselnder
Zahl. Die besten Einflugjahre folgen auf Sommer mit gutem Bruterfolg und einem hohen Bestand, aber eine schlechte Beerenernte im
Herbst zwingt die Seidenschwänze weiter südlich und westlich ihrer
normalen Verbreitung zu wandern, um Nahrung zu finden. Auch
wenn fliegende Schwärme oberflächlich an Stare erinnern, ist die
Bestimmung sehr leicht.

STIMME: Silberhelle feine Triller wie *triiii* oder *siirrrr*.

BRUTBIOLOGIE: Nest aus Zweigen, mit Moos ausgepolstert, in einer
Birke oder einem Nadel-
baum; 4–6 Eier; 1 Brut;
Mai bis Juni.

NAHRUNG: Im Sommer
Insekten; im Winter große
Beeren wie Eberesche und
Schneeball, auch Äpfel und
andere weiche Früchte.

∧∧∧∧∧∧∧∧∧∧∧∧∧∧∧∧∧∧∧∧

FLUG: Geradlinig, in langen flachen Wellenbewegungen, schnelle Flügelschläge; Schwärme formieren sich
ähnlich wie Watvögel.

ÄHNLICHE ART

Bürzel
dunkel

Schnabel
spitzer

STAR ♂♀; ähn-
lich im Flug
(S. 333)

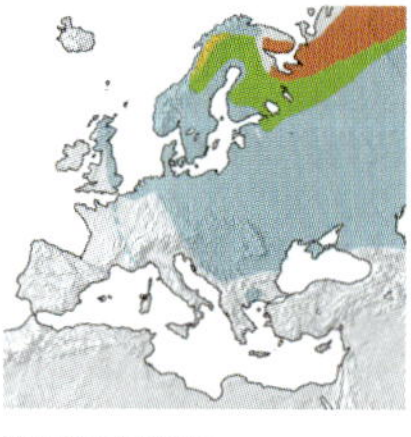

VORKOMMEN
Brütet in Nadelwäldern im hohen
Nordosten Europas. Im Winter
häufig in Nordskandinavien, unre-
gelmäßig in Südskandinavien und
Osteuropa. Zahlen sind unvorher-
sehbar, manchmal groß. In West-
europa große Mengen bei hohem
Bestand und Nahrungsmangel in
Nordeuropa.

SCHWARM BEI DER RAST
Seidenschwänze suchen emsig nach Nahrung, sie plündern Beeren von
den Sträuchern und trinken viel.

In Mitteleuropa zu sehen
J F M A M J J A S O N D

Körperlänge **18 cm**	Flügelspannweite **32–35 cm**	Gewicht **45–70 g**
Schwärme	Lebensdauer **bis 5 Jahre**	**Bestand gesichert†**

Ordnung **Passeriformes**	Familie **Tichodromadidae**	Art *Tichodroma muraria*

Mauerläufer

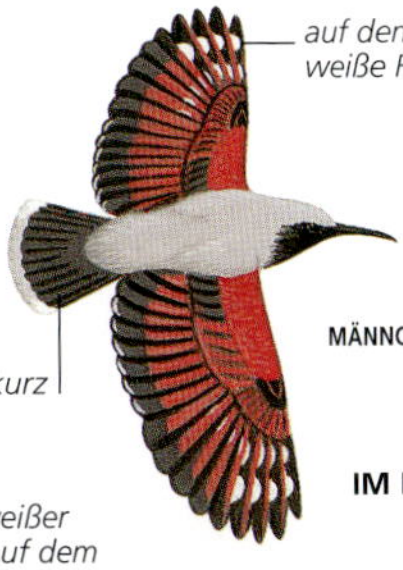

langer, dünner Schnabel etwas nach unten gebogen

auf den Flügeln große weiße Flecken

Gesicht und Kehle schwarz (im Winter weiß)

Kopf und Körper mittelgrau

MÄNNCHEN (SOMMER)

Schwanz kurz

IM FLUG

Reihen weißer Flecken auf dem äußeren Flügel

Flügel schwärzlich mit leuchtend roten Flecken

kleiner schwarzer Kehlfleck (im Winter verschwunden)

WEIBCHEN (SOMMER)

MÄNNCHEN (SOMMER)

D er Mauerläufer ist ein einmaliger und erstaunlicher Vogel der Berge und Schluchten, oft hoch oben nahe der Schneegrenze im Sommer, kommt aber im Winter häufig herunter und sucht große alte Gebäude auf. Er lebt weitgehend im Verborgenen. Aber wenn man ihn einmal gefunden hat und man sich ihm nähern kann, lässt er sich beobachten, denn er ist nicht scheu. Er ist aber ganz an das Leben auf steilen Felsen unter Überhängen an feuchten schattigen Plätzen, bei kaltem Wetter auch auf sonnigen exponierten Stellen angepasst.

STIMME: Ruft nicht viel, pfeifend *tih*; Gesang aus pfeifenden Lauten.
BRUTBIOLOGIE: Etwas schlampig erscheinendes Nest in Felshöhlung oder tiefer Spalte zwischen Felsbrocken; 4 Eier; 1 Jahresbrut; Mai bis Juli.
NAHRUNG: Sucht Felsen, besonders feuchte Stellen und erdige Simse nach Insekten und Spinnen ab, sondiert mit dem Schnabel und zuckt ständig mit den Flügeln.

FLUG: Zögerlich, flatternd, aber kräftig; über große Entfernungen Wellenlinie, bei Nahrungssuche springend, fliegt über kurze Entfernungen schmetterlingsähnlich.

ERSTAUNLICHE TARNUNG
Das Rot im Flügel des Mauerläufers fällt auf größere Entfernung nicht sehr auf, es sieht oft dunkelgrau aus und man verliert es gegen den felsigen Hintergrund leicht aus den Augen.

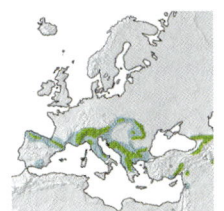

VORKOMMEN
Ist meistens selten und lokal, brütet in den Pyrenäen, Alpen und im Balkan, meist, aber nicht immer ziemlich hoch. In Südeuropa etwas weiter verbreitet im Winter, wenn die Vögel in tiefere Lagen herunterkommen. Lebt an Felswänden, in Schluchten und Steinbrüchen, ist aber außerhalb der Brutverbreitung selten.

In Mitteleuropa zu sehen
J F M A M J J A S O N D

Körperlänge **15–17 cm**	Flügelspannweite **30–35 cm**	Gewicht **25 g**
Familiengruppen	Lebensdauer **3–5 Jahre**	**Bestand gesichert†**

Ordnung **Passeriformes**	Familie **Sittidae**	Art *Sitta europaea*

Kleiber 82

grauer Dolch-
schnabel

Schwanz
kurz

Flügel breit

durch das Auge
schwarzer Streifen

Unterseite
hellbeige,
Flanken
rostbraun

Rücken und
Oberkopf
blaugrau

akrobatische
Haltung

IM FLUG

Füße groß

Schwanz mit
dunkler Basis und
weißen Ecken

Fast das ganze Leben eines Kleibers spielt sich an Ästen und Stämmen hoher Bäume hängend ab, obwohl er auch an Felsen, Mauern oder alten Gebäuden klettert und recht oft auf den Boden herunterkommt. Er erscheint auch an Futterstellen in Gärten. Der vielseitige Klettervogel kann gleichermaßen kopfunter wie nach oben klettern, aber auch quer auf einem Ast sitzen oder mit dem Rücken nach unten auf der Unterseite klettern. Kleiber verlassen sich dabei ausschließlich auf ihre Füße und die Schärfe ihrer Krallen, der Schwanz wird nicht als Kletterhilfe eingesetzt wie bei Spechten und Baumläufern.

STIMME: Rufe fein *zitt*, aber auch lauter *twet* oder *tuit*, oft in lockerer Folge; Gesang entweder Pfeiftöne in langsamer Folge oder ganz schnell als Triller.

BRUTBIOLOGIE: Benutzt eine alte Spechthöhle oder einen Nistkasten, die mit Rindenstückchen und Blättern ausgelegt werden; um den Höhleneingang wird Schlamm geklebt; 6–9 Eier; 1 Jahresbrut; April bis Juli.

NAHRUNG: Viel Samen, Beeren, Trockenfrüchte, die oft an einen geeigneten Platz getragen und dort aufgehackt werden.

FLUG: Springend, leichte Wellenlinie; Flügelschläge schnell.

VORKOMMEN
Brütet in den meisten Teilen Europas mit Ausnahme von Island, dem Norden Großbritanniens, Nordskandinavien und Südspanien. Jahresvogel in Misch- und Laubwäldern, Parks und großen Gärten mit hohen alten Bäumen; selten fernab der Brutverbreitung.

In Mitteleuropa zu sehen
| J | F | M | A | M | J | J | A | S | O | N | D |

ÄHNLICHE ART

FELSENKLEIBER
anderer Lebensraum (S. 449)

Oberseite
heller

einfarbig

NAHRUNGSSUCHE AUCH AM BODEN
Kleiber kommen oft auf den Boden, um heruntergefallene Früchte und Beeren zu suchen; sie hüpfen ruckartig über das Falllaub.

Körperlänge **12,5 cm**	Flügelspannweite **16–18 cm**	Gewicht **12–18 g**
Lockere Trupps	Lebensdauer **2–3 Jahre**	**Bestand gesichert**

| Ordnung **Passeriformes** | Familie **Certhiidae** | Art **Certhia familiaris** |

Waldbaumläufer

feiner, gekrümmter Schnabel

weißlicher Über-augenstreif

weißliche Flügelbinden

Unterseite seidenweiß

Fuß groß, aber schlank

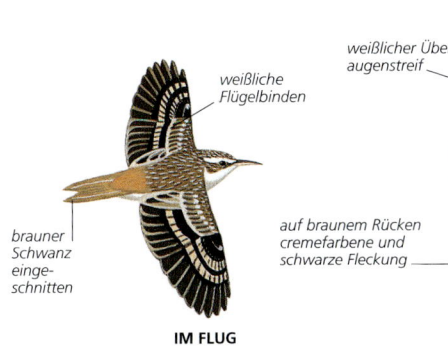

brauner Schwanz einge-schnitten

auf braunem Rücken cremefarbene und schwarze Fleckung

IM FLUG

FLUG: Schwach, niedrig, Wellenlinie, typisch hoch von einem Baum an die Basis des nächsten.

helle Streifen sind nicht stufig gestaffelt, davor größerer eckiger oder runder Fleck

am Schwanz helle Federschäfte

Noch mehr als der Kleiber sind die Baumläufer an die Rinde eines Baumes gebunden. Sie können dank ihrer Zehen unter einem Ast frei hängen, doch gewöhnlich sitzen sie nach oben gerichtet, gestützt auf ihren Schwanz. Manchmal suchen Waldbaumläufer auch auf Zweigen von Büschen und ausnahmsweise auch an einer Mauer nach Nahrung. Normalerweise verfolgen sie ihren Weg nach oben, oft in Schrauben um den Stamm, bevor sie zum nächsten Baum nach unten fliegen und dann wieder ihren Weg nach oben nehmen. Im Herbst und Winter schließen sie sich auch locker an Meisenschwärme an. Eine Unterart (Skandinavien) ist über dem Auge kräftiger weiß und auf der Unterseite reinweiß.

STIMME: Ruf dünn, hoch _siiih_ oder rauer und etwas trillernd _sriih;_ Gesang eine abfallende Strophe, länger und feiner als Gartenbaumläufer, oft mit einem Endschnörkel.

BRUTBIOLOGIE: Nest hinter lockerer Rinde, auch in besonders konstruierten Nistkästen; 5 oder 6 Eier; 1 Jahresbrut; April bis Juni.

NAHRUNG: Pickt Insekten, Spinnen und andere winzige Nahrungspartikel von der Rinde, sucht mit seinem Schnabel in Ritzen und Spalten; auch an Mauern, Felsen.

ÄHNLICHE ART

Unterseite schmutziger

GARTEN-BAUMLÄUFER anderer Ruf und Gesang (S. 330)

FESTER GRIFF
Waldbaumläufer benutzen ihre scharfen Krallen und kräftigen Zehen, um sich fest in der rauen Rinde zu verkrallen, der Schwanz bietet Stütze und Gleichgewicht.

VORKOMMEN
Brut- und Jahresvogel von den Britischen Inseln über ganz Osteuropa und nach Süden bis Nordspanien in Laub-, Misch- und Nadelwäldern, Parks, auch in hohen Hecken und manchmal in Gärten mit entsprechenden Bäumen.

| In Mitteleuropa zu sehen |
| J F M A M J J A S O N D |

| Körperlänge **12,5cm** | Flügelspannweite **18–21 cm** | Gewicht **8–12 g** |
| **In gemischten Trupps** | Lebensdauer **2–3 Jahre** | **Bestand gesichert** |

| Ordnung **Passeriformes** | Familie **Certhiidae** | Art **Certhia brachydactyla** |

Gartenbaumläufer

wirkt im Flug schlank und schwach

weißliche Flügelbinden

IM FLUG

Schnabel lang, dünn, leicht nach unten gebogen

Oberseite etwas matt und abgetragen

Kehle reinweiß

am Flügel helle Bänder in Stufenform oder wie Sägezähne

FLUG: Geradlinig, aber schwach, Wellenlinie, mit Folgen rascher Flügelschläge.

Schwanz einfarbig

Nur wenige Artenpaare sind so schwierig auseinanderzu-halten wie die beiden Baumläufer. Der Gartenbaumläufer ist am besten an Rufen und Gesang zu erkennen. Selbst wenn man sie in der Hand hält, kann es unmöglich sein, die beiden Arten nach Gefiedermerkmalen und Maßen allein sicher zu unterscheiden. Der Gartenbaumläufer hat deutlichere weiße Federspitzen an der Flügelspitze und ein etwas anderes Muster am geschlossenen Flügel. Im Allgemeinen ist er etwas gedeckter und matter gefärbt, auf der Unterseite ein wenig brauner mit einer etwas stärker kontrastierenden weißen Kehle. Manch-mal wirkt er auch ein wenig runder, der Schwanz in etwas größerem Winkel gegen die Rinde gestellt. Gartenbaumläufer sind eben-falls auf Bäume angewiesen, klettern aber auch an Felsen und Mauern.

STIMME: Ruf kräftig und klar *tüt* (erinnert an Tannen-meise), oft in Wiederholung; Gesang ist kurze Pfeif-strophe, die zum Schluss ansteigt, etwa *titi tir-o-iti tit*.

BRUTBIOLOGIE: Nest hinter lockerer Rinde, auch in besonders konstruierten Nistkästen; 5 oder 6 Eier; 1 Jahresbrut; April bis Juni.

NAHRUNG: Pickt Insek-ten, Spinnen und Eier von der Rinde, sucht mit seinem Schnabel in Rit-zen und Spalten, stemmt aber keine Rinde weg.

ÄHNLICHE ART

Unterseite reiner weiß

WALDBAUMLÄUFER anderer Ruf und Gesang (S. 329)

RINDENSPEZIALIST
Der Gartenbaumläufer verbringt sein ganzes Leben damit, auf Nahrungs-suche an Baumrinden zu klettern.

VORKOMMEN
Brütet lokal in Spanien, Italien, Frankreich, verbreitet in Mitteleuropa und im Ostseeraum. Typisch für das Tiefland, oft in Laubwäldern und vor allem in Parks und Gärten. Jahresvo-gel, der sehr selten außerhalb seiner Brutverbreitung vorkommt.

| In Mitteleuropa zu sehen |
| J F M A M J J A S O N D |

| Körperlänge **12,5 cm** | Flügelspannweite **18–21 cm** | Gewicht **8–12 g** |
| **In gemischten Trupps** | Lebensdauer **2–3 Jahre** | **Bestand gesichert** |

Familien **Sturnidae, Troglodytidae, Cinclidae**

ZAUNKÖNIGE, STARE UND WASSERAMSELN

D IESE VÖGEL hier sind mehr aus Gründen der Konvention als aus solchen der Verwandtschaft zu einer Gruppe zusammengefasst.

ZAUNKÖNIGE

Dies ist vor allem eine amerikanische Familie mit nur einer Art in Europa. Zaunkönige sind meist kleine braune und gebänderte Vögel mit lauten Stimmen. Der Zaunkönig, dessen wissenschaftlicher Name »Höhlenbewohner« bedeutet, sucht in dunklen Ecken, unter Hecken und im dichten Gebüsch nach Insekten.

STARE

Zwei Arten sind überwiegend dunkle, glänzende und stimmfreudige Vögel; die dritte ist als Jungvogel heller und im Alterskleid rosa und dunkel. Alle Stare sind gedrungen, haben spitze Schnäbel und sind kurzschwänzig. Sie laufen eifrig und fliegen schnell, oft in riesigen Schwärmen. Stare sammeln sich auch an gemeinsamen Schlafplätzen in gigantischen Trupps.

WASSER-AMSELN

Oberflächlich wirken sie ähnlich wie Zaunkönige, sind aber größer. Die Wasseramsel schwimmt, watet und läuft sogar unter Wasser. Sie ist immer am Wasser zu finden; sie fliegt eher die Kurven eines Wasserlaufs aus, als über Land abzukürzen.

SCHMETTERNDER GESANG
Ein Zaunkönig bringt unter großer Anstrengung seinen laut schmetternden Gesang hervor.

STURNIDAE
(STARE)

Körper glänzend schwarz mit grünem und purpurfarbenem Schimmer

STAR
S. 333

Körper schwarz und purpurfarben glänzend, mit öligem Schimmer (im Winter matter)

EINFARBSTAR
S. 334

TROGLODYTIDAE
(ZAUNKÖNIG)

Schwanz winzig, gerundet und oft hochgestellt

ZAUNKÖNIG
S. 332

CINCLIDAE
(WASSERAMSEL)

Brust weiß

WASSERAMSEL
S. 335

Ordnung **Passeriformes**	Familie **Troglodytidae**	Art ***Troglodytes troglodytes***

Zaunkönig 58

Kopf rund,
kein Hals

langer heller Über-
augenstreif

Rücken
hellbraun

auf Rücken
und Flügeln
dunkle
Bänderung

Schwanz winzig,
gerundet und oft
hochgestellt

Schnabel
fein und
lang

IM FLUG

Unterseite hell-
bräunlich

Flanken weich
gebändert

∧∧∧∧∧∧∧∧∧∧∧∧∧∧∧∧∧∧∧∧

kräftige
Beine hell

FLUG: Niedrig, schnell, mit schwirrenden Flügelschlägen, geht schnell wieder in Deckung.

Der stimmgewaltige Zaunkönig ist einer der kleinsten Vögel Europas. Er kann eine bemerkenswerte Vielfalt von Lebens-
räumen nutzen. Man findet ihn von Meereshöhe bis ins Hochgebirge, von fast ganz offenem Gelände bis in den Hochwald; eigene Unterarten leben auf abgelegenen Inseln.
Die meiste Zeit hält er sich tief unten am oder nahe am Boden auf, oft im Dickicht von Brombeeren und anderen Büschen oder Ziersträuchern im Garten. Kalte Winter verursachen dramatische Bestandsabnahmen, doch können sich die Populationen rasch wieder erholen.
STIMME: Trockene, ratternde oder schnurrende Rufe wie *zrrrr* oder schmatzend *tzeck;* Gesang laut, schmetternd mit Trillern, die an Kanarien-
vogel erinnern.
BRUTBIOLOGIE: Kugelnest aus Blättern, Moos und Gras nahe am oder auf dem Boden unter einem Überhang, einer Baumwurzel, in einem Holzstapel; 5 oder 6 Eier; 2 Bruten; April bis Juli.
NAHRUNG: Sucht an dunklen und auch feuch-
ten Plätzen nach Insekten, Spinnen und auch Abfällen.

GROSSER SÄNGER
Mit aufgerichtetem Schwanz und weit offenem Schnabel steckt der singende Zaunkönig große Energie in einen lauten und schmetternden Gesang.

VORKOMMEN
Brütet so gut wie überall in Europa; in Nord- und Osteuropa nur Sommervogel. Lebt fast über-
all vom Oberrand von Felswänden und Heide- und Moorlandschaften bis in Laub- und Nadelwälder, Parks, Gärten und Hecken.

ÄHNLICHE ARTEN

**HECKEN-
BRAUNELLE**
(S. 358)
Schwanz
länger

ROTKEHLCHEN Jungvogel,
ähnlich wie Altvogel (S. 344)
— größer und
grauer

— größer und
gefleckt

Schwanz
länger

UNTERART

T. t. zetlandicus (Shetlands)
deutlicher
gebänderte
Flanken
und
dunkler

mehr
graubraun

In Mitteleuropa zu sehen
| J | F | M | A | M | J | J | A | S | O | N | D |

Körperlänge **9–10 cm**	Flügelspannweite **13–17 cm**	Gewicht **8–13 g**
Einzeln	Lebensdauer **2–5 Jahre**	**Bestand gesichert**

Ordnung **Passeriformes**	Familie **Sturnidae**	Art *Sturnus vulgaris*

Star 90

Kopf schlicht, bekommt zuletzt Altvogelgefieder

um den Schwanz große schuppenförmige Flecken

Gesicht silbrig weiß mit dunkler Maske

Körperfedern mit weißer oder hellbräunlicher Spitze

Schwungfedern mit hellorangebräunlichen Säumen

Schnabel spitz, gelb mit blauer Basis (bei Weibchen helle Basis)

ALTVOGEL

ALTVOGEL (WINTER)

Schwanz kurz, gerade abgeschnitten

IM FLUG

Körper glänzend schwarz mit grünem und purpurfarbenem Schimmer

IMMATUR (HERBST, IN DER MAUSER)

Körper einfarbig braun

Schnabel dunkel

JUNGVOGEL

Beine lang, kräftig, rotbraun

MÄNNCHEN (FRÜHJAHR)

Stare sammeln sich zu dichten, lärmenden Schwärmen. Allerdings hat sich mit einer weiträumigen Abnahme auch deren Größe reduziert. Stare trifft man in vielen Lebensräumen in der Stadt, in Vorstädten und in der ländlichen Kulturlandschaft. Im Winter ziehen viele innerhalb Europas nach Westen. Im Frühjahr singen Stare laut mit charakteristischem Flügelschlagen.

STIMME: Rufe kurz schwirrend *tjürr*, scharf *kjätt* und heiser quäkend *stääh*; ausgeflogene Jungvögel rufen heiser, Gesang aus Pfeiftönen, klickenden, knackenden und krächzenden Lauten mit Nachahmungen von Vogelstimmen und Geräuschen, unter Flügelzittern und Sträuben des Kehlgefieders.

BRUTBIOLOGIE: Lockeres Nest aus Gras und Halmen, mit kleinen Reisern, Moos, Wolle und Federn ausgepolstert in Baumhöhlen, Mauerlöchern oder Nistkästen; 4–7 Eier; 1 oder 2 Jahresbruten; April bis Juli.

NAHRUNG: Wirbellose Kleintiere, Samen, Beeren und kleinere Weichfrüchte; kann auch fliegende Insekten fangen.

FLUG: Geradlinig, schnell, kurze Gleitstrecken und schnelle Flügelschläge; oft in dichten Schwärmen mit Flugmanövern.

HERBSTSCHWÄRME
Starenschwärme im Flug bieten ein erstaunliches Beispiel für geschicktes Zusammenarbeiten und perfekte Koordination.

VORKOMMEN
Brütet in den meisten Gebieten Europas, ausgenommen Spanien, Portugal und Süditalien, wo er aber Wintergast ist. In Nord- und Osteuropa nur Sommervogel. Brutvogel in Wäldern, Parks, Gärten; im Winter auch in Städten und auf Industrieflächen.

In Mitteleuropa zu sehen
J F M A M J J A S O N D

ÄHNLICHE ARTEN

EINFARBSTAR ♂♀
(S. 334)

AMSEL ♂♀
(S. 339)

nicht gefleckt

längere Körperfedern

im Sommer ohne helle Flecken

Schwanz länger

Körperlänge **21 cm**	Flügelspannweite **37–42 cm**	Gewicht **75–90 g**
Schwärme	Lebensdauer **bis 5 Jahre**	**Bestand gesichert**

Ordnung **Passeriformes**	Familie **Sturnidae**	Art *Sturnus unicolor*

Einfarbstar

ALTVOGEL

IM FLUG

Alterskleid entwickelt
sich allmählich

rotbrauner
Anflug an Flügel-
spitzen, gegen
das Licht zu
sehen

Rücken und
Flügel einfarbig
braun

einzelne kleine
dunkle Flecken
auf der Unterseite

**JUNGVOGEL
(IN DER MAUSER)**

JUNGVOGEL

gelber Schnabel
mit blauer Basis
(bei Weibchen
mit heller Basis)

auf Hals und Brust
lange, lockere,
spitze Federn

Körper schwarz und
purpurfarben glänzend,
mit öligem Schimmer
(im Winter matter)

Beine rosarot

**MÄNNCHEN
(SOMMER)**

Das Gegenstück des Stars auf der Iberischen Halbinsel ist der sehr ähnliche und ganz offensichtlich nah verwandte Einfarbstar. Im Winter kann es schwer sein, beide Stare sicher voneinander zu unterscheiden. Im Sommer scheinen die Vögel in den Gruppen, die Dächer alter Gebäude in Spanien zieren oder auf die Felder zur Nahrungssuche fliegen, doch etwas anders auszusehen und bescheidene Merkmale ihrer Art zu zeigen. Im Winter kommen auch Stare nach Spanien und beginnen zunehmend südlich der Pyrenäen zu brüten. Dadurch erhöhen sich die Probleme der sicheren Bestimmung.
STIMME: Rufe kurz und rau; Gesang ebenfalls mit zitternden Flügeln, oft im Chor, starenähnlich.
BRUTBIOLOGIE: Lockeres Nest auf Dächern und in Mauerlöchern; 4–7 Eier; 1 Jahresbrut; April bis Juni.
NAHRUNG: Wirbellose Kleintiere und Samen auf dem Boden.

FLUG: Wie Star, wirkt ein wenig massiger, breitflügelig, geringfügig langsamer.

LEBENSRAUM
Einfarbstare leben in ähnlichen Lebensräumen wie Stare, sind aber öfter an alten Gebäuden und an Felsen zu finden.

ÄHNLICHE ART

STAR ♂♀ im Winter größere
Flecken überall
(S. 333)

im Sommer helle Flecken
unter dem Schwanz

FEINER GLANZ
Aus der Ferne wirkt der Vogel einfarbig schwarz. Er hat aber einen deutlicheren metallisch purpurfarbenen Glanz als der Star.

VORKOMMEN
Brütet in Spanien, Portugal und im äußersten Süden Frankreichs, auf Korsika, Sardinien und Sizilien. Jahresvogel in Städten und Dörfern, Nahrungssuche auf benachbartem Agrarland; im Winter auch Zusammenschluss mit Staren.

In Mitteleuropa zu sehen
J F M A M J J A S O N D

Körperlänge **21 cm**	Flügelspannweite **37–42 cm**	Gewicht **75–90 g**
Schwärme	Lebensdauer **bis 5 Jahre**	**Bestand gesichert**

Ordnung **Passeriformes**	Familie **Cinclidae**	Art *Cinclus cinclus*

Wasseramsel

Kopf tiefbraun

vom Rücken zum Schwanz schwärzlich

gedrungene Gestalt

ALTVOGEL

IM FLUG

kräftiger Schnabel dunkel

Brust weiß

helle Federränder

auf dem Bauch kastanienbraunes Band

Körper grauer

dicke Beine schwarz mit großen Füßen

JUNGVOGEL

ALTVOGEL

Wenige Vögel sind so eng an einen Lebensraumtyp gebunden wie die Wasseramsel. Im Sommer sieht man sie an schnell fließenden und oft von Bäumen gesäumten Flüssen in höheren Lagen. Sie bleibt, wenn möglich, auch im Winter dort, aber hartes Wetter kann sie auch weiter abwärts treiben, sogar bis an die Ufer von Seen und Stauseen oder gar an die Küste. Zum normalen Verhalten zählt, dass Wasseramseln schwimmen und tauchen oder bei der Suche nach Nahrung einfach ins Wasser gehen und dann darin verschwinden. Das Körperwippen und die Rufe sind auch ganz artspezifisch. Die Unterart *C. c. hibernicus* (Schottland, Irland) hat ein braunes Bauchband.

FLUG: Niedrig, schnell entlang einem Wasserlauf mit schnellen Flügelschlägen.

STIMME: Scharf, kurz und durchdringend *zritt;* Gesang mit rauen und zwitschernden, gepressten und auch quietschenden Tönen.

BRUTBIOLOGIE: Kugelnest aus Moos und Gras in einer Uferhöhlung, unter einem Überhang oder einer Brücke; 4–6 Eier; 2 Bruten; April bis Juli.

NAHRUNG: Köcherfliegen- und andere Larven, kleine Fischchen, Krebstiere und Mollusken.

UNTERART

C. c. cinclus (Nordeuropa, Nordfrankreich)

tiefer schwarz

Bauch einheitlich dunkel

TARNMUSTER
Der leuchtend weiße Brustlatz trägt dazu bei, dass die Wasseramsel im Spiel des Lichts an einem bewegten Fluss weniger auffällig wird.

VORKOMMEN
Brütet lokal in höheren Lagen, fehlt in Island, Westfrankreich und Nordosteuropa, doch sonst weitverbreitet im geeigneten Lebensraum: saubere, frische Flüsse in baumbestandenen Tälern oder schattigen Schluchten. Im Winter wandern einige an größere Gewässer, selten an die Küste.

In Mitteleuropa zu sehen
| J | F | M | A | M | J | J | A | S | O | N | D |

Körperlänge **18 cm**	Flügelspannweite **25–30 cm**	Gewicht **55–75 g**
Einzeln	Lebensdauer **bis 5 Jahre**	**Bestand gesichert†**

SCHMÄTZER und DROSSELN

V ÖGEL DIESER GRUPPE sind durch recht kurze, aber kräftige Schnäbel, kräftige Beine, recht große Köpfe, große Augen und eine rundliche, etwas gedrungene Gestalt gekennzeichnet. Einige sind häufig, andere sehr selten; einige sind Zugvögel, einige bleiben das ganze Jahr. Sie leben in vielfältigen Lebensräumen.

KLEINDROSSELN

Sie sind nicht nur kleiner als die eigentlichen Drosseln, sondern auch weniger massiv gebaut. Im Gefieder sind einige variabler: Sie haben oft jahreszeitlich unterschiedliche Kleider, Männchen und Weibchen sehen im Sommer verschieden aus und die Jungvögel gleichen den Altvögeln im Schlichtkleid. Steinschmätzer leben in offenen Gegenden von Hochmooren bis in heiße mediterrane Trockengebiete. Die Nachtigall hält sich an dichtes Gebüsch. Schwarzkehlchen leben auf Heiden und in Mooren, die Braunkehlchen sind nur Sommervögel.

EIGENTLICHE DROSSELN

Die unterseits gefleckten Drosseln sehen das ganze Jahr über gleich aus, auch Männchen und Weibchen sind gleich. Die Amsel und der Steinrötel dagegen haben nach Geschlechtern (manchmal auch nach Jahreszeiten) verschiedenes Gefieder. Sie sind hervorragende Sänger. Viele sind Zugvögel.

Bei der Amsel treffen Zugvögel in Westeuropa im Winter auf ihre Artgenossen.

ZWISCHEN GROSS UND KLEIN
Die Nachtigall reiht sich in Größe und Gestalt genau zwischen die größeren eigentlichen Drosseln und die Kleindrosseln ein.

TURDIDAE (SCHMÄTZER UND DROSSELN)

weißes Brustband

Schnabel leuchtend orangegelb

Schnabel schwarz und gelb

RINGDROSSEL
S. 338

AMSEL
S. 339

WACHOLDERDROSSEL
S. 340

V-förmige braunschwarze Punkte auf der Unterseite

Punkte breiter, weniger V-förmig, gleichmäßiger verteilt als bei Singdrossel

Flanken matt rostrot

SINGDROSSEL
S. 341

ROTDROSSEL
S. 342

MISTELDROSSEL
S. 343

*Brust
orangerot*

*hellbeigebraun
und olivgrau*

*Schwanz oft
hochgestellt*

ROTKEHLCHEN
S. 344

SPROSSER
S. 345

NACHTIGALL
S. 346

*Unterseite leb-
haft rostorange
(bei Weibchen
orangebraun
mit dichter
Bänderung)*

*Kehle
blau*

*Unterseite
lebhaft
orangerostrot*

*Unterseite
schwarz*

BLAUKEHLCHEN
S. 347

HAUSROTSCHWANZ
S. 348

GARTENROTSCHWANZ
S. 349

STEINRÖTEL
S. 350

*Körper
dunkelblau,
wirkt aus der
Entfernung
schwärzlich*

*auf hellbraunem
Rücken schwarze
Streifen*

*Brust
rostrot*

BLAUMERLE
S. 351

BRAUNKEHLCHEN
S. 352

SCHWARZKEHLCHEN
S. 353

*durch das Auge
schwarzer Fleck*

*Gesicht und
Kehle schwarz*

*Schwanz
großenteils
weiß*

STEINSCHMÄTZER
S. 354

MITTELMEERSTEINSCHMÄTZER
S. 355

TRAUERSTEINSCHMÄTZER
S. 356

Ordnung **Passeriformes**	Familie **Turdidae**	Art **Turdus torquatus**

Ringdrossel

Flügel hell

Kopf klein

Gestalt schlank

MÄNNCHEN

matter als Männchen

mattes helles Brustband

Rücken braunschwarz

Kopf schwarz

WEIBCHEN

Flügel heller

IM FLUG

weißes Brustband

langer, schwarzer Schwanz

Unterseite rauchschwarz

MÄNNCHEN

Ringdrosseln begegnet man im Sommer in abgelegenen wilden, offenen Landschaften mit lockeren Felsen, Findlingen oder auch Steinmauern und an der Baumgrenze in den Hochgebirgen. Sie kommen im Frühjahr und tauchen auf dem Zug gelegentlich auf Hügeln im Binnenland oder an Küsten auf; im Herbst sind sie häufiger am Meer, besonders wenn Dünen mit beerentragenden Sträuchern bewachsen sind. Sie sind meistens scheu und fliegen rasch außer Sicht. Oft sieht man sie mit erhobenem Kopf und gestelztem Schwanz, die Flügel hängend; mitunter sehen nur Kopf und Schnabel über eine Felskante. Ringdrosseln nehmen in manchen Gebieten ab als Folge menschlicher Störung an Sommerwochenenden.

STIMME: Laut und hart rhythmisch *tak-tak-tak,* auch verschiedene leisere schwätzende Laute; Gesang aus kurzen Strophen meist gleicher flötender Töne, die etwas an Amsel erinnern, aber meist rauer sind.

BRUTBIOLOGIE: Großer Napf aus Gras, Zweigen, Blättern und Erde in einem steilen Abbruch, einer Felshöhle, einer Steinmauer oder in Büschen an der Baumgrenze; 5–6 Eier; 2 Jahresbruten; April bis Juni.

NAHRUNG: Lebt von Insekten, Würmern, Sämereien und Beeren, letztere auch viel auf dem Zug.

FLUG: Schnell, geradlinig, oft über lange Entfernungen ähnlich Misteldrossel, aber niedriger; fliegt oft über einen Bergkamm außer Sicht.

UNTERART

T. t. alpestris (Mittel- und Südeuropa)

helles Flügelfeld

weiße Schuppen

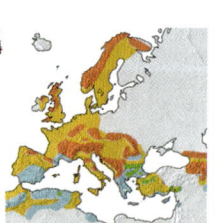

VORKOMMEN
Brütet lokal in Europa, fehlt in Island und im Nordosten, meist in höheren Lagen, auf offenen Mooren mit felsigen Stellen, in lockeren Bergwäldern an der Baumgrenze der Hochgebirge. Auf dem Zug auch an der Küste und im Tiefland.

In Mitteleuropa zu sehen
J F **M A M J J A S O N** D

ÄHNLICHE ARTEN

AMSEL ♂ ähnlich ♂♀ (S. 339)

tiefer schwarz

WASSERAMSEL (S. 335)

Brust weiß

BLAUMERLE ♀ ähnlich ♂♀ (S. 351)

Unterseite hell mit dunkler Bänderung

Körperlänge **23–24 cm**	Flügelspannweite **38–42 cm**	Gewicht **95–130 g**
Familiengruppen	Lebensdauer **5–10 Jahre**	Bestand gesichert†

Ordnung **Passeriformes**	Familie **Turdidae**	Art **Turdus merula**

Amsel 🔘 66

auf Rücken
helle Striche

heller rost-
bräunlicher
Körper

gelber
Augenring

Flügelspitzen wenig
heller, besonders
von unten

JUNGVOGEL

Schnabel
leuchtend
orangegelb

Körper dunkel-
braun

Flügel
braun

MÄNNCHEN

Schnabel
dunkel

**IMMATUR MÄNN-
CHEN (1. WINTER)**

IM FLUG

MÄNNCHEN

Körper groß,
einheitlich
schwarz

Flügel
braun

auf Kehle
deutliche
Streifen

Unterseite
verschieden
stark gefleckt

hebt den
Schwanz

WEIBCHEN

Die Amsel ist einer der bekanntesten Vögel Europas. Sie bietet auch ein vertrautes Beispiel für Geschlechtsunterschiede in der Gefiederfärbung. Die Weibchen sind immer dunkler als andere Drosseln, zeigen aber Unterschiede in der Fleckung der Unterseite. Lebensräume der Amsel reichen von abgelegenen Bergwäldern bis zu Gärten und Parks; Amseln zählen zu den regelmäßigsten Gartenbewohnern und in manchen Gebieten auch zu regelmäßigen Besuchern von Futterstellen. Sie tragen auch am meisten zum Vogelgesang in der Morgendämmerung in Vorstädten und Waldlandschaften bei.

FLUG: Gewöhnlich recht niedrig, schnell und in die nächste Deckung schwenkend; über längere Entfernung leicht wellenförmig mit Folgen rascher Flügelschläge; hebt den Schwanz beim Landen.

STIMME: Laut, weich *duk,* wiederholt laut und hart *tak-tak-tak* und durchdringend bei Alarm oder vor dem Aufsuchen des Schlafplatzes *tix-tix-tix;* hoch und rollend *srriii;* Gesang ein volltönendes Flöten in vielen Variationen, Strophen durch Pausen getrennt.
BRUTBIOLOGIE: Napf aus Gras und Erde, mit Gras ausgelegt, in Sträuchern, Büschen, niedrigen Bäumen oder Hecken; 3–5 Eier; 2–4 Jahresbruten; März bis August.
NAHRUNG: Sucht am Boden nach Würmern, Insekten und wirbellosen Tieren, untersucht oft geräuschvoll das Falllaub, nimmt Früchte und Beeren in Büschen auf; kommt auch an Futterstellen.

VORKOMMEN
Brütet fast überall in Europa, doch ist in Island selten. In Wäldern, Gehölzen, Gärten, Parks und Agrarland mit Hecken; in manchen Gebieten besonders häufig in Siedlungen, doch eigentlich ein Vogel der Wälder mit verrottender Laubschicht am Boden.

ÄHNLICHE ARTEN

SINGDROSSEL
ähnlich ♀
(S. 341)

heller

Unterseite
deutlicher
gefleckt

Schwanz
kurz

STAR ♂♀ (S. 333)

gedrungener

Beine heller

Flügel
heller

weißes
Brust-
band

RINGDROSSEL ♂♀
(S. 338)

In Mitteleuropa zu sehen
J F M A M J J A S O N D

Körperlänge **24–25 cm**	Flügelspannweite **34–38 cm**	Gewicht **80–110 g**
Familiengruppen	Lebensdauer **bis 5 Jahre**	**Bestand gesichert**

Ordnung **Passeriformes**	Familie **Turdidae**	Art ***Turdus pilaris***

Wacholderdrossel

Kopf blaugrau mit dunkleren Stellen

Schnabel schwarz und gelb

Rücken dunkelbraun (Jungvögel helle Flecken auf Flügeldecken)

Unterflügel überwiegend weiß

ALTVOGEL

Schwanz schwarz

Bürzel hellgrau

IM FLUG

Brust hell- bis tieforangebraun und schwarz gefleckt

ALTVOGEL (SOMMER)

Bürzel grau

Flanken deutlicher weiß

schwarze Flecken auf weißen Flanken

ALTVOGEL (WINTER)

FLUG: Kräftig, etwas wellenförmig mit Folgen rascher Flügelschläge; unregelmäßige Gleitphasen, recht langsam und etwas regellos; oft in Schwärmen.

Die Wacholderdrossel ist nicht nur auffällig und hübsch gezeichnet mit einer einmaligen Kombination von Farben, sondern hat auch einen charakteristischen Ruf. Der weiße Unterflügel ist für die Bestimmung wichtig, ebenso die Neigung, in Schwärmen umherzufliegen und in Kolonien zu brüten. Schwärme halten im Flug mehr oder weniger zusammen, driften aber in unregelmäßigen Reihen und ungeordneten Gruppen auseinander und sind weniger koordiniert als etwa Finkenschwärme.

STIMME: Kennzeichnend laut, hart oder weicher *tschak-tschak-tschak* oder *tsat-tsat-tsat,* auch nasal *wiehp;* Gesang unauffälliges Schwätzen mit gepressten, quietschenden Tönen im Flug.

BRUTBIOLOGIE: Napf aus Zweigen und Gras, in Busch oder Baum, oft in lockeren Kolonien; 5 oder 6 Eier; 1 oder 2 Jahresbruten; Mai bis Juni.

NAHRUNG: Würmer und Insekten am Boden; im Herbst auch Äpfel oder Beeren.

NOMADISIERENDE SCHWÄRME
Im Herbst und Winter fliegen Wacholderdrosseln in Schwärmen umher und suchen Nahrung. Sie gesellen sich aus oft zu Rotdrosseln.

VORKOMMEN
Brütet in Mittel-, Nord- und Osteuropa in bewaldeten Gegenden. Weitverbreiteter geselliger Wintergast in West- und Südeuropa in Gehölzen, Kulturland (besonders alte Weiden und Obstanlagen) mit Hecken und einzelnen Bäumen. Kommt in strengen Wintern auch in Gärten.

In Mitteleuropa zu sehen
J F M A M J J A S O N D

ÄHNLICHE ARTEN

MISTELDROSSEL (S. 343)

Rücken heller

Schwanz hell

AMSEL ♀; dunkler Unterflügel im Flug (S. 339)

einfarbiger

TURMFALKE (S. 127)

♂ (S. 127)

viel größer

Körperlänge **25 cm**	Flügelspannweite **39–42 cm**	Gewicht **80–130 g**
Herbstschwärme	Lebensdauer **5–10 Jahre**	**Bestand gesichert**

| Ordnung **Passeriformes** | Familie **Turdidae** | Art **Turdus philomelos** |

Singdrossel 64

Unterflügel warm orangebräunlich

Flügel einfarbig

heller Augenring

Oberseite einfarbig dunkel- bis olivbraun

helle Federspitzen

unter der Wange Striche

IM FLUG

SINGEND

V-förmige braunschwarze Punkte auf der Unterseite

Unterseite gelbbeige, auf Flanken brauner, Bauch weiß

Beine hellfleischfarben

FLUG: Gewöhnlich niedrig in die nächste Deckung; hoher Flug etwas unregelmäßig mit Gleitstrecken und Folgen rascher Flügelschläge.

Die Singdrossel ist die bekannteste der gefleckten Drosseln, unterseits sauber gepunktet und recht klein, deutlich kleiner als eine Amsel. Sie hat einen wundervollen abwechslungsreichen, volltönenden Gesang, der immer leicht zu erkennen ist. Sie braucht Wald oder mindestens Baumgruppen und dichte Hecken in der Feldflur. Sie kommt auch in Misch- und Laubwäldern mit einige Lichtungen vor, ebenso in gut mit Bäumen bestückten Gärten oder in Stadtparks.

STIMME: Kurz und dünn *zipp*, lautes Alarmgezeter höher als Amsel; Gesang laut und volltönend, in Phrasen gegliedert, die in der Regel zwei- bis viermal wiederholt werden und flötende, pfeifende oder auch raue Motive enthalten.

BRUTBIOLOGIE: Napf, der innen mit Erde und Schlamm ausgestrichen ist, in Busch, Hecke oder Baum; 3–5 Eier; 2 oder 3 Jahresbruten; März bis Juli.

NAHRUNG: Hüpft und läuft über offenen Boden, hält inne und zieht Regenwürmer heraus; nimmt Schnecken oder andere wirbellose Tiere, Beeren und Früchte auf; erscheint auch an Futterstellen.

BEEREN IM HERBST
Beeren sind im Herbst für Singdrosseln eine willkommene Nahrung als Zusatz für Würmer und Schnecken, die normalerweise die Nahrung darstellen.

VORKOMMEN
Brütet in fast ganz Europa mit Ausnahme von Island; in Nord- und Osteuropa nur Sommervogel, in West- und Südeuropa auch im Winter. Laubwälder, Parklandschaften, Agrarland mit Gehölzen und Hecken, Gärten, Stadtparks mit Rasen und Büschen.

| In Mitteleuropa zu sehen |
| J F M A M J J A S O N D |

ÄHNLICHE ARTEN

MISTELDROSSEL (S. 343)

grauer

größer

helle Ränder an den Flügelfedern

unten Flecken runder

ROTDROSSEL (S. 342)

weißer Überaugenstreif

kleiner und dunkler

AMSEL ♀ (S. 339)

größer

dunkler

viel undeutlicher gefleckt

| Körperlänge **23 cm** | Flügelspannweite **33–36 cm** | Gewicht **70–90 g** |
| Familiengruppen | Lebensdauer **bis 5 Jahre** | **Bestand gesichert** |

Ordnung **Passeriformes**	Familie **Turdidae**	Art *Turdus iliacus*

Rotdrossel

weißer Fleck seitlich vom Schwanz

IM FLUG

Unterflügeldecken rötlich

Oberkopf dunkel

heller Überaugenstreif

Rücken dunkelbraun

Wangen dunkel

auf der Brust lange, schmale dunkle Flecken

Unterseite silbrig weiß

Flanken matt rostrot

FLUG: Schnell, in Schwärmen mitunter hoch und etwas unregelmäßig, leichte Wellenbahn mit vorübergehend zuckenden Flügeln; bei Störung wird nächste Deckung angeflogen.

Rotdrosseln hört man oft in der Nacht auf dem Zug rufen. Sie sind kleine, gesellig lebende Drosseln, die man leicht an der markanten Kopfzeichnung bestimmen kann. Sie fliegen meist in Schwärmen herum, oft auch mit Wacholderdrosseln vergesellschaftet. Im Spätherbst und Frühwinter werden beerentragende Sträucher und Bäume abgeerntet. Die Rotdrossel ist kein eigentlicher Gartenvogel, kommt aber in größere Gärten vor allem bei kaltem Wetter oder kurz auf dem Durchzug. Brutpaare siedeln sich meist in kleinen verstreuten Gruppen an.

STIMME: Flugruf vor allem bei Nacht zu hören, gedehnt, etwas unrein klingend *siiieh,* auch *tschjuk, tschittuk* in Schwärmen; Gesang variabel, in Phrasen gegliedert, die in der Regel zwei- bis viermal wiederholt werden und flötende, pfeifende oder auch raue Motive enthalten.

BRUTBIOLOGIE: Nest aus Gras und Zweigen in niedrigem Busch; 4–6 Eier; 2 Jahresbruten; April bis Juli.

NAHRUNG: Am Boden; im Winter in lockeren Schwärmen auf Feldern und Wiesen auf der Suche nach Würmern, Insekten, Sämereien, im Herbst Beeren.

BEERENFRESSER
Die Beerenernte in manchen Hecken und Gehölzen wird durch Rotdrosseln und Wacholderdrosseln oft rasch aufgezehrt.

ÄHNLICHE ARTEN

SINGDROSSEL kürzerer Ruf, hellerer Unterflügel im Flug (S. 341)

Kopf einfarbiger

kleiner

Unterflügel grauer

FELDLERCHE Winterschwärme ähnlich im Flug (S. 288)

VORKOMMEN
Brütet in Nord- und Osteuropa; überwintert in West- und Südeuropa. Brütet in Birken- und Nadelwäldern; auf dem Durchzug in Gehölzen aller Art, auch in Gärten und Parks, im Herbst meistens länger als im Frühjahr.

In Mitteleuropa zu sehen
J F **M A M J J A S O N** D

Körperlänge **21 cm**	Flügelspannweite **33–35 cm**	Gewicht **55–75 g**
Schwärme	Lebensdauer **bis 5 Jahre**	**Bestand gesichert**

Ordnung **Passeriformes**	Familie **Turdidae**	Art **Turdus viscivorus**

Misteldrossel 65

Kopf klein und rund

Unterflügel weiß

ALTVOGEL

Bürzel hell

IM FLUG

Hals schlank

Rücken graubraun

Unterseite hell cremebräunlich mit kräftigen schwarzen Flecken

große schwarze Augen in weitgehend einfarbigem Gesicht

ALTVOGEL

Kopf sehr hell

auf dem Rücken helle Flecken

Schwanz mit weißlichen Seiten

helle Ränder an dunklen Flügelfedern

JUNGVOGEL

ALTVOGEL

Die Misteldrossel ist eine große, kräftige und aggressive Drossel, bei Weitem die größte der gefleckten Arten und damit auch Europas größter eigentlicher Singvogel. Man trifft sie meist in Paaren, aber im Herbst schließen sich Familien zu Schwärmen zusammen, wenn viele Beeren reif sind. Im Winter verteidigen einzelne Misteldrosseln Bäume mit Beeren gegen andere Vögel, um für die kalten Monate einen Nahrungsvorrat zu sichern. Singdrosseln fliegen bei Störung meist niedrig ab, Misteldrosseln fliegen dagegen in die Höhe und auch über größere Strecken davon.

STIMME: Laut, schnarrend und etwas vibrierend *trrret* oder *zer-r-r-r;* Gesang mit kurzen, durch Pausen getrennte Strophen aus amselähnlichen Flötentönen.

BRUTBIOLOGIE: Großer Napf aus Wurzeln, Blättern, Zweigen und Gras, oft exponiert auf einem hohen Ast; 3–5 Eier; 2 Jahresbruten; März bis Juni.

NAHRUNG: Hüpft auf dem Boden, sucht nach Würmern, Samen und wirbellosen Tieren; nimmt viele Beeren auf, kommt zuweilen der Früchte wegen in größere Gärten.

FLUG: Kräftig, geradlinig, manchmal in Wellenlinien mit langen flachen Tälern zwischen Folgen schneller Flügelschläge, oft hoch und weit.

HELLE DROSSEL
Gegen den dunklen Hintergrund eines Nadelbaums kann die Misteldrossel sehr hell wirken.

VORKOMMEN
Brütet in den meisten Gebieten Europas abgesehen vom hohen Norden; in Nord- und Osteuropa Sommervogel. In Parklandschaften, Kulturland mit großen Bäumen, Obstgärten, an Rändern und Lichtungen von Hochwald und auch in reinen Nadelwäldern im Gebirge, sucht oft im Gras nach Nahrung.

In Mitteleuropa zu sehen
J F M A M J J A S O N D

ÄHNLICHE ARTEN

SINGDROSSEL (S. 341)

Oberseite heller — kleiner

V-förmige Flecken deutlicher

WACHOLDERDROSSEL (S. 340)

Rücken braun

Schwanz schwarz

Kopf grau

AMSEL ♀ (S. 339)

kleiner und dunkler

keine deutlichen Flecken

Körperlänge **27 cm**	Flügelspannweite **42–48 cm**	Gewicht **100–140 g**
Herbstschwärme	Lebensdauer **5–10 Jahre**	**Bestand gesichert**

343

Ordnung **Passeriformes**	Familie **Turdidae**	Art *Erithacus rubecula*

Rotkehlchen 60

Augen schwarz

dünner Schnabel dunkel

Körper braun gefleckt

Seiten von Hals und Brust bläulich grau

rote Flecken erscheinen

Oberseite warmes Braun bis Olivbraun

Brust orangerot

ALTVOGEL IM FLUG

JUNGVOGEL

Unterseite hell olivbräunlich

Gesicht und Brust hell orangerot bis verwaschen orangefarben

dünne braune Beine

Flügelspitzen charakteristisch herabhängend

ALTVOGEL (FRÜHJAHR)

ALTVOGEL (WINTER)

Das Rotkehlchen ist ein typischer Waldrand- und Buschvogel in den meisten Teilen seines Verbreitungsgebiets. Es folgt Säugetieren wie etwa Wildschweinen: Rotkehlchen picken Nahrung aus der aufgewühlten Erde. Im Garten folgt es dem Gärtner beim Umgraben und wird dabei manchmal bemerkenswert zahm, wie etwa in England. In Kontinentaleuropa sind Rotkehlchen dagegen meist deutlich scheuer. Man kann sie leicht erkennen (obwohl Jungvögel zunächst keine rote Kehle tragen) und ihr Gesang ist sehr typisch.

STIMME: Scharf und kurz *tik*, auch Reihen kurzer schneller *tik-ik-ik-ik-ik,* dünn und hoch *siiiip;* Gesang ist eine rasche Folge perlender Töne in wechselndem Tempo, manche Phrasen erinnern an die Gartengrasmücke, auch im Herbst und Winter zu hören.

BRUTBIOLOGIE: Überdachtes Nest aus Laub und Gras an einem Erdabbruch, unter dichten Büschen oder Hecken oder in dichtem Efeu; 4–6 Eier; 2 Bruten; April bis August.

NAHRUNG: Hüpft und flattert auf dem Boden auf der Suche nach Spinnen, Insekten, Würmern und Beeren.

FLUG: Kurz, in die nächste Deckung flatternd, längere Flüge wirken wenig kraftvoll, etwas flatternd mit kurzen Folgen schneller Flügelschläge.

IN UNTERSCHIEDLICHEM LICHT
Bei bestimmter Beleuchtung fällt der weiße Brustfleck unter dem roten Brustlatz sehr auf.

VORKOMMEN
Weitverbreitet, fehlt jedoch in Island; in Nord- und Osteuropa nur Sommervogel. In allen Waldtypen, in kleineren Gehölzen oder buschigen Heide- und Kulturlandschaften, in Gärten mit Hecken und Gebüsch sowie in Stadtparks.

ÄHNLICHE ARTEN

HECKEN-BRAUNELLE (S. 358)

Schwanz rötlicher

NACHTIGALL (S. 346)

GARTENROT-SCHWANZ ♀ (S. 349)

Unterseite viel stärker grau

Schwanz deutlicher rot

In Mitteleuropa zu sehen

J	F	M	A	M	J	J	A	S	O	N	D

Körperlänge **14 cm**	Flügelspannweite **20–22 cm**	Gewicht **16–22 g**
Familiengruppen	Lebensdauer **3–5 Jahre**	**Bestand gesichert**

Ordnung **Passeriformes**	Familie **Turdidae**	Art *Luscinia luscinia*

Sprosser

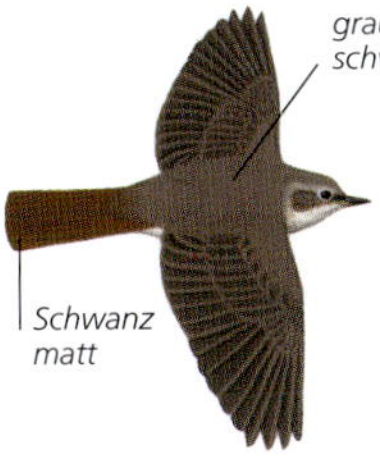

flacher Oberkopf

grau-schwarz

heller Augenring

hellbeigebraun und olivgrau

Brust zart gefleckt

Schwanz matt

IM FLUG

ALTVOGEL (VON VORNE)

helle Brust, olivgrau gefleckt

FLUG: Niedrige, kurze Flatterflüge zwischen Büschen.

Schwanz mattrotbraun

ALTVOGEL

Der Sprosser ähnelt der Nachtigall außerordentlich und ersetzt diese Art in Nord- und Osteuropa. Er ist unterseits variabel gewölkt und matter gefärbt als sein südwestliches Gegenstück, der Schwanz weniger deutlich rostbraun. Im dichten Unterholz ist er ebenso schwierig zu entdecken und hat einen weit zu hörenden Gesang mit vielen lauten, schnellen reichen Phrasen, der Aufmerksamkeit erregt.

STIMME: Warnruf scharf *iht* oder kehlig *errr*; Gesang ähnlich Nachtigall, variabel und weit zu hören, jedoch weniger klar und schön.

BRUTBIOLOGIE: Nest aus Gras und Stängeln in buschiger Deckung in Bodennähe; 4 oder 5 Eier, 1 Jahresbrut, Mai bis Juni.

NAHRUNG: Meist in Deckung am Boden; Insekten, Larven, Beeren und gelegentlich Samen.

VERBORGENER SÄNGER
Männchen singen in Dickichten oder tief im Wald verborgen. Sie ähneln der Nachtigall sehr, haben aber einen weniger abwechslungsreichen Gesang mit weniger hohen, reinen Tönen.

VORKOMMEN
Sommergast in Osteuropa, nördlich bis Südskandinavien, südlich bis zum Schwarzen Meer; in dichten, oft feuchten Wäldern und Dickichten, Ufergebüschen, selten in Gärten, seltener Durchzügler in Großbritannien und W-Europa.

ÄHNLICHE ARTEN

NACHTIGALL (S. 346)
Brust einfarbiger
Schwanz heller

ROTKEHLCHEN
Jungvögel ähneln sich; kleiner (S. 344)
helle Flecken am Rücken
unterseits stärker gefleckt

GARTENGRASMÜCKE
grauer Halsfleck (S. 306)
Schwanz matter

In Mitteleuropa zu sehen
| J | F | **M** | **A** | **M** | **J** | **J** | **A** | S | O | N | D |

Körperlänge **15–17 cm**	Flügelspannweite **23–26 cm**	Gewicht **18–27 g**
Einzeln/Familiengruppen	Lebensdauer **bis 5 Jahre**	Bestand gesichert

| Ordnung **Passeriformes** | Familie **Turdidae** | Art *Luscinia megarhynchos* |

Nachtigall 61

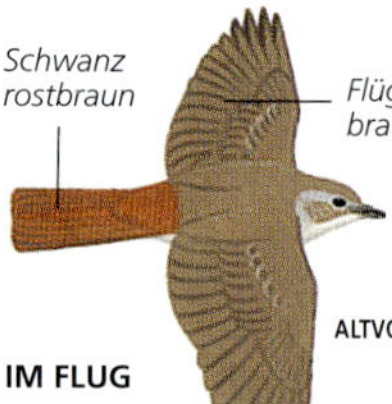

Oberseite gefleckt

Schwanz rostbraun

Schwanz rostbraun

Flügel einheitlich braun

um die dunklen Augen heller Ring

ALTVOGEL

IM FLUG

am Rücken warmes Braun

Schwanz oft hochgestellt

an den Hals- seiten grau

JUNGVOGEL

Unterseite hell- gräulich braun

Lange Unterschwanz- decken lassen den Körper hinten dick erscheinen.

Bürzel rostbraun

ALTVOGEL

kräftige Beine hellfleischfarben

MÄNNCHEN (SINGEND)

Mit einem der auf- fälligsten und schönsten Gesänge unter den europäischen Vögeln ist die Nachtigall leicht zu bemerken. Außerhalb der Sangeszeit ist es jedoch äußerst schwierig, sie zu entdecken; zu sehen ist sie in keiner Jahreszeit leicht. Sie bewegt sich in dichter Vegetation, oft nahe am Boden. Mit ein bisschen Geduld kann man mitunter einen guten Blick erhaschen. An manchen Plätzen singt sie durchaus ganz frei sitzend, lässt sich jedoch außer Sicht in die Deckung fallen, wenn man ihr zu nahe kommt. Auch wenn ihr Gefieder sehr unauffällig ist, macht die Bestimmung meist keine Schwierigkeiten.

STIMME: Ruft trocken, kehlig *kerrrr,* laut, hoch *hwiit;* Gesang sehr variabel, meist mit hohem, sich steigerndem klagendem *wiit wiit* eingeleitet, dann schnalzende und schluchzende Töne mit raschen Tonsprüngen und Ände- rungen, auch schnarrende Phrasen.

BRUTBIOLOGIE: Napf aus Gras und Laub in buschiger De- ckung nahe am Boden; 4 oder 5 Eier; 1 Brut; Mai bis Juni.

NAHRUNG: Sucht an offenen, feuchten Stellen unter dichter Deckung nach Würmern, Käfern und Beeren.

∧∧∧∧∧∧∧∧∧∧∧∧∧∧∧∧∧∧∧∧∧∧

FLUG: Niedrig, kurzes Flattern, Flügel und Schwanz werden kurz gefächert, bevor sie in die Deckung abtaucht.

KRÄFTIGER GESANG
Männchen singen anhaltender in der Morgen- und Abenddämmerung, aber auch mitten am Tag kommt es zu meist kurzer Gesangsaktivität.

VORKOMMEN
Als Sommervogel häufig in Süd- europa, seltener im Nordwesten nordwärts bis England und Nord- deutschland. Brütet in vielen Typen von Buschland und Dickichten, die bis zum Boden reichen, von buschigen Gärten bis zu Gehölzen mit dichtem Unterwuchs oder ein- zelnen Buschgruppen in Feucht- und Heidegebieten.

ÄHNLICHE ARTEN

SPROSSER (S. 345)

auf der Brust gefleckt

matter

ROTKEHLCHEN Jung- vogel, ähnlich Jungvogel (S. 344)

kleiner

gedeckter

GARTENGRASMÜCKE (S. 306)

kleiner

In Mitteleuropa zu sehen
| J | F | M | A | M | J | J | A | S | O | N | D |

| Körperlänge **16–17 cm** | Flügelspannweite **23–26 cm** | Gewicht **18–27 g** |
| **Einzeln** | Lebensdauer **bis 5 Jahre** | Bestand gesichert† |

| Ordnung **Passeriformes** | Familie **Turdidae** | Art *Luscinia svecica* |

Blaukehlchen

Flügel einfarbig

kräftiger weißer Überaugenstreif

Oberseite dunkelbraun

auf jeder Schwanzseite rostroter Fleck

MÄNNCHEN

IM FLUG

Kehle blau

MÄNNCHEN (SOMMER; ROTKEHLIGE FORM)

am Schwanz rot

blaue und rötliche Flecken

JUNGVOGEL

heller Überaugenstreif

Dunkles Brustband kann blau gefleckt sein.

WEIBCHEN

B laukehlchen sind vor allem Vögel feuchter Plätze wie Dickichte am Rand von Schilfflächen und sumpfige Stellen in nordischen Wäldern. In Mitteleuropa haben sie sich auch an künstlich entstandenen Lebensräumen wie Baggerseen und anderen buschigen Stellen angesiedelt. Trotz seines auffälligen Aussehens wird der Vogel auch oft übersehen, besonders zur Zugzeit. Sein Gesang ist bemerkenswert, denn er ist auch reich an ausgezeichneten Nachahmungen anderer Vogelstimmen. Gestalt und Verhalten erinnern an Rotkehlchen.

STIMME: Scharf und kurz *täk,* weicher *whiit,* oft in der Kombination *whiit-tüïrrk;* Gesang kräftig mit beschleunigender Einleitung zu melodischen Phrasen und manchen Nachahmungen anderer Arten.

BRUTBIOLOGIE: Kleiner Napf aus Gras in niedrigen Büschen; 5–7 Eier; 1 Jahresbrut; Mai bis Juni.

NAHRUNG: Sucht nahe am Boden Deckung, pickt Sämereien, Insekten und Beeren auf.

FLUG: Niedrig, recht schnell, flatternd, gewöhnlich nur kurze Strecke in die nächste Deckung.

MELODISCHER GESANG
Männchen singen von einer verborgenen Warte in Dickichten und niedrigen Büschen am Wasser.

VORKOMMEN
Brütet lokal in Frankreich, den Beneluxländern, Skandinavien, Mittel- und Osteuropa. Lebt vor allem in Dickichten auf nassem Boden, feuchten Wäldern und Buschgebieten in der Tundra, auch im Hochgebirge. Auf dem Zug erscheinen auch in Dickichten an der Küste.

ÄHNLICHE ARTEN

Kopf einfarbiger ohne Überaugenstreif

Schwanz einheitlicher gefärbt

kein Überaugenstreif

ROTKEHLCHEN (S. 344)

NACHTIGALL (S. 346)

UNTERART

L. s. cyanecula (Süd- und Mitteleuropa)

weißer zentraler Brustfleck

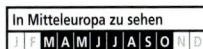

In Mitteleuropa zu sehen
J F M A M J J A S O N D

| Körperlänge **14 cm** | Flügelspannweite **20–22 cm** | Gewicht **15–23 g** |
| Einzeln | Lebensdauer **bis 5 Jahre** | **Bestand gesichert** |

| Ordnung **Passeriformes** | Familie **Turdidae** | Art *Phoenicurus ochruros* |

Hausrotschwanz

Kopf brauner als bei Männchen

Körper rauch- oder mausgrau

MÄNNCHEN

heller Augen- ring

Schwanz dunkel- rostrot mit dunklerem Zentrum

IM FLUG

WEIBCHEN

Oberkopf grau

Oberseite schiefergrau

weißes Flügelfeld

Unterseite schwarz

Oberseite und Seiten des Schwanzes rostrot

Körper hellgrau

IMMATUR (WINTER)

MÄNNCHEN (FRÜHJAHR)

A ls Vogel von Felsen oder tiefen Schluchten hat der Hausrotschwanz auch Städte und Dörfer besiedelt, in denen ältere Bauten Höhlen und Nischen für das Nest anbieten, und Ödflächen, auf denen Nahrung vorhanden ist. Er kann auch Industrieanlagen und Abbruchflächen in alten Städten besiedeln. Im Winter halten sich Hausrotschwänze in Westeuropa an Steinbrüche und Felsbuchten entlang der Küste, viele aber bevorzugen Ödland, auf dem Bauten abge- rissen oder neue Häuser gebaut werden.

STIMME: Ruf hart und ratternd, fast stimmlos, kurz *tsit, täk-täk* oder *täk-täk-täk* und kratzende Laute; Gesang beginnt mit hohen Pfeiftönen, dann knirschende Laute und wieder kurze Pfeiftöne, recht weit zu hören.

BRUTBIOLOGIE: Grasnest in Nischen und Höh- lungen von Gebäuden, in Felsspalten oder unter Überhängen; 4–6 Eier; 2 Bruten; Mai bis Juli.

NAHRUNG: Insekten im Flug, pickt Käfer, Lar- ven, Würmer und Beeren vom Boden auf.

FLUG: Schnell, wendig, pfeilschnell durch enge Räume und über Dächer mit raschen Flügelschlägen.

IMMATURES MÄNNCHEN
Männchen singen und brüten oft schon, wenn sie noch das Immaturgefieder tragen.

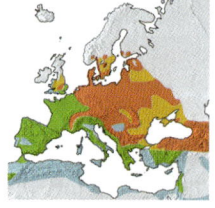

VORKOMMEN
Brütet in den meisten Teilen Europas mit Ausnahme von Island, dem Norden Großbritanniens (im Süden sehr selten) und Nordskandinaviens, in Städten, Dörfern, alten Industrie- anlagen, Felswänden, Steinbrüchen, Hochgebirgen und auch in alten Kiesgruben an der Küste. Im Winter oft entlang der Küste in Westeu- ropa, sonst meist nur Sommervogel.

In Mitteleuropa zu sehen
| J | F | M | A | M | J | J | A | S | O | N | D |

ÄHNLICHE ARTEN

GARTENROTSCHWANZ
♀ ähnlich ♂♀
(S. 349)

heller

am Bürzel mehr Rostrot

TRAUERSTEINSCHMÄTZER
♂♀ (S. 356)

größer und tiefer schwarz

Bürzel und Unterschwanz weiß

schwärzer

HECKENBRAUNELLE
(S. 358)

gestreift

am Schwanz kein Rot

| Körperlänge **14,5 cm** | Flügelspannweite **23–26 cm** | Gewicht **14–20 g** |
| Familiengruppen | Lebensdauer **bis 5 Jahre** | Bestand gesichert |

Ordnung **Passeriformes**	Familie **Turdidae**	Art **Phoenicurus phoenicurus**

Gartenrotschwanz

hellrostroter Schwanz mit dunkler Mitte

MÄNNCHEN (FRÜHJAHR)

IM FLUG

Weiße Federspitzen verdecken den größten Teil des schwarzen Gesichts.

Kopf einfarbig

MÄNNCHEN (HERBST)

Unterseite hellbräunlich

Schwanz rostrot

WEIBCHEN

Stirn leuchtend weiß

vom Oberkopf zum Rücken bläulich grau

Gesicht und Kehle schwarz

Körper schlank

Unterseite lebhaft orangerostrot

dünne Beine schwarz

Bürzel rostrot

MÄNNCHEN (FRÜHJAHR)

Ähnlich wie Rotkehlchen, doch schlanker und schmalschwänziger, zuckt der Gartenrotschwanz ständig mit dem Schwanz. Männchen im Prachtkleid sind auffallend hübsche Vögel, die man am ehesten entdeckt, wenn man ihrem kurzen typischen Gesang folgt. Gartenrotschwänze brüten in alten Wäldern mit locker stehenden Bäumen, aber heute vor allem auch in Gärten und Parks. Durchzügler kann man in Büschen (oft in Weidendickichten von Auwäldern oder an Seen) und auch regelmäßig an der Küste sehen.

FLUG: Rasch und wendig, flattert von Baum zu Baum und kommt oft kurz auf den Boden.

STIMME: Aufsteigend *whiit* oder *hüiii;* auch *hüi-tek* und scharf *täk;* Gesang kurze Strophe mit unterschiedlichen raschen Tonfolgen, immer aber mit einer festen Einleitung wie *sihh trü-trü-trü.*

BRUTBIOLOGIE: Grasnest mit Federn und Haaren ausgekleidet in Höhlung oder Nistkasten; 5–7 Eier; 1 Brut; Mai bis Juni.

NAHRUNG: Nimmt im Laub und am Boden Insekten, Spinnen, Würmer und Beeren auf.

HERBSTGEFIEDER
Im Herbst haben Weibchen und Jungvögel helle Flügelstreifen.

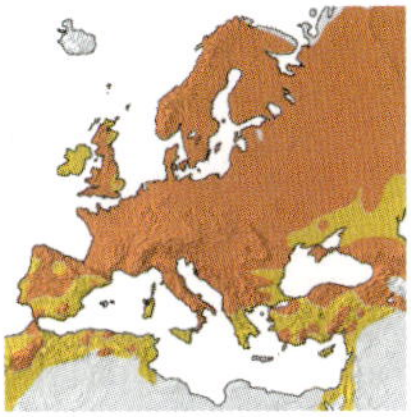

VORKOMMEN
Brütet weitverbreitet in Europa mit Ausnahme von Island und Irland in lockeren Gehölzen oder alten Wäldern mit wenig Unterwuchs, in Gärten und Parkanlagen, einige auch in einzeln stehenden Bäumen. Sommervogel, der in Afrika überwintert. Durchzügler sind oft an der Küste oder in Weidendickichten von Seen.

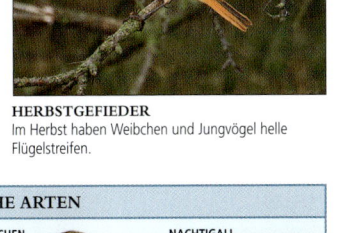

In Mitteleuropa zu sehen
J F **M A M J J A S O** N D

ÄHNLICHE ARTEN

HAUSROTSCHWANZ
♀ ähnlich ♀, am Bürzel weniger rot (S. 348)

Oberseite dunkler

Unterseite grauer

ROTKEHLCHEN (S. 344)

Schwanz einheitlich braun

NACHTIGALL (S. 346)

größer

Schwanz einfarbig

Körperlänge **14 cm**	Flügelspannweite **20–24 cm**	Gewicht **12–20 g**
Einzeln	**Lebensdauer bis 5 Jahre**	**Gefährdet**

| Ordnung **Passeriformes** | Familie **Turdidae** | Art *Monticola saxatilis* |

Steinrötel

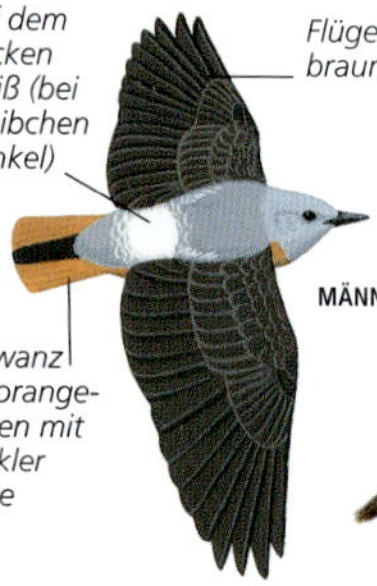

auf dem Rücken weiß (bei Weibchen dunkel)

Flügel dunkelbraun

MÄNNCHEN

Schwanz rostorangefarben mit dunkler Mitte

IM FLUG

Oberseite mit hellen Bändern

JUNGVOGEL

Schnabel kräftig und spitz

Helle Flecken tragen sich im Sommer ab.

Kopf und Hals hellblau

Brust rostfarben mit dunklen Flecken

Unterseite lebhaft rostorange (bei Weibchen orangebraun mit dichter Bänderung)

weiße Bänderung im Sommer abgetragen

Beine stark, dunkel

MÄNNCHEN (FRÜHJAHR)

∧∧∧∧∧∧∧∧∧∧∧∧∧∧∧∧∧∧∧∧

FLUG: Kräftig, geradlinig, schnell mit raschen Folgen von Flügelschlägen; flatternder Singflug.

Der Steinrötel ist eine kleine Drossel mit einem kurzen Schwanz und einem gedrungenen Körper. Er ist charakteristisch für hochalpine Matten, felsige Hänge oder kleine hochgelegene Felder mit Steinmauern. Die Vögel sitzen auf Felsblöcken, Pfosten, Leitungen und anderen höheren Punkten und sind so relativ leicht zu sehen. Ins Auge fallen auch ihre Singflüge, auch wenn es in einem so offenen Lebensraum nicht leicht ist, einen kleinen Vogel zu entdecken. Die Bestimmung ist für gewöhnlich einfach, vor allem die Männchen sind auffällig.

STIMME: Hell *jih,* auch hart *tschak;* Gesang aus weichen melodischen Flötentönen, im herabschwebenden Singflug vorgetragen.

BRUTBIOLOGIE: Grasnest in Fels- oder Mauerloch oder zwischen Felsen; 4 oder 5 Eier; 1 Jahresbrut; Mai bis Juni.

NAHRUNG: Schaut von Sitzwarte nach Nahrung, fliegt herunter, um Insekten, kleine Reptilien und Würmer aufzunehmen; auch Beeren und Samen.

SOMMERFÄRBUNG
Frische Federn haben weiße Spitzensäume, die sich bis zum Hochsommer abtragen und dann einem kräftigeren und einheitlicheren Farbmuster Platz machen.

ÄHNLICHE ARTEN

STEINSCHMÄTZER
♂♀ (S. 354)

kleiner

weiß am Schwanz

GARTENROTSCHWANZ
♂♀ (S. 349)

schlanker und viel kleiner

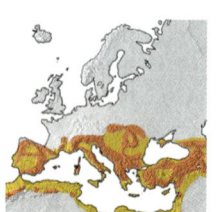

VORKOMMEN
Brütet in Südeuropa nördlich bis an den Nordalpenrand und die Pyrenäen, außerhalb des Brutgebiets sehr selten. Brutvogel in hochalpinen Wiesen und Grashängen mit Felsen und Steinen, auch an Felswänden und in tiefen Schluchten.

In Mitteleuropa zu sehen
J F **M A M J J A S O** N D

| Körperlänge **17–20 cm** | Flügelspannweite **30–35 cm** | Gewicht **50–70 g** |
| Familiengruppen | Lebensdauer **bis 10 Jahre** | Bestand **abnehmend†** |

Ordnung **Passeriformes**	Familie **Turdidae**	Art **Monticola solitarius**

Blaumerle

Flügel bräunlich

auf hellem Gesicht dichte Bänderung

Rücken einheitlich braun

Kopf lebhaft blau

helle Unterseite mit enger brauner Bänderung

Schnabel lang, dick und zugespitzt

Körper dunkelblau, wirkt aus der Entfernung schwärzlich

MÄNNCHEN

dunkelbrauner Schwanz

Beine kräftig und relativ kurz

IM FLUG

WEIBCHEN

JUNGVOGEL

MÄNNCHEN

Die Blaumerle ist dunkel und bei gutem Licht aus der Nähe betrachtet wundervoll blau. Man kann sie hauptsächlich um Felswände, auf Berggipfeln und in tiefen Schluchten finden. Sie kommt auch um Küstenorte und Baustellen vor und sitzt dann oft frei auf Leitungen und Dachfirsten. Weibchen geben mehr Bestimmungsfragen auf als Männchen, sind aber bei guter Sicht auch leicht zu bestimmen. Die drosselähnliche Silhouette mit einem besonders langen spitzen Schnabel ist ein wichtiger Anhaltspunkt.

STIMME: Tief und drosselähnlich *tschak,* höhere hellere Laute; Gesang melodisch und reichhaltig, etwas an Amsel erinnernd, weit tragend; herabschwebender Singflug.

BRUTBIOLOGIE: Grasnest in Fels- oder Mauerloch oder unter Felsen und Steinen; 4 oder 5 Eier; 1 oder 2 Jahresbruten; Mai bis Juli.

NAHRUNG: Pickt Insekten, Spinnen, Würmer, Eidechsen, Beeren und Sämereien vom Boden auf.

FLUG: Schnell, geradlinig, über lange Entfernungen etwas lässig, erinnert an Amsel.

IN FELSEN VERBORGEN
Das Männchen der Blaumerle ist hübsch, aber manchmal auch überraschend schwierig zu entdecken.

VORKOMMEN
Brütet in Spanien, Portugal und im Mittelmeergebiet, dort meist Standvogel. In Schluchten, an Felswänden und Blockhalden, auch um Gebäude und in Steinbrüchen, oft an der Küste.

ÄHNLICHE ARTEN

AMSEL ♂♀, ♀ einfarbiger (S. 339)

STEINRÖTEL Jungvogel, ähnlich Jungvogel und ♀ (S. 350)

kleiner und bunter

EINFARBSTAR ♂♀ (S. 334)

gedrungener

dunkel und glänzend

tiefer schwarz

♂

kürzerer rostfarbener Schwanz

Schwanz kürzer

In Mitteleuropa zu sehen
J F M A M J J A S O N D

Körperlänge **21–23 cm**	Flügelspannweite **35–40 cm**	Gewicht **60–80 g**
Familiengruppen	Lebensdauer **5–10 Jahre**	**Gefährdet†**

351

| Ordnung **Passeriformes** | Familie **Turdidae** | Art *Saxicola rubetra* |

Braunkehlchen

WEIBCHEN (FRÜHLING)

weißes Dreieck auf jeder Schwanzseite

IM FLUG

Wangen fast schwarz, weiß gesäumt

Brust lebhaft aprikosenfarben

Unterseite hell gelblich

MÄNNCHEN (FRÜHJAHR)

kräftiger weißer Überaugenstreif

Oberkopf dunkel

auf hellbraunem Rücken schwarze Streifen

Kehle hell

MÄNNCHEN (HERBST)

heller bräunlicher Überaugenstreif

Unterseite gelblich beige

IMMATUR (1. WINTER)

heller bräunlicher Überaugenstreif

Oberkopf und Wangen gestreift

WEIBCHEN (FRÜHJAHR)

Das Braunkehlchen nimmt in großen Teilen seines Verbreitungsgebiets ab. Es ist ein Graslandvogel und braucht größere feste Halme oder kleine Büsche als offene, etwas erhöhte Sitzwarten nahe dem Boden. Ungepflegtes Grünland wird in der modernen Landwirtschaft und um Wohnbereiche nicht toleriert, und so wird das Braunkehlchen hinauskultiviert. Es ist in Europa Sommervogel, während das Schwarzkehlchen in milderen Gebieten überwintert.

STIMME: Ruf *jü-tek* oder *jü-tek-tek-tek;* Gesang variabel, kurze Strophen mit harten und knirschenden, aber auch melodischen Tönen und mitunter Nachahmungen anderer Vogelarten.

BRUTBIOLOGIE: Grasnapf in Grasbülte, niedrigem Busch oder am Boden; 5 oder 6 Eier; 1 oder 2 Jahresbruten; Mai bis Juli.

NAHRUNG: Fliegt von einer Warte aus, um Insekten, Würmer und Larven aufzunehmen.

FLUG: Kurz, niedrig, flatternd, recht schnell, gewöhnlich zu einem isolierten aufrechten Stängel oder Zaun.

PERFEKTES KLEID IM FRÜHJAHR
Ein Prachtkleidmännchen im Frühjahr ist hübsch gemustert und ein farbenprächtiger Vogel.

VORKOMMEN
Brütet auf offenen Flächen mit Gras und Heide, dazwischen höhere Stängel oder kleine Bäume. Weitverbreitet, doch zunehmend seltener und lokaler; fehlt in Irland. Durchzügler auch an der Küste, allgemein in offenem Grasland und in Feuchtgebieten.

In Mitteleuropa zu sehen
| J | F | M | A | M | J | J | A | S | O | N | D |

ÄHNLICHE ARTEN

STEINSCHMÄTZER ♂♀ (S. 354)

größer

am Schwanz mehr Weiß

SCHILFROHRSÄNGER ♂♀, ähnlich ♀ (S. 318)

Schwanz einfarbig

kein Überaugenstreif

Kehle dunkel

SCHWARZKEHLCHEN ♂♀ (S. 353)

| Körperlänge **12,5cm** | Flügelspannweite **21–24cm** | Gewicht **16–24g** |
| **Familiengruppen** | Lebensdauer **bis 5 Jahre** | **Bestand abnehmend** |

Ordnung **Passeriformes**	Familie **Turdidae**	Art *Saxicola torquatus*

Schwarzkehlchen

63

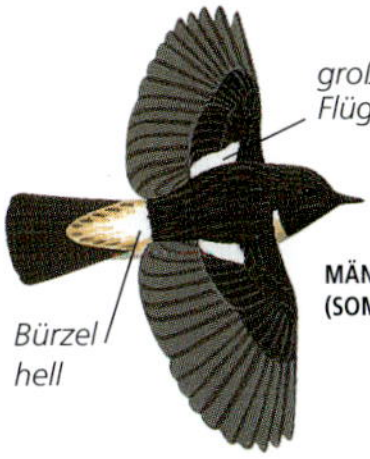

Kopf und Kehle heller

großer weißer Flügelfleck

MÄNNCHEN (SOMMER)

Bürzel hell

IM FLUG

Heller Bereich über dem Auge und helle Kehle können an Braunkehlchen erinnern.

Rücken braun mit schwarzen Streifen (im Winter matter)

Gestalt gedrungen

WEIBCHEN

Kehle hell

Brust gefleckt

JUNGVOGEL

Kehle und Kopf schwärzlich

weißer Fleck auf den Halsseiten

Brust rostrot

Bauch heller

kurzer Schwanz schwärzlich

schlanke Beine schwarz

MÄNNCHEN (SOMMER)

Klein, gedrungen und aufrecht sitzen Schwarzkehlchen oft auf der Spitze eines Busches oder auf einer Leitung in sonst weithin offenem Gelände. Heideflächen, Hochmoore und möglichst naturbelassenes Grünland mit kleinen Büschen oder karger Boden über Küstenfelsen sind gut geeignet. Im Winter wandern manche ins Tiefland und an die Küste, um hartem Wetter zu entkommen, und in manchen Gegenden verschwinden nach einem harten Winter Brutpopulationen für einige Jahre. Sibirische Schwarzkehlchen auf dem Durchzug können hellen Braunkehlchen gleichen. Doch im Allgemeinen macht die Unterscheidung der beiden Arten keine Schwierigkeiten.

STIMME: Hart und kurz *tsäk* oder *tsäk-tsäk*, hell *wiet*, oft auch *wiet-tsäk-tsäk;* Gesang manchmal im Flug, rasche Strophe aus wirbelnden und harschen Lauten.

BRUTBIOLOGIE: Grasnapf mit Haaren und Federn ausgelegt oft im dichten Gras mit einem Eingangstunnel; 5 oder 6 Eier; 2 Jahresbruten; Mai bis Juli.

NAHRUNG: Kommt auf den Boden und fängt Insekten; verzehrt die Beute aber wieder auf der Ansitzwarte.

∧∧∧∧∧∧∧∧∧∧∧∧∧∧∧∧∧∧∧∧∧∧∧∧∧∧

FLUG: Niedrig, schnell, geradlinig, schwirrend, meist auf höhere Sitzwarte.

UNTERART

S. t. maura (Sibirien), deutlich rostfarbener Bürzel

heller Überaugenstreif

weiße Federränder

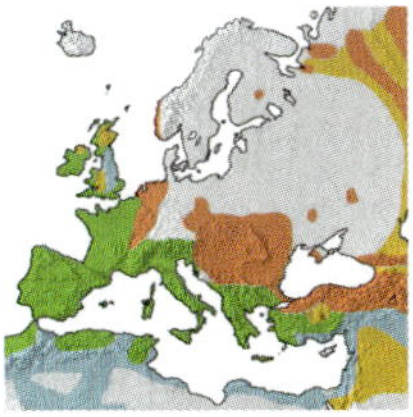

VORKOMMEN

Brütet in weiten Teilen Europas mit Ausnahme von Island, Skandinavien und Nordosteuropa; recht selten im Binnenland Nordwesteuropas. Schätzt offene Plätze mit Gras, Heide und Büschen, auch über Küstenfelsen und in Dünen.

In Mitteleuropa zu sehen
J F M A M J J A S O N D

ÄHNLICHE ARTEN

BRAUNKEHLCHEN
♂♀ Herbst
(S. 352)

am Schwanz weiß

STEINSCHMÄTZER
♂♀ (S. 354)

langer heller Überaugenstreif

Schwanzbasis weiß

GARTENROTSCHWANZ
♂♀ (S. 349)

schlanker

größer

langer Schwanz

Körperlänge **12,5 cm**	Flügelspannweite **18–21 cm**	Gewicht **14–17 g**
Familiengruppen	Lebensdauer **bis 5 Jahre**	**Bestand abnehmend†**

Ordnung **Passeriformes**	Familie **Turdidae**	Art **Oenanthe oenanthe**

Steinschmätzer

auf weißem Schwanz kräftiges schwarzes »T«

Jugendkleid ähnlich Schlicht-kleid der Altvögel

auf Flügel helle Federsäume

vom Oberkopf zum Rücken hellgrau

weißer Überaugen-streif

durch das Auge schwarzer Fleck

JUNGVOGEL

Unterseite hellbeige

Flügel schwärzlich

MÄNNCHEN (FRÜHJAHR)

Augenfleck klein und undeutlich

Rücken hell-sandgrau

Lebhaft beige oder hellbeige; Unterseite bleicht zu Weiß aus.

WEIBCHEN (FRÜHJAHR)

Flügel brauner

Schwanz-basis weiß

Beine schwarz

IM FLUG

WEIBCHEN (FRÜHJAHR)

MÄNNCHEN (FRÜHJAHR)

Steinschmätzer brüten auf offenen Flächen mit dünner Grasnarbe. Nahrung suchen sie vorwiegend nahe Steinen, Steinmauern und -haufen, Kiesgruben oder sandigen Böden. In Höhlen verschiedenster Art sind die Nester verborgen. Außerhalb der Brutzeit sind Steinschmätzer als häufige Durchzügler an Küsten, auf Äckern oder auf kurzrasigen Flächen zu sehen. Als ausgesprochene Bodenvögel meiden Steinschmätzer Bäume und Büsche. Sie fliegen vor den Menschen vom Boden auf, aber meist nicht weit, sodass man den weißen Bürzel und Schwanz beim Auffliegen aufblitzen sehen kann.

STIMME: Hart *täk-täk* oder *hui-täk-täk;* Gesang aus harten zwitschernden und knirschenden Lauten mit höheren Pfiffen von Warte oder im Singflug.

BRUTBIOLOGIE: Grasnapf in Bodenhöhlen, unter Steinen oder in einer Steinmauer; 5 oder 6 Eier; 1 oder 2 Jahresbruten; April bis Juli.

NAHRUNG: Rennt oder hüpft nach Insekten und Spinnen; fängt Fliegen im Flug oder Flugsprung.

FLUG: Niedrig, flatternd, manchmal in Wellen; schwingt manchmal zu Sitzwarte auf.

FELSENHÜPFER
Steinschmätzer haben kräftige Beine und Füße, ideal für das Leben auf steinigem und felsigem Untergrund, auf dem man Steinschmätzer oft antrifft.

UNTERART

O. o. leucorhoa
(Grönland; im Frühjahr Westeuropa)

Farben lebhafter

größer

VORKOMMEN
Brütet in den meisten Ländern Europas, doch sehr lokal auf offenen Grasflächen oder Heide mit steinigen Böden, auch in größeren Höhen in Felsen oder Polsterpflanzen. Durchzügler sind häufig an Küsten, auf Grasflächen, Äckern, Dünen oder Golfplätzen zu sehen.

ÄHNLICHE ARTEN

MITTELMEERSTEIN-SCHMÄTZER ♂♀ Rücken beige bis orange (S. 355)

am Schwanz mehr Weiß

BRAUNKEHLCHEN ♂♀ gestreifter brauner Bürzel (S. 352)

kleiner

In Mitteleuropa zu sehen
| J | F | M | A | M | J | J | A | S | O | N | D |

Körperlänge **14,5–15,5 cm**	Flügelspannweite **26–32 cm**	Gewicht **17–30 g**
Kleine Trupps	Lebensdauer **bis 5 Jahre**	**Bestand gesichert**

Ordnung **Passeriformes**	Familie **Turdidae**	Art *Oenanthe hispanica*

Mittelmeersteinschmätzer

Schwanz meist weiß, Endbinde, Zentrum und Seiten schwarz

MÄNNCHEN (FRÜH-JAHR; WEISSKEHLIG)

kräftiger schwarzer Augenfleck

Gesicht und Kehle schwarz

Flügel schwärz-lich

Rücken, weiß, beige oder orangebeige

IM FLUG

MÄNNCHEN (FRÜHJAHR; SCHWARZKEHLIG)

Körper beige oder gelborange

Brust gelborange

Bauch weißlich

Unterseite lebhaft hellbeige

IMMATUR (HERBST)

WEIBCHEN

schwarze Schwanz-seiten

schwarze Schwanz-seiten

MÄNNCHEN (FRÜHJAHR; SCHWARZKEHLIG)

FLUG: Schnell, geradlinig, durch langen Schwanz gute Manövrierfähigkeit; schwingt oft zu Sitzwarte auf.

Mittelmeersteinschmätzer sind schlanker, leichter und weniger massig als Steinschmätzer und kommen in zwei Formen vor, einer schwarzkehligen und einer weißkehligen. Sie fordern eine sorgfältige Bestimmung in allen Kleidern, abgesehen von den Prachtkleidern der Männchen. Mittelmeersteinschmätzer verbinden das Verhalten von kleinen Wiesenschmätzern mit dem der am Boden Nahrung suchenden Steinschmätzer. Die in Südeuropa heimischen Vögel sind an steinigen mediterranen Hängen häufig und sitzen oft auf niedrigen Büschen.
STIMME: Ruf raspelnd und zischend *tschre*, auch hart *tek*; Gesang ratternd und zwitschernd, fast explosiv.
BRUTBIOLOGIE: Grasnapf in Bodenhöhlen, unter Pflanzenpolstern oder Steinen oder an der Basis eines Busches; 4 oder 5 Eier; 1 oder 2 Jahresbruten; April bis Juni.
NAHRUNG: Beobachtet von einem Busch oder Stein, fliegt auf den Boden herunter oder jagt Insekten.
ANMERKUNG: Unterart *O. h. hispanica* (Südwesteuropa) hat weniger Schwarz an Gesicht und Kehle und einen gelberen Rücken; *O. h. melanoleuca* (Süditalien, Balkan) hat mehr Schwarz um das Gesicht, einen weißeren Rücken und längere Flügelspitzen.

SCHLANKE GESTALT
Mittelmeersteinschmätzer sind schlanke elegante Steinschmätzer, die oft auf Büschen sitzen und mit ihrem Schwanz die Balance halten.

VORKOMMEN
Sehr lokal in Spanien, Portugal und in Mittelmeerländern in verschiedenen offenen, oft sehr trockenen und öden Plätzen mit wenigen Büschen, in Felsen und auf hoch gelegenen steinigen Weiden von März bis Oktober. Im Frühjahr und Herbst nur Ausnahmegast weiter nördlich.

In Mitteleuropa zu sehen											
J	F	M	A	M	J	J	A	S	O	N	D

ÄHNLICHE ARTEN

Schwanzband breiter schwarz

STEINSCHMÄTZER ♂♀ (S. 354)

kleiner und viel gedrungener

nur am Bürzel weiß

SCHWARZKEHLCHEN ♂♀ (S. 353)

Körperlänge **13,5–15 cm**	Flügelspannweite **25–30 cm**	Gewicht **15–25 g**
Familiengruppen	Lebensdauer **bis 5 Jahre**	**Gefährdet**

| Ordnung **Passeriformes** | Familie **Turdidae** | Art *Oenanthe leucura* |

Trauersteinschmätzer

Im Flug sehen Flügel etwas blasser auf.

ALTVOGEL

auf weißem Schwanz schwarzes »T«

IM FLUG

WEIBCHEN

Körper matter und brauner als bei Männchen

Körper schwarz

kräftiger schwarzer Schnabel

kräftige Beine schwarz

Unter-schwanz weiß

Schwanz großenteils weiß

FLUG: oft niedrig, schnell an Hängen nach oben oder unten oder vor einer Steilwand vorbei.

MÄNNCHEN (FRÜHLING)

Der Trauersteinschmätzer ist einer der größeren Stein-schmätzer Europas und eher ein Standvogel als die anderen. In einigen nördlichen Gebieten seiner Verbreitung nimmt er ab. Er zieht felsigen und steinigen Untergrund vor und ist oft in einer Felswand zu sehen, wobei der Vogel im starken Schlagschatten der Felsen oft überraschend unauf-fällig wirkt. Wenn er jedoch auffliegt, wird sein sehr auffälliger weißer Bürzel und Schwanz sofort sichtbar.

STIMME: Hell pfeifend *piüp,* hart *tät-tät;* Gesang mit zwitschernden Strophen in etwas tieferer Lage, manchmal im Singflug vorgetragen.

BRUTBIOLOGIE: Grasnapf in Bodenhöhlen, Kaninchenbauten, unter herabgefallenen Felsen oder in Steinmauern; 5 oder 6 Eier; 1 oder 2 Jahresbruten; April bis Juli.

NAHRUNG: Holt Nahrung vom Boden, fliegt in kurzen Strecken Hänge auf und ab; stößt von Warten auf Insekten und Spinnen herunter.

AUFRECHTE HALTUNG
Wie alle Steinschmätzer hat auch der Trauerstein-schmätzer eine aufrechte Sitzhaltung und bewegt sich auf seinen kräftigen Beinen sehr rasch mit Sprüngen vorwärts.

VORKOMMEN
Brüten an Hängen mit Felsen und Steinen von den Pyrenäen südwärts durch Spanien und Portugal. Ist dort Standvogel und wandert nicht aus seinem Brutgebiet. Man sieht ihn oft auf einer Wand, auf einem Felsen oder einem Überhang sitzen oder an Plätzen mit kurzem Gras bei der Nahrungssuche.

ÄHNLICHE ARTEN		

MITTELMEERSTEIN-SCHMÄTZER ♂♀ (S. 355)

Unterseite weiß

STEINSCHMÄTZER ♂♀ (S. 354)

insgesamt heller

AMSEL ♂♀ (S. 339)

Schwanz schwarz

In Mitteleuropa zu sehen
J F M A M J J A S O N D

| Körperlänge **16–18 cm** | Flügelspannweite **30–35 cm** | Gewicht **15–25 g** |
| Familiengruppen | Lebensdauer **bis 5 Jahre** | **Gefährdet** |

Familie **Prunellidae**

BRAUNELLEN

A LS KLEINE, SCHLANKE und meist nahe am Boden herumhuschende Vögel werden Braunellen oft übersehen. Die Heckenbraunelle ist jedoch in manchen Lebensräumen häufig und ein nicht seltener Gartensänger.

ALPENBRAUNELLE
Braunellen sind eine sehr kleine Familie von Arten mit spitzen Schnäbeln, die nur in Europa und Asien vorkommen. Die Alpenbraunelle ist ein Hochgebirgsvogel.

PRUNELLIDAE
(BRAUNELLEN)

auf dem Rücken schwarze und braune Streifen

auf den Flanken breite hellbraune Streifen

HECKENBRAUNELLE
S. 358

ALPENBRAUNELLE
S. 359

Familie **Muscicapidae**

FLIEGENSCHNÄPPER

M AN KANN ZWEI GRUPPEN unterscheiden: die eine mit einer bräunlichen Grundfarbe (Grauschnäpper, Zwergschnäpper) und die andere, bei der das Männchen im Prachtkleid schwarz und weiß ist. Sie alle sind kurzschnäbelige, aufrecht sitzende, langflügelige und kurzschwänzige Vögel. Beim Grauschnäpper gleichen sich Männ-chen und Weibchen, bei den anderen unterscheiden sich die Männchen im Prachtkleid von Weibchen und Schlichtkleidern erheblich. Alle sind Zugvögel, der Grauschnäpper ist einer der letzten, der im Frühjahr zurückkommt. Sie fangen meist Fliegen im Flug, wobei die schwarzweißen auch manchmal auf den Boden kommen.

MUSCICAPIDAE
(FLIEGENSCHNÄPPER)

hellbrauner Kopf oben fein gestrichelt

weißes Flügelfeld

GRAUSCHNÄPPER
S. 360

TRAUERSCHNÄPPER
S. 361

| Ordnung **Passeriformes** | Familie **Prunellidae** | Art *Prunella modularis* |

Heckenbraunelle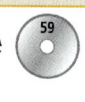

auf lebhaft braunem
Flügel und Rücken
schwarze Streifen

auf dem Rücken
schwarze und
braune Streifen

Oberkopf braun
gestreift

Augen
braun

feiner
Schnabel
dunkel

Wangen braun

Brust
mittel-
grau

Kehle
grau

IM FLUG

an den Flanken
warme braune
Streifen

über den Flügeln
Linie heller
Flecken

**ALT-
VOGEL**

JUNGVOGEL

Unterseite mit unein-
heitlich grauer und
brauner Streifung

Beine
orange-
braun

ALTVOGEL

Die Heckenbraunelle hat ein ganz ungewöhnliches Partnerschaftssystem: Sie bildet zur Brutzeit neben Paaren auch Trios von einem Männchen mit zwei Weibchen oder auch einem Weibchen mit zwei Männchen. Sie wird leicht übersehen, kommt aber in einer großen Vielfalt von Plätzen in weiter Verbreitung vor, ähnlich wie der Zaunkönig. Ihre scharfen Rufe und ihr schneller hoher Gesang ziehen die Aufmerksamkeit auf sich. Bei Störung fliegen Heckenbraunellen nahe dem Boden in den nächsten dichten Busch und so wird die Art manchmal für einen seltenen Gast gehalten.

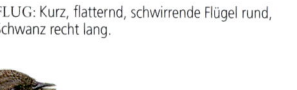

FLUG: Kurz, flatternd, schwirrende Flügel rund,
Schwanz recht lang.

STIMME: Laut und durchdringend *tsiiiht*, auch dünn vibrierend *tihihihi*; schnelle Tonfolge aus zwitschernden Tönen etwa in gleicher Höhe.

BRUTBIOLOGIE: Nest aus Gras mit Moos und Haaren ausgepolstert in Busch oder Hecke; 4 oder 5 Eier; 2 oder 3 Bruten; April bis Juli.

NAHRUNG: Sucht langsam geduckt gehend am Boden meist nahe einer Deckung nach kleinen Insekten und Samen; holt auch kleine Körner und Futterabfälle von einem Futterplatz.

NAHRUNGSAUFNAHME AM BODEN
Heckenbraunellen kriechen mit wippendem Schwanz vorwärts und picken Nahrung vom Boden auf, ohne wie die Haussperlinge vorwärtszuhüpfen.

VORKOMMEN
Brütet in Europa mit Ausnahme von Island, in Nord- und Osteuropa nur Sommervogel, in einigen Teilen Südeuropas Wintergast. Weitverbreitet in Heide- und Moorlandschaften mit niedrigen dichten Sträuchern, auch an exponierten Küsten und in Hochwald, in buschigen Gärten und Parks.

In Mitteleuropa zu sehen
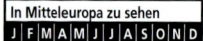

ÄHNLICHE ARTEN

ROTKEHLCHEN Jung-
vogel (S. 344)

heller

Schwanz
kürzer

Unterseite
bräunlicher
gebändert

ZAUNKÖNIG
(S. 332)

kleiner

WIESENPIEPER
(S. 374)

heller

Unterseite
bräunlich
gestreift

| Körperlänge **14 cm** | Flügelspannweite **19–21 cm** | Gewicht **19–24 g** |
| **Familiengruppen** | Lebensdauer **bis 5 Jahre** | **Bestand gesichert** |

| Ordnung **Passeriformes** | Familie **Prunellidae** | Art **Prunella collaris** |

Alpenbraunelle

dunkles Feld im Mittelflügel, durch weiße Punkte gesäumt

kurze, runde Flügel

IM FLUG

Schwanz dunkel

Rücken hellgraubraun mit dunklen Streifen

auf dem geschlossenen Flügel dunkles Band

Kopf grau

dunkler Schnabel mit gelber Basis

Unterseite matthell-braun oder grau gestreift

auf den Flanken breite hellbraune Streifen

kräftige Färbung nur aus der Nähe erkennbar

Wo sie mit einiger Häufigkeit vorkommt, kann man die Alpenbraunelle durch Absuchen der Hänge im Hochgebirge mit Matten und Steinen oder auch der Felsregion noch weiter oben entdecken. In dünn besiedelten Gebieten hat man es jedoch wesentlich schwerer. Im Winter kommen Alpenbraunellen in niedrigere Lagen herunter und tauchen oft recht regelmäßig an traditionellen Plätzen außerhalb der Brutverbreitung auf, für gewöhnlich an Gipfeln von Mittelgebirgen oder auch um Gebäude, wie alte Schlösser oder Scheunen. Sie können im Winter ganz zahm werden, im Sommer sind sie dagegen recht scheu und vorsichtig. In Gestalt und Verhalten ähneln sie großen Heckenbraunellen.

STIMME: Rufe sind kurz *ti-ti-ti-ti;* Gesangsstrophen sind unregelmäßig, erinnern etwas an Heckenbraunelle, werden manchmal im Flug vorgetragen.

BRUTBIOLOGIE: Grasnest in einer Felsspalte oder unter Steinen; 3–5 Eier; 2 Bruten; Mai bis August.

NAHRUNG: Sucht am Boden nach Insekten, Spinnen und Sämereien.

FLUG: Lerchen- oder drosselähnlich mit kurzen Folgen rascher Flügelschläge und schnellen Gleitphasen.

VORKOMMEN
Brütet in größeren Höhen in den Pyrenäen und Alpen, auch in einigen hohen Mittelgebirgen und lokal in Italien und auf dem Balkan, für gewöhnlich auf weiten offenen Hängen mit kurzrasigen Matten und Polsterpflanzen oder auch auf fast reinem Fels. Selten in niedrigeren Lagen im Winter, einige wandern auf Inseln im Mittelmeer.

ÄHNLICHE ART

HECKEN-BRAUNELLE auf Brust grauer (S. 358)

Flügel einfarbiger

Flanken weniger rötlich

CHARAKTERISTISCHE ZEICHNUNG
Eine Alpenbraunelle präsentiert das auffällige dunkle Flügelfeld, das aus der Entfernung das wichtigste Erkennungsmerkmal darstellt.

In Mitteleuropa zu sehen
J F M A M J J A S O N D

| Körperlänge **15–17 cm** | Flügelspannweite **22 cm** | Gewicht **25 g** |
| **Familiengruppen** | Lebensdauer **bis 5 Jahre** | **Bestand gesichert** |

| Ordnung **Passeriformes** | Familie **Muscicapidae** | Art *Muscicapa striata* |

Grauschnäpper

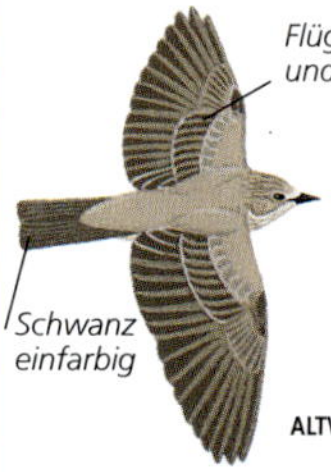

Flügel lang und schmal

Schwanz einfarbig

ALTVOGEL

IM FLUG

Oberkopf gefleckt

auf dem Rücken cremefarbene Flecken

JUNGVOGEL

große dunkle Augen

hellbrauner Kopf oben fein gestrichelt

Schnabel breit

Rücken einheitlich graubraun

auf den Flügeln helle Federränder

auf der Brust undeutliche hellgraue Striche

Unterseite weiß

Flügelspitzen lang

kurze Beine schwarz

ALTVOGEL

langer einfarbiger Schwanz nach unten gehalten

FLUG: kräftig, schnell, schießt über längere Entfernungen mit kleinen Folgen schneller Flügelschläge; fängt Fliegen in raschen Wendungen und kehrt auf Sitzplatz zurück.

Viele Vögel fliegen gelegentlich einmal kurz in die Luft, Fliegenschnäpper haben sich darauf spezialisiert. Sie fangen nicht im lang anhaltenden Flug Insekten, wie die Schwalben, sondern starten von einem Ansitz aus und kehren wieder zurück. Diese Technik verleiht einem sitzenden Grauschnäpper meist ein unverwechselbares wachsames Aussehen, man erkennt ihn, auch wenn er keine auffälligen Gefiedermerkmale aufweist. Der schlanke, aufrecht sitzende, kurzbeinige Vogel kommt spät im Frühjahr aus Afrika zurück und verteilt sich vor allem auf Randlebensräume, wie Waldränder, Gärten, Parks, Sportplätze, wenn offener Raum geeignete Nistplätze und Ansitzwarten bietet.

STIMME: Ruf scharf *zrri,* Warnruf *ist-te-te;* Gesang in großen Tonabständen ähnliche Laute, hoch, unauffällig und nicht laut.

BRUTBIOLOGIE: Napf aus Gras, Blättern, Federn und Moos in einer Nische oder weit offenen Höhlung am Baum, am Haus, auch in offenen Nistkästen; 3–5 Eier; 1 oder 2 Jahresbruten; Juni bis August.

NAHRUNG: Fängt meist fliegende Insekten im Jagdflug vom Sitzplatz in Bodennähe bis Baumwipfelhöhe; kehrt zum selben Platz zurück.

OFFENE ANSITZWARTE
Eine offene Sitzwarte mit freiem Blick auf vorbeifliegende Insekten ist für den Grauschnäpper eine wichtige Voraussetzung.

ÄHNLICHE ARTEN

GARTENGRAS-MÜCKE (S. 306)

Schwanz kürzer

TRAUERSCHNÄPPER ♀ (S. 361)

Flügel einfarbiger

weniger aufrecht

auf den Flügeln weiße Streifen

VORKOMMEN
Brütet in fast ganz Europa, fehlt in Island; Sommervogel, der oft im Frühjahr spät zurückkommt. Offene Wälder, Parks, Gärten mit Bäumen und Büschen; brütet oft an Häusern.

| In Mitteleuropa zu sehen |
| J F M A M J J A S O N D |

| Körperlänge **14 cm** | Flügelspannweite **23–25 cm** | Gewicht **14–19 g** |
| **Einzeln** | Lebensdauer **3–5 Jahre** | **Bestand abnehmend** |

Ordnung **Passeriformes**	Familie **Muscicapidae**	Art ***Ficedula hypoleuca***

Trauerschnäpper

MÄNNCHEN (SOMMER)

große dunkle Augen

Flügel schwärzlich mit großem weißen Feld

MÄNNCHEN (SOMMER)

weißes Flügelfeld

Körper stumpfbraun, beige und weiß

ein oder zwei weiße Flecken an der Stirn

Gefieder schwarz und weiß (im Herbst wie Weibchen, aber mit weißem Stirnfleck)

schwarzer Schwanz mit weißen Seiten

Schwanz mit weißen Seiten

WEIBCHEN

IM FLUG

Rücken stumpfbraun

weißes Flügelfeld

helle Kehle, oft mit dunklerem Rand

Unterseite weiß

Flügel tiefer schwarz

kurze Beine dunkel

JUNGVOGEL

MÄNNCHEN (SOMMER)

D er Trauerschnäpper ist nicht so vielseitig verbreitet wie der Grauschnäpper. Er ist ein Waldvogel, der den Raum unter dem Kronendach schätzt, in dem er seine Insektenjagd durchführen kann und auch den Boden erreicht. An solchen Plätzen kommen oft auch Gartenrotschwanz und Waldlaubsänger und bilden mit ihm ein charakteristisches Trio kleiner, Insekten verzehrender Waldvögel. Nach der Brutzeit scheinen Trauerschnäpper für eine gewisse Zeit zu verschwinden, obwohl sie dann im Herbst an der Küste wie im Binnenland zu den regelmäßige Durchzüglern zählen.
STIMME: Ruf charakteristisch *bit* oder *bist*; Gesang eine rhythmische Folge auf- und absteigender Töne, oft mit Endschnörkel wie *wüt-si wüt-si wüt-si…tsi-tsi-tsi*.
BRUTBIOLOGIE: Napf aus Blättern und Moos in Baumhöhle, altem Spechtloch oder heute am häufigsten in Nistkästen; 5–9 Eier; 1 Jahresbrut; Mai bis Juni.
NAHRUNG: Fängt und pickt fliegende Insekten; auch Samen und Beeren im Herbst.
ANMERKUNG: Unterart *F. h. iberiae* (Spanien) hat einen hellen Bürzel, größeren weißen Stirnfleck, größeres Flügelfeld und einen Fleck auf den Handschwingen.

FLUG: Kräftig, kommt oft auf den Boden, fängt Fliegen in der Luft, fliegt aber gewöhnlich zu anderem Sitzplatz weiter.

NISTKASTEN
Ein Männchen füttert die Jungen in einem speziell angepassten Nistkasten. Mit Nistkastenprogrammen in geeigneten Wäldern kann man die Zahl der Brutpaare vermehren.

VORKOMMEN
Brütet in Mittel- und Osteuropa, im Westen nur lokal oder lückenhaft; Sommervogel in Laubwäldern mit freiem Raum unter dem Kronendach, in Parks und großen Gärten. Im Frühjahr und Herbst können Durchzügler in Büschen und Bäumen für wenige Tage zu finden sein.

In Mitteleuropa zu sehen
J F **M A M J J A S O** N D

ÄHNLICHE ARTEN

HALSBANDSCHNÄPPER
♀ ähnlich ♀; Bürzel heller (S. 448)

weißerer Kragen

auf dem Flügel mehr Weiß

HALBRINGSCHNÄPPER ♂,
ähnlich ♂, hellerer Bürzel (S. 448)

kleine obere Flügelbinde

GRAUSCHNÄPPER ähnlich ♀ (S. 360)

feine hellbraune Striche, auf den Flügeln, kein Weiß

Körperlänge **13 cm**	Flügelspannweite **21–24 cm**	Gewicht **12–15 g**
Einzeln	Lebensdauer **3–5 Jahre**	**Bestand gesichert**

SPERLINGE

S PERLINGE SIND NÄHER mit den afrikanischen Webervögeln verwandt als mit den sonst sehr ähnlichen Finken. Sie sind anpassungsfähige und in Europa weitverbreitete Vögel.

Die Gefieder von Männchen und Weibchen sind bei Haussperling und Weidensperling sehr verschieden, beim Feldsperling jedoch gleich (wobei hier beide Geschlechter mehr wie ein Haussperlingsmännchen aussehen). Steinsperlinge, die zu einer anderen Gattung gehören, sind von den anderen Sperlingen recht verschieden, haben aber keine merklichen Geschlechtsunterschiede in ihrem Gefieder.

Alle Sperlinge leben gesellig. Weidensperlinge neigen besonders zu großen Schwärmen. Haussperlinge können sich zu Hunderten sammeln, wenn das Angebot von Körnern oder Saat auf den Feldern das zulässt. Doch haben sie in den letzten Jahren stark abgenommen. Brutvögel können lose Kolonien bilden, die eine Vielfalt von Brutplätzen nutzen, etwa die Basis eines Weißstorchnestes, dichte Büsche, dichte Kletter-

SCHWARM AUF NAHRUNGSSUCHE
Sperlinge erheben sich aus einem Stoppelacker mit einem lauten Rauschen der kleinen Schwingen. Sie scharen sich zur Nahrungssuche in dichten Schwärmen zusammen, unter die sich manchmal auch Bluthänflinge oder Grünfinken mischen.

pflanzen an Hausmauern. Haussperlinge besetzen meist Höhlen oder Mauerritzen, Dachbalken und kleine Räume unter Dachrinnen. Renovierung hölzerner Balken und Mauervorsprünge durch Verkleidung mit Plastik ist für lokalen Rückgang verantwortlich gemacht worden. Sowohl Haussperling als auch Feldsperling leiden unter einer weitverbreiteten Abnahme in Westeuropa.

**PASSERIDAE
(SPERLINGE)**

schwarzer Kehllatz (im Frühjahr größer)

HAUSSPERLING
S. 363

Oberkopf lebhaft braun (bei Jungvögeln matter)

FELDSPERLING
S. 365

großer weißer Wangenfleck

WEIDENSPERLING
S. 364

Schwanz braun, am Ende mit weißlichen Flecken

STEINSPERLING
S. 366

| Ordnung **Passeriformes** | Familie **Passeridae** | Art *Passer domesticus* |

Haussperling 91

IM FLUG

weißliche Flügelbinde

graue Kappe mit rotbraunen Seiten

Rücken rotbraun

MÄNNCHEN

Bürzel hell-grau

dicker schwarzer Schnabel

schwarzer Kehl-latz (im Frühjahr größer)

Gefieder einfarbig

IMMATUR (HERBST)

Unterseite unge-zeichnet grau (bei Weibchen bräun-lich grau)

Kappe gelb-braun

hinter dem Auge heller Strich

Schwanz einfarbig braun

MÄNNCHEN (SOMMER)

WEIBCHEN

Große Schwärme des Haussperlings sind im Agrarland und in Gärten und Städten weitgehend verschwunden. Doch trotzdem scheinen sie weitverbreitet zu sein. Sie sind vertraute Erscheinungen in Stadt und Garten und konzentrieren sich auf dem Land um Gebäude. Die Männchen sind leicht zu erkennen, obwohl sie Feld- und Weidensperling ähnlich sehen. Den Weibchen fehlen die kräftigen Muster und sie können mit einigen Finken verwechselt werden. Haussperlinge sind lärmende und gesellige Vögel.

STIMME: Vielfältige kurze Laute wie *tschilp* oder *tschelp,* bei Gefahr schnurrend oder ratternd *tscherrrr;* Gesang lange variable Reihen einsilbiger Schilplaute.

BRUTBIOLOGIE: Nachlässig wirkendes Nest aus Halmen und Federn in Zwischenräumen am Dach, in Mauerloch, Mehlschwalbennest, Baumhöhle oder auch in Kletterpflanzen und sogar dichten Bäumen; 3–7 Eier; 1–4 Jahresbruten; April bis August.

NAHRUNG: Sucht meist am Boden nach Samen, Knospen, Wurzeln, Beeren und vielen Insekten für die Nestlinge; fängt auch etwas schwerfällig Insekten in der Luft; kommt an Futterplätze und sucht in Küchenabfällen.

FLUG: Schnell, schwirrende Flügel in kurzen Folgen schneller Schläge; oft in lärmenden Schwärmen.

MÄNNCHEN IM WINTER
Im Winter sind das rotbraune Band hinter dem Auge und der dunkle Kehllatz teilweise hinter hellen Federsäumen verborgen.

VORKOMMEN
Standvogel in fast ganz Europa, doch in Island nur lokal. Gute Bestände in Dörfern, um landwirtschaftliche Betriebe und in den meisten Lebensräumen nahe menschlicher Siedlungen; hat neuerdings im Agrarland, in Innenstädten und Gartenstädten abgenommen.

ÄHNLICHE ARTEN	
BUCHFINK ♀ ähnlich ♀ (S. 380)	**WEIDENSPERLING ♀** ähnlich ♂ (S. 364)
matter	große weiße Wangen
	weiße Flügel-binden
	Unterseite gestreift

UNTERART
P. d. italiae (Italien, Kreta)
Oberkopf braun
weiße Wangen

In Mitteleuropa zu sehen
| J | F | M | A | M | J | J | A | S | O | N | D |

Körperlänge **14 cm**	Flügelspannweite **20–22 cm**	Gewicht **19–25 g**
Schwärme	Lebensdauer **2–5 Jahre**	**Bestand gesichert**

| Ordnung **Passeriformes** | Familie **Passeridae** | Art **Passer hispaniolensis** |

Weidensperling

Flügel kastanienfarben mit weißer Binde

MÄNNCHEN (SOMMER)

IM FLUG

schwarzer Kehllatz durch helle Federsäume verdeckt

cremefarbene Striche auf schwarzem Rücken

MÄNNCHEN (WINTER)

Schnabel dick

durchbrochener weißer Überaugenstreif

Oberkopf rotbraun

großer weißer Wangenfleck

manchmal undeutliche graue Striche auf der Unterseite

WEIBCHEN

auf der Unterseite enge schwarze Streifung

MÄNNCHEN (SOMMER)

D er Weidensperling ist dem Haussperling sehr ähnlich, doch im Sommer viel prächtiger und kräftiger gemustert. Er ist hauptsächlich ein südosteuropäischer Vogel und in Spanien nicht besonders häufig. Wo Haussperlinge selten sind, können Weidensperlinge ihre Rolle in Städten übernehmen, doch in vielen Gebieten sind sie Vögel des Agrarlands und an feuchten Plätzen mit Weidendickichten. Sie sind gesellig, bilden manchmal große Schwärme und brüten in Kolonien. In Italien scheinen die Sperlinge Hybriden zwischen Weiden- und Haussperlingen zu sein.
STIMME: Etwas höher als Haussperling mit metallischem Klang, einsilbige Rufreihen wie *tschli-tschli-tschli*; Rufen im Chor in Kolonien oder von Schwärmen.
BRUTBIOLOGIE: Großes Grasnest in Dickicht oder auch im Unterbau eines Storchen- oder Reihernestes, oft in großen Weiden oder anderem Dickicht an Feuchtgebieten; 3–7 Eier; 1 oder 2 Jahresbruten; April bis Juli.
NAHRUNG: Samen und Beeren, meist am Boden; füttert Insekten an die Nestlinge.

FLUG: Schnell, niedrig, schwirrend wie Haussperling, gelegentlich werden die Flügel kurz geschlossen.

SCHWIERIGE BESTIMMUNG
Dieses Weibchen ist deutlich gestreift, doch die meisten Weibchen des Weidensperlings sind sehr schwer von weiblichen Haussperlingen zu unterscheiden.

VORKOMMEN
Lokaler Brutvogel in Spanien, auf Sardinien und Sizilien, im Sommer häufig in Griechenland. Rumänien, Bulgarien. In Agrarland, Dörfern und an Feuchtgebieten mit Weidendickichten und großen Bäumen.

| In Mitteleuropa zu sehen |
| J F M A M J J A S O N D |

ÄHNLICHE ARTEN

HAUSSPERLING ♂♀ (S. 363)
Oberkopf beim Männchen grau
keine schwarze Streifung

ITALIENSPERLING (*P. d. italiae*; S. 363)
über dem Auge weniger weiß

FELDSPERLING (S. 365)
schwarzer Wangenfleck

nur schwache Streifung auf der Unterseite

| Körperlänge **14–16 cm** | Flügelspannweite **20–22 cm** | Gewicht **20–25 g** |
| **Schwärme** | Lebensdauer **2–5 Jahre** | Bestand gesichert† |

| Ordnung **Passeriformes** | Familie **Passeridae** | Art **Passer montanus** |

Feldsperling

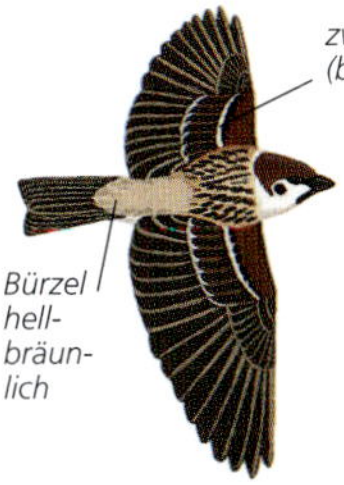

zwei weiße Flügelbinden (bei Jungen hellbräunlich)

IM FLUG

Bürzel hellbräunlich

Schwanz einheitlich braun, oft angehoben

auf dem Rücken schwarze und braune Streifen

Oberkopf lebhaft braun (bei Jungvögeln matter)

eckiger schwarzer Fleck auf weißen Wangen (bei Jungvögeln weniger deutlich)

weißer Kragen

Augenumgebung und Kehlfleck schwarz

Unterseite ungezeichnet graubraun

FLUG: Schnell, geradlinig, in Wellenlinie mit gelegentlichem kurzem Schließen der Flügel.

ALTVOGEL

In der Geschichte des Feldsperlings gab es weiträumige Abnahmen und Zunahmen in Europa. Am Ende des 20. Jahrhunderts war in vielen Gebieten der Tiefpunkt eines schweren Rückgangs erreicht, und heute fehlen Feldsperlinge in Gebieten, in denen sie vor Kurzem noch häufig waren. Anders als bei Haus- und Weidensperling sehen beim Feldsperling Männchen und Weibchen gleich aus. Manchmal lebt er in Vorstädten, doch hauptsächlich ist er an Waldrändern und Waldlichtungen und im Agrarland mit alten Bäumen zu finden.

STIMME: Etwas höher als Haussperling und unter den Lauten ein fast metallisches *tsu-witt*, im Flug *tett-ett-ett;* Gesang ähnlich Rufen, Reihen von *tswitt*.

BRUTBIOLOGIE: Rundes oder überdachtes Nest aus Stroh und Gras in Baum- oder Mauerloch oder in Nistkasten; 4–6 Eier; 2 oder 3 Jahresbruten; April bis Juli.

NAHRUNG: Meist Samen auf dem Boden; nimmt auch Insekten, Knospen und landwirtschaftliche Abfälle auf; kommt auch an Futterstellen in den Garten.

AUFGEPLUSTERT IM WINTER
Dieser Feldsperling hält sich warm, indem er die Flankenfedern so aufplustert, dass sie über die Flügel reichen; dabei werden einzelne Merkmale, wie die weißen Flügelbinden, verdeckt.

ÄHNLICHE ARTEN

HAUSSPERLING ♂ (S. 363)

Wangen grau

Oberkopf grau

WEIDENSPERLING ♂♀ (S. 364)

weiße Wangen

Unterseite gestreift

VORKOMMEN
Brütet in den meisten Ländern Europas, nur lokal auf den Britischen Inseln, fehlt in Island und Nordskandinavien. Jahresvogel im Agrarland mit einzelnen Bäumen und Hecken, in Parks, an Waldrändern, in Süd- und Osteuropa auch in Städten.

In Mitteleuropa zu sehen
J F M A M J J A S O N D

| Körperlänge **14 cm** | Flügelspannweite **20–22 cm** | Gewicht **19–25 g** |
| **Schwärme** | Lebensdauer **2–5 Jahre** | **Bestand gesichert** |

Ordnung **Passeriformes**	Familie **Passeridae**	Art *Petronia petronia*

Steinsperling

Schnabel groß und hell

auf dem Kopf kräftige cremefarbene und schwärzliche Streifen

Körper mattbraun mit dunklen Streifen

Unterseite weiß mit langen, gleichmäßig grauen Streifen

dünne weiße Flügelbinde

auf dem Schwanz helle Flecken

heller Scheitel

Schwanz braun, am Ende mit weißlichen Flecken

IM FLUG

auf dem Rücken sand-braune Streifen

helle Flügel-binde

Steinsperlinge brauchen raues Gelände mit kleinen Höhlen zum Brüten. Solche Bedingungen finden sich in Felswänden und Schluchten im Bergland, auf sanfteren Hängen mit einzelnen Felsen, Agrarland mit Erdabbrüchen, in Straßenanschnitten oder sogar alten Gebäuden oder hohlen Pfosten, die Nistplätze anbieten. Man kann Steinsperlinge am besten entdecken, wenn man sich an den nasalen Rufen orientiert, denn die Vögel können ruhig sitzend an einem kleinen Felsvorsprung sehr schwer zu entdecken sein. Sie sind mit ihren hellen Farben, denen jedes kräftige Muster fehlt, gut getarnt.

STIMME: Kennzeichnend nasal nach oben gezogen *wäi* oder *tsäi*, oft auch wiederholt.

BRUTBIOLOGIE: Überdachtes Nest aus Gras und Federn in einer Felshöhle o. Ä.; oft lockere Kolonie; 5 oder 6 Eier; 2 oder 3 Jahresbruten; Mai bis Juli.

NAHRUNG: Samen und wirbellose Tiere auf dem Boden, im Gras oder zwischen Steinen und Felsbrocken.

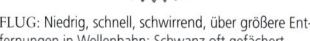

FLUG: Niedrig, schnell, schwirrend, über größere Entfernungen in Wellenbahn; Schwanz oft gefächert.

WASSERSTELLE
Eine größere Pfütze in einem trockenen Gebiet ist meist ein guter Platz, um anzusitzen und auf Steinsperlinge und andere Vögel zu warten, die zum Trinken kommen.

VORKOMMEN
Brütet in Portugal, Spanien, Südfrankreich, Süditalien und Balkanländern. Typischer Jahresvogel in trockenen, steinigen oder sandigen Gebieten mit Felsen oder in Straßenanschnitten, in Schluchten und felsigen Berghängen.

In Mitteleuropa zu sehen
J F M A M J J A S O N D

ÄHNLICHE ARTEN

GRAUAMMER (S. 405)
Schwanz einfarbig
Kopf einfarbiger
größer
auf dem Schwanz keine Flecken

HAUSSPERLING ♀ (S. 363)
Unterseite einfarbig

ZAUNAMMER ♀ (S. 400)
Gesicht deutlicher gezeichnet
Schwanz mit weißen Seiten

Körperlänge **15–17 cm**	Flügelspannweite **21–23 cm**	Gewicht **20–28 g**
Kleine Trupps	Lebensdauer **2–5 Jahre**	**Bestand gesichert**

STELZEN UND PIEPER

K LEINER, SCHLANKER und mit längerem Schwanz ausgestattet als Lerchen zeigen sie einen wellenförmigen Flug. Ihnen fehlt außerdem der lange Singflug; die Pieper zeigen einen stärker ritualisierten Singflug mit weniger variablen Gesängen.

PIEPER

Braun gestrichelt ist die typische Beschreibung eines Piepers. Die Arten sind sehr schwer zu unterscheiden. Rufe helfen, auch mitunter Jahreszeit, Lebensraum und Beobachtungsort. Bei ähnlichen Artenpaaren unterscheiden sich meist die Lebensweisen, wie etwa bei Wiesenpieper und Baumpieper. Zwischen Geschlechtern und Jahreszeiten gibt es nur geringe Gefiederunterschiede.

STELZEN

Kräftiger gemustert und farbenfroher als die Pieper sind die Stelzen, die oft an Wasser oder nasse Grasländer gebunden sind. Bachstelzen sind jedoch wohl mehr als jeder andere Vogel in städtischen Räumen auf Teer oder Beton zu sehen, und sogar die Gebirgsstelze, die an schnell fließenden Flüssen brütet, kann im Winter ein regelmäßiger Vogel auf Dächern sein.

GELBBÄUCHIGE STELZE IM WINTER
Die Gebirgsstelze ist das ganze Jahr über an Flüssen anzutreffen, die Schafstelze, ein Wiesen- und Ackervogel, ist dagegen ein Zugvogel.

Gefieder von Männchen und Weibchen sind oft unterschiedlich und Schlichtkleider sind gedeckter als Prachtkleider, auch Jungvögel lassen sich gut unterscheiden. Einige Arten sind in Europa Jahresvögel, andere verbringen den Winter in Afrika.

MOTACILLIDAE
(STELZEN UND PIEPER)

Überaugenstreif gelb (nur Britische Inseln, sonst weiß)

leuchtendstes Gelb unter dem Schwanz

Gesicht weiß

SCHAFSTELZE
S. 369

GEBIRGSSTELZE
S. 370

BACHSTELZE
S. 371

MOTACILLIDAE (STELZEN UND PIEPER) *Fortsetzung*

auf den Flügeldecken
dunkle Flecken

BRACHPIEPER
S. 372

Unterseite
bräunlich
gelb

BAUMPIEPER
S. 373

Schnabel dünn,
Unterschnabel
gelb

WIESENPIEPER
S. 374

Gesicht, Kehle
und Vorder-
brust rosa bis
ziegelrot

ROTKEHLPIEPER
S. 375

langer weißer
Überaugenstreif

Beine dunkelbraun
bis schwärzlich

STRANDPIEPER
S. 376

BERGPIEPER
S. 377

| Ordnung **Passeriformes** | Familie **Motacillidae** | Art ***Motacilla flava*** |

Schafstelze

56

auf schwärz-
lichem Flügel
zwei weiße
Binden

**MÄNNCHEN
(FRÜHJAHR)**

IM FLUG

Oberkopf grün (nur
Britische Inseln,
sonst grau)

Überaugen-
streif gelb
(nur Britische
Inseln, sonst
weiß)

Rücken
grün

**MÄNNCHEN
(FRÜHJAHR)**

schwarzer
Schwanz mit
weißen Seiten

lange Beine
schwarz

Überaugen-
streif hell

auf den Flügeln
weiße Linien

Schwanz
kürzer als bei
Bachstelze

Unterseite
hellbräun-
lich

JUNGVOGEL (HERBST)

Unterseite
leuchtend gelb

Überaugen-
streif hell

Rücken
grünlich

**WEIBCHEN
(FRÜHJAHR)**

D as Männchen der Schafstelze im Prachtkleid ist ein farbenprächtiger Vogel. Herbstvögel, vor allem Jungvögel, verursachen jedoch
durchaus Verwechslungsprobleme mit selteneren
Arten und auch mit jungen Bachstelzen, die gelbliche Gefiedertöne aufweisen. Der Ruf hilft aber
bei der Bestimmung. Im Sommer leben Schafstelzen um Seen und Teichen, in Gründland und auf
Äckern; sie folgen auch Weidetieren, die Insekten
aus dem Gras aufscheuchen. Im Winter schließen
sie sich Säugerherden in den Savannen Afrikas an.
STIMME: Etwas ansteigend oder gleichbleibend *tslie*
oder *psiee,* auch in Wiederholung; Gesang unauffällig mit rufähnlichen Silben und zirpenden Lauten.
BRUTBIOLOGIE: Grasnapf am Boden in der Vegetation;
5 oder 6 Eier; 2 Bruten; Mai bis Juli.
NAHRUNG: Sucht auf dem Boden nach Nahrung, kurze
Flugsprünge oder Flüge nach fliegenden Insekten.

FLUG: Geradlinig, aber hüpfend in langen Wellenlinien; kurze Folgen rascher Flügelschläge.

NAHRUNGSSUCHE
Schafstelzen trifft man nicht selten
in der Nähe von Weidetieren auf
weniger intensiv genutztem Weideland. Sie fangen Insekten, die von
grasenden Kühen und Pferden aus
dem Gras aufgescheucht werden.

UNTERARTEN

M. f. flava
(Mitteleuropa)

langer weißer
Überaugen-
streif

Wangen und Ober-
kopf blaugrau

Oberkopf und Wangen
glänzend schwarz

M. f. feldegg
(Südosteuropa)

VORKOMMEN
Weitverbreiteter Sommervogel in
Europa mit Ausnahme von Irland
und Island. Oft in der Nähe von
Wasser, an nassen Plätzen, auf
Weiden bei Viehherden. Auf dem
Durchzug oft auf Schlammflächen
und an Seeufern oder anschlie-
ßendem Grünland.

In Mitteleuropa zu sehen
| J | F | M | **A** | **M** | **J** | **J** | **A** | **S** | O | N | D |

ÄHNLICHE ARTEN

Schwanz länger

Rücken
grauer

Schwanz
länger

Beine
kürzer
und heller

GEBIRGSSTELZE ♂♀
(S. 370)

BACHSTELZE Jungvogel,
ähnlich Jungvogel (S. 371)

| Körperlänge **17 cm** | Flügelspannweite **23–27 cm** | Gewicht **16–22 g** |
| **Kleine Trupps** | Lebensdauer **bis 5 Jahre** | **Bestand gesichert** |

| Ordnung **Passeriformes** | Familie **Motacillidae** | Art *Motacilla cinerea* |

Gebirgsstelze 57

Bürzel grünlich

Kehle weiß

Oberseite grau

Bürzel grünlich gelb

Flügel braun-schwarz

nur unter dem Schwanz gelb

WEIBCHEN (SOMMER)

Unterseite hellbräunlich

auf den Flügeln langer, breiter weißer Streifen

unter langem Schwanz gelb

von Oberkopf bis Rücken mittelgrau

weißer Über-augenstreif

MÄNNCHEN (SOMMER)

IM FLUG

JUNGVOGEL

Kinn schwarz (im Winter hell)

Schwanz sehr lang, weiß gesäumt

leuchtendstes Gelb unter dem Schwanz

Unterseite gelb, an den Seiten weißer (im Winter weniger Gelb)

FLUG: Schnell, in hohen Wellen mit kurzen Folgen schneller Flügelschläge; sehr langer Schwanz fällt auf.

MÄNNCHEN (SOMMER)

Die schlanke Gebirgsstelze hat den längsten Schwanz. Sie kann viel Gelb in ihrem Gefieder aufweisen, und daher ist auch eine Verwechslung mit der Bachstelze möglich, die ebenfalls an klarem, schnell fließendem Wasser im Sommer und flachen Tümpeln im Winter vorkommt und einen ähnlichen Ruf hat. Im Winter sitzen sie auch auf einem Dachfirst oder erscheinen am Gartentümpel. Solche Besuche des recht scheuen Vogels sind meistens nur kurz, doch verrät der Ruf rasch die Artzugehörigkeit.

STIMME: Schärfer als Bachstelze metallisch hart *tschik* oder *zi zi*; Gesang durchdringend mit scharfen Tönen, auch Triller.

BRUTBIOLOGIE: Grasnapf in einer Uferhöhlung, einem Mauerloch, unter Baumwurzeln oder unter Brücken; 4–6 Eier; 2 Bruten; April bis August.

NAHRUNG: Fängt Fliegen und kleine wirbellose Tiere auf dem Boden oder in der Luft; sehr agiler Jäger.

VORKOMMEN
Selbst ein Weibchen oder ein Jungvogel der Gebirgsstelze zeigt eine hübsche Kombination von Rauchgrau, Hellbraun, Gelb, Weiß und Schwarz.

ÄHNLICHE ARTEN

SCHAFSTELZE ♂♀, Sommer (S. 369)

Schwanz kürzer

BACHSTELZE ♂♀; (S. 371)

Beine schwarz kein Gelb unter dem Schwanz

VORKOMMEN
Weitverbreiteter Brutvogel nordwärts bis Großbritannien, Irland und Südskandinavien an sauberen, oft von Bäumen gesäumten Flüssen und offenen Bergströmen. Im Winter weitverbreitet am Wasser, sogar kurzfristig an kleinen Gewässern in Dörfern und Städten.

| In Mitteleuropa zu sehen |
| J F M A M J J A S O N D |

| Körperlänge **18–19 cm** | Flügelspannweite **25–27 cm** | Gewicht **15–23 g** |
| Familiengruppen | Lebensdauer **bis 5 Jahre** | **Bestand gesichert** |

Ordnung **Passeriformes**	Familie **Motacillidae**	Art **Motacilla alba**

Bachstelze 55

Bürzel dunkel

auf Flügel weiße Streifen

MÄNNCHEN (SOMMER, TRAUERBACHSTELZE)

IM FLUG

Rücken grau

Kopf grau

WEIBCHEN (TRAUERBACHSTELZE)

JUNGVOGEL

Unterseite hellbräunlich

langer Schwanz schwarz mit weißem Rand

Oberkopf, Kinn und Kehle schwarz

Rücken schwarz (Trauerbachstelze; sonst grau)

Gesicht weiß

Brust schwarz

Flanken dunkel (Trauerbachstelze)

Bauch weiß

MÄNNCHEN (SOMMER, TRAUERBACHSTELZE)

FLUG: Rasch und geradlinig, tiefe Wellen mit kurzen Folgen schneller Flügelschläge.

Als vertrauten Vogel kann man die Bachstelze in und um Städte sehen, oft auch bei der Nahrungssuche auf geteerten Flächen, auf Beton oder Steinplatten. Man sieht sie auch oft auf Dächern, bevor sie mit einem Ruf abfliegen; am arttypischen Ruf kann man die Anwesenheit sicher erkennen. Im Sommer findet man Bachstelzen überall, vom Hausdach und von einer offenen Fläche bis zu abgelegenen Steinbrüchen und natürlichen Felswänden oder an steinigen Flüssen oder Seeufern.

STIMME: Ruf kurz *tschrip* oder *ziewit* mit Variationen, kann bei Erregung in härtere *tissik* oder *tschiswiet* übergehen; Gesang ein nicht sehr lautes Zwitschern mit Pausen.

BRUTBIOLOGIE: Napf in Aushöhlung eines Ufers, in einem Felsen, Mauerloch oder Holzstoß oder unterm Dach, in einer Scheune oder unter einer Brücke; 5 oder 6 Eier; 2 oder 3 Bruten; April bis August.

NAHRUNG: Sucht sehr lebhaft auf dem Boden, auf Dächern oder am Ufer laufend, rennend oder in kurzen Sprüngen oder Verfolgungsflügen nach Nahrung; fängt Insekten, pickt Mollusken oder auch Sämereien auf.

UNTERART

M. a. alba
Diese Form findet man auf dem europäischen Festland; sie ist intensiver grau und weiß gefärbt als *M. a. yarrellii*.

Oberkopf heller grau

JUNGVOGEL

Flügel brauner mit weißen Bändern

MÄNNCHEN

Rücken grau

Flanken weiß

ÄHNLICHE ARTEN

GEBIRGSSTELZE ♂♀; Bürzel gelb (S. 370)

SCHAFSTELZE Jungvogel, ähnlich Jungvogel; anderer Ruf (S. 369)

Unterschwanz gelb

brauner

VORKOMMEN
Brütet fast überall in Europa, in Nord- und Osteuropa nur Sommervogel, im Westen auch im Winter häufig. Verschiedenste Lebensräume, oft am Wasser, aber auch in Städten und auf Hausdächern, aber kein typischer Gartenvogel.

In Mitteleuropa zu sehen
J F M A M J J A S O N D

Körperlänge **18 cm**	Flügelspannweite **25–30 cm**	Gewicht **19–27 g**
Trupps im Herbst	Lebensdauer **bis 5 Jahre**	**Bestand gesichert**

| Ordnung **Passeriformes** | Familie **Motacillidae** | Art *Anthus campestris* |

Brachpieper

langer heller Überaugenstreif

Rücken hell sand- oder graubraun

auf den Flügeldecken dunkle Flecken

Rücken hell, spärlich gezeichnet

ALTVOGEL

dunkler Schwanz mit weißen Seiten

IM FLUG

Schnabel ziemlich lang und dünn, an der Basis hell

an der Brust feine Striche

Unterseite hell-cremebräunlich

JUNGVOGEL

Rücken gestrichelt

zwischen Auge und Schnabel dunkler Strich

Rücken einheitlich sandfarben

Beine schlank, gelblich braun oder fleischfarben

ALTVOGEL (GEFIEDER ABGETRAGEN)

ALTVOGEL

Der Brachpieper ist ein kräftiger, langschwänziger Pieper, der an eine Stelze erinnert. In Europa ist er im Süden weitverbreitet. Man kann ihn im Frühjahr leicht an seinem Gesang erkennen, auch wenn er im hohen Singflug am Himmel schwer zu sehen ist. Er kommt besonders auf trockenem, sandigem oder steinigem Boden vor, etwa an warmen felsigen mediterranen Hängen mit einzelnen Büschen und aromatischen Zwergsträuchern oder an sandigen Dünen am Meer. Pieper sind oft schwer zu bestimmen, vor allem außerhalb ihres normalen Verbreitungsgebiets, aber ein sommerlicher Brachpieper in einer typischen Situation ist ziemlich leicht eindeutig zu bestimmen.

STIMME: Spatzenähnlich *tschilp* oder kürzer *tjüp;* Gesang in einem hohen Wellenflug mit lauten, klingelnden Wiederholungen *tsirlii tsirlii*.

BRUTBIOLOGIE: Mit Gras ausgekleidete Bodenmulde in kurzer Vegetation; 4 oder 5 Eier; 1 oder 2 Bruten; April bis Juni.

NAHRUNG: Fängt meist Insekten auf dem Boden.

FLUG: Schnell, geradlinig, Wellenbahn mit raschen Folgen schneller Flügelschläge; fliegt oft weit weg und auch in großer Höhe.

DUNKLE ZEICHNUNG
Eine Reihe dunkler Punkte und Federzentren beleben die sonst fast einfarbig sandbraune Oberseite des Brachpiepers.

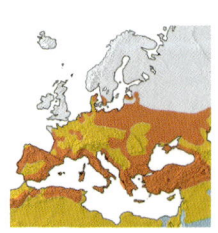

VORKOMMEN
Brütet in buschigen offenen Hängen in trockenem Kulturland mit viel steinigem Boden, in Grasland und in Dünen. In Europa weitverbreitet nördlich bis an die Ostsee, doch typischer für wärmere Gebiete in Südeuropa. Seltener Gast weiter nördlich, am ehesten an der Küste.

ÄHNLICHE ARTEN

SPORNPIEPER ähnlich Jungvogel; harter Ruf (S. 439)

hell zwischen Auge und Schnabel

stärker gestrichelt

größer

SCHAFSTELZE Jungvogel (S. 369)

weniger bräunlich

BERGPIEPER anderer Ruf (S. 377)

dunkler

Beine dunkel

In Mitteleuropa zu sehen
J F M **A M J J A S O** N D

| Körperlänge **15–18 cm** | Flügelspannweite **28–30 cm** | Gewicht **35 g** |
| Einzeln | Lebensdauer **bis 5 Jahre** | Gefährdet |

| Ordnung **Passeriformes** | Familie **Motacillidae** | Art **Anthus trivialis** |

Baumpieper 54

Schwanz schwärzlich mit weißen Seiten

auf hellem Rücken deutliche schwarze Streifen (Gefieder ähnlich Jungvogel)

deutlicher heller Überaugenstreif

im Sommer Oberseite brauner

Schnabel mit fleischfarbener Basis

auf den Flügeln dunkle Flecken

auf der Brust dünne schwärzliche Striche

Flanken einfarbig hellgelb

Unterseite bräunlich gelb

ALTVOGEL (FRÜHJAHR)

IM FLUG

ALTVOGEL (HERBST)

FLUG: Recht kräftig und geradlinig, leichte Wellenbahn mit kurzen Folgen schneller Flügelschläge; fliegt oft in Bäume; Flug weniger zögerlich als Wiesenpieper.

dünne Beine mit kurzen Krallen hell rosafarben

ALTVOGEL (FRÜHJAHR)

Unter den kleinen gestreiften Piepern ist der Baumpieper dem Wiesenpieper sehr ähnlich, er wirkt aber etwas dicker; kleine Unterschiede in Gestalt und Verhalten sind bei diesen kleinen braunen Vögeln fast wichtiger als Gefiederunterschiede. Baumpieper haben auch einen auffallenden reichhaltigen und melodischen Gesang, der in einem kennzeichnenden Singflug vorgetragen wird. Männchen im Sommer sind also leicht zu erkennen. Für Durchzügler ist der Ruf charakteristisch. Obwohl sie manchmal nebeneinander vorkommen, bevorzugen Wiesen- und Baumpieper unterschiedliche Lebensräume: Baumpieper sind meist an Gehölzrändern, Wiesenpieper auf offenen Feuchtwiesen und Mooren.

STIMME: Rufe rau und etwas gezogen *psiet*, am Nestplatz auch dünn und scharf *tzit*; lauter Gesang mit Trillern, der in lang gezogenen Elementen wie *zia zia zia* endet; Gesang von Warte aus oder im Flug, der im Heruntergleiten auf einen Baum führt.

BRUTBIOLOGIE: Grasnest auf dem Boden in dichtem Gras; 4–6 Eier; 1 oder 2 Bruten; April bis Juli.

NAHRUNG: Sucht auf dem Boden kleine Insekten.

AUFFALLENDER GESANG
Ob von einem Baum oder im Flug, der Gesang des Baumpiepers ist reichhaltig und melodisch mit kanarienähnlichen Trillern.

VORKOMMEN
Brütet in den meisten Ländern Europas mit Ausnahme von Irland und Island. Ist nur von Frühjahr bis Herbst anwesend, meist in offenen Gehölzen und an Waldrändern, auf buschigen Heiden und Mooren mit einzeln stehenden Bäumen. Durchzügler mehr in offenen Gebieten und an der Küste.

In Mitteleuropa zu sehen
J F M **A M J J A S O** N D

ÄHNLICHE ARTEN

WIESENPIEPER
Ruf dünner
(S. 374)

Hinterzehe länger

STRANDPIEPER
(S. 376)

dunkler

Beine dunkel

Haube

größer und schwerer

FELDLERCHE
(S. 288)

| Körperlänge **15 cm** | Flügelspannweite **25–27 cm** | Gewicht **20–25 g** |
| **Einzeln** | Lebensdauer **bis 5 Jahre** | **Bestand gesichert** |

| Ordnung **Passeriformes** | Familie **Motacillidae** | Art *Anthus pratensis* |

Wiesenpieper 53

heller Über-
augenstreif

dunkle Striche oder
dunkler Fleck an
Halsseiten

Schnabel
dünn, Unter-
schnabel
gelb

Rücken grau, oliv- oder
gelblich braun (Jung-
vögel dunkler), weiche
schwarze Striche

Schwanz
dunkel mit breiten
weißen Seiten

ALTVOGEL

Flanken und
Brust gleichmäßig
gestrichelt

Unterseite hell olivbraun
oder cremefarben (Jung-
vögel gelber)

IM FLUG

Beine hell
orangebraun

Hinterkralle
sehr lang

ALTVOGEL

D er Wiesenpieper ist ein kleiner
brauner und reichlich gestri-
chelter Vogel, der einen sorgfälti-
gen Blick aus der Nähe lohnt, um
die Feinheiten seines schönen Mus-
ters zu genießen. Er vermittelt den Eindruck, dauernd
in Bewegung und Aufregung zu sein; seine Rufe klingen
fast etwas hysterisch. Aus Winterschwärmen hört man kürzere
Rufe, etwa *pit-pit*. Im Sommer sind Wiesenpieper vor allem auf offenen
Niedermooren, auch Hochmooren und Feuchtwiesen zu finden. Ihr
tröpfelnder hoher Gesang an Sommertagen zählt auch zu den Eindrü-
cken ärmerer Hangwiesen in Mittelgebirgen. Im Winter wandern viele
ins bewirtschaftete Grünland. In manchen Gebieten Nordwesteuropas
sind Wiesenpieper auch häufig Kuckuckswirte.

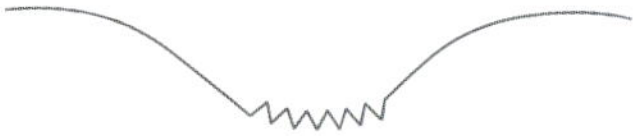

FLUG: Ziemlich langsam, unregelmäßige Wellen mit
kurzen Folgen von Flügelschlägen, fliegt etwas unstet
und taumelnd auf.

STIMME: Dünn und kurz, oft zweisilbig
ist-ist, oder weicher in Schwärmen
tit; Gesang ist eine lange Folge von
wiederholten kurzen *tsi*, oft mit
beschleunigtem Schluss; Singflug
beginnt und endet meistens am Boden.
BRUTBIOLOGIE: Mit Halmen
ausgekleidetes Nest im Gras auf dem
Boden; 4 oder 5 Eier; 2 Bruten; Mai
bis Juli.
NAHRUNG: Holt auf dem Boden
Insekten und andere winzige wirbellose Tiere, nimmt auch Samen.

FEINES MUSTER
Der Blick aus der Nähe enthüllt beim Wiesenpieper ein
schönes und reiches Zeichnungsmuster.

VORKOMMEN
Weitverbreitet in Nordwest-, Nord-
und Osteuropa; im Winter vor allem
in West-, Südwest- und Südeuropa.
Brütet auf Heiden, Mooren, an
Küsten und in Dünen; auch in
Hochmooren von Meereshöhe bis
ins Mittelgebirge. Im Winter meist
auf tief gelegenem Kulturland und
sumpfigen Plätzen nahe der Küste.

| In Mitteleuropa zu sehen |
| J F M A M J J A S O N D |

ÄHNLICHE ARTEN

BAUMPIEPER nur im
Sommer; anderer
Ruf und Gesang
(S. 373)

Flanken ein-
farbiger

STRANDPIEPER
(S. 376)

größer und
dunkler

kurze
Hinterkralle

ROTKEHLPIEPER Jung-
vogel; anderer Ruf
(S. 375)

kräftiger
gestrichelt

Beine
dunkel

| Körperlänge **14,5 cm** | Flügelspannweite **22–25 cm** | Gewicht **16–25 g** |
| **Trupps** | Lebensdauer **bis 5 Jahre** | **Bestand gesichert** |

Ordnung **Passeriformes**	Familie **Motacillidae**	Art ***Anthus cervinus***

Rotkehlpieper

Bürzel gestreift

ALTVOGEL (SOMMER)

Schwanz kurz mit weißen Seiten

IM FLUG

Oberkopf dunkel gestreift

deutlicher heller Überaugenstreif

Unterseite weißlich, kräftig gestreift

fein gestreifter Scheitel

Gesicht, Kehle und Vorderbrust rosa bis ziegelrot

auf dem Rücken schwärzlich braune und cremefarbene Streifung

Schnabel mit gelber Basis

IMMATUR (1. WINTER)

Gestalt kurzschwänzig und etwas gedrungen

auf weißer Unterseite einheitlich breite schwarze Streifen

Gesicht brauner und schlichter als im Sommer

ALTVOGEL (SOMMER)

ALTVOGEL (WINTER)

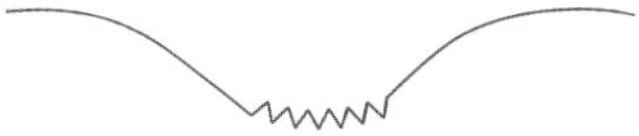

Im Sommer ist der Rotkehlpieper ein Vogel des hohen Nordens; im Frühjahr kann er auf feuchten Grasplätzen und um Seen und Salzpfannen in Südosteuropa zu beobachten sein. In Westeuropa ist er ein regelmäßiger, aber seltener Durchzügler, vor allem im Herbst. Obwohl er nur ein weiterer gestreifter Pieper ist, äußert er einen Ruf, der so artkennzeichnend ist, dass er sofort die Anwesenheit eines Vogels anzeigt, der sich im hohen Flug befindet oder aus dem Gras aufgescheucht wurde.

STIMME: Ruf artspezifisch, dünn, lang gezogen und explosiv beginnend, dann etwas ausdünnend *psiie* (heller und länger als Baumpieper), Warnruf *tschüp*. Gesang rhythmisch trillernde und geräuschhafte Lautfolgen im kurzen Singflug.

BRUTBIOLOGIE: Grasnest auf dem Boden in der Vegetation; 4 oder 5 Eier; 1 Brut; Mai bis Juni.

NAHRUNG: Fängt Insekten und andere wirbellose Tiere.

FLUG: Kräftiger als Wiesenpieper, weniger zögerlich, geradliniger ähnlich Baumpieper.

ROTES GESICHT
Dieser Rotkehlpieper im Prachtkleid ist ein Beispiel für das Rot im Prachtkleid an Kopf, Gesicht und Brust.

ÄHNLICHE ARTEN

WIESENPIEPER anderer Ruf (S. 374)

matter

BAUMPIEPER anderer Ruf (S. 373)

Flanken einfarbiger

weniger gestreift

VORKOMMEN
Brütet im hohen Norden Skandinaviens in der Tundra, auf Berghöhen und in Weidensümpfen. In Feuchtgebieten weitverbreiteter Durchzügler in Mittel- und Osteuropa, selten im Westen. Vor allem auf offenem Boden an Feuchtstellen, Küstendünen und auf Inseln.

In Mitteleuropa zu sehen											
J	F	M	A	M	J	J	A	S	O	N	D

Körperlänge **14–15 cm**	Flügelspannweite **22–25 cm**	Gewicht **16–25 g**
Kleine Trupps	Lebensdauer **bis 5 Jahre**	**Bestand gesichert†**

| Ordnung **Passeriformes** | Familie **Motacillidae** | Art *Anthus petrosus* |

Strandpieper

dunkler Schwanz mit grauen Seiten

SOMMER

IM FLUG

Rücken dunkel

WINTER

Unterseite matt

Rücken oliv, unscharf dunkel gestrichelt

Beine dunkel

FLUG: Kurze Flügelschlagfolgen zwischen Gleitstrecken.

schwacher heller Überaugenstreif

heller Augenring

Schnabel lang, kräftig, einheitlich schwarz

Unterseite gelblich bis schmutzig weiß, graubraun gestrichelt

SOMMER

Beine dunkelbraun bis schwärzlich

Unter den kleineren Piepern ist der Strandpieper ein gedrungener, relativ massig gebauter und dunkler Vogel mit artkennzeichnenden dunklen Beinen. Es ist mehr ein Küsten- als ein Felsvogel, der an felsigen Stellen nahe dem Meer brütet und überall an der Küstenlinie nach Nahrung sucht. Im Sommer sieht man ihn meistens um Felsen und auf felsigen Inseln, im Winter wechselt er zu offenen Sand- und Muschelstränden und sogar auf tief eingeschnittene schlammige Wasserrinnen in großen Salzsümpfen. Sein Singflug und sein Gesang ähneln sehr stark denen des Wiesenpiepers.

STIMME: Lockruf rauer und schärfer als Wiesenpieper *piisst*, meist nur einzeln; trillernder Gesang reicher in einem ähnlichen Singflug.

BRUTBIOLOGIE: Mit Haaren ausgekleidetes Nest auf dem Boden, in Höhlungen oder auf Felsen; 4 oder 5 Eier; 1 oder 2 Bruten; April bis Juli.

NAHRUNG: Insekten, Sandflöhe, kleine Uferschnecken und ähnliche Kleintiere.

GLEICHES ERSCHEINUNGSBILD
Die skandinavische Unterart sieht genauso aus wie der Strandpieper im Winter, erscheint aber häufiger im Binnenland.

VORKOMMEN
Brütet überall an Felsküsten in Skandinavien, an den Shetlandinseln, im Norden und Westen Großbritanniens, in Irland und Nordwestfrankreich. Überwintert vor allem an flacheren Küsten und ist häufig an Wasserrinnen bis Süd- und Westspanien zu sehen, da skandinavische Vögel weit südwärts ziehen.

In Mitteleuropa zu sehen
J F M A M J J A S O N D

ÄHNLICHE ARTEN

BERGPIEPER Sommer (S. 377)

Unterseite einfarbiger

weiße Binden stärker

WIESENPIEPER (S. 374)
heller, mehr bräunlich

Beine hell

UNTERART

A. p.littoralis (Skandinavien) Frühjahr
Rücken grauer

weniger gezeichnet

| Körperlänge **16,5 cm** | Flügelspannweite **23–28 cm** | Gewicht **20–30 g** |
| **Kleine Trupps** | Lebensdauer **bis 5 Jahre** | **Bestand gesichert** |

| Ordnung **Passeriformes** | Familie **Motacillidae** | Art *Anthus spinoletta* |

Bergpieper

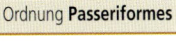

IM FLUG

zwei kräftige weiße Binden
auf dunklen Flügeln

SOMMER

dunkler Schwanz
mit weißen Rändern

Kopf grau

langer weißer
Überaugenstreif

Rücken braun,
schwach
gezeichnet

an Kinn und
Kehle kaum
gezeichnet

Unterseite weiß,
rosa überflogen

auf braunem Kopf
weiße Streifen

dunkel-
braun

weißer Kehllatz

Flanken
gestrichelt

zwei weiße
Flügelbinden

Unterseite
weiß

Beine dunkelbraun
bis schwärzlich

Beine dunkel bis
rötlich braun

WINTER

SOMMER

Bergpieper brüten auf hohen Bergen und kommen im Winter ins Tiefland, dabei fliegen viele mehr nach Norden als nach Süden. Das ist ungewöhnlich in Europa. Solche Wintervögel kommen an Schlammufer von Seen und Stauseen, auf den Schlamm an Schilfbeständen, an Tümpel von Salzsümpfen und an die Kies- und Sandbänke von Flüssen, also ihren Sommerrevieren ganz unähnliche Lebensräume. Die Brutplätze liegen nämlich auf alpinen Matten und Geröll fast bis zur Schneegrenze. Durchzügler und Wintergäste sind im Allgemeinen scheu und nicht leicht aus der Nähe zu sehen.

STIMME: Lockruf härter als Wiesenpieper, dünn *fist*; Gesang eine Folge von Trillern und dünnen Pfiffen, im hohen Singflug vorgetragen.

BRUTBIOLOGIE: Mit Gras ausgekleidete Bodenmulde zwischen Gras oder in einer kleinen Vertiefung geschützt; 4 oder 5 Eier; 2 Bruten; Mai bis Juli.

NAHRUNG: Insekten und andere Wirbellose.

FLUG: Mit Folgen rascher Flügelschläge; fliegt oft recht hoch und weit; kommt in langen schnellen Abschwüngen zu Boden

SCHEUER VOGEL
Bergpieper sind relativ große, vorsichtige Vögel, die nicht sehr leicht zu beobachten und zu bestimmen sind.

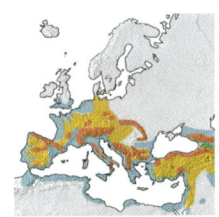

VORKOMMEN
Brütet lokal in großer Höhe in den Pyrenäen, Alpen, in den italienischen Gebirgen und auf der Balkanhalbinsel, am ehesten auf Matten und bewachsenem Geröll. Im Winter weitverbreitet in West- und Südeuropa, in Feuchtgebieten, an Küstensümpfen und Lagunen und an Flüssen.

ÄHNLICHE ARTEN

STRANDPIEPER
(S. 376)

dunkler

weniger
weiß

dichter

STEINSCHMÄTZER ♀; weißer
Rumpf;
(S. 354)

gestreift

kurzer
Schwanz

FELDLERCHE
(S. 288)

In Mitteleuropa zu sehen

| Körperlänge **17 cm** | Flügelspannweite **23–28 cm** | Gewicht **20–36 g** |
| **Kleine Trupps** | Lebensdauer **bis 5 Jahre** | **Gefährdet** |

FINKEN

MAN UNTERSCHEIDET zwei Hauptgruppen unter den Finken: Buch- und Bergfink der Gattung Fringilla und die zeisigähnlichen (carduelinen) Finken. Buch- und Bergfink sind nahe miteinander verwandt, ihre unterschiedlichen Farben sind in sehr ähnlichen Mustern angeordnet; auch Grundgestalt und Verhalten sind gleich.

Die anderen Finken sind dagegen eine recht vielfältige Gruppe. Gestalt und Verhalten werden entscheidend durch die Nahrung bestimmt. Die Kreuzschnäbel haben einen Schnabel, dessen überkreuzte, nach unten gebogene Spitzen besonders gut Samen aus den Zapfen von Nadelbäumen herausziehen können. Der Kernbeißer hat einen mächtigen Schnabel, um harte Samenschalen und sogar die Steine von Kirschen oder Oliven knacken zu können. Der Gimpel dagegen bearbeitet mit seinem weicheren, runden Schnabel Knospen oder weiche Früchte. Der Grünfink hat einen großen Schnabel, der mit harten Samen umgehen, aber auch weiche Früchte wie Hagebutten aufreißen kann. Stieglitz und

NAHRUNGSSUCHE IN GESELLSCHAFT
Stieglitze leben von Samen, die oft in großer Zahl auf kleinen Flächen vorhanden sind. An solchen Stellen sammeln sie sich in großen Schwärmen.

Erlenzeisig verfügen wiederum über zarte, spitze Schnäbel, die Samen aus Pflanzen, z.B. Disteln, aber auch aus Baumzapfen wie Lärche oder Erle, herausziehen können.

Die meisten Finken leben gesellig, doch ist das Verhalten in Schwärmen unterschiedlich. Buchfinken bilden lockere Ansammlungen, während Berghänflinge, Birkenzeisige oder Erlenzeisige in dichten Trupps zielgerichtet fliegen.

FRINGILLIDAE (FINKEN)

Kopf und Schnabel blaugrau

Brust und Schulter lebhaft orange

gelber Streifen

BUCHFINK
S. 380

BERGFINK
S. 381

GRÜNFINK
S. 382

Stirn leuchtend gelb

Hals und Brust mit hellgrauen Seiten

am Kopf kräftiges Muster, schwarz, weiß und rot

GIRLITZ
S. 383

ZITRONENZEISIG
S. 384

STIEGLITZ
S. 385

schwarze Kappe

ERLENZEISIG
S. 386

Gesicht und
Kehle nicht
gezeichnet,
beigebräunlich

Brust
rosarot

BLUTHÄNFLING
S. 387

BERGHÄNFLING
S. 388

Brust
hell- bis
kräftig
rosa

Schnabel auffällig
gekrümmt

Bürzel heller rot

BIRKENZEISIG
S. 389

FICHTENKREUZSCHNABEL
S. 390

KIEFERNKREUZSCHNABEL
S. 391

Kopf und Brust
karminrot

erdbeerrot und
hellgrau

KARMINGIMPEL
S. 392

HAKENGIMPEL
S. 393

Oberkopf
beige-bräunlich

Rücken
hellgrau

GIMPEL
S. 394

KERNBEISSER
S. 395

| Ordnung **Passeriformes** | Familie **Fringillidae** | Art *Fringilla coelebs* |

Buchfink

92

Kopf mit ockerbraunen undeutlichen Flecken

Kopf und Schnabel blaugrau

vor dem Auge dunkler Fleck

Bürzel grünlich

zwei weiße Flügelbinden

Rücken braun

Flügel dunkel mit gelblichen Federrändern

MÄNNCHEN (SOMMER)

IM FLUG

Wangen und Kehle bräunlich rosa

MÄNNCHEN (WINTER)

weißer Fleck

vom Kopf zum Rücken grauoliv

Gefieder schlichter als Männchen, aber ähnliche weiße Binden

Schwanz dunkel mit breiten wei-ßen Seiten

Unterseite rosa, am Bauch und unter dem Schwanz weißer

MÄNNCHEN (SOMMER)

WEIBCHEN

Unterseite hellgrau (Berg-fink weißer Bauch)

Der Buchfink ist einer der häufigsten Vögel Europas. Mit dem Bergfink bildet er ganz offensichtlich ein Artenpaar. Außerhalb der Brutzeit suchen die beiden oft zusammen nach Nahrung. Ihre Gestalt und ihr Verhalten sind grundsätzlich recht ähnlich. Buchfinken brüten in Revieren, die von den Männchen durch ihren lauten Gesang von exponierter Stelle angekündigt werden. Zu anderen Jahreszeiten leben sie aber gesellig. Sie sind oft sehr zahm und holen sich Nahrung von Park-plätzen und kommen auch häufig in die Gärten.

STIMME: Flugruf kurz und bezeichnend *tjüpp*, sonst explosiv *pink* (mit Kohlmeise zu verwechseln), gezogen *hüit* und als regional unterschiedlicher Regenruf im Sommerhalbjahr rollend *rülsch* oder *brürr* oder ein Pfeif-laut; Gesang eine abfallende Strophe mit Endschnörkel, etwa *zit-ziz-zit-set-set-set-set-wighio* (Finkenschlag).

BRUTBIOLOGIE: Napf aus Gras, Blättern, Moos und Spinnweben, gut getarnt in einem Baum oder hohen Busch; 4–5 Eier; 1 Jahresbrut; April bis Mai.

NAHRUNG: Im Sommer Insekten, meist Raupen von den Blättern aufgelesen; sonst Samen, Keimlinge und Beeren; kommt auch an Futterstellen.

FLUG: Geradlinig, schnell, in Wellenlinie; kurze Folgen rascher Flügelschläge und Gleitstrecken bei geschlossenen Flügeln.

SINGENDES MÄNNCHEN
Der klare, lebhafte und weit tra-gende Finkenschlag ist eines der ersten Signale für den Beginn des Frühlings.

VORKOMMEN
Sommervogel in Nord- und Osteu-ropa, Jahresvogel im Westen und Süden (fehlt in Island). Brütet in Nadel-, Misch- und Laubwäldern, Parks und Gärten, kommt im Herbst auch auf offenes Land. In kälteren Lagen in Mitteleuropa im Winter nicht häufig.

In Mitteleuropa zu sehen
J F M A M J J A S O N D

ÄHNLICHE ARTEN

BERGFINK ♀ Winter ähnlich ♀; weißer Bürzel (S. 381)

obere Flügelbinde orange

GIMPEL ♂ ähn-lich ♂ Som-mer; weißer Bürzel (S. 394)

dicker Schnabel und Oberkopf schwarz

am Schwanz kein Weiß

HAUSSPERLING ♀ ähnlich ♀ (S. 363)

| Körperlänge **14,5 cm** | Flügelspannweite **25–28 cm** | Gewicht **19–23 g** |
| **Schwärme** | Lebensdauer **2–5 Jahre** | **Bestand gesichert** |

Ordnung **Passeriformes**	Familie **Fringillidae**	Art *Fringilla montifringilla*

Bergfink

Bürzel
mit ovaler
weißer
Mitte

hintere Flügelbinde
weißlich oder
hellbräunlich

Kopf mit Schuppen-
zeichnung

**MÄNNCHEN
(WINTER)**

vordere Flügelbinde
orangebräunlich

IM FLUG

Rücken
dunkel

auf den Flanken
dunkle Flecken

helles Feld auf Hinterkopf
mit dunklen Seiten

Schulter orangebräunlich

Brust hell orangefarben
(helle Federsäume werden
im Sommer abgetragen)

Bauch
weiß

Schnabel
gelb

**WEIBCHEN
(WINTER)**

Kinn und
Kehle hell

Brust und Schulter
lebhaft orange

Kopf
schwarz

Rücken
schwarz

Bauch reinweiß

**MÄNNCHEN
(WINTER)**

MÄNNCHEN (SOMMER)

FLUG: Recht rasch und geradlinig; bei größeren Entfernungen Wellenlinien.

Obwohl seltener und weniger verbreitet als Buchfinken, können Bergfinken im Winter gigantische Schwärme bilden, besonders in Mitteleuropa. Im Westen schwankt ihre Zahl von Jahr zu Jahr mit dem Nahrungsangebot, besonders mit der Menge von Baumfrüchten wie Bucheckern. Männchen im Prachtkleid kann man oft noch im Winterquartier sehen, bevor sie wieder nach Norden fliegen.

STIMME: Flugruf härter als Buchfink *tjäck,* besonders charakteristisch nasal und nach oben gezogen *tä-ähp;* Gesang kurz summend oder rollend *rrrrrrüh,* erinnert an Grünfink.

BRUTBIOLOGIE: Napf aus Flechten, Rinde, Wurzeln und Halme, mit Haaren und Federn ausgelegt; 5–7 Eier; 1 Jahresbrut; Mai bis Juni.

NAHRUNG: Im Sommer Insekten, sonst Samen, oft auf dem Boden Bucheckern; kommt im Winter auch an Futterstellen.

RIESIGE SCHWÄRME
Bergfinken können im Winter riesige Schwärme bilden. In Mitteleuropa sind schon Millionen registriert worden, aber auch Hunderte sind in den meisten Gebieten nicht außergewöhnlich.

ÄHNLICHE ARTEN

BUCHFINK ♀ ähnlich
♀ Winter, Bürzel
dunkel (S. 380)

HAUSSPERLING ♀
ähnlich ♀ (S. 363)

Flügelbinden weiß

kein Weiß
auf dem Bürzel

VORKOMMEN
Brütet in Skandinavien und Nordosteuropa im nordischen Wald. Im Winter in den meisten Ländern Europas in Agrarland, Parks und Gärten, besonders in Buchenwäldern, in denen gigantische Konzentrationen entstehen können.

In Mitteleuropa zu sehen											
J	F	M	A	M	J	J	A	S	O	N	D

Körperlänge **14,5 cm**	Flügelspannweite **25–28 cm**	Gewicht **19–23 g**
Schwärme	Lebensdauer **2–5 Jahre**	**Bestand gesichert**

| Ordnung **Passeriformes** | Familie **Fringillidae** | Art *Carduelis chloris* |

Grünfink ⦿ 95

Flügel grau, gelb an den Säumen der Schwungfedern

MÄNNCHEN

IM FLUG

Kopf flacher als Haussperling

Schnabel kräftiger als Erlenzeisig

brauner als Altvögel

feine Striche auf Rücken und Flanken

JUNGVOGEL

matter als Männchen

WEIBCHEN

zwischen Schnabel und Auge dunkler Fleck

kräftiger Schnabel hell

Gefieder grün

gelber Streifen

MÄNNCHEN (WINTER)

Schwanz mit gelben Seiten

MÄNNCHEN (SOMMER)

Die großen, massigen und dickschnäbeligen Grünfinken brüten in lockeren Gruppen in hohen Bäumen, alten Hecken, dicht bewachsenen Gärten und Obstanlagen und sind im Winter Gartenbesucher, entweder am Futterplatz oder in Büschen mit Beeren. Wo sie häufig sind, sammeln sie sich in großen nahrungssuchenden Trupps, die in einem Husch gemeinsam auffliegen, mehr wie Bluthänflinge als wie Spatzen oder Buchfinken. Altvögel sind leicht zu erkennen, bei den matter gefärbten Jungvögeln kann es schwieriger sein.

STIMME: Ruf kurz *jüp,* oft auch rasch wiederholt, auch langsam ansteigend *juit;* Gesang etwas krächzend *dschrrrrui* oder nasal *schwäinsch,* dann aber auch klingelnd und trillernd ähnlich Kanarienvogel, oft im Singflug etwa *djüp-djüp-djüp djürrrrr djui djui djui tjip-tjipp-tjpp dür-dür-dür-dür djirrrrr.*

BRUTBIOLOGIE: Dickes Nest aus Gras und Zweigen, mit Halmen, Haaren oder Federn ausgelegt in dichten Büschen oder Bäumen; 4–6 Eier; 1 oder 2 Jahresbruten; April bis Juli.

NAHRUNG: Samen von Bäumen, aber auch von Kräutern, viele am Boden, auch Beeren und Hartfrüchte, besucht Futterstellen.

FLUG: Schnell, Wellenlinie mit kurzen Folgen rascher Flügelschläge zwischen Gleitphasen mit geschlossenen Flügeln; Balzflug langsamer mit steif rudernden Flügelschlägen.

GARTENBESUCHER
Grünfinken kommen oft an Futterstellen mit Sonnenblumenkernen, Mischfutter oder Erdnüssen.

VORKOMMEN
Brütet in ganz Europa mit Ausnahme von Island, im hohen Norden nur Sommervogel. Jahresvogel in Laubwäldern, Parks, großen Gärten, häufig in Dörfern und in Städten.

| In Mitteleuropa zu sehen |
| J F M A M J J A S O N D |

ÄHNLICHE ARTEN

gelbe Flügelbinden

Kopf grau

♂

ZITRONENZEISIG
♂♀; ♀ hat graue Brust
(S. 384)

Schwanz dunkel

GIRLITZ ♂♀;
♀ gestreift,
gelber Bürzel
(S. 383)

Männchen mit gelber Stirn

ERLENZEISIG ♂♀
(S. 386)

schwarze und gelbe Flügelbinden

| Körperlänge **15 cm** | Flügelspannweite **25–27 cm** | Gewicht **25–32 g** |
| **Schwärme** | Lebensdauer **2–3 Jahre** | **Bestand gesichert**† |

| Ordnung **Passeriformes** | Familie **Fringillidae** | Art ***Serinus serinus*** |

Girlitz

IM FLUG

Bürzel
gelb

MÄNNCHEN

zwei kurze
schmale helle
Flügelbinden

dunkler Halbmond
am Rand der Wangen

Rücken grün
und gestreift

helle Flügel-
binden

Stirn leuchtend
gelb

Schnabel
kurz

MÄNNCHEN

Schwanz
gegabelt

Flanken dunkel
gestreift

MÄNNCHEN

im Gesicht
heller gelb als
Männchen

Unterseite
weniger
gelb als bei
Männchen

WEIBCHEN

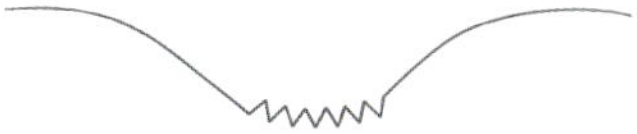

FLUG: Leicht, hüpfend, tiefe Wellenlinie; Singflug
langsamer, mit steif ausgestreckten Flügeln.

D er kleine, lebhafte und farbenprächtige
Fink mit seinen scharfen Rufen ist für viele
Mittelmeergebiete charakteristisch. Die Männ-
chen singen von der Spitze eines langen, dünnen
Nadelbaums oder im schnellen flatternden Singflug.
Obwohl sie oberflächlich den anderen grünen und
gelben Finken ähneln, sind Girlitze dort, wo sie
regelmäßig vorkommen, meist leicht zu erkennen. Bei einem seltenen Gast außerhalb muss
man allerdings auch mit einem entflogenen
Käfigvogel rechnen, einschließlich noch nicht
ausgefärbter gestreifter junger Kanarienvögel.
STIMME: Ruf wie *zir-lit* und ähnlich silberhell;
Gesang eine sehr schnelle Folge knirschender,
scharfer, quietschender und klingelnder Laute,
sehr hoch; oft im Singflug vorgetragen.
BRUTBIOLOGIE: Winziger, mit Haar ausgekleideter Napf aus Gras und Moos im Baum oder
Busch; 4 Eier; 2–3 Jahresbruten; Mai bis Juli.
NAHRUNG: Winzige Samen, meist vom Boden
oder von niedrigen Pflanzen.

**SCHNELL RASPELNDER
GESANG**
Männchen lassen ihre Flügel hängen,
um den gelben Bürzel zu präsen-
tieren, wenn sie ihren schnellen,
klirrenden Gesang hören lassen.

VORKOMMEN
Jahresvogel in Portugal, Spanien,
Süd- und Westfrankreich und im
Mittelmeergebiet; Sommervogel in
Mitteleuropa nordwärts bis an die
Ostsee. Außerhalb des Brutareals
seltener Gast in Westeuropa. In
Dörfern, Obstanlagen, Weinber-
gen, Olivenhainen, Stadtparks,
Gärten und in Alleen.

In Mitteleuropa zu sehen
| J | F | **M** | **A** | **M** | **J** | **J** | **A** | **S** | O | N | D |

ÄHNLICHE ARTEN

gelbe Schwanz-
seiten

ERLENZEISIG
♂♀ (S. 386)

KANARENGIRLITZ
(S. 466)
• Schnabel länger
• weniger gestreift

Flügelbinden länger
und breiter

ZITRONENZEISIG
♂♀; Bürzel matt
(S. 384)

Schna-
bel
länger

matte
Flügel-
binden

| Körperlänge **11–12 cm** | Flügelspannweite **18–20 cm** | Gewicht **12–15 g** |
| **Schwärme** | Lebensdauer **2–3 Jahre** | **Bestand gesichert** |

Ordnung **Passeriformes**	Familie **Fringillidae**	Art **Carduelis citrinella**

Zitronenzeisig

Gefieder matter als Männchen

Bürzel hell-gelb-grün

gelbe Flügel binden

Flanken ohne Striche

MÄNNCHEN

IM FLUG

WEIBCHEN

Oberkopf und Nacken grau

Gesicht hellgrün-lich gelb

Hals und Brust mit hellgrauen Seiten

Rücken graugrün

Schna-bel dünn

schwarze und gelbe Flügel binden

Schwanz dunkel

Brust gelb-grün

MÄNNCHEN (WINTER)

MÄNNCHEN (SOMMER)

D er Zitronenzeisig, auch Zitronengirlitz genannt, ist ein klei-ner, zierlicher Fink. Er ist grünlich, grau und hell zitronengelb mit deutlichen Flügelbinden. Er lebt an der oberen Waldgrenze im Gebirge. Er sucht am Boden oder in Bäumen auf Lichtungen oder um alpine Matten nach Nahrung, meist in der Nähe von Fichten. Man trifft ihn für gewöhnlich in kleinen Trupps oder Familiengruppen, die auf den ersten Blick wie hellere Erlenzeisige oder kleine matt gefärbte Grünfinken wirken. **STIMME:** Ruf kurz, dünn und nicht laut *tät* oder *de,* auch wiederholt, in der Klangfarbe sehr bezeichnend; Warnruf schärfer *zit* oder *dit;* Gesang feines Trillern und Zwitschern, erinnert an Erlenzeisig und andere Kleinfinken. **BRUTBIOLOGIE:** Nest aus Gras und Flechten, mit Pflanzenhaaren, in hohen Bäumen; 4 oder 5 Eier; 1 oder 2 Jahresbruten; Mai bis Juli. **NAHRUNG:** Samen von Bäumen und vom Boden.

FLUG: Leicht, schnell, in hüpfenden Wellenlinien.

BERGVOGEL
Zitronengirlitze kann man hoch oben an der Baumgrenze und auf alpinen Matten entdecken.

VORKOMMEN
Brutvogel in Bergwäldern, Fichten an der Baumgrenzen und an Almen und hochalpinen Matten in Nord-spanien, Südfrankreich, den Alpen und im Schwarzwald. Auf Korsika und Sardinien Unterart. Kommt kaum außerhalb seiner Brutplätze vor.

In Mitteleuropa zu sehen
J F **M A M J J A S** O N D

ÄHNLICHE ARTEN

GIRLITZ ♂♀;
Bürzel gelber
(S. 383)

Schnabel kleiner

bei Männchen schwarze Kappe

am Flügel-rand gelber Streifen

größer

gelbe Schwanz-seiten

ERLENZEISIG ♂♀;
Rumpf gelber (S. 386)

GRÜNFINK ♂♀
(S. 382)

Körperlänge **11–12 cm**	Flügelspannweite **18–20 cm**	Gewicht **12–15 g**
Schwärme	Lebensdauer **2–3 Jahre**	**Bestand gesichert**

| Ordnung **Passeriformes** | Familie **Fringillidae** | Art ***Carduelis carduelis*** |

Stieglitz 94

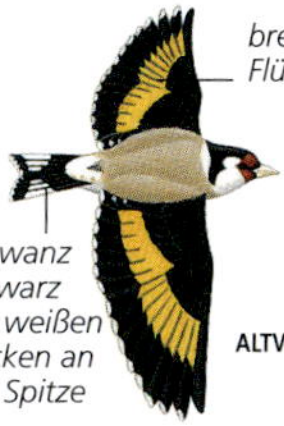

am Kopf kräftiges Muster, schwarz, weiß und rot

breites gelbes Flügelfeld

Rücken beigebraun

spitzer Schnabel hell

Schwanz schwarz mit weißen Flecken an der Spitze

auf geschlossenem Flügel gelb

ALTVOGEL

querformatiger, hellkastanienfarbiger Fleck auf jeder Brustseite

IM FLUG

Kopf grau

Flügel gedeckter als bei Altvögeln

Unterseite hell

ALTVOGEL

Schwanz mit breitem hellbräunlichem Ende

JUNGVOGEL

Auch wenn er in Europa weitverbreitet ist und sogar in kühlen, feuchten Klimaten vorkommt, ist der Stieglitz doch am ehesten im heißen, sonnigen Sommer des Mittelmeers daheim. Seine munteren hüpfenden Flugbewegungen und die leuchtenden Farben passen gut zur hellen trockenen Umgebung und zu farbenprächtigen blühenden Pflanzen, von deren Samen Stieglitze leben. Man trifft sie jedoch auch weiter nördlich im Agrarland mit einzelnen Gehölzen und vor allem einem Angebot an nicht oder nur extensiv genutztem Boden. Man bezeichnet solche Flächen oft als verwildert und beseitigt dann mit ihnen auch die samentragenden Kräuter und Kleinsträucher, auf die viele Finken angewiesen sind.

STIMME: Ruf dreisilbig munter *ti-ke-lit*, manche Rufe auch einsilbig; Gesang leise mit gezogenen und zwitschernden Lauten, Lockruf jedoch immer herauszuhören.

BRUTBIOLOGIE: Sorgfältiges Nest aus Zweigen, Gras und Spinnweben in Bäumen oder Büschen; 5 oder 6 Eier; 2 Jahresbruten; Mai bis Juli.

NAHRUNG: Weiche, halbreife Samen an niedrigen und mittelhohen Pflanzen, weniger auf dem Boden; auch Samen von Erlen und Birken.

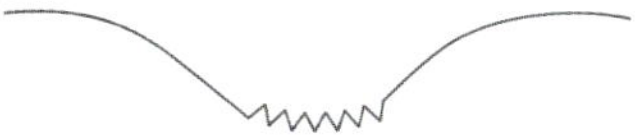

FLUG: Auffallend leicht und tänzerisch mit kurzen Phasen schneller Flügelschläge.

BLITZENDE FLÜGEL
Ein Schwarm Stieglitze im Flug zeigt ein Aufblitzen von gelben Streifen, die zusammen mit dem hüpfenden Wellenlinienflug die Bestimmung einfach machen.

VORKOMMEN
Brütet fast überall in Europa mit Ausnahme von Island und Nordskandinavien. In Nordosteuropa nur im Sommer, sonst meist Jahresvogel, im Süden häufig. Vor allem an Plätzen mit Wildkräutern und hohen samentragenden Pflanzen, wie Disteln; brütet in Bäumen und sucht dort auch oft Nahrung.

In Mitteleuropa zu sehen
| J | F | M | A | M | J | J | A | S | O | N | D |

ÄHNLICHE ARTEN

ERLENZEISIG ♂♀ (S. 386) — *viel grüner*

Gesicht einfarbig

gelber Fleck auf Flügel kleiner

Gelb weniger auffällig

GRÜNFINK ♂♀ (S. 382)

| Körperlänge **12,5–13 cm** | Flügelspannweite **21–25 cm** | Gewicht **14–17 g** |
| **Schwärme** | Lebensdauer **2–3 Jahre** | **Bestand gesichert†** |

| Ordnung **Passeriformes** | Familie **Fringillidae** | Art **Carduelis spinus** |

Erlenzeisig

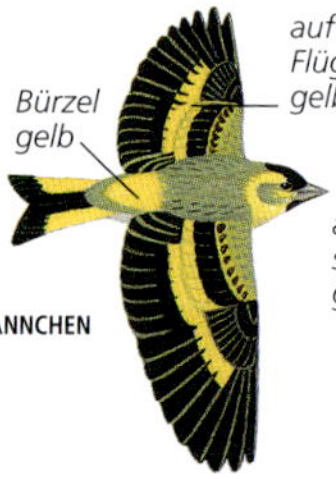

auf grünem Rücken
dunkle Streifen

schwarze Kappe

Bürzel
gelb

auf schwarzem
Flügel breites
gelbes Band

auf jeder Seite des
schwarzen Schwanzes
gelber Fleck

Kinn
schwarz

Bauch weißlich

MÄNNCHEN

IM FLUG

Brust limonen-
grün bis gelblich

sieht wie graueres,
ausgewaschenes
Weibchenkleid
aus

Kopf heller
und grauer als
bei Männchen

MÄNNCHEN

auf weißer Unter-
seite schwarze
Striche

JUNGVOGEL

WEIBCHEN

FLUG: Zielgerichtet, Wellenlinie, oft in dicht aufgeschlossenen, gut koordinierten Schwärmen.

Erlenzeisige bevorzugen Baumsamen und sind besonders an Koniferen gebunden, suchen im Winter aber auch in Birken und Erlen
nach Nahrung. Sie besuchen auch Futterstellen in Gärten und nehmen
Sonnenblumenkerne auf, sind aber normalerweise kaum
am Boden. Im Winter vermischen sich die dichten und
gut koordiniert fliegenden Schwärme auch mit Alpen-
birkenzeisigen. Im Frühjahr sondern sich Männchen
oft ab, um einzeln auf Baumwipfeln zu singen.
Bei der Nahrungsaufnahme sind die Vögel ausgesprochen akrobatisch.

STIMME: Ruf absinkend nasal *deäh*, aber auch
aufsteigend *trluih*, bei Erregung kurz *te-te-te*; Gesang rasch mit
zwitschernden Elementen, dazwischen auch lang gezogene, fast
wie Atemnot klingende Laute.

BRUTBIOLOGIE: Winziges Nest aus Zweigen und Halmen, mit Haaren ausgelegt,
hoch in Bäumen; 4 oder 5 Eier; 1 oder 2 Jahresbruten; Mai bis Juli.

NAHRUNG: Samen von Kiefer, Fichte, Lärche, Birke, Erle und anderen Bäumen.

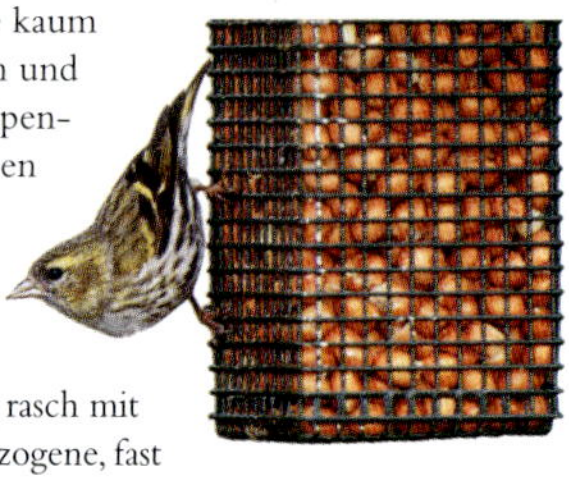

FUTTERGAST
Im Frühjahr kommen auch
Erlenzeisige in den Garten, wenn
die natürlichen Nahrungsquellen
langsam versiegen; sie lieben
vor allem fetthaltige Samen.

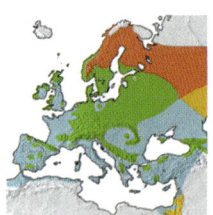

VORKOMMEN
Brütet lokal in Nord- und Osteuropa.
In Mitteleuropa, Pyrenäen, Balkan,
Großbritannien und Irland in Nadelwäldern. Im Winter weiter verbreitet
und besonders in Lärchen, Fichten
sowie Erlen entlang von Flüssen,
kommt auch in Gärten an Futterstellen.

In Mitteleuropa zu sehen
J F M A M J J A S O N D

ÄHNLICHE ARTEN

GRÜNFINK ♂♀
(S. 382)

weniger
gestreift

brauner,
kein Gelb

Männchen
mit gelber
Stirn

viel
größer

**ALPENBIR-
KENZEISIG** ♀
ähnlich ♀
(S. 389)

GIRLITZ ♂♀;
gelber Bürzel
(S. 383)

| Körperlänge **12 cm** | Flügelspannweite **20–23 cm** | Gewicht **12–18 g** |
| **Schwärme** | Lebensdauer **2–3 Jahre** | **Bestand gesichert** |

| Ordnung **Passeriformes** | Familie **Fringillidae** | Art ***Carduelis cannabina*** |

Bluthänfling

93

weißliche Streifen auf dunklen Flügeln

Kopf brauner

Stirn hellrot (tiefer rot im Frühjahr)

auf der Brust weniger rosarot

MÄNNCHEN (WINTER)

Kopf hellgrau

Rücken hell-zimtbraun

MÄNNCHEN (SOMMER)

Schwanz dunkel mit weißen Seiten

kurze Beine schwarz

IM FLUG

heller Wangenfleck

kegelförmiger Schnabel grau

heller Wangenfleck

Körper braun gestreift

Brust beigebraun

Brust rosarot

Bauch weiß

MÄNNCHEN (SOMMER)

WEIBCHEN

FLUG: Leicht, tanzend und fast hüpfende Wellenbahn, kurze Folgen rascher Flügelschläge; plötzlich auf den Boden herunter zur Nahrungssuche.

Der Bluthänfling ist ein hübscher, gesellig lebender Fink, der in kleinen Kolonien brütet und das ganze Jahr über in Trupps Nahrung sucht. Die Schwärme bewegen sich koordiniert. Bluthänflinge suchen am Boden nach Nahrung, Birkenzeisige und Erlenzeisige sind dagegen mehr Baumvögel, Stieglitze sitzen an höheren Stauden. Vorübergehend kann man aber die meisten Finken auch in gemischten Schwärmen sehen. Bluthänflinge bevorzugen Ödflächen mit vielen samentragenden Pflanzen und Büsche oder Hecken, in denen sie brüten können.

STIMME: Flugruf kurz *tick-itt* oder *tett-tett-tett;* Gesang enthält solche Rufe im Stakkato und dazwischen melodisch pfeifende Laute, wirkt hastig.

BRUTBIOLOGIE: Kleiner Napf aus Halmen und Wurzeln, mit Haaren ausgelegt; 4–6 Eier; 2 oder 3 Jahresbruten; April bis Juli.

NAHRUNG: Holt in Gruppen das ganze Jahr über Sämereien vom Boden; Nestlinge werden mit Insekten gefüttert; kommt selten in Gärten.

TANZENDE SCHWÄRME
Bluthänflinge fliegen in dichten hüpfenden Schwärmen, die Bewegungen der Einzelvögel sind gut koordiniert.

ÄHNLICHE ARTEN

Körper beigebraun gestreift

Körper beigebraun und gestreift

helle Flügelbinde

Kehle hellrötlich braun

BERGHÄNFLING ♂♀ (S. 388)

ALPENBIRKENZEISIG ♂♀ (S. 389)

VORKOMMEN
Lokal in Heidelandschaften, verwilderten Grünflächen, Agrarland und höher gelegenen extensiv genutzten Wiesen in weiten Teilen Europas mit Ausnahme von Nordskandinavien und Island. In Nord- und Osteuropa Sommervogel, im Westen Jahresvogel.

In Mitteleuropa zu sehen
| J | F | M | A | M | J | J | A | S | O | N | D |

| Körperlänge **12,5–14 cm** | Flügelspannweite **21–25 cm** | Gewicht **15–20 g** |
| **Schwärme** | Lebensdauer **2–3 Jahre** | **Bestand gesichert** |

| Ordnung **Passeriformes** | Familie **Fringillidae** | Art **Carduelis flavirostris** |

Berghänfling

auf dem Flügel schmale helle Binde und lange weißliche Streifen

Schnabel gelb

MÄNNCHEN (SOMMER)

Bürzel dunkelrosa

IM FLUG

MÄNNCHEN (WINTER)

schwarze Streifen auf beigebraunem Rücken

Schnabel grau

weiße Streifen im Flügel wie Bluthänfling

Gesicht und Kehle nicht gezeichnet, beigebräunlich

Bürzel ohne rosa

WEIBCHEN

weiße Schwanzkante oft auffällig

Unterseite hellbräunlich mit schwarzen Streifen

MÄNNCHEN (SOMMER)

Ungewöhnlich ist, dass Berghänflinge ihre Nestlinge mit Samen füttern. Daher benötigen sie viele Blumen und Kräuter. Der Verlust vieler Blumenwiesen hat zu großräumiger Abnahme und Verkleinerung des Brutgebiets geführt. Berghänflinge ähneln Bluthänflingen, haben aber auch Gemeinsamkeiten mit Birkenzeisigen. Sie suchen jedoch am Boden nach Nahrung, nicht in Baumkronen wie Birkenzeisige. Wie andere kleine Finken bewegen sie sich in dichten koordinierten Trupps, die sich geschlossen vom Boden erheben, kreisen und wieder herunterkommen.
STIMME: Flugruf etwas härter als Bluthänfling *jätt*, lang gezogenes und etwas ansteigend *tweei*; Gesang schnell trillernd und zwitschernd mit ratterndem *trrrrr*.
BRUTBIOLOGIE: Tiefer Napf aus Zweigen, Gras und Moos, mit Haaren ausgelegt, in Büschen oder an einem Erdabbruch; 4–6 Eier; 1 oder 2 Jahresbruten; Mai bis Juni.
NAHRUNG: Samen, anders als bei den meisten Finken werden auch die Jungen mit Samen gefüttert.

FLUG: Hüpfend, schnell, energisch mit tiefer Wellenlinie; taucht rasch in Deckung ab.

ANZIEHUNGSPUNKT WASSER
Zum Trinken und Baden kommen Berghänflinge an flache Pfützen und sind hier oft leichter zu sehen, als wenn sie in hohen Kräutern Nahrung suchen.

ÄHNLICHE ARTEN

ALPENBIRKENZEISIG
♂♀ (S. 389)

Rücken einfarbiger

Kinn schwarz

Kinn hell

BLUTHÄNFLING
♂♀ (S. 387)

VORKOMMEN
Brütet im Norden Großbritanniens und Skandinaviens in Wildkräuterflächen, am Rand von Mooren und um hoch gelegene Höfe. Überwintert um die Nordsee und an den Küsten der Ostsee, meist in Salzmarschen. Im Binnenland nur lokal und weiter südlich selten.

In Mitteleuropa zu sehen
J F M A M J J A S O N D

| Körperlänge **12,5–14 cm** | Flügelspannweite **21–25 cm** | Gewicht **15–20 g** |
| **Schwärme** | Lebensdauer **2–3 Jahre** | **Bestand gesichert** |

| Ordnung **Passeriformes** | Familie **Fringillidae** | Art **Carduelis cabaret** |

Alpenbirkenzeisig

Stirn dunkelrot

Schnabel winzig

Stirn rot

auf dem Flügel bräunliche Binde

Körper klein und braun, fein gestreift

Rücken gestreift

Schwanz dunkel

auf der Brust kein Rosa

kleiner schwarzer Kinnfleck

WEIBCHEN

IM FLUG

Brust hell- bis kräftig rosa

FLUG: Hüpfend, mit tiefen Wellenlinien; oft in dichten Schwärmen.

Unterseite hellbräunlich bis weiß mit langen dunklen Streifen

MÄNNCHEN (SOMMER)

Birkenzeisige sind typische Baumvögel, können aber auch zusammen mit Bluthänflingen bei der Nahrungssuche auf dem Boden unter Birken beobachtet werden, wenn große Samenmengen heruntergefallen sind. Häufiger sind Birkenzeisige in Gruppen zusammen mit Erlenzeisigen zu sehen, die sich in lärmenden koordinierten Schwärmen von Baum zu Baum bewegen, bei Störung kurz kreisen, um dann oft zum selben Baum wie vorher zurückzukehren. Nach dem Einfallen können sie regelrecht verschwinden, da sie bei der Nahrungsaufnahme keine Rufe mehr hören lassen und sich auch nicht auffällig bewegen.

STIMME: Häufiger Ruf metallisch und trocken *tschett-tschett*, auch in Reihen; im Gesang, der im Flug vorgetragen wird, ein trocken ratterndes *serrrrr*.

BRUTBIOLOGIE: Napf aus Zweigen und Gras mit Haaren oder Wolle ausgelegt, in Büschen oder Bäumen; 4–6 Eier; 1 oder 2 Jahresbruten; Mai bis Juli.

NAHRUNG: Samen von Bäumen, wie Birke, Erle, Lärche; am Boden von Wildkräutern.

NAHRUNGSSUCHE
Die Zweige einer samentragenden Birke können mit Birkenzeisigen dekoriert sein, die mit dem Rücken nach unten hängen und in allen Stellungen herumturnen können, um ihre Hauptnahrung zu erreichen.

C. flammea

Birkenzeisig
Nordeuropäische Art, in Südwesteuropa und Großbritannien ein seltener Gast

Band über dem Auge weißer

heller

VORKOMMEN
Brütet in Island, Irland, Großbritannien, den Alpen und neuerdings auch in Nordwestdeutschland, den Niederlanden und Skandinavien. Im Winter bis Südfrankreich und Italien. In Birkenwäldern, Lärchenbeständen, Fichtenwäldern an der Baumgrenze und in Gärten.

| ÄHNLICHE ARTEN | | |

POLARBIRKENZEISIG
weißer Bürzel
(S. 451)

auf Flügel und Schwanz weiß

Kehle hell

Kehle hell

Unterschwanzdecken weiß

BERGHÄNFLING ♂♀
(S. 388)

weiße Streifen auf Flügel und Schwanz

BLUTHÄNFLING
♂♀ (S. 387)

In Mitteleuropa zu sehen
| J | F | M | A | M | J | J | A | S | O | N | D |

| Körperlänge **11–14,5 cm** | Flügelspannweite **20–25 cm** | Gewicht **10–14 g** |
| **Schwärme** | Lebensdauer **2–3 Jahre** | **Bestand gesichert†** |

| Ordnung **Passeriformes** | Familie **Fringillidae** | Art *Loxia curvirostra* |

Fichtenkreuzschnabel

dunkle Flügel ohne Binden

Bürzel lebhaft rosa- farben

MÄNNCHEN

IM FLUG

Flügel braun

Körper grünlich

WEIBCHEN

Unterseite gestreift

Bürzel lebhaft rot

Schwanz dunkel

JUNGVOGEL

kleine Augen dunkel

Schnabel auffällig gekrümmt

MÄNNCHEN

Unterseite rot

In Europa gibt es mehrere Kreuzschnabelarten, darunter drei mit einfarbigen Flügeln, nämlich Fichten-, Kiefern- und Schottischer Kreuzschnabel, die schwer auseinanderzuhalten sind. Der Fichtenkreuzschnabel lebt von Fichtensamen, kann aber auch in Gebieten existieren, in denen Lärche oder Kiefer überwiegen (diese Bäume werden vom kleineren Bindenkreuzschnabel und von den größeren Kiefern- und Schottischen Kreuzschnäbeln bevorzugt). Fichtenkreuzschnäbel wandern regelmäßig in großer Zahl, suchen nach Nahrung und bevölkern für einige Zeit den Fichtenbestand. Sie verhalten sich bei der Nahrungsaufnahme ganz still, fliegen aber dann plötzlich unter vielstimmigem Rufen ab.

STIMME: Rufe hoch und oft zu hören *glipp*, meist schnell wiederholt im Flug, manchmal auch etwas tiefer; Gesang etwas zögernd vorgetragen mit Trillern und Zwitschern, nicht laut.

BRUTBIOLOGIE: Kleines Nest aus Zweigen, Moos und Rinde, mit Haaren oder Wolle ausgekleidet in alten Bäumen; 3 oder 4 Eier; 1 Jahresbrut; Januar bis Juni.

NAHRUNG: Samen von Nadelbäumen; frisst auch Beeren, Knospen und Insekten.

FLUG: Kräftig, geradlinig, startet plötzlich rufend und flatternd von hohen Baumkronen; schnelle Flügelschläge zwischen Gleitphasen mit geschlossenen Flügeln.

DURSTIGER FINK
Kreuzschnäbel leben von trockenen Samen und brauchen daher Pfützen in der Nähe, um immer wieder trinken zu können.

VORKOMMEN
Lückenhaft über ganz Europa verbreitet mit Ausnahme von Island, in vielen Gebieten aber in den meisten Jahren nicht anwesend. Kerngebiete sind ausgedehnte Nadelwälder; lokale Populationen variieren mehr oder minder.

ÄHNLICHE ARTEN

KIEFERNKREUZSCHNABEL ♂♀ (S. 391)

Kopf größer

BINDENKREUZSCHNABEL ♂♀ (S. 452)

auffällige Flügelbinden

Schnabel größer

auf dem Flügel helles Band

KERNBEISSER ♂♀ (S. 395)

Schirmfedern mit weißen Spitzen

In Mitteleuropa zu sehen
| J | F | M | A | M | J | J | A | S | O | N | D |

| Körperlänge **16 cm** | Flügelspannweite **27–30 cm** | Gewicht **34–38 g** |
| **Kleine Trupps** | Lebensdauer **2–5 Jahre** | **Bestand gesichert** |

| Ordnung **Passeriformes** | Familie **Fringillidae** | Art *Loxia pytyopsittacus* |

Kiefernkreuzschnabel

heller Bürzel

dunkle Flügel

gedrungener Hals

um den gedrungenen Hals oft grauer

massiger, dicker Hakenschnabel

mattrot, Flügel brauner

dunkler Schwanz

gega-belter Schwanz

kleines Auge in großem Kopf

IM FLUG

Bürzel heller rot

FLUG: Schnell, in lang gestreckten Wellen, meist niedrig über Baumwipfeln.

ALTVOGEL, MÄNNCHEN

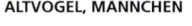

massiger Schnabel

Körper graugrün

Bürzel gelblicher

WEIBCHEN

D er Kiefernkreuzschnabel ist eine von drei sehr ähnlichen nordeuropäischen Kreuzschnabelarten. Er ist der größte mit dem massigsten Schnabel und an harte Kiefernzapfen angepasst. Andere Arten, vor allem der Schottische Kreuzschnabel, ernähren sich aber ebenfalls von Kiefernsamen und die Bestimmung ist selten einfach. Wie der Fichtenkreuzschnabel unternimmt er Invasionen in den Süden und Westen, wenn die Population groß und die Nahrung knapp ist. Kleine Gruppen sieht man dann manchmal für kurze Zeit an Orten, wo man sie nicht erwartet.

STIMME: Tiefer und härter als Fichten-kreuzschnabel, aber nicht immer einwandfrei zu unterscheiden; Gesang zwitschernd, auch mit Flugrufen.

BRUTBIOLOGIE: Unordentliches Nest aus dünnen Zweigen und Moos, hoch oben in einer Kiefer; 3–4 Eier; 1 Jahresbrut; März oder April.

NAHRUNG: Nahrung: Kiefernsamen, die er mit seinem Schnabel aus Zapfen holt; auch Beeren, Insekten und andere Sämereien.

ARBEIT MACHT DURSTIG
Wie andere Kreuzschnäbel trinkt der Kiefernkreuzschnabel oft zwischen seinen trockenen Mahlzeiten. Er kommt wiederholt zu bestimmten Teichen oder Pfützen im Wald.

ÄHNLICHE ARTEN

SCHOTTISCHER KREUZSCHNABEL; mittlere Größe, Schnabelform und Stimme (S. 452)

FICHTENKREUZ-SCHNABEL (S. 390)

Schnabel dünner

Kopf kleiner

VORKOMMEN
Meist Jahresvogel in alten Kiefern-wäldern in Skandinavien; seltener Gast in Großbritannien, brütet wahrscheinlich regelmäßig in kleiner Zahl in Schottland. Status wegen der problematischen Bestimmung schwierig festzulegen.

In Mitteleuropa zu sehen
J F M A M J J A S O N D

| Körperlänge **16–17cm** | Flügelspannweite **30cm** | Gewicht **35–40g** |
| **Kleine Trupps** | Lebensdauer **2–5 Jahre** | **Bestand gesichert** |

Ordnung **Passeriformes**	Familie **Fringillidae**	Art *Carpodacus erythrinus*

Karmingimpel

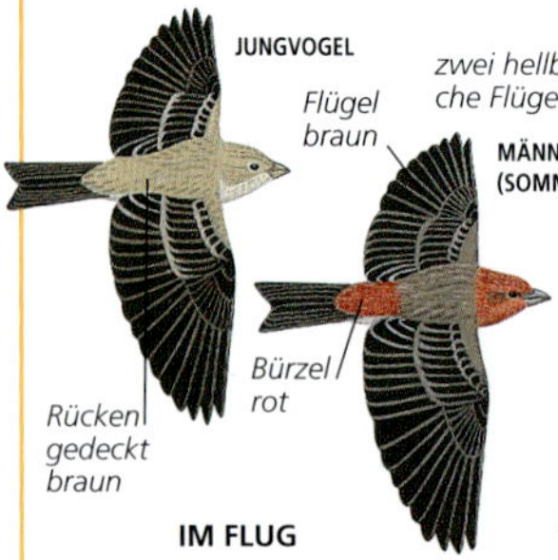

JUNGVOGEL

Flügel braun

MÄNNCHEN (SOMMER)

zwei hellbräunliche Flügelbinden

Rücken gedeckt braun

Bürzel rot

IM FLUG

Kopf und Brust karminrot

Augen dunkel

Rücken braun

Schnabel kurz und rund

Unterseite mit feinen Streifen

JUNGVOGEL

auf Oberkopf und Wangen feine Striche

Rücken mittelbraun

Andeutung von schmalen Flügelbinden

Unterseite hell mit feinen dunklen Strichen

WEIBCHEN

MÄNNCHEN (SOMMER)

In Asien sind mehrere Arten von Karmingimpeln weitverbreitet; in Europa brütet nur diese Art. Es handelt sich um einen bunten gedrungenen Finken mit einem dicken kurzen Schnabel und kleinen dunklen Augen in einem einfarbigen Gesicht, die ihm ein kennzeichnendes Aussehen verleihen. In neuester Zeit hat der Karmingimpel sich nach Westen ausgebreitet, mit einzelnen unregelmäßigen Brutvorkommen auch in Westeuropa. Singende Männchen können unerwartet irgendwo auftauchen.

STIMME: Ruf ein ansteigender Pfiff *whüi*; Gesang eine weit zu hörende, typische Pfeifstrophe mit typischer Silbenfolge, etwa *wi-jü-wi-djü*.

BRUTBIOLOGIE: Kleines Nest aus Gras im Busch; 4 oder 5 Eier; 1 Jahresbrut; Mai bis Juli.

NAHRUNG: Samen, Knospen, Triebe und auch einige Insekten in Büschen oder am Boden.

FLUG: Ziemlich schwach, schwirrende Flügel und leichte Wellenbahn.

JUNGVOGEL
Die hellen Flügelbinden und das große dunkle Auge fallen an diesem Jungvogel auf.

VORKOMMEN
Sommervogel von Mitteleuropa nach Osten, nach Norden bis Skandinavien. Brütet in Laubwald und Büschen, oft in Feuchtgebieten oder an Seen und in Flussauen. Im Herbst seltene Durchzügler an den Küsten Westeuropas.

In Mitteleuropa zu sehen
J F M **A M J J A S O** N D

ÄHNLICHE ARTEN

GIMPEL ♂♀ (S. 394)

Rücken grau

Oberkopf dunkel

Oberkopf grau

FICHTENKREUZ-SCHNABEL ♂♀; anderer Lebensraum (S. 390)

Schnabel dicker

größer

weiße Flügelbinden

BUCHFINK ♂♀ (S. 380)

Körperlänge **15 cm**	Flügelspannweite **22–25 cm**	Gewicht **21–27 g**
Kleine Trupps	Lebensdauer **2–3 Jahre**	**Bestand gesichert**

| Ordnung **Passeriformes** | Familie **Fringillidae** | Art **Pinicola enucleator** |

Hakengimpel

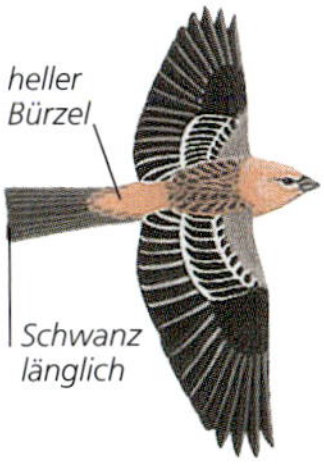

Kopf orange-
bronzefarben

Körper grau
und gelbgrün

WEIBCHEN

heller
Bürzel

weiße Streifen
an Hinterflügel

schmale, gebogene
weiße Flügelbinden

Schwanz
länglich

IM FLUG

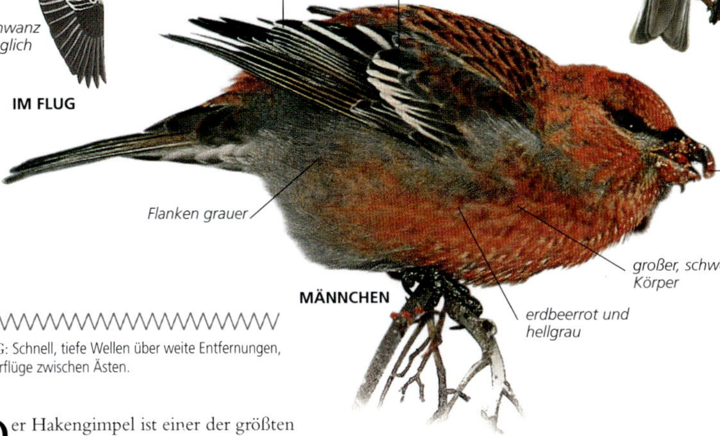

kurzer, dicker
ungekreuzter
Schnabel

Flanken grauer

großer, schwerer
Körper

MÄNNCHEN

erdbeerrot und
hellgrau

FLUG: Schnell, tiefe Wellen über weite Entfernungen,
Flatterflüge zwischen Ästen.

D er Hakengimpel ist einer der größten
Finken Europas und erweckt den Eindruck
eines furchtlosen Vogels, der die Anwesenheit von Menschen fast zu ignorieren scheint. Im Sommer, wenn er
in nordischen Wäldern brütet, sieht man ihn selten. Er
sucht jedoch manchmal in der Nähe von Häusern nach
Nahrung, auch in Zierbäumen in der Innenstadt, und
lässt sich dabei fast anfassen. Er ist während des ganzen Jahres an Wälder und Bäume mit weichen Beeren
gebunden, deshalb sieht man ihn selten außerhalb seines
normalen Verbreitungsgebietes.

STIMME: Reine flötende Rufe *plüit*, auch wiederholt,
und gedämpfte Unterhaltungsrufe.

BRUTBIOLOGIE: Nahe dem Stamm eines Nadelbaumes,
meist einer Fichte; 3–4 Eier, 1 Jahresbrut; Mai bis Juli.

NAHRUNG: Samen, Knospen und Triebe; im Sommer
einige Insekten, oft im schattigen Unterwuchs des Waldes.

AUF BEEREN SPEZIALISIERT
Weiche Beeren und Knospen sind im Winter überlebenswichtig für
diesen großen, zutraulichen Finken. Er findet sie oft in Städten und
Vorstädten.

ÄHNLICHE ARTEN

BINDENKREUZSCHNABEL
(S. 452)
kleiner
auffällige
weiße Flügel-
binden

KARMINGIMPEL
meist weniger rot
(S. 392)
wenig ge-
zeichnete
Flügel

viel
kleiner

VORKOMMEN
Brütet in alten, ausgedehnten
Mischwäldern im hohen Nordosten Europas und in Gebirgs-
wäldern in der Mitte Skandinaviens; im Winter etwas verbreiteter,
selten in Südskandinavien.

In Mitteleuropa zu sehen
J F M A M J J A S O N D

| Körperlänge **19–22 cm** | Flügelspannweite **30–35 cm** | Gewicht **50–65 g** |
| **Kleine Trupps** | Lebensdauer **bis 5 Jahre** | **Bestand gesichert** |

Ordnung **Passeriformes**	Familie **Fringillidae**	Art **Pyrrhula pyrrhula**

Gimpel 96

Bürzel leuchtend weiß

auf dunklem Flügel grauweißes Band

MÄNNCHEN

keine dunkle Kapuze

IM FLUG

Oberkopf, Schnabel und Kinn bilden schwarze Kapuze

Rücken hellgrau

Schnabel dick und kurz

Rücken graubraun

Unterseite beigegrau

Unterseite lebhaft rosarot

WEIBCHEN

Gefieder wie Weibchen

JUNGVOGEL

Schwanz schwarz

Unterschwanz weiß

kurze Beine dunkel

MÄNNCHEN

FLUG: Niedrig, geradlinig, leichte Wellenlinie über größere Entfernungen.

Ungeachtet ihres prächtigen Gefieders sind Gimpel recht unauffällig. Sie setzen ihren runden Schnabel ein, um Knospen, Blüten und frische Triebe zu fressen. Meist sieht man sie als Paar oder in Familientrupps. Bei Störung bewegen sie sich außer Sicht durch ein Dickicht oder eine Hecke. Die pfeifenden Rufe sind dann wichtig als Erkennungssignal. Gimpel kommen nicht häufig an Futterstellen, erscheinen aber in Gärten, wenn die Obstbäume Knospen haben.

STIMME: Kurzer pfeifender Ruf *düh* oder *pijü;* beim Auffliegen auch kurz und gedämpft *büt-büt-büt;* Gesang langsam mit Rufen und kratzenden Tönen, dazwischen *pjü-pjü*.

BRUTBIOLOGIE: Napf aus Zweigen, mit Moos und Gras ausgepolstert in Baum oder Busch; 4 oder 5 Eier; 2 oder 3 Jahresbruten; Mai bis Juli.

NAHRUNG: Weiche Knospen, Samen, Beeren, Triebe und auch einige kleine wirbellose Tiere.

RUFENDES MÄNNCHEN
Trotz seiner leuchtenden Farben ist der Gimpel oft schwer zu sehen; sein flötender Ruf ist daher ein gutes Signal für seine Anwesenheit in einem dichten Busch oder einer undurchsichtigen Hecke.

ÄHNLICHE ARTEN

BUCHFINK ♂♀
(S. 380)

Oberkopf hell

doppelte weiße Flügelbinde

rosabraune Brust des Männchens matter

viel größer

kein weißer Bürzel

EICHELHÄHER im Flug ähnlich (S. 265)

VORKOMMEN
Brütet in weiten Teilen Europas, mit Ausnahme von Island, dem größten Teil von Portugal, Spanien und Griechenland; in Griechenland und Südspanien im Winter. Jahresvogel in Wäldern, Agrarland mit Hecken, Parks mit Büschen; in Gärten im Winter und Frühjahr.

In Mitteleuropa zu sehen
| J | F | M | A | M | J | J | A | S | O | N | D |

Körperlänge **15 cm**	Flügelspannweite **22–26 cm**	Gewicht **21–27 g**
Kleine Trupps	Lebensdauer **2–3 Jahre**	**Bestand gesichert**

| Ordnung **Passeriformes** | Familie **Fringillidae** | Art **Coccothraustes coccothraustes** |

Kernbeißer

breite bräunlich weiße Flügelbinde

Flügel grauer als Männchen

MÄNNCHEN (SOMMER)

IM FLUG

großer gelbbrauner Schnabel (blau und schwarz im Sommer)

Oberkopf beige-bräunlich

Kopf groß

kleiner schwarzer Kehllatz

Nacken grau

WEIBCHEN

Körper lebhaft bis matthellbraun

MÄNNCHEN (WINTER)

Rücken mit Schuppenzeichnung

Unterseite gebändert

JUNGVOGEL

breites weißes Endband auf kurzem Schwanz

In vielen Gebieten Europas zählt der scheue Kernbeißer zu den am schwersten greifbaren Finken, in Südeuropa kann man ihm aber erstaunlich nah kommen. Er ist allerdings auch da nicht besonders auffällig, lässt sich aber an seinem hohen, hart klickenden Ruf lokalisieren. Dort, wo Kernbeißer scheuer sind, bleibt es oft beim flüchtigen Eindruck, wenn die Vögel durch die hohen Bäume fliegen oder über den Kronen verschwinden. Man kann manchmal einen hoch auf Baumspitzen frei sitzen sehen; er ist dann in seiner massigen Gestalt nicht mit anderen Finken zu vergleichen, mit Ausnahme der Kreuzschnäbel.

STIMME: Hart und scharf *pix*, daneben auch unauffälliger *zrri* und *zih*; Gesang unmelodisch leise stotternd mit Lauten, die an die Rufe erinnern.

BRUTBIOLOGIE: Napf aus Zweigen mit feinerer Auskleidung hoch in alten Bäumen; 4 oder 5 Eier; 1 Jahresbrut; April bis Mai.

NAHRUNG: Große Baumsamen, Beeren, Kirschen und andere Fruchtsteine von Bäumen; im Spätwinter werden auch heruntergefallene Samen und Früchte von Bäumen auf dem Boden gesucht.

FLUG: Kräftig, schnell, geradlinig; in Wellenlinie mit kurzen Folgen kräftiger Flügelschläge.

SAMENKNACKER
Der mächtige Schnabel des Kernbeißers wird leicht mit kleinen Sämereien fertig und kann sich auch an Steine von Kirschen und Oliven wagen.

ÄHNLICHE ARTEN

BUCHFINK ♂ ♀ (S. 380)

Schwanz schlank

doppeltes Flügelband

FICHTENKREUZSCHNABEL auf hoher Sitzwarte ähnliche Gestalt (S. 390)

Schnabel kleiner

Farbe anders

GIMPEL ♂ ♀, großer weißer Bürzel (S. 394)

Schnabel klein

VORKOMMEN
Weitverbreitet, doch oft nur lokal in Laubwäldern, Parks, großen Gärten, Obstanlagen und Olivenhainen. Im Winter an ähnlichen Plätzen mit viel Samenangebot. Fehlt in Island, Irland und Nordskandinavien.

In Mitteleuropa zu sehen
J F M A M J J A S O N D

| Körperlänge **18 cm** | Flügelspannweite **29–33 cm** | Gewicht **48–62 g** |
| **Kleine Trupps** | Lebensdauer **2–5 Jahre** | **Bestand gesichert** |

AMMERN

AMMERN SEHEN FINKEN sehr ähnlich. Im Allgemeinen sind sie etwas schlanker und langschwänziger. Form und Bau des Schnabels ist viel einheitlicher, ein kleiner Oberschnabel passt exakt in einen tieferen und breiteren Unterschnabel, dessen Schneide auffallend gekurvt ist.

Die meisten Ammern haben schwarze Schwänze mit weißen Seiten, doch einige, wie die Grauammer, sind einfarbiger. Die Kopfmuster sind vielfältig. Die Männchen gleichen den Weibchen im Winter mehr. Die Muster sind durch hellere Federsäume verdeckt, die aber im Frühling abnutzen und die Farben des Prachtkleides freigeben.

Weibchen und Jungvögel, denen markante Kopfmuster fehlen, sind schwieriger zu bestimmen. Lebensraum, Örtlichkeit und Jahreszeit können da hilfreich sein. Auch Rufe sind wichtig. Einige sehr seltene Arten kommen im Herbst nach Europa und ähneln Rohrammern, doch fordert ein hartes, scharfes *zick* Aufmerksamkeit, da die Rohrammer keinen ähnlichen Ruf hat. Gesänge sind meistens kurz, nicht besonders melodisch mit wiederholten Strophen, wenn

SAMMELN VOR AUFSUCHEN DES SCHLAFPLATZES
Grauammern sammeln sich, bevor sie zum Schlafplatz in einem Dickicht oder Schilffeld fliegen. Mit Flugrufen brechen sie dann auf.

auch der einen ganzen Sommer lang zu hörende Gesang der Goldammer sehr eingängig ist. Die meisten Ammern sind außerhalb der Brutzeit Samenfresser und haben Rückgänge hinnehmen müssen, da sie in Gebieten mit intensiver Landwirtschaft im Winter kaum noch Samen von Wildkräutern finden. Die Zaunammer hat mit dem Verschwinden von Heuschrecken, mit denen sie im Sommer ihre Jungen füttert, abgenommen.

EMBERIZIDAE (AMMERN)

Brustseiten rotbraun

SCHNEEAMMER
S. 397

Oberkopf, Gesicht und Brust schwarz

SPORNAMMER
S. 398

Kopf gelb mit dunklen Streifen

GOLDAMMER
S. 399

Oberkopf dunkelgrün gestreift (stärkere Streifen im Winter)

ZAUNAMMER
S. 400

Kopf und Brust grau

ZIPPAMMER
S. 401

gelber Augenring

ORTOLAN
S. 402

Oberkopf und Gesicht rostrot

ZWERGAMMER
S. 403

Kopf und Hals schwarz und weiß

ROHRAMMER
S. 404

Rücken hellbraun, gestreift

GRAUAMMER
S. 405

| Ordnung **Passeriformes** | Familie **Emberizidae** | Art *Plectrophenax nivalis* |

Schneeammer

Kopf weiß

Rücken und Flügel
spitzen schwarz

kleiner weißer
Flügelfleck

Kopf und Rücken
dunkelgrau

Körper gedrungen
mit kurzen Beinen

Unter-
seite
weiß

IMMATUR

Oberkopf
und Wangen
orangebraun

Schwanz
schwarz
mit weißen
Seiten

MÄNNCHEN (SOMMER)

Flügel
weiß

**MÄNNCHEN
(WINTER)**

JUNGVOGEL

gelber Schnabel mit
schwarzer Spitze

IM FLUG
Flügel-
spitzen
schwarz

Rücken sand-
braun

Brustseiten
rotbraun

Oberkopf
braun

auf Rücken schwarze
und braune Streifen
(im Sommer Ge-
fieder grauer)

**MÄNNCHEN
(WINTER)**

kurze Beine
schwarz

weiße
Unterseite

**WEIBCHEN
(WINTER)**

Im Sommer sind
Schneeammern im
hohen Norden oder auf den
höchsten Gipfeln, wenn dort kein
Schnee mehr liegt. Im Winter streifen sie weit
über hohe Flächen, vor allem an schneefreien exponierten Stellen,
sind aber mehr an der Küste zu sehen. Trupps ziehen Bänke von
Muschelschalen und sandige oder geschützte kiesige Flächen vor,
oft auch im Hinterland und dann gemischt mit Finken, anderen
Ammern oder Lerchen. Ihre komplexen Kopf- und Brustmuster
können etwas verwirren, aber die großen weißen Flügelfelder sind
beim Auffliegen wichtige Anhaltspunkte.

STIMME: Ruf im Flug rollend *perrrit*, auch pfeifend *pjü-u*; Gesang
kurzes Gezwitscher mit klingelnden Lauten.

BRUTBIOLOGIE: Nest aus Moos, Flechten und Halmen in Höhlung zwischen Felsen und Steinen; 4–6 Eier; 1 oder 2 Jahresbruten; Mai bis Juli.

NAHRUNG: Im Sommer Insekten, im Winter vor allem wirbellose
Tiere am Strand und Sämereien.

FLUG: Hüpfend, richtungslos, wie vom Wind verdriftet, mit schwirrenden Flügeln und tiefer Wellenlinie,
lange Flügel.

SAMEN ALS ANZIEHUNGSPUNKT
Schneeammern können von Samen, die auf dem Boden verstreut sind, am Rand der Strandlinie angezogen werden.

ÄHNLICHE ARTEN

ROHRAMMER ♀ ähn-
lich ♂♀ Winter
(S. 404)

SPORNAMMER Jung-
vogel (S. 398)

Unterseite
gestreift

VORKOMMEN
Brütet sehr lokal in Nordschott-
land, in Island und Nordskandi-
navien auf Tundra oder ähnlicher
Gebirgsvegetation. Im Winter an
Küsten nach Süden bis Nordfrank-
reich und in Mitteleuropa, auch im
Binnenland.

| In Mitteleuropa zu sehen |
| J F **M** A M J J A S **O N D** |

| Körperlänge **16–17 cm** | Flügelspannweite **32–38 cm** | Gewicht **30–40 g** |
| **Schwärme** | Lebensdauer **2–3 Jahre** | **Bestand gesichert†** |

Ordnung **Passeriformes**	Familie **Emberizidae**	Art *Calcarius lapponicus*

Spornammer

JUNGVOGEL

dunkle Streifen
an den Seiten des
hellen Oberkopfes

Kopf
rostbraun

fleckiges
Kopfmuster

rostbraunes
Flügelfeld

dunkle Ecken
der Ohrdecken

Rücken
gestreift

rostbraunes Flügel-
feld zwischen weißen
Flügelbinden

MÄNNCHEN (WINTER)

Oberkopf, Gesicht
und Brust schwarz

heller Streifen zieht
hinter dem Auge
nach unten

Unterseite
weißlich mit
schwarzen
Streifen

Nacken lebhaft
rostfarben

IM FLUG

kurzer schwarzer
Schwanz mit
weißen Seiten

Beine schwarz

Bauch
weiß

**MÄNNCHEN
(SOMMER)**

JUNGVOGEL

FLUG: Geradlinig, flache Wellenlinie, zwischen Gleitphasen kurze Folgen schneller Flügelschläge.

Spornammern sind im Sommer Vögel der abgelegensten wilden Gegenden. Im Winter oder als Herbstgast sind sie bekann-ter. Sie tauchen an der Küste auf, an grasigen Plätzen (z.B. Golfplätzen), in Dünen und um grasige Ränder von Salzmarschen. Sie fallen sehr wenig auf und lassen sich buch-stäblich erst unter den Füßen aufscheuchen oder an ihren charakteristischen Rufen im Flug erkennen. Ihr Gefieder erinnert oberflächlich an Rohrammern, wenn auch komplexer und reich gemustert; in ihrer Gestalt und ihrem Verhalten erinnern sie an Schneeammern.

SCHWER ZU SEHEN
Dieses Weibchen der Spornammer sucht in hoher Grasvegetation nach Nahrung am Rand einer Feuchtstelle an der Küste; da ist es schwer auszumachen.

STIMME: Beim Auffliegen hart rollend und ratternd *prerrrt,* kurzer Pfiff *tju;* Gesang klingelnd, oft im Singflug vorgetragen.

BRUTBIOLOGIE: Nest aus Moos, Flechten und Gras auf dem Boden, in einer Pflanzenblüte oder zwischen Felsen; 5 oder 6 Eier; 1 Jahresbrut; Mai bis Juni.

NAHRUNG: Im Sommer Insekten, sonst Samen vom Boden.

VORKOMMEN
Brütet im Norden Skandinaviens auf der Tundra und auf hohen Plateaus. Im Winter meist auf Salz-marschen und kurzem Grasland an der Küste um die Nord- und Ostsee. Sehr selten im Binnenland.

ÄHNLICHE ARTEN

Oberkopf und
Wangenfleck
dunkler

Bürzel rost-
braun

WALDAMMER
(S. 452)

SCHNEEAMMER ♂♀
(S. 397)

Flügel
großenteils
weiß

Flügelbinden
undeutlicher

ROHRAMMER ♀
ähnlich ♀
(S. 404)

In Mitteleuropa zu sehen

| J | F | M | A | M | J | J | A | S | O | N | D |

Körperlänge **14–15 cm**	Flügelspannweite **25–28 cm**	Gewicht **20–30 g**
Kleine Trupps	Lebensdauer **2–3 Jahre**	**Bestand gesichert†**

| Ordnung **Passeriformes** | Familie **Emberizidae** | Art *Emberiza citrinella* |

Goldammer 98

Rücken gemischt rostbraun, mittelbraun und schwarz

MÄNNCHEN (SOMMER)

Bürzel rostbraun

Kopf gelb mit dunklen Streifen

auf Rücken schwarze und rostbraune Streifen

MÄNNCHEN (SOMMER)

IM FLUG

Unterseite gelb mit feinen schwarzen Streifen

Schwanz schwarz mit weißen Seiten

MÄNNCHEN (FRÜHJAHR)

am Kopf weniger gelb

heller Wangenfleck

Rücken dunkler

Flanken rostfarben

Unterseite stärker gestreift

WEIBCHEN

Die häufige Ammer im Agrarland und auf buschigen Heide- und Brachflächen ist die Goldammer, ein typischer Vogel warmer Tage, wenn die Männchen fast unaufhörlich singen. Im Winter sammeln sich Goldammern in kleinen Trupps oder vermischen sich mit anderen Ammern und Finken, streifen über Felder mit Wildkräutern oder gepflügtes Land auf der Suche nach Samen. Kleine Trupps von Goldammern lenken die Aufmerksamkeit durch ihre scharfen Rufe auf sich. Im Flug zeigen sie den typischen langen, weiß gesäumten Schwanz der Ammern.

STIMME: Ruf scharf *zick* oder *tsit*, auch unrein *srirr*; Gesang eine schnelle Folge kurzer hoher Laute mit tieferem längerem Abschluss *ti-ti-ti-ti-ti-ti-ti-ti-siieeh* (zweisilbig *zi-tüh*).

BRUTBIOLOGIE: Mit Haaren ausgekleidetes Nest aus Gras und Halmen auf dem Boden; 3–5 Eier; 2 oder 3 Jahresbruten; April bis Juli.

NAHRUNG: Im Sommer Insekten, sonst Samen vom Boden.

FLUG: Wellenlinie, recht schnell, steigt bei Störung steil vom Boden auf, kurze Folgen schneller Flügelschläge.

SINGENDES MÄNNCHEN
Der eingängige Gesang der Goldammer ist für heiße Sommertage in offenen Landschaften typisch.

WINTERSCHWÄRME
Samen ziehen Goldammern im Winter an, und wo sie noch häufig sind, bilden sie dann dichte Schwärme.

VORKOMMEN
Brütet in weiten Teilen Europas mit Ausnahme von Island, Nordskandinavien, Südspanien und Südportugal. Im Winter weitverbreitet in Süd- und Westeuropa. Jahresvogel auf Weiden, in Agrarland mit Hecken und Gehölzen, an Waldrändern und auch an Küsten.

In Mitteleuropa zu sehen
| J | F | M | A | M | J | J | A | S | O | N | D |

ÄHNLICHE ARTEN

ROHRAMMER ♀ ähnlich ♀ (S. 404)

ORTOLAN ♂♀, Bürzel unauffällig (S. 402)

heller Augenring

rosa

Körper gelb

brauner

dunkler, weniger gelb

ZAUNAMMER ♂♀, Bürzel mattoliv, anderer Ruf (S. 400)

| Körperlänge **16 cm** | Flügelspannweite **23–29 cm** | Gewicht **24–30 g** |
| Schwärme | Lebensdauer **2–3 Jahre** | **Bestand gesichert†** |

Ordnung **Passeriformes**	Familie **Emberizidae**	Art *Emberiza cirlus*

Zaunammer

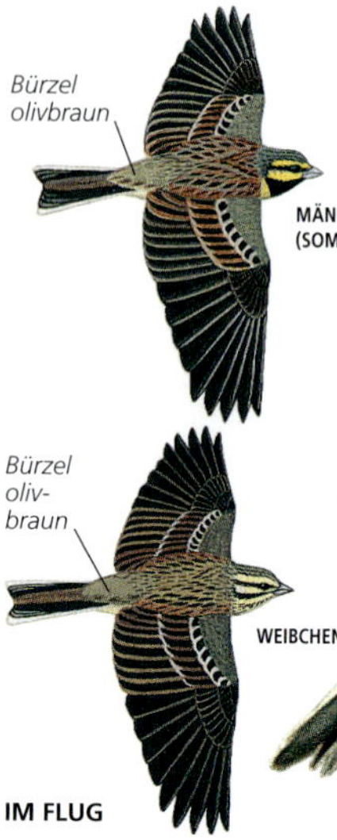

Bürzel olivbraun

MÄNNCHEN (SOMMER)

Oberkopf dunkelgrün gestreift (stärkere Streifen im Winter)

schwarzer Augenstrich

oberhalb und unterhalb des Auges lebhaft gelb

MÄNNCHEN (WINTER)

Kinn schwarz

Kopf stark gestreift

auf Brustseiten rostbrauner Fleck

Unterseite hellgelb

Bürzel olivbraun

WEIBCHEN

Schwanz schwarz mit weißen Seiten

MÄNNCHEN (SOMMER)

auf Unterseite schwache Striche

WEIBCHEN

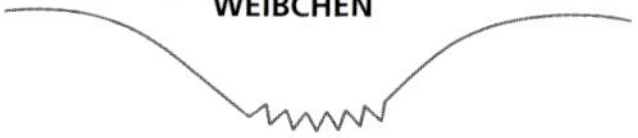

IM FLUG

Die Zaunammer ist ein häufiger Vogel auf offenen, buschigen Hängen und mit Bäumen bestandenem Kulturland, das auch Hecken und Dickichte aufweist. Zaunammern brauchen altes, nicht intensiv bewirtschaftetes Grasland mit vielen Heuschrecken; daher leiden sie unter der landwirtschaftlichen Intensivierung. Männchen singen von Buschspitzen oder wenig exponierten Sitzwarten auf halber Höhe der Bäume, nicht einfach zu finden; oft sitzen sie nach dem Gesang noch Minuten ruhig da.

STIMME: Ruf kurz *zitt;* Gesang monotone Reihe, schnell wie ein Triller *sre-sre-sre-sre-sre-sre-sre.*

BRUTBIOLOGIE: Nest aus Gras und Halmen niedrig in Busch oder Hecke; 3 oder 4 Eier; 2 Jahresbruten; April bis Juli.

NAHRUNG: Im Sommer vor allem Heuschrecken und andere Insekten; sonst Samen vom Boden.

FLUG: Flatternd; in Wellenlinie mit kurzen Folgen relativ schwacher Flügelschläge; über größere Entfernungen gerade.

WEIBCHEN
Das Weibchen der Zaunammer hat einen kräftig gestreiften gelben und schwarzen Kopf. Die Flügel haben rostbraune Flecken und die Brust ist hell gelblich.

ÄHNLICHE ARTEN

GOLDAMMER ♂♀; Bürzel rostbraun (S. 399)

Kinn hell

ROHRAMMER ♀, ähnlich ♂♀ (S. 404)

kräftigeres Kopfmuster

mehr rostbraun

VORKOMMEN
Brütet in Portugal, Spanien und ostwärts bis Griechenland, in Frankreich, in Südwestdeutschland und Südwestengland. Jahresvogel in warmen buschigen und auch steinigen Hängen, in Weinbergen und in Olivenhainen. Im Winter auf Wildkrautflächen und sogar in Gärten.

In Mitteleuropa zu sehen
J F M A M J J A S O N D

Körperlänge **15–16 cm**	Flügelspannweite **22–26 cm**	Gewicht **21–27 g**
Kleine Trupps	Lebensdauer **2–3 Jahre**	**Bestand gesichert**

Ordnung **Passeriformes**	Familie **Emberizidae**	Art **Emberiza cia**

Zippammer

Büzel rostbraun

Flügel breit

MÄNNCHEN

IM FLUG

Kopfstreifen matter

MÄNNCHEN (WINTER)

an der Brust weniger grau als Männchen

WEIBCHEN

auf Oberkopf, durch das Auge und unter der Wange schwarzer Streifen

Körper schlank

Brust braungrau

auf dem Rücken rostbraune Streifen

Kopf und Brust grau

Unterseite orangebraun

Schwanz schwarz mit weißen Seiten

MÄNNCHEN (SOMMER)

D iese kleine, schlanke und farbenprächtige Ammer ist oft enttäuschend schwierig zu entdecken. Sie neigt dazu, irgendwo auf einem steinigen Hang zu sitzen, oft noch zwischen dichten Büschen. Die häufigen hohen und sehr dünnen Rufe sind sehr schwer zu orten. Im Winter sammeln sich Zippammern in kleinen Trupps, oft auf grasigen oder mit Kräutern bestandenen Flächen. Man kann sie auch auf der Nahrungssuche an Stellen mit vielen Steinen und wild wachsendem Gras entdecken.

STIMME: Ruf kurz scharf *zih;* Gesang mit zögernder Einleitung hoch mit wirbelnden Tonhöhenwechseln.

BRUTBIOLOGIE: Nest aus Gras, Wurzeln und Rinde am Boden in guter Deckung; 4–6 Eier; 2 Jahresbruten; April bis Juni.

NAHRUNG: Im Sommer Insekten, sonst Samen vom Boden.

FLUG: Langsam, richtungslos, mit kurzen Folgen rascher Flügelschläge; flatternd zwischen Büschen.

NAHRUNGSSUCHE AUF DEM BODEN
Zippammern suchen auf offenen Grasflächen, zwischen niedrigen Felsen und Sträuchern, um Findlinge oder oft auch an Straßenrändern nach Nahrung.

VORKOMMEN
Brütet in Portugal und Spanien, in der Mittelmeerregion und lokal in den Alpen und in Mitteleuropa. In felsigen Gebieten mit trockenen buschigen Hängen, Felsabbrüchen und Findlingen, auf alpinen Matten und grasigen Stellen an Straßeneinschnitten. Meist Jahresvogel.

ÄHNLICHE ARTEN

Kopf schwarz und gelb

ZAUNAMMER ♂♀ (S. 400)

Kopf grau und orangefarben

GRAUORTOLAN ♂♀ (S. 453)

ORTOLAN ♂♀; ♀ hat gelbe und schwarze Streifen am Kopf (S. 402)

Kopf grünlich und gelb ♂

In Mitteleuropa zu sehen
J F M A M J J A S O N D

Körperlänge **15 cm**	Flügelspannweite **22–26 cm**	Gewicht **21–27 g**
Kleine Trupps	Lebensdauer **2–3 Jahre**	**Gefährdet**

Ordnung **Passeriformes**	Familie **Emberizidae**	Art *Emberiza hortulana*

Ortolan

heller Augenring

Schnabel rosa

lebhafter hellbraun als Weibchen

JUNGVOGEL

gelber Augenring

Kopf grünlich

gelber Bartstreif

Brust hellgrünlich

Bürzel olivbraun

MÄNNCHEN (SOMMER)

IM FLUG

Schwanz schwarz mit weißen Seiten

Unterseite zimtfarben

spitzer Kegelschnabel

heller Augenring

grauer als Jungvogel

MÄNNCHEN (SOMMER)

WEIBCHEN

Ortolanmännchen singen in Büschen oder Bäumen an warmen offenen Hängen oder in Weideland mit Hecken und Gehölzen. Ihre Anwesenheit bringt etwas Melodie in die Landschaft. In vielen Küstengebieten sind Ortolane regelmäßige Durchzügler. Sie sind gewöhnlich recht scheu und fliegen rasch auf, neigen aber dazu, auf offenem grasigem Boden Nahrung zu suchen und können dann aus größerer Entfernung beobachtet werden. Sie sind schlanke, etwas blasse Ammern mit spitzen, rosafarbenen Schnäbeln und auffallenden hellen Augenringen.

STIMME: Ruf metallisch *sii-e* oder kurz *tjü*; Gesang Aufbau ähnlich Goldammer etwa *sia sia si sia sia srü srü srü*.

BRUTBIOLOGIE: Nest aus Gras und Moos mit Haaren ausgepolstert auf oder nahe am Boden; 4–6 Eier; 2 Jahresbruten; April bis Juli.

NAHRUNG: Im Sommer Insekten, sonst Samen vom Boden, oft in Lichtungen mit kurzem Gras, in Dünen oder auf Äckern.

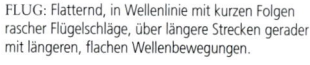

FLUG: Flatternd, in Wellenlinie mit kurzen Folgen rascher Flügelschläge, über längere Strecken gerader mit längeren, flachen Wellenbewegungen.

GESTREIFTES WEIBCHEN
Die allgemeine Färbung und das Muster des Männchens sind erkennbar, doch viel matter; Weibchen sind schwach gestreift.

VORKOMMEN
Brütet in weiten Teilen Europas mit Ausnahme der Britischen Inseln, Islands und Nordskandinaviens vor allem in warmen Gegenden von Hängen und Bergweiden bis in extensiv genutztes Agrarland. Zieht im Winter nach Afrika; im Frühjahr und Herbst selten an den Küsten Nordwesteuropas.

In Mitteleuropa zu sehen
J F M **A M J J A S** O N

ÄHNLICHE ARTEN

GOLDAMMER ♂♀ (S. 399)

Bürzel rostbraun

Kinn hell

kräftigeres Kopfmuster

mehr rostbraun

ROHRAMMER ♀ ähnlich ♂♀ (S. 404)

Körperlänge **15–16 cm**	Flügelspannweite **22–26 cm**	Gewicht **21–27 g**
Kleine Trupps	Lebensdauer **2–3 Jahre**	**Gefährdet†**

| Ordnung **Passeriformes** | Familie **Emberizidae** | Art *Emberiza pusilla* |

Zwergammer

Vorderflügel grau (Rohrammer rost-braun)

MÄNNCHEN (SOMMER)

IM FLUG

Oberkopf mit schwarzen Seitenstreifen

heller Augenring (kaum zu sehen bei Rohrammer)

Oberkopf und Gesicht rostrot

an den Wangen schwärzliche Ecken

auf dem Rücken hellbraune, braune und schwarze Streifen

Schnabel spitz und gerade zulaufend (bei Rohr-ammer gerundet)

Schwanz mit weißen Seiten

Unterseite weiß mit dunklen Streifen

heller Scheitel-streif

Gesicht rostfarben

Schultern grau

Beine hell

MÄNNCHEN (WINTER)

WEIBCHEN

MÄNNCHEN (SOMMER)

Ähnlich einer kleinen Rohrammer (und mit großer Sorgfalt zu beobachten, wenn im Herbst Durchzügler zu bestimmen sind) ist die Zwergammer ein Vogel des hohen Nordens. Sie brütet in der weiten Taigazone mit Mischwald aus Koniferen und Birken. Nur selten überwintern einzelne Zwergammern im west-lichen Europa. Sie sind wie viele Ammern die meiste Zeit ausgesprochene Bodenvögel und huschen auch in Bodennähe herum, wenn sie gestört werden. Da sie gewöhnlich recht still und unauffällig sind, werden sie leicht übersehen.
STIMME: Kurz und scharf *zick*; Gesang kurz, hoch mit kratzenden und melodischen Lauten.
BRUTBIOLOGIE: Nest aus Gras und Moos, in einer Höhlung am Boden unter einem Busch; 4 oder 5 Eier; 1 Jahresbrut; Mai bis Juni.
NAHRUNG: Im Sommer meist Insekten, im Herbst Samen vom Boden.

FLUG: Schnell, etwas flatternd mit gespreiztem Schwanz und kurzen Folgen von Flügelschlägen.

MÄNNCHEN IM FRÜHLING
Die rotbraune Färbung von Kopf und Gesicht macht einen Altvogel im Sommer recht auffällig.

VORKOMMEN
Brütet im äußersten Nordosten Europas in offenen Stellen des Nadelwaldes. Herbstdurchzügler sind selten an den Küsten Nord-westeuropas und auf Inseln, noch seltener im Binnenland auf Flächen mit Wildkräutern.

In Mitteleuropa zu sehen
| J | F | M | A | M | J | J | A | **S** | **O** | N | D |

ÄHNLICHE ARTEN

ROHRAMMER ♀ ähnlich ♂♀ (S. 404)

Augenring schwach

SPORNAMMER Jung-vogel (S. 398)

größer

Schnabel runder

kurze Beine schwarz

Bürzel rotfarben, Flanken gestrichelt

WALDAMMER ♂♀ (S. 452)

| Körperlänge **12–13 cm** | Flügelspannweite **18–20 cm** | Gewicht **15–18 g** |
| **Kleine Trupps** | Lebensdauer **2–3 Jahre** | **Bestand gesichert**† |

| Ordnung **Passeriformes** | Familie **Emberizidae** | Art *Emberiza schoeniclus* |

Rohrammer

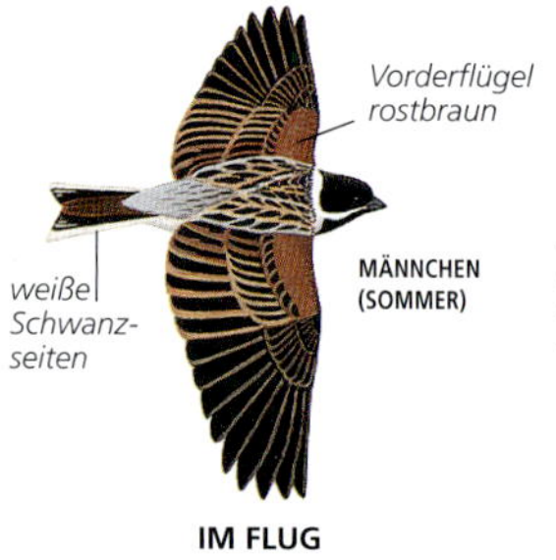

Kopfmuster verdeckt

Vorderflügel rostbraun

Kopf und Hals schwarz und weiß

unter den Wangen weißer Streifen

MÄNNCHEN (SOMMER)

Rücken leder-braun mit schwarzen Streifen

weiße Schwanz-seiten

MÄNNCHEN (WINTER)

IM FLUG

Unterseite weißlich, leicht gestreift

cremefarbener Überaugenstreif

MÄNNCHEN (SOMMER)

Andeutung eines hellen Kragens

Beine hell-rotbraun

cremefarbene und schwarze Streifen

tiefschwarz mit weißen Seiten

WEIBCHEN

langer gekerbter Schwanz

D ie Rohrammer ist eine der häufigeren Ammern, besonders an feuchten Stellen ist sie im Sommer leicht zu finden und zu bestimmen. Die
Männchen singen monoton von niedrigen Sitzplätzen in der Feucht-vegetation. Im Winter, wenn die Männchen viel weniger auffallen, lassen sich Rohrammern nicht so leicht erkennen und können auch weiter über offene Gebiete verstreut sein, in Weidendickichten, jungen Nadelgehölzen oder in Hecken der Agrarlandschaft. Selten kommen sie auf dem Zug auch einmal in Gärten.

STIMME: Ruf weich abwärts gezogen kräftig *siii*; Gesang eine kurze Strophe, etwas stotternd vorgetragen aus schar-fen Lauten und auch einem kurzen Triller, z.B. *sarip srip srip sia-sia-sia sitip-itip-itip.*

BRUTBIOLOGIE: Nest aus Gras, Seggen oder anderen Halmen, mit feinem Material und Haaren ausgelegt, am oder nahe am Boden gut versteckt; 4 oder 5 Eier; 1 Jahresbrut; April bis Juli.

NAHRUNG: Im Sommer meist Insekten, sonst Samen niedrig in Büschen oder am Boden, oft im offenen Gras nahe am Wasser.

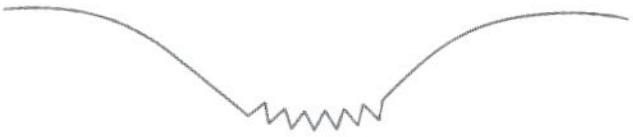

FLUG: Etwas unentschlossen, hüpfend mit zucken-dem Schwanz, taucht gleich in Deckung ab.

SCHLICHTES KLEID IM WINTER
Braune Federsäume verdecken im Winter das Kopfmuster des Männchens. Im Frühling sind sie abgetragen und geben die vollen Farben frei.

VORKOMMEN
Brütet in Mittel- und Nordeuropa mit Ausnahme von Island; in Süd-europa nur im Winter. Brutvogel an Feuchtgebieten mit Schilf, Seggen, Binsen, Weidendickichten, an Ufern von Seen und Flüssen. Auf dem Zug und im Winter auch anderswo.

| In Mitteleuropa zu sehen |
| J F M A M J J A S O N D |

ÄHNLICHE ARTEN

weiße Flügel-binden

SPORNAMMER Winter, ähnlich ♂♀ (S. 398)

HAUSSPERLING ♀ ähnlich ♂♀ (S. 363)

matter

dichter

rostfarbenes Flügelfeld

BUCHFINK ♀ ähnlich ♀ (S. 380)

kurze Beine schwarz

kurzer Schwanz ohne Weiß

| Körperlänge **15 cm** | Flügelspannweite **21–26 cm** | Gewicht **15–22 g** |
| **Kleine Trupps** | Lebensdauer **2–3 Jahre** | **Bestand gesichert** |

Ordnung **Passeriformes**	Familie **Emberizidae**	Art **Miliaria calandra**

Grauammer 〔99〕

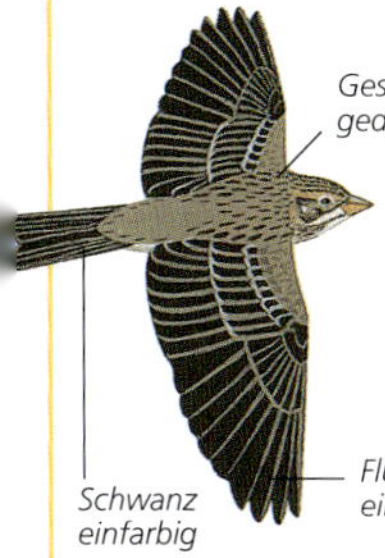

undeutliches Kopfmuster

auf Oberkopf dunkle Streifen

dunkles Auge mit dünnem hellem Ring

Gestalt gedrungen

Rücken hellbraun, gestreift

großer kegelförmiger gelblicher Schnabel dicker als Feldlerche

unterer Wangenrand dunkel

SINGEND

Reihe dunkler Flecken auf den Flügeldecken

Dunkle Striche auf der Unterseite bilden oft einen Fleck auf der Mitte.

Schwanz einfarbig

Flügel einfarbig

Striche ziehen sich bis auf den Bauch.

Brust hell

IM FLUG

Schwanz einfarbig braun

Die große Grauammer erinnert oberflächlich an eine Feldlerche, ähnlich hellbraun und gestreift. Flügel und Schwanz sind jedoch einfarbig. Grauammern sitzen auf Leitungsdrähten, Zaunpfosten, Erdhaufen oder Büschen und singen ihre kurze, einfache Strophe in Wiederholung ohne größere Abwandlungen. Sie suchen am Boden nach Nahrung wie andere Ammern, dabei hüpfen und kriechen sie und laufen nicht wie Lerchen. Man kann sie in der Dämmerung oft auch in kleinen Gruppen unter eifrigem Rufen zu gemeinsamen Schlafplätzen fliegen sehen.

STIMME: Ruf metallisch *tsrit*, auch schnelle, fast tonlose Folge wie *bt-bt-bt-bt;* Gesang mit zögernder Einleitung, die sich beschleunigt und schnell rasselnd endet *tsik tsik tsik-zik-zik-zik-zirsrsrsirsrsrs.*

BRUTBIOLOGIE: Nest aus Gras und Wurzeln, ausgekleidet, auf dem Boden; 3–5 Eier; 1 oder 2 Jahresbruten; April bis Juni.

NAHRUNG: Insekten und Samen.

FLUG: Lange Wellenlinien, Folgen kräftiger Flügelschläge zwischen Gleitphasen mit geschlossenen Flügeln; fliegt bei der Balz manchmal mit hängenden Beinen.

WINTERSCHWÄRME
Wo sie häufig geblieben sind, suchen Grauammern in kleinen Trupps oder im Winter sogar in größeren Schwärmen nach Nahrung.

VORKOMMEN
Brütet in Europa nach Norden bis an die Ostsee und lokal auf den Britischen Inseln; am häufigsten in Südeuropa. An Wiesen, großen Getreidesteppen, Agrarland mit Hecken und Gehölzen. Jahresvogel mit Ausnahme von Osteuropa, hier Sommervogel. In manchen Gegenden Abnahme.

In Mitteleuropa zu sehen
J F M A M J J A S O N D

ÄHNLICHE ARTEN

ROHRAMMER ♀ (S. 404) 
kleiner
weiße Schwanzseiten

Schnabel klein und dunkel
weiße Schwanzseiten

Haube
FELDLERCHE läuft auf dem Boden (S. 288)

GOLDAMMER ♀ (S. 399)
Bürzel rostfarben 
weiße Schwanzseiten

Körperlänge **18 cm**	Flügelspannweite **26–32 cm**	Gewicht **38–55 g**
Kleine Trupps	Lebensdauer **2–3 Jahre**	**Bestand gesichert**†

SELTENE ARTEN

Europa hat eine bemerkenswerte Vielfalt an Lebensräumen und erstreckt sich über eine riesige geografische Breite von der Arktis bis zur Mittelmeerregion und in der Länge vom Atlantik bis zum Schwarzen Meer. Da gibt es regelmäßig in Europa vorkommende Arten, die nur in einem kleinen Teil dieses Gebiets brüten (wie z.B. der Nonnensteinschmätzer an der Küste des Schwarzen Meers) oder die nur als Durchzügler in kleinen Teilen des Kontinents erscheinen (wie z.B. der Große Sturmtaucher, der regelmäßig auf seinen Wanderungen über den Ozean südwestlich von Irland vorbeifliegt). Solche Arten werden im richtigen Gebiet durchaus jedes Jahr gesehen. Einige, wie z. B. die Mittelmeer-Sturmtaucher, die im Mittelmeer im Sommer häufig sind, aber sonst selten, sind sogar relativ zahlreich. Andere, wie der Bindentaucher aus Nordamerika, sind wirkliche Seltenheiten, da sie eigentlich zur Avifauna eines anderen Kontinents gehören. Wenige Individuen kommen weit aus ihrem Brutgebiet ab und tauchen in Europa auf, einige Arten jedes Jahr, andere nicht. Immer aber werden sie in sehr geringer Zahl festgestellt.

Die folgenden Seiten enthalten einige Vögel, die überall in Europa selten sind und immer unvorhergesehen erscheinen. Man kann bei den meisten wirklich nicht erwarten, sie zu sehen. Andere sind selten oder in ihrer Verbreitung sehr begrenzt, sodass man sie durchaus leicht sehen kann, wenn man zur richtigen Zeit am richtigen Platz ist.

SOMMERSPEZIAL
Dunkle Sturmtaucher von der Südhalbkugel erscheinen vor den Küsten Nordwesteuropas während ihrer »Winterwanderungen«, die in unseren Sommer und Herbst fallen.

Familie **Gaviidae**	Art *Gavia adamsii*

Gelbschnabeltaucher

Dieser Taucher ist sogar noch größer als der Eistaucher (S. 73), im Sommer mit ähnlichem Schachbrettmuster auf dem Rücken, aber mit einem aufgeworfenen gelblich weißen Schnabel. Im Winter hat dieser Schnabel einen dunklen First und eine dunkle Spitze; die Seiten des Gesichts sind auch heller als beim Eistaucher. Im Flug kann man manchmal den mächtigen Kopf und die längeren Beine erkennen.

VORKOMMEN: Im Sommer selten im arktischen Europa; im Winter sehr wenige südwärts bis in die Nordsee und manchmal bis ins Binnenland.

STIMME: Im Winter schweigsam; im Sommer laute klagenden und lachende Rufe.

Schnabel aufgeworfen, gelblich weiß

Wangen hell

WINTER

Körperlänge **80–90 cm**	Flügelspannweite **1,35–1,50 m**

Familie **Podicipedidae**	Art *Podilymbus podiceps*

Bindentaucher

Dieser gedrungene dickköpfige Lappentaucher sieht aus wie ein Zwergtaucher (S. 74) mit viel kräftigerem Schnabel, der im Winter einfarbig gelb, im Sommer aber mit einem dunklen Band versehen ist. Im Sommer ist auch die Kehle schwarz. Die Jungvögel tragen dunkle Kopfstreifen. Seltene Gäste aus Nordamerika können einige Wochen auf geeigneten Seen oder Staubecken verweilen. Sie halten sich gern in der Nähe dicht mit Pflanzen bewachsener Ufer.

VORKOMMEN: Sehr selten in Westeuropa im Herbst/Winter. Kommt aus Amerika.

STIMME: Außerhalb der Brutzeit schweigsam.

kräftiger weißer Schnabel mit schwarzer Binde

ALTVOGEL (SOMMER)

Kehle schwarz

Körperlänge **31–38 cm**	Flügelspannweite **50 cm**

Familie **Procellariidae**	Art *Puffinus gravis*

Großer Sturmtaucher

Der Große Sturmtaucher ist ein Meister im schwierigen Lebensraum Hochsee. Er brütet in den südlichen Ozeanen und wandert im Nordsommer und Nordherbst nach Norden. Er nimmt Schräglage ein und steigt steil zu großer Höhe auf, mit wenigen Flügelschlägen erreicht er hohe Gleitgeschwindigkeit. Seine dunkelbraune Kappe sieht aus der Entfernung schwarz aus. Der braune Rücken, der schmale weiße Kragen, Weiß am Schwanz und dunkle Flecken unter dem Flügel helfen bei der Bestimmung.

VORKOMMEN: Selten bis mäßig häufig auf dem Meer vor Westeuropa von August bis Oktober.

STIMME: Schweigsam.

Rücken braun

dunkelbraune Kappe

schmaler weißer Kragen

Körperlänge **43–51 cm**	Flügelspannweite **1,05–1,20 m**

Familie **Procellariidae**	Art *Puffinus baroli*

Kleiner Sturmtaucher

Der Kleine Sturmtaucher wirkt wie ein kleiner, etwas gedrungener Schwarzschnabel-Sturmtaucher (S. 82), oft mit einem Kontrast zwischen hellerem Innen- und dunklerem Außenflügel und ausgedehntem weißem Gesicht. Trotzdem muss man sorgfältig beobachten, um die Bestimmung zu sichern, besonders außerhalb seiner normalen Verbreitung. Fliegt mit schnellen Flügelschlägen und wenigen kurzen Gleitstrecken.

VORKOMMEN: Brütet auf den Azoren, Madeira und den Kanarischen Insel; selten im Sommer und Herbst vor Nordwesteuropa.

STIMME: Rhythmische lachende Rufe in der Nacht an der Kolonie.

Oberseite dunkel

im Gesicht viel Weiß

Körperlänge **25–30 cm**	Flügelspannweite **58–67 cm**

Familie **Procellariidae**	Art *Puffinus yelkouan*

Mittelmeer-Sturmtaucher

Mittelmeer-Sturmtaucher sind als eigene Art vom Schwarzschnabel-Sturmtaucher getrennt worden. Vögel vom östlichen Mittelmeer *(P. y. yelkouan)* sind etwas größer als Schwarzschnabel-Sturmtaucher; ihre Füße sehen knapp unter dem Schwanzende hervor. Die westlichen *(P. y. mauretanicus)* sind oberseits brauner und unterseits heller, insgesamt kleiner als Dunkle Sturmtaucher. Man kann die Vögel auf oder knapp über dem Meer im Sommer vor den Mittelmeerküsten sehen.

VORKOMMEN: Brutvogel an Küsten und auf Inseln im Mittelmeer; wenige kommen bis in die Nordsee.

STIMME: Jodelnde Laute nachts über den Kolonien.

Oberseite bräunlich

Körperlänge **34–39 cm**	Flügelspannweite **78–90 cm**

Familie **Procellariidae**	Art *Puffinus griseus*

Dunkler Sturmtaucher

Er ist einer der Seevögel südlicher Ozeane, die im europäischen Sommer nach Norden wandern. Dunkle Sturmtaucher werden regelmäßig vor exponierten Küstenkaps und auf Fährschiffrouten in westeuropäischen Gewässern gesehen. Sie sind etwas dickbäuchig mit langen, gewinkelten Flügeln und erscheinen ganz dunkel mit Ausnahme der teilweise helleren Unterflügel, deren Mitte meist wie ein undeutlicher silbriger Fleck aussieht. Dunkle Sturmtaucher sind merklich größer als Schwarzschnabel-Sturmtaucher (S. 82), wenn man sie zusammen sieht, und können gelegentlich auch wie dunkle Raubmöwen wirken.

VORKOMMEN: Biskaya, irische und britische Küsten von August bis Oktober.

STIMME: Schweigsam.

einheitlich dunkel

Körperlänge **40–50 cm**	Flügelspannweite **0,95–1,10 m**

| Familie **Procellariidae** | Art *Oceanites oceanicus* |

Buntfuß-Sturmschwalbe

In den antarktischen Meeren sind Buntfuß-Sturm-schwalben häufig, kommen aber selten über den Äquator. Sie bleiben meist weit draußen auf See zusammen mit Sturmschwalben (S. 83), leben vom treibenden Abfall und nähern sich manchmal Fischereifahrzeugen oder folgen Schiffen. Der weiße Bürzel ist sehr breit, der Oberflügel trägt ein helles Band, der Unterflügel ist einheitlich dunkel. Die langen Flügel und Beine vermitteln einen fast tänzerischen Eindruck.

VORKOMMEN: Sehr selten im Spätsommer vor den Küsten Nordwesteuropas.

STIMME: Schweigsam.

lange Beine

| Körperlänge **16–18 cm** | Flügelspannweite **38–42 cm** |

| Familie **Procellariidae** | Art *Oceanodroma castro* |

Madeirawellenläufer

Der Madeirawellenläufer gleicht weitgehend dem Wellen-läufer (S. 84) und ist nur mit Schwierigkeiten an seinem breiten weißen Bürzel, der deutlich über die Seiten reicht, und dem weniger stark gegabelten Schwanz von ihm zu unterscheiden. Er ist ein ausschließlicher Meeres-vogel, abgesehen von nächtlichen Besuchen der Brutkolonien. Auf See ist er meist Einzelgänger und folgt Schiffen nicht. Er brütet in Löchern und Spalten auf felsigen Inseln.

VORKOMMEN: Brütet vor Portugal und auf Madeira; selten nördlich seiner Brutverbreitung.

STIMME: Gurrende und quietschende Laute nachts an den Bruthöhlen.

auf Innen-flügel helles Band

| Körperlänge **19–21 cm** | Flügelspannweite **43–46 cm** |

| Familie **Pelecanidae** | Art *Pelecanus onocrotalus* |

Rosapelikan

Im Sommer ist der riesige Pelikan rosa überflogen (Jung-vögel sind grauer). Der Kehlsack ist orangegelb, die Augen dunkel in einem rosa Hautfleck. Wie beim Weißstorch sind Flügelhinterrand und Flügelspitzen schwarz (S. 102), aber es fehlen ihm die langen Beine und der schlanke Hals. Schwärme kreisen stärker koordiniert als Störche.

VORKOMMEN: Brütet in Griechenland und Rumänien (Donaudelta) auf großen Seen und Sümpfen.

STIMME: Am Nest grunzende Laute.

dunkle Augen in rosafarbener Umgebung

Kehlsack orange

Unterflügel mit schwarzem Hinterrand

ALT-VOGEL

| Körperlänge **1,40–1,75 m** | Flügelspannweite **2,45–2,95 m** |

| Familie **Pelecanidae** | Art *Pelecanus crispus* |

Krauskopfpelikan

Der Krauskopfpelikan ist weltweit sehr gefährdet. Er zählt zu den größten Vögeln der Welt. In der typischen Pelikangestalt hat er einen hellgrauen Kopf und Körper, im Sommer einen rötlichen Kehlsack und keine kont-rastreich schwarz-weiß gemusterten Flügel. Aus der Nähe kann man ein helles Auge in einer weißlichen Umge-bung erkennen. Er segelt ohne Anstrengung in Warmluft.

VORKOMMEN: Brütet in Griechenland und im Donau-delta in großen Seen mit Schilf und Schilfsümpfen.

STIMME: Schweigsam.

helle Augen in weißlicher Umgebung

Kehlsack rötlich

ALTVOGEL

Körper weiß bis hellgrau (Jungvögel dunkler)

| Körperlänge **1,60–1,80 m** | Flügelspannweite **2,70–3,20 m** |

| Familie **Phalacrocoracidae** | Art *Phalacrocorax pygmaeus* |

Zwergscharbe

Obwohl ein typischer Kormoran, ist die Zwergscharbe gedrungen, rundköpfig, kurzschnäbelig und hat einen relativ dicken Hals. Aus der Nähe erkennt man den braunen Kopf und Hals; im Winter ist die Kehle hell und der Kopf weniger braun. Jungvögel sind auf der Unterseite heller. Im Sitzen oder im Flug fällt der lange gerundete Schwanz auf. Gruppen schwimmen oft zwischen Pflanzen oder sitzen auf überhängenden Bäumen; im Winter kommen sie manchmal an die Küste.

VORKOMMEN: Im Balkangebiet und an den Küsten des Schwarzen Meers, an Flüssen und in Flussmündungen.

STIMME: An den Kolonien krächzende und grunzende Laute.

ALTVOGEL (SOMMER)

langer gerundeter Schwanz

| Körperlänge **45–55 cm** | Flügelspannweite **75–90 cm** |

| Familie **Ardeidae** | Art *Egretta gularis* |

Küstenreiher

Wie dickschnäbelige Seidenreiher (S. 95) wirken Küstenreiher, die normalerweise in Westafrika grau sind mit einem weißen Kinn, am Roten Meer jedoch weiß mit hellgrauer oder dunkler unregelmäßiger Zeichnung. Die Beine sind dunkel oder bräunlich, die Schnäbel braun oder schwärzlich mit einer gelblichen Basis. Man sieht sie gewöhnlich an der Küste und oft auch an Landungsbrücken und Kais und ähnlichen Strukturen.

VORKOMMEN: Sinai und Rotes Meer; sehr selten in Marokko.

STIMME: Schweigsam.

Kinn weiß

Körper dunkelgrau

| Körperlänge **55–68 cm** | Flügelspannweite **88–112 cm** |

| Familie **Threskiornithidae** | Art *Plegadis falcinellus* |

Sichler

Im Flug wirkt er sehr schlank, aber rundflügelig, am Boden elegant mit rundem Körper und langem Hals. Der Sichler ist fast schwarz, bei guter Beleuchtung zeigt er Bronzeglanz und tiefes Kupferrot. Sein schlanker gebogener Schnabel ist sehr kennzeichnend, wenn er langsam watet und im Seichtwasser nach Nahrung sondiert. Schwärme fliegen oft in breiten Wellenlinien.

VORKOMMEN: Selten in Südeuropa, mehr in den Balkanländern und im Nahen Osten.

STIMME: Meist schweigsam.

schlanker Schnabel gebogen

Körper kupfer- und bronzefarben

| Körperlänge **55–65 cm** | Flügelspannweite **88–105 cm** |

| Familie **Anatidae** | Art *Anser caerulescens* |

Schneegans

Sogar in Gesellschaft von Schwänen wirken Schneegänse leuchtend weiß. Sie haben einen grauen Fleck nahe den kräftig schwarzen Flügelspitzen. Der Schnabel ist rötlich, die Beine rosafarben. Manche Gänse sind graubraun, auf den Flügeln blauer mit weißem Kopf. Bastarde zwischen Kanada- und Graugans sind viel größer, können aber ein ähnliches Muster aufweisen; außerdem fliegen manchmal weiße Hausgänse frei herum.

VORKOMMEN: Seltener Gast in Nordwesteuropa aus Nordamerika oder Flüchtling.

STIMME: Weiches, leicht ansteigendes Gackern.

weißer Körper (Jungvogel dunkler und grauer)

roter Schnabel

schwarze Flügelspitzen

ALTVOGEL

| Körperlänge **65–75 cm** | Flügelspannweite **1,33–1,65 m** |

Familie **Anatidae**	Art *Anser erythropus*

Zwerggans

Heute sind Zwerggänse extrem selten und man versucht, den Bestand zu heben. In einem winterlichen Gänseschwarm helfen schnellere Bewegung, lange Flügelspitzen, kleiner runder Kopf und sehr kurzer, auffallend rosafarbener Schnabel bei der Bestimmung. Wichtig ist das weiße Stirnfeld, das bis auf den Scheitel reicht, und der gelbe Augenring. Jungvögeln fehlt dieses Weiß.

VORKOMMEN: Sehr seltener Brutvogel in Nordskandinavien, im Winter selten in Westeuropa.

STIMME: Hohe, schnelle, bellende Laute.

weißes Stirnfeld

ALTVOGEL

lange Flügelspitzen

Körperlänge **56–66 cm**	Flügelspannweite **1,15–1,35 m**

Familie **Anatidae**	Art *Branta ruficollis*

Rothalsgans

Rothalsgänse tragen ein einmaliges Muster aus Schwarz, Weiß und Rot und sind daher leicht zu bestimmen, doch ist es überraschend schwierig, sie in einem dichten Schwarm etwas größerer Weißwangen- und Ringelgänse (S. 35, 36) zu entdecken. Starkes Sonnenlicht macht selbst Blässgänse (S. 32) sehr kontrastreich, und Rothalsgänse sind dann schwer unter ihnen zu finden.

VORKOMMEN: Große Schwärme überwintern am Schwarzen Meer; sehr selten in Westeuropa.

STIMME: Laut und scharf *pik-wik*.

weißer Fleck

ALTVOGEL

Gefieder auffallend schwarz, weiß und rot

Körperlänge **54–60 cm**	Flügelspannweite **1,10–1,25 m**

Familie **Anatidae**	Art *Tadorna ferruginea*

Rostgans

In Gestalt und Verhalten ist die Rostgans rasch einzuordnen, das auffallende rost- und orangefarbene Gefieder erlaubt sofort die Bestimmung. Die Männchen haben einen hellen Kopf und einen schmalen schwarzen Kragen; bei den Weibchen ist das Gesicht mehr weiß. Im Flug fällt der weiße Vorderflügel auf. Ähnlich aussehende verwandte Arten können als Gefangenschaftsflüchtlinge vorkommen, unterscheiden sich aber in Einzelheiten der Färbung von Kopf und Hals. Unter den Rostgänsen in Mitteleuropa können auch echte Wildvögel sein.

VORKOMMEN: Selten in Ostgriechenland und der Türkei; in Westeuropa seltener Gast.

STIMME: Trompetende Rufe.

Gesicht hell

MÄNNCHEN

Körper rost- bis orangefarben

schmaler schwarzer Kragen

Körperlänge **58–70 cm**	Flügelspannweite **1,10–1,35 m**

Familie **Anatidae**	Art *Alopochen aegyptiacus*

Nilgans

Als Ziervogel wurde die Nilgans nach England eingeführt. Heute lebt sie als Wildvogel nicht nur dort, sondern auch in den Niederlanden und Deutschland. Sie ähnelt einer hellbraunen Brandgans (S. 37) mit einem kurzen rosafarbenen Schnabel, einem braunen Augenfleck und großen weißen Flügelflecken. Einige sind mehr rostfarben, andere wirken grauer.

VORKOMMEN: Brutvogel auf den Britischen Inseln und in Mitteleuropa.

STIMME: Lautes raues Gackern im Stakkato.

brauner Augenfleck

großer weißer Flügelfleck

ALTVOGEL

lange Beine rosa

Körperlänge **63–73 cm**	Flügelspannweite **1,10–1,33 m**

| Familie **Anatidae** | Art *Aix galericulata* |

Mandarinente

Diese exotische Ente ostasiatischer Herkunft wurde nach Europa importiert. Männchen tragen senkrecht aufragende orangefarbene Segel auf dem Rücken und orangefarbene »Bartfedern« und haben eine schwarze Brust; Weibchen sind dunkel graubraun, auf den Seiten heller gefleckt und haben einen schmalen weißen Augenring. Sie sitzen oft auf Bäumen an Süßwasserseen und Flüssen.

VORKOMMEN: In Europa an mehreren Stellen kleine frei fliegende Bestände aus ehemaligen Parkvögeln.

STIMME: Kurzer, nach oben gezogener pfeifender Laut.

orangefarbene »Segel«

buschiger orangefarbener Bart

am Kopf weiß

MÄNNCHEN

| Körperlänge **41–45 cm** | Flügelspannweite **65–75 cm** |

| Familie **Anatidae** | Art *Aix sponsa* |

Brautente

Brautenten ähneln Mandarinenten, sind aber als Wildvögel in Europa viel weniger gut angesiedelt. Die Männchen tragen einen langen dunklen Schopf, der nach unten hängt, haben kräftige weiße Gesichtsmarken und ein weißes Band zwischen der dunklen Brust und den orangefarbenen Flanken. Weibchen sehen wie Weibchen der Mandarinente aus, ihr Schnabel hat eine dunkle (keine helle) Spitze, die Flankenflecken sind kürzer, aber breiter.

VORKOMMEN: In Island Ausnahmegast aus Nordamerika; sonst in Europa entkommene Ziervögel in Freiheit brütend.

STIMME: Meist schweigsam.

dunkler, nach unten hängender Schopf

MÄNNCHEN

hell orangefarbene Flanken

| Körperlänge **43–51 cm** | Flügelspannweite **68–78 cm** |

| Familie **Anatidae** | Art *Anas rubripes* |

Dunkelente

Mit der Stockente (S. 41) ist die Dunkelente nahe verwandt. Sie ähnelt einem Stockentenweibchen, ist aber einfarbiger, dunkler und hat einen helleren Kopf. An den blauen Flügelspiegeln fehlt der breite weiße Hinterrand der Stockente. Im Flug oder beim Flügelschlagen fällt der weiße Unterflügel auf. Der Schnabel ist grünlich gelb, die Beine sind leuchtend orangefarben. Einige Formen von Hausenten können oberflächlich ganz ähnlich aussehen.

VORKOMMEN: In Nordwesteuropa Ausnahmegast aus Nordamerika.

STIMME: Quakt wie Stockente.

Schnabel hell

ALTVOGEL

Flügel dunkel einfarbig

überall dunkel

| Körperlänge **53–61 cm** | Flügelspannweite **80–90 cm** |

| Familie **Anatidae** | Art *Anas americana* |

Nordamerikanische Pfeifente

Obwohl der europäischen Pfeifente (S. 38) recht ähnlich ist, ist das Männchen der Nordamerikanischen Pfeifente ziemlich leicht an der weißen Stirn und dem breiten dunkelgrünen Band über dem sonst hellen, gefleckten Kopf sowie am düster rosagrauen Körper zu erkennen. Weibchen sind jedoch sehr schwer zu bestimmen, ein stärker abgesetzter grauer Kopf und eine dunkle Augenumgebung helfen. Aus der Nähe sind auch kleine weiße Flügelflecken zu sehen.

VORKOMMEN: Seltener, aber fast regelmäßiger Gast im Herbst/Winter aus Nordamerika in Westeuropa.

STIMME: Männchen lässt Pfiff ähnlich Pfeifente hören.

MÄNNCHEN

Körper rosagrau

dunkler Augenfleck

| Körperlänge **48–56 cm** | Flügelspannweite **75–85 cm** |

Familie **Anatidae**	Art *Anas discors*

Blauflügelente

Die kleine, langschnäbelige Blauflügelente sieht man gewöhnlich im Jugendkleid, das dunkel gefleckt und der Krickente (S. 40) ähnlich ist. Über dem Auge ist der helle Streifen unterbrochen und nahe dem Schnabel sieht man einen weißen Fleck, die Vorderflügel sind hellblau, die Beine gelblich. Die Männchen haben einen kräftigen senkrechten, weißen Halbmond im Gesicht und auf den Flügeln leuchtendes Blau; Weibchen sind schlichter gefärbt. Das Gesichtsmuster kann bei mausernden Löffelenten (S. 44) im Sommer ähnlich sein; Löffel- und Blauflügelenten scharen sich auch zusammen.

VORKOMMEN: Ausnahmegast aus Nordamerika im Herbst/Winter.
STIMME: Meist schweigsam.

senkrechter weißer Halbmond im Gesicht

MÄNNCHEN Körper dunkel gefleckt

Körperlänge **37–41 cm**	Flügelspannweite **55–65 cm**

Familie **Anatidae**	Art *Marmaronetta angustirostris*

Marmelente

Die seltene und nur lokal vorkommende Marmelente ist ein heller, gefleckter graubrauner Vogel mit einer deutlichen dunklen Maske, die in einen kleinen Federschopf im Nacken übergeht. Der Schnabel wirkt dunkel, Schwanz und Hinterende des Körpers sind hell. Im Flug zeigen die Flügel kaum ein Muster, abgesehen von dunkleren Spitzen und einem fast weißen Hinterrand. Helle Flecken an den Flanken sind aus der Nähe zu erkennen.

VORKOMMEN: Sehr selten, Brutvogel in Südspanien, Marokko und der Türkei.
STIMME: Schweigsam.

dunkle Maske

kleiner Schopf im Nacken

auf den Flanken helle Flecken

ALT-VOGEL

Körperlänge **38–42 cm**	Flügelspannweite **63–70 cm**

Familie **Anatidae**	Art *Aythya nyroca*

Moorente

Moorenten nehmen rasch ab. Sie sind glatte, tief mahagonibraune Tauchenten mit auffallend breiten weißen Flügelstreifen. Männchen haben weiße Augen und dunkelgraue Schnäbel, die vor der schwarzen Spitze weißlich ausbleichen. Weibchen sind matter und haben braune Augen. Alle haben einen reinweißen Fleck unter dem Schwanz und spitze Köpfe. Bastarde von Tauchenten können sehr ähnlich aussehen; man muss vor allem Auge und Schnabelfarbe genau prüfen.

VORKOMMEN: Abnehmender Brutvogel in Mittel- und Osteuropa; seltener Gast in Westeuropa.
STIMME: Ruhig; gelegentlich knurrende Laute.

Schnabel dunkelgrau mit schwarzer Spitze

Auge weiß

unter dem Schwanz weißer Fleck

MÄNNCHEN

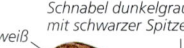

Körperlänge **38–42 cm**	Flügelspannweite **60–67 cm**

Familie **Anatidae**	Art *Aythya collaris*

Ringschnabelente

Sie ist ein naher Verwandter der Reiherente (S. 46), zu unterscheiden an dem spitzeren Kopf ohne Federschopf und grauen Flügelbändern. Männchen haben graue Flanken mit einem weißen Ende am Vorderrand, die braunen Weibchen gleichen Tafelenten (S. 45) mit ihrem hellen Gesicht, das einen weißen Fleck trägt. Ein weißlicher Ring hinter der schwarzen Schnabelspitze ist das Merkmal einer echten Ringschnabelente.

VORKOMMEN: Sehr seltener, aber regelmäßiger Gast aus Nordamerika in Westeuropa.
STIMME: Knurrende Laute.

weißlicher Ring hinter schwarzer Schnabelspitze

Kopf spitz

weiße Spitze auf grauen Flanken

MÄNNCHEN

Körperlänge **37–46 cm**	Flügelspannweite **65–75 cm**

| Familie **Anatidae** | Art *Aythya affinis* |

Kleine Bergente

Die helle Tauchente mit schwarzem Vorderende gleicht Reiher- und Bergente (S. 46, 47). Die Kleine Bergente hat einen runden Kopf mit einem sehr kleinen Höcker, doch keine Federhaube. Der Schnabel ist hell blaugrau mit einer schwarzen Spitze. Der Rücken ist grob gemustert mit grauen Wellenbändern (kräftiger als bei Bergente). Die weißen Flanken sind hellgrau überflogen und schwach gebändert, anders als die reinweißen bei Altvögeln der Bergente. Weibchen sehen wie Bergenten mit einem spitzen Hinterkopf aus.

VORKOMMEN: Seltener Gast aus Nordamerika im Herbst/Winter in Westeuropa.
STIMME: Meist schweigsam.

Schnabel blaugrau mit kleiner schwarzer Spitze

kleiner Höcker auf dem Hinterkopf

MÄNNCHEN

| Körperlänge **38–45 cm** | Flügelspannweite **70 cm** |

| Familie **Anatidae** | Art *Somateria fischeri* |

Plüschkopfente

Die Plüschkopfente ist eine seltene und schwer zu entdeckende große Ente, etwas kleiner als die Eiderente (S. 48), doch ist das Männchen ganz ähnlich oberseits weiß und unterseits schwarz. Es hat ein keilförmiges Gesicht, der Kopf ist hellgrün mit einem weißen Kreis um das Auge. Das braune Weibchen zeigt eine hellere und einfarbigere Version dieses Musters. Anders als die Prachteiderente findet man diese Art nicht in Gesellschaft von Eiderententrupps in Nordwesteuropa; daher ist sie schwer zu sehen.

VORKOMMEN: Brütet in Sibirien und Alaska; sehr selten in Norwegen.
STIMME: Im Winter schweigsam.

Kopf keilförmig

große weiße Scheibe ums Auge

Gefieder schwarz und weiß

MÄNNCHEN

| Körperlänge **50–58 cm** | Flügelspannweite **80–95 cm** |

| Familie **Anatidae** | Art *Polysticta stelleri* |

Scheckente

Das Männchen ist insgesamt hell mit dunklem Hinterende, dunklem Kragen und kräftigem schwarzem Augenfleck. Weibchen und Jungvögel sind dunkel mit zwei schmalen weißen Binden am hinteren Flügel und weißen Unterflügeln; der dicke Schnabel ist grau, der Kopf eckig mit einem kleinen Höcker.

VORKOMMEN: Brutvogel der Arktis, regelmäßig in Nordnorwegen, selten im Winter in der Ostsee.
STIMME: Meist schweigsam.

am Hinterkopf kleiner Höcker

dicker Schnabel grau

Flügelfedern schwarz und weiß

MÄNNCHEN

| Körperlänge **42–48 cm** | Flügelspannweite **68–77 cm** |

| Familie **Anatidae** | Art *Melanitta perspicillata* |

Brillenente

Groß, massig und fast wie eine Eiderente (S. 48), lohnt die Brillenente mit ihrem hohen Schnabel und keilförmigen Kopf einen genauen Blick in große Trupps Trauerenten vor der Küste. Sehr ähnlich schlafenden Bläßhühnern (S. 136) zeigen die Männchen aber einen kräftigen weißen Nackenfleck und einen mehrfarbigen Schnabel, doch Weibchen sind schwer zu bestimmen, da sie wie Samtenten (S. 52) aussehen mit einheitlich dunklen Flügeln. Der dicke Schnabel ist nur aus großer Nähe zu erkennen.

VORKOMMEN: Seltener, aber regelmäßiger Gast aus Nordamerika; extrem selten im Binnenland.
STIMME: Schweigsam.

Schnabel mehrfarbig

weißer Nackenfleck

MÄNNCHEN

| Körperlänge **45–56 cm** | Flügelspannweite **85–95 cm** |

Familie **Anatidae**	Art *Netta rufina*

Kolbenente

Die große, massige Kolbenente gleicht eher einer Gründelente als einer Tauchente. Männchen haben einen auffällig großen Fuchskopf, rote Schnäbel und schwarze Brust; Weibchen sind hellbraun mit einer weißlichen unteren Gesichtshälfte. Beide Geschlechter haben ein breites weißes Flügelband. Sie sind mit Reiher- (S. 46) und Tafelenten (S. 45) auf Süßwasser zu sehen.

VORKOMMEN: Brütet in Süd-, Mittel- und Osteuropa, auch außerhalb der Brutplätze zu sehen, doch handelt es sich dabei manchmal um Gefangenschaftsflüchtlinge.

STIMME: Verschiedene bellende und knurrende Laute.

MÄNNCHEN (SOMMER) — Kopf fuchsrot — Schnabel rot — weiße Flanken

Körperlänge **53–57 cm**	Flügelspannweite **85–90 cm**

Familie **Anatidae**	Art *Histrionicus histrionicus*

Kragenente

Kragenenten leben vor allem an schnell fließenden Flüssen, kommen aber im Winter an Küsten und auf Seen, wandern jedoch selten weit. Männchen sind auffällig gemustert, sehen aber insgesamt dunkel aus mit seltsamen weißen Streifen und Flecken an Kopf, Hals und Brust. Weibchen sind dunkelbraune massige Tauchenten mit einem undeutlichen weißen Gesichtsfleck und leuchtend weißem Ohrfleck.

VORKOMMEN: Brutvogel in Island; Ausnahmegast in Nordwesteuropa.

STIMME: Meist schweigsam.

MÄNNCHEN — Schwanz spitz — Flanken braun — Körper blaugrau mit weißen Streifen — weißer Gesichtsfleck

Körperlänge **38–45 cm**	Flügelspannweite **63–70 cm**

Familie **Anatidae**	Art *Bucephala islandica*

Spatelente

Wie eine große Schellente (S. 53) hat die Spatelente aber einen eckigeren größeren Kopf, beim Männchen mit einem langen nierenförmigen Flecken gezeichnet, der bei der Schellente deutlich runder ist. Der Rücken ist ausgedehnter schwarz. Die Weibchen sind viel schwieriger zu erkennen, mit einem runderen Oberkopf, dickeren Hals und im Sommer mehr Gelb am Schnabel.

VORKOMMEN: Jahresvogel in Island; sonst nur Ausnahmegast.

STIMME: Vom Weibchen tiefe knurrende Laute.

MÄNNCHEN — Rücken einheitlich schwarz — Nacken gewinkelt — Augen gelb — nierenförmiger weißer Fleck

Körperlänge **42–53 cm**	Flügelspannweite **67–82 cm**

Familie **Anatidae**	Art *Oxyura leucocephala*

Weißkopf-Ruderente

Zu den Steifschwanzenten zählen die eingeführte Schwarzkopf-Ruderente (S. 57) und die in Europa brütende Weißkopf-Ruderente. Die Letztere ist etwas massiger, heller und lebhafter rotbraun. Die Männchen haben mehr Weiß am Kopf und einen aufgetriebenen hellblauen Schnabel; bei den Weibchen ist der Schnabel grau mit einer verdickten Basis und dunklen und hellen Bändern an der Wange.

VORKOMMEN: Selten in Südspanien und der Türkei auf großen Süßwasserseen.

STIMME: Meistens schweigsam.

MÄNNCHEN (SOMMER) — Schwanz steif — Kopf weiß — Schnabel himmelblau

Körperlänge **43–48 cm**	Flügelspannweite **60–70 cm**

| Familie **Accipitridae** | Art *Gypaetus barbatus* |

Bartgeier

Der Bartgeier ist ein massiger langschwänziger Geier, der mit einzelnen tiefen und langsamen, in Abständen ausgeführten Flügelschlägen fliegt, aber meistens mit seinen langen flachen Flügeln herrlich gleitet. Altvögel haben weiße Köpfe und rostfarbene Unterseite und sehen oberseits grau aus. Immature sind einheitlicher grau, haben eine dunkle Kappe oder sind auf dem Bauch heller. Der lange keilförmige Schwanz fällt bei den Männchen am meisten auf.

VORKOMMEN: Selten in den Pyrenäen, auf Kreta und in Griechenland; in den Alpen wieder eingebürgert.

STIMME: Schweigsam.

flache Flügel

Kopf weiß

ALTVOGEL keilförmiger Schwanz

| Körperlänge **1,05–1,25 m** | Flügelspannweite **2,35–2,75 m** |

| Familie **Accipitridae** | Art *Torgos tracheliotus* |

Ohrengeier

Der massige Ohrengeier ähnelt dem Mönchsgeier (S. 111), hat aber einen helleren Körper und weist schmale helle Linien auf dem Unterflügel auf. Ein Blick aus der Nähe lässt einen bläulich weißen Kopf und einen sehr hohen hellen Schnabel erkennen. Die Flügel sind breit und tief gefingert, ihr Hinterrand ist geschwungen. Der Schwanz ist sehr kurz. Im Flug werden die Flügel flach oder nur wenig gebogen gehalten, meist gleiten die Vögel lange Strecken oder kreisen hoch in der Luft.

VORKOMMEN: Sehr selten im Nahen Osten.

STIMME: Schweigsam.

tief gefächerter Flügel

enge, helle Linien

gesägte Außenfahne

ALTVOGEL

| Körperlänge **0,98–1,12 m** | Flügelspannweite **2,50–2,80 m** |

| Familie **Accipitridae** | Art *Aquila heliaca* |

Kaiseradler

Dieser große dunkle Adler hat eine hellgraue Schwanzbasis und auf den Schultern weiße Flecken. Immature Vögel sind heller mit einem auffallend hellen Bürzel, weißen Bändern auf den Oberflügeln und kontrastreich gefärbten Unterflügeln mit einem hellen Fleck hinter dem Buggelenk. Ihr Körper ist hellbraun und kräftig schwarz gestreift. Beim Gleiten werden die Flügel flach oder etwas nach unten gewinkelt getragen, anders, als es der Steinadler (S. 122) tut.

VORKOMMEN: Selten in Bergwäldern des Balkans.

STIMME: Laute bellende Rufe.

auf der Brust dunkelbraune Streifen

dunkle Hinterflügel

helles Fenster an den inneren Handschwingen

JUNGVOGEL

| Körperlänge **70–80 cm** | Flügelspannweite **1,75–2,05 m** |

| Familie **Accipitridae** | Art *Aquila adalberti* |

Spanischer Kaiseradler

Der Spanische Kaiseradler, einer der großen Adler Europas, ist ein Vogel des Tieflandes und bewaldeter Flächen. Er fliegt mit ziemlich flachen Flügeln, anders als der Steinadler (S. 122); die Altvögel zeigen eine kräftig weiß gefärbte Schulter, einen hellen Kopf und einen zweifarbigen Schwanz mit dunkler Endbinde. Die Jungvögel sind heller rotbraun mit dunklen Flügelspitzen, Hinterflügeln und dunklem Schwanz, einem hellen Bürzel und einem weißlichen Band auf dem Oberflügel.

VORKOMMEN: Seltener Brutvogel in Mittel- und Südspanien.

STIMME: Tiefe bellende Laute.

auf den Flügeln dunkle und helle Bänder

JUNG-VOGEL

| Körperlänge **72–85 cm** | Flügelspannweite **1,80–2,10 m** |

Familie **Accipitridae** | Art *Aquila pomarina*

Schreiadler

Zieht in Schwärmen nach Afrika, um zu überwintern. Altvögel sind braun mit Ausnahme einer hellen Stelle an der Basis der Handschwingen. Der Vorderflügel ist heller als der Hinterflügel. Jungvögel haben eine weiße Linie über dem Oberflügel, ein weißes Band an der Schwanzbasis und helle Flecken an den äußeren Flügeldritteln.

VORKOMMEN: Brütet in Südosteuropa und im östlichen Mitteleuropa nordwärts bis an die Ostsee; zieht nach Afrika durch den Nahen Osten.

STIMME: Hohe jaulende Laute.

auf den Flügeln helle Flecken

Körper einfarbig braun

JUNGVOGEL

Körperlänge **55–65 cm** | Flügelspannweite **1,43–1,68 m**

Familie **Accipitridae** | Art *Aquila clanga*

Schelladler

Von den großen braunen Adlern ist er der gedrungenste und der mit den breitesten Flügeln. Altvögel sind sehr dunkel, abgesehen von einem kleinen Fleck an der Basis der Handschwingen und einem helleren Fleck oben auf dem Schwanz; Immature erkennt man an Reihen heller Federspitzen auf den Flügeln und einem weißen Halbmond über dem Schwanz. Die kräftigen Beine sind dicht befiedert.

kräftiger Schnabel mit gelber Basis

VORKOMMEN: Selten im Sommer in Osteuropa.

STIMME: Laut bellende Rufe.

helle Federspitzen über die Flügel

IMMATUR

Körperlänge **59–69 cm** | Flügelspannweite **1,53–1,77 m**

Familie **Accipitridae** | Art *Aquila nipalensis*

Steppenadler

Der Steppenadler, einer der großen Adler Asiens, zieht ins Winterquartier nach Afrika; er ist nah verwandt mit dem Savannenadler. Er fliegt mit flachen oder etwas gesenkten Flügeln. Immature haben ein breites weißes Band über die Mitte des Unterflügels, das dann über die Jahre allmählich verschwindet, bis das dunkle Altvogelgefieder angelegt wird. Der Kopf ragt besonders weit hervor, verglichen mit den mehr gedrungenen Adlern.

VORKOMMEN: Durchzügler im Nahen Osten.

STIMME: Auf dem Zug schweigsam.

breites weißes Band auf den Unterflügeln

Kopf ragt weit hervor.

IMMATUR

Körperlänge **62–74 cm** | Flügelspannweite **1,65–1,90 m**

Familie **Accipitridae** | Art *Elanus caeruleus*

Gleitaar

Der Gleitaar ist ein mittelgroßer, dickköpfiger und breitflügeliger Greifvogel mit einem kurzen, schmalen Schwanz. Man kann ihn gegen die Abenddämmerung wie einen großen, massigen Turmfalken (S. 127) rütteln sehen. Er ist hellgrau mit schwarzen Schulterflecken und einer weißen Unterseite; die Flügelspitzen sind auf der Oberseite grau, auf der Unterseite schwarz. Jungvögel sind matter gefärbt mit hellen Federsäumen.

breiter Kopf

VORKOMMEN: Selten in Süd- und Westspanien und Portugal, häufig in Ägypten, nahe Feuchtgebieten.

STIMME: Hohes *kree-ak*.

schwarzer Schulterfleck

ALTVOGEL

Körperlänge **31–36 cm** | Flügelspannweite **71–85 cm**

Familie **Accipitridae**	Art *Circus macrourus*

Steppenweihe

Unter den Weihen ist das Männchen der Steppenweihe am hellsten und am besten an seiner weißen Brust und den schmalen dunklen keilförmigen Markierungen an den Flügelspitzen zu erkennen. Weibchen gleichen Wiesenweihenweibchen (S. 117) mit dunklerem Hinterflügel und einem hellen Kragen, Jungvögel haben einen kräftigeren weißlichen Kragen unter den dunklen Wangen und ein dunkles Band um den Nacken. Alle haben einen weißen Bürzel.

Körper sehr hellgrau

an der Flügelspitze dunkle keilförmige Markierung

MÄNNCHEN

Körperlänge **40–50 cm**	Flügelspannweite **0,97–1,18 m**

Familie **Accipitridae**	Art *Buteo rufinus*

Adlerbussard

Der Adlerbussard ist ein großer, farbenfroher Bussard mit einem zimtfarbenen oder rostfarbenen Schwanz und mit weißlichen Schwungfedern mit schmalen schwarzen Spitzen. Er rüttelt oft über offenem Boden. Er hat ein langflügeliges, adlerartiges Flugbild. Der Bauch oder mindestens die Flankenflecken sind dunkel und der Oberflügel hat einen dunklen Bugflecken gegen den helleren Spitzenteil. Der Schwanz hat kein dunkles Endband.

VORKOMMEN: Brütet in Griechenland, der Türkei und Nordafrika; zieht im Winter nach Süden.

STIMME: Meist schweigsam.

Kopf hell

Körperlänge **50–60 cm**	Flügelspannweite **1,30–1,50 m**

Familie **Accipitridae**	Art *Accipiter brevipes*

Kurzfangsperber

Der Kurzfangsperber ist ein langschwänziger, breitflügeliger Greifvogel, der wie der Sperber (S. 119) von Vögeln lebt, aber geselliger ist und in Schwärmen zieht. Männchen haben spitze Flügel mit schwarzen Enden, die auf der Unterseite hauptsächlich weiß sind. Auch Weibchen haben schwarze Flügelspitzen. Die Augen beider Geschlechter sind dunkel, bei den Weibchen fällt ein dunkler Kinnstreifen auf; die Wangen der Männchen sind grau.

VORKOMMEN: Brutvogel in Balkanländern und Südosteuropa; zieht im Herbst nach Afrika.

STIMME: Schrill, wiederholt *ki-wik*.

Wangen grau

MÄNNCHEN

spitze Flügel mit schwarzen Enden

Unterseite orangefarben (Weibchen weiß mit dunkler Bänderung)

Körperlänge **30–37 cm**	Flügelspannweite **63–76 cm**

Familie **Falconidae**	Art *Falco vespertinus*

Rotfußfalke

Der kleine, zierliche und in seinen Konturen recht runde Rotfußfalke liegt in Gestalt und Verhalten etwa zwischen einem Turmfalken und einem Baumfalken (S. 127, 129). Er rüttelt, stürzt aber auch elegant durch die Luft bei der Verfolgung von Insekten. Alte Männchen sind schiefergrau mit helleren Flügelspitzen, junge haben dunkle Flügelspitzen und einen rötlichen Bauchflecken. Weibchen sind grau und braun gebändert und auf Kopf und Unterseite hellorangebräunlich.

VORKOMMEN: Brütet in Osteuropa, regelmäßig, doch selten im Frühjahr und Herbst in Westeuropa.

STIMME: Hohe schnelle Stakkatorufe.

Körper schiefergrau

Flügelspitzen heller

MÄNNCHEN

Körperlänge **28–34 cm**	Flügelspannweite **65–76 cm**

Familie **Falconidae**	Art *Falco eleonorae*

Eleonorenfalke

Ein großer, schlanker, langschwänziger und schlankflügeliger Falke der Mittelmeerregionen. Eine Form ist einheitlich dunkel und schwärzlich, eine andere hat ein helles Gesicht, einen dunklen Bartstreifen und eine roströtliche Unterseite. Der Unterflügel ist zweifarbig, vorne dunkel. Jungvögel sind einfarbiger mit enger Bänderung und hellen Wangen. Eleonorenfalken jagen Kleinvögel, aber auch große Insekten über Feuchtgebieten.

VORKOMMEN: Selten auf Inseln und an Küsten des Mittelmeers.

STIMME: Scharfe nasale Rufe.

weißer Hals

ALTVOGEL (HELLE FORM)

Körperlänge **37–42 cm**	Flügelspannweite **87–104 cm**

Familie **Falconidae**	Art *Falco rusticolus*

Gerfalke

Der Gerfalke ist der größte und massigste Falke. Er kann dunkelbräunlich (Jungvögel), schiefergrau oder fast weiß sein, je nach Alter und Brutort: Die grauen Vögel brüten in Nordeuropa, während die weißen meist Spätwinter- und Frühjahrsgäste aus Grönland sind. Der Außenflügel ist auf der Unterseite etwas heller, der Vorderflügel dunkler als der Hinterrand.

VORKOMMEN: Seltener Gast in Westeuropa, seltener Brutvogel in Island und Nordnorwegen.

STIMME: Tiefe raue gackernde oder ratternde Laute.

Körper weiß, Flügel mit schwarzen Flecken

ALTVOGEL (HELLE FORM)

Körperlänge **53–63 cm**	Flügelspannweite **1,10–1,35 m**

Familie **Falconidae**	Art *Falco cherrug*

Würgfalke

Der massive und kraftvolle breitflügelige Würgfalke kommt dem Gerfalken an Größe gleich; er ist heller und brauner als ein Wanderfalke (S. 130). Würgfalken haben einen hellgelblich braunen Kopf, nur einen dünnen Bartstreif und gewöhnlich dunkle Schenkelbefiederung. Der Unterflügel ist auffallend zweifarbig mit dunklerem Vorderflügel. Jungvögel sind dunkler, an den Flanken schwärzlich und unter dem Schwanz dunkel wie junge Lannerfalken.

VORKOMMEN: Selten in Südosteuropa, in Hügeln, Wäldern und Grasländern.

STIMME: Laute hohe und wimmernde Laute.

Kopf hellgelblich braun

Oberseite bräunlich

dunkle Schenkelbefiederung

ALTVOGEL

Körperlänge **47–55 cm**	Flügelspannweite **63–76 cm**

Familie **Falconidae**	Art *Falco biarmicus*

Lannerfalke

Der Lannerfalke, einer der großen Falken, ist langschwänziger und schmalflügeliger als der Wanderfalke (S. 130) sowie dunkler und grauer als der Würgfalke. Seine Brust ist heller als beim Wanderfalken und sein Kopf ist mit rostfarbenen oder hellbräunlichen Flecken markiert. Jungvögel sind brauner, auf der Unterseite kräftig gestreift, doch unter dem Schwanz heller. Alle haben einen unterseits dunklen Vorderflügel.

VORKOMMEN: Selten in Süditalien und in Balkanländern in halbtrockenen Gebieten und Bergen.

STIMME: Lautes und raues Keckern.

Kopf hellbraun oder rostfarben

Rücken blaugrau

ALTVOGEL

Körperlänge **43–50 cm**	Flügelspannweite **95–105 cm**

Familie **Phasianidae**	Art *Alectoris graeca*

Steinhuhn

Das Steinhuhn ist ein seltener Hühnervogel des Gebirges und steiniger Hänge. Es hat eine reinweiße Kehle, die von schwarzen Streifen, die sich seitlich am Schnabel vorbeiziehen, gesäumt wird. Hinter dem Auge ist sehr wenig Weiß zu sehen. Wie beim Rot- und beim Chukarhuhn (s. unten, S. 66) sind der Rücken einfarbig, die Flanken kräftig gebändert. Auch den roten Schnabel und die roten Beine haben die anderen beiden Arten, ebenso rostfarbene Schwanzpartien im Flug.

VORKOMMEN: Auf Hochgebirgshängen (Alpen, Italien, Balkan).

STIMME: Kurze, gereihte Laute, etwa *tschi tschek pe-ti.*

durch das Auge schwarzer Strich

Flanken gebändert (bei Jungvögeln weniger regelmäßig)

ALTVOGEL

Körperlänge **33–36 cm**	Flügelspannweite **46–53 cm**

Familie **Phasianidae**	Art *Alectoris barbara*

Felsenhuhn

Das Felsenhuhn ist ein seltener und auf wenige kleine Vorkommen in Europa beschränkter Vogel. Es hat gestreifte Flanken, ein überwiegend weißgraues Gesicht ohne schwarzen Augenstrich und einen aus Flecken zusammengesetzten rotbraunen Kragen. Die Brust ist grau, der Bauch hellorangefarben und die Beine sind hellrot. Den Oberkopf ziert ein dunkler Mittelstreifen. Das Felsenhuhn gleicht sehr stark dem Rothuhn (S. 66), wenn es auffliegt, und auch sonst ist sein Verhalten sehr ähnlich.

VORKOMMEN: Gibraltar, Sardinien, Atlantische Inseln und Nordafrika.

STIMME: Gesang rhythmische Reihe schneller, rauer und harter Laute.

Gesicht weißlich grau

Kragen rotbraun

Flanken gestreift (bei Jungvögeln weniger deutlich)

ALTVOGEL

Körperlänge **32–34 cm**	Flügelspannweite **46–49 cm**

Familie **Phasianidae**	Art *Alectoris chukar*

Chukarhuhn

Das Chukarhuhn ist ein großes, helles Feldhuhn mit kräftigen Flankenstreifen und dem Steinhuhn zum Verwechseln ähnlich. Das Schwarz auf der Stirn erstreckt sich nicht auf die Seite der Schnabelbasis, eine hellcremefarbene Kehle ist an der Basis manchmal gefleckt; der weiße Überaugenstreif ist breiter, hinter dem Auge sitzt ein dunkler Streifen ein brauner Fleck.

hinter dem Auge breiter weißer Überaugenstreif

VORKOMMEN: Im Nahen Osten, selten in Nordostgriechenland.

STIMME: Lauter rhythmischer Gesang *tscha-tscha-tscha-tchakar tschakar tschakar.*

Flanken kräftig gestreift

ALTVOGEL

Körperlänge **32–35 cm**	Flügelspannweite **47–52 cm**

Familie **Phasianidae**	Art *Chrysolophus amherstiae*

Diamantfasan

In dichtem Unterwuchs eines Nadelwaldes ist dieser prächtige Fasan sehr schwer zu sehen. Männchen sind auffallend schwarz-weiß gemustert mit leuchtend gelbem Bürzel und langen roten Federn neben dem überlangen Schwanz. Weibchen sind dunkel rotbraun und schwarz gebändert mit einem ungebänderten hellen Bauch, anders als Weibchen des Goldfasans. Mit nur 60–80 cm Körperlänge sind sie viel kleiner als die Männchen.

VORKOMMEN: Eingeführt, aber seltener Jahresvogel in Mittelengland.

STIMME: Laut durchdringend *ääähk-ek-ek.*

Schwanz sehr lang

auffallend schwarz-weißes Gefieder

lange rote Federn

MÄNNCHEN

Körperlänge **1,05–1,20 m**	Flügelspannweite **70–85 cm**

| Familie **Phasianidae** | Art *Chrysolophus pictus* |

Goldfasan

Goldfasane wurden eingeführt, haben sich aber nicht weit vom Platz der Freilassung entfernt. Sie sind trotz der prächtigen Farben schwer zu sehen. Die Männchen sind auffällig rot und gelb mit einem langen marmorierten goldbraunen Schwanz. Weibchen sind mit 60–80 cm Körperlänge viel kleiner und hellbraun mit schwarzer Bänderung über das ganze Gefieder und viel weniger gefleckt als Fasanenweibchen (S. 68).

VORKOMMEN: Schottland, Süd- und Ostengland.

STIMME: Männchen ruft *ähk* oder *äh-ek*.

langer Schwanz goldbraun

Gefieder rot und gelb

MÄNNCHEN

| Körperlänge **90–105 cm** | Flügelspannweite **65–75 cm** |

| Familie **Turnicidae** | Art *Turnix sylvatica* |

Laufhühnchen

Der kleine hühnerähnliche Vogel ist möglicherweise in Europa schon ausgestorben, aber in Afrika häufig. Er hat eine Gestalt ähnlich einer Wachtel (S. 65) mit augenfälligen hellen Oberflügelmarken. Auf dem Boden ist das hellgraue Gesicht ohne dunkle Streifen ein wichtiges Kennzeichen. Sie rufen in der Morgen- und Abenddämmerung.

VORKOMMEN: Südspanien, Marokko.

STIMME: Tief muhende Rufe wie *hooooo hoooo hoooo.*

Flecken auf orangefarbener Brust

ALTVOGEL

| Körperlänge **15–17 cm** | Flügelspannweite **25–30 cm** |

| Familie **Rallidae** | Art *Porzana parva* |

Kleines Sumpfhuhn

Ein winziger, versteckter Vogel dichter Ufervegetation und bewachsener Wasserlöcher. Er sieht aus wie eine kleine Wasserralle (S. 132) mit kurzem Schnabel. Männchen sind auf der Unterseite blaugrau, auf der Oberseite braun mit schwärzlichen und hellbraunen Streifen. Weibchen sind hellbraun, Unterseite beige und oberseits mit wenigen schwärzlichen Streifen.

VORKOMMEN: Mit großen Lücken in Mittel- und Osteuropa; seltener Gast in Westeuropa.

STIMME: Männchen singen nasal *koa* in Reihe.

Schwanz und Flügel lang

auf hellbraunem Rücken schwärzliche Streifen

rote Schnabelbasis

WEIBCHEN

| Körperlänge **17–19 cm** | Flügelspannweite **34–39 cm** |

| Familie **Rallidae** | Art *Porzana pusilla* |

Zwergsumpfhuhn

Im Vergleich mit dem Kleinen Sumpfhuhn ist das Zwergsumpfhuhn runder, gedrungener, kurzflügelig und kurzschwänzig. Die Geschlechter sind gleich: Oberseite braun mit schwarz gesäumten weißen Flecken, Unterseite grau mit weißen Flecken auf den Flanken; der Schnabel ist grün, die Beine grünlich. Jungvögel sind grauer und stärker gebändert als junge Kleine Sumpfhühner.

VORKOMMEN: Selten und sehr lokal in Europa.

STIMME: Leise, trocken knarrend, erinnert an Frosch.

Flügel kurz

Schnabel grün, kein Rot

ALTVOGEL

| Körperlänge **16–18 cm** | Flügelspannweite **33–37 cm** |

Familie **Rallidae**	Art *Fulica cristata*

Kammblässhuhn

In Europa ist das Kammblässhuhn selten. Es gleicht sehr dem Blässhuhn (S. 136). Der weiße Schnabel ist etwas dunkler als das Stirnschild, die Abgrenzung des schwarzen Gesichts gegen den Schnabel ist runder. Beim Schwimmen ergibt sich zum Schwanz hin ein Anstieg, der Oberflügel zeigt keinen hellen Hinterrand. Die kleinen roten Kugeln an der Stirn, die zum Namen führten, sind nur im Frühjahr auffällig.

VORKOMMEN: Sehr selten in Südspanien und Marokko.

STIMME: Schriller zweisilbiger Laut, anders als Bläss-huhn, *ker-re* und hohler dumpfer Laut.

ALTVOGEL (FRÜHJAHR)

auf der Stirn rote Kugeln

Heck etwas ansteigend

Körper dunkelgrau

Körperlänge **39–44 cm**	Flügelspannweite **75–85 cm**

Familie **Rallidae**	Art *Porphyrio porphyrio*

Purpurhuhn

Das Purpurhuhn wirkt wie ein überdimensionales Teich-huhn (S. 135), ist aber oft in dichtem Röhricht versteckt. Es fällt sofort auf: groß und mit blau bis violett schimmerndem Gefieder. Der mächtige rote Schnabel mit Stirnschild und die langen rosaroten Beine sind gut zu sehen, ebenso der leuchtend weiße Fleck unter dem kurzen Schwanz.

VORKOMMEN: Südspanien, -frankreich, Sardinien, Ägypten.

STIMME: Laut, abfallend und rau *prrrih prrih prrih,* nachts auch Trompetenrufe.

rotes Stirn-schild

großer roter Schnabel

Körper violettblau

unter dem Schwanz großer weißer Fleck

lange rosarote Beine

ALTVOGEL

Körperlänge **45–50 cm**	Flügelspannweite **90–100 cm**

Familie **Gruidae**	Art *Anthropoides virgo*

Jungfernkranich

Der große graue Jungfernkranich ist als Kranich sofort zu erkennen, aber nicht leicht vom europäischen Kranich (S. 138) zu unterscheiden, besonders nicht im Flug. Gute Sicht lässt weiße Schmuckfedern am Kopf erkennen, ferner lange schwarze Brustfedern und lange Federn (nicht buschig) über dem Schwanz. Im Flug ist der Oberflügel weniger kontrastreich als beim Kranich, doch verstärkt sich durchs Abtragen der Kontrast, weil die hellgrauen Schmuckfedern ausbleichen. Jungfernkraniche sind hauptsächlich Vögel des Nahen und Mittleren Ostens, regelmäßig in Zypern, aber kaum weiter westlich.

VORKOMMEN: Selten im äußersten Südwesten Europas.

STIMME: Wie Kranich, aber etwas höher trompetend *grrru.*

ALTVOGEL

lange schwarze Brustfedern

Körperlänge **85–100 cm**	Flügelspannweite **1,55–1,80 m**

Familie **Burhinidae**	Art *Burhinus senegalensis*

Senegaltriel

Den nahen Verwandten kann man nur aus der Nähe und mit Sorgfalt vom Triel (S. 145) unterscheiden, etwa an einem breiten grauen Band über dem geschlossenen Flügel (beim Triel schmale schwarzweiße Bänder). Im Flug sind die weißen Flecken in der Flügelspitze etwas größer. Senegaltriele kann man oft auf Gebäuden oder in Gruppen auf schlammigen Flussbänken sehen, also an ganz anderen Stellen als Triele.

VORKOMMEN: Nildelta; nilaufwärts.

STIMME: Reihen klagender, sich beschleunigender und dann schwächer werdender Pfiffe.

ALTVOGEL

breites graues Flügelband

Körperlänge **38–45 cm**	Flügelspannweite **76–88 cm**

Familie **Glareolidae**	Art *Cursorius cursor*

Rennvogel

Dieser Wüstenvogel kommt nur selten außerhalb seines
rauen Lebensraumes vor. Man kann ihn nur schwer
am Boden entdecken, auf dem er schnell
in hüpfenden Schritten mit erhobenem
Kopf dahinrennt. Im Flug zeigt er die
schwarze Außenhälfte der Oberflügel und
die schwarzen Unterflügel. Der Körper
ist hellbeige, der Oberkopf blaugrau; von
den Augen zieht sich bis in den Nacken
je ein schwarzer Streifen. Die langen
Beine sind hellweißlich grau. Jungvögel haben oberseits eine dunkle
Fleckung; die Kopfstreifen sind
matter, die Kopfplatte hell
graubraun.
VORKOMMEN: Naher
Osten, Nordafrika;
selten weiter
nördlich.
STIMME: Kurzer gedämpfter
einsilbiger Flugruf.

ALTVOGEL

*lange
helle
Beine*

Körperlänge **24–27 cm**	Flügelspannweite **70 cm**

Familie **Glareolidae**	Art *Glareola nordmanni*

Schwarzflügel-Brachschwalbe

Brachschwalben sind elegante Luftjäger, auch wenn sie die
meiste Zeit geduckt am Boden verbringen. Die Schwarzflügel-Brachschwalbe ist ziemlich dunkel mit wenig Rot
am Schnabel, einem schwarzen Fleck im Gesicht und
einem Schwanz, der beim Sitzen kürzer als die Flügelspitzen ist (anders als bei Rotflügel-Brachschwalbe, S. 181).
Die Unterflügel sind einheitlich schwärzlich und die
Oberflügel zeigen keinen weißen Hinterrand
(Rotflügel-Brachschwalbe hat einen schmalen
weißen Saum).
VORKOMMEN: Brütet am Schwarzen Meer; seltener Gast in Westeuropa, meist im Sommer.
STIMME: Hart und trocken
ket-tek, ke-te-tik.

ALTVOGEL
(SOMMER)

Körperlänge **24–28 cm**	Flügelspannweite **60–70 cm**

Familie **Glareolidae**	Art *Glareola maldivarum*

Orientbrachschwalbe

Die Art ist nicht leicht zu bestimmen, weil sie Merkmale der Schwarzflügel- und Rotflügel-Brachschwalbe
(S. 181) vereinigt. Sie wirkt kurzschwänzig (mit nur
schwacher Gabelung und ohne verlängerte Außenfedern) und kombiniert den dunklen Oberflügel und das
Fehlen des weißen Hinterrandes am Oberflügel der
Schwarzflügel-Brachschwalbe mit den kastanienroten Unterflügeldecken
der Rotflügel-Brachschwalbe. Eine mausernde Rotflügel-Brachschwalbe oder eine in abgetragenem Gefieder
sind die wahrscheinlichsten Gründe für Verwechslung. In
der Luft ist sie ähnlich geschickt wie die beiden anderen.
VORKOMMEN: Ausnahmegast im westlichen Europa aus
Asien, meist im Spätsommer.
STIMME: Durchdringend,
seeschwalbenähnlich.

ALTVOGEL

Schwanz kurz

Körperlänge **23–27 cm**	Flügelspannweite **50–60 cm**

Familie **Charadriidae**	Art *Charadrius semipalmatus*

Amerikanischer Sandregenpfeifer

Diese Art ist dem Sandregenpfeifer (S. 153) sehr ähnlich.
Im Sommer hat diese Art weniger Weiß hinter dem
Auge und ein schmaleres schwarzes Brustband als der
Sandregenpfeifer. Im Winter oder in Immaturkleidern
sind kürzerer Schnabel, schmales Brustband und teilweise
geringe Größe nützliche Anhaltspunkte; Verdacht sollte
durch die Stimme bestätigt werden.
VORKOMMEN: Ausnahmegast aus Nordamerika in
Westeuropa.
STIMME: Ansteigender zweisilbiger
Pfiff *tschü-wi,* deutlicher zwei-
silbig als Sandregenpfeifer.

*Schnabel
dunkel*

ALTVOGEL
(WINTER)

*schwarzes
Brustband*

Körperlänge **16–17 cm**	Flügelspannweite **33–38 cm**

Familie **Charadriidae**	Art *Charadrius vociferus*

Keilschwanz-Regenpfeifer

Der Keilschwanz-Regenpfeifer ist größer als der Sand-regenpfeifer (S. 153) und hat einen langen Schwanz, einen hohen Stand bei horizontal ausgerichtetem Körper und ein leicht erkennbares doppeltes schwarzes Brust-band. Die Beine sind düster, der ziemlich lange Schnabel ist schwarz. Im Flug fällt sein rostfarbener Bürzel auf, der bei keinem anderen Regenpfeifer vergleichbar ist, und die kräftigen weißen Streifen im schwarzen Flügel.

VORKOMMEN: Ausnahmegast aus Nordamerika im Herbst oder Winter in Westeuropa.

STIMME: Laut flötender Pfiff *klü-i-i* oder *kil-diie.*

ALTVOGEL

langer Schnabel schwarz

langer Schwanz

doppeltes schwarzes Brustband

Körperlänge **23–26 cm**	Flügelspannweite **45–50 cm**

Familie **Charadriidae**	Art *Charadrius mongolus*

Mongolenregenpfeifer

Im Prachtkleid (Sommer) hat dieser Vogel ein tiefer rot-braunes Brustband als der Wüstenregenpfeifer. Er ist auch kompakter mit einem breiten runden Kopf, der nicht so unproportioniert groß erscheint, und einem etwas kürzeren, spitzeren Schnabel. Er hat schwärzliche oder dunkelgraugrüne Beine. Im Schlichtkleid und in Imma-turkleidern sind ein dunkler Fleck an beiden Brustseiten und ein schmaler heller Überaugenstreif zu sehen.

VORKOMMEN: In Europa Ausnahmegast aus Asien, nirgendwo regelmäßig.

STIMME: Kurz und hart trillernd *trrrk.*

schmaler heller Über-augenstreif

Beine schwärz-lich oder dunkel-graugrün

dicker schwarzer Schnabel

ALTVOGEL (WINTER)

Körperlänge **17–19 m**	Flügelspannweite **45–58 cm**

Familie **Charadriidae**	Art *Charadrius leschenaultii*

Wüstenregenpfeifer

Der Wüstenregenpfeifer ist viel größer als ein Sandre-genpfeifer (S. 153), hat auch längere Beine und steht auf-rechter, der Schnabel ist größer und der Kopf besonders mächtig. Im Prachtkleid sind Kopf und Brust rostrot, im Winter dagegen hell mit dunklen Brustseiten auf der sonst weißen Unterseite. Jungvögel tragen auf dem Rücken ein Schuppenmuster aus hellen Federsäumen.

VORKOMMEN: Ausnahmegast in Europa, Brutvogel in der Türkei, regelmäßiger Gast in Israel und Ägypten.

STIMME: Oft wiederholt trillernd *trrr-rr.*

JUNGVOGEL

großer schwarzer Schnabel

helle Schuppen zeichnung durch Feder-säume

dunkle Brustseiten

lange mattgrüne Beine

Körperlänge **19–22 cm**	Flügelspannweite **57–64 cm**

Familie **Charadriidae**	Art *Charadrius asiaticus*

Wermutregenpfeifer

Dieser Regenpfeifer hat lange Beine und einen zarten Schnabel. Im Winter ist die Oberseite hellbraun, die Unterseite weiß; im Prachtkleid ziert ein breites kasta-nienbraunes Band die Brust, bei Winter- und Immatur-vögeln ist es hell erdbraun, ausgedehnter dunkel als bei Wüsten- und Mongolenregenpfeifer. Die Beine sind grünlich und auf den Flügeln ist ein weißer Streifen und der Bürzel ist dunkel.

VORKOMMEN: In Europa Ausnahmegast aus Asien.

STIMME: Kurz *tschüpp* im Flug.

ALTVOGEL (WINTER)

lange Beine

Körperlänge **19–21 cm**	Flügelspannweite **57–64 cm**

Familie **Charadriidae**	Art *Pluvialis fulva*

Pazifischer Goldregenpfeifer

Der Pazifische Goldregenpfeifer ist dem Goldregenpfeifer (S. 149) ähnlicher als dem Amerikanischen, und so ist er als der etwas kleinere und langbeinigere schwierig zu bestimmen. Im Prachtkleid ist das schwarze Muster auf der Oberseite etwas kräftiger und die Ausdehnung des Schwarz auf der Unterseite weiter als beim Goldregenpfeifer. Im Schlichtkleid ähnelt er mehr dem Amerikanischen, ist weniger grau, langschnäbeliger und langbeiniger. Im Flug ist der dunkle Unterflügel sichtbar.

VORKOMMEN: Seltener Gast aus Sibirien in Westeuropa, meist im Spätsommer.

kurze Hand-
schwingen unterhalb
der Schirmfedern

Schnabel
relativ
lang

Beine lang

STIMME: Im Flug *tschu-itt*, ähnlich wie Wasserläufer.

JUNGVOGEL

Körperlänge **21–25 cm**	Flügelspannweite **48–50 cm**

Familie **Charadriidae**	Art *Pluvialis dominica*

Amerikanischer Goldregenpfeifer

Im Schlichtkleid wirkt er grau, mit einem kräftigen Kopfmuster, langen Beinen und Flügelspitzen. Im Prachtkleid ist er oberseits weniger gelb, unterseits ausgedehnter schwarz mit kräftigen weißen Brustseiten. Im Flug sind die düster grauen Unterflügel ein wichtiges Kennzeichen. Kiebitzregenpfeifer (S. 150) sind größer und haben einen deutlich mächtigeren Schnabel.

VORKOMMEN: Regelmäßiger, aber sehr seltener Gast aus Nordamerika; Herbst/Winter in Westeuropa.

STIMME: Ruf *klu-i* mit betonter erster Silbe, zweite manchmal kaum zu hören.

JUNGVOGEL

weiß über
dem Auge

lange Flügel
spitzen

schwarzer
Ohren-
fleck

weiße Unterseite

Körperlänge **24–27 cm**	Flügelspannweite **50–55 cm**

Familie **Charadriidae**	Art *Vanellus spinosus*

Spornkiebitz

Im Nahen Osten ist dieser auffällig gezeichnete Kiebitz entlang von Flüssen und auf sandigen Plätzen häufig, Europa erreicht er nur an wenigen Orten. Brust und Oberkopf sind schwarz, der Hals weiß und der Rücken graubraun. Oft stehen sie in Paaren oder bilden lärmende Trupps. Im Flug weisen die Flügel schwarze Spitzendrittel auf, die durch ein breites diagonales weißes Band vom graubraunen Innenflügel abgesetzt sind.

VORKOMMEN: Selten in Griechenland; häufig in Israel, Ägypten am Nil.

STIMME: Laut, metallisch, wiederholend, hoch *titi-tirik*.

Oberkopf
schwarz

Wangen
weiß

Brust
schwarz

Rücken
graubraun

ALTVOGEL

Körperlänge **25–28 cm**	Flügelspannweite **60–65 cm**

Familie **Charadriidae**	Art *Vanellus gregarius*

Steppenkiebitz

Im Prachtkleid sieht er grau aus mit einem dunklen Bauch und einem weiß gestreiften Gesicht. Im Schlichtkleid ist der Körper einheitlicher sandgrau und der Kopf weniger deutlich gezeichnet, aber ebenfalls noch mit einer dunklen Kappe und hellem Überaugenstreif. Im Flug zeigt der Oberflügel ein großes weißes Dreieck und ein schwarzes Spitzendrittel; der weiße Schwanz hat ein schwarzes Endband.

VORKOMMEN: Seltener Gast in Westeuropa aus Asien, manchmal im Winter; seltener Durchzügler in Südeuropa.

STIMME: Im Flug heisere Laute, gewöhnlich aber schweig-sam.

dunkle
Kappe

weißer Über-
augenstreif

JUNGVOGEL

Körperlänge **27–30 cm**	Flügelspannweite **60–65 cm**

Familie **Charadriidae**	Art *Vanellus leucurus*

Weißschwanzkiebitz

Besonders aufrecht, langbeiniger und eleganter als andere Kiebitze, kann man den Weißschwanzkiebitz an seinem weißen Schwanz ohne schwarze Endbinde und an seinen langen gelben Beinen, die im Flug deutlich den Schwanz überragen, gut erkennen. Er kann ein dunkelgraues Brustband tragen. Die Flügel sind im Spitzendrittel schwarz, das mit breitem weißem Band vom grauen Innenflügel getrennt ist. Jungvögel sind oberseits gefleckt.

VORKOMMEN: Sehr selten in Rumänien; in Westeuropa seltener Gast im Spätsommer.

STIMME: Meist stumm.

hellgrau-brauner Kopf

dunkelgraues Brustband

lange gelbe Beine

ALTVOGEL

Körperlänge **26–29 cm**	Flügelspannweite **60 cm**

Familie **Scolopacidae**	Art *Limicola falcinellus*

Sumpfläufer

Der kleine kurzbeinige Watvogel hat einen dunklen Rücken im Kontrast zum weißen Bauch. Im Frühling wirken Sumpfläufer »frostig«, die Federsäume tragen sich bis zum Spätsommer ab zu braun mit kupferbraunen Federsäumen. Lange weißliche Streifen sind dann auf dem Rücken zu sehen. Im Winter sind die Vögel viel heller und einheitlicher grau. Das beste Kennzeichen sind die zwei weißen Streifen über dem Auge. Der Schnabel ist kräftig und leicht nach unten gebogen.

VORKOMMEN: Brütet in Skandinavien, zieht durch Osteuropa, selten im Westen, meist im Spätfrühling.

STIMME: Hoher Triller *brrreit.*

doppelte weiße Linie über den Augen

Rücken dunkel

ALTVOGEL (SOMMER)

Körperlänge **15–18 cm**	Flügelspannweite **30–34 cm**

Familie **Scolopacidae**	Art *Xenus cinereus*

Terekwasserläufer

Dieser seltene kurzbeinige Wasserläufer hat einen überproportional langen Schnabel und wirkt insgesamt etwas kopflastig. Terekwasserläufer sind einheitlich graubraun mit einer helleren Unterseite, im Fliegen wird ein weißer Hinterrand am Oberflügel sichtbar, der Bürzel ist aber grau. Im Prachtkleid sind auf dem Rücken schwarze Streifen zu sehen. Die Beine sind hell bis tief orangegelb.

VORKOMMEN: Seltener Durchzügler in Osteuropa, seltener Gast in Westeuropa aus Asien.

STIMME: Im Flug Reihen hoher Flötentöne etwa *wü-wü-wü-wü.*

langer aufgeworfener Schnabel

ALTVOGEL (SOMMER)

Beine gelb

Körperlänge **22–25 cm**	Flügelspannweite **38–40 cm**

Familie **Scolopacidae**	Art *Calidris subminuta*

Langzehen-Strandläufer

Dieser Vogel ist klein und langbeinig mit einem leicht gebogenen Schnabel; er läuft wie eine winzige Ralle oder streckt sich, um aufrecht zu stehen. Er wirkt wie ein Wiesenstrandläufer oder ein winziger Bruchwasserläufer (S. 176) mit gelblichen Beinen, einer dunklen Kappe, dunklen Wangen und einer hellen Schnabelbasis. Jungvögel im Herbst tragen auf dem Rücken ein »V«.

VORKOMMEN: Sehr seltener Gast aus Ostsibirien.

STIMME: Kurze Triller *tschrrrip.*

cremefarbene Streifen

ALTVOGEL

kurzer Schnabel

helle Beine

Körperlänge **14–15 cm**	Flügelspannweite **25–30 cm**

Familie **Scolopacidae**	Art *Calidris minutilla*

Wiesenstrandläufer

Ähnlich einem kleinen Graubruststrandläufer (S. 428) kann man den Wiesenstrandläufer vom Zwergstrandläufer (S. 168) an seinen hellen Beinen und vom Temminckstrandläufer (S. 164) an seiner deutlicher gestrichelten dunkleren Brust und einem dünnen hellen »V« auf der Oberseite der Jungvögel unterscheiden. Helle Beine, die sehr geringe Größe (kaum Spatzengröße) und die eckige Gestalt sind kennzeichnend.

VORKOMMEN: Ausnahmegast in Westeuropa aus Nordamerika.

STIMME: Hoch und kurz *kiik, ki-kiik* oder *triii-iip.*

Rücken gestreift

winziger Schnabel

ALTVOGEL

helle Beine

Körperlänge **13–14 cm**	Flügelspannweite **25–30 cm**

Familie **Scolopacidae**	Art *Calidris tenuirostris*

Großer Knutt

Mit Ähnlichkeiten zum Knutt (S. 161) ist der Große Knutt doch deutlich größer. Er hat einen kleinen Kopf. Schnabel, Beine und stärker zugespitztes Hinterende sind länger. Jungvögel sind brauner als junge Knutts mit einer dunklen, schuppig gezeichneten Oberseite; die Brust ist dunkel mit Reihen dunkler Flecken. Altvögel im Schlichtkleid sind grauer, haben aber dunklere Brustflecken. Der Schnabel hat eine dicke Basis und läuft dann nach unten gebogen spitz zu. Der Bürzel ist grau.

VORKOMMEN: Seltener Gast aus Sibirien in Nordwesteuropa und im Nahen Osten.

STIMME: Schweigsam.

Unterseite gefleckt

Hinterende zugespitzt

Beine kurz

ALTVOGEL (SOMMER)

Körperlänge **24–27 cm**	Flügelspannweite **40 cm**

Familie **Scolopacidae**	Art *Calidris bairdii*

Bairdstrandläufer

Von den kleinen nordamerikanischen Strandläufern ist er der bräunlichste mit dem längsten Schwanz, der niedrig und lang gestreckt wirkt, mit einem kurzen schwarzen Schnabel und kurzen schwärzlichen Beinen. Jungvögel haben perlweiße schuppenförmige Federsäume auf der Oberseite, eine hellbräunliche Brust auf der sonst reinweißen Unterseite. Im Flug ist der Bürzel dunkel und die Flügel tragen einen dünnen weißen Streifen.

VORKOMMEN: Ausnahmegast aus Nordamerika, meist im Herbst.

STIMME: Triller *trrriiet.*

kurzer schwarzer Schnabel

Schuppen-muster

JUNG-VOGEL

lange Flügel

Beine kurz

Körperlänge **14–17 cm**	Flügelspannweite **30–33 cm**

Familie **Scolopacidae**	Art *Calidris fuscicollis*

Weißbürzel-Strandläufer

Ihn kann man im Herbst an seiner Schuppenzeichnung auf der Oberseite, an seiner rostfarbenen und schwarzen Zeichnung, einer winzigen hellen Schnabelbasis, einem weißen Überaugenstreif und an weißen V-Linien auf dem Rücken erkennen. Altvögel sind einfarbiger und grau im Schlichtkleid, haben aber auch lange Flügelspitzen. Im Flug ist der weiße Fleck auf dem Schwanz auffällig.

VORKOMMEN: Ausnahmegast aus Nordamerika im Herbst in Westeuropa.

STIMME: Dünn und etwas quietschend *ziiiet.*

Schnabel kurz

ALTVOGEL (WINTER)

lange Flügel

Beine schwarz

Körperlänge **14–17 cm**	Flügelspannweite **30–33 cm**

Familie **Scolopacidae**	Art *Calidris pusilla*

Sandstrandläufer

Er ähnelt dem Zwergstrandläufer (S. 168) mit weniger deutlichem »V« auf der Oberseite, dickerem und stumpferem Schnabel und mit winzigen Schwimmhäuten zwischen den Zehen. Frische Jugendkleider zeigen etwas Rotbraun an Kopf und Rücken, andere sind grauer mit etwas Hellbraun um den Hals und an den Brustseiten. Bergstrandläufer sind sehr ähnlich, mit längeren Schnäbeln und deutlicheren Streifen an den Brustseiten.

VORKOMMEN: Ausnahmegast aus Nordamerika.

STIMME: Kurz *tschrrrüp* im Flug.

JUNG-VOGEL auf dem Rücken grau oder hellrotbraun

dicker stumpfer Schnabel

teilweise Schwimm-häute

Körperlänge **13–15 cm**	Flügelspannweite **25–30 cm**

Familie **Scolopacidae**	Art *Calidris mauri*

Bergstrandläufer

Der Bergstrandläufer ist in Europa sehr selten und auch sehr schwer von Sand- und Zwergstrandläufer (S. 168) zu unterscheiden. Der winzige Watvogel hat lange Beine und einen schlanken, langen und leicht nach unten gebogenen Schnabel. Er hat im Herbst ein helles »V« auf dem Rücken mit rotbraunen Federn auf jeder Seite, einen breiten weißen Überaugenstreif und winzige Schwimmhäute zwischen den Zehen.

VORKOMMEN: Ausnahmegast aus Nordamerika in Westeuropa im Herbst.

STIMME: Hoch und dünn *tjiht*.

Schnabel lang, leicht gebogen

winzige Schwimm-häute zwischen den Zehen

ALTVOGEL

Körperlänge **14-17 cm**	Flügelspannweite **28–31 cm**

Familie **Scolopacidae**	Art *Calidris ruficollis*

Rotkehlstrandläufer

Im Prachtkleid sind der rostrote Hals und die ebenso gefärbte Vorderbrust unverwechselbare Kennzeichen. Herbstdurchzügler sind aber Sandstrandläufern und Zwergstrandläufern (S. 168) zum Verwechseln ähnlich. Der kurze Schnabel, keine Schwimmhäute zwischen den Zehen, kurze Beine und gedrungener Körper helfen bei der Bestimmung; graue Flügel gegen einen farbigeren Rücken und das Fehlen eines weißen »V« ebenso.

VORKOMMEN: Ausnahmegast in Europa aus Ostsibirien.

STIMME: Hoch und rau *tschrit*.

ALTVOGEL (SOMMER) Hals rostrot

Schnabel kurz

Körperlänge **13–16 cm**	Flügelspannweite **25–30 cm**

Familie **Scolopacidae**	Art *Tryngites subruficollis*

Grasläufer

Auf dem Zug findet man sie oft nahe am Wasser, sonst sind sie auf offenem trockenem Boden zu sehen, wo sie in raschen kurzen Phasen rennen. Sie sind klein, rundlich, haben lange gelbe Beine und einen kurzen schwarzen Schnabel, ähnlich wie ein kleiner Kampfläufer (S. 162). Die Oberseite ist fleckig dunkel mit schuppenförmigen hellen Federsäumen. Hals und Brust sind ockergelb, an den Seiten leicht gefleckt. Im Flug sieht man einen dunklen Bürzel, die Flügel weisen ein helles Band auf.

VORKOMMEN: Seltener, aber regelmäßiger Gast aus Nordamerika in Nordwesteuropa.

STIMME: Schweigsam.

dicht

Schuppen-muster am Rücken

JUNGVOGEL

lange gelbe Beine

Körperlänge **18–20 cm**	Flügelspannweite **35–37 cm**

Familie **Scolopacidae**	Art *Calidris melanotos*

Graubrust-Strandläufer

Einer der häufigeren Vögel aus Nordamerika (dennoch selten) in Europa ist der Graubraust-Strandläufer mit deutlichen hellbräunlichen Federrändern auf der Oberseite und einem weißen »V« auf dem Rücken, einer dunklen Kappe und einer dicht gestreiften Brust, die scharf gegen den weißen Bauch abgesetzt ist. Im Flug sind auf dem Bürzel zwei ovale weiße Seitenflecke zu sehen. Die Beine sind gelb.

VORKOMMEN: Selten, im Herbst in Westeuropa.
STIMME: Kurzer und kehliger Triller *trrrt*.

auf Oberseite deutliche hellbräunliche Federsäume

Brust dicht gestreift

dunkle Kappe

JUNGVOGEL

Brustband

Körperlänge **19–23 cm**	Flügelspannweite **38–44 cm**

Familie **Scolopacidae**	Art *Calidris acuminata*

Spitzschwanz-Strandläufer

Spitzschwanz-Strandläufer sind kleine Watvögel, die dem häufigeren Graubrust-Strandläufer gleichen, ohne das eng gestrichelte Brustband. Altvögel haben eine rostfarben gestrichelte Scheitelplatte und eine dunkel gestrichelte Brust, die in lockere Flecken ausläuft, immature Vögel eine pfirsichfarbene Brust, die an den Seiten fein gezeichnet ist. Alle haben grünliche Beine und eine gelbliche Basis des kurzen, etwas gebogenen Schnabels.

VORKOMMEN: Ausnahmegast im frühen Herbst in Nordwesteuropa aus Ostsibirien.
STIMME: Weich *uip*.

gestrichelte rostfarbene Kappe

Schnabel kurz

JUNGVOGEL

undeutliches Brustband

Körperlänge **17–21 cm**	Flügelspannweite **40 cm**

Familie **Scolopacidae**	Art *Tringa flavipes*

Kleiner Gelbschenkel

Er sieht aus wie ein kleiner, zarter, mehr grauer Rotschenkel oder ein kleiner Grünschenkel und ist auch dem kleineren kompakteren Bruchwasserläufer ähnlich (S. 177, 174, 176). Der Kleine Gelbschenkel hat lange, hellgelb leuchtende Beine; im Flug zeigt er einfarbige Flügel und einen gerade abgeschnittenen weißen Bürzel. Der Schnabel ist dünn und gerade (Große Gelbschenkel haben dickeren und ganz leicht aufgebogenen Schnabel). Er watet oft recht tief im Wasser und kann daher mit einem Wilsonwassertreter verwechselt werden (S. 430).

VORKOMMEN: Sehr seltener, aber regelmäßiger Gast aus Nordamerika in Westeuropa.
STIMME: Hoch und rein *tju*.

Schnabel dünn und gerade

Beine gelb

JUNGVOGEL

Körperlänge **23–25 cm**	Flügelspannweite **45–50 cm**

Familie **Scolopacidae**	Art *Tringa melanoleuca*

Großer Gelbschenkel

Der Große Gelbschenkel ist einem Grünschenkel (S. 174) ähnlicher, aber trotzdem nicht immer leicht vom Kleinen Gelbschenkel zu unterscheiden. Der Schnabel ist dicker, etwas heller an der Basis und ganz leicht aufgebogen und auf den meisten Vögeln sind deutlicher weiße Punkte auf der Oberseite zu sehen. Der gerade abgeschnittene weiße Bürzel unterscheidet sich von dem keilförmig in den Rücken übergehenden des Grünschenkels.

VORKOMMEN: Ausnahmegast aus Nordamerika in Westeuropa.
STIMME: Dreisilbig flötend ähnlich Grünschenkel *klü-klü-klü*, wobei die letzte Silbe meistens tiefer liegt.

gerader weißer Bürzel

JUNGVOGEL

Körperlänge **30–35 cm**	Flügelspannweite **53–60 cm**

Familie **Scolopacidae**	Art *Tringa solitaria*

Einsamer Wasserläufer

Als kleinen Wasserläufer ähnlich dem Waldwasserläufer (S. 172) kann man diese Art an ihrem dunklen Bürzel erkennen. Der Einsame Wasserläufer hat einen deutlichen weißen Strich im Gesicht, doch einen kräftigeren Augenring als der Waldwasserläufer und ist dunkler, matter und kurzbeiniger als ein Bruchwasserläufer (S. 176). Sein lang zugespitztes Körperende wippt oft wie bei einem Waldwasserläufer und dem deutlich kleineren Flussuferläufer (S. 171).

VORKOMMEN: Ausnahmegast in Nordwesteuropa aus Nordamerika.

STIMME: Weicher als Waldwasserläufer *tüwitt-witt.*

kräftiger weißer Augenring

Gefieder dunkel und matt

dunkler Bürzel

ALTVOGEL

Körperlänge **18–21 cm**	Flügelspannweite **35–39 cm**

Familie **Scolopacidae**	Art *Actitis macularia*

Drosseluferläufer

Sehr ähnlich einem Flussuferläufer (S. 171) ist der etwas kurzschwänzigere Drosseluferläufer. Im Sommer ist er an verstreuten kleinen oder größeren schwarzen Punkten auf der weißen Unterseite zu erkennen. Im Schlichtkleid fehlen auffällige Zeichnungen, die Beine sind leuchtender gelb, der Ruf ist schärfer. Jungvögel sind einfarbiger, weniger deutlich an den Säumen der Schwungfedern gefleckt, aber auf den Flügeldecken auffälliger gebändert.

VORKOMMEN: Sehr seltener Gast aus Nordamerika, manchmal auch im Winter.

STIMME: Kurz, hart und einsilbig *kitt* oder *piit-wit.*

ALTVOGEL (WINTER)

Oberseite einfarbig braungrau

Schwanz kurz

Körperlänge **18–20 cm**	Flügelspannweite **32–35 cm**

Familie **Scolopacidae**	Art *Bartramia longicauda*

Prärieläufer

Der Prärieläufer ist ein außergewöhnlicher Watvogel, der auf trockenem Untergrund lebt. Er hat einen schlanken Hals und ist langschwänzig; oberflächlich ähnelt er einem schlanken jungen Kampfläufer (S. 162) mit kürzeren Beinen, einem dünnen Schnabel und einem dunkleren Oberkopf. Die dunklen Augen heben sich auffällig vom hellen Gesicht ab. Auf den Flügeln und dem Schwanz ist er einheitlich dunkel; die Unterflügel sind ebenfalls dunkel und eng gebändert.

VORKOMMEN: Sehr selten im Herbst aus Nordamerika.

STIMME: Pfeifender schneller Triller *kip-ip-ip-ip.*

Oberkopf dunkel

Augen dunkel

Schnabel dünn

JUNGVOGEL

Schwanz lang

Körperlänge **28–32 cm**	Flügelspannweite **50–55 cm**

Familie **Scolopacidae**	Art *Micropalama himantopus*

Bindenstrandläufer

Wenn die langen grünen Beine nicht zu sehen sind, kann man den Bindenstrandläufer für einen grauen Kampfläufer oder einen Rotschenkel (S. 162, S. 177) halten. Der lange, kräftige und etwas gebogene Schnabel ist ein wichtiger Hinweis. Im Prachtkleid sind die gebänderte Unterseite und ein rostfarbener Wangenfleck auffällig. Jungvögel sind oberseits rostfarben gezeichnet, an den Flanken gestrichelt und haben eine dunkle Kappe sowie einen deutlichen weißen Überaugenstreif. Im Flug sieht man einen weißen Bürzel.

VORKOMMEN: Seltener Gast in Nordwesteuropa aus Nordamerika.

STIMME: Weich rollend *trrrp.*

heller Überaugenstreif

langer kräftiger Schnabel

ALTVOGEL (WINTER)

Körperlänge **18–23 cm**	Flügelspannweite **37–42 cm**

| Familie **Scolopacidae** | Art *Limnodromus scolopaceus* |

Großer Schlammläufer

Dieser Watvogel sieht fast so aus wie eine Kreuzung von Rotschenkel und Bekassine (S. 177, S. 180). Im Herbst und Winter ist er recht hell und einfarbig mit einer dunklen Kappe, die durch eine breite weiße Linie über jedem Auge (von vorne wie ein »V« aussehend) nach unten begrenzt wird. Der Schnabel ist lang, kräftig und schnepfenähnlich, die kurzen Beine sind grünlich. Im Flug ist ein weißer Flügelhinterrand und auf dem Rücken ein weißer Keil oder ein weißes Oval zu sehen. Der Schwanz hat breite schwarze und weiße Bänder.

VORKOMMEN: Regelmäßiger, aber sehr seltener Gast in Westeuropa aus Nordamerika.

STIMME: K*ip* oder *kip-ip-ip-ip.*

Schnabel lang und kräftig

enge dunkle Bänder auf dem Schwanz

grüne Beine relativ kurz

JUNGVOGEL

| Körperlänge **27–30 cm** | Flügelspannweite **42–49 cm** |

| Familie **Scolopacidae** | Art *Gallinago media* |

Doppelschnepfe

Die Doppelschnepfe ist außerhalb ihres normalen Verbreitungsgebietes schwer zu bestimmen. Sie ist eine dunkle, massige Schnepfe mit einem dicken Schnabel und kräftiger dunkler Bänderung der Unterseite. Der geschlossene Flügel zeigt Linien weißer Federspitzen. Im Flug sind bei Altvögeln weiße Schwanzseiten zu erkennen, die bei Jungvögeln reduziert sind. Am Oberflügel verläuft ein dunkles Mittelband, das bis zur Flügelspitze deutlich weiß gesäumt ist.

VORKOMMEN: Brütet in Skandinavien und von Polen an nach Osten; im Westen sehr seltener Gast.

STIMME: Gedämpfte tiefe Laute.

Schnabel dick

Unterseite dunkel gebändert

ALTVOGEL

weiße Spitzen der Flügeldecken

| Körperlänge **26–30 cm** | Flügelspannweite **43–50 cm** |

| Familie **Scolopacidae** | Art *Phalaropus tricolor* |

Wilsonwassertreter

Dieser größte Wassertreter ist auch am ehesten bei der Nahrungssuche auf Schlamm anzutreffen. Er ist schlank, aber kurzbeinig. Im Prachtkleid zieht sich ein auffälliges dunkles Band vom Auge den Hals herunter. Im Schlichtkleid ist der Rücken hellgrau und nur noch eine schwache Spur des Halsstreifens zu erkennen. Immature Vögel haben auf der Oberseite dunkle Federn mit rostfarbenen Säumen und gelbliche Beine. Alle haben einen langen, sehr feinen geraden Schnabel und im Flug einen weißen Bürzel.

VORKOMMEN: Seltener Gast im Spätfrühjahr und Herbst aus Nordamerika in Westeuropa.

STIMME: Im Flug nasal *witt.*

langer, feiner Schnabel

ALTVOGEL (WINTER)

blasse Beine

| Körperlänge **22–24 cm** | Flügelspannweite **38–44 cm** |

| Familie **Laridae** | Art *Chroicocephalus genei* |

Dünnschnabelmöwe

Diese Art sieht der Lachmöwe (S. 205) ziemlich ähnlich, abgesehen davon, dass ihr Kopf reinweiß ist ohne jegliche Spur von einer dunklen Kapuze. Der orangerote bis schwärzliche Schnabel ist recht lang und wirkt dadurch dünner. Jungvögel haben undeutliche heller braune Flecken auf dem Flügel und ein schmales dunkles Schwanzendband. Aus der Nähe erkennt man ein helles Auge.

VORKOMMEN: Seltener und lokaler Brutvogel an den Küsten des Mittelmeers; selten anderswo.

STIMME: Übliche Möwenrufe.

Kopf weiß

langer Schnabel, rot bis schwarz

lange orangerote Beine

ALTVOGEL (SOMMER)

| Körperlänge **37–42 cm** | Flügelspannweite **90–102 cm** |

Familie **Laridae**	Art *Chroicocephalus philadelphia*

Bonapartemöwe

Diese Möwe ähnelt einer kleinen zierlichen Lachmöwe (S. 176). Sie hat einen schlanken schwarzen Schnabel und einen leichten Flug. Der Oberflügel ähnelt dem einer Lachmöwe (mit einem reiner weißen äußeren Dreieck und einem schwarzen Hinterrand), der Unterflügel ist reinweiß mit Ausnahme eines scharf abgesetzten, dünnen schwarzen Randes gegen die Spitze. Im Prachtkleid haben Altvögel schieferschwarze Kapuzen, im Schlichtkleid und bei immaturen Vögeln ist der Kopf weiß mit dunklem Ohrfleck. Jungvögel haben ein dunkleres diagonales Band über den Flügeldecken.

VORKOMMEN: Seltener Gast aus Nordamerika in Westeuropa.

STIMME: Hohe quiekende Rufe.

schwarze Kapuze

ALTVOGEL (SOMMER)

schlanker schwarzer Schnabel

Körperlänge **31–34 cm**	Flügelspannweite **79–84 cm**

Familie **Laridae**	Art *Larus delawarensis*

Ringschnabelmöwe

Ähnlich einer Sturmmöwe (S. 182), sind Ringschnabelmöwen auf der Oberseite aber heller und haben weniger Weiß zwischen dem Grau des Rückens und der schwarzen Flügelspitze, ein helles Auge (aus der Entfernung aber dunkel aussehend) und einen dickeren Schnabel mit einem schwarzen Band nahe der Spitze. Die Beine sind grünlich oder gelb. Jährlinge sind auf dem Hals und an den Flanken mehr gefleckt.

VORKOMMEN: Seltener Gast aus Nordamerika in Nordwesteuropa.

STIMME: Höher und nasaler als Silbermöwe.

auf dickem Schnabel schwarzes Band

Rücken hellgrau

Iris hell

ALTVOGEL (SOMMER)

Beine gelblich

Körperlänge **41–49 cm**	Flügelspannweite **1,12–1,24 m**

Familie **Laridae**	Art *Ichthyaetus audouinii*

Korallenmöwe

Einstmals waren Korallenmöwen sehr selten, nehmen aber jetzt zu. Sie sind schlankflügeliger, schmalschwänziger und kurzschnäbliger als Silbermöwen (S. 210). Altvögel sind sehr hellgrau, die Flügelspitzen sind ausgedehnter schwarz mit winzigen weißen Flecken auf den Federspitzen. Sie haben graue oder grünliche Beine und dunkle rote Schnäbel mit einem schwarzen Band und einer gelben Spitze. Das dunkle Auge und das lange weiße Gesicht sind kennzeichnend. Jungvögel sind dunkel mit überwiegend schwarzem Schwanz, langen Flügeln und schwärzlichen Beinen.

VORKOMMEN: Brütet in Spanien, in Marokko, auf den Balearen sowie einigen Mittelmeerinseln.

STIMME: Tiefe raue Rufe zur Brutzeit.

Augen dunkel

ALTVOGEL

Beine grau

Körperlänge **44–52 cm**	Flügelspannweite **1,17–1,28 m**

Familie **Laridae**	Art *Ichthyaetus ichthyaetus*

Fischmöwe

Im Sommer hat die riesige Fischmöwe eine schwarze Kapuze, einen hellgrauen Rücken und weiße Außenflügel mit schwarzen Spitzen. Hinzu kommen gelbe Beine und ein langer gelber Schnabel mit rotem und schwarzem Band. Im Schlichtkleid fehlt die Kapuze und immature Vögel haben einen schmutzig grauen Fleck um das Auge. Die flache Stirn und der lange Schnabel sind für die Bestimmung wichtig.

VORKOMMEN: Sehr selten in Europa, regelmäßig im Nahen Osten außerhalb der Brutsaison.

STIMME: Tiefe nasale Rufe in der Brutkolonie, sonst schweigsam.

schwarze Kapuze

Rücken hellgrau

Beine gelb

ALTVOGEL (SOMMER)

Körperlänge **58–67 cm**	Flügelspannweite **1,46–1,62 m**

Familie **Laridae**	Art *Xema sabini*

Schwalbenmöwe

Dieser seltene Herbstgast wird in Nordwesteuropa durch atlantische Stürme in Küstennähe getrieben. Er ähnelt einer jungen Dreizehenmöwe (S. 204), doch ist das Muster auf dem Oberflügel aus drei scharf abgegrenzten Dreiecken zusammengesetzt, dunkel (bei Altvögeln grau, bei Jungvögeln graubraun) innen und vorne, schwarz an der Spitze und reinweiß nach hinten, ohne diagonales schwarzes Band.

VORKOMMEN: Im Herbst regelmäßig vor den Küsten Westeuropas, selten in der Nordsee.

STIMME: Seeschwalbenähnliche Rufe, die man aber kaum von den Gästen hört.

kurzer dunkler Schnabel mit gelber Spitze

Kopf dunkel (hell im Herbst und Winter)

ALTVOGEL (SOMMER)

Beine schwarz

Körperlänge **30–36 cm**	Flügelspannweite **80–87 cm**

Familie **Laridae**	Art *Leucophaeus pipixcan*

Präriemöwe

Präriemöwen sind klein, dunkel, kurzbeinig und sehen Aztekenmöwen ähnlich, haben aber ein weißes Band, das den Flügel nahe der schwarz-weißen Flügelspitze quert. Ihr Schnabel ist kurz, weniger zugespitzt und weniger nach unten weisend als bei der Aztekenmöwe. Im Sitzen aber sind manche schwer zu bestimmen. Jungvögel sind weiß auf Brust und Flanken, Aztekenmöwen dunkel; die äußeren Handschwingen sind dunkler als die weit helleren der Lachmöwe (S. 205). Sturmmöwen sind heller und viel größer (S. 208).

VORKOMMEN: Ausnahmegast in Nordwesteuropa aus Nordamerika.

STIMME: Weich nasal *krro,* aber meist schweigsam.

dunkle Kapuze (im Sommer schwarz)

heller Augen ring

ALTVOGEL (WINTER)

Körperlänge **32–36 cm**	Flügelspannweite **80–87 cm**

Familie **Laridae**	Art *Leucophaeus atricilla*

Aztekenmöwe

Aztekenmöwen sind langflügelig mit langem schwarzem Schnabel und schwarzen Beinen. Altvögel im Prachtkleid tragen eine tiefschwarze Kapuze mit dünnen weißen Augenlidern. Im Schlichtkleid trägt der Kopf nur dunkle Schlieren. Der Rücken ist tief mittelgrau. Jungvögel sind auf den Flügeln brauner mit Schwarz entlang dem Hinterrand, haben ein schwarzes Schwanzendband, sind über der Brust und an den Flanken rauchgrau und sehen mit ihrem weißen Bürzel und Bauch sehr kontrastreich aus.

VORKOMMEN: In Westeuropa Ausnahmegast aus Nordamerika.

STIMME: Laute jaulende Rufe.

Schnabel schwarz

IMMATUR (1. WINTER)

Flügel lang

Beine schwarz

Körperlänge **36–41 cm**	Flügelspannweite **0,98–1,10 m**

Familie **Laridae**	Art *Pagophila eburnea*

Elfenbeinmöwe

Fast taubenartig wirkt die Elfenbeinmöwe mit ihrer gedrungenen Gestalt und ihren kurzen Beinen; entlang der Rückenlinie wirkt sie aber langgestreckter und im Flug langflügeliger. Sie hat schwarze Beine, dunkle Augen und einen grauen Schnabel mit einer gelben Spitze. Jungvögel sind leicht schwarz gefleckt und haben im Gesicht einen dunklen Schatten.

VORKOMMEN: Seltener Gast in Westeuropa; brütet auf Spitzbergen und auf hocharktischen Inseln.

STIMME: Laut schrill und seeschwalbenähnlich *krriä,* aber im Winter meist schweigsam.

weißer Körper mit dunklen Flecken

IMMATUR (1. WINTER)

Körperlänge **41–47 cm**	Flügelspannweite **1–1,13 m**

Familie **Laridae**	Art *Rhodostethia rosea*

Rosenmöwe

Rosenmöwen sind hocharktische Vögel. Ihre langen Flügel setzen an breiter Basis an, der Schwanz ist keilförmig. Der sehr kurze Schnabel ist schwarz, die kurzen Beine sind rot oder rosa. Altvögel im Prachtkleid sind rosa überflogen und haben einen schmalen schwarzen Kragen; Schlichtkleidvögel sind matter und das Schwarz ist nur schwach. Jungvögel haben ähnlich wie Zwergmöwen (S. 206) ein dunkles Zickzackband auf dem Flügel, der Hinterflügel ist aber einheitlich weiß; sie haben einen dunklen Ohrfleck und sind grau im Nacken.

dünner schwarzer Kragen

VORKOMMEN: Sehr seltener Gast aus der Arktis im Winter, manchmal im Frühling.
STIMME: Schweigsam.

ALTVOGEL (SOMMER)

Körperlänge **29–32 cm**	Flügelspannweite **73–80 cm**

Familie **Sternidae**	Art *Thalasseus maximus*

Königsseeschwalbe

Königsseeschwalben erreichen fast die Größe von Raubseeschwalben (S. 197), wirken aber zierlicher und eleganter. Die Vögel sind sehr hell, die weißen Unterflügel sind nur durch schmale schwarze Federspitzen gegen die Spitze zu markiert, der Bürzel ist weiß. Im Schlichtkleid ist nur der Hinterkopf schwarz, im Prachtkleid der ganze Oberkopf. Der dolchartige Schnabel ist lebhaft orangefarben. Jungvögel haben dunkle Handschwingen und Hinterflügelstreifen wie eine junge Sturmmöwe (S. 208).
VORKOMMEN: Sehr seltener Gast in Nordwesteuropa aus Nordamerika und/oder Afrika.
STIMME: Guttural *kerr-jüp* im Flug, ähnlich Brandseeschwalbe.

Schnabel orangefarben

ALTVOGEL (WINTER)

Beine schwarz

Körperlänge **42–49 cm**	Flügelspannweite **86–92 cm**

Familie **Sternidae**	Art *Sterna bengalensis*

Rüppellseeschwalbe

Groß und elegant wie eine etwas dunklere Brandseeschwalbe (S. 200) wirkt die Rüppellseeschwalbe mit einem grauen Bürzel, schwarzen Beinen und einem langen, schlanken orangefarbenen Dolchschnabel. Im Prachtkleid hat sie eine hinten etwas fransige schwarze Kopfkappe, im Schlichtkleid sind Stirn und vorderer Oberkopf weiß. Es ist schwer, sie von der Königsseeschwalbe zu unterscheiden. Jungvögel haben dunkle Flügelzeichnungen wie eine junge Sturmmöwe (S. 208).
VORKOMMEN: Seltener Gast, gelegentlich einzelne in Kolonien der Brandseeschwalbe.
STIMME: Kratzend *kirrick*, ähnlich Brandseeschwalbe.

Schnabel orangefarben

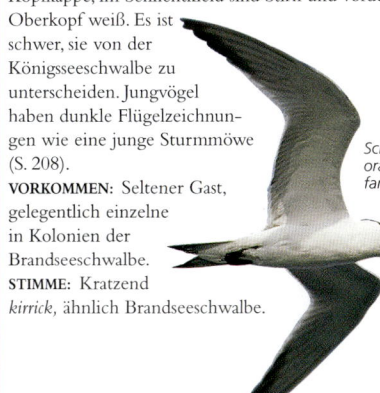

ALTVOGEL (SOMMER)

Körperlänge **33–40 cm**	Flügelspannweite **76–82 cm**

Familie **Sternidae**	Art *Onychoprion fuscatus*

Rußseeschwalbe

Die Rußseeschwalbe ist eine große schwarz-weiße Seeschwalbe der Tropen, die einen Großteil der Zeit über dem offenen Meer verbringt. Sie ist kontrastreich weiß und schwarz gefärbt, hat einen langen, tief gegabelten Schwanz, dessen äußerste verlängerte Federn ein weißes Ende haben. Die Stirn ist weiß, das weiße Feld reicht gerade bis über das Auge. Jungvögel sind auf der Oberseite dunkel mit heller Bänderung und auf der Unterseite größtenteils tief dunkelbraun.
VORKOMMEN: Brütet im Roten Meer und in der Karibik; sehr seltener Gast.
STIMME: Außerhalb der Brutgebiete meist schweigsam.

Stirn weiß

ALTVOGEL

Schwanz tief gegabelt

Körperlänge **42–45 cm**	Flügelspannweite **72–80 cm**

Familie **Sternidae**	Art *Onychoprion anaethetus*

Zügelseeschwalbe

Wie die Rußseeschwalbe ist auch die Zügelseeschwalbe ein tropischer Seevogel mit einem langen, gegabelten, weiß gesäumten dunklen Schwanz, oberseits sehr dunkel und auf der Unterseite strahlend weiß. Bei guter Sicht kann man einen Unterschied zwischen dem braungrauen Rücken und dem schwarzen Oberkopf sowie den schwarzen Flügelspitzen erkennen. Die weiße Stirn reicht spitzwinklig bis hinter das Auge. Jungvögel sind dunkel und oberseits gebändert, unterseits heller.

VORKOMMEN: Brütet im Roten Meer und in Westafrika. Sehr seltener Gast meist im Spätsommer.

STIMME: Meist schweigsam.

Weiß reicht hinter die Augen.

Rücken braun

gegabelter, weiß gesäumter, dunkler Schwanz

ALTVOGEL

Körperlänge **37–42 cm**	Flügelspannweite **65–72 cm**

Familie **Sternidae**	Art *Sterna forsteri*

Forsterseeschwalbe

Sie ähnelt sehr stark einer Flussseeschwalbe (S. 201), hat aber hellere Flügelspitzen (einheitlich weiß oder perlgrau im Schlichtkleid) und eine rein weiße Unterseite im Prachtkleid. Im Schlichtkleid tragen Forsterseeschwalben eine deutliche schwärzliche Maske und einen schwarzen Schnabel. Der Schnabel ist kürzer als bei der Brandseeschwalbe (S. 200) und schlanker als bei der Lachsseeschwalbe. Jungvögel haben eine schwarze Maske und düster graue Zentren auf den Schirmfedern. Gestalt, Größe und Verhalten sind sehr ähnlich der Flussseeschwalbe.

VORKOMMEN: Sehr seltener Gast in Westeuropa, meist in Spätherbst und Winter aus Nordamerika.

STIMME: Im Winter meist schweigsam.

schwarzer Ohrfleck

ALTVOGEL (WINTER)

Körperlänge **33–36 cm**	Flügelspannweite **64–70 cm**

Familie **Sternidae**	Art *Chlidonias leucopterus*

Weißflügel-Seeschwalbe

Die drei Seeschwalbenarten der Gattung *Chlidonias* (Trauer- und Weißbart-Seeschwalbe S. 199, 198) werden auch als »Sumpfseeschwalben« zusammengefasst. Die Weißflügel-Seeschwalbe ist die kleinste und gedrungenste mit etwas rascheren Flugbewegungen als die beiden anderen. Im Prachtkleid ist sie tiefschwarz mit weißen Flügeln und weißem Schwanz. Jungvögel im Herbst mit braunen Rücken, helle Flügel, weißlichen Bürzel und reinweiße Brustseiten. Schlichtkleidvögel sind viel heller mit weißlichem Bürzel.

VORKOMMEN: Brütet in Osteuropa, sonst seltener Durchzügler, in Mitteleuropa aber fast regelmäßig.

STIMME: Im Flug trocken kratzend *tscherk*.

Hals, Kopf und Rücken schwarz

Vorderflügel weiß

Schwanz weiß

ALTVOGEL (SOMMER)

Körperlänge **20–24 cm**	Flügelspannweite **50–56 cm**

Familie **Alcidae**	Art *Uria lomvia*

Dickschnabellumme

Diese Art ist der Trottellumme (S. 187) sehr ähnlich. Dickschnabellummen sind dicklicher und haben einen kräftigeren Schnabel mit einem weißen Strich am Schnabelwinkel; die weiße Brust endet spitz gegen den dunklen Hals. Die Flanken sind reinweiß, nicht gestrichelt. Im Winter ist der Kopf dunkel bis unter das Auge, der dunkle Augenstrich einer Trottellumme und ein weißer Fleck hinter dem Auge wie beim Tordalk (S. 185) sind nicht zu sehen. Im Flug wirkt sie wie ein kurzhalsiger und dickschnabeliger Alk.

VORKOMMEN: Island, im hohen Norden Skandinaviens; selten in Nordwesteuropa.

STIMME: Krähenartige Krächzlaute.

weißer Streifen am schwarzen Schnabel

ALTVOGEL (SOMMER)

Körperlänge **40–44 cm**	Flügelspannweite **64–75 cm**

Familie **Pteroclididae**	Art *Pterocles orientalis*

Sandflughuhn

Die Gestalt dieser Flughühner ist taubenähnlich, das Gefieder erinnert an Feldhühner. Winziger Schnabel, kurze Beine und lange spitze Flügel sind typisch. Das Sandflughuhn ist gedrungen mit einer auffallend schwarzen Unterseite und einem weißen Unterflügel mit schwarzen Spitzen. Auf dem Boden sind die Männchen an grauem Kopf, Hals und ebenso gefärbter Brust mit dünner Abschlusslinie zu erkennen; der Rücken beim Männchen hat helle Flecken, beim Weibchen ein komplexes Muster, fein gebändert und gefleckt.

VORKOMMEN: Brütet in Spanien und in der Türkei in offenen trockenen Ebenen.

STIMME: Rollender Flugruf, fast trillernd *tjürrr-re-ka.*

WEIBCHEN

Unterseite schwarz

Körperlänge **30–35 cm**	Flügelspannweite **60–65 cm**

Familie **Pteroclididae**	Art *Pterocles alchata*

Spießflughuhn

Spießflughühner sind schlanker als Sandflughühner, haben einen lang ausgezogenen dünnen Schwanz, rein-weißen Bauch und weiße Unterflügel mit tiefschwarzer Spitze. Am Boden erkennt man ein rostfarbenes Gesicht mit schwarzem Augenstreif, eine ebenso gefärbte Brust mit dünnen schwarzen Bändern; der Rücken ist gefleckt (Männchen) oder gebändert (Weibchen), ockerfarben in einem komplexen und prächtigen Muster.

VORKOMMEN: Selten in Spanien, sehr selten in Südfrankreich, auf ariden steinigen Flächen.

STIMME: Im Flug abfallend rhythmisch gutteral *kätä-kätä* oder *rria rria.*

Rücken gefleckt

MÄNNCHEN

Körperlänge **28–32 cm**	Flügelspannweite **55–63 cm**

Familie **Cuculidae**	Art *Clamator glandarius*

Häherkuckuck

Der Häherkuckuck ist dem Kuckuck (S. 221) ganz unähnlich. Im Flug wirkt er lang und schlank mit breit angesetzten und leicht gerundeten Flügeln und einem langen schmalen Schwanz, der kleine Kopf wird aufrecht gehalten, die Brust ist gedrungen. Altvögel sind auf der Oberseite grau mit weißen Flecken, Unterseite weißlich und Oberkopf grau. Jungvögel haben einen schwarzen Oberkopf, dunkleren Rücken mit hellen Flecken und einen rostroten Außenflügel. Die gelbe Brust und der weiße Bauch fallen auf.

VORKOMMEN: Brutvogel in Portugal, Spanien und Südfrankreich; selten Gast weiter nördlich.

STIMME: Laut ratternd *tjerr-tjrerr-tje-tje* oder *kriä-kriä.*

Unterseite weiß

ALTVOGEL

Oberseite grau, weiß gefleckt

Körperlänge **35–39 cm**	Flügelspannweite **55–65 cm**

Familie **Cuculidae**	Art *Coccyzus americanus*

Gelbschnabelkuckuck

Der kleine, weißbrüstige Gelbschnabelkuckuck ist oben hellbraun mit rostfarbenen Flügelspitzen und mit schwarzem Schwanz mit großen weißen Flecken. Die weißen Schwanzfederspitzen kann man vor allem am sitzenden Vogel sehen. Die kleinen Augen sind dunkel, der Schnabel ist kurz und leicht gebogen. Im Flug vermitteln die langen Flügel, der lange Schwanz und der kleine, angehobene Kopf einen typischen Kuckuckseindruck. Gewöhnlich schwingt er sich nach oben auf einen Sitzplatz. Wenn sie Europa erreichen, überleben Gelbschnabelkuckucke selten einen Tag.

VORKOMMEN: Ausnahmegast in Nordwesteuropa im Spätherbst aus Nordamerika.

STIMME: Die Gastvögel sind schweigsam.

Schnabel gelb mit schwarzer Spitze

Oberseite hellbraun

weiße Flecken am Schwanz bei etwas gespreizten Federn

Körperlänge **29–32 cm**	Flügelspannweite **48–52 cm**

Familie **Psittacidae**	Art *Psittacula krameri*

Halsbandsittich

Die typische langschwänzige Sittichgestalt mit einem kurzen Schnabel und leuchtend grünem Gefieder und ebenso die lauten Rufe sind eindeutige Kennzeichen (doch andere Arten können entflogen sein und zu Verwechslungen führen). Männchen haben ein schwarzes Kinn und einen dunklen Hals-ring, der im Nacken rot ist. Der Kopf der Weibchen ist einfarbig grün.

im Nacken Halsband rot

VORKOMMEN: Viele lokale Populationen von Südostengland über Mitteleuropa bis Istanbul und Kairo, meist in Städten.

STIMME: Krei-schend *kjik kjik kjiik.*

schwar-zes Kinn

MÄNNCHEN   Schwanz lang

Körperlänge **39–43 cm**	Flügelspannweite **42–48 cm**

Familie **Strigidae**	Art *Strix nebulosa*

Bartkauz

Der Bartkauz ist großköpfig und hat einen kreisförmigen Gesichtsschleier und zwischen den Augen eine weiße Markierung. Die Außenflügel tragen hell bräunliche Flecken und dunkle Streifen. Jungvögel sehen dunkelgrau aus; wenn man ihnen zu nahe kommt, kann man gefährliche Attacken der Altvögel auslösen.

zwischen den kleinen gelben Augen zwei weiße Halbmonde

breiter grauer Gesichts-schleier

VORKOMMEN: Brütet in nordischen moorigen Wäldern in Nordost-schweden und Finnland; sonst nur Ausnahmegast.

STIMME: Gedämpft *grrock grrock*; Gesang tiefe, abfallende Laute wie *bwo bwo bwo.*

massiger Körper

ALTVOGEL

Körperlänge **59–68 cm**	Flügelspannweite **1,30–1,50 m**

Familie **Strigidae**	Art *Strix uralensis*

Habichtskauz

Der große graubraune Habichtskauz hat einen länge-ren Schwanz als der Wald- (S. 229) und der Bartkauz, ein einfarbigeres graubräunliches Gesicht und kleine schwarze Augen (ohne weiße Halbmonde). Der Rücken trägt zwei Reihen heller Flecken; die Unterseite ist weiß mit dunklen Streifen. Die Flügel sind einfarbiger als beim Bartkauz, die Spitzen dicht gebändert. Jungvögel haben ein helleres Gesicht.

VORKOMMEN: Seltener Brutvogel der Bergwälder in Ostskandinavien, Nord-osteuropa und im östlichen Mitteleuropa.

STIMME: Gesang tief gurrend *who who* und nach kurzer Pause drei wei-tere Silben.

helle Unter-seite mit dunklen Streifen

ALTVOGEL

Schwanz lang

Körperlänge **50–59 cm**	Flügelspannweite **1,05–1,25 m**

Familie **Strigidae**	Art *Nyctea scandiaca*

Schneeeule

Diese Eulen sind groß, dickköpfig und breitflügelig mit einer Andeutung von Ohrfedern. Die Männchen sind fast reinweiß, die Weibchen fein dunkel gebändert. Jungvögel sind überwiegend graubraun. Schneeeulen sind Giganten mit schnellem Auf- und langsamem Abschlag der Flügel und leben in abgelegenen einsamen Landschaften.

VORKOMMEN: Seltener Brutvogel in Island und Nordskandinavien; sonst Ausnahmegast.

STIMME: Krächzend *krek krek krek,* Weibchen rufen hoch; Gesang tiefes wiederholtes *gä.*

gelbe Augen

ganz weißer Körper

MÄNNCHEN

Körperlänge **53–65 cm**	Flügelspannweite **1,25–1,50 m**

Familie **Strigidae**	Art *Surnia ulula*

Sperbereule

Wenn Sperbereulen über eine Waldlichtung fliegen, wirken sie wie ein Greifvogel. Der Kopf ist aber größer mit einer kräftigen schwarzen Umrahmung des weißen Gesichts und scharf blickenden gelben Augen; der Rücken ist dunkel und mit weißen Flecken besetzt. Jungvögel sind dunkler und einfarbiger grau. Keine andere Eule hat einen ähnlich großen Kopf, langen Schwanz und eine derart aufrechte Haltung.

VORKOMMEN: Im Norden Skandinaviens an Wald-mooren und -lichtungen.

STIMME: Gesang ist schnelles Trillern *lülülülü*, Alarmruf schrill *ki-ki-ki*.

weißes Gesicht mit schwarzer Umrahmung

weiße Unter-seite mit grauer Bände-rung

Schwanz lang

ALTVOGEL

Körperlänge **35–43 cm**	Flügelspannweite **69–82 cm**

Familie **Caprimulgidae**	Art *Caprimulgus ruficollis*

Rothals-Ziegenmelker

Der in Verbreitung und Lebensraum auf wenige Orte beschränkte Rothals-Ziegenmelker ist vom Ziegen-melker (S. 233) am besten anhand seiner Stimme zu unterscheiden. Im guten Licht ist der rostbraune Hals zu erkennen; beide Geschlechter haben gewöhnlich einen großen weißen Kehlfleck. Gestalt und Bewegung glei-chen dem Ziegenmelker, sehr kurzer und breiter Kopf, langer Schwanz und lange Flügel; der Schwanz wird oft gefächert und ausgebreitet, fast wie ein dritter Flügel.

VORKOMMEN: Brütet in Spanien und Portugal, selten in Südfrankreich, Ausnahmegast anderswo.

STIMME: Gesang aus hohl klingenden zweisilbigen Elementen in langen Reihen wie *kju-tok kju-tok*.

rostfarbener Kragen

Körperlänge **30–34 cm**	Flügelspannweite **60–65 cm**

Familie **Apodidae**	Art *Apus caffer*

Kaffernsegler

Der Kaffernsegler ist ein schnell fliegender, schmalflügeli-ger sehr dunkler Segler, nur die etwas helleren Hinterflü-gel und manchmal ein helleres Band auf dem Mittelflü-gel heben sich etwas ab. Die schmalen Flügel werden sichelförmig nach hinten gerichtet und steif gehalten; der Schwanz ist schmal und gegabelt, ist oft aber zu einer Spitze geschlossen. Der weiße Bürzel ist ein schmales gekrümmtes Band und von unten selten zu sehen.

VORKOMMEN: Brütet ganz lokal in Südwestspanien; überwintert in Afrika.

STIMME: Kurze harte, trillernde Laute *tjütt-tjütt-tjürrrrr*.

steife dunkle Flügel

halbmondförmiger weißer Bürzel

Unterflügel heller

schmaler gegabelter Schwanz

Körperlänge **14–15 cm**	Flügelspannweite **33–37 cm**

Familie **Apodidae**	Art *Apus affinis*

Haussegler

Die Flügel des Hausseglers sind relativ gerade und haben die Form eines Rasiermessers; der Schwanz ist kurz und gerade abgeschnitten. Von unten wirken die Vögel heller im Flügel und dunkler am Körper mit einer mattweißen Kehle; bei jedem anderen Blickwinkel fällt der weiße Bürzel ins Auge. Mehlschwalben (S. 294) haben weniger steife und schmale Flügel, ihre Unterseite ist weiß wie der Bürzel. Kaffernsegler haben Sichelflügel, einen nur ganz schmal weißen Bürzel und einen tief gegabelten Schwanz.

VORKOMMEN: Sehr seltener Gast aus Afrika und aus dem Nahen Osten.

STIMME: Helles, raues Zwitschern.

Kehle trübweiß

Bürzel breit weiß

Schwanz gerade abgeschnitten

Körperlänge **12–13 cm**	Flügelspannweite **32–34 cm**

437

Familie **Picidae**	Art *Dendrocopos syriacus*

Blutspecht

Er ist dem Buntspecht (S. 248) am ähnlichsten. Männchen (roter Nackenfleck), Weibchen (schwarzer Nacken) und Jungvogel (roter Oberkopf) zeigen die gleichen Unterschiede wie beim Buntspecht; das Rot unter dem Schwanz ist allerdings beim Blutspecht durch Rosarot ersetzt. Der schwarze Gesichtsstreifen erreicht nicht den schwarzen Nacken (schwer zu sehen, wenn der Vogel geduckt sitzt) und der Schnabel ist etwas länger.

VORKOMMEN: Häufig in Südosteuropa, selten und in Ausbreitung nach Mittel- und Osteuropa.

STIMME: Weicher als Buntspecht *klik*, kann auch schnell gereiht werden.

unter dem Schwanz rosarot

WEIBCHEN

Körperlänge **23–25 cm**	Flügelspannweite **38–44 cm**

Familie **Picidae**	Art *Dendrocopos leucotos*

Weißrückenspecht

Der große schwarz-weiße Specht naturnaher Wälder hat gebänderte Flügel (keinen weißen Schulterfleck) und einen weißen Bürzel. Beobachtung aus der Nähe ist schwierig, zeigt aber beim Männchen einen roten Oberkopf und hell ockerfarbene Unterseite, die unter dem Schwanz in Rosa übergeht. Ein weißes Band zwischen dem dunklen Rücken und dem dunklen Wangenband fällt auf.

Oberkopf rot

VORKOMMEN: Sehr selten in den Pyrenäen, in Italien, Jahresvogel in den Alpen, selten in Südskandinavien, verbreitet in Nordosteuropa.

STIMME: Weniger scharf und hart als Buntspecht *bjück*, auch gereiht.

unter dem Schwanz rosafarben

MÄNNCHEN

Körperlänge **25–28 cm**	Flügelspannweite **40–45 cm**

Familie **Alaudidae**	Art *Calandrella rufescens*

Stummellerche

Die kleine gestreifte Stummellerche ähnelt der Kurzzehenlerche (S. 284) sehr stark, hat aber eine fein dunkel gestrichelte Brust und einfarbigere Flügel (weniger kontrastierende Reihen dunkler Federzentren). In mancher Hinsicht sieht sie wie eine zu kleine Feldlerche (S. 288) aus, doch fehlen die weißen Hinterränder der Flügel. Aus der Nähe sollte eine längere Flügelspitze erkennbar sein. Rufe sind wichtig zur Absicherung der Bestimmung.

VORKOMMEN: Selten in Süd- und Ostspanien und in der Türkei, im Nahen Osten und in Nordafrika.

STIMME: Trocken und rollend *drrrt*; Gesang variationsreicher als Kurzzehenlerche mit Imitationen.

Brust gestrichelt

lange Flügel

Körperlänge **13–14 cm**	Flügelspannweite **24–32 cm**

Familie **Alaudidae**	Art *Chersophilus duponti*

Dupontlerche

In ihrem heißen, sandigen, offenen und oft salzigen Lebensraum ist die Dupontlerche für gewöhnlich schwer zu sehen. Sie läuft bei Störung eher weg, als aufzufliegen. Die gestreifte Lerche steht aufrecht und zeigt eine dicht gestreifte Brust und eine weiße Unterseite. Im Flug sieht der Oberflügel einfarbig aus, unterseits hell (anders als bei Feld- oder Kalanderlerche, S. 288, S. 283); der Schwanz ist ein wenig länger als bei der Haubenlerche (S. 285).

Oberkopf flach *Schnabel gebogen*

langer, dünner Hals

VORKOMMEN: Selten und lokal in Ostspanien und Nordafrika in kurzer, dürftiger Vegetation.

STIMME: Ruf dünn *tschütschi*, Gesang kurz mit flötenden Lauten.

Körperlänge **17–18 cm**	Flügelspannweite **30 cm**

Familie **Motacillidae**	Art *Anthus richardi*

Spornpieper

Dieser große Pieper ist in seiner Größe, Gestalt und allgemeinen Färbung der Feldlerche (S. 288) ähnlich. Er steht oft aufrecht mit gewölbter Brust auf langen kräftigen Beinen; kennzeichnend ist auch der kräftige Schnabel. Jede Spur einer Haube fehlt. Das Gesicht wird durch eine deutliche weiße Zone um das Auge und eine dunkle Markierung darunter bestimmt; an jeder Seite der Kehle ist ein schwarzer Strich (weniger deutlich beim Brachpieper, S. 372).

VORKOMMEN: Regelmäßiger, aber seltener Durchzügler im Spätherbst in Nordwesteuropa aus Asien.

STIMME: Laut und etwas kratzig *pschriep*, manchmal ähnlich Haussperling.

langer schwärzlicher Schwanz mit weißen Seiten

sehr lange Krallen an der Hinterzehe

Körperlänge **17–20 cm**	Flügelspannweite **29–33 cm**

Familie **Motacillidae**	Art *Anthus godlewskii*

Steppenpieper

Steppenpieper werden neuerdings mit einiger Regelmäßigkeit in Europa beobachtet. Sie sind etwas kleiner als Spornpieper mit kürzerem Schwanz, haben geringfügig lebhaftere Unterseitenfärbung, einen etwas kürzeren spitzen Schnabel und kürzere Krallen an der Hinterzehe. Er sieht zuweilen aus wie eine kleine Pieperart und ist ähnlicher einer Stelze als der Spornpieper, doch nur durch Beobachtung aus der Nähe und deutliche Rufe kann man die beiden Arten sicher trennen.

VORKOMMEN: Ausnahmegast aus Asien in Nordwesteuropa.

STIMME: Weniger explosiv als Spornpieper *pschio*, durchaus ähnlich Schafstelze (S. 369).

kurzer Schwanz

Gestalt stelzenähnlich

Körperlänge **15–17 cm**	Flügelspannweite **28–30 cm**

Familie **Motacillidae**	Art *Anthus hodgsoni*

Waldpieper

Waldpieper sehen auf der Oberseite dunkel und einfarbig aus, von vorne jedoch hell und gestreift; genauere Beobachtung ergibt noch weitere Einzelheiten. Die Oberseite ist grünlich mit einer sehr undeutlichen dunklen Streifung; der Oberkopf ist dunkel, ein breiter cremefarbener Überaugenstreif und ein dunkler Strich durch das Auge sowie ein heller Fleck auf der Ohrdecken markieren das Gesicht. Die Unterseite ist gelblich mit kräftigen schwarzen Streifen. Die Vögel laufen oft in ziemlich hoher Vegetation, wippen mit dem Schwanz, fliegen dann bei Störung in einen Baum.

kräftige schwarze Streifen auf der hellen Unterseite

VORKOMMEN: Seltener Gast aus Asien in Westeuropa, meist im Spätherbst.

STIMME: Baumpieperähnlich rau, aber etwas dünner *pss*.

Körperlänge **15–17 cm**	Flügelspannweite **28–30 cm**

Familie **Motacillidae**	Art *Anthus gustavi*

Petschorapieper

Wie die meisten Pieper ist auch der Petschorapieper schlank und gestreift; er hat aber auf dem Rücken kräftigere helle Streifen (schwarz gesäumt), auffällige weiße Flügelbinden, ockerfarbene Brust, weißen Bauch schwarz gestreift und einen Schnabel mit rosafarbener Basis. Er ist schwer zu sehen und versteckt sich bei Störung. Der Kontrast zwischen Brust und Bauch, die Flügelbinden und die längeren Flügelspitzen helfen, ihn vom einem jungen Rotkehlpieper (S. 375) zu unterscheiden.

VORKOMMEN: Sehr seltener Gast aus Asien im Herbst in Nordwesteuropa.

STIMME: Kurz und scharf *dzep*, nicht oft zu hören.

kräftige Streifen

zwei Flügelbinden

Körperlänge **14–15 cm**	Flügelspannweite **23–25 cm**

Familie **Motacillidae**	Art *Motacilla citreola*

Zitronenstelze

Im Frühjahr sehen Männchen der Zitronenstelze ähnlich wie Schafstelzen (S. 369) aus, haben aber einen graueren Rücken und ein schmales schwarzes Band zwischen Rücken und dem gelben Kopf. Weibchen fehlt das Schwarz, sie sind auch weniger gelb, zeigen aber Gelb um die dunkleren Wangen. Jungvögel im Herbst sehen aus wie junge Bachstelzen (S. 371) mit einfarbigerer Brust; sie haben aber helle Wangenmitten und sind zwischen Auge und Schnabel hell.

VORKOMMEN: Selten in Südosteuropa, regelmäßig im Nahen Osten, Herbstgäste in Nordwesteuropa.

STIMME: Ähnlich Schafstelze *tsii*, auch rauer *tsriip*.

schwarzer Kragen

Unterseite gelb

MÄNNCHEN (FRÜHJAHR)

Körperlänge **16–17 cm**	Flügelspannweite **24–27 cm**

Familie **Turdidae**	Art *Cercotrichas galactotes*

Heckensänger

Die Verwandten sind kleine, langschwänzige Buschvögel, die ihren Schwanz oft stelzen und spreizen und auf dem Boden hüpfen. Der Heckensänger ist leuchtend rotbeige mit einem orangefarbenen Schwanz, dessen Ende mit schwarzen und weißen Flecken besetzt ist. Ein kräftiger heller Überaugenstreif und ein schwarzer Augenstreif sind auffällig. In Südosteuropa und im Nahen Osten sind die Vögel auf Rücken und Kopf matter sandbraun, der rostrote Schwanz bietet dazu einen Kontrast. Die Schwanzflecken fallen im Flug auf.

kräftiger Überaugenstreif

VORKOMMEN: Seltener Brutvogel in Südspanien, in Griechenland, im Nahen Osten und in Nordafrika.

STIMME: Rufe schnalzend und leise pfeifend; Gesang drosselartig.

rostfarbener Schwanz mit weißen Flecken

Körperlänge **15–17 cm**	Flügelspannweite **22–27 cm**

Familie **Turdidae**	Art *Tarsiger cyanurus*

Blauschwanz

Die Männchen sind auf der Oberseite stahlblau, auf dem Oberkopf noch intensiver, das Kinn ist weiß und die helle Unterseite ist orangefarben gesäumt. Weibchen und Jungvögel sind brauner mit düsterer Brust und orangefarbenen Flanken; der Schwanz ist mattstahlblau. Die weiße Kehle ist als scharf abgegrenzter Keil sichtbar. Gestalt und Verhalten erinnern an ein Rotkehlchen (S. 344), doch ist der Blauschwanz scheu. Er zuckt oft mit Flügeln und Schwanz.

VORKOMMEN: Brütet im äußersten Nordosten Europas; in Nordwesteuropa ein sehr seltener Gast im Herbst.

STIMME: Ein kurzer Pfiff und ein hartes *tak*; Gesang kurz mit klaren Pfeiftönen.

Schwanz stahlblau

Flanken orange

WEIBCHEN

Körperlänge **13–14 cm**	Flügelspannweite **21–24 cm**

Familie **Turdidae**	Art *Oenanthe isabellina*

Isabellsteinschmätzer

Ein helles Weibchen oder ein Jungvogel des Steinschmätzers (S. 354) kann dem selteneren Isabellsteinschmätzer sehr ähnlich sehen. Die Oberseite ist graubraun, die Flügel sind nur wenig dunkler und schwach gezeichnet. Der breite weiße Überaugenstreif läuft hinter dem Auge spitz zu (weniger breit als bei Steinschmätzer). Der Schwanz hat ein breites schwarzes Band mit einer sehr kurzen zentralen »T«-Achse; der Bürzel ist rechteckig cremeweiß.

VORKOMMEN: Brütet in Nordostgriechenland, der Türkei und im Nahen Osten; seltener Gast in Nordwesteuropa.

STIMME: Ruf scharf und peitschend *tchip* und gedämpfter *tschack*; plaudernder Gesang mit Pfeiftönen.

an der Flügelkante schwarzer Fleck

Unterseite weißlich cremefarben

Schwanz schwarz

Körperlänge **15–16 cm**	Flügelspannweite **27–31 cm**

| Familie **Turidae** | Art *Oenanthe cypriaca* |

Zypernsteinschmätzer

Der Zypernsteinschmätzer gilt heute als eigenständige Art. Er bevorzugt felsige Gebiete mit kurzer, spärlicher Vegetation. Männchen haben eine graue, weiß begrenzte Kappe. Der Körper ist mit Ausnahme der beigefarbenen bis weißen Unterseite und dem lebhaft weißen Bürzel und Unterschwanz dunkel. Weibchen sind brauner mit tief beigefarbener Unterseite und dunkler Kehle. Die Schwanzspitze trägt ein breites schwarzes Band.

VORKOMMEN: Endemisch auf Zypern, seltener Durchzügler im Nahen Osten und Afrika.

STIMME: Scharfes *tschak* und aufsteigend *tschre*; plaudernder Gesang.

Kappe grau

für Stein-
schmätzer
typische
Schwanz-
zeichnung

Unterseite
beigefarben

MÄNNCHEN

| Körperlänge **14–15 cm** | Flügelspannweite **26–30 cm** |

| Familie **Turidae** | Art *Catharus minimus* |

Grauwangendrossel

Mehrere nordamerikanische Drosseln sind klein, wie eine fein gezeichnete Miniatur-Singdrossel (S. 341). Die Grauwangendrossel ist stumpf olivbraun mit einem graueren Gesicht, das durch einen dünnen hellen Augenring unterbrochen ist. Die hellgraue Brust ist mit runden dunklen Flecken gezeichnet. Der Unterflügel (schwer zu sehen) hat mehrere dunkle und weiße Bänder. Es handelt sich um einen scheuen Vogel.

VORKOMMEN: Ausnahmegast im Spätherbst aus Nordamerika in Nordwesteuropa.

STIMME: Schrill *tsii*.

rundliche Flecken auf
der grauen Brust

Körper olivbraun

HERBST

| Körperlänge **15–17 cm** | Flügelspannweite **28–32 cm** |

| Familie **Turidae** | Art *Zoothera dauma* |

Erddrossel

Nur junge Misteldrosseln (mit deutlicher heller Fleckung auf der Oberseite und hellen Flügelbinden, S. 343) sehen ähnlich wie eine Erddrossel aus. Sie ist ein sehr schwer zu beobachtender Vogel, der immer wachsam und fluchtbereit ist und sich an niedrige Deckung hält, in der er sich heimlich bewegt. Es ist ein heller sandbrauner Vogel mit schwarzen Halbmonden auf der Oberseite; der Rücken ist mit vielen schwarz gesäumten ockerfarbenen Flecken besetzt. Im Flug sieht der Schwanz dunkel aus mit hellen Seiten, auf den Unterflügeln blitzen schwarze und weiße Streifen (Misteldrossel hat einfarbig weiße Unterflügel).

VORKOMMEN: Seltener Gast, meist im Herbst.

STIMME: Auf dem Zug schweigsam.

auf dem Rücken helle
Flecken mit schwarzen
Rändern

Unterseite
mit schwarzen
Halbmond-
flecken

| Körperlänge **27–31 cm** | Flügelspannweite **40–45 cm** |

| Familie **Turidae** | Art *Zoothera sibirica* |

Schieferdrossel

Die Schieferdrossel hat ein kräftiges schwarz-weißes Band auf dem Unterflügel. Die Männchen sind schiefergrau, auf dem Gesicht dunkler, mit einem sehr breiten weißen Überaugenstreif, einem weißen Bauch und weißen Spitzen der äußeren Schwanzfedern. Immature Männchen sind matter gefärbt. Weibchen sind braun und haben auf der Unterseite halbmondförmige Flecken; der Überaugenstreif ist orangebräunlich, ein helles Band verläuft unter der Wange. Die weißen Schwanzecken und die gebänderten Unterflügel sind kennzeichnend.

VORKOMMEN: Ausnahmegast aus Asien in Nordwesteuropa in Herbst und Winter.

STIMME: Ruf dünn *tsii*.

unter
den
Wangen
ockerbraunes
Band

auf der Unter-
seite dunkle
Halbmond-
flecken

WEIBCHEN

| Körperlänge **20–21 cm** | Flügelspannweite **34–36 cm** |

Familie **Turdidae**	Art *Turdus ruficollis*

Bechsteindrossel

Beide Formen, die Schwarzkehldrossel und die Rotkehldrossel, ähneln der Amsel (S. 339) und haben einen hellgraubraunen Rücken und eine mattweiße Unterseite mit dunkler Streifung. Kopf und Brust der schwarzkehligen Männchen sind schwarz, die der rotkehligen rostrot. Immature Vögel sind im Gesicht und auf der Brust gestreift. Der Bürzel ist heller als der Schwanz.

VORKOMMEN: In Westeuropa sind beide im Herbst und Winter sehr seltene Gäste aus Asien.

STIMME: Ähnlich Wacholderdrossel (S. 340); beunruhigt hart *tock*.

JUNGES MÄNNCHEN (SCHWARZKEHLIGE FORM)

Rücken grau

Brust dunkel

Körperlänge **23–26 cm**	Flügelspannweite **37–40 cm**

Familie **Turdidae**	Art *Turdus obscurus*

Weißbrauendrossel

Die kleine Weißbrauendrossel hat einen hellen Überaugenstreif wie die Rotdrossel (S. 342), dazu aber noch einen hellen Flecken unter dem Auge, orangefarbene Flanken und ein graues Brustband. Der Schnabel ist an der Basis gelblich und die Beine wirken matt orangegelb. Die Unterseite ist einheitlicher orangefarben als bei jeder Rotdrossel und hat keinerlei Streifen oder Flecken. Altvögel haben eine graue Kapuze, deutlicher als die immaturen Vögel im Herbst.

VORKOMMEN: Seltener Herbstgast in Nordwesteuropa von Sibirien.

STIMME: Dünn *tsiiii*.

HERBST

heller Überaugenstreif

unter dem Auge weißer Fleck

Körperlänge **21–23 cm**	Flügelspannweite **36–38 cm**

Familie **Turdidae**	Art *Turdus naumanni*

Naumanndrossel

Es gibt zwei unterschiedliche Formen: Die »Rostflügeldrossel« hat eine dunkle Oberseite und kräftige schwarze und weiße Streifen im Gesicht, ihre Unterseite ist schwarz gefleckt (konzentriert in einem Brustband und in Flankenflecken). Die »Rotschwanzdrossel« ist in ihrem Gesicht hell orangebräunlich, hat auf der Unterseite rostrote Flecken und einen ebenso gefärbten Bürzel und Schwanz. Beide sind mittelgroß, im Sitzen aufrecht, fliegen aber bei Näherkommen schnell niedrig ab.

VORKOMMEN: Sehr seltene Gäste aus Sibirien in Westeuropa, meist im Herbst und Winter.

STIMME: Nasal hoch *kwi-wih* beim Auffliegen; auch hart *tjock tjock*.

im Gesicht weiße Streifen

»ROSTFLÜGELDROSSEL«

Körperlänge **20–23 cm**	Flügelspannweite **36–39 cm**

Familie **Sylviidae**	Art *Sylvia hortensis*

Orpheusgrasmücke

Die Orpheusgrasmücke ist eine große Grasmücke in Olivenhainen und buschigen Hängen. Die Männchen haben einen dunkelgrauen Kopf, auf den Wangen fast schwarz, mit großer weißer Kehle und weißlichen Augen. Weibchen und immature Vögel sind oberseits etwas bräunlicher und an der Brust etwas hellbräunlicher (nicht so weiß unterseits und reingrau oberseits wie Männchen) und haben dunkelgraue Augen. Der lange dunkle Schwanz hat weiße Seiten, anders als bei Mönchsgrasmücken (S. 305).

VORKOMMEN: Brütet in der Mittelmeerregion und nach Norden bis Mittelfrankreich; außerhalb sehr selten.

STIMME: Ruf hart *täk* oder surrend *trrrr*; Gesang flötend.

Augen hell

Schwanz lang

Brust bräunlich

MÄNNCHEN

Körperlänge **15–16 cm**	Flügelspannweite **20–25 cm**

Familie **Sylviidae**	Art *Sylvia melanothorax*

Schuppengrasmücke

Die Schuppengrasmücke sieht der Samtkopfgrasmücke (S. 292) äußerst ähnlich mit dunklem Kopf, dünnem Schnabel, dünnem und manchmal angehobenem Schwanz, hat aber unterseits eine dunkle Fleckenzeichnung. Die Männchen haben einen weißen Strich zwischen dem dunklen Kopf und der stark gefleckten Kehle, die Unterseite ist schwärzlich gefleckt. Weibchen sind grauer und ihre Brust ist undeutlicher gefleckt. Beide haben einen roten Augenring und einen dünnen weißen äußeren Augenring.

VORKOMMEN: Brütet in Zypern; seltener Durchzügler im Nahen Osten.

STIMME: Lockruf schnalzend *zreck,* auch heißer *tschreh;* Gesang zwitschernd ohne Pfeiftöne.

Kopf schwarz

MÄNNCHEN (FRÜHJAHR)

Unterseite gefleckt

Körperlänge **13 cm**	Flügelspannweite **15–18 cm**

Familie **Sylviidae**	Art *Sylvia rueppelli*

Maskengrasmücke

Maskengrasmücken sind etwas größer als Samtkopfgrasmücken (S. 312) und auch auffälliger mit schwarzem Gesicht, grauem Nacken, weißen Bartstreifen und einer schwarzen Kehle. Ein roter Augenring ist auch zu sehen. Weibchen haben ein graues Gesicht und eine helle Kehle mit dunkleren Flecken. Jungvögel sind heller und grauköpfig mit rotem Augenring. Wie bei den Altvögeln sind die Flügelfedern hell gesäumt, der Bartstreif ist andeutungsweise zu sehen. Alle haben rötlich braune Beine.

VORKOMMEN: Brütet in Südosteuropa; sonst sehr seltener Gast, überwintert in Afrika.

STIMME: Scharf, hart *zak,* auch ratternd.

roter Augenring

weißer Bartstreif

schwarze Kehle

MÄNNCHEN

Körperlänge **13 cm**	Flügelspannweite **18–21 cm**

Familie **Sylviidae**	Art *Sylvia conspicillata*

Brillengrasmücke

Brillengrasmücken sehen ähnlich wie Dorngrasmücken (S. 309) aus. Das Männchen hat einen grauen Kopf und eine weiße Kehle (im Zentrum etwas grauer); zwischen dem Auge und dem Schnabel ist ein schwarzer Fleck. Um das Auge verläuft ein schmaler weißer Ring. Der Rücken ist graubraun und die Flügel haben ein rostfarbenes Feld; die Brust ist dunkler rosagrau als bei der Dorngrasmücke. Das Weibchen hat einen brauneren Kopf, die Flügel sind einheitlicher rostbraun, die Flügelspitzen kürzer. Jungvögel sehen ähnlich aus.

VORKOMMEN: Brütet in Spanien nach Osten bis Italien und nach Westen bis auf die Kanaren.

STIMME: Ruf surrend *trrr,* kann länger gereiht werden.

Kehle weiß

auf Flügel rostfarbenes Feld

Brust rosagrau

Beine hell

MÄNNCHEN

Körperlänge **20–23 cm**	Flügelspannweite **36–39 cm**

Familie **Sylviidae**	Art *Sylvia sarda*

Sardengrasmücke

Die Sarden- und die Balearengrasmücke *(Sylvia balearica)* sind unterschiedliche Arten. Beide ähneln der Provencegrasmücke (S. 310) in der Größe und Gestalt und im Verhalten, haben aber viel kleinere Verbreitungsgebiete. Das Männchen der Sardengrasmücke ist ziemlich einheitlich rauchgrau, abgesehen von einer helleren Kehle, einer roten Schnabelbasis, rotem Auge und roten Beinen. Weibchen sind heller, matter, aber ebenfalls grau ohne eine Spur von Braun. Jungvögel haben einen olivbraunen Anflug auf der Oberseite, etwas weniger auf dem Flügel als eine junge Provencegrasmücke und sind etwas heller reingrau auf der Kehle als der häufigere Verwandte.

VORKOMMEN: Seltener Brutvogel auf Korsika und Sardinien und auf den Balearen; anderswo sehr seltener Durchzügler.

STIMME: Gedämpft *tschrek* oder *tsäk;* zwitschernder Gesang.

MÄNNCHEN (SOMMER)

Körperlänge **13–16 cm**	Flügelspannweite **25–30 cm**

| Familie **Sylviidae** | Art *Acrocephalus paludicola* |

Seggenrohrsänger

Seggenrohrsänger gleichen besonders kräftig gemusterten Schilfrohrsängern (S. 318) im frischen Kleid. Der Seggenrohrsänger ist ein hell ockerfarbener Vogel mit kräftigen schwarzen und cremefarbenen Streifen, er hat einen gestreiften Kopf mit einem scharf begrenzten hellen Scheitelstreifen. Feine Streifen auf der Brust und den Flanken sind im Sommer zu erkennen. Ein cremefarbiges »V« auf dem Rücken ist charakteristisch.

VORKOMMEN: Seltener Brutvogel von Polen ostwärts; regelmäßiger, aber sehr seltener Durchzügler im Westen Europas.

STIMME: Kurz schnalzend *tschak*, auch *errr*; Gesang beginnt meist mit knarrenden *trrrrr*, dann folgen Pfeiftöne.

auf der Oberseite cremefarbene und schwarze Streifen

ALTVOGEL

| Körperlänge **12–13 cm** | Flügelspannweite **25–30 cm** |

| Familie **Sylviidae** | Art *Locustella fluviatilis* |

Schlagschwirl

Wie die anderen Schwirle hat auch der Schlagschwirl einen gerundeten Schwanz, sehr lange Unterschwanzdecken, einen gerundeten Außenrand der geschlossenen Flügel, ein spitz zulaufendes Hinterende und einen feinen Schnabel. Der Vogel ist dunkelbraun mit weißlichen Spitzen der Unterschwanzdecken und undeutlichen Strichen an der Kehle (anders als Teichrohrsänger, Rohrschwirl oder Seidensänger, S. 320, S. 314, S. 300); die Oberseite ist einfarbig (unähnlich Feldschwirl oder Schilfrohrsänger, S. 313, S. 318).

VORKOMMEN: Brütet in Osteuropa von der Ostsee bis zum Schwarzen Meer; breitet sich in Mitteleuropa etwas nach Westen aus; sonst selten in Westeuropa.

STIMME: Gesang rhythmisch, lang anhaltend *sesesesesese*.

Rücken einfarbig

ALTVOGEL

gebogener Außenrand des Flügels

| Körperlänge **15–16 cm** | Flügelspannweite **19–22 cm** |

| Familie **Sylviidae** | Art *Locustella lanceolata* |

Strichelschwirl

Der am kräftigsten gestrichelte Schwirl ist sehr schwer zu beobachten. Er sieht wie ein dunkler kleiner Feldschwirl (S. 313) aus mit gestreifter Unterseite (und im Herbst mindestens gestreifter Kehle) und sehr deutlichen schmalen, dunklen Flecken unter dem Schwanz (undeutlichere längere beim Feldschwirl). Schmalere, deutlicher abgegrenzte helle Säume auf den Schirmfedern können bei der Bestimmung helfen, doch sind nur typische Ausbildungen für die Unterscheidung wichtig, da bei den beiden Arten Überschneidungen auftreten.

VORKOMMEN: Sehr seltener, aber regelmäßiger Gast aus Sibirien im Herbst in Nordwesteuropa.

STIMME: Gesang ähnlich Feldschwirl, etwas höher, schneller; Ruf schnalzend *tschik*.

an den Schirmfedern helle Säume

ALTVOGEL

| Körperlänge **12 cm** | Flügelspannweite **25–30 cm** |

| Familie **Sylviidae** | Art *Acrocephalus dumetorum* |

Buschrohrsänger

Der bescheiden einfarbige Buschrohrsänger hat keine auffällige Zeichnung, auch einheitlich gefärbte Flügel. Er hat einen langen Schnabel und einen hellen Streifen von der Schnabelbasis zum Auge (weniger deutlich hinter dem Auge). Die Flügelspitzen sind kurz, die Beine dunkel (Sumpfrohrsänger hat lange und helle Beine; S. 319). Die Flügelspitzen sind einheitlich dunkel (Sumpfrohrsänger hat deutliche helle Federränder) und der Schnabel hat eine helle Basis, der Unterschnabel ist an der Spitze dunkler (bei Sumpfrohrsänger vollständig hell).

VORKOMMEN: Brütet in Nordosteuropa, im Sommer und Herbst seltener Gast in Westeuropa.

STIMME: Kurz und hart *zäk*; Gesang melodisch und in langsamem Tempo vorgetragen mit Imitationen.

heller Streifen vom Schnabel zum Auge

Flügelspitzen kurz

| Körperlänge **13–14 cm** | Flügelspannweite **17–19 cm** |

| Familie **Sylviidae** | Art *Acrocephalus agricola* |

Feldrohrsänger

Der kleine, helle und dem Teichrohrsänger ähnliche Feldrohrsänger ist durch einen kräftigen hellen Überaugenstreif gekennzeichnet, der oben und unten dunkler gesäumt ist. Der Schnabel ist ganz kurz und hell mit einer dunklen Spitze. Ein rostbrauner Bürzel kann zu sehen sein (weniger bei Jungvögeln im Herbst). Die kurzen Flügel mit deutlich gemusterten Schirmfedern (dunkle Zentren und helle Säume) helfen, ihn vom Buschrohrsänger zu unterscheiden.

VORKOMMEN: Brütet am Schwarzen Meer; sehr seltener Gast in Mittel- und Westeuropa.

STIMME: Kurz *tscheck* oder *tscherr*; Gesang schnell sprudelnd wie Sumpfrohrsänger, viele Imitationen.

Flügel-
spitzen
kurz

kräftiger
heller Über
augenstreif

| Körperlänge **12–13 cm** | Flügelspannweite **15–17 cm** |

| Familie **Sylviidae** | Art *Hippolais olivetorum* |

Olivenspötter

Der Olivenspötter ist der größte der Spötter und auch einer der größten Zweigsänger Europas. Man sieht ihn gewöhnlich durch Oliven-, Mandel- oder Eichenlaub huschen. Er hat einen kräftigen, hellen Dolchschnabel, kräftige dunkle Beine und einen langen, gerade abgeschnittenen dunklen Schwanz mit weißen Seiten. Die Projektion der Flügelspitzen ist sehr lang. Insgesamt wirkt er sehr grau (weniger die oliv überflogenen Jungvögel) mit einem gut sichtbaren hellen Flügelfeld. Vom Schnabel zum Auge zieht sich eine kurze weiße Linie.

VORKOMMEN: Seltener Brutvogel im Balkan und im Nahen Osten; überwintert in Afrika.

STIMME: Ruf kurz schnalzend *tscheck*; Gesang rau und kräftig.

Flügelspitzen
lang

Dolch-
schnabel

dicke dunkle
Beine

| Körperlänge **16–18 cm** | Flügelspannweite **24–26 cm** |

| Familie **Sylviidae** | Art *Hippolais languida* |

Dornspötter

Der Dornspötter ist ein ziemlich großer Spötter mit einem Dolchschnabel, der an breiter Basis ansetzt. Die Unterschwanzdecken sind kurz, der Schwanz lang, gerade abgeschnitten mit weißen Seiten. Die geschlossenen Flügel haben in der Mitte ein helleres Feld, das von helleren Federsäumen gebildet wird. Hilfe bei der Bestimmung geben kräftige dunkle Beine und die Neigung, den Schwanz oft von einer Seite auf die andere zu schlagen. Er ist geringfügig größer und rundköpfiger als der sehr ähnliche Blassspötter.

VORKOMMEN: Seltener Sommervogel im Nahen Osten; überwintert in Afrika.

STIMME: Hart schnalzend *zack*, auch *trrrt*; Gesang schwätzend.

Oberseite
hellsand-
grau

Unter-
seite
heller

dunkler
Schwanz

| Körperlänge **14–15 cm** | Flügelspannweite **20–23 cm** |

| Familie **Sylviidae** | Art *Hippolais pallida* |

Blassspötter

Diese Vögel, die in eine östliche und eine westliche Form unterteilt werden, sind hübsche, längliche Spötter mit flachen Köpfen, die sich vor allem dadurch auszeichnen, dass ihnen charakteristische Merkmale fehlen. Der Blassspötter hat einen ganz hellen Unterschnabel und graue Beine. Die Flügel sind einfarbig, die Federspitzen nur geringfügig heller. Die Flügelspitzen sind kürzer (länger bei Gelbspötter, S. 315, kürzer beim Buschspötter). Er schlägt oft seinen Schwanz nach unten wie ein Zilpzalp (S. 303).

VORKOMMEN: Westliche Form selten in Spanien, östliche Form häufiger in Südosteuropa. Anderswo seltene Durchzügler.

STIMME: Sperlingsartig *tr-r-r-r-r*, aber auch schnalzend *tsak*; Gesang schwätzend, etwas heiser.

schmale weiße
Schwanzseiten

| Körperlänge **12–14 cm** | Flügelspannweite **18–21 cm** |

Familie **Sylviidae**	Art *Iduna caligata*

Buschspötter

Der Buschspötter ähnelt dem Fitis (S. 304) in der Gestalt und dem Feldrohrsänger in der Färbung. Er ist hell sandgrau oder etwas wärmer braun, hat einen spitzen hellen Schnabel mit dunkler Spitze und einen schmalen schwarzen Streifen durch das Auge, darüber einen dünnen hellen. Breite Schnabelbasis, kurze Unterschwanzdecken und ein langer, schlanker Schwanz (wird nach oben geschlagen) helfen bei der Bestimmung.

VORKOMMEN: Brütet im äußersten Nordosten Europas; Ausnahmegast in Westeuropa.

STIMME: Kurz schnalzend *zett* und *zerrr;* Gesang rasche Lautfolgen.

am Oberkopf dunkle Seiten

Körper hellsandgrau

Schwanz lang und schmal

Körperlänge **11–12 cm**	Flügelspannweite **18–20 cm**

Familie **Sylviidae**	Art *Phylloscopus fuscatus*

Dunkellaubsänger

Der Dunkellaubsänger ist gedrungener als ein Zilpzalp (S. 303), auch brauner, grau oder oliv überflogen, mit einem hellen Überaugenstreif (weiß vor, hell ockerfarben hinter dem Auge), hell orangebraunen Beinen und heller Unterseite mit bräunlichen Flanken. Der dunkle Augenstreif verstärkt die Wirkung des hellen Überaugenstreifs.

VORKOMMEN: Seltener, aber jährlicher Gast in Nordwesteuropa im Spätherbst aus Asien.

STIMME: Hart *tschal* oder *tak*.

dunkler Augenstreif

breiter heller Überaugenstreif

feiner spitzer Schnabel

Unterseite hell

Körperlänge **11–12 cm**	Flügelspannweite **14–20 cm**

Familie **Sylviidae**	Art *Phylloscopus schwarzi*

Bartlaubsänger

Der Bartlaubsänger hält sich sehr versteckt, ruft aber oft. Er sieht dunkel und etwas gedrungen aus. Sein Schnabel ist kräftig. Die Beine sind dick und hell, fast rosafarben. Ein langer heller Überaugenstreif ist oben und unten dunkel gesäumt. Der Rücken ist olivgrün, weniger braun als der des Dunkellaubsängers; die Unterseite ist ausgedehnter orange- und ockerfarben an den Flanken und rostfarben unter dem Schwanz.

VORKOMMEN: Sehr seltener, aber regelmäßiger Gast aus Asien im Spätherbst in Nordwesteuropa.

STIMME: Ruf leise nasal *tschrep* oder *tschett*.

heller Überaugenstreif

dicke, helle Beine

Körperlänge **12 cm**	Flügelspannweite **15–20 cm**

Familie **Sylviidae**	Art *Phylloscopus borealis*

Wanderlaubsänger

Die Laubsänger inklusive Fitis (S. 304) sind grünliche, zierliche, bewegliche Vögel. Dieser ist gedrungen und dicklich mit einem kräftigen Schnabel (heller Unterschnabel mit einer dunklen Spitze), einem kräftigen dunklen Strich durch das Auge, einem langen cremefarbigen Überaugenstreif und einer gelblichen Flügelbinde (manchmal zwei). Er ist größer als der Grünlaubsänger, mit längerer Flügelspitze.

VORKOMMEN: Brütet im äußersten Norden Skandinaviens; seltener Durchzügler/Ausnahmegast in Nordwesteuropa.

STIMME: Kurz, scharf *dzri;* Gesang schwirrende Lautfolge.

dünne Flügelbinde

Flügelspitzen lang

HERBST

Körperlänge **12–13 cm**	Flügelspannweite **16–22 cm**

| Familie **Sylviidae** | Art *Phylloscopus trochiloides* |

Grünlaubsänger

Diese Art ist oberseits graugrün und unterseits silber-weiß. Der gelbliche Überaugenstreif reicht bis an den oberen Schnabelansatz. Die meisten Grünlaubsänger haben eine helle Flügelbinde, manche auch zwei. Rein-weiße Flanken lassen ihn insgesamt heller aussehen als den Wanderlaubsänger. Er kann mit Zilpzalpen ver-wechselt werden, die eine kleine Flügelbinde tragen.

VORKOMMEN: Brütet in Nordosteuropa; seltener Durch-zügler im Spätsommer, in Westeuropa.

STIMME: Ruft zweisilbig *zwi-li*; Gesangsstrophe erinnert an Tannenmeise.

HERBST

helle Flügel-binde

| Körperlänge **10 cm** | Flügelspannweite **15–21 cm** |

| Familie **Sylviidae** | Art *Phylloscopus inornatus* |

Gelbbrauen-Laubsänger

Der kleine Gelbbrauen-Laubsänger ist oberseits deut-lich graugrün oder olivgrün, unterseits weißlich mit dunklen Schirmfedern, die weiße Spitzen haben. Von den zwei cremegelblichen Flügelbinden ist die vordere (oder obere) dünn und kurz, die untere länger und breit, dunkelgrün und schwarz gesäumt.

VORKOMMEN: Seltener, doch regelmäßiger Durchzüg-ler in Mittel- und Nordwesteuropa im Spätherbst aus Asien.

STIMME: Laut, durchdringend *tsi-list*, ähnlich, aber mehr ansteigend, als Tannen-meise; Gesang feine hohe Töne.

langer creme-farbener Über-augenstreif

zwei helle Flügelbinden

weiße Feder-spitzen

HERBST

| Körperlänge **9–10 cm** | Flügelspannweite **14–20 cm** |

| Familie **Sylviidae** | Art *Phylloscopus humei* |

Tienschan-Laubsänger

Dies ist eine dem Gelbbrauen-Laubsänger sehr ähnliche und auch nahe verwandte Art, ebenfalls klein, doch etwas matter. Die Oberseite ist mehr düster grün, die Unterseite hell grauweiß; ein langer cremefarbener Überaugenstreif, ein einheitlich dunkler Schnabel (ohne helle Basis) und zwei helle Flügelbinden, eine breit und auffällig, die vordere kurz und schwach, sind wichtige Kennzeichen. Die Schirmfedern haben nur matte helle Spitzen, sie sind auch weniger dunkel als beim Gelbbrauen-Laubsänger.

VORKOMMEN: Ausnahmegast in Nordwesteuropa aus Asien.

STIMME: Ruft weich, etwas abfallend *tsuis*; Gesang ein hoher ab-fallender rauer Ton.

Schnabel dunkel

HERBST

| Körperlänge **9–10 cm** | Flügelspannweite **14–20 cm** |

| Familie **Sylviidae** | Art *Phylloscopus proregulus* |

Goldhähnchen-Laubsänger

Der kleinste und am lebhaftesten gezeichnete Laubsänger, doch nicht leicht vom Gelbbrauen-Laubsänger zu unter-scheiden, wenn man Oberkopf und Bürzel nicht sieht. Er wirkt fast halslos. Die Oberseite ist grün, der Kopf kräftig gelb und dunkelgrün-schwarz gestreift mit einem langen hellen Scheitelstreifen. Der Bürzel ist zitronengelb oder cremefarben und gut zu sehen, wenn der Vogel rüttelt.

VORKOMMEN: Sehr seltener, aber regelmäßiger Gast im Spätherbst in Mittel- und Nordwesteuropa aus Asien.

STIMME: Ruf weich, leicht ansteigend *tjui*; lauter Gesang.

Kopf breit gestreift

breite untere (hin-tere) Flügelbinde dunkler gesäumt

HERBST

| Körperlänge **9 cm** | Flügelspannweite **12–16 cm** |

Familie **Muscicapidae**	Art *Ficedula parva*

Zwergschnäpper

Er ist am besten am schwarzen Schwanz mit einem langen weißen Rechteck auf jeder Seite nahe der Basis zu erkennen. Männchen haben einen grauen Kopf und einen orangeroten Kehlfleck. Bei Weibchen und Jungvögeln sind Kopf und Rücken einfarbig; sie haben einen hellen Augenring und braune Wischer neben der Kehle. Die Beine sind kurz und schwarz, der Schwanz oft gestelzt.

VORKOMMEN: Brut in den Alpen, im östlichen Mittel- und in Osteuropa; in Nordwesteuropa Herbstdurchzügler.

STIMME: Kurz trillernd zaunkönigähnlich *serrt* oder *zrrt,* auch pfeifend *djü.*

heller Augenring

lange Flügel

JUNGVOGEL

am Schwanz weiß

Körperlänge **11–12 cm**	Flügelspannweite **18–21 cm**

Familie **Muscicapidae**	Art *Ficedula albicollis*

Halsbandschnäpper

Er ist dem Trauerschnäpper (S. 361) ähnlich, außerhalb des Prachtkleids des Männchens sind die Unterschiede sehr gering. Weibchen sind grauer mit einem grauen Bürzel; der weiße Flügelfleck ist dünner, aber zusätzlich ist auf den Handschwingen ein weißer Fleck zu sehen. Jungvögel können noch eine kurze weiße vordere Flügelbinde tragen.

VORKOMMEN: Brütet in Mittel- und Osteuropa, nach Norden bis auf die Ostseeinseln; in Westeuropa seltener Gast.

STIMME: Ruf dünn pfeifend *ihp;* Gesang gezogene Pfeiflaute.

deutlicher weißer Fleck oberhalb Schnabelbasis

weißes Halsband

großer weißer Flügelfleck

MÄNNCHEN

Körperlänge **11–13 cm**	Flügelspannweite **22,5–24,5 cm**

Familie **Muscicapidae**	Art *Ficedula semitorquata*

Halbringschnäpper

Bei dem Halbringschnäpper zieht sich die weiße Kehle seitlich bis unter die Ohrdecken zu einem Halbkragen, die Flügel haben viel Weiß mit einem großen weißen Fleck auch auf den Handschwingen, der Bürzel ist hellgrau. Iberische Trauerschnäpper (S. 361) sehen jedoch sehr ähnlich aus. Weibchen haben sehr dünne weiße Flügelmarken, doch eine deutliche vordere Flügelbinde.

VORKOMMEN: Brutvogel in Griechenland und in der Türkei; zieht durch den nahen Osten im Frühjahr/Herbst.

STIMME: Ruf hell *tüüp,* etwas tiefer als Halsbandschnäpper; Gesang mit rhythmischen Wiederholungen, langsamer als Trauerschnäpper.

weißer Halbkragen

obere weiße Flügelbinde

MÄNNCHEN (SOMMER)

Körperlänge **12–13 cm**	Flügelspannweite **23–24 cm**

Familie **Paridae**	Art *Parus cyanus*

Lasurmeise

Die Lasurmeise ist ein seltener Vogel und in Europa wenig bekannt. Grundsätzlich ähnelt sie der Blaumeise (S. 274), Gelb und Grün fehlen ihr aber vollständig und sie hat einen längeren Schwanz mit breit abgesetzten weißen Seiten. Der Oberkopf ist reinweiß, der Rücken hellgrau und die Flügel sind blau mit einem breiten weißen Band. Die Unterseite ist weiß. Bastarde zwischen Blau- und Lasurmeise haben eine hellblaue Kappe und ausgedehnter blaue Schwänze mit weniger Weiß an den Ecken.

VORKOMMEN: Brütet im äußersten Nordosten Europas in feuchten Wäldern und Weidendickichten.

STIMME: Lockruf ähnlich Blaumeise; Gesang etwas stotternd.

Oberkopf ganz weiß

Schwanz lang

Körperlänge **12–13 cm**	Flügelspannweite **19–21 cm**

Familie **Paridae**	Art *Parus cinctus*

Lapplandmeise

Ihr Grundmuster erinnert an die Weidenmeise (S. 278); der Vogel ist größer und hat einen brauneren Rücken und rostfarbene Flanken, die mit grauen Flügeln, weißen Wangen und einem dunkelbraunen Oberkopf und Kehllatz in Kontrast stehen. Die Kopfkappe ist oft mattgrau oder graubraun. Von vorne gesehen bildet der Kehllatz einen breiten Keil unter den großen, fast etwas gewölbten Backen. In der sehr kalten Umwelt der nordischen Nadelwälder ist das Gefieder oft aufgeplustert, sodass der Vogel unerwartet groß wirkt.

VORKOMMEN: Brütet in Nordskandinavien in alten, abgelegenen Nadel- und Birkenwäldern.

STIMME: Ruf *zi-zi täh täh,* nasale Töne.

Flügel grau

Flanken braun

Körperlänge **13–14 cm**	Flügelspannweite **20–21 cm**

Familie **Paridae**	Art *Parus lugubris*

Balkanmeise

Balkanmeisen sind so groß wie Kohlmeisen (S. 275), haben aber eine Gefiederzeichnung, die mehr an eine Weidenmeise erinnert (S. 278). Die Kopfkappe ist tief grauschwarz, der schwarze Kehllatz sehr groß und breit, die weißen Wangen zwischen Oberkopf und Kehllatz sind deutlich schmaler. Es sind ziemlich schwergewichtige kleine Vögel mit einem dicken Schnabel.

VORKOMMEN: Brütet in den Balkanländern, der Türkei und im Nahen Osten.

STIMME: Ruf ähnlich wie Blaumeise und sperlingsähnlich *kerrr-r-r-r,* Gesang einfache Tonreihe.

an den Kopfseiten weißer Keil

Rücken grau

Unterseite hell-mattgrau

auf dem Flügel helle Striche

Körperlänge **13–14 cm**	Flügelspannweite **21–23 cm**

Familie **Sittidae**	Art *Sitta whiteheadi*

Korsenkleiber

Ein winziger Kleiber der Kiefernwälder Korsikas, mit einer typischen gedrungenen Kleibergestalt und einem spitzen kräftigen Schnabel, kurzen Beinen, aber starken Füßen und dem kurzen, gerade abgeschnittenen Schwanz. Männchen haben eine schwärzliche Kappe und einen schwarzen Augenstreif, der nach oben von einem weißen Streifen begrenzt wird. Bei den Weibchen ist das Schwarz durch Grau ersetzt, der weiße Überaugenstreif ist aber ebenso auffällig.

VORKOMMEN: Nur in Korsika anzutreffen.

STIMME: Heiser und kehlig *pschä,* Gesang ein hohes schnelles Trillern.

Schnabel spitz

Oberseite grau

Unterseite hell-graubeige

Schwanz gerade abgeschnitten

WEIBCHEN

Körperlänge **11–12 cm**	Flügelspannweite **21–22 cm**

Familie **Sittidae**	Art *Sitta neumayer*

Felsenkleiber

Die besten Plätze, um den Felsenkleiber zu sehen, sind die archäologischen Fundstätten in Griechenland und in der Türkei. Er sieht aus wie ein großer, etwas verwaschener Kleiber (S. 328), hat einen einfarbig grauen Schwanz (keine dunklen und weißen Flecken) und weißliche Flanken (keine rostfarbenen). Er sitzt oft aufgerichtet, Brust gewölbt und wippt mit dem Körper fast wie eine Wasseramsel.

VORKOMMEN: Brütet in den Balkanländern und der Türkei in felsigen Gebieten.

STIMME: Laute Pfeiftöne, abfallend und schneidend.

langer schwarzer Augenstreif

langer Schnabel

Schwanz einfarbig

Körperlänge **14–15 cm**	Flügelspannweite **23–25 cm**

Familie **Laniidae**	Art *Lanius isabellinus*

Isabellwürger

Isabellwürger sind nahe Verwandte des Neuntöters (S. 255) und sehen ihm grundsätzlich recht ähnlich, sind aber heller, mehr sandfarben mit einem hellen rostfarbenen Schwanz. Männchen haben eine schwarze Maske und dunkle Flügel; Weibchen sind einfarbiger. Immature Vögel sehen aus wie sandfarbene Neuntöter mit rostrotem Schwanz, allerdings mit hellerer Oberseite; sie können auch einheitlich hell rostfarben oder dunkler sein mit hell rostfarbenen Federrändern und einem rostroten Bürzel.

VORKOMMEN: Sehr seltener Gast in Mittel- und Westeuropa aus Asien, meist im Spätherbst.

Schwanz rostrot

IMMATUR

Körperlänge **16–18 cm**	Flügelspannweite **26–28 cm**

Familie **Laniidae**	Art *Lanius nubicus*

Maskenwürger

Der schlanke und auffällig gezeichnete Maskenwürger ist überwiegend schwarz und weiß mit pfirsichfarbenen Flanken und daher leicht zu erkennen. Männchen sind prächtiger als Weibchen. Jungvögel sehen ähnlich wie Rotkopfwürger (S. 258) aus, haben aber schmale und schwärzere Schwänze, eine grauere Oberseite mit etwas weißlicher schuppenförmiger Schulterzeichnung, die mehr als Fleck ausgebildet ist als bei Rotkopfwürgern, und einen größeren weißen Fleck auf den Handschwingen.

VORKOMMEN: Brut in Griechenland und der Türkei; zieht im Herbst nach Afrika.

STIMME: Kratzend *tschääh,* trockenes Rattern.

Stirn weiß

schwarzer Augenstrich

Flanken orange

großer weißer Schulterfleck

MÄNNCHEN

Körperlänge **17–18 cm**	Flügelspannweite **24–26 cm**

Familie **Corvidae**	Art *Cyanopica cyana*

Blauelster

Die auffallende Blauelster ist in ihrer Gestalt eine Elster (S. 264) mit einem aufrechten kurzen Körper, kurzen Flügeln, langem Schwanz und kräftigem Schnabel und starken Beinen, aber im Gefieder mit der vertrauten Elster nicht zu vergleichen. Sie hat einen tiefschwarzen Oberkopf und eine weiße Kehle; der Rücken ist hellbeige, die Unterseite heller; Flügel und Schwanz sind hellblau. Kleine Trupps streifen durch Pinienwälder.

VORKOMMEN: Brütet in Portugal und in Südspanien; Jahresvogel.

STIMME: Hoch nasal und etwas rau.

Flügel hellblau

Körper hellbeige

Schwanz lang und blau

Körperlänge **31–35 cm**	Flügelspannweite **38–40 cm**

Familie **Sturnidae**	Art *Sturnus roseus*

Rosenstar

Er wird in Westeuropa nur im Jugendkleid gesehen; in Südosteuropa kommen auch Altvögel vor. Sie sind hellrosa mit einer schwarzen Kapuze, schwarzen Flügeln und schwarzem Schwanz. Die schwarzen Partien werden im Winter oft durch weiße Federsäume teilweise verdeckt. Jungvögel sind wie sandgraue Stare (S. 333), abgesehen von einem kürzeren gelblichen Schnabel, stärkerem Kontrast zwischen hellem Körper und dunklen Flügeln und einem hellen Bürzel.

VORKOMMEN: Seltener Sommervogel in Südosteuropa, seltener Gast in Mittel- und Westeuropa im Sommer und Herbst.

STIMME: Kurze raue Rufe; Gesang oft im Chor.

Körper schmutzig rosa

ALTVOGEL (WINTER)

Körperlänge **19–22 cm**	Flügelspannweite **37–40 cm**

Familie **Vireonidae**	Art *Vireo olivaceus*

Rotaugenvireo

Vireos sind große, gedrungene Singvögel mit relativ dicken Schnäbeln. Der Rotaugenvireo hat eine kräftige Kopfzeichnung (graue Kappe schwarz gesäumt, breiter weißer Überaugenstreif, schwarzer Augenstreif) und ein dunkelrotes Auge. Er ist oberseits grün, unterseits weißlich. Der grünliche Schwanz ist kurz und gerade abgeschnitten, was bei der Bestimmung im Vergleich zu europäischen Zweigsängern mit grünlicher Oberseite hilft. In seinen Bewegungen wirkt der Rotaugenvireo schwerfällig und langsam.

über den roten Augen weiß

VORKOMMEN: Sehr seltener, aber fast jährlicher Gast aus Nordamerika in Nordwesteuropa im Herbst.
STIMME: Gelegentlich nasal *tschäj.*

Körperlänge **14 cm**	Flügelspannweite **23–25 cm**

Familie **Parulidae**	Art *Dendroica striata*

Streifenwaldsänger

Im Sommer ist er ein schwarzweißer Vogel. Im Herbst sind Jungvögel gedeckt gefärbt, grünlich mit dunklen Strichen auf dem Rücken und hell graugelber Unterseite mit dunkleren Strichen. Über dem Auge ist ein heller Streifen und unter dem Auge ein heller Fleck. Der Unterschwanz ist weiß, die Brust gestrichelt. Die dunklen Flügel tragen zwei schmale, lange weiße Flügelbinden.
VORKOMMEN: Ausnahmegast aus Nordamerika in Nordwesteuropa im Spätherbst.
STIMME: Scharf und kurz *tschip.*

zwei gekrümmte weiße Flügelbinden

IMMATUR (HERBST)

Körperlänge **12–13 cm**	Flügelspannweite **15 cm**

Familie **Parulidae**	Art *Dendroica coronata*

Kronwaldsänger

Die meisten der amerikanischen Waldsänger sind gut auseinanderzuhaltende, auffällig gezeichnete Vögel, die Herbstgefieder sind jedoch sehr schwer zu bestimmen. Kronwaldsänger sind klein, sehr aktiv, an einem gelben Fleck an der Brustseite und an einem deutlich gelben Bürzel zu erkennen. Auf der Oberseite sind sie im Herbst streifig braun und auf der Unterseite weißlich mit dunklen Streifen. Zwei lange diagonale Flügelbinden sind gut sichtbar. Der Kopf ist nicht besonders gezeichnet; ober- und unterhalb des Auges sitzt ein kleiner weißer Halbmondfleck.
VORKOMMEN: Ausnahmegast aus Nordamerika in Nordwesteuropa im Herbst.
STIMME: Häufig kurz *tschik* oder *twip.*

zwei weiße Flügelbinden

IMMATUR (HERBST)

Körperlänge **12–13 cm**	Flügelspannweite **15 cm**

Familie **Fringillidae**	Art *Carduelis hornemanni*

Polarbirkenzeisig

Der Polarbirkenzeisig wird gewöhnlich als Art angesehen, kann aber schwer zu bestimmen sein. Männchen haben einen großen weißen Bürzel, weiße Unterseite und ungezeichnete Unterschwanzdecken. Eine breite weißliche Flügelbinde, kleine rote Stirn und ein kurzer gelber Schnabel helfen bei der Bestimmung. Weibchen und Jungvögel sind mehr gestreift, doch ist der Bürzel ungestreift weiß, die Flügelbinde weiß und der Unterschwanzbereich reinweiß.
VORKOMMEN: Brütet im äußersten Norden Skandinaviens; überwintert in Skandinavien und kommt als seltener Gast nach Mittel- und Westeuropa.
STIMME: Rufe wie Birkenzeisig.

unter dem Schwanz keine Zeichnung   *breite Flügelbinde*   *weiße Unterseite*

MÄNNCHEN

Körperlänge **12–14 cm**	Flügelspannweite **21–27 cm**

| Familie **Fringillidae** | Art *Loxia leucoptera* |

Bindenkreuzschnabel

Dieser Vogel ist ein kleinerer Kreuzschnabel mit zwei breiten weißen Flügelbinden und weißen Flecken an den Spitzen der Schirmfedern. Männchen sind tief kirschrot mit schwärzeren Flügeln (Fichtenkreuzschnäbel zeigen mehr Ziegelrot mit brauneren Flügeln). Weibchen sind grün und braun mit gelbgrünem Bürzel. Dunkle Flecken sind kennzeichnend. Jungvögel sind matter, brauner mit viel dünneren Flügelbinden.

VORKOMMEN: Seltener Brutvogel im äußersten Nordosten Europas; sonst sehr selten.

STIMME: Dünner und höher als Fichtenkreuzschnabel.

zwei breite Flügelbinden

MÄNNCHEN

| Körperlänge **16 cm** | Flügelspannweite **16–29 cm** |

| Familie **Fringillidae** | Art *Loxia scotica* |

Schottischer Kreuzschnabel

Er ist kaum von anderen Kreuzschnäbeln zu unterscheiden. Er hat gewölbte Backen, einen dicken Hals und einen hohen kräftigen Schnabel. Sein Gefieder gleicht dem der anderen beiden Arten und seine Rufe sind äußerst schwierig zu identifizieren, wenn man sie nicht mit technischen Hilfsmitteln aufnimmt. Die Untersuchung der Verwandtschaftsverhältnisse der drei Formen ist noch nicht abgeschlossen.

VORKOMMEN: Standvogel in Nordschottland, scheint nicht nach außerhalb zu wandern.

STIMME: Weitgehend wie Fichtenkreuzschnabel.

gewölbte Backen

wird mit dem Alter zunehmend rot

MÄNNCHEN IMMATUR

| Körperlänge **16–17 cm** | Flügelspannweite **27–37 cm** |

| Familie **Passeridae** | Art *Montifringilla nivalis* |

Schneesperling

Schneesperlinge sind ziemlich groß, langflügelig und kurzbeinig. Die weißen Flügel mit schwarzer Spitze erinnern an Schneeammern (S. 397). Der Kopf ist grau (beim Männchen im Prachtkleid großer schwarzer Kehllatz), der Rücken stumpf graubraun und der Schwanz weiß mit einer schmalen schwarzen Mitte. Im Sommer hat das Männchen einen schwarzen Schnabel, sonst ist der Schnabel gelb.

VORKOMMEN: Nicht häufiger Brutvogel in der Alpinstufe von Pyrenäen, Alpen, Apennin und Balkan.

STIMME: Raue Rufe, z.B. *zjiih* oder *tir-r-r.*

Schnabel schwarz

Rücken stumpf graubraun

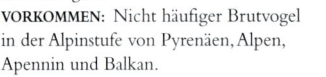

MÄNNCHEN (SOMMER)

| Körperlänge **17–19 cm** | Flügelspannweite **34–38 cm** |

| Familie **Emberizidae** | Art *Emberiza rustica* |

Waldammer

Im Sommer sind die Männchen am Kopf kräftig schwarz und weiß gezeichnet, oberseits rötlich braun, unterseits weiß mit rotbraunem Brustband. Weibchen und Herbstmännchen haben einen helleren zentralen Scheitelstreif auf einem schlichter gefärbten Kopf. Beide Geschlechter heben von Zeit zu Zeit ihre Scheitelfedern. Jungvögel sind gestreift gelbbraun mit einem breiten hellen Überaugenstreif, einem schwarzen Ohrfleck und einem cremefarbenen Band unter der Wange. Der Bürzel ist rostbraun; zwei dünne weiße Flügelbinden sind zu sehen.

VORKOMMEN: Brütet in Schweden, Finnland und Russland; selten in Osteuropa, Ausnahmegast weiter westlich in feuchte Waldflächen, Mai bis September.

STIMME: Kurz, scharf und durchdringend *tik* oder *ziet;* kurzer rhythmischer Gesang.

MÄNNCHEN (HERBST)

Bürzel rostbraun

| Körperlänge **12–13 cm** | Flügelspannweite **14–17 cm** |

| Familie **Emberizidae** | Art *Emberiza caesia* |

Grauortolan

Diese Art gleicht sehr dem Ortolan (S. 402), ist an der Kehle und am Bartstreif aber rostrot statt gelb. Kopf und Brust sind blaugrau, der Rücken ist rostbraun und die Unterseite lebhaft rostorange. Weibchen sind gedeckter gefärbt, beide Geschlechter haben einen weißen Augenring. Die Oberseite der Jungvögel ist schwarz gestreift und die Schirmfedern tragen breite rostfarbene Ränder; die Vögel sind lebhafter gefärbt und insgesamt mehr rostbraun als junge Ortolane.

VORKOMMEN: Brütet in Griechenland, auf Kreta, in der Türkei und auf einigen griechischen Inseln; sehr seltener Gast anderswo.

STIMME: Rufe kurz *tsip,* sehr ähnlich Ortolan.

Kopf blaugrau

Oberseite rostbraun gestreift

MÄNNCHEN

| Körperlänge **14–15 cm** | Flügelspannweite **13–26 cm** |

| Familie **Emberizidae** | Art *Emberiza leucocephalos* |

Fichtenammer

Männchen sind leicht zu erkennen an ihrem weißen Scheitel und ihren weißen Wangen, die schwarz und rostbraun gesäumt sind. Der Rücken ist rostbraun mit schwarzen Streifen und die Unterseite weißlich. Weibchen sind grauer, der Kopf ist weniger eindeutig gezeichnet. Jungvögel haben eine weiße Unterseite mit grauen Streifen, einen weißen Fleck auf den Ohrdecken, einen weißen Augenring und weiße Federränder auf den Flügeln (gelblich bei Goldammern).

VORKOMMEN: Sehr seltener Gast aus Asien in Nordwesteuropa im Spätherbst und Winter.

STIMME: Rufe und Gesang wie Goldammer.

MÄNNCHEN (WINTER)

rostbrauner Rücken gestreift

weiße Wangen

| Körperlänge **16–17 cm** | Flügelspannweite **26–30 cm** |

| Familie **Emberizidae** | Art *Emberiza melanocephala* |

Kappenammer

Die Männchen haben einen schwarzen Kopf, ein gelbes Kinn, einen rostbraunen Rücken und eine gelbe Unterseite. Weibchen haben große graue Schnäbel, graubraune Kapuzen und hellgelbe Unterseiten sowie etwas Rostbraun auf dem Rücken (anders als Braunkopfammern). Jungvögel sind etwas mehr gestrichelt, besonders auf dem Oberkopf (mehr als Braunkopfammern) und oberseits recht lebhaft gefärbt (Braunkopfammern gewöhnlich matt und gedeckt).

VORKOMMEN: Brütet in Süditalien, in den Balkanländern und in der Türkei; sehr seltener Sommergast in Mittel- und Nordwesteuropa.

STIMME: Kurz *tschüpp* und ähnliche Rufe; Gesang leicht beschleunigte, etwas abfallende Strophe.

Kopf schwarz

Unterseite gelb

MÄNNCHEN

| Körperlänge **16–17 cm** | Flügelspannweite **26–30 cm** |

| Familie **Emberizidae** | Art *Emberiza aureola* |

Weidenammer

Die Prachtkleidmännchen sind mit schwarzbraunem Kopf und Rücken sowie einem schwarzen Brustband gegen eine leuchtend gelbe Unterseite und mit einem weißen Schulterfleck gut zu erkennen. Im Herbst sind die Jungvögel braun gestreift und auf der Unterseite gelb bis beigebräunlich, fein gestrichelt und haben zwei weiße Flügelbinden. Auf dem Oberkopf haben sie einen hellen Mittelstreifen, einen gelblichen Überaugenstreif, ein helles Band unter der Wange und einen hellen Fleck am Hinterrand der Ohrdecken.

VORKOMMEN: Ostfinnland bis Russland; selten Gast in Nordwesteuropa.

STIMME: Ruft kurz *tsik;* Gesang auf- und absteigend.

Überaugenstreif

Unterseite gelb

WEIBCHEN

zwei Flügelbinden

| Körperlänge **15–16 cm** | Flügelspannweite **21–24 cm** |

Familie **Emberizidae**	Art *Pheucticus ludovicianus*

Rosenbrust-Kernknacker

Diese Art ist unverkennbar mit ihrem großen Schnabel und ihrer auffälligen Zeichnung. Männchen sind schwarz und weiß mit Rot an der Brust; Jungvögel braun und gestreift, Männchen mit Rot unter den Flügeln. Die Vögel sind mit dunkler Kappe, breitem weißem Überaugenstreifen, dunklen Wangen und weißer Kehle lebhaft gezeichnet; zwei Binden aus weißen Flecken laufen über den Flügel. Die Brust ist ockerfarben und mit wellenförmigen schwarzen Linien gestreift.

VORKOMMEN: Ausnahmegast aus Nordamerika in Nordwesteuropa im Herbst.

STIMME: Kurz und hart *tschik*.

weiße Flecken
auf den Flügeln

MÄNNCHEN

Körperlänge **18–20 cm**	Flügelspannweite **30–32 cm**

Familie **Emberizidae**	Art *Junco hyemalis*

Winterammer

Diese amerikanische Ammer wirkt spatzenähnlich, ist recht unauffällig und ruhig. Männchen sind rauchgrau, um das Gesicht dunkler, mit einem ovalen weißen Bauchfleck, weißen Schwanzseiten und einem blassrosafarbenen Schnabel. Weibchen sind brauner getönt, besonders auf den Flügeln und auf der Unterseite etwas schmutzig braun (weniger rein-weiß), lassen aber das gleiche Grundmuster erkennen, das für eine europäische Art ungewöhnlich ist.

VORKOMMEN: Ausnahmegast von Nordamerika in Nordwesteuropa, bleibt manchmal sogar den ganzen Winter über.

STIMME: Kurz, scharf und fein *ziit*.

Schnabel hellrosa

Körper rauchgrau

ovaler weißer Bauchfleck

MÄNNCHEN

Körperlänge **14 cm**	Flügelspannweite **25–30 cm**

Familie **Emberizidae**	Art *Zonotrichia albicollis*

Weißkehlammer

Die amerikanischen Ammern gleichen durchaus den europäischen. Erwachsene Weißkehlammern haben einen dünnen weißen Scheitelstreifen, der breit schwarz gesäumt ist, ein breites weißes Band über dem Auge (vorne gelb), graue Wangen und einen weißen Kinnfleck. Jungvögel sind matter gefärbt mit einer grauen und weniger deutlich abgesetzten Kehle. Das Körpergefieder ist oberseits braun und unterseits grau gestreift. Dies und das allgemeine Verhalten erinnern an eine Heckenbraunelle (S. 358).

VORKOMMEN: Sehr seltener Gast aus Nordamerika in Nordwesteuropa, meistens im Frühjahr.

STIMME: Scharf und häufig zu hören *zit* und kräftiger *tschink*.

über dem Auge weißes Band, vorne gelb

braun gestreifte Oberseite

ALTVOGEL

Körperlänge **15–17 cm**	Flügelspannweite **20–25 cm**

Familie **Icteridae**	Art *Dolichonyx oryzivorus*

Bobolink

Bobolinks, die im Herbst nach Europa gelangen, sind gelblich, cremefarben und schwarz gestreift. Sie sind massig und plump mit zugespitztem Kopfprofil und spitzem Schwanz. Der Schnabel ist schlank kegelförmig; der Kopf zeigt einen zentralen ockerfarbenen, schwarz gesäumten Scheitelstreif und breite gelblich braune Überaugenstreifen. Der Rücken hat zwei strohfarbene Linien; die Unterseite ist cremefarben mit feinen Strichen an den Flanken. Ein kurzer zugespitzter Schwanz unterscheidet die Art von einer häufigen Ammer oder einem Sperling.

VORKOMMEN: Sehr seltener Gast aus Nordamerika im Herbst in Nordwesteuropa.

STIMME: Kurz, scharf *pink*.

auf der Oberseite cremefarbene und schwarze Streifen

Unterseite cremefarben

schmaler Schwanz

ALTVOGEL (HERBST)

Körperlänge **16–18 cm**	Flügelspannweite **30 cm**

AUSNAHMEGÄSTE

Die folgende Liste enthält Vogelarten, die nur sehr selten in Europa erscheinen und die man als Ausnahmegäste bezeichnen kann. Die Liste sieht auch etwas über die engeren Grenzen Europas hinaus, um solche Vögel zu erfassen, deren normale Verbreitung im Nahen Osten und in Nordafrika liegt, um so auch das tiergeografische Areal zu erfassen, das man als Westpaläarktis bezeichnet.

Ausnahmegäste in Europa kommen aus Asien und Nordamerika (weniger aus Afrika). Westeuropa, besonders Großbritannien, erreichen vor allem Vögel aus dem östlichen Nordamerika, die von ihrem Kurs abgekommen sind und über den Atlantik verdriftet werden. Man dachte, solche Vögel würden an Bord eines Schiffes den Ozean überqueren, doch man weiß heute, dass selbst Kleinvögel mit günstigem Wind eine Überquerung des Atlantiks überstehen, auch wenn sie wohl meist nicht mehr lange danach überleben. Große Arten, wie z.B. Gänse und Enten, können Jahre in Europa überleben und einige (die gefangen, beringt und wieder freigelassen wurden, um ihre Bewegungen zu verfolgen) sind in den folgenden Jahren wieder nach Amerika zurückgekehrt. Man kann in solchen Fällen im strengen Sinn nicht von europäischen Vögeln sprechen. Sie sind aber hier aufgenommen, um die Zahl der Arten zu vervollständigen, die bisher nachgewiesen wurden. Viele kommen wieder einmal, andere nicht. Es liegt in der Natur solcher Ausnahmegäste, dass man sie nicht vorhersehen kann.

Deutscher Name	Wissenschaftlicher Name	Familie	Beschreibung
Entenvögel			
Witwenpfeifgans	*Dendrocygna viduata*	Entenvögel/Anatidae	Große, lärmende Ente, Gast in Nordafrika vom tropischen Afrika
Javapfeifgans	*Dendrocygna javanica*	Entenvögel/Anatidae	Kleine Ente aus Afrika
Streifengans	*Anser indicus*	Entenvögel/Anatidae	Hellgraue Gans aus Asien
Sporngans	*Plectropterus gambensis*	Entenvögel/Anatidae	Große Gans aus Afrika
Koromandelzwergente	*Nettapus coromandelianus*	Entenvögel/Anatidae	Kleine Ente, Gast in Nordafrika aus dem tropischen Afrika
Gluckente	*Anas formosa*	Entenvögel/Anatidae	Bunte Gründelente aus Asien
Fahlente	*Anas capensis*	Entenvögel/Anatidae	Gründelente, Gast in Nordafrika aus dem tropischen Afrika
Rotschnabelente	*Anas erythrorhyncha*	Entenvögel/Anatidae	Gründelente, Gast in Nordafrika aus dem tropischen Afrika
Kaplöffelente	*Anas smithii*	Entenvögel/Anatidae	Gründelente, Gast in Nordafrika aus dem südlichen Afrika
Rotaugenente	*Netta erythrophthalma*	Entenvögel/Anatidae	Tauchente, Gast in Nordafrika aus dem tropischen Afrika
Riesentafelente	*Aythya valisineria*	Entenvögel/Anatidae	Große Tauchente ähnlich Tafelente aus Nordamerika
Rotkopfente	*Aythya americana*	Entenvögel/Anatidae	Ähnlich Tafelente, Gast aus Nordamerika
Hühnervögel			
Kaukasusbirkhuhn	*Tetrao mlokosiewiczi*	Raufußhühner/Tetraonidae	Schwarzes Raufußhuhn im Nahen Osten
Kaspisches Königshuhn	*Tetraogallus caspius*	Glattfußhühner/Phasianidae	Großes Berghuhn im Nahen Osten
Kaukasisches Königshuhn	*Tetraogallus caucasicus*	Glattfußhühner/Phasianidae	Großes Berghuhn im Nahen Osten

Deutscher Name	Wissenschaftlicher Name	Familie	Beschreibung
Hühnervögel *Fortsetzung*			
Doppelspornfrankolin	*Francolinus bicalcaratus*	Glattfußhühner/Phasianidae	Braunes Huhn in Nordafrika
Halsbandfrankolin	*Francolinus francolinus*	Glattfußhühner/Phasianidae	Schwarzes Huhn, selten im Nahen Osten
Helmperlhuhn	*Numida meleagris*	Perlhühner/Numididae	Dunkles, weiß gepunktetes Huhn in Nordafrika
Strauße			
Strauß	*Struthio camelus*	Strauße/Struthionidae	Gast in Nordafrika, vom tropischen Afrika
Albatrosse			
Wanderalbatros	*Diomedea exulans*	Albatrosse/Diomedeidae	Großer Seevogel von südlichen Ozeanen
Gelbnasenalbatros	*Diomedea chlororhynchos*	Albatrosse/Diomedeidae	Großer Seevogel von südlichen Ozeanen
Schwarzbrauenalbatros	*Diomedea melanophris*	Albatrosse/Diomedeidae	Langflügeliger Seevogel vom Südatlantik
Weißkappenalbatros	*Diomedea cauta*	Albatrosse/Diomedeidae	Großer Seevogel von südlichen Ozeanen
Sturmvögel			
Kapverdensturmvogel	*Pterodroma feae*	Sturmvögel/Procellariidae	Großer seltener Sturmvogel von Madeira
Teufelssturmvogel	*Pterodroma hasitata*	Sturmvögel/Procellariidae	Großer Sturmvogel von der Karibik
Schlegelsturmvogel	*Pterodroma incerta*	Sturmvögel/Procellariidae	Großer Sturmvogel vom Südatlantik
Weichfeder-Sturmvogel	*Pterodroma mollis*	Sturmvögel/Procellariidae	Großer Sturmvogel vom Südatlantik
Madeirasturmvogel	*Pterodroma madeira*	Sturmvögel/Procellariidae	Großer seltener Sturmvogel von Madeira
Bulwersturmvogel	*Bulweria bulweri*	Sturmvögel/Procellariidae	Dunkler, langschwänziger Sturmvogel der mittelatlantischen Inseln
Weißgesicht-Sturmtaucher	*Calonectris leucomelas*	Sturmvögel/Procellariidae	Gast im Nahen Osten von tropischen Meeren
Blassfuß-Sturmtaucher	*Puffinus carneipes*	Sturmvögel/Procellariidae	Ganz dunkler Sturmtaucher vom Indischen Ozean
Audubonsturmtaucher	*Puffinus lherminieri*	Sturmvögel/Procellariidae	Kleiner Sturmtaucher vom Indischen Ozean Sturmvögel
Keilschwanz-Sturmvogel	*Puffinus pacificus*	Sturmvögel/Procellariidae	Großer, dunkler Sturmtaucher vom Indischen Ozean
Weißgesicht-Sturmschwalbe	*Pelagodroma marina*	Sturmschwalben/Hydrobatidae	Kleine Sturmschwalbe vom Südatlantik
Swinhoe-Wellenläufer	*Oceanodroma monorhis*	Sturmschwalben/Hydrobatidae	Kleine, dunkle ozeanische Sturmschwalbe vom Pazifik
Tölpel und Kormorane			
Kaptölpel	*Morus capensis*	Tölpel/Sulidae	Schwarz-weißer Tölpel aus Südafrika

Deutscher Name	Wissenschaftlicher Name	Familie	Beschreibung
Tölpel und Kormorane *Fortsetzung*			
Maskentölpel	*Sula dactylatra*	Tölpel/Sulidae	Tölpel aus tropischen Meeren
Weißbauchtölpel	*Sula leucogaster*	Tölpel/Sulidae	Dunkelbrauner Tölpel im Roten Meer
Ohrenscharbe	*Phalacrocorax auritus*	Kormorane/Phalacrocoracidae	Großer, schwarzer Wasservogel aus Nordamerika
Schlangenhalsvögel			
Afrikanischer Schlangenhalsvogel	*Anhinga rufa*	Schlangenhalsvögel/Anhingidae	Spitzschnäbliger, kormoranähnlicher Wasservogel, Gast in Nordafrika aus dem tropischen Afrika
Fregatt- und Tropikvögel			
Rotschnabel-Tropikvogel	*Phaethon aethereus*	Tropikvögel/Phaetontidae	Weißer Seevogel von tropischen Meeren
Arielfregattvogel	*Fregata ariel*	Fregattvögel/Fregatidae	Großer, gabelschwänziger Seevogel von tropischen Meeren
Dommeln und Reiher			
Nordamerikanische Rohrdommel	*Botaurus lentiginosus*	Reiher/Ardeidae	Große Dommel aus Nordamerika
Amerikanische Zwergdommel	*Ixobrychus exilis*	Reiher/Ardeidae	Kleine Dommel aus Nordamerika
Mandschurendommel	*Ixobrychus eurhythmus*	Reiher/Ardeidae	Kleine Dommel aus Asien
Graurückendommel	*Ixobrychus sturmii*	Reiher/Ardeidae	Kleine Dommel aus Afrika
Schwarzhalsreiher	*Ardea melanocephala*	Reiher/Ardeidae	Auf trockenem Grund, Gast in Nordafrika vom tropischen Afrika
Goliathreiher	*Ardea goliath*	Reiher/Ardeidae	Sehr großer Reiher, Gast im Nahen Osten aus Afrika
Glockenreiher	*Egretta ardesiaca*	Reiher/Ardeidae	Kleiner dunkler Reiher aus Afrika
Mangrovereiher	*Butorides striatus*	Reiher/Ardeidae	Kleiner dunkler Reiher in Nordafrika und im Nahen Osten
Schmuckreiher	*Egretta thula*	Reiher/Ardeidae	Weißer Reiher aus Nordamerika
Mittelreiher	*Egretta intermedia*	Reiher/Ardeidae	Weißer Reiher aus Afrika, Asien
Störche			
Nimmersatt	*Mycteria ibis*	Störche/Ciconiidae	Weißer Storch mit roten Abzeichen, Gast im Nahen Osten aus Afrika
Ibisse			
Waldrapp	*Geronticus eremita*	Ibisse/Threskiornithidae	Dunkler Ibis, seltener Brutvogel in Nordafrika
Greifvögel			
Buntfalke	*Falco sparverius*	Falken/Falconidae	Kleiner Falke aus Nordamerika

Deutscher Name	Wissenschaftlicher Name	Familie	Beschreibung
Greifvögel *Fortsetzung*			
Amurfalke	*Falco amurensis*	Falken/Falconidae	Rotfußfalke aus Asien
Wüstenfalke	*Falco (peregrinus) pelegrinoides*	Falken/Falconidae	Wanderfalkenähnlich; aus dem Nahen Osten und Nordafrika
Schieferfalke	*Falco concolor*	Falken/Falconidae	Großer grauer Falke aus dem Nahen Osten
Schopfwespenbussard	*Pernis ptilorhynchus*	Habichtartige/Accipitridae	Mittelgroßer Greifvogel, Gast im Nahen Osten aus Asien
Schwalbenweih	*Elanoides forficatus*	Habichtartige/Accipitridae	Gabelschwänziger schlanker Greifvogel aus Amerika
Bindenseeadler	*Haliaeetus leucoryphus*	Habichtartige/Accipitridae	Großer Adler aus Asien
Weißkopfseeadler	*Haliaeetus leucocephalus*	Habichtartige/Accipitridae	Massiger Adler aus Nordamerika
Sperbergeier	*Gyps rueppellii*	Habichtartige/ Accipitridae	Gast im Nahen Osten aus Afrika
Gaukler	*Terathopius ecaudatus*	Habichtartige/Accipitridae	Ausnahmegast aus Afrika im Nahen Osten
Graubürzel-Singhabicht	*Melierax metabates*	Habichtartige/Accipitridae	Großer grauer Habicht, Gast im Nahen Osten aus Ostafrika
Schikra	*Accipiter badius*	Habichtartige/Accipitridae	Kleiner heller Sperber im Nahen Osten
Präriebussard	*Buteo swainsoni*	Habichtartige/Accipitridae	Großer Bussard aus Nordamerika
Savannenadler	*Aquila rapax*	Habichtartige/Accipitridae	Großer brauner Adler in Nordafrika
Kaffernadler	*Aquila verreauxi*	Habichtartige/Accipitridae	Großer schwarzer Adler, selten in Nordafrika
Rallen			
Graukehl-Sumpfhuhn	*Porzana marginalis*	Rallen/Rallidae	Kleine helle Ralle, selten in Nordafrika
Carolinasumpfhuhn	*Porzana carolina*	Rallen/Rallidae	Dunkle Ralle aus Nordamerika
Bronzesultanshuhn	*Porphyrula alleni*	Rallen/Rallidae	Teichhuhnähnlicher Vogel aus Afrika
Zwergsultanshuhn	*Porphyrula martinica*	Rallen/Rallidae	Teichhuhnähnlicher Vogel aus Amerika
Amerikanisches Bläßhuhn	*Fulica americana*	Rallen/Rallidae	Bläßhuhn aus Amerika
Kraniche			
Mönchskranich	*Grus monacha*	Kraniche/Gruidae	Dunkelköpfiger Kranich aus Asien
Schneekranich	*Grus leucogeranus*	Kraniche/Gruidae	Großer Kranich aus Asien
Kanadakranich	*Grus canadensis*	Kraniche/Gruidae	Grauer Kranich aus Nordamerika
Trappen			
Arabertrappe	*Ardeotis arabs*	Trappen/Otididae	Sehr große, helle Trappe im Nahen Osten

Deutscher Name	Wissenschaftlicher Name	Familie	Beschreibung
Watvögel			
Goldschnepfe	*Rostratula benhalensis*	Goldschnepfen/Rostratulidae	Schnepfenähnlicher Watvogel aus Afrika
Reiherläufer	*Dromas ardeola*	Reiherläufer/Dromadidae	Dickschnäbeliger schwarz-weißer Watvogel im Mittleren Osten
Krokodilwächter	*Pluvianus aegyptius*	Brachschwalben/Glareolidae	Kleiner Watvogel aus Afrika
Schwarzschopfkiebitz	*Vanellus tectus*	Regenpfeifer/Charadriidae	Auffallender Kiebitz aus Afrika
Rotlappenkiebitz	*Vanellus indicus*	Regenpfeifer/Charadriidae	Auffallender Kiebitz aus Asien
Rotband-Regenpfeifer	*Charadrius pallidus*	Regenpfeifer/Charadriidae	Kleiner Regenpfeifer aus dem südlichen Afrika
Dreibandregenpfeifer	*Charadrius tricollaris*	Regenpfeifer/Charadriidae	Kleiner Regenpfeifer aus Afrika
Hirtenregenpfeifer	*Charadrius pecuarius*	Regenpfeifer/Charadriidae	Kleiner gedrungener Regenpfeifer, Gast im Nahen Osten aus Afrika
Kleiner Schlammläufer	*Limnodromus griseus*	Schnepfenvögel/Scolopacidae	Langschnäbeliger Watvogel aus Nordamerika
Hudsonschnepfe	*Limosa haemastica*	Schnepfenvögel/Scolopacidae	Großer, langschnäbeliger Watvogel aus Nordamerika
Eskimobrachvogel	*Numenius borealis*	Schnepfenvögel/Scolopacidae	Möglicherweise ausgestorben, aus Nordamerika
Zwergbrachvogel	*Numenius minutus*	Schnepfenvögel/Scolopacidae	Kleiner Brachvogel aus Asien
Grauschwanz-Wasserläufer	*Heteroscelus brevipes*	Schnepfenvögel/Scolopacidae	Mittelgroßer grauer Watvogel aus Asien
Schlammtreter	*Catoptrophorus semipalmatus*	Schnepfenvögel/Scolopacidae	Ähnlich wie Uferschnepfe, aus Nordamerika
Waldbekassine	*Gallinago megala*	Schnepfenvögel/Scolopacidae	Dunkle Schnepfe aus Asien
Spießbekassine	*Gallinago stenura*	Schnepfenvögel/Scolopacidae	Bekassine aus Asien
Alken			
Silberalk	*Synthliboramphus antiquus*	Alken/Alcidae	Kleiner Alkenvogel aus dem Nordpazifik
Rotschnabelalk	*Cyclorrhynchus psittacula*	Alken/Alcidae	Kleiner Alk vom Nordpazifik
Schopfalk	*Aethia cristatella*	Alken/Alcidae	Kleiner Alk vom Nordpazifik
Gelbschopflund	*Lunda cirrhata*	Alken/Alcidae	Großer Papageitaucher vom Nordpazifik
Raubmöwen, Seeschwalben, Möwen			
Antarktisskua	*Stercorarius maccormicki*	Raubmöwen/Stercorariidae	Große Skua von südlichen Ozeanen
Weißwangen-Seeschwalbe	*Sterna repressa*	Seeschwalben/Sternidae	Seeschwalbe im Nahen Osten
Aleutenseeschwalbe	*Sterna aleutica*	Seeschwalben/Sternidae	Graue Seeschwalbe vom arktischen Pazifik
Amerikanische Zwergseeschwalbe	*Sterna antillarum*	Seeschwalben/Sternidae	Kleine Seeschwalbe aus Nordamerika

Deutscher Name	Wissenschaftlicher Name	Familie	Beschreibung
Raubmöwen, Seeschwalben, Möwen *Fortsetzung*			
Eilseeschwalbe	*Sterna bergii*	Seeschwalben/Sternidae	Große Seeschwalbe vom Indischen Ozean
Schmuckseeschwalbe	*Sterna elegans*	Seeschwalben/Sternidae	Langschnäbelige Seeschwalbe aus der Karibik
Noddi	*Anous stolidus*	Seeschwalben/Sternidae	Dunkler, seeschwalbenähnlicher Seevogel von tropischen Meeren
Braunkopfmöwe	*Larus brunnicephalus*	Möwen/Laridae	Kleine Möwe, Gast im Nahen Osten aus Asien
Beringmöwe	*Larus glaucescens*	Möwen/Laridae	Große Möwe, Gast in Nordafrika aus Nordamerika
Hemprichmöwe	*Larus hemprichii*	Möwen/Laridae	Große dunkle Möwe am Roten Meer
Graukopfmöwe	Larus cirrocephalus	Möwen/Laridae	Gast in Nordafrika aus dem tropischen Afrika
Scherenschnäbel			
Afrikanischer Scherenschnabel	*Rynchops flavirostris*	Scherenschnäbel/Rynchopidae	Langschnäbliger Vogel, Gast im Nahen Osten aus Afrika
Flughühner			
Steppenhuhn	*Syrrhaptes paradoxus*	Flughühner/Pteroclididae	Gast bis Westeuropa aus Asien
Wellenflughuhn	*Pterocles lichtensteinii*	Flughühner/Pteroclididae	Kleines Flughuhn im Nahen Osten
Tropfenflughuhn	*Pterocles senegallus*	Flughühner/Pteroclididae	Großes, helles Flughuhn im Nahen Osten
Kronenflughuhn	*Pteroclus coronatus*	Flughühner/Pteroclididae	Helles Flughuhn, Naher Osten
Braunbauchflughuhn	*Pterocles exustus*	Flughühner/Pteroclididae	Großes Flughuhn, Naher Osten
Tauben			
Gelbaugentaube	*Columba eversmanni*	Tauben/Columbidae	Kleine Taube aus Asien
Bolles Lorbertaube	*Columba bollii*	Tauben/Columbidae	Dunkle Taube, endemisch auf den Kanarischen Inseln
Lorbeertaube	*Columba junoniae*	Tauben/Columbidae	Dunkle Taube, endemisch auf den Kanarischen Inseln
Silberhalstaube	*Columba trocaz*	Tauben/Columbidae	Dunkle Taube, endemisch auf Madeira
Orientturteltaube	*Streptopelia orientalis*	Tauben/Columbidae	Dunkle Taube aus Asien
Palmtaube	*Streptopelia senegalensis*	Tauben/Columbidae	Kleine dunkle Taube im Nahen Osten
Lachtaube	*Streptopelia roseogrisea*	Tauben/Columbidae	Kleine Taube, Gast im Nahen Osten aus Afrika
Kaptäubchen	*Oena capensis*	Tauben/Columbidae	Winzige, langschwänzige Taube im Nahen Osten
Carolinataube	*Zenaida macroura*	Tauben/Columbidae	Spitzschwänzige Taube aus Nordamerika

Deutscher Name	Wissenschaftlicher Name	Familie	Beschreibung
Kuckucke			
Goldkuckuck	*Chrysococcyx caprius*	Kuckucke/Cuculidae	Grüner und weißer Kuckuck, Gast im Nahen Osten aus Afrika
Hopfkuckuck	*Cuculus saturatus*	Kuckucke/Cuculidae	Kleiner Kuckuck aus Asien
Schwarzschnabelkuckuck	*Coccyzus erythrophthalmus*	Kuckucke/Cuculidae	Kleiner Kuckuck aus Nordamerika
Spornkuckuck	*Centropus senegalensis*	Kuckucke/Cuculidae	Großer rotbrauner Kuckuck in Nordafrika
Eulen			
Streifenohreule	*Otus brucei*	Eulen/Strigidae	Kleine Ohreule im Nahen Osten
Fischuhu	*Ketupa zeylonensis*	Eulen/Strigidae	Große Ohreule im Nahen Osten
Fahlkauz	*Strix butleri*	Eulen/Strigidae	Helle Wüsteneule in Nordafrika und im Nahen Osten
Kapohreule	*Asio capensis*	Eulen/Strigidae	Ähnlich Sumpfohreule, Nordafrika
Ziegenmelker			
Ägyptischer Ziegenmelker	*Caprimulgus nubicus*	Ziegenmelker/Caprimulgidae	Kleiner Ziegenmelker, selten im Nahen Osten
Pharaonenziegenmelker	*Caprimulgus aegyptius*	Ziegenmelker/Caprimulgidae	Heller Ziegenmelker, selten im Nahen Osten
Segler			
Stachelschwanzsegler	*Hirundapus caudacutus*	Segler/Apodidae	Großer Segler aus Asien
Schornsteinsegler	*Chaetura pelagica*	Segler/Apodidae	Gedrungener Segler aus Nordamerika
Einfarbsegler	*Apus unicolor*	Segler/Apodidae	Einfarbig dunkler Segler, Kanaren
Pazifiksegler	*Apus pacificus*	Segler/Apodidae	Großer Segler aus Asien
Eisvögel			
Gürtelfischer	*Ceryle alcyon*	Eisvögel/Alcedinidae	Großer Eisvogel aus Nordamerika
Graufischer	*Ceryle rudis*	Eisvögel/Alcedinidae	Große schwarzweißer Eisvogel im Nahen Osten
Braunliest	*Halcyon smyrnensis*	Eisvögel/Alcedinidae	Großer rotschnäbeliger Eisvogel im Nahen Osten
Bienenfresser			
Blauwangenspint	*Merops persicus*	Bienenfresser/Meropidae	Grünlicher Bienenfresser aus dem Nahen Osten
Smaragdspint	*Merops orientalis*	Bienenfresser/Meropidae	Kleiner Bienenfresser im Nahen Osten
Racken			
Hinduracke	*Coracias benghalensis*	Racken/Coraciidae	Bunte Racke, Gast im Nahen Osten von Südasien

Deutscher Name	Wissenschaftlicher Name	Familie	Beschreibung
Spechte			
Goldspecht	*Colaptes auratus*	Spechte/Picidae	Bunter Specht aus Nordamerika
Atlasgrünspecht	*Picus vaillantii*	Spechte/Picidae	Grünspecht in Nordafrika
Gelbbauch-Saftlecker	*Sphyrapicus varius*	Spechte/Picidae	Kleiner Specht aus Nordamerika
Würger			
Senegaltschagra	*Tchagra senegala*	Würger/Laniidae	Kräftig gemusterter Würger in Nordafrika
Rotschwanzwürger	*Lanius cristatus*	Würger/Laniidae	Matt gefärbter Würger aus Asien
Schachwürger	*Lanius schach*	Würger/Laniidae	Brauner Würger aus Asien
Rabenvögel			
Borstenrabe	*Corvus rhipidurus*	Rabenvögel/Corvidae	Kurzschwänziger Rabe, Nordafrika, Naher Osten
Wüstenrabe	*Corvus ruficollis*	Rabenvögel/Corvidae	Dünnschnäbeliger Rabe, Nordafrika und Naher Osten
Glanzkrähe	*Corvus splendens*	Rabenvögel/Corvidae	Grau und schwarz, eingeführt aus Asien im Nahen Osten
Elsterdohle	*Corvus dauuricus*	Rabenvögel/Corvidae	Schwarzweiße Dohle aus Asien
Lerchen			
Wüstenläuferlerche	*Alaemon alaudipes*	Lerchen/Alaudidae	Große, helle Lerche im Nahen Osten und Nordafrika
Knackerlerche	*Rhamphocoris clotbey*	Lerchen/Alaudidae	Massige Wüstenlerche, Nordafrika
Bergkalanderlerche	*Melanocorypha bimaculata*	Lerchen/Alaudidae	Große Lerche, Naher Osten
Weißflügellerche	*Melanocorypha leucoptera*	Lerchen/Alaudidae	Große Lerche aus Asien
Mohrenlerche	*Melanocorypha yeltoniensis*	Lerchen/Alaudidae	Gedrungene Lerche aus Asien
Tibetlerche	*Calandrella acutirostris*	Lerchen/Alaudidae	Kleine Lerche, Gast im Nahen Osten aus Asien
Kleine Feldlerche	*Alauda gulgula*	Lerchen/Alaudidae	Unscheinbare Lerche aus dem Mittleren Osten
Harlekinlerche	*Eremopterix signata*	Lerchen/Alaudidae	Kleine, spatzenähnliche Lerche aus Afrika
Weißstirnlerche	*Eremopterix nigriceps*	Lerchen/Alaudidae	Kleine, finkenähnliche Lerche im Nahen Osten
Einödlerche	*Eremalauda dunni*	Lerchen/Alaudidae	Kleine helle Lerche, selten im Nahen Osten
Saharaohrenlerche	*Eremophila bilopha*	Lerchen/Alaudidae	Helle Wüstenlerche in Nordafrika und im Nahen Osten
Bülbüls			
Weißohrbülbül	*Pycnonotus leucotis*	Bülbüls/Pycnonotidae	Seltener Gast im Nahen Osten aus Asien

Deutscher Name	Wissenschaftlicher Name	Familie	Beschreibung
Schwalben			
Sumpfschwalbe	*Tachycineta bicolor*	Schwalben/Hirundinidae	Grün glänzende Schwalbe aus Nordamerika
Braunkehl-Uferschwalbe	*Riparia paludicola*	Schwalben/Hirundinidae	Kleine braune Uferschwalbe in Nordafrika
Fahlkehlschwalbe	*Hirundo aethiopica*	Schwalben/Hirundinidae	Langschwänzige Schwalbe aus Afrika
Rotkappenschwalbe	*Hirundo smithii*	Schwalben/Hirundinidae	Schlanke Schwalbe aus Afrika
Steinschwalbe	*Ptyonoprogne fuligula*	Schwalben/Hirundinidae	Felsenschwalbe im Nahen Osten
Zweigsänger			
Streifenprinie	*Prinia gracilis*	Zweigsänger/Sylviidae	Kleiner, langschwänziger Singvogel im Nahen Osten
Wüstenprinie	*Scotocerca inquieta*	Zweigsänger/Sylviidae	Kleiner, langschwänziger Singvogel im Nahen Osten
Riesenschwirl	*Locustella fasciolata*	Zweigsänger/Sylviidae	Scheuer Schwirl aus Asien
Stentorrohrsänger	*Acrocephalus stentoreus*	Zweigsänger/Sylviidae	Großer Rohrsänger, Naher Osten
Dickschnabel-Rohrsänger	*Acrocephalus aedon*	Zweigsänger/Sylviidae	Großer Rohrsänger aus Asien
Basrarohrsänger	*Acrocephalus griseldis*	Zweigsänger/Sylviidae	Seltener Rohrsänger, Naher Osten
Wüstengrasmücke	*Sylvia nana*	Zweigsänger/Sylviidae	Helle Grasmücke, Nordafrika und Naher Osten
Kronenlaubsänger	*Phylloscopus coronatus*	Zweigsänger/Sylviidae	Kleiner Laubsänger aus Asien
Atlasgrasmücke	*Sylvia deserticola*	Zweigsänger/Sylviidae	Ähnlich Dorngrasmücke, Nordafrika
Tamariskengrasmücke	*Sylvia mystacea*	Zweigsänger/Sylviidae	Selten, Naher Osten
Akaziengrasmücke	*Sylvia leucomelaena*	Zweigsänger/Sylviidae	Schwarzköpfige Grasmücke, Naher Osten
Middendorflaubsänger	*Phylloscopus (trochiloides) plumbeitarsus*	Zweigsänger/Sylviidae	Kleiner Laubsänger (ähnlich Grünlaubsänger) aus Asien
Wacholderlaubsänger	*Phylloscopus (trochiloides) nitidus*	Zweigsänger/Sylviidae	Kleiner Laubsänger aus Asien
Eichenlaubsänger	*Phylloscopus neglectus*	Zweigsänger/Sylviidae	Kleiner Laubsänger aus Asien
Rubingoldhähnchen	*Regulus calendula*	Goldhähnchen/Regulidae	Goldhähnchen aus Nordamerika
Seidenschwänze			
Zedernseidenschwanz	*Bombycilla cedrorum*	Seidenschwänze/Bombycillidae	Seidenschwanz aus Nordamerika
Seidenwürger	*Hypocolius ampelinus*	Seidenschwänze/Bombycillidae	Würgerähnlicher Vogel aus dem Mittleren Osten
Spottdrosseln			
Spottdrossel	*Mimus polyglottus*	Spottdrosseln/Mimidae	Drosselähnlicher Vogel aus Nordamerika

Deutscher Name	Wissenschaftlicher Name	Familie	Beschreibung
Spottdrosseln *Fortsetzung*			
Rote Spottdrossel	*Taxostoma rufum*	Spottdrosseln/Mimidae	Rostfarbener, drosselähnlicher Vogel aus Nordamerika
Katzenvogel	*Dumetella carolinensis*	Spottdrosseln/Mimidae	Mittelgroßer Singvogel aus Nordamerika
Kleiber			
Kanadakleiber	*Sitta canadensis*	Kleiber/Sittidae	Kleiner, streifenköpfiger Kleiber aus Nordamerika
Klippenkleiber	*Sitta tephronota*	Kleiber/Sittidae	Großer Kleiber; Mittlerer Osten,
Türkenkleiber	*Sitta krueperi*	Kleiber/Sittidae	Kleiner Kleiber, Naher Osten, Nektarvogel
Erznektarvogel	*Anthreptes metallicus*	Nektarvögel/Nectariniidae	Langschwänziger Nektarvogel, Naher Osten
Jerichonektarvogel	*Nectarinia osea*	Nektarvögel/Nectariniidae	Winziger, dunkler Nektarvogel, Naher Osten
Stare			
Tristramstar	*Onychognathus tristramii*	Stare/Sturnidae	Dunkler, rotflügeliger Star im Nahen Osten
Drosseln und Schmätzer			
Halsbanddrossel	*Zoothera naevia*	Drosseln/Turdidae	Kleine Drossel aus dem Westen Nordamerikas
Walddrossel	*Hylocichla mustelina*	Drosseln/Turdidae	Kleine gefleckte Drossel aus Nordamerika
Wilsondrossel	*Catharus fuscescens*	Drosseln/Turdidae	Kleine gefleckte Drossel aus Nordamerika
Einsiedlerdrossel	*Catharus guttatus*	Drosseln/Turdidae	Kleine gefleckte Drossel aus Nordamerika
Zwergdrossel	*Catharus ustulatus*	Drosseln/Turdidae	Kleine gefleckte Drossel aus Nordamerika
Einfarbdrossel	*Turdus unicolor*	Drosseln/Turdidae	Auffällige Drossel aus Asien
Wanderdrossel	*Turdus migratorius*	Drosseln/Turdidae	Große Drossel aus Nordamerika
Rubinkehlchen	*Luscinia calliope*	Drosseln/Turdidae	Gast aus Sibirien
Blaunachtigall	*Luscinia cyane*	Drosseln/Turdidae	Gast in Nordwesteuropa aus Sibirien
Weißkehlsänger	*Irania gutturalis*	Drosseln/Turdidae	Brütet im Nahen Osten
Sprosserrotschwanz	*Phoenicurus erythronotus*	Drosseln/Turdidae	Großer Rotschwanz aus Asien
Diademrotschwanz	*Phoenicurus moussieri*	Drosseln/Turdidae	Farbenprächtiger Rotschwanz in Nordafrika
Riesenrotschwanz	*Phoenicurus erythrogaster*	Drosseln/Turdidae	Auffäliger Rotschwanz aus Asien
Schwarzschwanz	*Cercomela melanura*	Drosseln/Turdidae	Kleiner grauer Vogel im Nahen Osten

Deutscher Name	Wissenschaftlicher Name	Familie	Beschreibung
Drosseln und Schmätzer *Fortsetzung*			
Kanarenschmätzer	*Saxicola dacotiae*	Drosseln/Turdidae	Kleiner Schmätzer, endemisch auf den Kanaren
Nonnensteinschmätzer	*Oenanthe pleschanka*	Drosseln/Turdidae	Steinschmätzer im Nahen Osten und im äußersten Osten Europas
Wüstensteinschmätzer	*Oenanthe deserti*	Drosseln/Turdidae	Bräunlicher Steinschmätzer aus Nordafrika und dem Nahen Osten
Felsensteinschmätzer	*Oenanthe finschii*	Drosseln/Turdidae	Großer Steinschmätzer, Naher Osten
Saharasteinschmätzer	*Oenanthe leucopyga*	Drosseln/Turdidae	Schwarzer Steinschmätzer, Naher Osten
Schwarzrücken-Steinschmätzer	*Oenanthe lugens*	Drosseln/Turdidae	Schwarzweißer Steinschmätzer, Naher Osten
Fahlbürzel-Steinschmätzer	*Oenanthe moesta*	Drosseln/Turdidae	Großer Steinschmätzer, Naher Osten
Kappensteinschmätzer	*Oenanthe monacha*	Drosseln/Turdidae	Großer Steinschmätzer, Naher Osten
Rostbürzel-Steinschmätzer	*Oenanthe xanthoprymna*	Drosseln/Turdidae	Dunkler Steinschmätzer, Naher Osten
Braunellen			
Schwarzkehlbraunelle	*Prunella atrogularis*	Braunellen/Prunellidae	Gast im Nahen Osten aus Sibirien
Bergbraunelle	*Prunella montanella*	Braunellen/Prunellidae	Braunelle aus Sibirien
Steinbraunelle	*Prunella ocularis*	Braunellen/Prunellidae	Braunelle aus Sibirien
Fliegenschnäpper			
Braunschnäpper	*Muscicapa dauurica*	Fliegenschnäpper/Muscicapidae	Unscheinbarer Fliegenschnäpper aus Asien
Buchentyrann	*Empidonax virescens*	Tyrannen/Tyrannidae	Grünlicher Fliegenschnänpper aus Amerika
Phoebe	*Sayornis phoebe*	Tyrannen/Tyrannidae	Kleiner, unauffälliger Fliegenschnäpper aus Amerika
Drosslinge			
Akaziendrossling	*Turdoides fulvus*	Timalien/Timaliidae	Drosselähnliche Vogel in Nordafrika
Graudrossling	*Turdoides squamiceps*	Timalien/Timaliidae	Drosselähnlicher Vogel im Nahen Osten
Sperlinge			
Moabsperling	*Passer moabiticus*	Sperlinge/Passeridae	Kleiner Sperling, Mittlerer Osten
Wüstensperling	*Passer simplex*	Sperlinge/Passeridae	Heller Sperling, Nordafrika
Fahlsperling	*Carospiza brachydactyla*	Sperlinge/Passeridae	Heller Sperling, Naher Osten
Gelbkehlsperling	*Gymornis xanthocollis*	Sperlinge/Passeridae	Heller Sperling, Naher Osten

Deutscher Name	Wissenschaftlicher Name	Familie	Beschreibung
Pieper			
Langschnabelpieper	*Anthus similis*	Pieper und Stelzen/Motacillidae	Großer, heller Pieper im Nahen Osten
Pazifischer Wasserpieper	*Anthus rubescens*	Pieper und Stelzen/Motacillidae	Dunkelbeiniger Pieper aus Nordamerika
Kanarenpieper	*Anthus berthelotii*	Pieper und Stelzen/Motacillidae	Kleiner Pieper, Kanarische Inseln, Madeira
Finken			
Teydefink	*Fringilla teydea*	Finken/Fringillidae	Großer, blauer Fink, endemisch auf den Kanarischen Inseln
Kanarengirlitz	*Serinus canaria*	Finken/Fringillidae	Girlitz, endemisch auf den Kanarischen Inseln
Rotstirngirlitz	*Serinus pusillus*	Finken/Fringillidae	Kleiner Fink im Nahen Osten
Zederngirlitz	*Serinus syriacus*	Finken/Fringillidae	Kleiner grüner Fink, Berge Naher Osten
Rotflügelgimpel	*Rhodopechys sanguinea*	Finken/Fringillidae	Gedrungener Fink, Naher Osten
Mongolengimpel	*Bucanetes mongolicus*	Finken/Fringillidae	Großer Fink aus Asien
Wüstengimpel	*Bucanetes githagineus*	Finken/Fringillidae	Heller Fink, Naher Osten, Spanien
Einödgimpel	*Carpodacus synoicus*	Finken/Fringillidae	Heller rosafarbener Fink, Naher Osten
Meisengimpel	*Uragus sibiricus*	Finken/Fringillidae	Kleiner Fink aus Asien
Weißflügelgimpel	*Rhodospiza obsoleta*	Finken/Fringillidae	Heller Fink, Naher Osten
Abendkernbeißer	*Hesperiphona vespertina*	Finken/Fringillidae	Großer Fink aus Nordamerika
Tangaren			
Scharlachtangare	*Piranga olivacea*	Tangaren/Thraupidae	Großer finkenähnlicher Vogel aus aus Nordamerika
Sommertangare	*Piranga rubra*	Tangaren/Thraupidae	Finkenähnlicher Vogel aus Nordamerika
Ammern			
Rötelgrundammer	*Pipilo erythrophthalmus*	Ammern/Emberizidae	Gedrungener, finkenähnlicher Vogel aus Nordamerika
Rainammer	*Chondestes grammacus*	Ammern/Emberizidae	Streifenköpfige Ammer aus Nordamerika
Singammer	*Melospiza melodia*	Ammern/Emberizidae	Gestreifte Ammer aus Nordamerika
Fuchsammer	*Passerella iliaca*	Ammern/Emberizidae	Rostbraune Ammer aus Nordamerika
Dachsammer	*Zonotrichia leucophrys*	Ammern/Emberizidae	Spatzenähnlicher Vogel aus Nordamerika
Braunkopfammer	*Emberiza bruniceps*	Ammern/Emberizidae	Gelbe Ammer aus Asien
Maskenammer	*Enberiza spodocephala*	Ammern/Emberizidae	Dunkle Ammer aus Asien

Deutscher Name	Wissenschaftlicher Name	Familie	Beschreibung
Ammern *Fortsetzung*			
Bergammer	*Emberiza tahapisi*	Ammern/Emberizidae	Ammer aus Afrika
Steinortolan	*Emberiza buchanani*	Ammern/Emberizidae	Helle Ammer aus Asien
Gelbbrauenammer	*Emberiza chrysophrys*	Ammern/Emberizidae	Kleine Ammer aus Asien
Pallasammer	*Emberiza pallasi*	Ammern/Emberizidae	Kleine Ammer aus Asien
Türkenammer	*Emberiza cineracea*	Ammern/Emberizidae	Brütet in der Türkei
Hausammer	*Emberiza striolata*	Ammern/Emberizidae	Kleine Ammer, Nordafrika und Naher Osten
Grasammer	*Passerculus sandwichensis*	Ammern/Emberizidae	Sperlingsähnliche Ammer aus Nordamerika
Indigofink	*Passerina cyanea*	Ammern/Emberizidae	Dunkle Ammer aus Nordamerika
Stärlinge			
Braunkopf-Kuhstärling	*Molothrus ater*	Stärlinge/Icteridae	Schwarzer Vogel aus Nordamerika
Brillenstärling	*Xanthocephalus xanthocephalus*	Stärlinge/Icteridae	Schwarzer Vogel aus Nordamerika
Baltimoretrupial	*Icterus galbula*	Stärlinge/Icteridae	Bunter Stärling aus Nordamerika
Neuweltsänger			
Pieperwaldsänger	*Seirurus aurocapillus*	Waldsänger/Parulidae	Kleiner Singvogel aus Nordamerika
Weidengelbkehlchen	*Geothlypis trichas*	Waldsänger/Parulidae	Kleiner Singvogel aus Nordamerika
Drosselwaldsänger	*Seiurus novaeboracensis*	Waldsänger/Parulidae	Gestreifter kleiner Singvogel aus Nordamerika
Brauenwaldsänger	*Vermivora peregrina*	Waldsänger/Parulidae	Unauffälliger Singvogel aus Nordamerika
Fichtenwaldsänger	*Dendroica fusca*	Waldsänger/Parulidae	Kleiner Singvogel aus Nordamerika
Goldwaldsänger	*Dendroica petechia*	Waldsänger/Parulidae	Kleiner Singvogel aus Nordamerika
Gelbkehlvireo	*Vireo flavifrons*	Vireos/Vireonidae	Kleiner Singvogel aus Nordamerika
Schlichtvireo	*Vireo philadelphicus*	Vireos/Vireonidae	Kleiner Singvogel aus Nordamerika

GLOSSAR

Einige der hier erklärten Begriffe sind in der allgemeinen Einleitung (S. 8–21) illustriert. Anatomische Ausdrücke finden sich vor allem auf den Seiten 10–11.

• **Altvogel** Ein voll erwachsener Vogel, der geschlechtsreif ist und dessen Gefieder sich nicht mehr mit dem Alter ändert. Das Gefieder kann sich aber mit der Jahreszeit ändern.

• **Armschwinge** Lange Flügelfeder, die im Bereich des Armknochens sitzt und als Schwungfeder beim Fliegen entscheidend mitwirkt. Armschwingen machen den inneren, hinteren Flügelteil aus.

• **Art** Gruppe von Individuen, die sich miteinander fortpflanzen, oft ein zusammenhängendes Gebiet besiedeln und sich von anderen Fortpflanzungsgemeinschaften erblich unterscheiden. Individuen verschiedener Arten können sich miteinander fortpflanzen und auch fruchtbare Nachkommen erzeugen, doch tritt das normalerweise nicht ein, allenfalls in Kontaktzonen zweier naher verwandter Arten.

• **Bänderung** Hier verwendet für helle oder dunkle Streifen, die in Querrichtung zur Körperlängsachse als Gefiederzeichnung erkennbar sind.

• **Bastard** Nachkomme von Individuen verschiedener Arten (= Bastard der ersten Generation). Bastarde oder Hybriden können sich auch mit Individuen einer der Ausgangsarten fortpflanzen, sodass auch Nachkommen weiterer Generationen (Rückkreuzungen) entstehen. Bastarde sehen also nicht immer wie eine ausgewogene Mischung beider Ausgangsarten aus.

• **Brutdauer** Zeitraum von Ablage des ersten Eies oder der Bebrütung des ersten Eies (Voll-ständigkeit des Geleges) bis zum Schlüpfen der Jungen.

• **Brutvogel** Vogelart, die im Gegensatz zu Durchzügler oder Gastvogel in einem Gebiet brütet.

• **Brutzeit** (auch Brutperiode) Zeit im Jahr, die alle Phasen des Brutgeschäftes umfasst, also von Nestbau bis Selbstständigwerden der Jungen. Man kann sie auf ein Paar oder eine ganze Population beziehen, in der natürlich nicht alle Paare exakt gleichzeitig brüten. Daher sind Brutzeiten nicht nur zwischen verschiedenen Gebieten, sondern auch innerhalb eines Gebiets von Paar zu Paar verschieden.

• **Bürzel** Region auf der Oberseite der Schwanzbasis. Im Federkleid bei manchen Arten auffällig im Kontrast zu Rücken und Schwanz.

• **Deckfedern** Federn, die am Vogelkörper etwas überlappen, z.B. Handdecken, Armdecken, Ohrdecken.

• **Durchzügler** Vogel, der nur zu den Zugzeiten in einem Gebiet auftaucht, meist nur kurze Zeit anwesend ist, aber auch längeren Aufenthalt einschalten kann.

• **Endemisch** Art (oder andere Einheit der Klassifikation), die nur in einem bestimmten Verbreitungsgebiet, z.B. auf einer Insel oder in einem Gebirge, vorkommt.

• **Ersatzbrut** Brut, die noch in derselben Brutperiode begonnen wird, nachdem der erste Versuch gescheitert ist (vgl. Zweitbrut).

• **Familie** Kategorie der Klassifikation, die über der Gattung und unter der Ordnung steht. Eine Familie kann also mehrere Gattungen umfassen, zu einer Ordnung können mehrere Familien gehören.

• **Flügelspannweite** Abstand der Spitzen der beiden gestreckten Flügel voneinander.

• **Gast** Vogelart, die in einem Gebiet vorkommt, aber dort nicht brütet, z.B. Wintergast, Sommergast, Ausnahmegast.

• **Gattung** Kategorie der Klassifikation, die mehrere Arten zusammenfasst. Die erste Bezeichnung des lateinischen Namens einer Art gibt die Gattung an, zu der die Art gehört. Daher haben Arten einer Gattung immer den gleichen ersten Bestandteil der lateinischen Bezeichnung, z.B. viele Möwen den Namen *Larus*. Mehrere Gattungen können eine Familie bilden.

• **Gesang** Stimmliche Lautäußerungen, die oft (aber nicht immer) aus mehreren Einheiten zusammengesetzt und für eine Art typisch sind. Gesang erfüllt bestimmte Funktionen, z.B. Reviermarkierung, Anlocken eines Partners, Festigung der Partnerbindung. Gesang ist daher meist vor oder am Beginn der Brutzeit zu hören.

• **Gleitflug** Flug ohne Flügelschlag. Die Vorwärtsbewegung wird durch das Gewicht des Vogelkörpers bewirkt. Gleitflug ist also immer ein Flug mit Höhenverlust.

• **Gründeln** Nahrungssuche im Wasser, wenn der Körper nach vorne ins Wasser gekippt wird, das Hinterende nach oben weist und die Beine mehr oder minder den auf dem Wasser senkrecht schwimmenden Körper in seiner Stellung halten.

• **Handschwingen** Große Flügelfedern, die im Bereich der Handknochen sitzen. Sie bilden die Flügelspitze, ihre Zahl ist festgelegt und beträgt meistens 10–11.

• **Hybride** *siehe* Bastard

• **Immatur** Stadium zwischen Jungvogel und Altvogel, das meist am Gefieder erkennbar ist. Der Vogel trägt nicht mehr das Jugendkleid, aber auch noch nicht das Alterskleid. Tritt die Geschlechtsreife erst nach mehreren Jahren ein, kann man oft mehrere Immaturkleider unterscheiden, die mit der Zeit dem Alterskleid nach jeder Mauser ähnlicher werden.

• **Jahresbrut** Brutablauf von Eiablage bis Selbständigwerden der Jungen in einer Brutzeit (vgl. Ersatzbrut).

• **Jahresvogel** Vogelart, die das ganze Jahr über in einem Gebiet zu beobachten ist. Es muss sich dabei aber nicht um einen Standvogel handeln, denn zu verschiedenen Jahreszeiten können Individuen aus verschiedenen Populationen anwesend sein.

• **Jungvogel** Vogel, der noch nicht erwachsen ist, oder ausgewachsener Vogel, der noch das Jugendkleid trägt.

• **Kolonie** Gruppe von Vögeln, die in einer Gemeinschaft brüten. Nester stehen dicht beisammen und in bestimmten Situationen (z.B. Feindabwehr) reagieren die einzelnen Brutpaare gemeinsam.

• **Mauser** Federwechsel. Eine ausfallende Feder wird durch eine neue, an derselben Stelle nachwachsende ersetzt. Die Mauser aller oder der meisten Federn innerhalb einer bestimmten Zeit führt zu einem Wechsel der Kleider.

• **Oberflügel** Oberseite des Flügels.

• **Ordnung** Kategorie der Klassifikation, die über der Familie steht. Mehrere Familien können zu einer Ordnung gehören.

• **Population** Gesamtheit der Individuen einer Art in einem bestimmten Raum (Areal) in einer bestimmten Zeit.

• **Prachtkleid** Federkleid, das die meisten Vögel vor und am Beginn der Fortpflanzungszeit tragen und das vor allem bei Männchen oft farbenprächtiger ist als Kleider zu anderen Jahreszeiten. Aber auch Weibchen tragen ein Prachtkleid, wenngleich es oft sehr viel schlichter als das des Männchens ist.

• **Ruderflug** Flug mit aktiven Flügelbewegungen des Auf- und Abschlags.

• **Ruf** Stimmliche Lautäußerung, die im Vergleich zum Gesang meist einfach ist, oft nur aus einem Bestandteil besteht. Rufe werden in spezifischen Situationen geäußert, z.B. Warnruf, Lockruf, Erregungsruf, und sind oft nicht an bestimmte Jahreszeiten gebunden wie der Gesang und sind auch nicht immer artlich verschieden.

• **Schirmfedern** Innerste Armschwingen, die den zusammengelegten Flügel bedecken und oft anders gefärbt sind.

• **Schlichtkleid** Alterskleid, das nach der Mauser des Prachtkleides, also meist ab dem Ende der Fortpflanzungsperiode getragen wird.

• **Schwungfedern** Hand- und Armschwingen, also die großen Flügelfedern, die den größten Teil der Flügelfläche bilden.

• **Sommervogel** Art, die nur im Sommer in einem Gebiet zu beobachten ist, kann Brutvogel sein, aber auch nur nichtbrütender Sommergast.

• **Spiegel** farbiges Flügelfeld (z.B. bei Gründelenten).

• **Standvogel** Vogelpopulation, in der keine größeren Wanderungen vorkommen.

• **Stoßtauchen** Tauchen aus dem Flug heraus; der Körper stößt nach unten ins Wasser, die Flügel werden nach hinten gestreckt (z.B. Eisvogel, Seeschwalben, Tölpel).

• **Überaugenstreif** Heller Streifen an den Kopfseiten über dem Auge.

• **Unterart** Individuen von Populationen einer Art, die äußerlich unterscheidbar sind und auch in unterschiedlichen geografischen Räumen leben, daher in der Regel auch nicht unmittelbar auseinander brüten. Sie werden durch einen dritten Namen zusätzlich zum Gattungs- und Artnamen bezeichnet, z.B. *Luscinia svecica cyanecula*, das Weißsternige Blaukehlchen im Unterschied zum Rotsternigen *L. s. svecica*.

• **Unterflügel** Unterseite des Flügels.

• **Unterschwanzdecken** Federn unterhalb der Schwanzbasis, die einen Teil der Schwanzunterseite abdecken können.

• **Vogelschutzwarte** Einrichtung einer Landesumweltbehörde in den einzelnen Bundesländern Deutschlands für den Naturschutz; keine Einrichtung des Tierschutzes.

• **Vogelwarte** Wissenschaftliche Forschungsinstitute der Ornithologie; in Deutschland in Radolfzell, Wilhelmshaven und Hiddensee, keine reine Naturschutzeinrichtung wie Vogelschutzwarte. In der Schweiz leistet die Vogelschutzwarte Sempach Aufgaben einer Forschungseinrichtung und einer Vogelschutzwarte.

• **Winterquartier** Gebiet, in dem Vogelpopulationen den Winter verbringen.

• **Zugvogel** Vogel, der regelmäßig im Jahreslauf Wanderungen zwischen einem Brutplatz und einem Aufenthaltsgebiet außerhalb der Brutzeit (meist Winterquartier) unternimmt.

• **Zweitbrut** Zweite Brut in einer Brutsaison nach einer erfolgreichen Erstbrut (vgl. Ersatzbrut).

REGISTER

DANK UND BILDNACHWEIS

DER AUTOR dankt dem Team von DK für die harte Arbeit und Geduld, Marcella für ihre Ermutigungen und Nachsicht zu Hause, Chris Gomersall für seinen großen Einsatz bei der Beschaffung von Bildmaterial und Richard Thewlis für die Bearbeitung der Verbreitungskarten. DK dankt Sean O'Connor, Rachel Gibson, Kim Bryan, Simon Maugham, Peter Frances und Rick Morris, ohne deren Einsatz das Projekt nicht zustande gekommen wäre, und Carolyn Clerkin für die Erstellung des Bildnachweises. Der Verlag dankt folgenden Personen und Institutionen für die freundliche Erlaubnis, ihre Fotografien zu reproduzieren.

Abkürzungen: o = oben; m = Mitte; u = unten; l = links; r = rechts; go = ganz oben.

123RF.com: Ewan Chesser 19ul. **Alamy Images:** Buschkind 71um, 72gor. **Andy und Gill Swash:** 299ur, 324gor, 378um, 384gor. **Joaquim Antunes:** 83mu. **Aquila Wildlife Images:** Darren Frost 420ul; Hanne und Jens Erikson 106mlo, 122gor; Mike Wilkes 382gor; Paul Harris 438gor. **Ardea London Ltd:** Chris Knights 389um; John Daniels 156gom; Peter Steyn 407gor, 420gor. **Arto Juvonen:** 299gor, 319gor. **BBC Natural History Unit:** Dietmar Nill 222gor, 254mr; Elio Della Ferrera 110mro; Hans Christoph Kappel 222ur; Jose B Ruiz 222mr; Klaus Nigge 110mru; Rico & Ruiz 334gor, 437gol. **Richard Brooks:** 148mru, 190gol, 211gor, 330mru, 395gor. **Laurie Campbell Photography:** 243mro, 293mul, 331um, 331ul. **R.J. Chandler:** 59ml, 73mru, 65gor, 154gor, 150mro, 196gom, 358mlo, 387mlo, 422ul, 424ul, 425ul, 425ur, 462ul, 427ul, 438ul. **Robin Chittenden:** 11ur, 56gor, 189ul, 208mlo, 236mmo, 354mmu, 303mru, 442gol, 446ur, 451ur, 452gor, 453ur **Corbis:** Eric und David Hosking 339gomr. **David Cotteridge:** 16gor, 16mro, 79mlo, 83mro, 51mru, 63gom, 68mr, 34gom, 120mo, 63ml, 141um, 143mo, 144mlo, 144ur, 146gom, 154gom, 181gor, 163gom, 168mlo, 172gor, 194mu, 213mr, 187gor, 246mlo, 249mmr, 243ul, 245gogr, 290ur, 295mro, 337gor, 337mgro, 347mro, 347umr, 346gom, 348golo, 354gom, 356mmu, 350gor, 298gol, 307mro, 307mmu, 312gom, 297mru, 309gom, 301mr, 253gogl, 364mmu, 368gor, 368ur, 377gor, 376gom, 373gom, 373gor, 372mur, 383mmu, 391mgor, 396mru, 402mru, 426gom, 405gor, 435ur, 441ur, 443gol, 443ur, 445gor, 445ul, 449ul, 451gor, 453gor. **Dreamstime.com:** Thomas Langlands 16gom; Bora Ucak 17mru; scooperdigital 107um, 108gor, 109ul, 124ul; Tonybrindley 219ul, 220gor. **Goran Ekström:** 237m, 376umr, 393mru, 447ul. **Hanne und Jens Eriksen:** 16mmu, 43mro, 123mru, 133mlo, 170gor, 169mro, 221ul, 256gogr, 350gom, 377mu, 379mlo, 379gom,

387gor, 389gor, 396ul, 403gor, 402mru, 415gor, 415ul, 422gol, 424ur, 425gor, 426gogr, 426ur, 430gol, 431ur, 433ul, 436ur, 439gol, 440ur, 448ul, 450gol, 450ur. **FLPA – Images of nature:** 30uml, 34mr, 137gor, 138mru, 146mlo, 211gom, 244mm, 252gor, 286m, 297mlu, 308mro, 318ur, 281mr, 363umr, 403mmu, 436gol; Desmond Dugan 16mru; E & D Hosking 407ur; E Coppola/A Petretti/ Panda 418gol; Foto Natura Stock 81mru; Fritz Polking 228gom; H Hautala 428ur; Hans Dieter Brandl 250mlo, 438gol; John Holmes 442ul; Lee Rue 40mur; M Melodia/Panda 81gor; Martin B Withers/ FlPa 219mlo; P Harris/Panda Photo 263mr; Panda Photo 81gom, 216mr; Peter Steyn 437ul; R Wilmshurst 25ml, 42ma; Richard Brooks 88ml, 290mu, 292gor, 337mlu, 351gom, 351gor, 311mmu, 300mmu, 400mro; Robin Chittenden 383gor; Roger Tidman/FlPa 101ml; S C Brown 198mmu; Silvestre 58ul, 60gor; Silvestris 298ur, 317gom; Tony Hamblin 53mru; W S Clark 123gom, 417ul; W Wisniewski 77ml; Yossi Eshbol 87m, 91gor, 419gol. **Bob Glover:** 190um, 211mul, 214gom, 209mlo, 206gor, 195gom, 195mmu, 217mr, 217mu, 292mlu, 376mu, 306mmu, 308mu, 387mru, 396gor. **Brian Small:** 199gor. **Chris Gomersall Photography:** 2, 4mro, 5ur, 9um, 11gol, 11gom, 14mru, 14mru innen, 16m, 17gor, 18mr, 19gor, 19mru, 19ur, 22m, 71mru, 72mu, 69um, 73gor, 73mru, 75mr, 79mr, 79mru, 80m, 82gor, 82mo, 86mru, 89mglu, 90gom, 90m, 92mr, 96m, 96mr, 97gom, 97um, 102gor, 102mr, 23gor, 24m, 25, 25mru, 25gul, 29mru, 29mmu, 27m, 34gor, 34ml, 35mr, 35umr, 36mlu, 37mr, 37ul, 41, 41m, 39mr, 38mu, 46mro, 46mru, 45mlo, 45mro, 45mru, 48mru, 53mlu, 56mr, 57um, 105mo, 106mlu, 106mgru, 125gom, 125gor, 125mro, 110mr, 112mo, 112mu, 122gom, 122mu, 109gom, 109mru, 126mu, 126mru, 128gor, 128mru, 58gor, 59gor, 59m, 61mru, 62gor, 62mru, 64gor, 64um, 63m, 66gor, 67m, 131gor, 131mr, 131ul, 134mr, 135gom, 135mro, 136mru, 137ur, 140gor, 140mro, 140um, 141gor, 141ul, 143ul, 144mru, 144um, 148gor, 148mru, 147mro, 145gor, 145m, 149um, 151gor, 166gom, 161mru, 167umr, 160mru, 171gom, 171mr, 176mr, 172mru, 177gor, 177mro, 177gomr, 174gor, 174mro, 174mru, 158gom, 158mlo, 159mlo, 157mlo, 157mmu, 188gor, 189mlo, 180gor, 182gor, 189gor, 189mgro, 189mr, 190gom, 205gom, 210gor, 204mmu, 200mu, 200mro, 203mro, 202mru, 202mur, 182mlu, 182ur, 183mmo, 184mu, 187gom, 187mru, 187gor, 185gor, 226mro, 215ml, 216gor, 218m, 219m, 230mmu, 231gom, 234gor, 236mmu, 235mmu, 239mro, 242gor, 242mro, 243um, 246gogr, 282mglu, 282mlu, 287mmu, 284gor, 283gom, 283gor, 283mmu, 290mru, 293gom, 293mro, 367um, 373mu, 371gor, 331mlu, 336um, 357mru, 332mlo, 335ur, 325gul, 326gor, 326mlo, 358mmu, 336mro, 337gol, 337mlo, 344gom, 344gom, 344mmr, 346mro, 346mr, 348gom, 348gor, 352gom, 341gom, 342gor, 343mmu, 296gor, 310mmu, 318mmu, 318mo, 320mu, 274mmu, 276mmu, 259mro, 259mr, 259mru, 260gor, 260ml, 264gor, 265mru, 262gom, 268gom, 268mur, 269gor, 269mmu, 271goml, 333ogm, 333mro, 362ml, 363gom, 363mro, 363mmu, 363ur, 366gor, 366mmu, 380mgou, 382mmu, 386mro, 386mmo, 396mlu, 399mmr, 400gom, 400gor, 400mru, 405mro, 407gol, 408ul, 414ur, 421gol,

431gor, 433gor, 433ur, 435ul. **Mark Hamblin:** 69mlu, 71gor, 85um, 87gom, 97mr, 25mgl, 25mgrl, 25ur, 26ml, 29mro, 36m, 42gom, 44mo, 47mo, 50mr, 52gom, 53mru, 119gor, 131ur, 136mo, 136mr, 141ur, 147gom, 153mro, 150m, 171gor, 215ur, 221gor, 222ul, 222ur, 223gom, 229gor, 227gor, 223ur, 224gor, 233mro, 238ul, 240gom, 240mur, 243ur, 244gol, 244gor, 248gor, 249gor, 249mmo, 367mlu, 369gom, 337mru, 357mlo, 358gor, 349mlo, 354mol, 353gor, 343mlo, 357, 360mru, 360, 272ml, 272um, 274gom, 276gom, 278gor, 259ul, 265gom, 270mr, 379ul, 380mro, 388mlo, 394gom, 394gor, 394mlo, 404gor, 404mro, 399mro. **Huttenmoser:** 325um, 328gor, 328mlo, 327ul. **Pentti Johansson:** 251mu. **Rob Jordan:** 70u. **Arto Juvonen:** 60mol, 247mu. **Steve Knell:** 186mru. **Chris Knights:** 16uro, 28mr, 32mr, 55mru, 145gom, 145mr, 227gom, 291mmu, 340mu, 253ur, 362gor, 381mru, 385mru. **Mike Lane:** 13ul, 14mmo, 69mmo, 69mru, 70goo, 70gor, 70gom, 70ml, 72mo, 74mo, 76gor, 75gor, 75ml, 75um, 77gor, 79ul, 83mmo, 85ur, 86gor, 88gom, 88mru, 24gol, 24gom, 24gor, 25gor, 25mlo, 25ul, 25gur, 26mlo, 26gur, 32gom, 30gor, 31gom, 33m, 39m, 40gor, 47gor, 46gor, 50gom, 57gom, 106gom, 179mr, 179mru, 120gogr, 58ur, 59um, 61mro, 62mlo, 62mo, 65gom, 68gom, 131ml, 132gor, 136m, 142gol, 142gom, 142gul, 142ml, 143gom, 143gor, 143mlu, 143gul, 148gom, 152gogr, 153gom, 154mro, 154mru, 149gor, 151gor, 165gogr, 143ur, 165mo, 167gor, 162gor, 158gor, 156gor, 188ul, 189mo, 193gom, 193gor, 193mru, 205mlo, 208m, 201gor, 202gor, 182mlo, 182mro, 183gor, 184gor, 282um, 288gor, 284gom, 291gom, 299gol, 299mr, 367mro, 371mru, 370gor, 336mu, 336mru, 336ul, 337mglo, 337ur, 347gom, 356gor, 352mmo, 353gom, 341gor, 340gor, 340mlo, 339gor, 339mlo, 305mmr, 297mro, 307gor, 312mro, 310mlo, 318gom, 319gom, 321gor, 321mo, 321mr, 337mro, 345mu, 346gor, 346mr, 349gor, 356gom, 352mmu, 307gor, 305gor, 311mo, 321mlo, 272gor, 278gom, 262gom, 333mro, 387ul, 385ur, 395gogl, 395gor, 428gol, 431gol, 431ul, 434gor, 434ul, 436gol, 436gor, 440gor, 443gogr, 444gol, 450ul. **Gordon Langsbury:** 72mr, 86mro, 94gom, 94mr, 93mr, 63mr, 173mru, 197mmo, 259mlu, 263gor, 398gor, 409gor, 409ul, 410gol, 410ur, 417gol, 417gogr, 421ur, 422ur, 429gor, 429ur, 430gol. **Wayne Lankinen:** 411ul, 411ur. **Sampo Laukkanen:** 270goml. **Henry Lehto:** 138gom, 384mlo, 447gol. **Jari Peltomäki:** 55gom, 156gom, 357ur, 361gor, 379gor, 388gor. **Markus Varesvuo:** 190mlu, 203gom, 213gor, 222gor, 223ml, 228gor, 236gor, 237gor, 398gogr, 313gor, 325gur, 325ur, 329gor, 330gom, 337gom, 345mor. **Tim Loseby:** 26mr, 95gor, 35gom, 42mu, 51mru, 53gor, 175mru, 170mru, 190mo, 212gor, 372mo, 371gom, 352mlo, 307mlo, 357, 360, 366mlo, 389gom, 384mmu, 392gom, 392mlo, 392mmu, 402mro, 401mlo, 401mmu, 445gol, 452ur. **Tomi Muukkonen:** 189gul, 208gor, 232gom, 299ul, 322gor, 325gor, 327gor. **George McCarthy:** 26gol, 26gogl, 88gor, 89mru, 89gmru, 89gul, 89um, 91mr, 92gom, 92ml, 94gor, 93gor, 93mlo, 96gom, 100ul, 37mro, 48gor, 48mo, 121gom, 61mu, 68gor, 68mro, 131m, 133gor, 143mu, 143mru, 144mo, 160gor, 173gor, 175mlo, 159gor, 188mru, 192gor, 209mru, 203mlo, 198gor, 222mru, 225gor, 250gom, 294mmu, 369umro, 370mo, 272mgl, 280gor, 328gor, 253gul, 255gom, 255gor, 411gol, 419ul, 427gor, 428ur, 440gor,

443gor, 449gor. **Anthony McGeehan:** 81mru, 82mru, 407ul. **Juan Martin Simon:** 415ur. **Dick Newell:** 441mol. **Philip Newman:** 105ul, 116ml. **Natural Picture Library:** Rico & Ruiz 9gor. **naturepl.com:** Loic Poidevin 16mo, Terry Whittaker/2020vision 20mu. **N.H.P.A.:** 324mu; Bill Coster 130gom; Nigel J Dennis 197mlo; Ralph und Daphne Keller 438ul; Roger Tidman 84gor. **Oxford Scientific Films:** Chris Knights 66mu; Mike Brown 339mlo; Paolo Fioratti 246mr. **Anders Paulsrud:** 60mu. **Jari Peltomaki:** 232mru, 252m, 379mr, 393mor. **Benjamin Pontine:** 448gol. **Rene Pop:** 185gom, 447gor, 450gor. **Mike Read:** 28gor, 151mru, 303mu, 261ul, 452l. **Matti Rekila:** 222mgru, 226mu, 226gor, 226gom, 270mru. **Melvin Grey:** 108um, 109mo (Rotmilan). **George Reszeter:** 230mo. **RSPB Images:** Andy Hay 143mlo, 151goml, 180mru, 362mr, 365gor, 365mru; Barry Hughes 153mru, 153uml, 345goml, 317mor, 409gol; Bill Paton 17ur, 99gor, 100gor, 281mu, 267mru; Bob Glover 14om, 21m, 119mru, 129gom, 67mu, 142gor, 150gom, 160mr, 177mru, 159mru, 220mru, 287gol, 280mr, 333mru, 405mmu; Carlos Sanchez Alonso 101mu, 104ur, 105gol, 106um, 110gor, 109gor, 108mu, 117mro, 129gor, 137ul, 138gor, 140mu, 228mmu, 225gom, 348um, 258mur; Chris Gomersall 11umro, 17ul, 19um, 20ul, 44mr, 112gor, 130mru, 147mru, 172mlo, 158mru, 203mu, 203gomr; Chris Knights 8um, 13mru, 15mr, 64m, 66umr, 66mmr, 157mmo, 217mlo, 371mmr, 326gom, 254mo, 378gor, 379mo, 390gor, 392umr, 450ul; David Hosking 90mr; David Kjaer 119mro, 128gom, 192mmu, 223gor, 230mro, 285mro, 352mmu, 274mro, 397mru; David Tipling 21gol, 65mr, 162gom; Dusan Boucny 17mu, 226gor, 256mr; E A Janes 165mru; George McCarthy 14ml, 15mo, 17mr, 96um, 176gor; Gerald Downey 121mu, 369mro, 399gor; Gordon Langsbury 127mu, 173gom, 374mmu, 344gor; Jan Halady 338mu; Jan Sevcik 8mlo, 39mmu, 199mmo, 233gor, 399mml; John Lawton Roberts 240gom, 246m, 361mu; Leslie J Borg 94mmu; Malcolm Hunt 163mru, 299um, 308mlo, 323gor, 408gol; Mark Hamblin 16mlo, 18um, 106gol, 116mro, 119gom, 248m, 335um, 336mlu, 358gom, 342mru, 338gor, 275mro, 275mru, 265gor, 388gom, 382mlo, 394mru; maurice walker 9gor, 16mr, 221mu, 272ul, 275uml, 277gor, 277gor; michael gore 94mmo, 103mlu, 351mmu; Mike Lane 80mr, 103mlo, 106gor, 121gor, 120mr, 181mru, 166mru, 156mr, 241gom, 282gor, 347mu, 320mlo, 268gor, 379ml, 386mlo, 392gor; Mike McKavett 332mr; Mike Read 146mru; Mike Richards 233mru; Paul Doherty 104ul, 107gor; Peter Perfect 264ul; Philip Newman 14ul, 341mmr, 309mmu; Raymond Franklin 28ur; Richard Brooks 10m, 10ul, 67mlo, 248gom, 375mro, 339goml, 273gom, 262mmr, 333mlo, 395mmu; Robert Horne 279mu; Robert Smith 240um, 351mul, 350mru; Roger Tidman 105ur, 118gor; Roger Wilmshurst 14ur, 17mlo, 18gor, 21gor, 77mru, 68mr, 135m, 343gom, 338gom; Stanley Porter 179mr; Steve Austin 15ur, 62goru, 155mr, 155umr, 182ul, 186gor; steve knell 169mr, 229gom, 304mmu, 361gom, 389gom; Tony Hamblin 11gor, 18mml, 64mlo, 323mmu. **Carlos Sanchez:** 304gom, 273mlo. **Carlo Sanchez:** 282mgru, 286gor. **Chris Schenk:** 29gor, 49mlo, 49mur, 432gol, 433gol. **Science Photo Library:** Andrew Syred 11mm. **Ran Schols:** 298ml, 298mr, 314gomr, 315mor, 315mu. **K. Taylor:** 183mr. **Roger Tidman:** 11mro, 11mur,

11mmu, 12mro, 17mro, 71mro, 74mr, 77mr, 85ul, 86gom, 89mlu, 89ur, 89gur, 99ul, 91gom, 92gor, 93mu, 97gor, 98goml, 102mr, 101gor, 101mr, 100mr, 23mlu, 23ur, 24mr, 27gom, 27gor, 29mlo, 29gomr, 74mu, 24ul, 25mglo, 25, 26gor, 26mgro, 26mro, 26mgrl, 26gul, 26ur, 31mro, 31mru, 33ul, 35gor, 36gor, 37gor, 41, 42mr, 40mro, 40mmu, 51gom, 51m, 49gom, 49gor, 54mo, 56mo, 57mo, 105gor, 105mlu, 105mu, 106mo, 106mro,111gor, 113gor, 113mru, 114gor, 114mr, 124gor, 123gor, 105mru, 105um, 106mu, 109mlo, 108gom, 117mro, 117gom, 117gor, 117umr, 117gom, 117mo, 118gom, 127gom, 126gom, 126mro, 126ur, 137mr, 139gom, 139gor, 139mr, 142m, 142ul, 142ur, 142gur, 143mro, 143gur, 144gol, 144gom, 144mgru, 144ul, 148mro, 147ml, 146mro, 155gor, 155ml, 149ml, 150ml, 151ul, 163gor, 163mu, 161gom, 164mo, 164umr, 168gor, 167mlo, 167mro, 160mlo, 162mro, 173mlo, 159gor, 157gom, 170gom, 170mo, 169gor, 180mlo, 178gor, 178mru, 179gor, 188mlu, 189mgr, 189mru, 189mgru, 191gor, 191mro, 191umr, 205mro, 207gor, 207mlo, 211mur, 214goml, 189gogl, 189gol, 189gor, 189gogr, 195gor, 195mlo, 200gom, 200mmu, 196mro, 196mmr, 201mu, 197gor, 197mmu, 198mmr, 186mo, 184gom, 215m, 215mr, 215mlu, 216mu, 217gor, 218gor, 219gor, 220mlo, 221mlo, 238ur, 240mro, 241gor, 246ul, 288mur, 286mlo, 284mmu, 289gom, 290mlu, 291gor, 295gor, 295mru, 294gom, 294gor, 294mro, 368mr, 375mlo, 375mru, 369umr, 326um, 336ur, 357gom, 357mro, 359gor, 359um, 337ul, 346gor, 349gom, 354gor, 355gom, 355mmo, 343gor, 297mlo, 306gor, 297gor, 297ur, 299ml, 305gor, 305mro, 309gor, 311gor, 311mlo, 320gor, 296mru, 296ur, 301gor, 303gom, 361mlo, 275gor, 274gor, 328um, 253gur, 258gom, 258gor, 259ur, 253mlo, 253ur, 257gom, 254gor, 265gor, 266gor, 333goml, 334gom, 334mlo, 334mru, 334uml, 362ul, 363gor, 364gor, 364mlo, 378mlu, 380gom, 388mru, 378ul, 379mro, 379ur, 382gom, 383gom, 383mro, 395gom, 395gor, 395mlo, 390mlo, 390mmu, 391gor, 393gor, 401gom, 396ur, 397gom, 397gor, 405gom, 408ur, 409ul, 410ul, 411gor, 412gor, 413gor, 414gor, 415gol, 416gol, 418ur, 420gol, 420ur, 425gol, 426gol, 427gol, 430gol, 432ur, 438ur, 442ur, 444ul, 445ur, 447ur, 449ur. **David Tipling:** 49gom, 243ur, 244mr, 246gor, 251gor, 278mu. **Ray Tipper:** 103ml, 133mu, 164gor, 371mru, 335mlo, 312mmu, 316mmu, 421ur, 423ul, 423ur, 424gol. **Roni Vaisannen:** 261goml. **Colin Varndell:** 74gor, 87mro, 130mlo, 135gor, 152mu, 297ul, 310gor, 303mmu, 277mmo, 329mru. **Bert Wiklund:** 19ur. **Marcus Veresvuo:** 247mo, 272mgl, 308gor, 273gor, 362um. **Roger Wilmshurst:** 14mro, 14mur, 79mlu, 80gor, 25gogl, 25gogr, 25mr, 25mrl, 25mgru, 39gom, 44gom, 38gor, 43mlo, 45gom, 106ur, 129m, 130gor, 59mr, 67gor, 135mru, 151gomr, 163mlo, 157gor, 192mmo, 207goru, 209mro, 204mro, 187mul, 238gul, 239gom, 239mro, 244mlo, 250gor, 282ul, 285m, 287gor, 368ul, 376gor, 349gor, 337um, 354mul, 355gor, 353mlo, 309mlo, 260gol, 267gor, 271mru, 378ur, 387gom, 385gom, 412ul, 448gor, 453gol, 453ul. **Windrush Photos:** 391mu; A Morris 451ul; A Morris 88ul; Alan Petty 132mlo, 218gom; Andy Harmer 293mur; Arnaud B van den Berg 30mu, 406ul; Arnoud B van den Borg 384gom; Arthur Morris 200gor, 202gom, 413ur, 437ul; B. Hughes 50mru; B. R. Hughes 153gor; Chris Schenk 26mglo, 50mro, 58um, 61gor;

David Tipling 9mr, 19mlo, 72gor, 76ml, 79ur, 84mro, 89um, 97ul, 98mr, 103m, 23ul, 24ml, 24ur, 25gol, 26ul, 28gom, 33gor, 33mr, 35mlo, 36mro, 36mru, 41gor, 38mr, 47mro, 47mr, 50ml, 56gom, 57gor, 129mr, 136gor, 138ml, 144gor, 149gom, 166mro, 168mlu, 171gom, 164mlo, 169mlo, 190mu, 190ur, 194gor, 210gom, 210mo, 214mro, 214gor, 209gor, 204goru, 213gom, 213mo, 206mro, 215mru, 216mlo, 220gor, 223m, 232gor, 231m, 241gom, 243mo, 243ml, 248mr, 245gom, 245mur, 282mru, 282ur, 285gom, 289gor, 368gol, 375gor, 372gor, 369m, 344mro, 355mur, 322m, 313gom, 302mmu, 272gor, 280gom, 259ml, 261gor, 266uml, 262gor, 263mml, 378mru, 379gol, 380gor, 381gor, 382mmo, 386gor, 403mmo, 403gor, 410gor, 412gol, 412gol, 413ul, 414gol, 416gol, 416gor, 419ur, 421ul, 424gor, 430ul, 439gor, 439ul, 440gol, 441ur, 446gor, 446ul, 448mgo; Goran Ekström 52mru, 124mru, 256gom, 264umr, 437ur; Ian Fisher 88mro; J Hollis 257gor; Jari Peltomaki 273mmu; Kevin Carlson 280m, 280mlo, 396mu, 401gor; Paul Doherty 107ml, 107umr, 267mro; Pentti Johansson 76mru, 252gom, 266mru; Peter Cairns 272gul, 276gor; R. H. de Heer 56mru; Richard Brooks 95mr, 164gom, 292mmr, 349mu, 257mro, 422gor; Tom Ennis 71ml, 165mro, 212mu, 428gor, 427ur. **Steve Young:** 11mru, 72ml, 74gom, 76mro, 81ul, 82gom, 83gor, 84mlo, 84mru, 87gor, 87, 90umr, 99ur, 103gor, 24um, 25mgr, 26mgr, 26mgru, 26mru, 32gor, 37goml, 39gor, 44gor, 38ml, 40gom, 43gom, 43gor, 46gom, 47gom, 47mr, 45gor, 45mr, 50gor, 48gom, 48mr, 53mo, 53mro, 55gor, 55mo, 152mlo, 166mlo, 144mlu, 161gor, 161mlo, 175gor, 189mglo, 189ml, 189ml, 189mglu, 189ur, 190mr, 191ur, 191mlo, 192ur, 193mro, 194ul, 205gor, 205mr, 209mlo, 209ul, 210gom (Immatur), 210mr, 210mmr, 211um, 212ur, 213um, 214um 214mru, 214goru, 209mo, 208mo, 208ml, 204gor, 212gom, 206gom, 206mlo, 206mmu, 201mlo, 201mro, 199mlo, 199mmu, 289mru, 295gom, 371mlo, 369gor, 370gom, 332gor, 347gor, 355mlo, 337mu, 352gor, 353mmu 307gom, 308gom, 319mu, 309mmo, 316gom, 323gom, 273gor, 255mu, 257mmr, 264mo, 396ml, 404mu, 397mmo, 398gom, 398m, 413gol, 428ul, 430ur, 432gor, 441gor, 441, 442gor, 443ul, 444ur, 446gol, 451ul, 452gol. **WorldWildlifeImages.com/Greg & Yvonne Dean:** 211mo.

Cover vorn und Rücken: © Michael Zuche/Corbis Alle anderen Abbildungen © Dorling Kindersley. Weitere Informationen unter: www.dkimages.com